"十三五"国家重点出版物出版规划项目

中国工程院重大咨询项目　中国生态文明建设重大战略研究丛书

第　六　卷

新时期国家生态保护和建设研究

中国工程院"新时期国家生态保护和建设研究"课题组

沈国舫　吴　斌　张守攻　李世东　主编

科学出版社

北　京

内 容 简 介

本书是中国工程院重大咨询项目"生态文明建设若干战略问题研究"的第六课题"新时期国家生态保护和建设研究"的成果。全书共分为两个部分，即课题综合报告和专题研究。课题综合报告就生态保护和建设的概念及其在生态文明建设中的地位，我国生态保护和建设的现状、经验和问题，我国生态保护和建设的总体战略思路、战略重点和主要任务，以及我国生态保护和建设的政策建议做了总述；专题研究就各自研究专题进行了更深入探讨，内容包括关于"生态保护和建设"名称和内涵的探讨、天然林保护问题研究、退耕还林工程建设研究、防护林体系建设与发展战略研究等共计 11 章。在正文最后还编纂了两份科学考察报告，以分析和借鉴国外生态保护和林业资源及经营方面的经验。

本书可供从事生态文明建设和管理的各级政府部门工作者，关心国家生态建设的科研工作者，以及相关专业的研究生和本科生参考使用，也适合大中型图书馆收藏。

图书在版编目（CIP）数据

新时期国家生态保护和建设研究/沈国舫等主编. —北京：科学出版社，2017.3

（中国生态文明建设重大战略研究丛书/周济，沈国舫主编）

"十三五"国家重点出版物出版规划项目 中国工程院重大咨询项目

ISBN 978-7-03-051999-3

Ⅰ.①新… Ⅱ.①沈… Ⅲ.①生态环境–环境保护–研究–中国 ②生态环境建设–研究–中国 Ⅳ.①X321.2

中国版本图书馆 CIP 数据核字(2017)第 043185 号

责任编辑：马 俊／责任校对：钟 洋
责任印制：肖 兴／封面设计：刘新新

科 学 出 版 社 出版
北京东黄城根北街 16 号
邮政编码：100717
http://www.sciencep.com

中国科学院印刷厂 印刷
科学出版社发行 各地新华书店经销

＊

2017 年 3 月第 一 版　　开本：787×1092　1/16
2018 年 1 月第三次印刷　　印张：24 1/2　插页：16
字数：580 000

定价：260.00 元

（如有印装质量问题，我社负责调换）

丛书顾问及编写委员会

顾　问

钱正英　徐匡迪　周生贤　解振华

主　编

周　济　沈国舫

副主编

郝吉明　孟　伟

丛书编委会成员
（以姓氏笔画为序）

于贵瑞	万本太	王　浩	王元晶	王基铭
石玉林	石立英	朱高峰	刘　旭	刘世锦
刘兴土	江　亿	苏　竣	杜祥琬	李　强
李世东	吴　斌	吴志强	吴国凯	沈国舫
张守攻	张红旗	张林波	孟　伟	郝吉明
钟志华	钱　易	殷瑞钰	唐华俊	傅志寰
舒俭民	谢冰玉	谢和平	薛　澜	

"新时期国家生态保护和建设研究"课题组
成 员 名 单

组　长：沈国舫　　中国工程院原副院长，院士
副组长：张守攻　　中国林业科学研究院院长，研究员
　　　　吴　斌　　北京林业大学党委书记，教授
　　　　李世东　　国家林业局信息中心主任，教授级高工
顾　问：李文华　　中国科学院地理科学与资源研究所研究员，院士
　　　　尹伟伦　　北京林业大学教授，院士
　　　　刘兴土　　中国科学院东北地理与农业生态研究所研究员，院士
　　　　马建章　　东北林业大学教授，院士
　　　　李佩成　　长安大学教授，院士
　　　　南志标　　兰州大学教授，院士
　　　　刘　震　　水利部水土保持司司长

专题研究组及主要成员

1. 天然林保护专题组
　　　　孙国吉　　国家林业局天保办主任
　　　　闫光锋　　国家林业局天保办处长
　　　　徐　鹏　　国家林业局天保办处长
2. 退耕还林(草)专题组
　　　　周鸿升　　国家林业局退耕办主任
　　　　敖安强　　国家林业局退耕办总工程师
　　　　陈应发　　国家林业局退耕办处长
　　　　孔忠东　　国家林业局退耕办处长
3. 防护林体系建设专题组
　　　　刘道平　　国家林业局造林司处长
　　　　何友均　　中国林业科学研究院林业科技信息研究所，研究员
4. 荒漠生态系统保育与荒漠化防治专题组
　　　　卢　琦　　中国林业科学研究院荒漠化研究所所长，研究员

吴　波　　中国林业科学研究院荒漠化研究所，研究员

5. 湿地保护专题组

崔丽娟　　中国林业科学研究院湿地研究所所长，研究员

王小文　　中国林业科学研究院湿地研究所副所长，高级工程师

6. 水土保持专题组

齐　实　　北京林业大学水土保持学院，教授

赵廷宁　　北京林业大学水土保持学院，教授

7. 野生动植物保护及自然保护区建设专题组

徐基良　　北京林业大学自然保护区学院，教授

丁长青　　北京林业大学自然保护区学院，教授

8. 城镇绿化及城市林业专题组

李　雄　　北京林业大学园林学院院长，教授

贾黎明　　北京林业大学林学院，教授

9. 草原保护专题组

卢欣石　　北京林业大学草地资源与生态研究中心，教授

课题工作组

组　长：李世东(兼)　国家林业局信息中心主任，教授级高工

副组长：严　耕　　北京林业大学人文学院院长，教授

成　员：王　波　　中国工程院咨询服务中心，博士

杨金融　　北京林业大学党政办，博士

丛 书 总 序

为了积极参与对生态文明建设内涵的探索，更好地发挥"国家工程科技思想库"作用，中国工程院、国家开发银行和清华大学于 2013 年 5 月共同组织开展了"生态文明建设若干战略问题研究"重大咨询项目。项目以钱正英、徐匡迪、周生贤、解振华为顾问，周济、沈国舫任组长，郝吉明、孟伟任副组长，20 余位院士、200 余位专家参加了研究。2015 年 10 月，经过两年多的紧张工作，在深入分析和反复研讨的基础上，经过广泛征求意见，综合凝练形成了项目研究报告。研究成果上报国务院，并分报有关部委，供长远决策及制定"十三五"规划纲要参考，得到了有关领导的高度重视。

项目深入分析了我国现阶段开展生态文明建设所面临的形势，并提出：资源环境承载力压力巨大，生态安全形势严峻，气候变化导致生态保护与修复的难度增大，人民期盼与生态环境有效改善之间的落差加大，贫困地区脱贫致富与生态环境保护的矛盾将更加突出，与生态文明相适应的制度体系建设任重道远，生态文明意识扎根仍需长期努力，国际地位提升下的国家环境责任与义务加大八个重大挑战。

此基础上，研究提出了我国生态文明建设的国土生态安全和水土资源优化配置与空间格局、新形势下生态保护和建设、环境保护、生态文明建设的能源可持续发展、新型工业化、新型城镇化、农业现代化、绿色消费与文化教育以及生态文明建设的绿色交通运输重要领域的九大战略，并针对每项战略提出了需要落实的若干重点任务。

研究专门提出了生态文明建设"十三五"时期的目标与重点任务。目标是：到 2020 年，经济结构调整和产业绿色转型取得成效，高耗能产业得到有效控制，节能环保等战略性新兴产业蓬勃发展；能源资源消耗总量得到有效控制，利用效率大幅提升；生态环境质量有效改善，危害人体健康的突出环境问题得到有效遏制；划定并严守生态保护红线，保障国家生态安全的空间格局基本形成；生态文明制度体系基本形成，生态文明理念在全社会全面树立。

建议将以下指标列入"十三五"国民经济与社会发展规划，作为约束性控制指标，到 2020 年实现：战略性新兴产业占 GDP 比例大于等于 15%；能源消费总量小于等于 48 亿 t 标准煤；非化石能源占一次能源比例大于等于 15%；碳排放强度比 2005 年下降 40%~45%；水资源利用总量小于等于 6500 亿 m^3；全国生态资产保持率大于等于 100%，森林覆盖率大于等于 23%，森林蓄积量大于等于 161 亿 m^3；国家生态保护红线面积比例大于等于 30%，自然湿地保护率大于等于 55%；全国地级及以上城市 PM_{10} 浓度比 2015 年下降 15% 以上；京津冀、长三角 $PM_{2.5}$ 浓度分别下降 25%、20% 左右；七大流域干流及主要支流优于Ⅲ类的断面比例大于等于 75%；节能环保投入在公共财政支出中的占比稳定在 3% 左右。

为实现上述目标，建议实施"民众为本，保护优先；红线约束，均衡发展；改革突破，从严追责；科技创新，绿色拉动"的指导方针，切实完成好以下九大重点任务：①实施绿色拉动战略驱动产业转型升级；②提高资源能源效率建设节约型社会；③以重大工程带动生态系统量质双升；④着力解决危害公众健康突出的环境问题；⑤划定并严守生态保护红线体系；⑥推进新型城镇化战略统筹城乡发展；⑦开展国家生态资产家底清查核算与监控评估平台建设，实施国家生态监测评估预警体系建设工程，建设生态环境监测监控的大数据整合技术平台；⑧全面开展全民生态文明新文化运动，引导和培育社会绿色生活消费模式；⑨实施生态文明工程科技支撑重大专项。

同时，为进一步推进生态文明建设，研究还提出了构建促进生态文明发展的法律体系，全面完善资源环境管理的行政体制，形成资源环境配置的市场作用机制，建立完善促进生态文明发展的制度体系，健全生态文明公众参与机制五个方面的保障条件与政策建议。

本套丛书汇集了"生态文明建设若干战略研究"的项目综合卷和8个课题分卷，分项目综合报告、课题报告和专题报告三个层次，提供相关领域的研究背景、涵盖内容和主要论点。综合卷包括综合报告和相关专题论述，每个课题分卷则包括课题综合报告及其专题报告。项目综合报告主要凝聚和总结了各课题和专题中达成共识的一些主要观点和结论，各课题形成的一些独特观点则主要在课题分卷中体现。本套丛书是项目研究成果的综合集成，凝聚了参研院士和专家们的睿智与心血。希望此书的出版，对于我国生态文明建设所涉及的相关工程科技领域重大问题的破题，予以帮助。

生态文明建设是新时期我国实现中华民族伟大复兴中国梦的重要内容，更是一项巨大的惠及民生的综合性建设，本项研究只是该系列研究的开始，由于各种原因，难免还有疏漏和不够妥当之处，请读者批评指正。

中国工程院"生态文明建设若干战略问题研究"

项目研究组

2016 年 9 月

前　言

中国工程院于 2013~2015 年设立了"生态文明建设若干战略问题研究"咨询研究项目，并开展了包含 9 个课题在内的研究工作，其中就有"新时期国家生态保护和建设研究"课题。本书就是"新时期国家生态保护和建设研究"课题的研究报告及其下设置的 10 个专题研究报告的结集。

生态保护和建设是生态文明建设的一项基础工作，它和"资源节约"和"环境保护"一起构成生态文明建设的三大支柱。中国的生态保护和建设工作非常重要。由于国家规模大、自然条件复杂多样及人类文明开发历史悠久等，中国的生态保护和建设具有规模宏大、内容丰富、任务艰巨、需长期应对的特点。如果从新中国设置的第一个防护林建设计划(东北西部防护林，1952 年)及设立的第一个国家自然保护区(鼎湖山国家级自然保护区，1956 年)算起，中国的生态保护和建设事业已经走过了 60 多年的历程。这中间有过成功，也有过曲折，特别是三年困难时期和"文化大革命"时期，我国的自然生态受到了巨大的冲击，生态保护和建设工作经受了挫折和倒退。但是经过"拨乱反正"和改革开放，我国的生态保护和建设事业出现了蓬勃发展的局面，如天然林保护、退耕还林还草、土地荒漠化治理、水土保持、湿地保护、多项防护林工程、城乡绿化等，一项又一项生态保护和建设工程陆续开展，在中央政策和财政的大力支持下，在全民协同的努力下，取得了丰硕的成果。中国共产党第十八次全国代表大会(简称中共十八大)把生态文明建设提到了前所未有的高度，使得生态保护和建设的指导思想更加清晰，理念更加科学，方针原则更加符合实际，使生态保护和建设工作又推进了一大步。

客观地评价，中国的生态保护和建设取得了巨大成绩。从几个重要的指标来看，中国森林资源的恢复增长，湿地保护率的提高，荒漠化土地的缩减，水土保持治理率的提高，自然保护区和国家森林公园、湿地公园保有量的增加等(这些情况在本书相关章节中均有叙述分析)，无不说明中国的自然生态系统退化已经得到遏制，而且越过了谷底，恢复在望。但是，由于中国的生态修复难题实在太大、人口众多、城镇化加速、工矿和交通事业的发展，乃至还没有生态化的农业生产等，对自然生态的压力太大，新的侵占和破坏屡见不鲜，加重了生态保护和建设的负担。在这个新形势下，中国的生态保护和建设工作该如何应对、如何发展，从发展势态上要有一个客观全面的分析，在发展战略上要有一个创新跨越的思考，在方针政策上要有一个科学符合实际的设计，以便协助各有关方面把握好机遇，选择好对策，完成好任务。中国工程院的"生态文明建设若干战略问题研究"咨询研究项目就是针对这样一个需求来从事咨询研究的。"新时期国家生态保护和建设研究"课题也是按照这个总要求在这个领域开展咨询研究的。我们试图把由国家多个部门分管的生态保护和建设事业作为一个整体来对待，在中央提出的生态文明建设总体框架的指导下，分析探讨它的发展思路和战略，有针对性地提出应采取的主要措施及政策调整的建议。尽管我们的视野可能还不够开阔，我们的认识高度可能还未达到应有水平，我们的实际建议也可能还不能完全适应实际工作的需要，但我们这个工作集体确实在这方面作了努力。在全面分析当前发展态势的基础上，我们提出了一些与当前生态保护和建设工作运行相关的看法，我们也作了一些补充性的政策建议及前瞻性的发展预测。我们希望通过我们的努力对未来我国生态保护和建设事业的发展有所帮助。我们乐于接受未来实践对我们认识的考验。

沈国舫

2017 年 2 月

目　　录

课题综合报告

专　题　研　究

课题综合报告

第一章　新形势下生态保护和建设战略研究

资源约束趋紧、环境污染严重、生态系统退化是当前我国社会经济面临的严峻形势，生态问题和环境问题是我国生态文明建设要关切的首要问题。

第一节　生态保护和建设的概念及其在生态文明建设中的地位

一、生态保护和建设的概念

迄今为止，对生态和环境问题的概念和表述还有一些不够明确的地方。中国共产党第十八次全国代表大会(中共十八大)提出要"加大自然生态系统和环境保护力度，良好的生态环境是人和社会可持续发展的根本基础。"中国共产党第十八届中央委员会第三次全体会议(中共十八届三中全会)提出要"完善环境治理和生态修复制度，用制度保护生态环境""改革生态环境保护管理体制"。从这些命题中可以得出一些基本共识：总的题目是生态环境保护，其内涵可分为两大部分，即生态保护(修复)和环境保护。

对于环境保护(environmental protection)，大家的认识比较一致，即主要是针对人为活动所造成的各种环境(大气、水、土壤等)污染及其相关影响从源头、过程及后果全程加以保护和治理的活动。而对于生态保护(ecological conservation)一词的名称和内涵，人们虽存在一些共识，但也有一些不同的看法。

共识的部分指生态保护是针对人为活动造成的自然生态系统(森林、草原、荒漠、湿地、海洋等)退化、破坏，甚至消失所采取的保护和修复活动；而不同的看法则体现在对其名称、范畴和内涵的认识上有分歧，以至于现在在学术界、媒体和政府文件的表述中出现差异，在用词上出现"生态保护""生态建设""生态修复""生态保护和建设"等不同表述，在内涵理解上多少也有差异。

（一）生态保护和建设的范畴和内涵

生态保护和建设的范畴是指生态保护和建设的对象，首先就是自然生态系统，即森林、草原、荒漠、湿地、海洋等生态系统，另外还包括构成这些生态系统的所有组分和物种。生态保护和建设的对象除上述自然生态系统以外，还应包括人工生态系统，如农田、城镇等(表1-1)。

生态保护和建设的内涵则是指各个类型和层次的保护和建设活动，包括保存(reservation)、保护(protection)、保育(conservation)、培育(cultivation)、修复(rehabilitation)、改良或改造(amelioration, reconstruction)、恢复重建(restoration)、更新(regeneration)、新建(new establishment)等活动。需要说明的是：自然保护区(natural reserve)的工作，实质上是一种保存活动，即通过保护使之不受任何干扰来保存生态系统的原始状况。而生态保育则是在保护的基础上加以适当的培育措施(包括抚育管理)，以使生态系

表 1-1　生态保护和建设范畴及内涵

自然生态系统	不同状况下的保护建设措施				复合生态景观和区域，全球生态系统
	原始或保存较好的生态系统	轻中度退化的生态系统	严重破坏退化的生态系统	原生生态系统已消失的土地	
森林 草原 荒漠 湿地 海洋	物种与种群的生物多样性保护 ↓ 生态系统的保护 ↓ 各种自然保护区的保存	生态系统的保护 ＋ 生态系统的培育 ↓ 促进正向生态演替的生态保育	退化生态系统在保护后自然恢复 ＋ 积极保育的生态修复 ＋ 生态系统组成和结构的改良或改造	转变为其他生态系统 ↓ 用人工方法仿造重建原有生态系统 或 根据需求新建不同于原有的生态系统	多种措施的综合治理：土地利用调整、植树造林、水土保持、荒漠化防治、石漠化治理、生物碳汇增储
			生态系统的恢复重建		

人工生态系统	治理措施
农田	耕地保护，退耕还林(草)，退耕还湿，生态农业，农林复合经营，农田(牧场)防护林营造
城镇	城镇园林绿化，城市(郊)林业，建筑立体绿化及内部绿化
废弃或损害的工矿交通用地	矿山废弃地修复，采空塌陷地修复，工厂废弃地修复，厂区绿化，交通建设损害地修复，绿道建设，油气管线、高压线路等建设用地的修复

统逆转退化趋势，加速正向演替。生态修复(ecological rehabilitation)是在原有自然恢复(ecosystem recovery)的基础上采取了更积极的培育措施，包括保护、抚育、促进、补植(播)、更新等手段，达到按一定目标恢复重建生态系统活动的目的。在原生生态系统已遭严重破坏而退化到了不易通过自然演化过程恢复到理想状态时，必须采取人工改造或改良措施(如次生林改造、草场改良等)。在原生生态系统已彻底破坏而消失，或在有必要改变原来生态系统布局及在人工生态系统的范围内，只能采用人工手段新建某种生态系统来满足生态、社会及经济的需求时，这种新建活动(人工林、人工草地、人工湿地等)的生态建设也必不可少。

以上这些生态保护和建设的活动都可以总括在生态系统管理(ecosystem management)的概念内，但是还有一些活动超出了这个范围，那就是物种和种群层面的生物多样性保护(biodiversity conservation)。其中野生动植物的保护(wildlife protection)可以由现地保护及异地保护(如植物园、动物园)的形式来实现。种质资源(种群)生物多样性保护可以用种质资源收集基地及种质资源库(种子库)的形式来实现。

还有一些活动则是超出了单个生态系统层次，而是在多生态系统复合的景观层次或人工生态系统中进行保护、调整、新建等综合治理，如生态农业和防护林营造、水土保持、荒漠化防治、退耕还林(草)、城镇绿化和城市林业、工矿废弃地修复。所有这些都属于生态保护和建设应有的范畴。

（二）生态保护和建设的规范名称

所有这些需要有一个总的名称来概括。"生态环境建设"一词曾经被广泛应用，但后来有人提出了一些不同意见。一种意见是"生态"和"环境"的含义互有交接和包容，不宜联用，包括最初提出生态环境（ecological environment）概念的黄秉维先生后来也反对用"生态环境"一词，认为和国际不接轨。另一种意见是针对生态环境建设中的"建设"两字，认为过于强调人为措施的作用，有削弱尊重自然规律、依靠自然恢复之嫌，建议不用或少用。这些问题于 2003～2005 年曾经在学术界有过广泛讨论，但意见不一，没有得出结论。这之后不同部门在用词中产生了一些分歧。林业部门从 2002 年出台了中国林业发展战略研究成果后，把所有以发挥森林生态功能为主的林业活动统称为"林业生态建设"，这也反映在中央关于加快林业发展的有关文件中。"生态建设"一词也在其他部门的工作中得到应用，产生了农业生态建设、草原生态建设、水利生态建设及其他相关用语。因此，在相当的一段时间内，把"生态建设"与"环境保护"并列使用以表达"生态环境保护"的内容，这也反映在国家社会经济发展的五年规划中。

但是，由于在我国的生态建设中确实出现过忽视自然规律的作用而过于强调人为治理活动功能的偏向，一部分人对应用"生态建设"一词持保留态度，主张只使用"生态保护"一词。另外，在实施生态保护的活动中，又出现了过于强调被动的保护而忽视加强抚育管理和合理利用生态系统综合功能（指生产、调节、支持和文化功能）的偏向。因此，也有人认为单用"生态保护"一词概括不全，带有某种消极因素，这样就导致了当前在生态治理方面用词的混乱和歧义的产生。

我们认为，在中国的语言环境中，用"生态建设"来概括所有生态方面的活动本来是可行的。"建设"两字在中国语义广泛，不仅指人为建造的过程，也可指完成某项事业或工程的进程，既可有工程实体的建设，也可有诸如队伍建设、思想建设的说法。"建设"不一定硬性与"construction"来对应，也可以译成"development"或"improvement"等词。生态建设则是改善生态的一切活动的总称，是包括保护活动在内的，甚至以保护作为前提。过去在生态建设中出现的一些忽视自然作用的偏差，是认识上和工作上的偏差，是可以纠正的，并不妨碍"生态建设"一词的应用。但考虑到以上一些认识上的分歧，我们认为"生态建设"和"生态保护"可以在侧重不同的场合分别使用，也可以把两者并用或联用。我们注意到最近媒体上多次出现"生态保护和建设"，甚至"生态保护建设"的提法。我们认为只要大家乐于接受，约定俗成，今后就推广这种表述也是可行的。我们认为不必多虑这是否与国际接轨，请翻译家再想办法吧，也希望在国际的语境中能逐步接受中国应用的一些名词规范。我国政府创导的"生态文明"（ecological civilization）一词通过大家最近两三年的努力，已经成为国际上可接受的用词，甚至被联合国环境规划署所推崇，这也是一个明证。

二、生态保护和建设在生态文明建设中的地位

生态安全是生态文明建设的三大目标之一。虽然生态文明建设涉及诸多方面，但必须非常明确，我国生态文明建设的起因是应对生态危机、环境危机和资源危机，目的是

实现生态安全、环境良好和资源永续，所以，生态保护与建设也就与环境保护、资源节约一起，构成了生态文明建设的三个主题。从表面上看，良好的环境和永续的资源直接维系人类的生存，但细究起来，环境和资源都依赖于生态系统的支撑，离开了生态系统，环境和资源都必然成为无源之水、无本之木。在生态文明建设的三个目标中，环境良好和资源永续是生态文明建设的直接目标，生态安全则是其基础和保障。生态保护和建设在生态文明建设中，乃至对于人类的生存与发展而言，都具有基础性和根本性地位。

（一）生态保护和建设是生态文明建设的治本之策

为解决中国当前面临的资源约束趋紧、环境污染严重、生态系统退化等严峻问题，党和政府提出了生态文明建设，并要求把生态文明建设放在突出地位。生态文明建设强调改善生态、保护环境标本兼治。生态保护和建设是环境良好与资源永续的先决条件，环境状况和资源状况无时无刻不受到生态状况的影响。生态健康是环境良好和资源永续的源泉，生态退化必然导致环境恶化和资源匮乏。

（二）生态保护和建设是保障生态产品和国土安全的关键所在

生态产品已被认为是当今中国最短缺的产品。清新的空气、清洁的水源、舒适的环境和宜人的气候随着经济的发展反而成了奢侈品。究其原因在于粗放的发展对提供生态产品的森林、草场、湿地等生态空间的肆意践踏。许多地方的发展负荷超过了生态容量，突破了生态红线，出现了生态赤字，由此带来的生态危机，尤其是日益频发和日益严重的生态灾害，给国家的生态安全造成了直接威胁。因此，加强生态建设和保护不仅能够提供必要和充足的生态产品，而且有助于减少乃至消除生态赤字，维护国土生态安全。

（三）生态保护和建设是优化国土空间开发格局的基本手段

科学合理的城镇化、功能区分类建设、业态优化和产业升级等都是优化国土空间开发格局的途径，所有这些都以生态保护与建设为前提。合理的城镇化进程应统筹人口、资源、环境和生态的关系，优化城镇功能布局，打造人与自然、社会与生态和谐的人居环境。功能区分类建设则要以区域的自然环境要素、生态系统特征、经济社会发展水平为依据。业态优化和产业升级则应把生态效益与经济效益结合起来，探索将生态优势转化为经济优势、将经济优势转化为生态优势的途径。总之，只有把生态保护好、建设好，人们的生产和生活才有恰如其分的安放之所，才能实现"人与天调"的国土开发格局。

（四）生态保护和建设是关系美丽中国和中华民族永续发展的百年大计

没有山清水秀、天蓝地绿、鸟语花香，就没有美丽中国。良好的生态条件是人类生存和发展的基础。由于过度重视短期的经济增长，当代人过度利用了自然资源，这些"吃祖宗饭、造子孙孽"的行为违背了代际公平的原则，导致子孙后代无法获得必需的生存条件。转变当前的发展方式，已经成为中华民族永续发展的迫切要求。减少乃至消除生态赤字，一方面要减轻生态负载，另一方面必须扩大生态容量。只有保护森林、草原、江河湖泊等自然生态系统，才能保障子孙后代拥有生活所需的空气、淡水和食物等。

（五）生态保护和建设是我国树立良好国际形象的必然选择

生态差距已成为我国最大的发展差距。尽管我国已成为世界第二大经济体，但同时也是生态恶化、环境污染和资源消耗的大国。尤其是生态退化带来的沙尘暴和极端气候变化等问题已引起了邻国的关注和担忧。我国领导人已经多次表示，作为一个负责任的大国，我们要按照共同但有区别的原则承担必要的生态环境责任，为全球生态安全做出贡献。加强生态保护和建设，从而增加森林和湿地面积，减少荒漠化，增加生物多样性，不仅是我国履行国际义务的需要，也是弘扬生态文明建设理念，提升我国软实力和国际形象的需要。

第二节　我国生态保护和建设的现状、经验和问题

我国幅员辽阔、自然生态条件复杂、区域差异巨大，生态空间格局具有多样性、非均衡性特征。尽管近年来我国生态保护和建设取得明显成效，局部地区生态质量有较大改善，但生态资源不足、生态条件脆弱的基本情况没有根本改变，部分地区生态退化趋势尚未得到根本遏制，可以概括为"成就明显，局部改善；基础薄弱，形势严峻"。

一、我国生态保护和建设成就明显，局部改善

改革开放 30 多年，特别是 21 世纪 10 多年以来，随着经济社会的不断发展，国家投入巨资实施重点生态工程，开展大规模的生态保护和建设，取得显著成就；同时部分农区、山区的产业结构发生变化，生产水平提高，农村人口转移，能源结构发生变化，对自然生态系统的影响方式发生转变，许多地方生态状况明显改善。

（一）实施重大生态工程，森林覆盖率和森林蓄积量实现双增

国家大力实施天然林保护、退耕还林、防护林建设等生态工程。截至 2013 年年底，天然林保护工程累计完成造林 1508.99 万 hm^2，全国天然林面积从 11 969 万 hm^2 增加到 12 184 万 hm^2，天然林蓄积量从 114.02 亿 m^3 增加到 122.96 亿 m^3。退耕还林工程实施以来，共退耕还林 2940 万 hm^2，累计完成造林 2580.62 万 hm^2，工程区森林覆盖率提高 3 个百分点以上，带动退耕农户直接增收、农村产业结构调整和粮食稳产。防护林体系建设成效显著，"三北"防护林工程实施 35 年累计完成造林保存面积 2647 万 hm^2，"长江防护林、珠江防护林、沿海防护林、太行山绿化、平原绿化"二期工程共完成造林 1322.0 万 hm^2，低质低效林改造 31.4 万 hm^2。以工程实施为牵引，我国森林资源呈现出数量持续增加、质量稳步提升、效能不断增强的态势：据第八次全国森林资源清查，森林面积由 1.95 亿 hm^2 增加到 2.08 亿 hm^2，人工林面积增加至 6933 万 hm^2，森林覆盖率由 20.36%提高到 21.63%，森林蓄积量由 137.21 亿 m^3 增加到 151.37 亿 m^3，森林每公顷蓄积量达到 89.79 m^3，近熟林、成熟林、过熟林面积比例上升 3 个百分点，森林植被总生物量 170.02 亿 t，总碳储量达 84.27 亿 t，年涵养水源量 5807.09 亿 m^3，年固土量 81.91 亿 t，年保肥量 4.30 亿 t。

（二）加强荒漠化防治，荒漠化土地面积持续减少

近 30 年来，通过一系列国家级生态工程的实施，以年均 0.024%的国内生产总值（GDP）投入，治理和修复了大约 20%的荒漠化土地。一是荒漠化和沙化土地持续减少。

据 2011 年公布的第四次全国荒漠化和沙化监测结果，我国土地荒漠化和沙化整体得到初步遏制，荒漠化和沙化土地面积持续减少，5 年间荒漠化土地面积净减少 12 454km²，年均减少 2491km²；沙化土地面积净减少 8587km²，年均减少 1717km²；石漠化土地减少 9600km²。二是沙化程度持续减轻。2004～2009 年，中度、重度、极重度沙化土地面积分别减少 9906km²、10 400km² 和 15 600km²。三是沙区植被状况进一步改善。沙化土地植被盖度以年均 0.12% 的速度递增，重点治理区林草植被盖度增幅达 20% 以上，生物多样性日益丰富，植被群落稳定性增强。四是重点治理区生态环境明显改善。与 2001 年相比，京津风沙源治理工程区地表释尘量减少了 43.3%、土壤风蚀总量减少了 44%、水蚀总量减少了 82%。

（三）湿地保护管理不断加强，湿地保护体系初步形成

实施《全国湿地保护工程实施规划(2011—2015 年)》，到 2013 年全国已建立 550 余处湿地自然保护区、468 个湿地公园，有 46 处国际重要湿地，基本形成了以湿地自然保护区为主体，国际重要湿地、湿地公园等相结合的湿地保护体系。积极开展《关于特别是作为水禽栖息地的国际重要湿地公约》(简称《湿地公约》)履约工作。根据第二次全国湿地资源调查(2009—2013 年)，受保护湿地面积 2324.32 万 hm²，受保护湿地面积比第一次全国湿地资源调查(2003 年)同口径增加了 525.94 万 hm²，湿地保护率由 30.49% 提高到现在的 43.51%。

（四）草原质量出现好转，草地恶化势头初步遏制

随着轮牧、禁牧、圈养等草原牧业生产方式的大力推广，全国草原生态加速恶化的势头初步得到遏制。2013 年，全国草原综合植被盖度达 54.2%，全国禁牧草原面积达 0.96 亿 hm²，草畜平衡面积达 1.73 亿 hm²；全国重点天然草原的平均牲畜超载率为 16.8%，较上年下降 6.2 个百分点，自 21 世纪以来全国重点天然草原平均牲畜超载率首次下降到 20% 以下。

（五）自然保护区建设成效明显，野生动植物保护不断加强

截至 2013 年年底，我国共建立国家级自然保护区 407 处。自然保护区总面积约 149.71 万 km²；建立了自然保护小区 5 万多处，总面积 1.50 万多 km²。自然保护体系有效保护了我国 90% 的陆地生态系统类型、85% 的野生动物种群和 65% 的高等植物群落。濒危物种的拯救和繁育不断加强，珍稀濒危陆生野生动物的种群基本扭转持续下降的态势，总体稳中有升。科学开展迁地保护。建有植物园近 200 个，收集保存了占中国植物区系 2/3 的 2 万个物种；建立了 230 多个动物园、250 处野生动物拯救繁育基地；建立了 400 多处野生植物种质资源保育基地；建立了中国西南野生生物种质资源库。

（六）坚持综合治理，水土保持和工矿区生态恢复取得新进展

健全水土流失综合防治支撑体系，实施水土流失综合治理。根据全国水土保持情况普查，近 15 年我国水土流失面积净减少 61 万 km²，水土保持措施保存面积达 99.16 万 km²。土壤侵蚀面积比 2002 年第二次全国土壤侵蚀遥感调查减少 17.06%。2010 年新的《中华人民共和国水土保持法》施行以来，新增水土流失综合治理面积 15.8 万 km²，

年平均减少土壤侵蚀 15 亿 t。工矿区生态恢复不断加强。

（七）城镇生态建设力度加大，城镇绿化规模不断扩大

国家有关部委对城镇生态保护和建设给予重视，先后制定"国家园林城市""全国绿化模范城市""国家森林城市""生态园林城市"等引导政策，辐射带动城镇绿化速度不断加快。全国城市人均公园绿地面积从 2000 年的 3.7m^2 增加到 2012 年的 12.3m^2。全国城市建成区绿化覆盖面积 149.45 万 hm^2，绿化覆盖率 38.22%，城市人均公园绿地面积 10.66m^2。城镇绿化建设形成不同的绿地布局结构，城市森林建设形成"点线面"相结合的模式。

二、我国生态保护和建设基础薄弱，形势严峻

尽管我国生态保护和建设成效显著，但是由于生态资源总量不足、基础薄弱，我国自然生态系统十分脆弱、生态产品十分短缺、生态破坏十分严重、生态压力剧增、生态差距巨大的基本特征没有变。结合近年来完成的第二次全国土地调查、第八次全国森林资源清查、第四次全国荒漠化和沙化监测、第二次岩溶地区石漠化监测、第二次全国湿地资源调查等结果分析，可以将我国生态保护建设面临的严峻形势概括为 5 个方面。

（一）自然生态系统十分脆弱，生态承载问题日益突出

我国生态资源总量不足，森林、湿地、草原等自然生态空间不足，生态系统十分脆弱的情况将长期存在。截至 2013 年，全国林地面积 25 395 万 hm^2，草地面积 28 731.4 万 hm^2，湿地面积 5360.26 万 hm^2。近年来我国生态用地变化明显，近 5 年间已有 800 万 hm^2 林地转变为非林地，每年流失林地高达 161.2 万 hm^2。全国因草原退化、耕地开垦、建设占用等因素导致草地减少 1066.7 万 hm^2。根据第二次全国湿地资源调查，2013 年与 2003 年相比，湿地面积减少 339.63 万 hm^2，减少率为 8.82%，其中自然湿地面积减少率为 9.33%，具有生态涵养功能的滩涂、沼泽减少 10.7%，冰川与积雪减少 7.5%。

（二）生态系统功能不强，生态产品十分短缺

我国是世界上人均生态资源稀缺的国家之一，生态系统服务功能较弱，与人民日益增长的生态产品需求相比差距明显。森林资源总量相对不足、质量不高、分布不均、功能不强的状况仍未得到根本改变，人均森林面积仅为世界人均水平的 1/4，人均森林蓄积量只有世界人均水平的 1/7。生物多样性锐减，濒危和受威胁物种总数居高不下，已占到脊椎动物和高等植物种类总数的 10%～15%，许多野生动植物的遗传资源仍在不断丧失。湿地受威胁压力持续增大、保护空缺较多，功能有所减退，生态状况依然不容乐观，湿地生态状况总体上处于中等水平，其中评级为"好"的湿地占湿地总面积的 15%，评级为"中"的占 53%，评级为"差"的占 32%。草原质量和生产力水平普遍较低，中度和重度退化草原面积仍占 1/3 以上，生态产品生产能力严重不足。

（三）生态破坏十分严重，生态赤字有扩大趋势

我国自然资源开发利用不当所引发的生态破坏问题仍然严重。公路铁路、城镇建设、

矿产资源开发、水利水电大型工程等各类开发建设活动对水、土、植被自然资源的破坏情况严重，生态系统破碎化趋势值得重视。近5年来，毁林开垦等面积超过133万hm²，生产建设项目造成地表土层破坏、加重水土流失的面积达500万hm²，增加的水土流失量达3亿t。保护性破坏的现象在局部地区存在。生态系统退化问题突出，边保护边破坏现象严重。荒漠化土地、退化草原、水土流失面积较大，局部地区仍有扩展。北方荒漠化地区植被总体上仍处于初步恢复阶段，自我调节能力仍较弱，稳定性仍较差，难以在短期内形成稳定的生态系统。西南地区石漠化和生物多样性问题突出，西北地区草原荒漠化和土壤盐渍化问题严重，青藏高原地区冰川和湿地面积萎缩、草地退化和生物多样性降低问题明显，黄土高原地区植被破坏、水土流失问题严峻。根据世界自然基金会和中国科学院地理科学与资源研究所联合发布的《中国生态足迹报告2012》，我国80%的省份出现生态赤字，仅有的西藏、青海、内蒙古、新疆、云南和海南等生态盈余区，其生态脆弱性也比较突出。究其原因是自20世纪70年代初以来，我国消耗可再生资源的速率开始超过其再生能力，出现生态赤字。由于人口数量大，我国的生态足迹总量是全球各国中最大的，已经超过自身生态承载力的一倍。

（四）生态压力剧增，保护建设难度加大

我国在生态保护和建设方面"历史欠账"太多，随着我国经济持续高速或较高速增长，新老生态问题交织，将在相当长时期内形成较强的刚性生态压力，生态保护和建设面临十分艰巨的任务，需要较长时间、付出很高代价，是一场攻坚战、持久战。巩固现有生态保护建设成果的难度加大，对已有的5亿多hm²林地、湿地、沙地的治理保护经营管理任务更加艰巨。目前的可造林地60%集中在中西部地区，地块分散，条件很差，造林难度越来越大。例如，全国仍有180多万km²水土流失面积、2400万hm²坡耕地和44.2万条侵蚀沟亟待治理，全国资源枯竭型城市约有14万hm²沉陷区需要生态修复治理。据第二次全国土地调查初步结果，全国有564.9万hm²耕地位于东北、西北地区的林区、草原，以及河流湖泊最高洪水位控制线范围内，还有431.4万hm²耕地位于25°以上陡坡。随着经济社会特别是城镇化的加速发展，经济发展对生态系统的影响将不断加剧，应守住生态红线，扩大生态空间，对此我们肩负着巨大压力。气候变化对生态系统演变产生的影响不容忽视，气候变化导致森林树种结构与分布改变，阔叶林向更北更高扩展，物种适生地整体北移。华北、东北、黄土高原和西南地区的气候暖干化导致水资源日趋紧张，降水减少地区的森林向旱生化演替，草地退化，湿地萎缩，森林、草原火灾与虫鼠害加重，部分地区荒漠化加重。旱涝急转加剧了南方丘陵山区的水土流失。气候异常和极端事件频繁发生使生态系统的不稳定性增加，生物多样性减少，一些珍稀物种濒临灭绝。

（五）生态差距明显，履行国际生态责任面临严峻形势

良好的生态是一个国家最核心的竞争力之一。与生态良好的发达国家相比，我国是森林资源最贫乏的国家之一，即使现有3亿多hm²林地全部造上林，覆盖率也只有26%，不及世界平均水平的31%。我国作为世界上最大的发展中国家，在人均自然资源上与其他发展中大国相比并无优势。我国是土地沙化和水土流失最严重的国家之一，

沙化土地面积超过国土面积的 1/5,水土流失面积超过国土面积的 1/3。生态差距是我国与发达国家的最大差距。世界各国特别是世界大国,国际组织特别是联合国机构,对全球变化、生态问题的关注与日俱增,各类生态环境行动不断涌现,给我国生态保护和建设带来了前所未有的国际压力。国际社会对森林资源保护、荒漠化防治、湿地保护、野生动植物保护等相关公约管制刚性约束机制趋强,涉及中国的敏感物种和敏感议题不断增多,履行国际公约的任务将愈发艰巨。

总之,我国生态条件脆弱,局部生态改善和局部恶化并存,生态问题仍是制约我国经济持续健康发展的重大问题、人民生活质量提高的重大障碍、中华民族永续发展的重大隐患,必须对生态保护和建设的长期性、艰巨性和复杂性给予高度重视。

三、我国生态保护和建设积累的主要经验

(一)党和政府主导,多方积极参与

生态保护和建设是综合性的系统工程,涉及面广,实施难度大。长期以来,党和政府对生态保护和建设的认识不断深化,坚持发挥社会主义制度集中力量办大事的优越性,强力推动生态保护和建设,实施了一大批重点工程,推动治理区呈现生态改善的良好势头。在此过程中,注重调动各类社会主体投身生态保护和建设的积极性,广大人民群众成为生态保护和建设的参与主体。截至 2013 年年底,全国参加义务植树人数累计 144.3 亿人次,植树 665.2 亿株。生态工程区的广大群众通过多种形式,投身生态保护和建设,做出了重要贡献。

(二)生态民生兼顾,治理开发并重

20 世纪末以来,重点生态工程在保护生态的同时,通过对生态脆弱区农民进行补偿,实施生态移民、劳动力转移,实现禁伐、禁牧轮牧等生产生活方式转变,提高人民群众的生活水平,也在局部减少了对自然资源的压力,缓解了经济发展对生态保护的压力。草原、海洋和其他生态系统的保护和建设,也都尽可能把改善生态状况与改善城乡居民生产生活条件、提高人民群众收入统一起来。

(三)遵循自然规律,坚持因地制宜

生态保护和建设逐步摒弃以往人定胜天、战天斗地等错误做法,综合考虑区域自然资源条件,根据因地制宜、因害设防、科学规划、合理布局、分类指导、防治结合的要求,推进生态保护和建设。坚持工程措施、生物措施相互配合,植被建设按照乔灌草配合,宜乔则乔、宜灌则灌、宜草则草、宜造则造、宜封则封。对尚未遭受破坏的生态系统进行严格保护;对遭受一定程度破坏的生态系统加强保护,休养生息;对很难自我恢复或需要漫长时间才能恢复的生态系统,通过人工辅助措施,加快恢复步伐;对已完全破坏的生态系统,通过人工措施恢复重建。

(四)实施重大工程,长期坚持不懈

自"三北"防护林工程实施以来,我国以重点区域和关键领域为抓手,坚持实施重

大生态工程，给予长期连续的保护建设，不断发挥工程综合效益，对于扩大森林、湿地面积，推进荒漠化、石漠化、水土流失综合治理，增强生态产品生产能力起到了至关重要的作用。

（五）不断改革创新，适时调整政策

各级政府和部门在强化政府的行政推动的同时，注重发挥市场机制的作用，创新组织发动机制，建立健全多元化筹资机制。坚持鼓励扶持与约束制约相结合，激发生态保护和建设的内在活力。

四、我国生态保护和建设存在的主要问题

（一）生态优先理念未完全树立，生态系统综合管理不到位

部分地方政府对生态保护建设的重要地位认识不到位，部分领导干部缺乏生态优先观念，没有树立生态红线底线思维，不顾生态承载力盲目决策。部分地区以牺牲生态换取经济发展，片面追求GDP。在生态保护建设实践中，缺乏生态系统管理的科学理念，"山水林田湖是一个生命共同体"的系统思想树立不够，对生态系统具备的整体性规律、多样性特点认识不到位，对自然资源保护和利用统筹兼顾不到位。口头生态和伪生态做法不同程度存在，一些地区违背生态规律主观蛮干，林草植被建设忽略水土资源承载力，只强调提高植被覆盖率，忽视生态功能和生态系统服务的恢复；城镇土地粗放利用、空间无序开发，追求挖山填湖、大树移栽、一夜成林等短期行为，景观结构与所处区域的自然地理特征不协调，千城一面现象突出，无法体现城镇特色风貌，"治理性"破坏、"开发性"破坏的现象在少数地方不断蔓延。生态保护建设中对自然修复和人工建设的有机结合认识不到位，既有忽视自然规律作用而过分强调人为治理活动功能的偏向，也有过分强调被动保护而忽视人工管理和合理利用生态系统服务功能的偏向。人工干预保护措施与自然封育措施结合不紧密，单纯强调自然修复或人工建设，出现偏差。

（二）法律体系和管理体制不健全，生态补偿机制亟待完善

生态保护建设的法律体系还很不完善，理念滞后、体系散乱、层次较低。《中华人民共和国森林法》《中华人民共和国野生动物保护法》《中华人民共和国防沙治沙法》的修订亟待加速，湿地保护至今没有国家层面的法律保障。现有法律、制度、政策尚不适应要求，落实不够严格，重授权性规定，轻责任性规定；程序性规定不足、不清、不细；行政执法和司法衔接不足，处罚力度偏轻、执法不严的问题突出。具备生态保护建设整体性、系统性的法律法规被管理部门人为切割，有关单行法之间相互冲突、脱节。行政管理的分割性与自然生态系统的整体性要求存在冲突。生态保护建设综合规划和宏观政策制定基本归属综合经济部门，具体的自然保护建设职能则分散在林业、水利、农业、国土资源(国土)、环境保护(环保)等部门，条块分割明显，监管力量分散、职能分散交叉，效能性、统筹性不强，对山水林田湖的综合保护和建设不够。在生态补偿方面，缺乏科学设计，对生态产品的公共属性和社会属性认识不到位，生态效益等体现生态文明建设状况的指标尚未真正纳入经济社会评价体系，生态补偿中"谁受益、谁补偿，谁受

损、谁获偿"的公平问题没有妥善解决。生态补偿范围不明确、补偿标准不科学、补偿模式比较单一、资金来源缺乏、政策力度偏小、范围偏窄。地区间没有建立横向生态补偿制度，缺乏调动和激励自觉保护生态的机制。

（三）顶层设计不系统，生态工程的持续性不强

我国国情和自然条件极为复杂，各地情况千差万别。目前生态保护建设的总体设计缺乏系统性，与经济结构调整、生活方式和消费模式转型的要求结合不紧密，急需在生态文明建设框架下进行顶层设计。与《全国主体功能区规划》相适应的生态保护建设区域性、行业性和专题性规划不完善，部分规划互不一致、交叉重叠。森林、湿地、草原、水土保持、自然保护区、野生动植物保护各单项规划之间的衔接不畅。部分生态保护建设工程"重建设、轻论证"，急需增强工程规划的科学性、稳定性，提高分类指导性和可操作性。部分地区生态保护建设工程有规划、不执行，约束性不强，导致建设内容无法落实到具体的山头地块。各地在落实生态保护建设工程中，还存在闭门造车、拍脑袋决策等不良倾向。部分生态工程的连续性不强，如退耕地还林任务停滞与基层需求形成强烈反差，退耕还林政策补助比较效益大幅度下降，巩固工程建设成果的压力越来越大。又如，在天然林保护方面，全国尚有 14 个省（自治区、直辖市）的天然林缺乏保护的统一规划，工程区森林抚育政策仍待完善，一些补助政策标准偏低，未及时调整，资金缺口较大。

（四）保护和建设的投入不足，人才培养使用、科技支撑存在薄弱环节

生态保护和建设的投入总量不足，投入效率不高。由于我国生态欠账比较多，应保持较大幅度的投入增长才能扭转当前的恶化趋势。资金投入过度依靠公共财政，市场机制决定性作用发挥不够，政府投入多，社会投入少，缺乏有效的社会资金引导机制。公众实质性参与的长效机制尚未建立。生态保护和建设的科技投入不足，方向分散且不连续。基础性研究的长期稳定支持不足，技术支撑推广体系不健全，生态保护建设科技成果在生产中的应用程度低，保护建设技术运用不当的问题也在一定程度上存在。与生态保护队伍建设的需求相比，专业人才培养、使用的政策引导和供需对接存在很大差距。一方面，基层技术力量薄弱，专门人才进不来、留不住、骨干流失现象严重，队伍专业化程度不断降低，有断档、断层的危险。另一方面，院校在培养基层适用人才方面存在不足，引导毕业生对口进入基层的政策不健全、渠道不畅通，造成"学林的干林少、干林的学林少"的矛盾同时存在。同时，现有的生态保护建设队伍培训不足，能力提升不够。

（五）与发达国家保护建设水平差距很大，国际合作空间需要拓展

发达国家对森林、湿地、草原等生态资源的保护体系健全，手段丰富。新西兰、澳大利亚等国家坚持实行森林分类经营，发展利用人工林，减轻天然林资源消耗的压力。德国发展近自然林业，通过天然或人工促进天然更新、调整树种结构、大力发展阔叶林和混交林等方式，提高森林生态系统的稳定性，逐渐将其向天然林的方向过渡。瑞士、奥地利等山地国家注重统筹，发挥森林的防护作用和木材供给功能，

根据科学规律设置具有法律性质的森林采伐利用限制性规定，并将由此产生的生产成本由政府予以补助，既保护了森林使其发挥生态作用，又促进了木材生产和经济发展。发达国家广泛开展城市自然保护与生态重建活动，日益重视城市动植物生态研究。美、英、德等国家重视城市生态基础调查与研究，更新城市绿地体系建设理论，以城市小生境保护为切入点加强城市内自然保护。无论是森林、湿地、草原等自然生态系统保护建设，还是城市生态保护建设，我国与发达国家相比还存在一定的差距。需要及时借鉴运用先进经验，更加积极主动地参与到国际合作中，拓展国际合作空间，提升国际话语权，加快生态保护和建设。

第三节　我国生态保护和建设的总体战略思路

一、总体思路

高举中国特色社会主义伟大旗帜，以建设生态文明为总目标，以满足全面小康、现代化建设和人们不断增长的生态需求为宗旨，深入实施生态兴国战略，大力构建坚实的生态安全体系，努力建设美丽中国，推动我国走向社会主义生态文明新时代。

二、基本原则

（一）坚持生态优先，突出生态保护

把生态保护放在生态文明建设的首要地位，融入经济建设、政治建设、文化建设、社会建设各方面和全过程。把生态保护和建设成效作为考核各级政府生态文明建设的重要指标，确保如期实现生态文明建设目标。

（二）坚持优化布局，强化生态修复

划定生态红线，严格保护森林、湿地、草原、荒漠植被等各类生态用地，明确生态空间的功能定位、目标任务和管理措施，优化生态空间布局。实施重大生态修复工程，全面提升森林、湿地、荒漠、草原等生态系统的生态服务功能。

（三）坚持改善民生，推动绿色发展

把改善民生作为重要任务，加快绿色发展步伐，发展绿色富民产业，提升绿色经济发展水平，创造更丰富的生态产品，促进绿色消费，实现生态产业化，改善生产生活条件，促进社会就业，维护国家资源能源安全，积极应对气候变化。

（四）坚持深化改革，实施创新战略

改革生态建设体制机制，激发生态建设活力。提高科技创新能力，加强科技成果转化应用，强化信息技术等高新技术普及，创新方式方法，推动转型升级，充分发挥科技在推进生态文明建设中的引领、带动和示范作用。

三、战略目标

（一）近期目标

到 2020 年，适应全面建成小康社会的生态需求，划定森林、湿地、荒漠植被、草原、野生动植物生态保护红线，在维护自然生态系统基本格局的基础上，使国土开发空间格局为生态安全保留适度的自然本底。通过开展生态系统保护、修复和治理，确保生态系统结构更加合理；生物多样性丧失与流失得到基本控制；防灾减灾能力、应对气候变化能力、生态服务功能和生态承载力明显提升，基本形成国土生态安全体系，为人民创造良好的生产生活环境，使人们更加自觉地珍爱自然，更加积极地保护生态，努力建成生态状况良好的国家，走向社会主义生态文明新时代。具体指标主要如下。

森林覆盖率达到 23%以上，森林蓄积量达到 161 亿 m^3，森林植被碳储量达到 88 亿 t；湿地保有量达到 5400 万 hm^2 以上，自然湿地保护率达到 55%；沙化土地治理面积新增 1000 万 hm^2，可治理沙化土地治理率达到 50%以上；草原退化得到基本遏制，"三化"草原治理率达到 55%以上，草牧场防护林带控制率达到 85%；农田林网控制率达到 90%，村屯建成区绿化覆盖率达到 25%；城市人均公园绿地 15m^2，城市建成区绿化覆盖率达到 45%；自然保护区占国土总面积的 15%以上，濒危动植物种和典型生态系统类型保护率达到 95%；义务植树尽责率达到 70%。

（二）远期目标

到 2050 年，国土生态安全体系全面建成，生态系统实现良性循环，为建设生态文明和美丽中国、实现中华民族伟大复兴的中国梦提供坚实的生态保障。

四、总体战略布局

在参考《全国生态环境建设规划(1998－2050 年)》《全国主体功能区规划》《全国生态保护与建设规划(2013－2020 年)》和农业、林业、水利、城市等区划规划的基础上，针对当前的实际，结合今后中长期发展趋势，综合考虑，全国生态保护与建设总体布局为："八区、十屏、二十五片、多点"。

（一）八区

将全国陆地生态保护与建设划分为 8 个区域，即黄河上中游地区、长江上中游地区、三北风沙综合防治区、南方山地丘陵区、北方土石山区、东北黑土漫岗区、青藏高原区、东部平原区。

(1)黄河上中游地区。包括山西、内蒙古、河南、四川、陕西、甘肃、青海、宁夏的大部分或部分地区，总面积约 71 万 km^2。区内以高原沟壑、丘陵沟壑、阶地、冲积平原等为主，黄土高原位于本区，是黄河泥沙的主要来源地。气候属温带和暖温带，水资源缺乏，年均降水量 300～600mm；土壤有黑垆土、黄绵土、山地棕壤土、灰钙土等；植被有落叶阔叶林、森林草原、干草原和荒漠草原。土地和光热资源丰富，但气候干旱，植被稀疏；坡耕地面积大，农业种植结构单一。生态保护与建设重点是加强原生植被保护，增加林草植被，控制水土流失和沙化扩展，合理调配水资源。

（2）长江上中游地区。包括江西、河南、湖北、湖南、重庆、四川、贵州、云南、西藏、陕西、甘肃、青海的全部或部分地区，总面积约 133 万 km²。山地、高原、盆地交错分布，西部高山峡谷、河流纵横，东部低山平原、河湖水网密布，分布着云贵高原、四川盆地等。大部分区域为亚热带季风性湿润气候；降雨集中，年均降水量 500～1400mm；多年平均河川径流总量达 9234 亿 m³，占全国河川径流量的 34%；土壤以棕壤、红壤为主。主要处于中亚热带和北亚热带两个植被区，植被为亚热带常绿阔叶林；高寒江源区为荒漠植被。横断山区、武陵山区是我国乃至全球生物多样性最丰富的地区，森林、山地草场、生物物种和水资源极为丰富，岩溶地区石漠化严重。生态保护与建设重点是加强源头区和河流两岸防护林建设，提高林草植被质量，防控山洪地质灾害，强化生物多样性保护。

（3）三北风沙综合防治区。包括天津、河北、山西、内蒙古、辽宁、吉林、黑龙江、陕西、甘肃、青海、宁夏、新疆的大部分或部分地区，总面积约 266 万 km²。属干旱、半干旱地区，沙化土地广布，有塔克拉玛干、古尔班通古特、巴丹吉林、腾格里、柴达木、库姆塔格、库布齐和乌兰布和八大沙漠，以及浑善达克、毛乌素、科尔沁和呼伦贝尔四大沙地。温带大陆性气候显著；年均降水量 50～450mm；年均水资源总量约占全国的 15%，人均量仅为全国的 1/3；土壤有暗棕壤、黑钙土、栗钙土、棕壤土、风沙土等多种类型；植被以草原、灌木、半灌木荒漠为主。光热和土地资源丰富，水资源匮乏，植被稀疏，土地沙化、次生盐渍化严重，是我国生态最脆弱的地区。生态保护与建设重点是荒漠化防治，草原生态系统恢复，合理调配水资源，增加林草植被。

（4）南方山地丘陵区。包括浙江、安徽、福建、江西、湖北、湖南、广东、广西、海南、贵州、云南的全部或部分地区，总面积约 128 万 km²。地貌以丘陵为主，间有低山、盆地，南岭山地横贯东西。属热带、亚热带季风气候；年均降水量 1000～2500mm，河网密集；土壤主要为红壤、砖红壤，以湘赣红壤盆地最为典型；植被以我国特有的亚热带山地常绿阔叶林为主，是重要的动植物种质基因库。水热条件充足，雨热同季，生物多样性丰富，土壤侵蚀严重。生态保护与建设的重点是加强退化森林、草地、湿地与河湖生态修复，加强水土保持，防治石漠化。

（5）北方土石山区。包括北京、河北、山西、内蒙古、辽宁、河南的部分地区，总面积约 31 万 km²。主体由太行山脉、燕山山脉、吕梁山脉及山间盆地等构成，高差大，地形破碎，沟壑密度大。属暖温带大陆性季风气候；年均降水量 400～600mm，降雨集中；土壤为褐土和棕壤，土层浅薄；植被为暖温带落叶阔叶林，以落叶栎类为主。光热资源丰富，水热同期，坡耕地面积大，土壤侵蚀严重。生态保护与建设的重点是加强森林保护和植被恢复，增强水土保持能力，减少水土流失。

（6）东北黑土漫岗区。包括辽宁、吉林、黑龙江的大部分和内蒙古东部地区，总面积约 97 万 km²，是世界三大黑土带之一，也是北半球世界三大温带森林带之一，还是我国沼泽湿地最集中、最丰富的地区。地貌有山地、丘陵、平原等，分布着大兴安岭、小兴安岭、长白山地、松嫩平原和三江平原。属温带、寒温带季风气候；年均降水量 400～800mm；土壤有黑土、黑钙土、暗草甸土，以黑土为主，有高纬度永久冻土层；植被为寒温带针叶林、温带针阔叶混交林和湿草甸等。可开发水资源充足，生物多样性丰富，农业、林业和草地畜牧业发达，土壤侵蚀较为严重。生态保护与建设重点是加强天然林保育、草原保护、湖沼湿地保护恢复和水土流失防治。

(7)青藏高原区。包括四川、西藏、青海、新疆的全部或部分地区，总面积约163万 km²。本区地貌以高原为主，海拔多在3000m 以上，是长江、黄河、澜沧江、雅鲁藏布江等重要河流的发源地，也是世界高原特有生物的集中分布区。属特殊的高原高寒气候；年均降水量大多在400mm 以下；土壤为高山草甸土、高山寒漠土和高山荒漠土等；植被以高原寒漠、草甸和草原为主，东部及东南部有部分乔木林。严寒、大风、日照充足、蒸发量大，冻融侵蚀面积大，自然生态系统保存较为完整但极端脆弱。生态保护与建设的重点是保护高原自然生态系统和特有生物物种，保护大江大河发源地和高寒湿地，修复草原生态，合理利用草原。

(8)东部平原区。包括北京、天津、河北、上海、江苏、浙江、安徽、山东、河南的部分或全部地区，总面积约 71 万 km²。地貌以平原为主，兼有少量低山丘陵。属暖温带和亚热带季风气候；年均降水量 500～1500mm；土壤为棕壤和褐土等；植被为暖温带落叶阔叶林和亚热带常绿阔叶林。自然条件优越，光热资源丰富，河汊纵横交错，湖荡星罗棋布，森林总量不足，天然植被稀少。生态保护与建设的重点是加强平原和城市绿化，推进河湖湿地生态保护与修复。

(二)十屏

构建东北森林屏障、北方防风固沙屏障、东部沿海防护林屏障、西部高原生态屏障、长江流域生态屏障、黄河流域生态屏障、珠江流域生态屏障、中小河流及库区生态屏障、平原农区生态屏障和城市森林生态屏障等十大国土生态安全屏障，稳固生态基础、丰富生态内涵、增加生态容量，为生态文明建设提供安全保障。

(1)东北森林屏障。范围包括长白山、张广才岭、小兴安岭、大兴安岭及三江平原地区。以天然林保育为重点，加强天然林保护；开展森林抚育和低效林改造，提高森林生态系统整体功能；加强自然保护区和森林公园建设；加强高纬度自然湿地资源保护，遏制湿地围垦和改造；加强森林防火，提高预警监测、火情快速处置能力；保护该区域高纬度永久冻土资源。

(2)北方防风固沙屏障。范围包括内蒙古中西部、辽宁西部、吉林西部、河北北部、北京北部、山西、陕西、甘肃西部及东北部、青海北部、新疆和宁夏。以治理风沙危害和水土流失为重点，在保护现有植被和生物多样性、加大防控鼠兔害基础上，封飞造、乔灌草相结合，因地制宜，开展植树造林、退耕还林等生态修复；在条件合适的地区建设沙化土地封禁保护区；加强自然保护区和森林公园建设；实施水文修复，维护湿地生态功能。

(3)东部沿海防护林屏障。范围包括我国北起辽宁省的鸭绿江口，南至广西壮族自治区的北仑河口的沿海地区。建设以消浪林带、海岸基干林带、纵深防护林为主的综合防护林体系，有效抵御沿海台风、风暴潮等自然灾害；加强滨海湿地自然保护区和湿地公园建设，保护沿海地区生物多样性。

(4)西部高原生态屏障。范围包括青藏高原及东南缘和黄土-云贵高原地区。在青藏高原及东南缘地区，以保护修复为重点，全面加强对天然林、高寒湿地、高原湖泊及祁连山水源涵养区、甘南重要水源补给区等生态系统的保护，以及川西北沙化治理；在黄土-云贵高原地区突出水土流失综合治理、退耕还林、退化森林修复和石漠化综合治理，建设以林草植被为主体、布局合理、结构稳定、功能完善的防护林体系。

(5)长江流域生态屏障。范围包括青海、西藏、甘肃、四川、云南、贵州、重庆、陕西、湖北、湖南、河南、安徽、江西、江苏、山东、浙江、福建、上海18个省(自治区、直辖市)。以长江防护林、天然林保护、退耕还林和石漠化综合治理等工程为依托，以突出涵养水源、防治水土流失为主要目的，积极推进植树造林、森林抚育和低效林改造，加快森林生态系统功能恢复的步伐；加强流域内自然保护区、森林公园建设和湿地保护与恢复；突出长江上中游和洞庭湖、鄱阳湖地区，以及三峡库区、丹江口库区及沿线的治理，重点构筑三峡库区周边和南水北调源头及沿线生态屏障。

(6)黄河流域生态屏障。范围包括青海、四川、甘肃、宁夏、内蒙古、陕西、山西、河南、山东9个省(自治区)。依托天然林资源保护、退耕还林、"三北"防护林体系建设等重点工程，以突出涵养水源、防治水土流失为主要目的，积极推进植树造林、森林抚育经营，加快森林生态系统功能恢复的步伐，加强流域内自然保护区、森林公园建设和湿地保护与恢复。

(7)珠江流域生态屏障。范围包括江西、湖南、云南、贵州、广西和广东6个省(自治区)。依托珠江防护林、天然林保护、退耕还林和石漠化综合治理等重点工程，加强水源涵养林建设，治理水土流失及石漠化；保护流域湿地、浅海湿地滩涂，修复湿地生态功能；加强自然保护区和森林公园建设，保护珍稀野生动植物资源。

(8)中小河流及库区生态屏障。范围包括流域面积 200km² 以上有防洪任务的中小河流重点河段，以及重要水库。以防护林体系建设、天然林资源保护、退耕还林等工程为依托，以植树造林、保护和恢复湿地等生物措施积极防治水土流失，涵养水源和净化水质。加强自然保护区和森林公园建设，提高中小河流及库区周边生态系统稳定性。

(9)平原农区生态屏障。在广大平原农区，特别是粮食主产区，大力建设农田防护林，以保障粮食增产和改善农村生产生活环境为目标，将东北平原、黄淮海平原、华北平原等作为重点建设区域，加快建设农田林网，大力开展村屯绿化美化。

(10)城市森林生态屏障。范围包括全国大中小城市和乡镇。以推动身边增绿，加强森林公园建设，使广大城乡居民共享生态建设成果为目标，通过发展城市森林，构建远山、近郊和城区相联结，水网、路网和林网相融合，以森林为主体，城市和乡村一体化的生态系统。

（三）二十五片

即国家 25 个重点生态功能区(图 1-1)。

（四）多点

世界文化自然遗产(45 个)，国家级自然保护区(407 个)，国家公园(8 个)，国家级风景名胜区(225 个)，国家森林公园(764 个)，国家地质公园(218 个)，国家湿地公园(570 个)，国家沙漠公园(33 个)，国有林场(4855 个)，共 7100 个(图 1-2)。随着时间的推移，具体个数还会有发展变化。

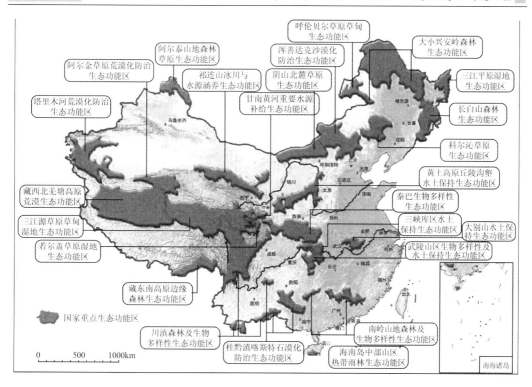

图 1-1　国家二十五片重点生态功能区示意图
(彩图请扫描文后白页二维码阅读)

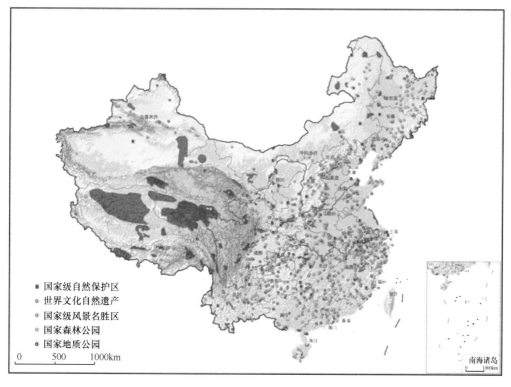

图 1-2　生态保护与建设"多点"示意图
(彩图请扫描文后白页二维码阅读)

五、西部战略布局

当前，我国是生态建设承上启下、加快发展的关键时期，既是一个战略机遇期，也是矛盾凸显期。西部是一个辽阔的地理区域，占国土总面积的一半以上，其自然地理和社会经济条件差异很大。西部地区是我国生态状况最为脆弱的地区，是我国生态建设的重中之重，是实施西部大开发战略的重要基础。西部生态状况不改善，全国生态状况就不可能得到根本改善，西部大开发战略目标也难以实现。因此，针对西部生态建设的现状和主要矛盾，提出区域生态建设的战略构想、战略任务和战略措施，实行分类指导、分区施策，是我国西部生态建设的现实需要和客观要求。

（一）战略构想的提出

我国地貌轮廓分为三级阶梯，西部地区基本上包括第一阶梯和第二阶梯。第一阶梯和我国传统的秦淮南北分界线可以将我国西部地区分为三部分：一是我国地貌轮廓三级阶梯第一阶梯以东以北、秦淮线以北的西北地区；二是以我国地貌轮廓三级阶梯中第一阶梯为核心的青藏高原区；三是我国地貌轮廓三级阶梯第一阶梯和秦淮线以南的西南地区，形如一个向左平放的"Y"形（图1-3）。这种战略布局的提出，基于以下原因。

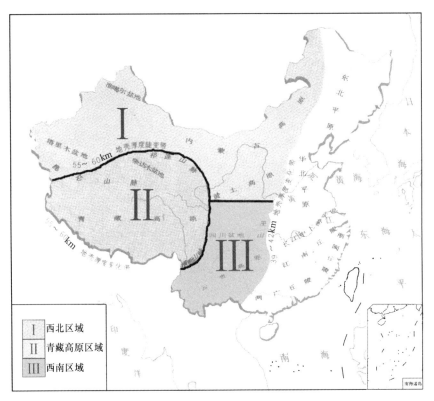

图 1-3　西部生态建设"Y"形战略示意图

（1）我国地貌轮廓三级阶梯基本控制了中国土地类型结构与土地利用格局的空间分异。按海拔的明显变化，中国地势自西向东可分为三级阶梯：第一级为青藏高原，平均海拔在 4000m 以上，高原上宽谷山岭相间，湖泊众多，气候寒冷，难利用土地面积大，以高寒草地为主要土地利用类型，有林地主要分布在藏东南-横断山脉地区；由青藏高原向北跨越昆仑山、祁连山，向东跨越横断山，即进入第二级，为海拔 1000～2000m 的高原、盆地，土地利用类型复杂多样；大兴安岭、太行山、巫山至雪峰山一线以东则是第三级，大多是海拔 1000m 以下的丘陵和 200m 以下的平原，是中国工农业发达地区。

(2) 秦淮线是我国已基本形成共识的南北方分界线。在东南部地区，秦淮线相当于 800mm 等降水线，是中国土地利用南北地域差异及土地现实生产力和生产潜力突变的分水岭。秦淮线以北蒸发多于降水，旱地占绝对优势，水田只占耕地面积的 5.5%，水浇地占 24.6%，除华北平原可以一年两熟外，东北平原和黄土高原多为一年一熟到两年三熟。秦淮线以南降水大于蒸发，以水田为耕地的基本形态，旱地约占 1/3，农作物可以稳定一年两熟至三熟，亚热带代表性的经济林如柑橘、茶叶、油桐、油茶等普遍分布。

(3) 第一级阶梯与秦淮线以 "Y" 形将西部地区分为三大区域。西北部地区，沿青藏高原北部边缘，以昆仑山、阿尔金山、祁连山一线为界，可明显分出青藏高原高寒区域和西北干旱区域。西北干旱区域气候干燥，降水稀少，除局部地区为外流区外，大部分为内流区域，水资源极度缺乏，土地利用以草地畜牧业为主，未利用土地面积较大，一般是没有灌溉就没有农业。其中年降水量 250mm 的等值线是干旱与半干旱区的分界，在我国农业生产上是旱作农业的西界，在许多地区表现为半农半牧区与纯牧区的分异。青藏高原区是青藏高寒区的主体部分，未利用地占 2/5，主要是戈壁、寒漠；天然草原占 1/2，高寒草地畜牧业是主要的土地利用方式，农业仅见于藏南、青藏高原东部湖盆和谷地；藏东南-横断山区可以看作四川盆地和云贵高原向青藏高原的过渡带，土地利用为以林地为主、牧草地为辅的林牧结构。

(二)"Y"形战略构想

中国西部生态建设"Y"形战略的战略构想是：将中国西部 12 个省(自治区、直辖市)分为西北、青藏高原和西南三大区域，其分界线形如一个大的"Y"字，因此称为中国西部生态建设的"Y"形战略。三大区域由于各自面临的主要生态问题及其自然经济社会条件不同，其生态建设的战略重点也各有侧重。西北区域的核心任务是加快生态治理，要特别突出对沙化土地的生态治理；青藏高原区域的核心任务是加强生态保护，要特别突出对水土植被资源、珍稀濒危野生动植物和湿地资源的保护；西南区域的核心任务是提高生态建设水平，要特别突出对现有林分的改造提升，提高林地生产力，充分发挥其综合效益。三大区域的生态建设既各有侧重，又相互包容。西北区域以生态治理为核心，但也存在生态保护和提高生态建设水平的问题；青藏高原区域以生态保护为核心，但也存在生态治理和提高生态建设水平的问题；西南区域以提高生态建设水平为核心，但也存在生态治理和生态保护的问题，其相互关系如图 1-4 所示。

各区域在生态建设的同时，应加强产业发展，实现生态建设与产业发展的良性互动，满足经济社会的多种需求。构建和谐社会，需要保持生态与产业、发展与保护、数量与质量，需要各个领域、各个环节和区域之间的相互协调，最终实现生产发展、生活富裕、生态良好的发展目标。

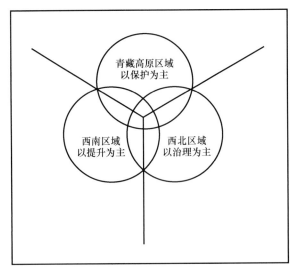

图1-4　中国西部生态建设"Y"形战略构想图

第四节　我国生态保护和建设的主要任务与战略重点

充分发挥生态保护与建设在生态文明建设中的主体功能，以保护建设森林、湿地、荒漠、草原、农田、城市等生态系统和维护生物多样性为核心，以重点生态工程为依托，以防范和减轻风沙、山洪、泥石流等灾害为重点，加快实施国土生态安全战略。

一、我国生态保护和建设的主要任务

（一）保护和建设森林生态系统

实施林业重点生态工程，全面加快国土绿化步伐。加强森林资源管护，切实保护天然林和原始森林。大力开展植树造林，巩固和扩大退耕还林成果，建设"三北"、沿海、长江、珠江、黑龙江流域和平原绿化、太行山绿化等重点防护林体系，开展退化防护林更新改造，推进全民义务植树，促进森林生态系统的自然恢复和人工修复，努力建设以林草植被为主、布局合理、结构稳定、功能完善的绿色生态屏障。

（二）保护和恢复湿地生态系统

实施湿地保护工程，全面加强对湿地的抢救性保护和对自然湿地的保护监管，对退化或面临威胁的重要湿地进行水文修复、植被恢复、污染治理、生物防控、保育结合等综合治理，重点建设国际和国家重要湿地、各级湿地保护区、国家湿地公园；有效保护滨海湿地、高原湿地、鸟类迁飞网络和跨流域、跨地区湿地，有效保护和恢复湿地功能。

（三）保护和修复荒漠生态系统

坚持科学防治、综合防治、依法防治的方针，统筹规划全国防沙治沙工作，加大《中华人民共和国防沙治沙法》（《防沙治沙法》）宣传和执法力度，全面落实防沙治沙目标责任制，启动实施沙化土地封禁保护区建设，建设重点地区防沙治沙工程和全国防沙治沙综合示范区，恢复林草植被，构建以林为主、林草结合的防风固沙体系。

（四）保护和修复草原生态系统

加强草原保护和合理利用，推进草原禁牧休牧轮牧，实现草畜平衡，促进草原休养生息；强化草原火灾、生物灾害和寒潮冰雪灾害等的防控。加快草原治理，加大天然草原退牧还草力度，继续加强"三化"草原治理，推进南方及重点地区草地保护建设，加强草原围栏和棚圈建设，促进草原畜牧业由天然放牧向舍饲、半舍饲转变，建设人工草地，增加畜产品有效供给和农牧民收入，逐步实现草原生态系统健康稳定。

（五）保护和改良农田生态系统

提高耕地质量和农田生态功能，稳定并提高粮食产量。实施保护性耕作，推广免（少）耕播种、深松及病虫草害综合控制技术。强化农田生态保育，推广种植绿肥、秸秆还田、增施有机肥等措施，培肥地力；加强退化农田改良修复和集雨保水保土，优化种植制度和方式，发展高效生态旱作农业。推广节水灌溉，逐步退还生态用水；加强农村污水处理，建立健全农村污水控制管理标准体系；完善田间灌排工程，配套科学的农艺措施，开展盐碱化、酸化土壤改良培肥，治理和修复污染土地，增强农田抗御风蚀和截土蓄水能力。重点加强北方防沙带保护性耕作，强化东北森林带黑土地农田保育和农田防护林建设，开展黄土高原盐碱地和南方丘陵地带酸化土壤治理。

（六）建设和改善城市生态系统

加强城市人居生态环境保护建设，拓展构建建成区内外绿地一体化、城乡绿地一体化、多功能兼顾的复合城市绿色空间，增强环境自净能力，有效发挥林草植被净化空气的作用，增大城市森林和绿地休闲游憩承载力，提升人居环境质量。科学规划、合理布局和建设城市绿地系统，积极推行立体绿化，提升城市绿地品质；加强城市扩展区原生生态系统保护，建设城郊生态防护绿地、环城林和郊野公园，改善城市生态环境；提升完善绿地功能，推行绿道网络建设；积极保护和治理城市河湖水生态，加强河湖水体沿岸绿化建设，恢复水陆交界处的生物多样性，建设城市生态廊道，通过绿地与景观设计，保持合理的雨水渗漏功能，提高城市的雨洪蓄滞能力。

（七）加强工矿交通废弃损害用地的生态修复

加强对工矿交通等生产建设项目的生态影响评价，落实生态保护与建设责任，大力推广生态友好型材料、技术与工艺，确保生态保护工作的早期介入。采取植物措施与工程措施等紧密结合的综合措施，推进工矿交通废弃损害地的植被建设与生态修复，加强对既往生态修复工程的维护和管理，保障生产安全、生态安全及景观效果。

（八）维护和发展生物多样性

继续推进野生动植物保护及自然保护区建设工程，建立生物多样性保护监测评估与预警体系；加强自然保护区建设与管理，对重要生态系统和物种资源实施强制性保护，切实保护珍稀濒危野生动植物及其自然生境，建立健全野生动植物救护、驯养繁殖（培植）、野外放归、基因保护体系。加强野生动植物种进出口管理，积极参加相关国际公约谈判和履约工作。按照保护优先、适度利用、依法管理、试点先行的原则，积极探索和建立国家公园体制，有序开展旅游。

二、我国生态保护和建设的战略重点

针对我国当前实际，经认真研究，我国生态保护与建设的战略重点如下。

（一）天然林保护

1. 战略目标

坚持把所有天然林都严格保护起来作为维护国家生态安全的重要基础、建设美丽中国的重要举措、实现中华民族永续发展的重大战略来抓，通过健全保护制度、强化政府责任、加大政策支持、完善管护体系，全面加强现有天然林保护；通过人工促进与自然修复相结合的方式，大力培育扩大天然林规模，着力提升天然林生态功能；配套建设国家储备林基地，充分利用国内外两个市场，保障木材供给，从而实现生态产品生产能力的全面提升，为维护国家生态安全、实现中华民族永续发展筑牢根基，为建设美丽中国、实现中华民族伟大复兴的中国梦提供良好的生态保障。阶段目标如下。

第一阶段(2010～2020年)：继续实施天然林保护工程，并将天然林保护范围扩大到全国。在2017年前，划定天然林保护"红线"，实现全面停止天然林商业性采伐，把全国29.66亿亩[①]天然林都保护起来。加快天然林生态功能修复，加强天然林保护能力建设，实行重点天然林特殊保护体制，推动天然林保护法制建设，强化天然林保护科技支撑。到2020年，天然林蓄积量净增13亿 m^3，增加森林碳汇4.93亿t。

第二阶段(2020～2030年)：进一步通过封山育林、人工造林、人工促进更新、适度森林抚育等措施，扩大恢复天然林生态系统，提升天然林质量和生产力；将天然林保护纳入法制化轨道，科学的天然林保护与利用策略得以确立，以生态效益补偿机制为主体的森林培育与管护措施得到完善，天然林保护区经济稳步增长。到2030年，天然林蓄积量增加38亿 m^3，碳储量增加14.4亿t。

第三阶段(2030～2050年)：以林区经济结构和产业结构调整为主线，在确保森林资源步入良性增长的同时，推动林区社会经济的快速发展；通过加大生态旅游区和狩猎场、野生动物驯养繁殖基地建设，带动林区第三产业发展；积极发掘林区珍稀名贵树种、培植大径级珍贵木材资源；大力发展林下经济，开展森林药材、森林蔬菜、森林果品、木本油料等非木质林产品的开发，通过适度利用天然林资源，发展壮大天然林保护区产业，使天然林保护与经济发展的矛盾得到根本解决。到2050年，以天然林为核心的森林生态体系布局更为合理，基本建成天蓝、地绿、水净、空气清新的美好家园。

2. 战略任务

天然林保护工程是我国在20世纪末开始实施的生态保护工程，也是我国迄今为止规模最大的生态资源保护工程。旨在更好地满足人民在物质需求得到极大提高的情况下，对环境质量及生态安全不断增长的需求，也标志着我国经过30多年的改革开放，

① 1亩≈666.7m²。

综合国力显著增强，已经具备了为公众提供优质生态服务的能力。

在继续实施天然林保护工程二期的基础上，把天然林保护范围扩大到全国。分三步实现全面停止天然林商业性采伐：首先扩大东北和内蒙古重点国有林区停止天然林商业性采伐试点；其次在试点取得经验的基础上，停止国有林场和其他国有林区天然林商业性采伐；最后全面停止天然林商业性采伐。

划定天然林保护"红线"。将全国 19.45 亿亩天然乔木林和 10.22 亿亩可培育成天然林的灌木林、未成林封育地、疏林地，划入天然林保护工程保护范围。在划定全国森林、林地"红线"的基础上，进一步划定天然林保护"红线"，并落实到全国天然林面积分布图上和山头地块。建立最严格的天然林保护制度，禁止毁林开垦、毁林造林。

完善天然林管护和森林生态效益补偿政策。完善天然林管护体系，对天然林实行统一管护标准、统一管理制度。对国有林，中央财政安排资金实施全面管护补助政策，分类确定补助标准并逐步提高。对集体所有的国家级公益林，中央财政逐步提高森林生态效益补偿标准，对集体所有的地方公益林，地方政府要全部纳入补偿范围，中央财政安排资金予以适当补助。

加快天然林生态功能修复。采取人工促进与自然修复相结合的方式，对划入保护范围的天然林资源进行科学培育，使我国天然林面积明显增加，质量明显提高，生态功能明显提升。对疏林地和符合封山育林条件的无林地，实施封山育林；对林间空地和郁闭度较低的林分，实施补植补造；对需要抚育经营的中幼龄林加大森林抚育力度；对重要水源地、重点生态功能区等特别重要的人工林，实现近自然林经营。

加强天然林保护能力建设。强化天然林保护基础设施建设，打通服务基层林业的最后 1km，加大国有林区、国有林场、集体林区野外管护站点建设；启动实施森林防火应急道路建设工程，加强集体林区林业工作站建设，提高森林防火、有害生物防控、林政执法、科技推广能力；完善天然林管护体系，对天然林实行统一管理制度，统一管护标准，加强天然林保护从业人员技能培训和人才队伍建设，不断提高天然林保护的治理能力。

实行重点天然林特殊保护体制。对全国或区域经济社会发展具有关键性作用、具有重大保护价值的天然林生态系统，采取最严格的保护措施，建立一批国家级自然保护区和国家公园，由国务院林业主管部门直接管理或委托省级林业主管部门管理，实行重点保护、永久保存。涉及集体和个人所有的林地林木，可由中央人民政府或省级人民政府按照事权划分原则，逐步进行赎买、租赁或林地置换。

推动天然林保护法制建设。制定《天然林保护条例》，完善相关管理办法、技术标准，建立健全天然林保护的奖惩激励机制，加大执法力度，依法严格保护天然林。

强化天然林保护科技支撑。加强天然林保护和恢复技术研究，并加大推广应用力度；完善天然林效益监测体系，对天然林保护成效进行科学评估；加强信息化建设，采用高新技术强化天然林保护的精细化管理。

加大国家用材林储备基地建设。在严格保护天然林的同时，配套建设国家储备林基地，保证国内木材基本需求。短期立足国内外两个市场，解决木材需求。长期必须立足国内，加大人工林供给。建立国家用材林投入激励机制，加大金融支持和贴息扶持力度，大力培育林业要素市场，鼓励民间社会资本投资造林。通过一定时期的努力，建成一批高水平的木材储备和速生丰产林生产基地，保证国家木材安全。

3. 重点工程

天然林资源保护(天保)工程实施范围涉及 17 个省(自治区、直辖市)、20 个独立编制省级实施方案的单位。县(市、区、旗)数 734 个，森工局(场)163 个。长江上游、黄河上中游天然林资源保护工程区包括长江上游地区(以三峡库区为界)的云南、四川、贵州、重庆、湖北、西藏 6 个省(自治区、直辖市)和黄河上中游地区的陕西、甘肃、青海、宁夏、内蒙古、山西、河南 7 个省(自治区)。东北和内蒙古等重点国有林区天保工程区包括内蒙古、吉林、黑龙江(含大兴安岭)、海南、新疆(含新疆生产建设兵团)共 5 个省(自治区)。天保工程实施范围在一期的基础上，增加丹江口库区的 11 个县(区、市)(其中湖北 7 个、河南 4 个)。当前天保工程的主要任务是全面停止重点国有林区天然林商业性采伐，进一步加强森林管护体系建设，加强中幼林抚育、公益林建设和后备资源培育，进一步完善国有职工社保保障体系，推进国有林区改革，加快工程区转型发展，促进工程区生态林业、民生林业健康持续发展(图 1-5)。

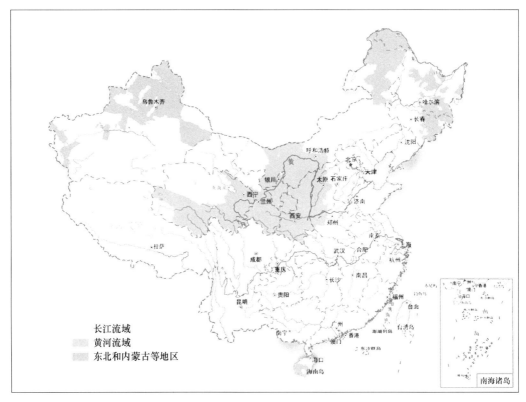

图 1-5 天然林资源保护工程示意图
(彩图请扫描文后白页二维码阅读)

（二）退耕还林

1. 战略目标

总体目标(2014～2050 年)：以全面恢复林草植被、治理水土流失和土地沙化为重点，以确保国土生态安全、实现可持续发展为最终目标，在切实巩固已有退耕还林成果的基础上，继续有计划、分步骤地实施退耕还林还草、封山绿化，使全国水土流失严重的坡耕地、严重沙化耕地和重金属污染严重的耕地得到有效治理，并相应地开展宜林荒山荒地造林和封山育林，建立稳定的森林生态系统，从根本上改善我国的生态状况，促进生态、经济和社会的可持续发展。

近期目标(2014～2020 年)：据第二次全国土地资源调查结果，全国有 25°以上陡坡耕地 546.7 万 hm^2(含水土流失严重的梯田 113 万 hm^2)。另外，还有严重沙化耕地 486.7 万 hm^2，以及待核实面积的重金属严重污染耕地、重要水源地坡耕地和地震、泥石流等重大自然灾害破坏的耕地。统筹考虑生态建设和耕地保护的需要，新一轮退耕还林重点考虑 25°以上陡坡耕地、重点地区的严重沙化耕地、重要水源地坡耕地及西部地区实施生态移民腾退出来的耕地等，2014～2020 年完成退耕还林任务 533.3 万 hm^2，配套完成宜林荒山荒地造林 466.7 万 hm^2、封山育林 200 万 hm^2。新增林草植被 1200 万 hm^2，工程区森林覆盖率再增加 2.7 个百分点，使脆弱的生态环境得到明显改善，农村产业结构得到有效调整，特色优势产业得到较快发展，退耕还林改善生态和民生的功能初步显现。

远期目标(2021～2050 年)：到 21 世纪中叶，退耕还林地区森林植被及相关资源极大丰富，森林生态系统结构合理、功能优化、效益凸显，工程治理地区的生态状况得到彻底改善，生态灾害大为减轻。退耕还林工程区以森林资源为依托的特色优势产业得到充分发展，体系完善，经济效益显著，林业在国民经济中占有足量份额。地方经济繁荣，农民生活富足安康，实现生态、经济、社会的可持续发展。

2. 战略任务

继续实施退耕还林工程。根据可退耕地状况、退耕还林建设现状，以及工程建设的指导思想、原则和目标等，2014～2020 年对 25°以上坡耕地、沙化严重耕地、石漠化严重耕地实行退耕地还林 533.3 万 hm^2。为了加大生态建设力度，巩固和扩大退耕还林工程建设效果，在有退耕地还林任务的省(区)及海南省，开展宜林荒山荒地造林，并对通过封育能成林的无林地、疏林地实行封山育林，恢复森林植被。2014～2020 年完成宜林荒山荒地造林 466.7 万 hm^2、封山育林 200 万 hm^2。以后视情况再适当安排退耕还林任务。退耕还林根据因地制宜、适地适树的原则，由地方及退耕农户依据当地自然条件和种植习惯，确定林种和树草种，国家对林种比例不再作统一规定。同时，退耕还林后，在不破坏植被、造成新的水土流失的前提下，允许农民间种豆类等矮秆作物，以耕促抚、以耕促管。

巩固退耕还林成果。退耕还林是我国治理水土流失、改善生态、促进农业可持续发展和农民增收致富采取的重大政策。第一轮 926.67 万 hm^2(1.39 亿亩)退耕还林，从 2016 年开始将陆续到期，为了长期巩固退耕还林成果，形成良性循环，需要进一步完善政策，不断强化对退耕还林地的管护，改善林分质量，促进退耕农户获得持续性收入，实现退耕还林工程区经济社会可持续发展与广大退耕农户自身利益诉求的"双赢"。有关省(自治区、直辖市)及有关部门要按照目标、资金、任务、责任"四到省"的要求，统筹做好巩固退耕还林成果的工作。采取有效措施，突出重点，加快进度，提高质量，全力推进巩固退耕还林成果专项规划中的基本口粮田建设、农村能源建设、生态移民、后续产业发展和补植补造等五大任务建设。在巩固退耕还林成果专项规划实施结束后，继续安排一定规模的退耕还林后续产业发展资金，统筹财政、金融等扶持政策，壮大区域特色优势产业，为退耕农户建立稳定的增收渠道，确保退耕还林成果切实得到巩固和退耕农户长远生计得到有效解决这两大目标的实现。

3. 重点工程

退耕还林工程实施范围包括重点水源涵养区、黄土高原水土流失区、严重岩溶石漠化地区、重点风沙区和东北森林屏障区 5 个类型区，建设重点为西南岩溶石漠化地区、三峡库区、南水北调中线工程水源涵养区、黄土高原丘陵沟壑区、地震和特大泥石流重灾区等重点生态脆弱区和重要生态区位(图 1-6)。当前的主要任务是巩固已有成果，并开展一定规模的退耕地还林、宜林荒山荒地人工造林和封山育林等。

（三）防护林体系建设

1. 战略目标

到 2020 年，工程规划任务完成后，将在防护林地区新增森林面积 1600 万 hm²，工程区森林覆盖率达 39.5%。造林总面积约 3721 万 hm²，其中，人工造林 1680.93 万 hm²，封山育林 1930.83 万 hm²，飞播造林 109.25 万 hm²。营造血防林 83.2 万 hm²，建立血防监测点 220 处，改造低效林 1188.64 万 hm²。50% 以上可治理沙化土地得到初步治理，60% 以上的退化林分得到有效修复，70% 以上水土流失面积得到有效控制，90% 以上的农田实现林网化。

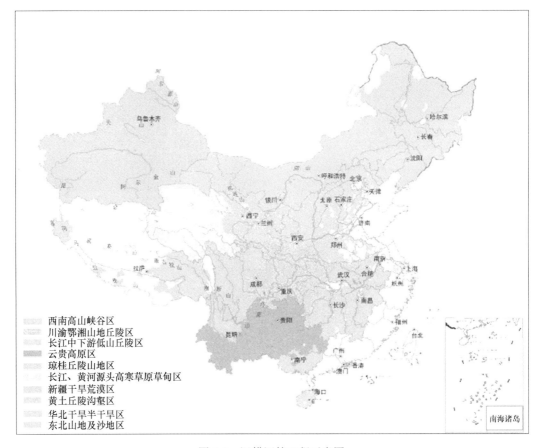

图 1-6　退耕还林工程示意图
(彩图请扫描文后白页二维码阅读)

到 2050 年，防护林体系建设基本成熟，防护林体系建设持续发展机制趋于完善，各项防护功能充分发挥。

2. 战略任务

为服务国家主体功能区与生态功能区战略规划，按照服务大局、体现特色、强化保护、加快发展、统筹兼顾、突出重点、改善布局的原则，在延续前期工程范围的基础上，遵循流域完整性，尊重林业发展总体布局与地区布局，结合防护林工程涵养水源、保持水土、防风御沙、防灾减灾、防护农田、治理沙漠化、抑螺防病、保护生物多样性等功能，将防护林工程区划确定为东北地区、"三北"地区、华北中原地区、南方地区、东南沿海热带地区、西南峡谷地区、青藏高原地区七大地区。工程范围涉及全国 31 个省（自治区、直辖市），涵盖长江、黄河、淮河、海河、珠江、钱塘江等多个流域（表 1-2）。

表 1-2　重点防护林体系建设工程规划

工程名称	规划建设期	建设范围	工程建设规划目标
"三北"防护林体系	第一期：1978～1985 年 第二期：1986～1995 年 第三期：1996～2000 年 第四期：2001～2010 年 第五期：2011～2020 年 第六期：2021～2030 年 第七期：2031～2040 年 第八期：2041～2050 年	13 个省（自治区、直辖市）：北京、天津、河北、山西、内蒙古、辽宁、吉林、黑龙江、陕西、甘肃、宁夏、青海、新疆	工程五期规划（2011～2020 年）：在东北华北平原农区构建高效农业防护林体系，风沙区构建乔、灌、草相结合的防风固沙防护林体系，黄土高原丘陵沟壑区构建生态经济型防护林体系，西北荒漠区构建以沙生灌木为主的荒漠绿洲防护林体系
长江流域防护林体系	第一期：1989～2000 年 第二期：2001～2010 年 第三期：2011～2020 年	17 个省（自治区、直辖市）：青海、西藏、甘肃、四川、云南、贵州、重庆、陕西、湖北、湖南、河南、安徽、江西、江苏、山东、浙江、上海	工程三期（2011～2020 年）规划：在长江中上游地区重点进行水源涵养林、水土保持林、护库护岸林、道路防护林等营建；在长江中下游地区重点进行水土保持林、农田防护林、道路（河岸）防护林及村镇景观林建设
珠江流域防护林体系	第一期：1996～2000 年 第二期：2001～2010 年 第三期：2011～2020 年	6 个省（自治区）：广东、广西、贵州、云南、湖南、江西	工程三期（2011～2020 年）规划 8 个重点建设区域，分别为：南盘江水源涵养林；北盘江水源涵养林；左江流域水源涵养林；右江流域水源涵养林；红水河流域阶梯电站库区水源涵养林；珠江中游水土保持林；东江水土保持、水源涵养林；北江水土保持、水源涵养林
沿海防护林体系	第一期：2006～2015 年	11 个省（自治区、直辖市）：辽宁、河北、天津、山东、江苏、上海、浙江、福建、广东、广西、海南	工程规划（2006～2015 年）：以建设海岸基干林、消浪林和纵深防护林为主要任务
太行山绿化	试点期：1987～1993 年 第一期：1994～2000 年 第二期：2001～2010 年 第三期：2011～2020 年	4 个省（直辖市）：北京、河北、河南、山西	工程三期规划（2011～2020 年）：从北向南依次为桑干河水源涵养防护林，大清河上游水源涵养防护林，滹沱河水源涵养、水土保持防护林，滏阳河上游水源涵养、水土保持防护林，漳河上游水源涵养、水土保持防护林，卫河上游水源涵养、水土保持防护林，沁河水源涵养、水土保持防护林 7 个建设区
平原绿化	第一期：1988～2005 年 第二期：2006～2010 年 第三期：2011～2020 年	26 个省（自治区、直辖市）：北京、天津、河北、山西、内蒙古、辽宁、吉林、黑龙江、上海、江苏、浙江、安徽、福建、江西、山东、河南、湖北、湖南、广东、广西、海南、四川、陕西、甘肃、宁夏、新疆	工程三期规划（2011～2020 年）：建立起比较完善的平原农田防护林体系，已建成的等级以上公路、铁路等沿线实现全面绿化（护路林）
林业血防工程	第一期：2006～2015 年	7 个省：江苏、安徽、江西、湖北、湖南、四川、云南	工程规划（2006～2015 年）：在工程区大规模营造高质量的抑螺防病林

资料来源：中国的绿色增长——党的十六大以来中国林业的发展，中国林业出版社，2012

3. 重点工程

"三北"防护林体系建设五期工程。实施范围包括北京、天津、河北、山西、内蒙古、辽宁、吉林、黑龙江、陕西、甘肃、宁夏、青海、新疆 13 个省(自治区、直辖市)和新疆生产建设兵团(图 1-7)。在风沙区构建乔、灌、草相结合的防风固沙体系，在西北荒漠区构建以沙生灌木为主的荒漠绿洲防护林体系，在黄土高原丘陵沟壑区构建生态经济型防护林体系，在东北华北平原农区构建高效农业防护林体系。同时，在科尔沁沙地、毛乌素沙地、呼伦贝尔沙地、晋西北、河西走廊、柴达木盆地、天山北坡谷地、塔里木盆地周边、准噶尔盆地南缘、阿拉善地区、晋陕峡谷、陇东丘陵、渭河流域、湟水河流域、三江平原、松辽平原、长白山、海河流域、乌兰布和沙漠周边等区域内，组织实施一批重点建设项目。当前的主要任务是开展人工造林、封山育林和飞播造林等。

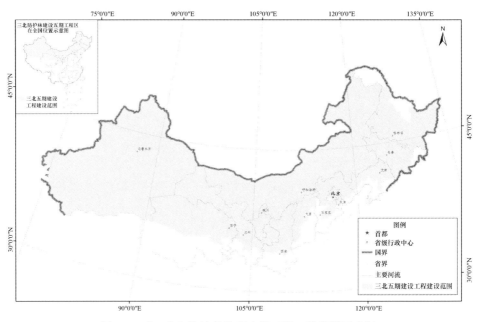

图 1-7 "三北"防护林体系建设五期工程范围示意图

沿海防护林体系建设工程。实施范围包括辽宁、河北、天津、山东、江苏、上海、浙江、福建、广东、广西、海南等沿海 11 个省(自治区、直辖市)和大连、青岛、宁波、深圳、厦门 5 个计划单列市中受海洋性灾害严重危害的 261 个县(市、区)。从浅海水域向内陆地区延伸建设以红树林为主的消浪林带、海岸基干林带和沿海纵深防护林。当前主要任务是开展人工造林、封山封滩育林、低效防护林改造(基干林带修复)等。

长江流域防护林体系建设工程。实施范围包括青海、西藏、甘肃、四川、云南、贵州、重庆、陕西、湖北、湖南、河南、安徽、江西、江苏、山东、浙江、上海 17 个省(自治区、直辖市)(图 1-8)。管理培育好现有 3000 万 hm² 防护林，加强中幼龄林抚育，改造低效林；加大水源涵养林、水土保持林、护岸林建设力度，完善防护林体系基本骨架，提高整体防护功能。当前主要任务是人工造林、封山育林、中幼林抚育和低效林改造等。

珠江流域防护林体系建设三期工程。实施范围包括江西、湖南、云南、贵州、广西和广东 6 个省(自治区)(图 1-8)。依据珠江干流各河段及一级支流集水区范围,在南盘江、北盘江流域,左江、右江流域,红水河流域,珠江中下游流域和东江、北江流域开展水源涵养林建设和水土流失及石漠化治理。当前主要任务是开展人工造林、封山育林和低效林改造等。

图 1-8　珠江流域防护林体系建设三期工程规划示意图

太行山绿化三期工程。实施范围包括河北、山西、河南、北京 4 个省(直辖市)。在桑干河、大清河、滹沱河、滏阳河、漳河、卫河、沁河 7 个流域营造水源涵养林和水土保持林,并加强五台山周围、桑干河中上游、滹沱河上游、西柏坡周围、大清河上中游、滏阳河上中游、沁河中游、太岳山山地、漳河上游、卫河上游等重点区域治理。当前主要任务开展人工造林、封山育林和低效林改造等(图 1-8)。

平原绿化三期工程。实施范围包括北京、天津、河北、山西、内蒙古、辽宁、吉林、黑龙江、上海、江苏、浙江、安徽、福建、江西、山东、河南、湖北、湖南、广东、广西、海南、四川、陕西、甘肃、宁夏、新疆 26 个省(自治区、直辖市)。以全国粮食主产省和粮食主产县为重点区域,以农田防护林带建设为重点内容,当前主要任务是开展人工造林、现有林网改造等高标准农田林网建设。

(四)森林保育和木材战略储备

1. 战略目标

培育良种壮苗,加快国家木材战略储备基地建设,加强森林抚育,强化森林保护,确保实现森林面积和森林蓄积量增长的目标,维护国家木材安全。

2. 战略任务

森林生态"红线"划定与保护。划定生态"红线"的意义就在于把需要保护的生态空间严格保护起来，这是构建我国生态安全战略格局的底线，也是维护代际公平，留给子孙后代的最大、最珍贵遗产。生态"红线"是我国继"18 亿亩耕地红线"后，另一条被提升到国家层面的"安全线"，体现了党和国家加强自然生态系统保护的坚定意志和决心。一是科学划定生态"红线"。生态"红线"就是保障和维护国土生态安全、人居环境安全、生物多样性安全的底线。生态"红线"一旦失去，难以拯救。林地和森林"红线"：全国林地面积不低于 3.12 亿 hm^2，森林面积不低于 2.49 亿 hm^2，森林蓄积量不低于 200 亿 m^3，从而维护国土生态安全。二是严格守住生态"红线"。制定最严格的生态"红线"管理办法。确定生态"红线"区划技术规范和管制原则与措施，将生态空间保护和治理纳入政府责任制考核，坚决打击破坏"红线"行为。运用法律手段严守生态"红线"。对森林、自然保护区等"红线"，必须强化依法、守法、执法力度，确保达到和守住"红线"。

加强重点林木良种基地建设和种质资源保护。完成全国林木种质资源调查，建设国家和省级林木种质资源保存库，培育一批优良品种和优良无性系，实现全国造林良种使用率达 75%以上，商品林造林全部使用良种。建设和完善国家重点林木良种基地，实现造林全部由基地供种。建立和完善国家、省、市、县四级林木种苗管理机构和质量检验机构，夯实造林绿化质量基础。

加快国家木材战略储备基地建设。在东南沿海地区、长江中下游地区、黄淮海地区、东北和内蒙古地区、西南适宜地区和其他适宜地区，着力培育和保护乡土珍贵树种资源，大力营造和发展珍贵树种、大径材和短周期工业原料林、中长周期用材林。划定国家储备林，研究国家储备林运行、动用、轮换模式和管理机制，逐步构建起总量平衡、树种多样、结构稳定和可持续经营的木材安全保障体系。

发展木本粮油。木本粮油树种资源丰富，适生性广，提高单产潜力巨大，而且不与农争地，既可以置换出耕地种植粮食，又可以改善居民膳食结构，提升健康水平，释放消费潜力，对维护国家粮油安全、拉动内需意义重大。加大高产稳产木本粮油树种的培育和推广，重点建设油茶、核桃、油橄榄、板栗、枣等木本粮油生产基地。

加强生物能源建设。充分发挥生物质能源绿色、可再生等优势，充分挖掘我国能源树种潜力，大力发展木质能源林、油料能源林和淀粉能源林，研发能源林新品种和原料林高效培育技术，建立一批能源林示范基地，为保障我国能源安全做出贡献。

加强森林经营。着力推进造林绿化和森林抚育经营，增加森林面积，提高森林质量和效益。科学谋划全国森林中长期经营，稳步推进全国森林抚育经营样板基地建设。加快推进依据森林经营方案编制采伐限额的改革进程，鼓励各类经营主体按照森林经营方案开展森林经营活动。加强森林经营基础能力建设，推进森林立地分类和相关数据体系建设，建立和完善森林经营技术标准体系，开展森林认证，全面提升森林经营水平。

强化森林保护。加强森林防火，落实森林防火行政首长负责制，加快实施《全国森林防火中长期发展规划》，严格管理野外用火。加快推进专业森林消防队伍和武警森林部队正规化建设，扩大森林航空消防范围。加强林业有害生物防治，落实地方政府目标责任制，加强松材线虫病、美国白蛾等重大有害生物灾害监测预报、检疫和防控工作，建立林业有害生物检疫责任追溯制度，推进社会化防治工作。建立林业外来有害生物防范体系。

（五）湿地保护

1. 战略目标

总体目标：全面加强中国湿地及其生物多样性保护，不断完善湿地保护体系，科学修复退化湿地，着力推动湿地法制建设，逐步理顺体制机制，到 21 世纪中叶，使我国退化湿地基本得到修复和恢复，湿地退化趋势得到遏制，并建成完备的湿地生态保护与合理利用的保障体制，实现湿地资源的有效管理和永续利用，最大限度地发挥湿地生态功能与效益，形成人与湿地和谐发展的现代化建设新格局，实现生态文明，建设美丽中国。

近期目标(至 2020 年)：确保 8 亿亩湿地"红线"，并基本遏制人为因素导致的自然湿地数量下降趋势；建设各级湿地自然保护区 600 个。保障湿地最小生态需水，保障湿地基本生态特征及功能。遵循自然规律，合理利用湿地资源，遏制湿地生物多样性急剧下降趋势。完善管理体系、推进管理机构改革，建立湿地生态系统保护网络。以保护自然湿地为主，在此基础上加强对退化湿地的生态恢复、重建。

远期目标(至 2050 年)：确保自然湿地面积不减少，自然湿地有效保护面积达 100%，人工湿地面积较 2020 年增长 10%。促进退化湿地恢复与治理，使天然湿地生态质量有所改善，湿地各项生态功能及其效益明显提高。构建比较完善的湿地保护、管理与合理利用的法律、政策和监测科研体系，形成较为完整的湿地保护、管理、建设体系，使我国成为湿地保护和管理的先进国家。全面提高我国湿地保护、管理和合理利用水平，形成完善的自然湿地保护网络体系，使绝大多数的自然湿地得到良好的保护，实现我国湿地保护和合理利用的良性循环。初步建立湿地保护与合理利用的良好管理秩序，保持和最大限度地发挥湿地生态系统的各种功能和效益。

2. 战略任务

建立湿地生态"红线"制度。根据第二次全国湿地资源调查的结果，制订满足国家生态安全的湿地保护"红线"，确保现有的 8 亿亩湿地不减少，与我国现有湿地面积基本持平。建立湿地"红线"制度，各级政府应根据当地的湿地资源情况划定地区湿地保护"红线"。提出生态"红线"的划定范围和技术流程，特别关注重要湿地生态功能区、湿地环境敏感区、湿地脆弱区等区域。湿地"红线"的制定要充分考虑湿地植被、鸟类、污染状况及周边条件等，由政府相关部门发布《湿地红线保护公告》。我国目前湿地状况远不能满足经济发展的需要和人民群众的期盼，要牢固树立"红线"意识和底线思维，采取一切措施，加大保护力度，避免生态破坏，坚决守住维护国家生态安全、保障人民基本生态需求的底线。

遏制湿地减少趋势。抓紧进行湿地的抢救性保护，把一切应该保护的湿地都尽快保护起来，使更多的自然湿地尽快纳入保护管理范围。采取有效措施，加大对已建的各级湿地自然保护区、湿地保护小区和湿地公园保育区的监管和投入力度，改善保护区及湿地公园的硬件和软件条件，提高湿地保护管理能力，解决因保护管理水平低下导致的湿地生态功

能受损等问题，使湿地资源得到最大保护，有效改善湿地管护效果。湿地公园和湿地保护小区是湿地保护的重要形式，严格遵循"保护优先、科学修复、适度开发、合理利用"的基本原则，合理推进湿地保护小区、湿地公园的建设工作，尽可能地扩大湿地保护的范围。

保护湿地生物多样性。以预防湿地及其生物多样性遭受破坏为出发点，采用直接、有效和经济的就地保护方式，保护湿地及其生物多样性，保持湿地的自然或近自然状态。以保护我国天然湿地生态系统和维持湿地野生动植物种多样性为重点，在生态脆弱地区，具有代表性、典型性并未受破坏的湿地区域或湿地生物多样性丰富区域等地建立不同级别、不同规模的湿地自然保护区，形成湿地自然保护区网络。加强濒危动植物的保护，高度重视湿地资源开发对湿地生物的影响，积极实施湿地恢复及保育工程，保护和恢复湿地动植物的重要栖息地及其生态状况，维持并提高湿地生物多样性。

减少湿地污染。积极转变水污染防治思路，从末端治理向流域水环境综合治理转变，从单纯水质管理向流域水生态管理转变，从目标总量控制向容量总量控制转变。将湿地污染管理纳入流域治污体系，统筹经济发展与生态保护的关系。强化流域内水环境污染源的综合治理，实行容量总量控制。推进湿地恢复与综合治理工程的实施，有效改善生态质量。

保证湿地可持续利用。以调整产业结构为契机，以正确处理湿地保护与利用的关系为前提，选择好本地区既有经济效益、又确保可持续发展的支柱产业；制定科学的湿地资源利用规划，建立湿地生态影响评价制度，实现统一规划指导下的湿地资源保护与合理利用的分类管理；制止过度利用与不合理开发，使湿地资源逐步恢复，形成良性循环。

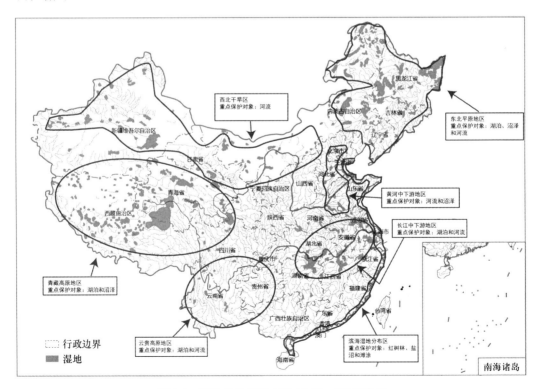

图 1-9　湿地保护战略布局(六区一带)示意图

3. 重点工程

全国湿地保护工程。实施《全国湿地保护工程规划(2002—2030 年)》，全面加强对湿地的抢救性保护和对自然湿地的保护监管力度。重点建设国际和国家重要湿地、各级湿地保护区、国家湿地公园及相关的流域湿地生态系统，并对滨海湿地、高原湿地、鸟类迁飞网络和跨流域、跨地区湿地给予优先考虑，形成国家层面的示范效果。加强对一些生态退化严重的湿地采取水资源调配与管理、污染治理、生态恢复与修复、有害生物防治等综合治理。加强湿地资源监测、管理等支撑体系建设。

（六）荒漠化防治

1. 战略目标

我国荒漠化防治的目标是，到 21 世纪中叶，使我国适宜治理的荒漠化土地基本得到整治，并建成稳定高效的生态防护体系、发达的沙产业体系、完备的生态保护与资源开发利用保障体系，区域经济蓬勃发展，东西部差距明显缩小，荒漠化地区将呈现生态稳定、环境优美、经济繁荣、人民安居乐业的景象。

2011～2020 年，荒漠化扩展的趋势得到逆转，荒漠化地区生态状况初步改善。到 2020 年，力争使荒漠化地区生态明显改观。这一时期的主要奋斗目标是：荒漠化地区 50%以上适宜治理的荒漠化土地得到不同程度整治，重点治理区的生态环境开始走上良性循环的轨道。

2021～2050 年，再奋斗 30 年，荒漠化地区建立起基本适应可持续发展的良性生态系统。主要奋斗目标是：荒漠化地区适宜治理的荒漠化土地基本得到整治，宜林地全部绿化，林种、树种结构合理，陡坡耕地全部退耕还林，缓坡耕地基本实现梯田化，"三化"草地得到全面恢复。

2. 战略任务

根据全国荒漠化防治形势，立足沙区特殊区位和比较优势，提出构建"一线两带三区"的总体战略构思。一线是指"荒漠化防治的国防生态线"，即沿我国北方边境线，在我国一侧设立宽 50～100km 的国防林带，防风固沙、保家卫国、守护国防。两带分别是指"青藏铁路生态防护带"和"新丝绸之路生态经济带"。针对青藏铁路沿线土壤沙化严重的问题，在青藏铁路沿线两侧各设立 50～100km 的生态防护带，缓解风沙对铁路安全运行造成的威胁；从陕西到新疆设立新丝绸之路生态经济带，深化我国与中亚国家的战略伙伴关系，保障新丝路的生态安全。三区是指在荒漠化地区分别设立"经济特区、文化特区和国防特区"（图 1-10）。例如，在敦煌设立国际文化特区，在内蒙古正蓝旗设立蒙古族文化特区，在新疆喀什设立维吾尔族文化特区，在西藏日喀则设立藏族文化特区等，促进西北地区民族文化传承和繁荣；在内蒙古满洲里、鄂尔多斯、阿拉善，新疆喀什、克拉玛依、伊犁，甘肃武威，青海格尔木，宁夏沙坡头等地设立经济特区，促进荒漠化防治与经济繁荣；在新疆罗布泊、甘肃金塔、酒泉卫星发射基地等地设立国防特区，为国防和国家安全提供战略保障。

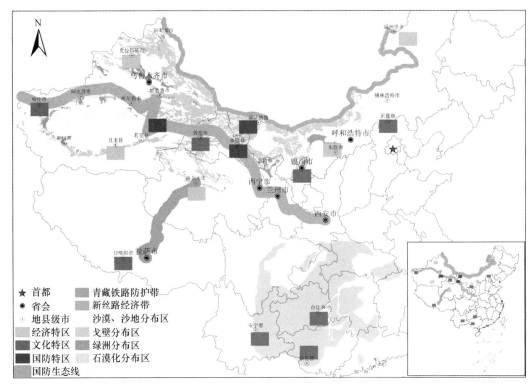

图 1-10　荒漠化防治战略布局示意图
（彩图请扫描文后白页二维码阅读）

制定上下兼修的荒漠生态系统生态"红线"。实现退化土地年度零净增长；沙区植被恢复面积在 56 万 km² 以上；沙化土地总体控制在 150 万 km² 以内；荒漠化土地总量控制在 250 万 km² 以内。

完成《全国防沙治沙规划》任务。2013 年，国务院批准的《全国防沙治沙规划（2011—2020 年)》(《规划》)分两个阶段实施，其中：2011~2015 年为第一阶段，2016~2020 年为第二阶段。《规划》的目标任务是：划定沙化土地封禁保护区，加大防沙治沙重点工程建设力度，全面保护和增加林草植被，积极预防土地沙化，综合治理沙化土地，完成沙化土地治理任务 2000 万 hm²，其中第一阶段 1000 万 hm²，第二阶段 1000 万 hm²，到 2020 年，全国一半以上可治理沙化土地得到治理，沙区生态状况进一步改善。

完成《西南岩溶地区石漠化综合治理规划纲要》任务。国务院批准的《西南岩溶地区石漠化综合治理规划纲要(2008—2015 年)》提出，到 2015 年完成石漠化土地治理任务 942.15 万 hm²。目标任务：工程建设要实现生态、经济、社会三大目标，争取到 2015年，控制住人为因素可能产生的新的石漠化现象，生态恶化的态势得到根本改变；人民生活水平持续稳步提高；工程区土地利用结构和农业生产结构不断优化，特色产业得到发展，步入稳定、协调、可持续发展的轨道(图 1-11)。

3. 重点工程

京津风沙源治理二期工程。根据国务院批复的《京津风沙源治理二期工程规划（2013—2022 年)》，工程区范围将扩大至包括北京、天津、河北、山西、内蒙古、陕西

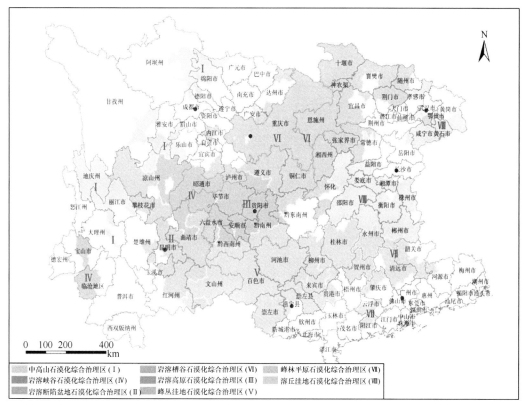

图 1-11　西南岩溶地区石漠化综合治理工程
(彩图请扫描文后白页二维码阅读)

在内的 6 个省(自治区、直辖市)的 138 个县(旗、市、区),面积扩大至 70.6 万 km²。到 2022 年,工程区内可治理的沙化土地得到基本治理,总体上遏制沙化土地扩展的趋势,基本建成京津及华北北部地区的绿色生态屏障,京津地区的沙尘天气明显减少,风沙危害进一步减轻;工程区经济结构继续优化,可持续发展能力稳步提高,林草资源得到合理有效利用,全面实现草畜平衡,草原畜牧业和特色优势产业向质量效益型转变取得重大进展,工程区农牧民收入稳定在全国农牧民平均水平以上,生产生活条件全面改善,走上生产发展、生活富裕、生态良好的发展道路。

岩溶地区石漠化综合治理工程。实施范围包括贵州、云南、广西、湖南、湖北、四川、重庆、广东 8 个省(自治区、直辖市)的 451 个县(市、区),在试点的基础上全面启动实施。一是对南方石漠化土地通过封山育林(草)、退耕还林(草)、人工造林种草等措施进行综合治理,逐步恢复林草植被;二是加强石漠化地区基本农田建设和农村能源及人畜饮水工程建设,并在石漠化危害极其严重的地区有计划、有步骤地开展生态移民;三是在不破坏生态的前提下,积极发展经济林、中药材等生态经济型特色产业和岩溶地区生态旅游,增加农民收入。当前主要任务是开展人工造林、封山育林育草等。

(七)草原治理

1. 战略目标

到 2020 年,用 15 年的时间,全面完成牧草种质资源体系建设和草原自然保护区的基本建设，草原遗传资源得到有效保存和利用，草原自然保护区的建设和管理达到国际先进水平，将草原资源调查定期普查列入国家计划，草原资源保护利用的国家系统形成有效体制并进入高效运行。进一步深入实施国家草原工程，草地"三化"趋势得到基本遏制，草原资源保护和建设进入历史最好阶段。到 2020 年，全国累计草原围栏面积达 1.5 亿 hm²，改良草原 6000 万 hm²，人工种草面积达 3000 万 hm²。优良草种繁育基地达 80 万 hm²，年产草种达 30 万 t 以上。新建草原自然保护区 30 处。全国 60%的可利用草原实施轮牧、休牧和禁牧措施，天然草原基本实现草畜平衡，草原植被明显恢复，基本草场的植被覆盖度达 60%以上。

2. 战略任务

依据农业部草地生态建设总体规划，中国草地依据地理类型和水分条件划分为四大片，即北方干旱半干旱草原、青藏高原高寒草原、东北华北湿润半湿润草原、南方草地(图 1-12)。

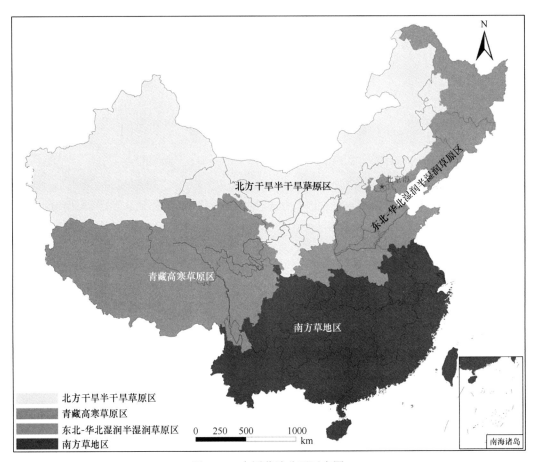

图 1-12　中国草地分区示意图

北方干旱半干旱草原区。本区涉及内蒙古、新疆、宁夏全区，以及河北省坝上承德地区、张家口地区，山西省大同市、忻州地区、雁北地区，陕西省榆林地区、延安地区(现为延安市)，甘肃省部分地区[甘南藏族自治州(甘南州)、天祝藏族自治县(天祝县)、肃南裕固族自治县(肃南县)除外]，黑龙江省的大庆市、齐齐哈尔市，吉林省的白城地区9个县及辽宁省阜新市、朝阳市等两个市8个县。全区涉及10个省(市)，现有草原面积15 994.86万 hm²，可利用草原面积13 244.58万 hm²。到2020年，累计草原围栏面积达9700万 hm²，治理风沙源面积达1800万 hm²，人工种草保留面积达1400万 hm²，改良草原面积达2640万 hm²。牧草良种繁育面积达54万 hm²，草种产量达20.2万 t。禁牧休牧划区轮牧面积达12 000万 hm²，其中禁牧1800万 hm²、休牧8400万 hm²、划区轮牧1800万 hm²。建立草原自然保护区12个。

青藏高寒草原区。本区域涉及西藏全区、青海省除海东地区的大部分县(市)，四川甘孜藏族自治州(甘孜州)、阿坝藏族羌族自治州(阿坝州)，甘肃省的甘南州及天祝县、肃南县，云南省迪庆藏族自治州(迪庆州)包括德钦、中甸(现更名香格里拉)、维西三县，以及丽江市的丽江、宁蒗、永胜、华坪四县。全区共含5个省(区)378个县(市)，该区域草原面积为13 908.45万 hm²，可利用草原面积12 060.93万 hm²。到2020年，累计草原围栏面积达4100万 hm²，人工种草保留面积达330万 hm²，草原改良面积达2100万 hm²。牧草良种繁育面积达9万 hm²，草种产量达3.4万 t。禁牧休牧划区轮牧面积达6300万 hm²，其中禁牧1300万 hm²、休牧4200万 hm²、划区轮牧800万 hm²。建立草原自然保护区8个。

东北华北湿润半湿润草原区。本区域涉及河南省、山东省、北京市、天津市的全部，以及黑龙江省大部(除大庆市、齐齐哈尔市外)、吉林省大部(除白城地区外)、辽宁省大部(除阜新市、朝阳市外)、河北省大部(除承德地区、张家口地区外)、山西省大部(除大同市、忻州地区、雁北地区外)和陕西省大部(除榆林地区、延安地区外)等，共计10个省(自治区、直辖市)，本区草原面积2960.82万 hm²，可利用草原面积2546.12万 hm²。到2020年，累计草原围栏面积达700万 hm²，人工种草保留面积达650万 hm²，草原改良面积达840万 hm²。牧草良种繁育面积达7万 hm²，草种产量达2.6万 t。禁牧休牧划区轮牧面积达900万 hm²，其中禁牧150万 hm²、休牧600万 hm²、划区轮牧150万 hm²。建立草原自然保护区6个。

南方草地区。本区域涉及江苏、安徽、上海、湖北、湖南、江西、浙江、福建、广东、海南、广西、贵州和台湾的全部，以及云南除迪庆、丽江两个地区的大部分地区和四川除甘孜、阿坝两州的大部分地区。总计涉及15个省(自治区、直辖市)的1529个县(市)。草原面积6419.12万 hm²，可利用草原面积5247.92万 hm²。到2020年，累计草原围栏面积500万 hm²，人工种草保留面积达620万 hm²，草原改良面积达420万 hm²。牧草良种繁育面积达10万 hm²，草种产量达3.8万 t。禁牧休牧划区轮牧面积达660万 hm²，其中禁牧100万 hm²、休牧360万 hm²、划区轮牧200万 hm²。建立草原自然保护区4个。

（八）水土保持与工矿废弃地修复

1. 战略目标

到2020年，对水土流失严重地区实现有效治理，扭转治理速度抵不过人为水土流失速度的局面，江河泥沙量减少10%(与2012年年底相比)，监督管理实现制度化、规范化，基本实现水土保持的信息化管理，建立水土流失地区各级政府的水土保持目标考核制度；

大中型项目水土保持三率(方案编报率、实施率和验收率)达90%，小型项目三率达60%。

到2050年，水力侵蚀地区水土流失强度控制在中度以内，江河泥沙量减少50%(与2012年年底相比)，基本实现水土流失极端事件监测及预报。实现完善的水土保持管理、考核、投资等管理和制度体系，大中型项目水土保持三率(方案编报率、实施率和验收率)达100%，小型项目三率达100%。

2. 战略任务

水土流失重点治理。在长江上中游、黄河中上游、东北黑土区、西南岩溶等人口密度相对大的水土流失严重地区，统筹实施全国坡耕地水土流失综合治理试点工程、国家水土保持重点建设工程、国家农业综合开发水土保持项目等国家重点工程。

水土保持生态修复。西北地区的江河源区、内陆河流域下游及绿洲边缘、草原、重要水源、长城沿线风沙源等区域，主要包括北方风沙区、黄土高原西部和青藏高原区。把构筑生态屏障、维系生态安全作为首要任务，大力推进以封育保护、封山禁牧为主要内容的生态自然修复工程，实施人工治理，采取舍饲养畜、生态移民、能源替代等措施，为大范围实施封育保护创造条件。"三江源"等江河源头地区要严格限制或禁止可能造成水土流失的生产建设活动。同时做好西北部风沙地区植被恢复与草场管理；加强能源重化工基地的植被恢复与土地整治。

生产建设项目损毁土地恢复。结合各地的区域发展规划，综合土地整理、土地复垦、生态环境建设、造林绿化等项目，植被恢复与开发利用相结合，编制历史遗留损毁土地的植被恢复工程规划，多方筹资，有步骤有计划地实施植被恢复规划，尽快完成历史遗留损毁土地的植被恢复任务。

（九）野生动植物保护及自然保护区建设

1. 战略目标

近期目标：到2020年，努力使生物多样性的丧失与流失得到基本控制。进一步加强中央、省级和地市级行政主管部门的管理能力建设，使指挥、查询、统计、监测等管理工作实现网络化，健全野生动植物保护的管理体系，完善绩效监督与评估机制，完善科研体系和进出口管理体系，基本建成布局合理、功能完善的自然保护区体系，国家级自然保护区功能稳定，主要保护对象得到有效保护，使95%的国家重点保护野生动植物种和所有典型生态系统类型，以及60%的国家重点保护物种资源得到恢复和增加。

远期目标：到2050年，使生物多样性得到切实保护。全面提高野生动植物保护管理的法制化、规范化和科学化水平，实现野生动植物资源的良性循环，生态系统、物种和遗传多样性得到有效保护，并使85%的国家重点保护物种资源得到恢复和增长。建成具有中国特色的自然保护区保护、管理、建设体系，提高管理有效性，禁止开发各类自然保护区，使保护生物多样性成为公众的自觉行动。自然保护区的功能得到全面发挥，管理效率和有效保护水平不断提高。

2. 战略任务

野生动植物生态保护"红线"的划定。一是划定目标：即确保野生动植物种的最小可存活种群；确保野生动植物种最小可存活种群栖息地的最小动态面积；确保野生动植物种重要栖息地的安全，其在自然保护区内应严禁破坏，在自然保护区外的也应进行严格保护；确保野生动植物种保持基因多样性。二是划定方法：通过种群生存力分析，确定野生动植物种的最小可存活种群；通过DNA分析，确定野生动植物种的基因多样性；结合环境容纳量分析，确定该最小可存活种群所需的最小动态面积的栖息地；通过栖息地适宜度评价，结合空间叠加分析，确定野生动植物种的关键栖息地位置与范围；位于关键位置的最小动态面积的栖息地必须采取强制性保护措施。

现存野生动植物资源的调查与编目。西南石灰岩地区、横断山脉地区等生物多样性关键地区野生动植物资源调查与编目；全国生物多样性保护优先区域野生动植物资源调查与编目；全国国家级自然保护区野生动植物资源调查与编目；全国特有珍贵林木树种、药用生物、观赏植物、竹藤植物等资源调查与编目；中国特有动物和特殊生态区及干旱、半干旱地区动物资源调查与编目；西南地区相关传统知识(民族传统作物品种资源、民族医药、乡土知识、传统农业技术)的调查、文献编目及数据库建立；制定各类生物物种资源清单目录(包括禁止交易类、限制交易类、自由交易类)，加强对进出口贸易的监督与管理。

自然保护区建设。一是自然保护区网络化建设。优化自然保护区网络，确定一批亟待抢救性保护的物种和具有重要意义的生态关键区域，有重点地在最需要保护的地区抓紧建立一批自然保护区；科学整合现有自然保护区，从系统和网络的角度考虑扩大保护面积，建立保护区间相互联系的生境廊道，或按山系、流域整合，建立跨行政区域的自然保护区网络。二是自然保护区科学化建设。三是自然保护区信息化建设。四是自然保护区规范化建设。五是自然保护区标准化建设。

自然保护小区建设。建立激励机制，通过乡规民约等协议保护形式，划定自然保护小区，明确保护责任，维护好对物种保存和乡俗文化有重要影响的自然生境。

合理开展迁地保护。坚持以就地保护为主、迁地保护为辅，两者相互补充。对于自然种群较小和生存繁衍能力较弱的物种，采取就地保护与迁地保护相结合的措施。

极度濒危野生动物的拯救与保护。极度濒危物种种群保护：对包括大熊猫、长臂猿、朱鹮等30～40种极度濒危野生动物实施专项拯救，在其自然保护区以外的分布区优先建立保护监测站，在其分布的自然保护区内优先实施栖息地改造与修复。扩建、新建极度濒危野生动物拯救繁育基地：突破5～10种极度濒危野生动物人工繁育技术，并维持现有约30种极度濒危野生动物人工繁育种群，对繁育成功的野生动物开展放归自然的探索与试验。重要栖息地修复：实施栖息地改造与修复，改善野生动植物生境；在国家级自然保护区以外的野生动物重要分布区的500～800处重要栖息地，建设基层保护管理站，有效防止盗猎野生动物、侵占栖息地的非法行为。

极小种群野生植物的拯救与保护。对120种极小种群野生植物全部编目、挂牌。对30种极小种群野生植物开展近地保护试验示范；对15种以上极小种群野生植物实施野外回归；对80种以上极小种群野生植物保护显现效果。建设国家级就地保护点412个，恢复和营造适生生境。规划建设近地保护基地50处，近地保护点200个，近地保护种群500个，以扩大种群数量和面积，为科研迁地保护中心的移栽提供缓冲和实验，为原生地野外回归提供经验。

推进野生动植物资源可持续利用。因地制宜、合理布局、统筹兼顾，切实强化对产业的指导，继续实施以利用野外资源为主向利用人工繁育资源为主的战略转变。加大对野生动植物种源繁育基地等建设的投入，完善野生动植物种源繁育体系。积极研究和争取对野生动植物繁育利用的种源补助、税费调控、信贷优惠等政策和保险政策。开展野生动植物繁育利用示范试点。强化野生动植物及其产品流通监管和产业服务，完善特许经营、许可、限额及认证制度。加强对野生动植物资源的发掘、整理、检测、筛选和性状评价，筛选优良野生动植物遗传基因，推进相关生物技术在林业、生物医药等领域的应用。

3. 重点工程

野生动植物保护及自然保护区建设工程。实施《全国野生动植物保护及自然保护区建设工程总体规划》，拯救大熊猫、朱鹮、金丝猴、藏羚羊、亚洲象、长臂猿、麝、野生雉类、苏铁、兰科植物等十五大珍稀濒危野生动植物种；拯救和恢复极度濒危的 40种野生动物和 120 种极小种群野生植物及其栖息地，强化就地、迁地和种质资源保护，对人工繁育成功的 30 种野生动物和 20 种极小种群野生植物实施野外回归，加强野生动植物科研、种质资源收集保存、救护繁育。加强重点地区自然保护区、自然保护小区和保护点建设，进一步完善自然保护区网络，推进 51 处全国示范自然保护区和自然保护区示范省建设，加强国家级自然保护区基础设施及能力建设。加强野生动植物调查监测体系和保护管理体系建设。

全国极小种群野生动植物拯救保护工程。对极小种群野生动植物进一步开展就地保护、近地保护、迁地保护，建设人工种群保育基地和种质资源基因库。

（十）城镇绿化及城市林业

1. 战略目标

紧紧围绕建设美丽中国的宏伟目标，以保障城市生态安全、建设生态文明、推进新型城镇化建设为总体战略目标。配合我国"两横三纵"城镇化战略格局，使绿色空间成为城镇建设的本底，构建以城镇群为结构单元、以城镇为建设单元的中国城镇绿化和城市森林建设体系；城镇建成区和郊区绿化建设统筹协调，各具特色，形成建成区外以森林为主体的城市森林体系及建成区内以园林造景为主体的城市绿地体系，两部分充分衔接，共同促进城镇与自然的交融，构建布局合理、功能完善、健康美丽的城镇绿地空间格局，优化城镇化布局形态，最终提高城镇化建设水平。

到 2020 年，制定和完善各级城镇绿化发展规划，实现城镇建成区内外绿化统筹建设。通过建立城市森林生态效益补偿机制，推动森林资源的有效保护，完善林木的生态涵养功能，并进一步推动园林绿地的建设，实现公园绿地的服务半径覆盖 90%的居住用地，满足城镇居民出行见绿和休闲游憩的基本要求。

到 2030 年，建立以大型片林和主干森林廊道为骨架，各种类型防护林为补充的比较完备的城市森林体系；搭建合理的城市绿地结构，增加各类公园绿地，完善城市绿地结构，实现城市绿地的合理布局，满足市民的游憩活动需求，突出地域文化特色，改善城市景观形象，使城镇生态得到极大改善，基本实现"天蓝、水清、地绿"的阶段性目标。

到 2050 年，建立功能完备的城镇森林生态体系，城镇绿地体系配置合理，绿地品质大幅提升；绿地建设中自然和文化景观特色鲜明，传统优秀文化得到保护和弘扬，城市历史文脉得以延续。城镇建设与山水自然融为一体，城镇生态趋于良性循环，整体实现我国新型城镇化所提出的"顺应自然、天人合一"的建设理念。

2. 战略布局与任务

根据我国不同区域类型将城镇绿化发展划分为全国范围、地域范围、城市区域三个不同层面。

国家层面上城镇绿化发展（"两横三纵"）。综合考虑《全国主体功能区规划》《国家新型城镇化规划》《中国可持续发展林业战略研究》和《全国林业发展区划》等成果，结合中央城镇化工作会议确定的城镇化战略格局，确定国家城镇绿化"两横三纵"的战略布局。城镇绿化和城市森林建设是国家生态建设的重要组成部分，与我国目前的天然林保护工程、退耕还林工程、京津风沙源治理工程、重点地区防护林体系建设工程等生态工程应并列成为全国布局的重点生态工程。从全国生态建设的角度，本着在全国建立起完整的城市森林生态体系来构思和设计，使城市生态建设由绿化、生态层面向生态、经济层面提升。在城镇绿化建设中起到改善区域生态质量、提高居民生活水准和实现城镇建设可持续发展的要求，城镇绿化区成为城市群景观的本底，构建以城市群为结构单元、以城市为建设单元的中国城镇绿化网络体系。

区域范围上城镇绿化发展。根据"两横三纵"的城镇绿化战略格局，结合各地的自然条件和经济发展水平，将我国城镇绿化发展战略布局具体落实到不同地区。

东部区域（东线）——提高质量，突出地域特色。包括北京、天津、河北、辽宁、黑龙江、吉林、上海、江苏、浙江、福建、山东、广东、广西和海南 14 个省（自治区、直辖市），涉及哈长地区、环渤海地区、东陇海地区、长江三角洲地区、海峡西岸经济区、珠江三角洲地区等城市群区域。城镇绿化和城市林业的发展方向应注重城镇绿化质量的提高，打造精品，突出特色，将自然景观与人文景观相结合，传统文化和现代文化相结合，结合城镇绿化发展目标，以生态理念为指导，以市场手段为推动，以科技创新为支撑，以现代制度为保障，不断扩大特色林业发展，走城乡一体化道路，在城市周边区建设城市"绿肺"。突出城市森林的休闲娱乐和美化净化功能。该区域应考虑资源禀赋，环渤海地区等区域应以发展节水型城镇绿化体系为主。

中部区域（中线）——生态与经济条件并重。包括山西、河南、安徽、江西、湖北和湖南 6 个省，涉及中原经济区、皖江城市带、长江中游地区、冀中南地区、太原城市群、北部湾地区等城市群区域。该区域经济条件中等，南方区域自然条件较好，北方区域已经进入 400mm 降雨线以内。该区域城镇绿化和城市林业建设应适度发展，北方城镇绿化建设要考虑水资源承载力，南方则应考虑经济条件。围绕保障生态安全、美化人居环境、促进林农增收、结合林业分类经营的目的。城市森林要结合自然地形灵活布局，通过道路、河流沿线的防护林建设，形成绿色通道，使城市森林与当地山水相结合，将森林、生态、文化交融在一起。结合生态防护林网，建立工业原料林区和其他优质农产品生产区，对于生态林保护区，将保护与改造相结合，提高森林健康水平，充分发挥城市森林的经济价值和生态价值。

西部地区（西线）——生态安全为主，经济效益为辅。包括重庆、四川、贵州、云南、西藏、陕西、甘肃、宁夏、新疆、青海、内蒙古等 11 个省（自治区、直辖市），涉及呼包鄂榆地区、宁夏沿黄经济区、兰州-西宁地区、关中-天水地区、天山北坡地区、藏中南地区、黔中地区、滇中地区等城市群区域。结合西部大开发区域发展战略，城市绿地建设要将保护和建设相结合，建设应立足本区的生态状况，着眼于突出的生态问题。例如，在西部干旱地区，突出城市绿地的水源涵养功能，着重建设水源涵养林，城镇绿化建设以改善生态、实现区域生态安全为主要目的，同时兼顾城市绿地的生产功能和经济效益。

城市层面上城镇绿化的发展。单个城市城镇绿化布局结构应形成两个圈层：建成区内以园林绿化为主体的城市绿地体系建设圈层和建成区外以森林为主体的城郊森林体系建设圈层。依托城镇绿化这两个圈层，形成建成区内部园林绿化建设与建成区外部城郊森林系统建设相互支撑、相互融合、相互渗透的统一体系，构建城镇绿化一体化发展模式。

（十一）国家公园体系建设

按照保护优先、适度利用、依法管理、试点先行的原则，积极探索和建立国家公园体系。以自然资源和自然生态系统为基础，以资源资产产权部门为主体，配合"生态保护红线"和自然资源资产产权制度改革，在以国有资源资产为主体的自然保护区等区域开展国家公园建设，逐步形成归属清晰、"红线"落地、用途管制、定位发展、权责明确、监管有效的国家公园体系。

针对我国国家公园建设管理中存在的问题，广泛汲取国际社会的成功经验和失败教训，整合、改革和完善我国现行的国家公园体系，有效地保护具有国家或国际重要意义的自然资源和生态系统，同时发挥其科研、教育、游憩和社会发展等功能，建立符合中国国情的国家公园体系。

第五节 加强我国生态保护和建设的政策建议

当前，同资源约束和环境污染一样，生态退化已成为威胁和阻碍我国实现可持续发展的突出问题，加强生态保护和建设是破解这一问题的有效措施。

一、确立"生态兴国"的战略方针

"生态兴则文明兴，生态衰则文明衰"。为推进生态文明建设，我国应确立生态兴国的战略方针。

(1)确认"改善生态"为基本国策，形成"节约资源、保护环境、改善生态"三位一体的生态文明建设基本国策。关于生态文明建设，我国曾先后出台了多项基本国策，主要有两项。一是保护环境，1990 年《国务院关于进一步加强环境保护工作的决定》："保护和改善生产环境与生态环境、防治污染和其他公害，是我国的一项基本国策"。二是节约资源，1997 年中华人民共和国全国人民代表大会通过、2007 年修订的《中华人民共和国节约能源法》第 4 条规定："节约资源是我国的基本国策。国家实施节约与开发并举、把节约放在首位的能源发展战略"。这些基本国策的制定和实施，对于缓解我国人口与自然之间在环境污染、资源紧缺等方面的矛盾，推进生态文明建设，已经发挥并将继续发挥巨大的作用。然而，在新的形势下，湿地萎缩、水土流失、季节性旱涝、河湖缩减、森林锐减、荒漠化、石漠化、草场退化、生物多样性减少、气候变暖等生态安全问题，正日益成为我国经济社会实现可持续发展的关键约束和重大障碍，亟待破解。为此，通过顶层设计，增设"改善生态"为我国的基本国策，是推进我国生态文明建设的迫切需要。

(2)增列建设"生态安全型"社会，形成"资源节约型、环境友好型、生态安全型"三位一体型社会。生态文明建设的基本要求有三：一是环境良好；二是资源永续；三是生态安全。2005 年，中国共产党第十六届五中全会强调，要加快建设"资源节约型、环境友好型"社会，并首次把建设资源节约型和环境友好型社会确定为国民经济与社会发展中长期规划的一项战略任务。然而，建设"资源节约型、环境友好型"社会，并不能有效解决日益严峻的生态安全问题。换言之，生态文明建设，还必须有新的建设路径和保障措施，这就是通过生态保护和建设实现生态安全。实践也无不证明，生态保护和建设是生态文明建设的必要环节和重要内容。这是因为，生态保护和建设是保障生态产品供给和维护生态安全的关键所在，是优化国土空间开发的基本手段，是确保人居环境良好和自然资源丰富的持续源泉和坚实后盾，其在整个生态文明建设中处于基础性和保障性地位。为此，有必要在政策上将建设"资源节约型、环境友好型"两型社会，扩展为建设"资源节约型、环境友好型、生态安全型"三型社会。

(3)制定实施《全国生态保护与建设规划(2013—2020 年)》行动计划。同资源短缺和环境污染这两类问题不同，生态退化问题往往不容易引起社会各界的高度重视和应有关注，为此，加强生态保护和建设必须进行系统的设计和细致的计划，借鉴外域和本土经验，制定实施《全国生态保护与建设规划(2013—2020 年)》行动计划，将生态保护与建设规划赋予切实的可操作性，把规划真正落实到位。

二、健全生态保护和建设的法律体系

(1)制定生态保护和建设的基本法——《中华人民共和国生态安全促进法》。受历史传统和主观认识的影响，我国现行的生态文明建设法律体系存在"重污染防治、轻生态保护"的突出问题，而且现有法律法规大都是针对某一特定生态要素制定的，如《中华人民共和国森林法》《中华人民共和国草原法》《中华人民共和国水法》《中华人民共和国水土保持法》《中华人民共和国防沙治沙法》《中华人民共和国野生动物保护法》等，没有考虑到自然生态的有机整体性和各生态要素的相互依存性，这种分散性立法在系统性、整体性和协调性上存在重大的缺陷和明显的不足。为此，生态文明法治建设的首要任务是，在保留以污染防治为重心的《环境保护法》的基础上，另行制定与之并列的《生态安全法》，对生态保护和建设进行综合性的系统规定。事实上，我国已有地方率先制定了这样的地方性法规，如《贵州省生态文明建设促进条例》(2014 年 7 月 1 日实施)和《珠海经济特区生态文明建设促进条例》(2013 年 12 月 26 日制定)等。制定作为生态保护和建设基本法的《生态安全法》，最重要的是要确立关于生态保护和建设的基本原则和制度。基本原则为：生态协调原则，预防优先原则，政府主导原则，公众参与原则和生态正义原则等。主要制度为：自然资源产权制度，生态建设规划制度，生态影响评价制度，生态监测预警制度(生态"红线")，生态保育资金制度，生态突发事件应急处置制度，生态补偿制度，生态保护和建设考评制度(生态GDP)，生态公益诉讼制度。

(2)完善生态保护和建设的配套性立法。强化生态保护方面的立法，除了要制定综合法的《生态安全法》外，还需健全和完善生态保护和建设的专门性和配套性立法。一是制定和修改有关法律。重点是制定《全国主体功能区规划法》《生态税法》《生物多样性保护法》和《长江法》《黄河法》《鄱阳湖法》《洞庭湖法》等专门性立法；修改《中华人民共和国土地管理法》《中华人民共和国森林法》《中华人民共和国草原法》《中华人民共和国水法》《中华人民共和国水土保持法》《中华人民共和国防沙治沙法》《中华人民共和国矿产资源法》《中华人民共和国野生动物保护法》《中华人民共和国海洋环境保护法》等。二是制定和修改有关行政法规。重点是制定《天然林保护条例》《生态补偿条例》《湿地保护条例》《水功能区管理条例》《生态工程管理条例》《生态移民条例》《生态文明建设资金管理条例》《生物安全管理条例》《古树名木保护条例》，修改《城市绿化条例》《水土保持法实施条例》《自然保护区条例》《河道管理条例》《退耕还林条例》等。三是制定和修改相关技术规范。技术规范是生态文明建设立法体系中的重要内容，尽管它们大多并不具备法律文件和法律条文的形式，也未经过严格的立法程序，但实际上发挥着法律的作用，不可忽视。当前，最重要的是修改《土地利用现状分类》(2007年)国家标准，将具有重要生态调节功能的湿地、公益林地、草地作为生态用地予以单列，而不是将其划入"其他土地"类型，与裸地、空闲地、盐碱地等未利用地划归一类。还须制定和修改《中幼林抚育技术规程》《野生动物驯养繁殖技术规程》等技术规范。由于当前国家级标准、技术规程等都比较宏观、原则，各地可以根据当地的实际，在不违背国家级标准和规程的前提下，制定关于生态保护和建设的地方性标准和技术规程。

(3)加强对传统立法的生态化改造。生态文明法制建设是一项系统工程，除了加强生态立法外，还须运用生态系统管理的理念，对《中华人民共和国宪法》《中华人民共和国民法通则》《中华人民共和国行政处罚法》《中华人民共和国刑法》(《刑法》)《经济法》和《社会法》等传统部门法进行生态化的改造，确认和保护生态利益，使所有的法律都握指成拳，形成生态文明法治建设的整体合力。必须特别指出的是，对传统部门法的生态化，并不仅仅指在立法形式上规定生态保护的法律条款，而是要求在内在精神上能遵循生态系统管理的基本准则，并真正确认和有效保护基于生态系统服务功能而蕴含的生态利益。首先，修改《刑法》，将生态利益全面纳入犯罪的客体。尽管我国的《刑法》在生态保护和建设方面做出了诸多重大规定，然而，对于侵占湿地、河道等生态用地的，即使数量巨大、危害严重也无法入罪，这显然不利于对湿地、河道的保护。为此，应修改《刑法》，规定侵占湿地、河道等生态用地的罪名。其次，急需民事立法尤其是《中华人民共和国侵权责任法》确认生态利益，建立包含救济生态利益在内的生态侵权责任制度，真正追究危害生态者赔偿自然资源和生态效益损失等方面的民事责任，建议《中华人民共和国行政诉讼法》在《中华人民共和国民事诉讼法》第55条关于生态民事公益诉讼制度的基础上，规定生态行政公益诉讼制度。最后，《证券法》《保险法》《劳动法》《安全生产法》《消防法》《教育法》等所有其他传统领域的法律法规也应进行生态化的改造，修改不利于生态保护和建设的法律规定。

三、优化生态保护和建设的监督管理体制

加强生态保护和建设，应从生态文明制度顶层设计的层面，优化生态保护和建设的监管体制，将分散在不同部门的生态保护和建设职能整合起来，建立能够有效统一管理所有生态系统的行政监管体制。

(1)组建生态保护建设部。主要负责所有国土空间生态保护建设，统管森林、草原、湿地、荒漠等陆地生态系统关于植树造林、植被保护、湿地保育、水土保持、生物多样性(野生动植物)保护和景观建设等方面的生态保护监管工作，对山、水、林、田、湖进行一体化保护和建设，确保生态环境的健康和活力，使其持续发挥水源涵养、水土保持、防旱蓄洪、防风固沙、气候调节、景观审美等良好的生态服务功能。为此，环保、水利、海洋、旅游、建设等有关部门应将其生态保护建设职能并入现行国家林业局，把其改组为生态保护建设部。建立这一体制有以下理由和好处。

一是有利于科学形成生态文明建设"职权明晰、分工合理、地位独立、权责一致、决策科学、执行顺畅、监督有力和权威高效"的监管体系。从当前和长远看，建设生态文明主要存在三大最突出的问题，即资源约束趋紧、环境污染严重、生态系统退化。解决资源约束问题主要由国土资源部、国家能源局等履行监管职责，解决环境污染问题主要由环境保护部、国家海洋局等履行监管职责，解决生态系统退化问题则主要由国家林业局改组后的生态保护建设部等履行职责，从而在环境、资源、生态三个方面，形成分别主要由环境保护部、国土资源部和生态保护建设部各负其责而又分工合作的科学的监管体系。

二是有利于强化自然生态系统的统一监管。自然生态系统是中华民族生存与发展的根基，没有良好的自然生态系统就不可能实现中华民族的永续发展。自然生态系统主要包括森林生态系统、湿地生态系统、草原生态系统、荒漠生态系统和海洋生态系统。现行的管理体制是森林生态系统、湿地生态系统和荒漠生态系统由国家林业局管理，农业、水利、旅游、住房和城乡建设、交通运输等其他各有关部门虽然涉及部分生态保护职能，但其主要职能不是生态保护，而是开发利用和产业发展。在这一传统体制下，兼有生态保护职能的各有关部门主要承担着生产粮食、兴修水利、开发旅游、城镇化建设、建设工程推进等职能，这些职能在本质上与生态保护和建设存在尖锐的矛盾，这种体制显然不利于自然生态系统的保护。建议将各有关部门涉及的部分生态职能整合起来，组建生态保护建设部，由其统一负责领土范围内所有国土空间生态用途管制，统管森林、草原、湿地、荒漠等生态系统，对自然生态系统实行专门化的严格保护，对生态环境的开发利用行为形成有效的制约。

三是有利于提高环境污染防治和生态保护建设的专业化水平，提升总体的监管效能。随着我国工业化进程的加快，环境污染问题将日益严峻，环境保护部承担的任务将更为艰巨。生态保护建设与环境污染治理在职能任务、监管对象、发挥的作用和采取的政策措施方面完全不同，环境污染治理主要负责大气、水体、土壤、噪声、固体废物、

有毒化学品和机动车等的污染治理，以及核安全、辐射环境、放射性废物、放射源的管理，工作对象主要是企业，基本任务是减少排放，主要是做减法的文章。生态保护与建设主要负责自然生态系统的保护与建设，工作对象主要是自然生态系统，基本任务是增加生态功能，主要是做加法的文章。在强化环境保护部治理环境污染职能的同时，组建生态保护建设部，有利于同时遏制环境污染日益严重、生态系统日益退化的趋势，形成生态文明建设的两大支柱。如果将环境污染治理、生态保护建设合成一个部门统一管理，必将大大削弱环境污染治理、生态保护建设的力度。

(2) 设立协调部门间和地区间关系的协调机构。生态系统具有整体性、流动性、联系性等基本特性，而人类经济运行系统的生产、加工、流通、运输、仓储、消费和处置等各个环节均会直接或间接地对生态状况产生不良影响。因此，生态保护和建设工作应当是一个能涵盖上述所有领域和各个环节的系统工程。要想使体制改革更好地达到预期的目的，还需建立一系列调整部门之间和地区之间关系的协调机构，以保障各部门和各地区能顺利地执行有关法律法规。为此，在部门之间，可建立高位阶的部门协调机构，如在中央或国务院设立生态文明建设委员会。在地区之间，可建立跨越行政区划的大流域或大区域的生态监管或协调机构，如京津冀生态文明建设指导委员会。

(3) 推进特别领域的监管体制改革。除了宏观上组建统管各生态系统和生态要素的生态保护建设部、协调地区间和部门间关系的高级别协调机构外，还须加强生态保护和建设各特别领域的体制改革。当前特别是要推进国有林资源管理体制改革、国有林区公共事务管理体制改革、国有森工企业改革、国有林场改革、集体林权改革，建立新型的天然林资源管理体制和国家公园管理体制。加强对湿地保护机构和湿地保护的监督管理工作。

四、健全生态保护和建设的配套机制

为协调和化解部门间和地区间在实施监管职能过程中的冲突，有必要建立相应的配套机制，以增强生态监管的统一性、顺畅性和有效性。

(1) 协调(联动)机制。主要是指部门之间对于特别问题的职能协调、工作衔接和联合行动机制，用以协调部门之间在行使生态监管职能时可能发生的权力、利益上的冲突。有关部门必须充分发挥各自职能，形成各负其责、密切配合、协同作战、齐抓共管的生态文明保护建设工作机制。生态保护建设部门作为森林资源保护、湿地保护、野生动物保护和荒漠化防治工作的组织、协调和指导部门，应做好规划编制、工作指导、组织协调和监督检查等工作。国土资源、环境保护、水利、农业、气象等部门按照各自的职能，应做好沙区国土整治、污染防治、水资源合理分配和利用、自然灾害预测预报等工作。发改委和财政、金融等部门在项目上给予支持，在资金上给予倾斜，在政策上给予优惠，集中配套使用，提高生态保护和建设的整体效益。生态保护建设部门要与工商部门建立联动机制，共同打击野生动物滥食行为。

(2) 监督机制。主要是指加强对有关地方政府和职能部门执行国家生态法律法规和政策的监督，以纠正其违法或不当行政行为。特别是要纠正地方政府及其产业部门的不当决策行为、地方政府对生态监管部门的不当干预行为和生态监管部门的执法不作为行为。在行政系统内部，要建立上级监察部门、生态监管部门和同级审计部门，对地方政府及生态监管部门进行监督。还须强化行政系统外部的监督，这主要是通过信息公开和公众参与，尤其是生态行政公益诉讼等途径，发挥非政府组织(NGO)、媒体、人大代表、政协委员、生态专家和一般公民等社会力量的作用，加强对政府及其职能部门的外部监督，以确保其科学决策、严格执法。

(3)考评机制。主要是指建立生态保育考核和评价机制，从而对有关政府和部门形成正向激励和逆向倒逼效应。可按照 2013 年 12 月中共中央组织部(中组部)《关于改进地方党政领导班子和领导干部政绩考核工作的通知》的要求，将资源消耗和生态效益纳入政府政绩考核范围，建立绿色生态的考核评估和人事选拔制度，同时要设立生态受损的鉴定评估专业机构。

(4)矫正(纠错)机制。主要是指建立一种旨在解决行政机关间权限争议的诉讼制度。即当部门之间发生权限争议或冲突，而行政系统内部的监察、裁决等补救机制失灵或低效时，生态部门可通过机关诉讼来保障其执行。从国际上看，日本、法国等国家就有这样的诉讼机制。

(5)问责机制。为切实规范政府行为，真正落实政府责任，有必要健全和完善对政府部门的问责机制，对不按照生态法律法规要求进行科学决策和不履行生态监管法定职责的政府部门，追究其行政甚至刑事责任。

五、加强生态保护和建设的科技创新

(1)探索加快建立资源生态价值评价体系、生态保护标准体系，建立自然资源和生态统计监测指标体系及"生态 GDP"核算体系，研究制定自然资源和生态价值的量化评价方法，研究提出生态损失的估价方法和相应统计指标。

(2)努力提高生态保护和建设的技术创新能力，大力研发生态建设新技术，加强科技成果转化，为生态保护和建设提供技术支持。特别要提高造林绿化技术，妥善解决常规造林绿化技术不能全面应对自然灾害、生产建设项目影响区域植被恢复的技术需求，加强对工程绿化技术的研究与示范。

(3)建立统一的国家基础信息平台，以及涵盖流域水资源、土地资源、水土流失、工程建设等方面的监测网络和基础信息系统，提高信息化管理水平，为预测预报、科学决策和管理提供支撑。尽快建成覆盖全国各级部门的数据采集、传输、交换和发布体系，建成国家、流域和省三级数据中心，形成上下贯通、完善高效的全国信息化基础平台，实现信息技术在核心业务领域的充分应用与融合，全面提升生态保护和建设决策、管理和服务水平。

六、扩大生态保护和建设的资金投入

国务院和各级地方人民政府应当健全和完善有关财政、税收和金融等方面的经济政策，保证生态保护建设公共基础设施等所需资金和管护经费的及时供给。

(1)加快建立"生态财政"制度。把生态财政作为公共财政的重要组成部分，加大对生态保护和建设的财政转移支付力度。在中央和地方政府财政预算设立生态建设专项资金，资金的安排使用，应着重向欠发达地区、重要生态功能区、水系源头地区和自然保护区倾斜，优先支持生态保护作用明显的区域性、流域性重点项目。支持西部地区特别是重要生态功能区加快转变经济增长方式、调整优化经济结构、发展替代产业和特色产业，大力推行清洁生产，发展循环经济，发展生态产业，积极构建与生态保护要求相适应的生产力布局，推动区域间产业梯度转移和要素合理流动，促进西部地区加快发展。

(2)完善现行保护生态的税费政策。增收生态补偿税，开征新的生态税，调整和完善现行资源税。将资源税的征收对象扩大到矿藏资源和非矿藏资源，增加水资源税，开征森林资源税和草场资源税，将现行资源税按应税资源产品销售量计税改为按实际产量计税，对非再生性、稀缺性资源课以重税。通过税收杠杆把资源开采使用同促进生态保护结合起来，提高资源的开发利用率。同时，加强资源费征收使用和管理工作，增强其生态补偿功能。进一步完善水、土地、矿产、森林等各种资源税费的征收使用管理办法，加大各项资源税费使用中用于生态补偿的比例，并向欠发达地区、重要生态功能区、水系源头地区和自然保护区倾斜。

(3)建立支持生态建设的金融政策。建立健全生态保护和建设的投融资体制，既要坚持政府主导，努力增加公共财政对生态保护和建设的投入，又要积极引导社会各方参与，探索多渠道多形式的资金筹集方式，拓宽生态保护和建设市场化、社会化运作的路子，形成多方并举、合力推进的格局。逐步建立政府引导、市场推进、社会参与的生态保护和建设投融资机制，积极引导国内外资金投向生态建设。按照"谁投资、谁受益"的原则，支持鼓励社会资金参与生态建设。积极探索生态建设与城乡土地开发相结合的有效途径，在土地开发中积累生态保护资金。积极利用国债资金、开发性贷款，以及国际组织和外国政府贷款赠款，努力形成多元化的资金格局。

七、完善生态保护建设的市场机制和社会机制

生态保护和建设应坚持政府主导、市场调节和社会参与的原则，要善于运用市场机制和公众的力量来推进生态保护工作。

(1)完善市场机制。培育资源市场，开放生产要素市场，使资源资本化、生态资本化，使生态要素的价格真正反映它们的稀缺程度，积极探索资源使用权交易等市场化模式。完善资源合理配置和有偿使用制度，加快建立资源使用权出让、转让和租赁的交易机制。引导鼓励生态保护者和受益者之间通过自愿协商实现合理的生态补偿。运用市场经济的办法推进生态建设，其重点是解决公共资金效率低下的问题，其基本方法是：国家制定生态产品市场规则、参与生态产品市场交易、建立国家生态产品储备机制。西部自然条件恶劣地区急需这种政策，因为这些地区生产的生态产品，由于几乎没有经济效益，很难在民间市场上流通，国家参与生态市场，可以调动民间生产生态产品的积极性，盘活生产要素。这种政策与国家粮食储备体制、能源储备体制、文化建设体制有相似之处，可以借鉴。

(2)充分运用社会的力量。人是生态建设和保护的决定性因素，人的认知程度和能力直接影响到生态保护和建设的成效，由于种种原因，我国生态脆弱地区大多信息不畅、人的文化素质较低，生态保护建设尚未得到全社会的普遍重视。建议利用好媒体，采用群众喜闻乐见的形式，开展生态保护和建设的宣传教育，发挥榜样的激励、带动作用，提高全社会对生态退化的严重性、防治的紧迫性、长期性、艰巨性的认识；完善公众参与生态保

护和建设的有效机制，形成举报、听证、研讨等形式多样的公众参与制度；建立公众和媒体监督机制，监督相关政策的实施；充分发挥群众的主体作用，探索新形势下开展群众性生态保护和建设的新机制、新办法，鼓励国有、集体单位，民营企业等各类经济组织及个人进行生态保护和建设，进一步明晰权益关系，完善利益分配机制，实行"谁治理、谁开发、谁受益"的激励机制，充分调动各种社会力量参与生态保护和建设的积极性。

八、拓展生态保护建设的国际交流与合作

生态问题既是一国的区域问题，也是全球必须共同面对的问题。因此，在全球化时代，加强生态保护和建设的双边、多边国际交流与合作，既是强化本国能力的需要，也是担当大国责任和履行国际法律义务的应有之义。为此建议如下。

（1）按照国际合作服务于国内总体规划的宗旨，根据生态保护建设总体战略目标和需要解决的关键性问题，确定优先领域，积极引进国外资金、技术和先进管理经验，提高资金使用效率。

（2）围绕与生态保护建设密切相关的气候变化、生物多样性保护、森林、粮食安全等全球热点问题，强化国际设计项目，提高项目质量，确保项目申请符合国家战略和国际合作政策要求。

（3）继续推动和加强《生物多样性公约》《联合国防治荒漠化公约》《湿地公约》等公约的多边筹资机制，向民间合作、市场机制和有偿生态服务等国际合作的新领域开拓渠道，扩大利用外资规模，从单向受援观念向互利双赢观念转变。

（4）根据发展中国家需求确定我国对发展中国家特别是非洲的技术援助和技术合作优先领域，提供经济、实用的生态保护和建设技术。

（5）积极参与生态保护和建设的国际谈判和国际规则制定，加强对热点问题的研究，以及国外相关信息、动态的分析，争取更多的话语权和主动权，切实维护国家利益。

（6）加强同联合国环境规划署（UNEP）、联合国开发计划署（UNDP）、联合国教科文（教育、科学及文化）组织（UNESCO）、联合国粮食及农业组织（FAO）、《联合国防治荒漠化公约》（UNCCD）、世界自然保护联盟（IUCN）、全球环境基金（GEF）、世界自然基金会（WWF）、湿地国际（WI）、世界银行（WB）、国际鹤类基金会（ICF）等国际机构和组织的交流合作，争取国际组织在生态保护建设方面的支持和帮助。

专题研究

第二章 关于"生态保护和建设"名称和内涵的探讨*

本章主要针对在生态保护和建设方面用词和理解上存在的差异，着重对其范畴和内涵进行了详细的分析，提出生态保护和建设与环境保护之间既有紧密联系，又有明显差别，宜于分开并列为两个领域。生态保护和建设领域宽广，内涵丰富，不仅要面对各种自然生态系统，还要面对人工生态系统，以及多种生态系统复合的景观、区域和全球层次的生态问题。作者建议在当前情况下可以把"生态保护"和"生态建设"在不同需要的场合分别使用，也可为全面表述而合并使用。

党的十八大报告和十八届三中全会决定中指出：资源约束趋紧、环境污染严重、生态系统退化是当前我国社会经济面临的严峻形势；良好的生态环境是人和社会持续发展的根本基础；加大生态环境保护力度是建设生态文明的重要举措。在这里，对于"生态环境保护"这个命题的名称、范畴和内涵有必要作进一步的解读。

第一节 生态保护和环境保护是互有紧密联系又必须区分的并列板块

生态环境保护在最近的中央文件及新闻媒体中多次提及(虽然具体表述略有差异)。作者理解这个用词是由"生态保护"和"环境保护"两个相互紧密联系而又必须区分的并列板块组成的。对于"环境保护"，大家的认识比较一致，它主要是针对人为活动所造成的各种环境(大气、水、土壤等)污染及其相关影响从源头、过程及后果(末端)全程加以监控、保护和治理的活动。而对于"生态保护"虽然也存在许多共识，但对它的名称和内涵又存在许多不同的理解和说法。对于"生态保护"的名称，在不同的情况下就曾出现过"生态保育""生态修复""生态建设"和"生态保护和建设"等诸多说法，相应地对这些词的内涵也有许多重叠但又有差别的地方，需要进一步予以厘清。

对于"生态保护"和"环境保护"之间的关系也有几种不同的认识。一种认识认为"生态保护"应该包括在"环境保护"之内，这里的环境应该是大环境，是包括自然生态环境在内的。另一种认识则认为"生态保护"面对的主要是自然生态系统及其退化和恢复的演变过程，在对象、范畴和方法学，以及主要面对人工污染治理的"环境保护"方面有很大的不同。从现代生态学的角度看，环境污染问题也是一个生态问题，是"污染生态学"的主要研究对象。那么是否也可以说"环境保护"也是"生态保护"的部分内容？作者认为，如果撇开政府部门事权划分而单从科学领域的角度来看，则把"生态保护"和"环境保护"作为两个互有紧密联系但又有明显区别的并列领域看待，更加有

* 本章作者：沈国舫，中国工程院院士、北京林业大学教授。

利于加深人们对客观事物本身规律性的认识，也有利于人们对其解决途径的探索。

第二节　生态保护和建设的范畴和内涵

　　这里的范畴主要是指生态保护和建设的对象。这个对象首先是自然生态系统，即森林、草原、荒漠、湿地、水域和海洋等生态系统，包括构成这些生态系统的所有组分和物种。此外，生态保护和建设的对象还必须包括一切人类活动所形成的人工生态系统，如农田、城镇、工矿及交通(含管线)用地等，对这些人工生态系统也必须用生态学的方法加以保护、治理和改善。

　　生态保护和建设的内涵是指各个类型和层次的保护和建设活动。对于生态系统来说，如果它处于稀有人为干扰的比较原始的或良好的状态，则首要的活动就是保护(protection)，即通过各种人为保护活动使自然生态系统少受各种干扰影响而继续保存(preservation)其原生状态，为此而设置的各类生态系统的自然保护区(natural reserve)即属于这种类型。但是现在地球上完全未受人为干扰的自然生态系统已经不多了，大部分自然生态系统存在着一定的退化(degradation)现象，不能全面发挥其服务功能，因此必须对各种自然生态系统进行适当的培育(cultivation)措施(如抚育管理、促进更新等)。把生态保护和适当的培育措施相结合称为生态保育(ecological conservation)。实际上，英语语义中的生态保护就是生态保育，是一种比较普遍的对待自然生态系统的处置行为。当一些自然生态系统已经受到强烈干扰破坏而严重退化时，一般的生态保育已经不够了，需要加上更为有力的人为措施，如封禁、抚育、促进更新、人工补植(播)等，对退化了的生态系统进行修复(ecological remediation, rehabilitation)，甚至必要时为了提高其生态系统服务功能而对其群落结构和组成采取改造(reconstruction)或改良(amelioration)措施，如实际工作中的次生林改造、草场改良、湿地修复等。采取所有这些措施的最终目的是恢复、重建(recovery and restoration)自然生态系统。至于有一些地方其原生生态系统历史上早已被破坏消失不复存在，甚至难以追溯，这时可想尽一切办法人为地建设一个与原生生态系统相类似的人工生态系统，或者因势利导改变土地利用方式，人为地新建(new establishment)另外一种与当地自然条件相适应的人工生态系统，用这种方法建成人工林、人工草场、人工湿地等，这种情况在农耕及自然破坏历史很长的中国是必不可少的。

　　以上这些生态保护和建设活动都可以总括在生态系统管理(ecosystem management)的概念内。但是还有一些活动并不是在生态系统层次内进行的，如物种(species)和种群(population)层次的生物多样性保护(biodiversity preservation)，其中野生动植物保护(wildlife protection)可以由现地保护(以物种保护为主的自然保护区)及异地保护(如植物园、动物园)的形式来实现。不过物种保护往往涉及对其生境(habitat)的保护，因此与生态系统保护也是密不可分的。种群或种质资源(germplasm resource)生物多样性的保护可以用种质资源收集基地及种质资源库(种子库)的形式来实现。这些活动都是生态保护和建设的重要内容。

　　还有一些生态保护和建设活动则超出了单个生态系统的层次。这里有两种情况：一种是要在多个生态系统镶嵌复合的景观、区域乃至全球层次进行的保护、调整、重建和新建的活动；另一种则是针对人工生态系统的调整、修复及新建活动。这类活动都带有综合治理的色彩，有时形成庞大的生态建设工程，如天然林保护、退耕还林(草)、水土保持、荒漠化防治、生态农业、农林复合经营、防护林体系营造、城镇园林绿化和城市林业、工矿交通废弃(损害)地修复等。为了应对全球气候变化而需要采取的生物碳汇增储措施也属于这个范畴。以上所有这些活动构成了生态保护和建设应有的内涵。为了便于理解，表2-1展示了生态保护和建设的内涵。

表2-1　生态保护和建设范畴和内涵

自然生态系统	不同状况下的保护建设措施				复合生态景观和区域，人工生态系统
	原始或保存较好的生态系统	轻中度退化的生态系统	严重破坏退化的生态系统	原生生态系统已消失的土地	
森林 草原 荒漠 湿地 河湖水域 海洋	物种与种群的生物多样性保护　↓　生态系统的保护　↓　各种自然保护区的保存	生态系统的保护　＋　生态系统的培育　＋　促进正向生态演替的生态保育	退化生态系统在保护后自然恢复　＋　积极保育的生态修复　＋　生态系统组成和结构的改良或改造　↓　生态系统的恢复重建	转变为其他生态系统　↓　用人工方法仿造重建原有生态系统　或　根据需求新建不同于原有的生态系统	多种措施的综合治理：土地利用调整，植树造林，水土保持，荒漠化防治，石漠化治理，生物碳汇增储
人工生态系统	治理措施				
农田	耕地保护，退耕还林(草)，退耕还湿，生态农业，农林复合经营，农田(牧场)防护林营造				
城镇	城镇园林绿化，城市(郊)林业，建筑立体绿化及内部绿化				
废弃(损害)工矿交通用地	矿山废弃地修复，采空塌陷地修复，工厂废弃地修复，厂区绿化，交通建设损害地修复，绿道建设，油气管线、高压线路等建设用地的修复				

第三节　生态保护和建设的名称探讨

对以上这些内涵所构成的总体需要一个总的名称。在我国近30多年的发展过程中这个名称经历了一些变化。1978年由"三北"防护林体系建设工程起始的生态建设工程最初并没有统一的名称。直到1998年由原国家计委(国家发展和改革委员会)制定的《全国生态环境建设规划》(刘江，1999)规定，所有这些内涵都归在"生态环境建设"的名下。当时规划中所述及的内涵还不是很全面，但大家都接受了这样一个称谓，因而在实际工作中"生态环境建设"(eco-environmental construction)曾被广泛应用(沈国舫，2001a，2001b；沈国舫和王礼先，2001)。但后来有人提出了一些不同意见(钱正英，2004)。有一种意见认为"生态"和"环境"两词的含义互有包容和交接，不宜联用。就连最初提出"生态环境"(ecological environment)用词的黄秉维先生也反对用"生态环境"一词，认为它不够科学，和国际上的用词不接轨。但"生态环境"这个词在当时已经用得很广泛，并已经写入了《中华人民共和国宪法》之中。就连中国科学院都设置了"生态环境研究中心"这样的机构。另一种意见则是针对生态环境建设中的"建设"两字，认为过于强调人为措施的作用，有削弱"尊重自然规律、依靠自然恢复"的倾向，为此建议不用或少用"建设"两字。对这些问题于 2003～2005 年曾经在学术界有过广泛讨论，但意见不一，没有得出结论(钱正英等，2005)。之后不同部门在用词中产生了一些分歧。林业部门从 2002 年出台了中国林业发展战略研究成果，其中提出了"生态建设、生态安全、生态文明"的所谓"三生态"理念，在此成果中把所有以发挥森林生态功能为主的林业活动统称为"林业生态建设"(中国可持续发展林业战略研究项目组，2002；周生贤，2002)，这也反映在中共中央和国务院关于加速发展林业的有关文件中(周生贤，2003)。在这之后，"生态建设"一词也在其他部门的工作中得到应用，产生了农业生态建设、草原生态建设、水利生态建设及其他相关用语。因此，在相当一段时间内，把"生态建设"与"环境保护"并列使用以表达"生态环境保护"的完整内容(中国工程院和环境保护部，2011)，这也反映在国家社会经济发展的五年规划的内容中。

但是，不同意使用"建设"两字的意见依然存在，因为在实际工作中一些地方确实存在忽视自然规律的作用，过于强调人为活动的偏向，产生了一些负面效果。因此有一些人对应用"生态建设"一词持保留态度，主张只使用"生态保护"来替代。然而，在一些实施生态保护的活动中(如天然林保护工程)又出现了过于单纯依靠被动的保护而忽视加强抚育管理、修复更新和合理利用生态系统综合服务功能(指生产、调节、支持和文化功能)的偏向。因此，还有一些人对单独使用"生态保护"一词也持不同意见，认为"生态保护"不能概括生态治理活动的全部内涵，还带有某种消极因素。有许多生态建设活动，特别是在景观及区域层次的综合治理活动和在人工生态系统中所进行的那些生态活动都很难被归入"生态保护"的概念之内。

作者认为，在中国的语言环境中，用"生态建设"来概括所有生态方面的活动本来是可行的(沈国舫，2007；贾治邦，2011；李世东，2011)。"建设"两字在中国语义广泛，不仅指人为建造的过程，也可指完成某项事业或工程的进程，既可有工程实体的建设，也可有诸如队伍建设、思想建设的说法。"建设"不一定硬性与"construction"来对应，也可以译成"development"或"improvement"等词。生态建设作为一切改善生态的活动的总称，是包括保护活动在内的，甚至以保护作为前提。过去在生态建设中出现的一些忽视自然作用的偏差，是认识上和工作上的偏差，是可以纠正的，并不妨碍"生态建设"一词的应用(沈国舫，2012)。但是考虑到以上一些认识上的分歧，我们认为"生态建设"和"生态保护"可以在侧重不同的场合分别使用，也可以把两者并用或联用。最近媒体上多次出现"生态保护和建设"，甚至"生态保护建设"的提法。我们认为只要大家乐于接受，约定俗成，今后就推广这种表述也是可行的。正像当年有人反对把"生态"和"环境"联用，但事实上人们还在经常使用"生态环境"一词，以表示包括自然环境在内的广义的环境。如今这个词语已多次进入中央文件及媒体报道，既包含了"生态的环境"，也包含了"生态和环境"的含义，并没有引起不必要的理解分歧，已经可以约定俗成地被社会接受了。我们认为不必多虑这是否与国际接轨，请翻译家再想办法吧，也希望在国际的语境中能逐步接受中国应用的一些名词规范。中国政府倡导的"生态文明"(ecological civilization)一词通过大家近 2～3 年的努力，已经成为国际上可接受的用词，甚至被联合国环境规划署所推崇，这也是一个明证。

第三章 天然林保护问题研究

第一节 天然林保护概述

一、天然林的概念

天然林，也称自然林，是指在原生或次生裸地上依靠树木天然下种或萌蘖生长而自然形成的森林。天然林在未受到人为干扰和干扰较少时，其森林往往有着稳定而合理的群落结构，森林生态系统复杂而稳定；在轻度干扰下，有较强的自我恢复能力。天然林内物种多样化程度极高，生物多样性十分丰富，拥有相对很高的生物产量和大量珍贵稀有的生物基因资源。天然林除本身具有良好的森林环境外，对区域环境及气候也具有巨大的影响和有益的作用。因此，从资源和环境两方面来看，天然林的存在对于人类的生存和生活质量都有着重要的意义。

天然林是各种森林生物与环境相互依存、相互作用和长期协同进化的产物(中国可持续发展林业战略研究项目组，2003)。不同区域和类型的天然林代表着所在地区立地条件下最佳的植被类型，是相同立地条件下进行人工林培育和优化最可资借鉴的模式。天然林起源于自然力的综合作用，但天然林在形成过程中，或多或少总要经历一些自然或人为因素的干扰，人类可以在充分认识天然林形成与演变规律的基础上，采取科学的经营管理措施，保护和利用天然林资源。

二、天然林的分类

天然林按退化程度一般可以分为原始林、原生次生林、次生林和疏林。

原始林是在不同的原生裸地上，经过内缘生态演替所形成的最适合当地环境的森林植被群落，是森林演化的顶级群落，且从未经过人类的开发利用，仍保持自然状态。原始林具有异龄性、多层次性、丰富的生物多样性、森林结构稳定性高、防护功能强等特点。我国的原始林已不多，现约有 1400 万 hm^2，主要分布在自然保护区及地形复杂、人类活动极少的深山区。

原生次生林是由原始林经过强度择伐后残余的林分。原生次生林通常缺少目的树种，林分结构不合理，原有的生态效益大大减弱，但原生次生林仍具有较好的防护功能，经过一段时间的无干扰期，可重新恢复形成原始林的结构，也可以通过人工辅助更新来较快地恢复到原始林状态。我国目前约有 1400 万 hm^2 的原生次生林。

次生林是原始林经过大面积的彻底破坏或者严重的反复破坏后，在次生裸地上经过天然更新而形成的次生群落。我国现有次生林约 5900 万 hm^2。次生林的树种生长速度快、群落稳定性低、种间竞争激烈。次生林一般由先锋树种组成，郁闭度较低，森林丧失原始林的森林环境，生态稳定性和生态功能均较差。若没有人为干预，这些林分演替成较好的森林群落结构需要几十年到近百年。然而，次生林对于涵养水源、保持水土、调节气候仍具有重要作用。为了建立较好的群落结构、提高生态稳定性和生态功能，需要人为实施科学的经营措施。

疏林是原始林经过反复破坏或严重破坏后形成的郁闭度很低的林分，疏林如果继续遭到破坏将可能退化为无林地。我国目前约有 1800 万 hm² 的疏林。疏林的林分稳定性低，自我恢复能力差，生态功能弱。若疏林所在的立地条件较好，通过自我更新可形成次生林；若立地条件较差，则在很长时期内都难以恢复形成森林植被。

三、天然林保护的内涵

狭义的天然林保护是保护天然林林分不被破坏，维持其林分的结构与生产力，并使其资源得以发展。广义的天然林保护，是对天然林与可以恢复天然林的地段进行科学经营，使现有天然林具有更完善的生态结构，生态环境得到改善，生产力与生物多样性得以提高，使迹地得以天然更新或按适地适树的原则建立较好的人工林和天然林群落。

保护天然林的目的是建立更多更好的森林资源，更好地发挥森林的多种功能，产生更好的综合效益(沈国舫，2008)。即在维持与提高天然林生态系统功能的基础上，发挥其更高的防护作用、生产能力与文化功能等多种效益，满足人们对经济发展与优质生活环境的需求。

天然林保护是走向森林可持续经营的重要步骤和支撑，其已经明确要求人们对天然林进行高水平的、科学的可持续经营和利用。因此，天然林保护从本质上说应该是保育。这意味着天然林保护并不是代表不准砍伐任何一棵树的保护，而是除了对划为公益林的这部分天然林停止采伐外，生产木材与非木质产品的天然林应该加强抚育管理，加大更新力度，扩大森林面积，提高森林质量，实现越采越多、越采越好、可持续利用的目标。

四、天然林保护的必要性

天然林是我国林业建设的主战场，无论从生态、经济还是社会效益等各个方面，其地位和作用都是举足轻重的。我国有着 60 多年系统的林业建设发展史，但以国家战略层面决策实施天然林保护尚属首次，这是中国林业发展的历史性转折。由于历史上的长期破坏，我国天然林资源已经不堪负重。解决天然林休养生息的问题是保护我国生态环境的首要任务。目前我国的生态环境已经暴露出了种种问题，如水土流失、荒漠化、水旱灾害等已经到了比较严重的地步，不仅给人民的生产和生活产生了很大的影响，往往也给国家的经济造成不小的损失。尽管森林资源是可再生资源，但天然林被破坏到一定程度，也会造成难以恢复的后果，若不能得到及时有效的保护，则天然林消失殆尽绝不是危言耸听。面对我国国有和集体林区可采森林资源的日趋枯竭、生态环境日趋恶化的现实，天然林保护显得尤为必要和迫切。

(1)保护天然林是中国生态建设、维护国土生态安全的重要组成部分。由于历史上天然林大面积消失，我国已成为世界上水土流失、土地沙漠化、石漠化、盐渍化最严重的国家之一。1998年长江、嫩江、松花江的特大洪灾，让人们看到，由于对天然林资源的不合理开发利用，毁掉大面积的天然林，自然生态遭到破坏，导致下游地区人民群众的家园在灾害面前瞬间被毁，造成严重的经济损失。天然林在蓄水保土、稳定河床、调节流量、保护水源、固土防蚀、减少江河泥沙淤积等方面有着重要的作用，保护天然林是减轻山体滑坡、水土流失、泥石流等生态灾害最有效的措施。据统计，通过实施天然林保护工程一期，三峡库区2010年水土流失总面积比2000年减少1312.39km^2，黄河含沙量减少1.92kg/m^3，实现了天然林保护工程保护生态的根本要求。国际上一些通过保护天然林以维护国土安全的成功实例给我们提供了经验和范例。例如，亚马孙河流域保护区项目，有效缓解了亚马孙河流域水土流失和河流侵蚀问题。没有健康、稳定、大面积的天然林生态系统，就难以保障国土生态安全。因此，保护和恢复天然林，是确保生态环境建设成效、实现经济可持续发展的重要举措。

（2）保护天然林是保护生物多样性最有效的措施。物种资源是许多药物和食物的基本来源，是人类未来的财富和可持续发展的重要标志。丰富多样的天然林生态系统孕育了区系复杂的动植物资源，并为野生动植物栖息和繁衍提供了得天独厚的生活环境。天然林被破坏，会严重威胁野生动植物的生存。保护天然林资源是生物多样性保护最具效率的途径。研究表明，全球40%以上的经济和80%以上的贫困人口生活所需依赖生物多样性。我国是世界上生物多样性最丰富的国家之一，在世界生物多样性中占有重要地位。在天然林保护工程实施前，由于天然林等森林资源减少和野生动植物栖息地遭到严重破坏，高等野生植物物种中有15%～20%处于濒危状态，高于世界平均值；44%的野生动物种群数量呈下降趋势。天然林保护工程、野生动植物保护及自然保护区建设工程实施后，有效地保护了全国90%的陆地生态系统类型、85%的野生动物种群和65%的高等植物种群。保护森林，尤其是保护天然林，就是保护地球上最珍贵的自然遗产。

（3）保护天然林是实现国民经济可持续发展的重要选择。森林是陆地生态系统的主体，是人类生存和经济社会可持续发展的根基。古巴比伦、古埃及、古印度文明的衰落，以及我国黄河流域古代文明的转移，都与森林破坏密切相关。我国古代的许多先贤都把丰富的森林作为国势兴旺的标志，把栽种树木、保护森林作为治国安邦的大计，这是中华文明5000年始终生生不息的奥秘所在。历史教训告诉我们，一个国家、一个民族的崛起必须有良好的自然生态作保障。复旦大学教授张薰华在对《资本论》进行几十年研究之后特别指出："林是人的生存问题，农是人的吃饭问题，农业搞不好会饿死一些人，森林砍光了会使整个人类难以生存下去"。英国著名生态学家戈德·史密斯指出："由于大量森林被毁，已经使人类生存的地球出现了比任何问题都要难以应付的严重生态危机，生态危机将有可能取代核战争成为人类面临的最大威胁"。习近平总书记指出："山水林田湖是一个生命共同体，人的命脉在田，田的命脉在水，水的命脉在山，山的命脉在土，土的命脉在树"。在山水林田湖这个生命共同体中，森林是处在顶层的生态系统，对土、山、水、田、人的和谐发展起着决定性作用，加强天然林保护，不仅能够提供经济社会可持续发展的物质财富，而且能够构建水林田湖互为依托的共生关系，从更大尺度、更广视角、更高层次保障中华民族的永续发展。

（4）保护天然林是维护气候安全、树立我国负责任大国形象的体现。据联合国政府间气候变化专门委员会(IPCC)评估，全球陆地生态系统大约储存了 2.48 万亿 t 碳，其中，1.15 万亿 t 储存在森林生态系统中。森林破坏是导致全球气候变暖的重要原因之一。相对于人工林，天然林具有更强的调节气温和减缓气候变化的能力。为应对由温室气体过量排放引起的全球气候变暖，国际社会将发展林业作为重要的应对策略。保护天然林资源、合理地经营利用好天然林资源，是对国际社会和全人类的重大贡献。《联合国气候变化框架公约》的多次缔约方大会作了多项林业应对气候变化的决定，其中，REDD+(减少毁林和森林退化造成的排放，以及通过森林保护、森林可持续经营以增加碳储量的活动)已得到国际社会的广泛认同。早在 1984 年，罗马俱乐部的科学家就强烈呼吁："要拯救地球上的生态环境，首先要拯救地球上的森林。"我国二氧化碳排放量超过美国，已成为第一排放大国。到 2020 年，我国国内生产总值和城乡居民人均收入要比 2010 年翻一番，二氧化碳排放量还将大幅增加，我国经济发展的压力日益加大。但是我国站在人类命运和地球前途的高度来认识森林的作用、地位，采取对天然林实施保护的行动，得到了国际社会的普遍赞赏和支持。第八次全国森林资源清查结果显示，全国森林植被总生物量 170.02 亿 t，总碳储量达 84.27 亿 t，其中 80%的贡献来自于对天然林的保护。中国政府已经向世界承诺，还将大力增加森林资源，增加森林碳汇，争取到 2020 年我国森林面积比 2005 年增加 4000 万 hm^2，森林蓄积量增加 13 亿 m^3。

(5)保护天然林是维护国家木材安全、确保林区社会稳定的重要途径。木材是我国经济建设不可缺少的重要原材料。我国已经成为世界木材生产、加工、消费和进出口大国。全球保护森林资源的呼声日益高涨，通过增加进口解决国内木材短缺问题的难度越来越大，通过天然林保护建立国家木材储备基地，最终进入越采越多、越采越好的良性循环，对于确保国家木材安全有着十分重要的意义。国家对天然林保护工程的投入，不仅在工程实施初期创造了木材停伐减产后职工转岗就业的条件，保证了职工收入，而且保障了林区教育、公检法(公安局、检察院和法院)等社会管理、公共服务的正常运行，解决了职工养老、医疗等社会保险，确保了林区社会稳定。因而，天然林保护工程被林区广大干部职工称为"救林工程""救命工程"。

五、天然林保护在生态文明建设中的地位

大自然孕育了人类，人类在认识自然、改造自然的过程中，创造了采猎文明、农业文明、工业文明。进入 21 世纪，以高新技术为标志的信息时代依靠和谐的生产方式将培育和推动人类进入生态文明时代。生态文明作为人类文明的一种形式，它以尊重和维护生态环境为主旨，以可持续发展为根据，以未来人类的继续发展为着眼点(周以侠，2009)。生态文明同以往的农业文明、工业文明相比更突出了生态的重要，强调尊重和保护环境，强调人类在改造自然的同时必须尊重和爱护自然。在把握自然规律的基础上能动地利用和改造自然，使之更好地为人类服务。党的十七大提出了"建设生态文明"的新概念，明确指出："建设生态文明，基本形成节约能源资源和保护生态环境的产业结构、增长方式、消费模式。"十八大更进一步提出："建设生态文明，实质上是要建设以资源环境承载力为基础，以自然规律为准则，以可持续发展为目标的资源节约型、环

境友好型社会。"生态文明社会是一个人与自然、人与社会良性运行、和谐发展的社会文明形式。建设生态文明型社会已经被列为我国今后发展建设的战略方向。建设生态文明社会，需要使人类可持续发展的能力不断增强，生态环境不断改善，资源利用效率显著提高，大力发展生态文化、生态产业，促进人与自然的和谐，使人们在优美的生态环境中工作和生活，推动整个社会走上生产发展、生活富裕、生态良好的文明发展道路。森林资源是人类最好的可持续利用的自然资源，是维持生态文明社会所需的优美生态环境的基础。森林生态系统是地球陆地上覆盖面积最大、结构最复杂、生物多样性最丰富、功能最强大的自然生态系统，在建设环境友好型社会、保障国家社会经济可持续发展方面具有重要地位(中国可持续发展林业战略研究项目组，2003a)。作为占我国有林地面积65.99%、森林蓄积量 85.33%的天然林资源，在维护自然生态平衡和国土安全中处于其他任何生态系统都无法替代的主体地位。

(1)天然林中蕴藏的丰富资源决定了天然林在生态文明建设中具有重要地位。天然林资源曾经长期在木材生产中居于主体地位，支援了国家建设，创造了大量的财富，而且在非木质林副产品中也创造了可观的价值，对国民经济的发展和人民生活水平的提高做出了巨大贡献。世界各国在工业社会发展的初期，对木材大量的采伐都来源于天然林。我国木材采伐的主要对象也是天然林。据统计，从 1949 年到实施天然林保护工程之前，中国木材总产量的60%以上来自天然林。在全国国有林区的 131 个木材采伐企业中，生产了 1984 万 m³，其中 98.5%来自天然林。除了木材产品，优质的材种，特别是一些珍贵的大径级材，只有天然林才能提供。天然林中的物种资源非常丰富，有很多珍贵的动植物资源，甚至包括很多潜在的尚未开发利用的资源。据不完全统计，天然林中已确定的可利用的食用植物和菌类就有 120 多种，药用植物 5000 多种，经济植物 120 多种，蜜源植物 80 多种。此外，众多的粮食经济作物、水果和禽畜的原种也都来自天然林。天然林也是重要的生物质能源资源，其中包括各类油料树种的果实，以及木材采伐、造材、加工剩余物，都可以作为可再生生物质能源进行利用。在生态文明建设中，天然林作为富含环境友好型的物质资源，对于发展循环经济、提供可再生能源、提高农民收入、解决偏远地区的"三农"问题，都具有难以替代的作用。

(2)天然林是人类文明的发源地，也是人类文明发展的目的地。天然林是人类文明的发源地，人类的文明进程与天然林的兴衰息息相关。从采猎文明、农业文明到工业文明，天然林资源一直是人类生存和发展的基础，起着人类生命支持系统的作用。人类在天然林中或以天然林为素材，孕育和创造了丰富多彩的生态文化，这也是建设生态文明的基础。但是在人类文明发展的过程中，首当其冲受到破坏的也是森林。人类在发展中破坏森林，导致一些文明的衰退。当今，人们在各种教训中逐渐懂得按照可持续发展的要求，树立以不损害后代生存权和发展权的道德观、人与自然和谐相处的价值观来重新看待今天的世界。人们逐渐以崇尚自然为美，以森林旅游、森林疗养等为内容的回归自然的行为已经成为一种时尚和潮流。据国家林业局统计，我国的森林旅游人数年增长率保持在 30%以上。目前，绝大多数风景名胜区与生态旅游地都是以天然林为对象所进行的生态文化开发，天然林资源逐渐转化为一种十分重要的非物质产品。

(3)天然林在维持生态平衡方面的巨大价值，对于建设生态文明具有独特的作用。第一，天然林在固碳释氧、调节地球大气组成等方面作用巨大。森林植物通过光合作用存储太阳能，将空气中的二氧化碳合成有机物质，并释放大量氧气，因此，森林对于调节地球大气的碳氧平衡具有重要作用。第二，森林营造的绿色空间可调节土壤温度和湿度；森林枯落物层可增加土壤腐殖质和营养元素，提高土壤保水、保肥能力；森林土壤中丰富的生物组成，能提供土壤生物生化活性和促进生物培肥；根系深入土层可促进土壤熟化过程，改良土壤结构。例如，我国东北天然林区中，氮、磷、钾储量为 131.2～247.1t/hm^2，其中 97%以上都储存在包括枯枝落叶层在内的土壤中(中国可持续发展林业战略研究项目组，2003a，2003b)。第三，森林林冠截留雨水、枯枝落叶层吸收水分、土壤滞留水分，减少了水资源的无效损失，增加了有效水总量。天然植被是通过树冠、凋落物和根系三个层次对降水进行再分配，并影响土壤结构，使林地的非毛管孔隙度和水分的下渗速度显著大于荒地。部分降雨被林冠和地被物截留，更多的降水渗入土壤，使雨后林地地表径流显著减少，从而达到了涵养水源的目的。据估计，3000hm^2 的森林所蓄积的水量相当于 1 亿 m^3 的小水库(金小麒，2009)。又如，在岷江上游，天然林经过 1950～1978 年的采伐，森林覆盖率下降了 15%，导致洪枯比增加到了 1.4 倍。第四，天然林庞大的林冠、发达的根系、深厚的枯枝落叶层，对于有效地固持土壤、蓄水保土、避免雨滴直接打击表层土，从而降低径流流速、增加渗透、改善土壤结构具有明显作用。据中国科学院水土保持研究所观测，在降水量 346mm 的情况下，林地上每公顷的冲刷量仅为 60kg，草地上为 93kg，农耕地上为 3570kg，在休耕地上为 6750kg。第五，天然林能够有效地保护生物多样性。天然林生态系统中物种成分很多，结构复杂。全世界 2 万余种木本植物，500 万～3000 万种生物中的半数以上在天然森林中栖息繁衍。森林通过提供有机质并参与土壤的形成，对其他物种产生深刻影响，特别是形成森林环境，为物种的进化和发育提供良好的基础。

(4)保护天然林有利于发展生态文化。天然林能够为生态文化建设提供社会基础，通过发展森林文化、湿地文化、生态旅游文化、绿色消费文化，弘扬人与自然和谐相处的核心价值观，形成尊重自然、热爱自然、善待自然的良好氛围，达到全社会对生态文明的认知认同。在天然林保护工程实施后，催生了一大批以天然林保护为题材的生态文化产品，提高了人民群众的生态文明意识。同时也产生了重要的国际影响，赢得了国际社会的广泛关注和高度赞誉。

(5)实施天然林保护有利于推动我国社会经济走上可持续发展道路。众所周知，天然林的社会效益、经济效益和生态效益显著，三大效益相辅相成。随着天然林保护工程的实施，人们拓宽思路，转变观念，已经摒弃了把提供木材作为林区唯一的"经济功能"，充分利用林区丰富的资源优势，深入挖掘林区"经济功能"的多样性，积极发展森林旅游业、种植业、绿色食品产业、养殖业、药业、木材产品精加工等后续生态产业，推动了林区的经济发展。生态产业是按生态经济原理和知识经济规律组织起来的基于生态系统承载能力、具有高效的生态过程及生态功能的集团型产业，是环境友好型产业。天然林保护工程实施后，工程区长期过量消耗森林资源的势头得到有效遏制，森林资源总量不断增加，呈现恢复性增长的良好态势；随着工程区森林植被不断增加，森林生态系统功能逐步恢复，局部地区生态状况明显改善；长期以来林区经济"独木支撑"的局面不断改变，大批替代产业、新兴产业兴起，林区开始逐渐走向可持续发展的轨道。

第二节 我国天然林资源现状分析

一、我国天然林资源的历史演变

据历史考证,距今四五千年的史前时期,在我国现有国土范围内约有 60% 的面积为森林所覆盖;2000 多年前的汉代,森林覆盖国土面积下降到 50%;大约 1000 年前的唐宋时期,森林遭到更大的破坏,森林覆盖国土面积下降到 50% 以下;到 300 多年前的明末清初,森林覆盖国土面积进一步降至 12.5%。在新中国成立前,由于种种原因,我国森林受到过度开发利用,森林资源受到国外列强的掠夺,森林资源的数量一直呈下降趋势,在森林面积减少的同时森林质量也明显下降。据何凡能等(2007)的研究发现,1700~1998 年近 300 年来中国境内森林面积的变化,基于与现代森林清查资料衔接的估算得出,到 20 世纪 60 年代为止,此前呈加速递减态势,260 年间减少森林面积达 $1.66 \times 10^8 hm^2$,覆盖率下降约 17 个百分点;20 世纪 60 年代以后呈逐步增长态势(图 3-1)。结果还表明:在 1700~1949 年的森林锐减期中,东北、西南和东南三区是森林面积缩减最为严重的地方,大部分省(区)覆盖率下降超过 20 个百分点,其中黑龙江达 50 个百分点,吉林达 36 个百分点,川渝地区达 42 个百分点,云南达 35 个百分点。到 1949 年,我国森林面积为 10 901 万 hm^2,森林覆盖率为 11.4%。

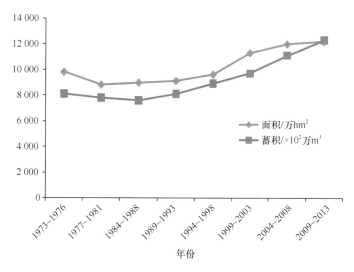

图 3-1 历次清查天然林面积和蓄积

1949 年以来,中国森林资源的变化经历了曲折的过程。在最初的 30 年里,曾发生数次大面积砍伐森林的事件,致使天然林资源损失惨重。其中,从新中国成立初期到 20 世纪 60 年代,在木材生产规模急剧扩张和土法炼钢的双重冲击下,天然林面积呈现明显的下降趋势;六七十年代,除了大规模生产木材以外,又出现了持续的大面积的毁林开垦,天然林面积的下降幅度进一步增大。进入 80 年代后期,森林面积呈现回升趋势。90 年代初以来,森林面积一直稳定增长。森林蓄积的情形也大致如此。从新中国成立初期到 60 年代,全国活立木蓄积基本持平或略有上升,70 年代呈下降趋势,80 年代后期出现缓解，到 90 年代初呈增长趋势。之后我国通过大力实施封山育林，强化天然林管护，尤其是实施了天然林保护工程以后，全面停止长江上游、黄河上中游天然林保护工程区天然林的商品性采伐，调减东北、内蒙古等重点国有林区天然林保护工程区木材产量，使天然林资源得到有效保护，天然林面积、蓄积明显增加。与第七次全国森林资源清查相比，全国天然林面积从原来的 11 969 万 hm^2 增加到 12 184 万 hm^2，增加了 215 万 hm^2；天然林蓄积从原来的 114.02 亿 m^3 增加到 122.96 亿 m^3，增加了 8.94 亿 m^3（图 3-2）。

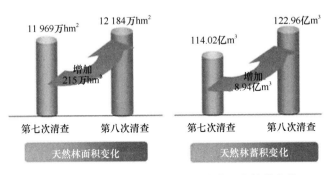

图 3-2　第八次和第七次森林资源清查天然林的变化

二、我国天然林资源的现状

（一）我国天然林资源的基本状况分析

据各省级 2014 年二类森林资源调查汇总数据，我国现有森林面积 2.08 亿 hm^2，森林覆盖率 21.63%，森林蓄积量 151.37 亿 m^3。我国现有天然林面积为 1.98 亿 hm^2，其中，天然有林地面积 1.30 亿 hm^2，天然林蓄积量 126.54 亿 m^3，占全国森林蓄积量的 83.6%。其中，国有天然林为 1.124 亿 hm^2，集体林和个人经营的天然林为 0.854 亿 hm^2。在天然林中，乔木林 1.30 亿 hm^2，特殊灌木林、一般灌木林、未成林封育地和疏林地有 0.68 亿 hm^2。在全国的森林面积中，天然有林地占全国有林地面积的 64%，蓄积 122.96 亿 m^3，占森林蓄积的 81%。已纳入天然林保护工程管护范围和享受中央财政森林生态效益补偿的有 1.27 亿 hm^2，还有 0.71 亿 hm^2 天然林尚未纳入国家政策保护范围。当前有 0.36 亿 hm^2 天然林仍在进行采伐，其中天然林保护工程区内重点国有林区 440 万 hm^2 天然商品林每年生产木材 256.6 万 m^3；天然林保护工程区外国有林场 406.7 万 hm^2 天然商品林每年生产木材 556 万 m^3，集体和个人 0.316 亿 hm^2 天然商品林每年生产木材 4181 万 m^3。

按权属划分，国有天然林为 16.86 亿亩，占 56.8%；集体林和个人所有的天然林为 12.8 亿亩，占 43.2%。

天然乔木林按优势树种比例，位居前十位的是栎类、桦木、马尾松、落叶松、云南松、云杉、冷杉、杉木、杨树和柏木。其面积占天然乔木林面积的 53.07%；蓄积占天然乔木林蓄积的 54.08%。面积超过 5% 的有栎类、桦木、马尾松和落叶松林；蓄积比例超过 55% 的有栎类、冷杉、云杉、桦木和落叶松林。栎类林主要分布在云南、内蒙古、陕西和黑龙江四省(区)，面积占全国栎类林的 51.09%；桦木林主要分布在内蒙古和黑龙江二省(区)，面积占全国桦木林的 82.86%；马尾松林主要分布在南方集体林区，面积占全国马尾松林的 87.07%；落叶松林主要分布在内蒙古和黑龙江二省(区)，面积占全国落叶松林的 90.97%。具体而言，栎类面积占全部天然乔木林面积的 13.70%、蓄积占全部天然乔木林蓄积的 10.42%；桦木面积占 9.46%、蓄积占 7.43%；落叶松面积占 6.43%、蓄积占 6.65%；马尾松面积占 5.91%、蓄积占 3.41%；云南松面积占 3.49%、蓄积占 3.88%；云杉面积占 3.27%、蓄积占 8.03%；冷杉面积占 2.62%、蓄积占 9.47%；柏木面积占 1.87%、蓄积占 1.13%；杉木面积占 1.72%、蓄积占 0.82%；高山松面积占 1.33%、蓄积占 2.84%。

从分布地区来看(图 3-3)，我国的天然林主要分布在东北、内蒙古林区和西南地区，其次是在西北和南方集体林区。其中，黑龙江、内蒙古、云南、四川、西藏、江西、吉林等省(区)天然林面积合计占全国的 61.95%，蓄积合计占全国的 76.4%。天然林面积在 200 万 hm² 以上的有黑龙江、内蒙古、四川、西藏、江西、吉林、广西、陕西、湖南、湖北、广东、福建、浙江、贵州、辽宁 15 个省(区)。天然林面积在 10 万 hm² 以下的有上海、天津、江苏和宁夏。

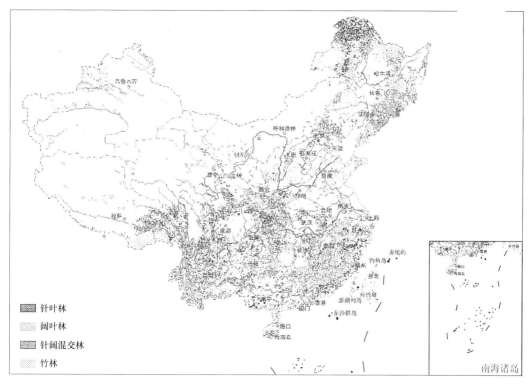

图 3-3　中国天然林分布图
资料来源：国家林业局，2010e；彩图请扫描文后白页二维码阅读

在我国的天然林面积中，公益林和商品林各占 65.49% 和 34.51%。从我国天然林按林种构成比例看(图 3-4)，主要集中在防护林，其次是用材林，表明天然林作为我国木材资源在环境保护方面所起的作用巨大。

从我国天然乔木林的年龄结构看(图 3-5)，天然乔木林面积以幼中林为主，占 64.30%；蓄积占 26.56%。近熟林面积占 15.37%，蓄积占 19.60%；成熟过熟林面积占 20.33%，蓄积占 43.84%。近熟、成熟、过熟林面积占 35.70%，蓄积占 63.44%。西藏、四川、黑龙江、内蒙古、云南、吉林六省(区)近成过熟林面积较大，合计 3087.38 万 hm²，占全国的 74.81%。

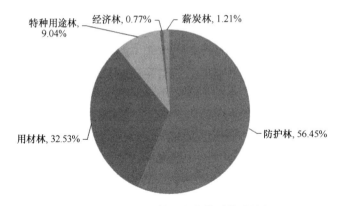

图 3-4 我国天然林面积按林种构成比例

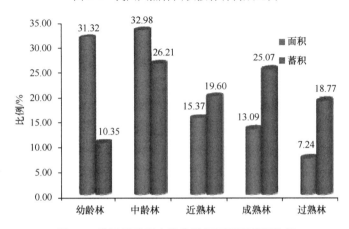

图 3-5 我国天然乔木林各龄组面积和蓄积比例

（二）天然林保护工程区资源现状

在天然林中，已纳入国家保护政策范围的有 1.28 亿 hm²，其中纳入天然林保护工程保护范围的有 0.86 亿 hm²；天然林保护工程区外纳入中央财政森林生态效益补偿范围的有 0.42 亿 hm²。需要纳入国家政策保护范围的天然林还有 0.70 亿 hm²。当前仍有 0.40 亿 hm² 天然林在进行采伐，2014 年天然林保护工程区内内蒙古、吉林重点国有林区 0.04 亿 hm² 天然商品林每年生产木材 256.6 万 m³，天然林保护工程区外国有林场 0.04 亿 hm² 天然商品林每年生产木材 556 万 m³，集体和个人所有的 0.32 亿 hm² 天然商品林每年生产木材 4181 万 m³。

天然林保护工程区 0.86 亿 hm² 的天然林中，国有林 0.62 亿 hm²，占 72.1%，主要分布在黑龙江、吉林、内蒙古和新疆等省(区)；集体和个人所有的天然林有 0.24 亿 hm²，占 27.9%。其中，有林地面积 0.6 亿 hm²，灌木林地 0.22 亿 hm²，未成林封育地 0.03 亿 hm²，疏林地 0.01 亿 hm²。2014 年在黑龙江开展了停止天然林商业性采伐试点的基础上，2015 年也在内蒙古、吉林等重点国有林区开展了停伐工作。到 2015 年 4 月 1 日，天然林保护工程区的 0.86 亿 hm² 天然林已实现了全面停止商品性采伐，结束了东北、内蒙古林区长达

175 年采伐天然林的历史。

非天然林保护工程区的天然林有 1.12 亿 hm²，国家级公益林有 0.42 亿 hm²，地方公益林有 0.34 亿 hm²，商品林有 0.36 亿 hm²。其中国有天然林面积 0.51 亿 hm²，占 45.5%；集体和个人所有的天然林面积 0.61 亿 hm²，占 54.5%。仍在继续采伐的天然商品林有 0.36 亿 hm²，其中国有林场 0.04 亿 hm²，集体和个人所有的为 0.32 亿 hm²。

长江上游和黄河上中游天然林资源保护工程区森林资源现状：长江上游、黄河上中游地区天然林保护工程区(以下简称工程区)总面积 22 925.00 万 hm²，占国土面积的 23.88%，占天然林保护工程区土地总面积的 86.58%；森林面积 5834.98 万 hm²，森林覆盖率 25.45%，活立木蓄积 412 178.90 万 m³，占全国活立木总蓄积的 28.31%，占整个天然林保护工程区活立木总蓄积的 56.54%；森林蓄积 382 250.57 万 m³，占全国森林蓄积的 28.61%，占整个天然林保护工程区森林蓄积的 57.15%；工程区天然林面积 3237.90 万 hm²，占全国天然林面积的 27.05%，占工程区有林地面积的 71.33%；天然林蓄积 346 461.42 万 m³，占工程区森林蓄积的 90.64%。

东北、新疆、海南等重点国有林区天然林资源保护工程区森林资源现状：重点国有林区天然林保护工程区涉及黑龙江、吉林、内蒙古、新疆和海南五省(区)的重点国有林区，总面积 3554.75 万 hm²，占国土面积的 3.70%，占整个天然林保护工程区土地面积的 13.42%。工程区森林面积 2932.57 万 hm²，森林覆盖率 82.50%，活立木蓄积 316 821.95 万 m³，占全国活立木总蓄积的 21.77%，占整个天然林保护工程区活立木总蓄积的 43.46%；森林蓄积 286 636.34 万 m³，占全国森林蓄积的 21.45%，占整个天然林保护工程区森林蓄积的 42.85%；工程区天然林面积 2758.60 万 hm²，占全国天然林面积的 23.05%，占工程区有林地面积的 95.25%；天然林蓄积 278 202.20 万 m³，占工程区森林蓄积的 97.06%。

三、我国天然林经营的进程

1954 年国家正式成立森林工业管理局，开始统一规划、开发国有林区，重点放在东北、内蒙古和西南地区。

1954～1955 年，我国受苏联"以机械化作业作为现代林业的标志"学术思想的影响，林业部在小兴安岭进行了皆伐作业试验，然后于 1956 年颁布了《国有林主伐试行规程》，对东北林区大面积的原始阔叶红松林推行"连续带状皆伐—顺序皆伐"，之后人工更新采伐方式，以利于机械化作业，促进木材生产。这种"大砍大造"的经营方式，过高地估计了人的力量而忽视了森林的自我更新能力，破坏了红松赖以更新生长的森林环境及森林生态系统中的各种生物资源，使大面积的原始阔叶红松林变为次生林、灌丛、荒山裸地或人工林，从而产生严重的生态后果。

1956 年，中华人民共和国全国人民代表大会通过一项提案，提出了建立自然保护区的问题。20 世纪 70 年代末、80 年代初以来，中国自然保护事业发展迅速。截至 2010 年年底，林业系统管理的自然保护区已达 2035 处，总面积 1.24 亿 hm²，约占国土面积的 12.89%，其中，国家级自然保护区 247 处，面积 7597.42 万 hm²。这些自然保护区保护着十分重要的原始森林、天然次生林，对天然林的保护起到重大作用。

1957 年，刘慎谔先生提出并倡导的"动态地植物学"思想，以"森林的动态演替学说"为指导，以多年来对东北林区的调查研究为基础，强调采伐更新方式要以树木的生物学特性为依据，如对小兴安岭、长白山林区的红松林，主张采用择伐(最好是弱度择伐)而不主张采用皆伐。

随后，基于森林动态演替学说所提出的近于持续经营思想的"采育兼顾伐"的采伐更新方式，在 1973 年国家颁布的《森林采伐更新规程》中被列为新的采伐方式，以法律的形式在东北阔叶红松林区进行推广，"采育兼顾伐"即周期性地选择采伐上层的老龄林木，保留中下层的青、幼龄林木，不仅可以使森林源源不断地提供木材和各种生物资源，而且森林环境能长期保持稳定。

20 世纪 60 年代，林业提出了"以营林为基础"的方针，制定了多项森林资源培育及木材生产的规程，对不同类型的森林培育积累了一些有益的经营，如东北国有林区提出的"采育兼顾伐"、对次生林恢复总结出了"栽针保阔"等。同时，政府还实施了"封山育林"计划，采取森林自然繁育、天然林养护、天然林合理采伐等措施。

20 世纪 80 年代，国家重新制定了一系列发展林业的方针政策，并于 1985 年颁布了《中华人民共和国森林法》，使森林资源得到保护，天然林面积和蓄积量逐渐增加。部分集体林和林地使用权分包转移到村或个体，并实行森林分类经营的政策，不同类型的森林采取不同的经营模式，以期在用材、环保、社会、经济等各方面实现突破。同时，我国开始建设森林公园，截至 2002 年年底，全国已有各类森林公园 1476 处，规划面积 1269 万 hm^2，其中国家森林 439 处，规划面积 875 万 hm^2。这些森林公园有效地保护了我国多样化的森林资源、景观资源和自然文化遗产。

1998 年，我国试行天然林资源保护工程(即天然林保护工程一期)，并于 2000 年 10 月正式实施，工程一期期限为 2000～2010 年。天然林保护工程一期的实施，使我国在天然林经营方面实现了四大转变：①实现由采运企业向营林事业转变，将工作由伐树转向种树；②由计划经济模式向市场经济模式转变，林区由传统的大木头经济向市场经济所需求的多元化经济转变；③由粗放经营向集约经营转变，应用现代高新技术成果，保护和培育森林资源；④实现企业管资源向国家管资源转变，把资源管理的行政职能真正地从企业中分离出来。

2002 年，我国开展了森林生态效益补偿试点工作。对划入国家重点公益林的森林，禁止采伐，严加保护，国家每年每公顷补助 75 元。在划定的国家重点公益林中，天然林占有很大的比例。

2011 年，为建设国家木材战略储备基地、构筑我国北方地区生态安全屏障基础，努力构建长江上游、黄河中上游地区稳定的森林生态屏障，我国继续实施天然林资源保护工程(即天然林保护工程二期)，工程二期期限为 2011～2020 年。目前正在进行中。

四、我国天然林经营的成功经验

(一)在经营理论方面的成功经验

我国在天然林经营过程中，理论上是从借鉴国外林业先进国家森林经营的基本思想入手的，我国林业科技工作者和林区干部职工在生产实践中结合我国的实际，也在不断地发展和丰富国外林业经营思想的理论内涵。

（1）天然林可持续经营理论。可持续经营管理已成为森林经营的根本目标。天然林可持续经营可概括为在天然林经营过程中，通过科学管理、合理经营，维持现实和潜在的天然林生态系统的健康和活力，维护生物多样性及其生态过程，以此来满足社会经济发展过程中，对天然林生态效能及其环境服务功能的首要需求，保障和促进人口、资源、环境与社会、经济的持续协调发展。天然林可持续经营强调的是森林生态系统自我维持和生态效益放在第一位的前提下合理经营利用。它与永续利用理论存在根本不同，永续利用强调单一木材生产的法正林结构，而天然林可持续经营则强调维护生态系统的健康和活力，维护生物多样性，对非木质产品和环境资源的多元化保护利用。天然林的经营措施类型具体划分为抚育间伐、林分改造、更新造林、主伐利用、封山育林、保护和特种经营等7个经营类型。

（2）林业分类经营理论。所谓森林分类经营又称为森林多效益主导利用经营，是以发挥某一林种某一效益为主，兼顾其他方面效益的经营模式。它是根据社会对森林生态效益和经济效益的两大要求，按照对森林多种功能主导利用的不同和森林发挥两种功能所产生的"产品"的商品属性和非商品属性的不同，相应地把森林划分为公益林和商品林，并按各自特点和规律运营的林业经营体制和发展模式。森林分类经营理论是18世纪形成的，理论提出之初是基于在地域上把相互连接的、具有相同经营方向的地块划分为同一个森林经营区，把地域上不相连接，但在森林经营目的、经营周期、森林经营方式上相同的小班组织成森林经营类型，如用材、防护、水源涵养、特种目的的森林经营类型合并建立起相应的森林经营体系，甚至直接以小班作为经营类型，这就是典型的分类经营。但传统的分类经营思想突出了森林的某一方面的利用而忽略了其他效益；强调了经营的生物学和技术方面，忽略了经营的社会经济方面和林政管理方面，就林论林，没有与其他各部门、行业有机地结合，存在管理上的局限。因此，国际上对森林分类经营方式和目的要求存在两种不同看法。一种称为"邻接式多元化利用"，是在一定地域上划块分类经营利用，根据森林的主要功能划分为用材、防护、游憩、放牧等，发挥各自功能。另外一种称为"同步或多元化利用"，是在一块森林中同时产生多种多样的产品和提供多种多样的服务。这两种方式的讨论经历了相当长的一个时期，争论的实质是对森林利用是否存在着效益和功能上的互斥和兼容，是单目标还是多目标上的差异，也包含着对森林经营的理解。我国于1995年正式推出以分类经营改革为主题的林业经济体制改革总体方案。根据原林业部（现国家林业局）下发的《关于开展林业分类经营改革试点工作的通知》（林策通字[1996]69号）精神，各省（区）相继于1996年选择2～4个县（市）开展森林分类经营改革试点工作。根据国家林业局发布的《关于开展全国森林分类区划界定工作的通知》（林策发[1999]191号）和国家林业局发布的《国家公益林认定办法》（林策发[2001]88号）文件精神，各省（区）相继启动了森林分类区划工作。到目前为止，大部分省（区）已完成森林分类区划界定工作，其间各省林业厅（局）也同时制定和发布了各省的《分类区划界定工作方案》和《森林分类区划界定操作细则》，在全省范围内全面开展分类区划界定工作。

（3）森林生态系统经营理论。森林生态系统经营是根据生态学、经济学、社会学和管理学等原理，基于对维持森林生态系统的组成、结构、功能必要的生态相互作用和生态过程的稳定性、整体性、多样性和持续性的最佳认识，综合考虑生态、经济和社会需求，通过目标、政策、规划、协议、研究、监测等实践活动保证实施，及时调整改进森林经营管理策略，维持生态系统的健康和活力，保护生物多样性，更好地提供生态系统产品和服务，以保证生态系统功能的实现。森林生态系统经营是对传统林业经营的继承和发展，它既是一种林业经营思想和理论体系，又是一种林业经营政策，更是实现森林可持续经营的一条基本途径。在面临生态环境恶化等诸多问题时，迫切需要采用生态系统经营的方法来管理有限的天然林资源。森林生态系统经营理论在天然林保护中的应用主要有以下三方面：①实现天然林的经济、生态，以及维持生物多样性等多重价值是生态系统管理的目标，尤其是天然林的生态价值；②维持天然林的复杂性、整体性和健康状态，是生态系统经营思想的核心；③要使经过人为经营利用下的天然林尽量具有相当高的自然性和复杂性，这是生态系统管理具体经营措施的基本原则。

（4）天然林多目标综合管理理论。天然林多目标综合管理是指以人为本，依托当地资源特点，综合天然林的多种功能和多种效益的发挥，以社区的发展为基本出发点，以提高当地社区群众的收入和解决当地人们的生活和生存需求为前提，以实现天然林资源的可持续经营、改善社区生态环境和促进社区的可持续发展为目的，由所有利益相关群体共同规划和实施的管理方式。天然林多目标综合管理的主要内容包括天然林资源的保护与经营、木材的生产、非木质林产品的开发利用、野生动植物的保护、社区薪材需求和能源替代项目、社区生态旅游资源的开发和利用、放牧、森林防火及病虫害防治等。天然林多目标综合管理可充分发挥天然林的多种功能，实现天然林的三大效益；是我国天然林管理由单一行业管理向多部门跨行业综合管理转变的重要途径；充分尊重当地群众的利益，各个环节都充分保证当地村民的参与，保证规划和管理全过程体现村民的意愿，做到了"以人为本"和"和谐发展"，符合当前林业乃至全社会的发展趋势。

（二）在科学研究方面的成功经验

（1）林隙更新。林隙，即林冠空隙，是指直接处于林冠层空隙下的土地面积。林隙是森林更新最活跃的部分。近年来，林隙更新是森林经营领域研究的热点。我国的林隙研究主要集中在热带、亚热带和温带的天然林中。林隙的存在极大地改变了林内的环境，光、热、水、营养水平，为林内幼树幼苗的天然更新和生长创造了优越条件。林隙更新理论对天然异龄林的经营有重要的实践意义。众多研究表明，林隙更新是天然林更新的主要方法；林隙内的天然更新与林隙外的天然更新存在明显差异；林隙内不同位置的更新情况存在差异；可采取单株择伐，创造小面积林隙以利于林分天然更新。

（2）栽针保阔。20世纪60年代，在对东北地区的天然次生林的改造过程中，王战等老一辈的林业工作者提出"栽针保阔"理论。"栽针保阔"是对次生林不同的演替和林分发育阶段，实行栽针并留阔、引阔和选阔，实行连续的主动择优和再组织过程，最终形成结构合理、稳定高产的针阔混交林。"栽针保阔"的生态学理论依据是生态演替。"栽针保阔"可以解决天然次生林内红松等针叶树树种缺乏或更新状况不良的问题。众多学者研究表明：经"栽针保阔"形成复层结构的林分，有利于光线进入林内，提高了天然次生林内的物种多样性，不仅加快了演替速度，还提高了天然次生林的稳定性，更好地维持林内的生态平衡，提高了其自身的抗干扰能力，充分发挥其生态效益作用。

（3）GIS（地理信息系统）的应用。随着计算机科学的迅速发展，GIS技术得到迅猛发展。我国在天然林结构调整、造林规划和林火信息管理，以及实施抚育间伐、封山育林和森林采伐等经营措施方面均利用了 GIS。

（三）在生产技术方面的成功经验

（1）封山育林。封山育林是指利用树木自然繁殖能力以恢复森林的措施，其具有投资少、成本低、见效快、效率高的特点。封山育林的主要对象为利用树木天然下种或萌芽、萌蘖条件，减少人为不良干预可以成为森林的立地。贯彻"以封为主、封育结合"的方针，在封育期间及时补植补造，幼苗幼树密度超过造林技术规程规定标准的及时抚育间伐，因地制宜采取全封、半封、轮封的方式。天然森林在受到一定干扰后，系统会通过自组织逐渐恢复到高度有序状态。封山育林正是基于这一原理让森林进行自我恢复的，其形成的森林植被能够很好地保持森林群落的生态整体性和稳定性，具有更强的改善生态的功能。众多研究和实践表明：封山育林能快速、经济地恢复和增加林草植被，在保护和恢复天然林资源中效果显著。

（2）人工促进天然更新。人工促进天然更新是指为了保证森林的天然更新而采取的人工辅助措施。其分为两类：一类是采伐作业的一部分或在森林采伐同时进行的方法，有保留母树、保留幼树和清理采伐迹地等措施；另一类是在空地和林冠下单独进行的营林措施，有整地、补播补植、除草和砍除竞争植物等措施。为了使森林迅速更新，扩大森林资源，发挥森林的生态效益、社会效益和经济效益，积极而适当地采用人工更新措施是完全必要的。

（3）森林抚育采伐。抚育采伐是指在未成熟的林分中，为了给保留木创造良好的生长条件，而采伐部分林木的森林培育措施。不同林种的抚育采伐目的不同，如对防护林抚育采伐是为了最大限度地发挥森林的防护效能。针对天然林，一般有以下目的：①按经营目的调整林分组成。在天然林中，树种复杂、分布不均。不同树种、不同起源的林木混生在一起，互相竞争，通过抚育采伐，可以降低非目的树种在林内的比例，使目的树种逐渐取得优势，达到经营要求。②降低林分密度，改善林木生长条件。天然幼林往往密度过大，分布不均，随着年龄的增加，单株林木的营养空间缩小，所以需要通过抚育采伐使林分保存在合理的密度范围内，为保留木创造适宜的生长空间。③改善林分卫生情况，增强林分抗性。抚育采伐清除了林内枯死木、病虫害木及风倒木等，改善了林分卫生状况，改良了林内光照和通风条件，既减少了病虫害与火灾发生的可能性，又提高了留存木对自然灾害的抗御能力。④建立适宜的林分结构，发挥森林多种效能。抚育采伐能使林分保持适宜的树种组成、适中的密度与郁闭度、合理的层次，这不仅能有效提高森林的生物多样性，还能改善森林的各项生态效益。目前，我国将抚育采伐分为 4 种，即透光伐、除伐、疏伐、生长伐或卫生伐。根据构成林分的树种、年龄和目的，选择不同的抚育采伐方式。例如，透光伐是在土壤混交幼林中的第 I 龄级的前半期，即林分开始郁闭时进行。在天然林抚育中，主要控制技术是采伐木的选择、郁闭度的选择、采伐强度的控制、天窗的控制等。

（4）建立以特殊森林生态群落为目标的天然林保护区。目前，我国自然保护区主要有 6 种类型，其中以保护完整的综合自然生态系统为目的的自然保护区、以保护珍稀孑遗植物及特有植被类型为目的的自然保护区、以保护自然风景为主的自然保护区和国家公园、以保护沿海自然环境及自然资源为主要目的的自然保护区均对我国天然林起到很好的保护作用。例如，以保护温带山地生态系统及自然景观为主的长白山国家级自然保护区、以保护亚热带生态系统为主的武夷山自然保护区和保护热带自然生态系统的云南西双版纳国家级自然保护区等都保存着许多天然林资源。由于建立了一系列的自然保护区，我国珍贵树种得到保护，如在西双版纳国家级自然保护区的原始林中，发现了原始的喜树林。

（四）在国家政策方面的成功经验

(1) 森林限额采伐政策。森林采伐政策包括：限额采伐政策、计划采伐政策和凭证采伐、运输、凭证经营(加工)等政策。1987 年实行森林采伐限额制度，"八五"期间以森林采伐、木材运输和木材销售"三总量"控制为重点，卓有成效地对森林资源消耗进行了全额管理和监督，全国森林面积和蓄积量出现了双增长的良好势头。"九五"期间，凭证采伐林木、凭证运输和凭证经营(加工)木材，以及与采伐限额管理相关的制度和措施进一步健全，监督检查力度逐年加大，"十五"期间天然林采伐大幅调减。实践表明，这项制度总体上是符合我国国情、林情的，有效地控制了森林资源的过度消耗。另外，在天然林保护工程实施后，全面停止和调减天然林的商业性采伐，全面禁止长江上游、黄河中上游工程区天然林的商品性采伐，大幅度调减东北、内蒙古等重点国有林区木材产量。这有效地保护了我国现有天然林资源。

(2) 森林更新政策。森林在采伐后能否及时且保质保量地更新，是能否实现森林资源永续利用的关键。森林更新跟上采伐是贯彻采育结合方针的具体体现。在政策上促进森林更新的措施有从资金上国家通过调整木材价格，建立林业基金制度，增加育林基金和改造资金；从政策上对更新贷款给予优惠。强制采伐单位进行森林更新，做到谁采伐谁更新。建立活力木森林市场，解决市场周期长的问题，解决营林和采伐的利益分配问题。对没有按照规定完成更新造林任务的采伐单位和个人，将不再发给采伐许可证，情节严重的，进行相应罚款或追究责任。

(3) 森林保护和生态保护政策。森林保护和生态保护政策是以森林生态效益为主要理念，用系统的观点、可持续发展的观点、人与自然和谐的观点来指导林业实践，全面实施以生态建设为主的林业发展的政策。该项政策对我国天然林面积和蓄积量的增长起到了积极作用，同时，在天然林资源管护方面也发挥了良好效应。

(4) 造林政策。造林政策是采取有力措施，大力植树造林，加快国土绿化进程，增加森林资源，扭转林业落后局面的政策。植树造林是中国保护环境和资源基本国策的一项重要内容。这对于宜林荒山荒地造林绿化起到了很大作用。

(5) 政府扶持林业政策。国家鉴于林业生长周期长、生态与社会效益显著，但经济收益慢、投资回报率低的特点，在加大政府对林业建设投入的同时，对林业实行经济扶持。这不仅提高了我国天然林蓄积量，还提高了林业工作者的收入。

(6) 森林权属政策。森林权属政策是在公有制经济关系下，以法权形式体现对森林所有产权的政策。在《中共中央国务院关于加快林业发展的决定》中进一步规定：完善林业产权制度是调动社会各方面造林积极性，促进林业更好更快发展的重要基础，要依法严格保护林权所有者的财产权，维护其合法权益。这对于我国天然林资源管护、天然林面积提高起到了积极作用。

五、我国天然林保护工程的政策、实施成效与经验

我国自 1998 年开始试点实施天然林保护工程以来，完成了第一期计划，正在实施第二期，到目前已历时 17 年。天然林保护工程一期涉及我国长江上游地区（以三峡库区为界），包括云南、四川、贵州、重庆、湖北、西藏 6 个省（区）；黄河上中游地区（以小浪底库区为界），包括陕西、甘肃、青海、宁夏、内蒙古、河南、山西 7 个省（区）；东北、内蒙古等重点国有林区，包括内蒙古（含内蒙古森工集团公司）、吉林、黑龙江（含龙江森林工业集团总公司和大兴安岭林业集团公司）、海南、新疆（含新疆生产建设兵团），共 17 个省（区），涉及 753 个县（旗、市）、145 个国有林业企事业单位、16 个地方重点森工、3 个副地级国有林管理局、27 个县级林业局（场）（图 3-6）。

长江流域
黄河流域
东北和内蒙古等地区

图 3-6　天然林资源保护工程示意图
（彩图请扫描文后白页二维码阅读）

（一）我国天然林保护工程的政策调整

我国目前正在实施的天然林保护工程二期规划执行期为 2011～2020 年，工程二期与一期相比，在原有的基础上有了一定程度的政策调整，其中主要调整的内容包括如下几方面。

实施范围在原有基础上增加丹江口库区的 11 个县（市、区）。在建设目标上规划提出，到 2020 年新增森林面积 7800 万亩，森林蓄积净增 11 亿 m^3。森林资源从恢复性增

长进一步向质量提高转变，生态状况从逐步好转进一步向明显改善转变，工程区水土流失明显减少，生物多样性明显增加。林区经济社会发展由稳步复苏进一步向和谐发展转变，民生明显改善，社会保障全面提升，林区社会和谐稳定。

在生态修复方面，工程二期新增了任务量。①增加公益林建设 11 550 万亩，其中：人工造林 3050 万亩，封山育林 7100 万亩，飞播造林 1400 万亩。人工造林投资标准由中央预算内的 160 元/亩和 240 元/亩统一提高到 300 元/亩；封山育林标准由原工程一期中央投入 56 元/亩提高到 70 元/亩；飞播造林标准由工程一期中央预算内 40 元/亩提高到 120 元/亩。②工程二期按照轻重缓急的原则，规划了新增中幼林抚育任务 2.63 亿亩，占需要抚育面积的 36%。中央财政按照 120 元/亩的标准安排补助。③工程二期在东北、内蒙古林区安排后备资源培育任务 4890 万亩，中央预算内单位投入标准为人工造林 300 元/亩、森林改造培育 200 元/亩。④工程二期共安排森林管护任务 17.32 亿亩。

在管护面积中，首次将天然林保护工程区 2.8 亿亩集体所有的国家级公益林，与全国森林生态效益补偿标准并轨，中央财政安排森林生态效益补偿基金每年 10 元/亩（2013年调整为每年 15 元/亩），标准与非天然林保护工程区一致。同时，考虑到 3.6 亿亩地方公益林生态区位的重要性及中央财政投入的连续性，中央财政按每年 3 元/亩的标准补助管护费。工程二期国有林的森林管护补助费标准也由工程一期的每年 1.75 元/亩（中央财政每年 1.4 元/亩）提高到中央财政每年 5 元/亩，与国有国家公益林生态补偿标准一致。天然林保护工程二期提出了根据社会平均工资水平的提高和物价变化，适当调整各项工程建设的补助标准，计划最少 5 年要调整一次。

在改善民生方面，工程二期继续延续工程一期的 5 项保险补助政策。工程二期方案要求加快国有林区森工企业、国有林场的棚户区改造和危旧房改造工程。按照中央、省级人民政府、企业补助、职工个人承担一部分的原则实施。计划 "十二五" 期间在天然林保护工程区基本消除棚户区。工程二期将通过增加中幼林抚育、后备资源培育等新任务增加 64.85 万个就业岗位。

在改革发展方面，天然林保护工程二期政社性支出补助政策提高了补助标准。教育补助由一期的每年 1.27 万元/人提高到 3 万元/人；长江上游和黄河上中游、东北和内蒙古等重点林区的卫生补助分别由每年 6000 元/人和 2500 元/人提高到 1.5 万元/人和 1 万元/人。政企合一的政府机关事业单位每年 3 万元/人。工程二期方案要求将林区道路、供水供电等公益事业，纳入各级政府经济和社会发展规划、相关行业规划。到 2020 年，林区基础设施建设滞后的问题将逐步得到解决。

天然林保护工程二期建立了对改革的奖励机制。对主动进行分离企业办社会职能，推进政企、政事彻底分开等改革并取得明显成效的省（区）给予奖励。

可以看出，天然林保护工程二期与一期相比，这些政策的变化与调整更加体现以人为本的精神，更加具有针对性和可操作性，更切合实际。二期政策对西部经济发展、林区民生和农民利益、企业改革和扩大就业、资源培育和科学管理更加重视了。同时，对长期以来人们一直抱怨的一期工程投入标准一定 10 年不变的静态资金预算控制，明确提出了要在工程实施过程中，根据社会工资增长、物价变化等因素进行动态管理。

（二）天然林保护工程取得的主要成效

实施天然林保护工程，为我国森林生态系统的修复、区域生态环境的改善、国有林区发展建设做出了重大贡献。工程不仅使森林资源得到了较好的休养生息，而且有力地促进了林区经济社会的全面协调发展，为加快经济转型奠定了良好的基础。

(1) 天然林保护工程区的森林资源得到恢复性增长。通过停伐减产和有效保护，工程区长期过量消耗森林资源的势头得到有效遏制，森林资源总量不断增加，天然林质量显著提升。天然林保护工程一期累计少采木材 2.2 亿 m³，累计减少天然林资源消耗 4.25 亿 m³。2014 年 4 月，黑龙江省结束了重点国有林区 175 年采伐天然林的历史。据全国森林资源清查结果显示，1998～2013 年，在天然林保护工程区林地面积只占全国林地面积 42.8%的情况下，工程区天然林面积增加了 0.06 亿 hm²，占全国的 57.1%；工程区天然林蓄积增加了 11.09 亿 m³，占全国的 54.6%。天然林保护工程区的天然林面积、蓄积增速明显高于全国平均水平。

(2) 局部地区生态环境明显改善，生态效益显著提高。从天然林保护工程实施以来，通过有效保护现有森林和实施植树造林，使局部地区生态环境得到了明显改善，全国天然林资源的生态价值见图 3-7。一些地方过去干涸的水源和泉眼开始出现水流，降雨量和空气湿度明显增加。据对长江上游、黄河上中游 22 个县的抽样调查，水土流失面积与工程实施前相比下降 5.99%，长江泥沙含量出现全线下降的趋势。据中国长江三峡集团公司提供的数据分析，库区的泥沙沉积量正以每年 1%的速度递减，长江的浑水期由工程实施前的 300 天降至现在的 150 天。2000～2013 年，清江流域土壤侵蚀模数、年土壤侵蚀量和河流泥沙含量降幅均达到 30%左右。云南昭通巧家县水土流失面积 10 年间减少了 48.6km²，一些干涸的溪流又流出了清水，原泥石肆虐的乱石滩，如今已变成了良田。四川省 2012 年天然林保护工程区森林生态系统提供保育土壤、涵养水源、固碳释氧、净化大气环境、保护生物多样性和森林游憩等生态服务功能价值总计 9928 亿元。全省 90%的陆地生态系统类型、95%的重点保护野生动物物种和 65%的高等植物群落得到有效保护。山西省沿黄河地区森林生态功能退化趋势有所缓解，局部地区生态状况明显改善，水土流失强度减弱，每年减少入黄泥沙 2000 万 t。森林水源涵养能力明显增强，水土流失强度逐年降低，水土流失面积不断减小，森林生态功能进一步加强。龙江森工集团在实施天然林保护工程二期的 2 年期间，森林覆盖率提高了 0.4 个百分点，森林蓄积增加了 4503 万 m³，有林地每公顷蓄积增加了 6.3%。

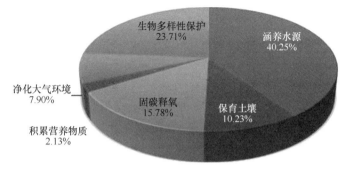

图 3-7　全国天然林保护工程区天然林生态效益价值量分布

(3) 林区森林生态功能逐步增强，生物多样性得到了有效保护。天然林保护工程区森林管护面积实际已达 17.32 亿亩，森林管护体系进一步完善。工程区基本上没有出现大的乱砍盗伐和大面积森林火灾及病虫害。此外，从工程二期新增的公益林建设、森林培育等任务完成情况来看，都较好地达到了预期要求，为天然林保护工程区实现森林资源面积、蓄积量的双增长提供了有力保障。天然林保护工程使我国森林资源得以休养生息，森林植被逐步恢复，水源涵养功能明显增强，水土流失面积逐年减少。随着环境的逐步改善，野生动物的生存环境也得到了改善，动植物物种及生态系统的多样性得到保护。调查显示，实施天然林保护工程以后，由于大大改善了陆地野生动植物栖息、繁衍、生长的环境，进一步为保护物种资源和生物多样性创造了条件。西南林区大熊猫、朱鹮、金丝猴等国家级重点保护野生动物的种群数量增加，在一些地方已消失多年的狼、狐狸、金钱豹、鹰、梅花鹿、锦鸡等飞禽走兽重新出现。据 1988 年结束的第二次与 2014 年结束的第四次全国综合性大熊猫调查结果显示，野外大熊猫数量由 1114 只增加到了 1864 只，增长了 67.3%。珙桐、苏铁、红豆杉等国家重点保护野生植物数量明显增加。在青海互助县北山林场，实施天然林保护工程 15 年，原先已经消失多年的狼、棕熊、褐马鸡、马鹿等动物又重新出现了。东北林区绝迹多年的野生东北虎、东北豹时常出现。

(4) 林区经济结构得到调整，富余职工得到安置，社会和谐稳定。实施天然林保护工程以来，工程区通过打破以木材生产为主的经营格局，积极发展非林非木产业，大力培育新的经济增长点，林区经济已开始走出"独木难支"的困境。一是加快了木材精深加工项目建设。例如，在伊春林区，依据国家的产业政策和林管局的产业结构调整方向，选择技术含量高、产品附加值大、市场竞争力强、安排劳力多的转产项目 24 项，上报到黑龙江省森工总局和国家林业局，得到国家的全力支持。同时，带动了非国有经济的进入，推动了木材精深加工业的快速发展。二是大力发展以绿色食品、畜牧业和中药材开发为主的多种经营产业和以森林旅游、风电水电绿色能源、冶金建材等非林脱木产业为主的其他产业，初步实现了由"独木支撑"向"多业并举"，由"林业经济"向"林区经济"的转变。

经过天然林保护工程十几年的实施，社会不断发展进步，林区社会呈现出转型发展之势。特别是以森林旅游业为重点的借力发挥区域优势、资源优势的绿色产业方兴未艾。许多地方将森林旅游业融入地区旅游大格局，整体布局、资源共享、突出重点、打造精品，点、线、面相结合的旅游景观格局初具规模，为不少林区转型发展提供了有效途径。例如，内蒙古森工集团形成了南部以阿尔山国家森林公园为中心，北部以莫尔道嘎国家森林公园为中心、东部以阿里河相思谷、毕拉河国家森林公园为中心的旅游产业格局。在国家政策支撑下，2013 年工程区林业职工人均工资 27 190 元，是 1999 年的 4.98 倍，工程区职工收入明显增加，实现了由"砍树人"向"护林人""育林人"的历史性转变。国有林区棚户区改造惠及林区 104.1 万户，职工住房条件明显改善。农村饮水安全已安排投资 3.9 亿元，解决了林区 68.1 万人安全饮水问题。社会保险补助政策使基本养老和基本医疗保险实现了林业职工全覆盖，社会保障能力不断增强。

天然林保护工程实施以来，通过多渠道、多形式分流安置，森工企业、国有林场富余职工从原来的采伐、运输和加工岗位走向管护、造林、多种经营开发、种苗建设等多种岗位，就业结构发生了根本变化，职工思想稳定，林区社会基本保持稳定。同时，在实施天然林保护工程前，由于天然林保护区森工企业资源危机和经济危困，企业普遍面对欠缴养老保险费、欠发离退休养老金的状况，在国家注入了养老统筹补助金的帮助下，基本解决了森工企业养老统筹的问题。天然林保护工程区国有林业企事业单位职工基本养老保险、医疗保险、失业保险、工伤保险、生育保险的参保率分别为99%、98%、97%、96%、93%。养老统筹的解决不仅维护了林区社会的安定，还增强了企业和企业职工的参保意识，推动了森工系统养老保险统筹事业的发展。通过五项社会保险补贴政策的落实，有效解决了在册职工的社会保障问题，解除了职工的后顾之忧；通过一次性安置职工两险补贴政策落实，缓解了林区就业困难群体的生活困难问题，为达到老有所养、病有所医的目标提供了保障；通过棚户区改造政策的落实，加快了林区社会城镇化速度，有效改善了林区职工的生活和居住环境，进入林区已不再处处是低矮茅草屋、板夹泥房等简陋、脏乱差的生活景象，取而代之的是一座座新楼拔地而起，休闲广场美丽整洁。

通过鼓励和扶持以家庭为单位的种植业、养殖业、采摘业及林下经济的发展，拓宽了林区职工群众的致富途径。林区居民收入逐步多元化，除工资收入外，其他副业收入逐年提高；林区居民生活观念转变，实现了山民向市民的转身。在天然林保护工程二期启动当年，在岗职工的年均工资达到21 080元，包括物价上涨因素在内，绝对值比上一年度净增加5137元。

从工程二期启动后年度核查结果来看，抽取的38 848名在岗职工样本中，就业岗位的比例为：从事公益林建设占0.9%；森林管护占40.3%；中幼林抚育占15.1%；森林改造培育占1.6%；其他岗位占42.1%，在岗职工基本上得到充分就业。大兴安岭森工集团通过实施补植补造项目，拓宽就业渠道，增加职工收入，仅2011年9.5万亩就安排林业职工及家属124个作业组2351人就业，其中家庭作业组36个，作业人员632人，人均增收达2667元。对实现"家庭致富、企业增效、富民兴区"的目标起到重要的促进作用。

(5)推动了工程区森工企业向现代企业制度转变。随着天然林保护工程的深入实施，各地都在积极探索适合本地区经济发展特点的天然林保护与林区经济发展的路子，森工企业逐步转变了以木材为中心的传统管理体制，加快了建立现代企业制度的步伐。林业企业管理经营理念转变，深入推进市场化经营的发展；森林经营理念转变明显，科学培育森林取代了单纯取材的经营思想，这些都为林区经济转型发展提供了可靠动力。

企业按照产权清晰、权责明确、政企分开、管理科学的原则，进行资产重组，转换经营机制，实行市场化运作。同时，天然林保护工程也为林区经营思想带来了巨大的变化。一是工程区内林业经营方向由以木材生产为主向以森林资源培育和保护为主转变，森林资源恢复和增长速度加快。二是林区经济的发展方向由"独木支撑"向调整结构、多种经营转变，部分地区呈现出良好的发展态势。三是林区职工就业渠道由单纯依靠"大木头"向多元化转变，就业门路进一步拓宽。例如，工程实施前，林业的三次产业结构比例表现为中间大，两头小，即第二产业比例大，第一、第三产业比例小。

工程实施后，以木材生产为主的经营格局被打破，以木材生产及与木材生产相关的木材加工业为主的第二产业受到冲击。随着公益林建设投入的逐年增加，以营造林业为主的第一产业发展迅速，许多地方充分利用林区丰富的自然资源，积极发展非林非木产业及第三产业，大力培育新的经济增长点。这些变化对林区的发展产生了根本的影响。吉林森工集团改革前的2005年，产值只有40亿元，原木收入7.49亿元，占产值的18.7%；2013年产值已达163.6亿元，原木收入9.03亿元，只占总收入的5.5%。同时，通过转方式、调结构、促升级，构建了就业多途径、收入多渠道、产业多元化的生产力布局，工程区摆脱了单纯依赖木材维持运转的传统模式，据国家林业局对 9 个省(区)的 37 个重点森工企业经济社会效益监测表明，第一、第二、第三产业比例由 2003 年的 85.96：3.12：10.92 调整为 2013 年的 42.49：36.74：20.77，经济结构明显优化。工程实施推动了林区改革、山区致富、边区稳定、民族团结，有效促进了边疆和民族地区的繁荣稳定，西藏工程区牧民一半收入来源于参与森林管护，新疆林区的护林员已成为宣传党的政策、维稳戍边的中坚力量，综合效应十分显著。

(6)天然林保护工程促进了林区体制机制的变革。通过工程实施，促进林区体制机制变革，逐步建立起天然林保护的长效机制是解决重点国有林区森林资源保护的根本途径。不少条件成熟的地方，将以经营和管护森林为主业的森工企业转制为全额财政拨款的事业单位，进一步强化了森林经营和管护主体的职责，也为保护和发展好当地天然林资源理顺了经营管理体制。大兴安岭林业集团实施了加格达奇林业局整体转制，启动了十八站林业局综合配套改革试点，初步实现了林业局内部政企、事企、资源管理与利用三分开。吉林省在工程二期开始之后，按照国家要求，在一期改革的基础之上，大力推进工程区政府性、社会性职能的剥离工作，截至 2014 年，22 个实施单位的森林公安推公转制，涉及公安人员 3500 余人，检法、医疗、环卫、消防等政社性职能正在研究剥离。内蒙古岭南八局剥离办社会职能(消防、环卫、供水、供电等)改革工作得到了内蒙古自治区人民政府的大力支持，改革工作稳步推进，逐步移交到地方管理。龙江森工集团产权制度改革取得成效，97%的中小企业实行了产权制度改革；林区物资、运输、基建和商业等行业退出国有，通信、广播电视、招待所、供电供水等实行企业化管理、市场化运营。按照"企校分离、森工托管"的模式，完成了中小学管理体制改革。四川省全面推进天然林保护工程区"五站"人员改革，将全省 11 116 名林业工作站、科技推广站、林木种苗站、森林防治检疫站和木材检查站人员交由地方各级人民政府统筹解决其经费。

(7)天然林保护工程推动了全民生态意识的明显提高。围绕林业发展战略的转变，各级工程实施单位充分利用广播电视、报刊、互联网络、固定标语等多种方式，大力宣传实施天然林保护工程的重大意义和建设成效，在全国范围内都营造出了关注、支持、参与天然林资源保护的良好氛围，提高了工程区乃至全国人民对保护森林、关爱自然重要性的认识，促进了生态意识和生态文明理念的形成。同时也催生了一批以天然林资源保护为题材的生态文化产品，提高了林区职工群众的生态文明意识，扩大了天然林保护工程的社会影响力。

（三）天然林保护工程实施取得的基本经验

天然林保护工程一期到二期，从以单纯保护为核心到贯彻落实保护与培育并举的思想理念，从以单纯林业项目建设为主到不断完善综合配套政策措施，从以粗放经营管理方式为主到逐步建立精细化、创新式的管理模式，发挥了"大工程、大载体、大带动"的巨大效应，为我国生态保护和建设的伟大实践提供了宝贵经验。

(1)坚持把保护和培育森林资源作为根本目标，形成了较为完备的生态林业发展政策体系和行之有效的工作模式。保护和培育天然林资源是天然林保护工程的根本，建立并完善森林管护体系和加强森林抚育经营，为实现天然林保护工程乃至整个林业"双增"

目标提供了重要保障。天然林保护工程区各单位按照分级管理、分工负责的原则，层层签订管护责任状或合同，把管护责任落实到山头地块和责任人，切实做到"人员、标志、地块、责任、奖惩"五落实。建设了约 4 万个管护站点设施，树立了大量的森林管护宣传标牌，培训、考核、聘用约 35 万管护人员，形成了一套有效的森林管护体系，取得了预期的管护成效。山西吕梁山森林经营局始终把制度建设贯穿于管护工作中，建立起了完备的林区天然林保护制度管理体系，全面推行公安、林政、管护队伍三位一体和局、场、站层层负责的森林资源管护机制和管护效果监督机制。内蒙古五岔沟、阿尔山林业局的家庭生态林场，大兴安岭的民营林场，把森林管护和经营很好地结合起来。这些措施既把森林管护工作落到了实处，又促进了林业职工管护经济的发展。

(2) 坚持把以人为本、改善民生作为政策制定和实施的基本依据，逐步构建林区民生发展支撑体系。天然林保护工程核心是保生态，但同样关注民生，关注林区社会进步、和谐发展。各地以实施好天然林保护工程为依托，因地制宜、统筹发展，全面落实各项惠林惠民政策，逐步实现"国家得生态、政府得民心、企业得发展、职工得实惠"的多方共赢目标。不少地方在落实天然林保护工程社保补助政策的同时，积极筹措资金，补齐资金缺口。为解决国有林业企业离退休人员多、在职职工少、供养比例失调的问题，各省积极完善社保政策，多方筹措资金，基本实现工程实施单位所有职工的应保尽保。龙江森工集团将 12.5 万名混岗职工和知青纳入全省养老保险统筹范围，6 万名"五七工、家属工"进入养老保险统筹，维护了林区社会稳定；内蒙古森工集团解决了近 4 万名"老工伤"纳入属地工伤保险统筹问题，落实了特繁工种和因病退休政策等；重庆市制订了切实可行的解决困难人员社保、低保、促进再就业等帮扶措施，基本解决了天然林保护安置人员多年来频繁上访的问题。此外，通过天然林保护工程各项政策的带动，以及国有林区棚户区改造工作的不断深入，林区社会小城镇建设得到空前发展，人居生产生活环境得到根本改善。西藏天然林保护工程区结合扶贫项目、农业综合开发项目及农村小城镇建设等项目进行生态搬迁，创造崭新的生活环境。

(3) 坚持把解放思想、改革创新作为推动工程发展的力量源泉，逐步建立推动工程又好又快发展的体制机制。通过改革来破解体制机制问题，通过发展来化解社会矛盾，通过转型强化资源生态保护，这既是天然林保护工程政策形成的倒逼机制，又是工程区可持续发展的必然要求。不少地方都作了有益的探索，包括剥离社会职能、政企事企分开、整合管理部门、强化管理人员岗位责任制和一人多岗、提高效率等。各地不断解放思想，转变观念，摆脱靠山吃山、靠林吃林的狭隘思想，培育新兴产业、替代产业，大力发展森林生态旅游业、林下经济，以及餐饮、物流、信息服务等第三产业，通过实行林区经济多元化巩固天然林保护工程发展后劲。一些企业内部经营机制的改革和创新全面铺开，实现经营市场化、生产民营化、服务社会化、管理规范化，并取得了多方面的效果，非公有制经济在林区得到了快速发展。天然林保护工程区的不少集体林区在产业发展转型的机制创新方面也进行了很多有益探索。他们采取"公司+林场+基地+农户"的发展形式，依托各级各类乡村林场和林业专业合作社参与林业产业基地建设，有的还通过资金奖励、贷款扶持等多种方式，加强扶持和引导。国有林区一些地方采取"企业+基地+承包户"的方式，发展订单经济，实现产、加、销一条龙的林下经济发展方式；有的以家庭林场管护承包模式，实现资源管护、森林培育、农业种植、林下资源利用有机结合，促进林下经济多角度、立体式开发。

(4) 坚持把明晰中央和地方事权划分、地方主动加大支持力度作为基本政策理念，形成不断优化的工程发展环境。各地正确处理政府推动与部门实施、中央投入与地方配套的关系，坚持一级抓一级，层层抓落实，形成了具有区域特色的工程管理体系。不少地方财政、发改、社保等部门在林区基础建设、林业职工社会保障等方面给予了大力支持，特别是对于急需解决的民生问题，积极筹措资金逐步予以解决，为工程建设的顺利实施营造了健康有序的良好环境。山西省继续在五台山、太行山两个林管局实施省级天然林保护工程二期，比照国家级工程项目进行规划，给予补助。从 2010 年起，在山西省发改委的支持下，利用省煤炭可持续发展基金，组织编制了森林管护站建设专项规划，每年拿出 2000 万元专项用于森林管护站建设，目前已经建成近 150 个标准化管护站；将天然林保护工程生态效益监测纳入省级实施方案，进行了详细规划。海南省在安排中央财政给予的每年每亩 5 元森林管护费的基础上，省级财政按每年每亩 15 元追加天然林保护工程区森林管护费，安排配套资金达 8393 万元，并把森林管护站建设纳入"十二五"规划，提出把森林管护站建设成为布局合理、规模适宜、功能齐全、威慑力强的林业基层执法单位和森林旅游驿站。四川省政府从 1998 年起至今每年筹集资金 8000 多万元，定向补助省社保局，保障了国有林业企业退休人员养老金的按时足额发放。

(5) 坚持把强化职能、规范管理作为提升工程质量的根本保障，实现更加科学、更加精细的过程和目标管理。实施天然林保护工程二期以来，各地进一步加强了工程管理能力建设。各级实施单位都成立了天然林保护工程领导小组及办公室。在工程技术管理方面，各地编制了森林管护、公益林建设、后备森林资源培育、国有中幼林抚育年度实施方案和作业设计，将各项建设任务落实到山头地块。不少地方利用二期新增资金，着手建立天然林保护工程生态效益监测网络，并逐步取得新成果。长江黄河流域工程区，不断完善生态效益补偿管理工作，基本落实将生态效益补偿资金通过"一卡通"账户兑现到林权所有者。在工程资金管理方面，各地根据国家出台的天然林保护工程专项资金管理办法，制定完善了各级资金管理办法和实施细则，严格实行专账核算、专款专用制度，加强了天然林保护工程资金审计、稽查、专项检查和绩效评估，确保了工程建设资金的规范有效运行。各地注重加强工程管理人员及技术人员培训工作，每年定期举办天然林保护工程政策、技术标准、工程核查和绩效考评等相关业务培训班，提高业务技能和综合管理素质。内蒙古森工集团将各单位培训次数、培训质量、培训效果纳入林区年度考核工作。

六、我国天然林资源保护存在的问题与原因分析

(一) 全国范围内天然林资源保护存在的问题

(1) 缺乏全国范围的天然林保护统一规划。除国家实施天然林保护工程的区域以外，全国尚有 14 个省(自治区、直辖市)的天然林缺乏保护的统一规划。全国还有 14 个省(自治区、直辖市)的天然林未纳入工程范围，在纳入天然林保护工程的 17 个省(自治区、直辖市)中也有部分商品性质的天然林未纳入保护范围。江西、广西、广东、福建、湖南五省(区)天然林资源面积占全国天然林总面积的 1/5，这些天然林对保护海岸线、山川江河发

挥着重要的作用，也为地方生态经济的发展做出了重要贡献。对这些区域的天然林资源如何实行有效保护，已成为人们广泛关注的问题，而其未得到统筹规划及缺乏有效保护措施。

(2) 科学技术还不能有效地支撑天然林保护的技术需求。目前我国对天然林保护和经营技术的研究还是薄弱环节，尤其是对天然林资源目前的区域布局、恢复与构建技术、功能评价、生态系统经营、相关标准与指标体系、保护与经营管理模式、资源保护战略等一系列技术难题尚需深入研究，否则难以为保护天然林提供有效的科技支撑。

(3) 天然林保护的效率仍有待提高。工程区服务基层林业的基础设施设备严重不足，管护站及配套设施建设滞后，致使管护体系不完善，专业管护人员所需的交通工具、通信设备等配备严重不足，影响管护效果。林区道路密度低，原有道路年久失修，严重影响到森林管护与经营工作的开展。效益监测体系建设滞后，影响了工程效益科学评估和动态管理。纳入保护范围的天然林处于低水平保护，毁林开垦、毁(天然)林造(人工)林、毁林开发等破坏天然林现象仍多发，非法侵占林地时有发生，各地开发建设大量征占林地，致使全国年均流失林地 160 多万 hm^2。

(4) 林区经济发展仍然比较缓慢。工程管理缺乏规范，长江上游、黄河上中游的工程区在停止天然林商品性采伐的同时，对人工林也实施了全面停伐，影响了林农的经济利益。地方工程配套资金和政策不到位，林区后续产业发展受到阻碍，如林下经济的发展没有得到统筹，导致其发展速度缓慢。国有林区和国有林场全面停止天然林商业性采伐后，职工工资主要依靠天然林保护工程的资金投入。而天然林保护工程森林管护费、社会保险等补助标准是以 2008 年社会平均工资为基数来确定的，投入标准偏低，严重影响了林区民生，2013 年工程区林业职工平均工资只有全国城镇在岗职工平均工资的 59%。

（二）我国天然林保护工程存在的问题

(1) 一些补助政策标准偏低，未得到及时调整。天然林保护补助标准偏低，国有林每年每亩仅补助 5 元(2015 年调整为 6 元)，集体和个人的森林生态效益补偿每年每亩仅 15 元，还不到 1 根竹子的价值。工程区许多地方、许多方面都已出现较大资金缺口。例如，在营造林方面，各地宜林地立地条件越来越差、造林难度越来越大，种苗成本特别是人力劳务工资成本已大大超出国家补助标准。由于森林培育补助标准偏低、投入不足，天然林质量低下。中幼龄林抚育作业环境差、劳动强度大、人力作业比例高等特点，使作业成本逐渐提高。工程区职工社会保险补助偏低更是迫切需要解决的问题。我国森林平均每公顷蓄积量只有 $89.79m^3$，不到日本的 1/2、德国的 1/4。

(2) 中央基本建设投资安排不足。用于生态公益林和森林改造培育等建设任务的中央预算内基本建设(基建)资金落实不到位，未按天然林保护工程实施方案执行。根据国务院批准的天然林保护工程二期实施方案，每年应安排中央预算内投资约 26 亿元，而 2011~2013 年实际每年只安排 12 亿元，实际共落实资金 36 亿元，而这三年规划投入应为 77.76 亿元，资金缺口达 41.76 亿元(即到位资金只占规划的 46.3%)。资金投入不足，致使森林培育任务安排滞后，同时也影响了东北、内蒙古等重点国有林区在岗职工的转岗就业。以大兴安岭林业集团为例：天然林保护工程二期实施后有 2.7 万人需要转产安置，2011 年转产、转岗到抚育岗位的有 1.1 万人，还有 1.6 万人需要安置就业，按照天然林保护工程二期实施方案的初步设计，这部分人将大多转向后备森林资源培育岗位。

此外，后备森林资源培育任务的足额下达，也将避免许多地方种苗生产的损失。

(3) 社会保险等民生问题仍然十分突出。①职工收入少，基本养老保险待遇水平低。目前，天然林保护工程区林业职工工资仍普遍较大幅度低于地方平均水平。按照国家政策规定，基本养老保险待遇水平与缴费工资高低直接挂钩，林业职工长期以低标准缴纳基本养老保险费，基本养老金将大大低于本地区其他行业同类人员，不利于天然林保护工程区和谐社会的构建。②社会保险费资金缺口大，企业负担重。天然林保护工程二期中央财政社会保险补助资金是以天然林保护工程省(区)2008 年社会平均工资的 80%为基数测算安排的，而森工企业按照逐年提高的缴费工资基数缴纳社会保险费，造成社保缴费资金缺口逐年加大，企业负担逐年加重。2012 年天然林保护工程区 17 个省(区)社会平均工资为 41 252 元，比天然林保护工程二期补助资金测算基数(2008 年社会平均工资 24 080 元)增长 17 172 元，平均增幅为 71.3%。以黑龙江森工总局为例，2012 年使用的上年度全省在岗职工平均工资为 30 494 元，企业应缴五项保险合计 19.3 亿元，而国家社保补助约为 15.8 亿元，社保资金当年缺口 3.5 亿元。③最低生活保障没有全部覆盖林区。按照社会保障社会化管理的要求，林业职工和林区居民应全部纳入所在地城市居民最低生活保障覆盖范围，做到应保尽保，享受同等保障待遇。但是长期以来，东北、内蒙古重点国有林区自成体系，与地方社会条块分割严重，尽管森工企业与地方政府在最低生活保障管理上权责明确，但地方政府没有承担应尽的社会救济责任，部分林业职工和林区居民没有纳入最低生活保障范围，保障待遇也低于地方同类人员。④森工企业难以负担社会保险统筹外费用。森工企业缴纳社会保险费后，一些费用理应由社会保险基金解决，但实际上仍由企业承担，加重了企业经济负担。这些费用主要包括退休人员养老保险统筹外的各类补贴、津贴等，"老工伤"人员的工伤保险待遇，遗属生活困难补助等。以四川省 28 户重点森工企业为例，企业每年需负担统筹外项目费用达 6000 多万元。

(4) 林区管护站、道路、效益监测体系等基础设施建设投入不足。一是管护站点建设严重滞后。由于管护费投入标准仍然较低，管护费主要用于发放森林管护人员的工资，能够用于管护站点建设的资金较少，不少地方管护站点、标牌等设施建设只能因陋就简。森林管护所需的交通工具、通信设备等配备也严重不足。二是国有林区道路等基础设施建设投入不足。国有林区的森工企业基本都在先生产后生活的情况下组建的，且大多远离城市，近 20 年基建投入很少，企业的大部分基础设施陈旧不堪，林区道路密度低，原有道路多是年久失修，严重影响到森林经营各项工作的开展。例如，云南省天然林保护工程区需要维修改造的林区道路有 8000km 以上，需要改造的管护站点 458 个，另外还有 90 个管护站点不通电，328 个单位的饮用水不达标或无水源。三是工程区效益监测体系建设基本属于空白。天然林保护工程作为一项系统工程，各项任务的完成是否达到规划的效益目标，产生的生态、经济和社会效益如何，都必须通过科学的监测评估体系得出结论。目前，工程区生态效益监测体系建设基本属于空白，效益分析评价还处于定性阶段，没有全面开展定量观测分析，严重制约了科学评价天然林保护工程给社会带来的综合效益。

(5) 工程区森林抚育政策仍待完善。一是中幼林抚育任务量与采伐限额之间的矛盾。目前工程区的采伐限额远远满足不了森林抚育的需要。二是抚育质量有待提高。在国家补贴标准较低的情况下，一定程度上造成一些地方在抚育中倾向于取材或省事，达不到科学经营要求。三是天然林保护工程森林抚育政策只针对国有林，对于西南林区，有大量集体所有天然林亟待加强森林抚育，需要考虑这方面的政策突破。例如，云南省工程区 70%以上林地为集体林，天然林保护一期营造的公益林和 20 世纪八九十年代营造的飞播造林或采伐更新林地，也大多在集体林地上实施，有大量的适合抚育条件的集体林亟待抚育。且该省林地具有国有林和集体林相互交错的特点，集体林大多处在地势低平、立地条件较好的地方，林木生长快，抚育效果好，若不采取必要的抚育措施，势必影响森林整体生态效益的发挥和林分质量的提高。四是国家森林抚育补贴计划下达滞后。由于各地适合森林抚育的季节大不相同，不同的季节抚育成本和成效也有较大差异，抚育计划下达滞后给按时完成任务带来很大影响。

(6) 工程区生态效益补偿政策亟待完善。一是集体所有国家级公益林生态效益补偿基金的概念等仍需进一步明晰界定。该基金既承载对林农经济补偿的重要角色，又附加了林农对公益林进行有效管护的条件，即作为管护劳务补助，使其更加不符合实际需要。二是补偿标准过低，尽管 2013 年提高到每年每亩 15 元，但与公益林实际发挥的生态服务功能和采伐经营可产生的收益相比反差巨大，广大林农要求提高补偿标准的呼声仍很高。三是公共管护支出仅为每年每亩 0.25 元，可安排用于森林防火、森林病虫害防治等公共管护支出资金严重不足，给公益林公共管护造成了很大影响。四是由于农村外出务工人员较多，集体所有国家和省级公益林专职管护缺失。

（三）我国与林业发达国家在天然林资源保护方面的差距

20 世纪 90 年代以来，人类对森林的认识空前深化，森林问题得到全世界的普遍关注，一些林业发达国家采取了有效措施保护天然林资源。具体措施主要有：①实施天然林保护工程。为保护现有原始林和天然次生林，许多国家纷纷划定区域，实施保护工程，加大天然林保护力度。2002 年，巴西政府、世界银行、全球环球基金会和世界自然基金会联合签署声明，启动了有史以来规模最大的热带林保护项目——亚马孙河区域保护区项目，该项目保护期 10 年，保护森林面积 5000 万 hm^2，占全球森林面积的 12%。②实施分类经营，培育采伐人工林。新西兰、澳大利亚等国家实行分类经营，大力发展和采伐利用人工林，减轻对天然林资源消耗的压力。新西兰实行的森林分类经营政策是将绝大部分天然林划为各类保护区，在符合可持续经营和有效保护的条件下只允许采伐 30 万 hm^{2}天然林；从国土林地中划出部分集约经营人工林，实行商业化管理。国家每年商品材采伐量达 1800 万 hm^2，基本全部依赖于速生、丰产、集约经营的人工辐射松林的采伐。同时，对于受到保护管理的天然林，积极地通过发展森林游憩业以带动天然林保护区经济的发展。通过森林分类经营，既实现了人工林持续经营，获得了可观的经济效益，又保护了天然林资源，使生态环境和森林资源实现可持续发展。③发展近自然林业。近自然林业理论源自德国，是把森林生态系统的生长发育看作一个自然过程，认为稳定的原始森林结构的存在是合理的，人类对森林的干预不能违背其自然发展规律，只能采取诱导方式，提高森林生态系统的稳定性，逐渐将其向天然原始林的方向过渡。目前，德国绝对比例的森林都是通过天然或人工促进天然更新、调整树种结构、大力发展阔叶林和混交林等方式恢复起来的。通过近自然恢复的方式，使森林资源分布均匀，将森林特有的生态作用与经济效益统一起来，确保生态系统协调，生态环境持续稳定。④划定特定的保护区域。美国、加拿大、日本等一些国家通过建立国家公园、森林公园或自然保护区等方式，保护天然林及具有特殊重要意义的自然资源和景观。⑤实施天然林禁伐或限伐措施。1883年，南非就已经颁布了《森林法》，终止了天然林采伐。2001年1月5日，美国总统克林顿宣布通过国有原始林保护法案，禁止在美国林务局所辖土地上的原始林中修建道路和商业性采伐。⑥管理体制完善。例如，俄罗斯的三级管理体制，即以俄罗斯林务局为中央单位，州和边疆区或自治共和国的林业管理局(亦称森林委员会、林业部)和森林委员会或林业部为地方管理单位，林管区(亦称林场)为基层单位的三级管理体制。另外，在林管区下设施业区、营林小区和护林段。在此基础上，俄罗斯明确了各级林业管理的职责，联邦林务局主要负责全国性的大政方针的制定，地方管理单位负责本地区的森林管理，林管局则负责具体的森林经营活动，权责明确，有效地保护了俄罗斯的天然林，增加了本国境内的森林资源，减少了对本国天然林的破坏。⑦生态效益监测系统完善。国际森林资源监测发展中，总趋势是逐渐由森林面积、蓄积监测向多目标、多层次的森林生态系统监测发展，更加关注森林的健康状况和生态效益。林业发达国家已经向资源和环境监测一体化的方向发展，定期调查并向社会公布调查数据和结果。在林业数字测绘技术、遥感信息传输机制、森林资源信息提取、森林资源信息系统开发、森林资源与环境定量估测、森林与环境可视化等林业先进技术的应用方面，一些国家已走在领先地位。例如，瑞典已经建立起一个全国范围的数据采集、检查、传送、处理、储存和检索为一体的高效的网络管理信息系统，在调查现场完成数据的输入和检查，并直接传送到系统中进行统计汇总，通常两周就能完成数据的处理和结果分析。

我国在天然林保护方面取得了很大成效，但与发达国家相比还存在一定的差距，主要表现在如下几方面。

(1)生态工程规划衔接有待加强。我国林业发展规划繁多，相互交叉、重复，在执行任务时容易出现上下级衔接不够，甚至导致建设内容无法落实到具体的山头地块。所以，在制订我国林业发展规划时，必须与整个国土利用统筹考虑，由有关部门共同协商，从而确定林业用地的利用模式。

(2)公众参与度仍有待提高。林业是一项公益事业，但由于其收益慢且不直接，导致人们对其的重视度不高。在我国环境日趋恶化的情况下，需要做好宣传，并广泛调动公众参与制订林业发展规划，使经营森林和编制规划建立在广大公众支持的基础上，提高可操作性。因为森林可持续经营已使森林经营管理成为一种社会行为，甚至是全球性的行为，这就要求全社会各部门和公众的广泛参与，并且密切注意国际上发展动向与协调合作，真正打破森林部门经营与管理的观念。为了使参与效果更明显，需要制定政策、办法和方法以支持民众参与森林可持续经营规划和管理，并从这些资源中公平获利。

(3)示范林的作用没有发挥出来。示范林计划的目标就是实现从传统的木材生产永续利用向多种资源、多种功能森林价值的可持续发展的转变，是一种可持续经营方式。加拿大的示范林已成为世界领先水平的可持续发展的森林经营管理范例。加拿大示范林计划采取的主要措施有：注重土地利用规划的可操作性，颁发森林执照经营管理森林，建立森林再造发展基金，建立区域性森林管理模式，制定可持续经营的标准与指标。而我国在森林经营示范方面还与发达国家存在一定差距，我国示范点还未统一，且没有形成不同特点、不同条件、不同经营方向等方面的区划。

（4）法规和管理体系尚缺。《中华人民共和国森林法》（简称《森林法》）中有关于对天然热带雨林区和具有特殊保护价值的其他天然林区加强保护管理的条款，但对天然林资源如何系统保护尚缺乏法规。我国天然林保护的法规和制度不完善，还没有建立起有效的保护体系，再加上林区经济困难，保护工作难度很大。

（5）人工林满足社会林产品的需求不足。随着经济的快速发展，社会对木材和林产品需求大幅度增加。目前，我国供应的木材和林产品无法满足人们的需求，人工林的发展不仅规模不够，而且质量存在很多问题。要使我国现有的天然林得到有效保护，且满足人们的迫切需求，必须有效解决木材供应问题。我国应在自然条件适宜地区，大力发展速生丰产用材林，对现有人工林提高集约经营水平、木材产量和利用水平；并大力倡导木材替代品，以减少经济发展对天然林保护的压力。我国在重点地区的速生丰产用材林基地建设工程就是推进天然林保护的一个战略性举措。

（6）生态效益监测系统不统一。我国天然林资源监测体系起步晚，目前只经历了30多年的发展和完善，监测内容逐步加入了环境和生态因子，逐渐重视多资源、多功能监测，同时注重森林健康监测，且在监测技术上逐步引入遥感、GIS 系统，但与林业发达国家相比仍存在一定差距。

（四）我国天然林资源保护问题的原因分析

（1）我国传统的天然林经营粗放，导致天然林质量不高。我国缺乏完善的天然林经营抚育政策措施，这是全国森林经营的共同问题。10 多年来，天然林资源得到有效保护，但林分密度过大，抚育措施跟不上，导致林区树木成片枯死。另外，天然林保护工程区的人工林树种单纯，林分质量差，发生病虫害和火灾的隐患很大，不利于森林健康生长和生态系统改善。

（2）科研水平偏低，无法提供强大的科技支撑。尽管我国在科研上投入了很多财力，但目前的科研水平仍然无法满足天然林保护的需求，如全国天然林资源的监测体系不完善。我国还需继续加强国际合作和交流，学习借鉴国外天然林保护与经营的先进理论和管理方式，不断创新技术和管理，提出适合我国天然林的经营管理方式，切实有效地保护好我国的天然林资源。

（3）管理政策滞后和资金缺乏，导致林区经济发展缓慢。近年来，我国的林下经济发展迅速，如旅游业、养殖业、野生资源的深加工和精加工等，尤其是森林旅游获得广大市民青睐。而目前我国在这方面的相关发展政策方针和资金无法满足发展需求，如森工企业的改革跟不上林区发展的需要，这在很大程度上阻碍了林下经济的发展。

第三节　天然林保护发展战略

一、指导思想

全面贯彻落实党的十八大和十八届三中、四中、五中全会精神，坚持把所有天然林都严格保护起来作为维护国家生态安全的重要基础、建设美丽中国的重要举措、实现中华民族永续发展的重大战略来抓。以全面保护天然林为核心，以保生态惠民生为目标，以建设我国生态安全屏障、维护水资源安全为主线，通过健全保护制度、强化政府责任、加大政策支持、完善管护体系，大力培育天然林资源，配套建设国家储备林基地，筑牢维护国家生态安全、实现中华民族永续发展的根基，为建设美丽中国、实现中华民族伟大复兴的中国梦奠定良好的生态基础。

二、战略目标

总体目标：通过严格保护、积极培育、科学经营、合理利用，实现天然林资源的永续维持与增长，使天然林保护区山川秀美、经济繁荣、文化发展、生态安全，从而构建起以人与自然高度和谐、社会经济可持续发展为重要特征的生态文明型社会形态。

阶段目标如下。

第一阶段（2010～2020年）：继续实施天然林保护工程，加大生态效益补偿政策支撑，通过实施严格的禁伐、保育等措施，使包括长江上游、黄河上中游、新疆北部地区在内的重点天然林资源遗存区的森林资源得到有效保护；使东北、内蒙古等重点国有林区木材产量调减到位并适时全面禁止天然林的商品性采伐，使森林资源从恢复性增长进一步向质量提高转变。具体为2017年之前，全面停止天然林的商业性采伐，把全国19.45亿亩天然乔木林和10.22亿亩可培育成天然林的灌木林及疏林地纳入保护范围，并使它们得到有效保护。到2020年，天然林中乔木林面积增加3000万亩，乔木林和近天然林面积达到20亿亩，蓄积量增加15亿m^3，碳汇能力达到5.67亿t。干旱和半干旱地区10亿亩特殊灌木林得到有效保护，质量得到提升。国有林业职工得到妥善安置，社会保障能力明显加强。天然林保护的法律制度体系、监督评价体系基本完备，全面高效的管护网络基本建成，天然林保护治理能力全面提高。到天然林保护工程二期结束时，新增森林面积7800万亩，森林蓄积净增11亿m^3，增加森林碳汇4.16亿t；生态状况从逐步好转进一步向明显改善转变，工程区水土流失明显减少，生物多样性明显增加；林区经济社会发展由稳步复苏进一步向和谐发展转变，为林区提供就业岗位64.85万个，基本解决转岗就业问题，确保林区社会和谐稳定。

第二阶段（2020～2030年）：扩展天然林保护区范围至有重要生态区位价值的原生次生林和次生林，通过封山育林、人工造林、人工促进森林更新及扩大典型森林生态系统自然保护区建设等措施，扩大恢复天然林生态系统；针对天然林保护区森林资源恢复状况开展适度森林抚育，提高森林质量和森林生产力；科学的天然林保护与利用策略得以确立，以生态效益补偿机制为主体的森林培育与管护措施得到完善，天然林保护区经济稳步增长。到2030年，天然林中乔木林面积增加5000万亩，乔木林和近天然林面积达到21.5亿亩，蓄积量增加40亿m^3，碳汇能力达到15.1亿t。天然林质量全面提升，每公顷蓄积量提高30%以上。天然林生态功能明显提升，重要水源地、江河湖库周边的天然林得到有效恢复，一些具有重大保护价值的天然林生态系统及其生物多样性得到完全保护，构建坚实的国土生态安全体系。

第三阶段（2030～2050年）：以林区经济结构和产业结构调整为主线，在确保森林资源步入良性增长的同时，推动林区社会经济的快速发展；通过加大生态旅游区和狩猎场、野生动物驯养繁殖基地建设，带动林区第三产业发展；积极发掘林区珍稀名贵树种、培植大径级珍贵木材资源；大力发展林下经济，开展森林药材、森林蔬菜、森林果品、木本油料等非木质林产品的开发，通过适度利用天然林资源，发展壮大天然林保护区产业，使天然林保护与经济发展的矛盾得到根本解决。到 2050 年，天然乔木林面积维持在 25 亿亩以上，以天然林为核心的森林生态体系布局更为合理、功能更加完备，使我国林业接近或达到发达国家同期水平，构建坚实的国土生态安全体系。努力把我国建成生产空间集约高效、生活空间宜居适度、生态空间山清水秀，天蓝、地绿、水净、空气清新的美好家园。

三、战略布局

天然林保护工程是我国政府为维护国家生态安全，有效应对全球气候变化，促进天然林林区经济社会可持续发展的重要战略决策，是实现建设生态文明社会最重要的举措之一。目前，已经完成天然林保护工程第一期，正在实施天然林保护工程二期。从长远看，要完成既定战略目标，今后我国天然林保护工程的实施对策应从以下几方面布局展开。

(1)扩大天然林保护工程实施范围，更加科学全面地促进全国天然林资源的保护和发展。天然林保护工程启动时，实施范围的确定并未从我国生态保护建设的全局、天然林资源分布的自然状况等因素来全面考虑。根据十八届三中全会精神，天然林资源作为我国划定生态红线的重要基础，天然林保护工程区作为我国重要木材储备基地，应当顺应新时期生态文明建设的新要求，把天然林保护工作摆在更加重要的位置。从全国来看，天然林保护工程区以外天然林面积仍占 49.9%、蓄积量占 45.2%。除了非天然林保护工程区的一些重要生态区位的天然林亟待加强保护外，天然林保护工程区内也因未按照天然林资源分布的连续性划分范围而出现盲区，造成相近区域的天然林资源保护不同等对待，如黑龙江省地方森工一直未纳入天然林保护工程范围，还有辽宁、福建、湖南等许多生态区位十分重要的地方，也一直建议应当纳入天然林保护工程的范围。当前，应站在全面建设生态文明的战略高度，实施更加全面的天然林资源保护和发展的自然生态修复工程，在进行可行性研究的基础上，建立新的统一准入标准，更加科学全面地促进全国天然林资源的保护和发展。

(2)进一步完善社会保障政策体系。在及时按社会发展水平动态调整社保补助标准的基础上，取消医疗等社会保险森工系统统筹或运作模式，逐步提高社会保险统筹层次和保障水平。将林业单位"老工伤"人员的工伤保险待遇、遗属生活困难补助等，尽快纳入社会保险基金支付；清理规范基本养老保险统筹外项目，妥善解决森工企业欠缴的社会保险费、拖欠的离退休人员养老保险统筹外项目养老金、遗属生活困难补助、抚恤金等；规范国有林场职工基本养老保险制度，妥善解决林场职工基本养老保险政策衔接、补缴养老保险费等问题。此外，各级政府应按照《城市居民最低生活保障条例》等有关政策规定，切实将辖区内属于城镇户籍的林业职工和林区居民，全部纳入城市居民最低生活保障覆盖范围，做到应保尽保，并与地方同类人员实行同等保障待遇。

(3)加强森林管护站点建设，完善森林抚育、后备森林资源培育政策。一是增加森林管护设施、设备专项投资。建议在"十二五"期间，按照 969 个县局级实施单位，每个单位平均新改建 5 个管护站点、每个补助 25 万元投资测算，新增森林管护设施、设备专项投资，共需 145.4 亿元，用于新建、改造管护站点、新建和维护管护标牌，以及管护设备购置维护等。二是对森林抚育所需限额实行单独管理。按照天然林保护二期规划的中幼龄林抚育规模，科学、合理地单独核定采伐限额。三是在尽早下达森林抚育计划的前提下，每年年底预下达下一年 80%森林抚育任务计划，以便实施单位及时完成年度森林抚育任务。四是根据需要，将西南天然林保护工程区的集体所有天然林纳入森林抚育范围。五是在森林资源管理政策方面，应研究、改造、培育配套限额。根据森林改造培育特点，在改造培育过程中需要伐除局部萌生树种，为栽培目的树种创造条件，同时清理受害严重、无培育前途林木，需要消耗部分蓄积，因此在按照规划全面启动时，限额问题将会是生产单位在改造培育时面临的重要问题。在重点国有林区的采伐限额应能实行分类管理措施。特别是编制"十三五"采伐限额时，相关部门应充分考虑重点国有林区实施天然林保护工程的实际，实施主伐、抚育、改培限额的分类管理政策。

(4)加大支持力度，加快改善林区民生，促进林区转型发展。天然林保护工程并非单一的林业工程，而是一项社会工程，在以保护好森林资源为目标的同时，必须首先解决好人的问题，特别是民生问题。如果不把林区民生问题解决好，森林资源就不可能保住、管好，林区社会也不可能保持和谐稳定。一是加大力度促进林区职工充分就业。就业是民生之本，要及时按方案下达足额任务和资金，加强就业技能培训，引导职工群众发展林下经济等，拓宽就业增收渠道。二是给予林区经济转型一定的政策和资金扶持。按照国务院出台的《关于加快林下经济发展的意见》的要求，进一步出台天然林保护工程区扶持林下经济发展的相关政策，促进林区后续产业发展。设立专项天然林保护工程产业发展基金，出台金融、税收、保险、土地利用等方面的优惠政策，支持和培育龙头企业、新兴企业，实行投资主体多元化，帮助林区后续产业做强做大，促进形成林业自身发展的持久动力，保障林区稳定、繁荣发展。

(5)完善天然林保护工程区生态效益补偿政策并加强管理。一是强化工程区公益林管理。在机构上，许多省级工程区将公益林管理职能纳入了天然林保护管理职能，从实践来看取得了较好效果。建议国家林业局明确由天然林保护工程管理部门负责公益林的管理工作。这样更加有利于工程区天然林管护与公益林管护相结合，更加有利于督促各地全面建立地方公益林补偿基金，更加有利于工程区集体生态效益补偿基金的兑现工作的公平、合理、及时、高效。二是公益林生态效益补偿适宜实行差别化标准。当前的补偿方式没有考虑森林的生态重要性等级，以及森林龄级、森林类型、林分质量等影响森林价值的因素，缺失了补偿公平性和科学性，而且经营商品林和管护公益林收益反差扩大，挫伤许多林权所有者的积极性。三是应出台政策，鼓励多渠道筹措补偿基金。除督促各级政府建立本地区的补偿基金外，要积极引导社会资金参与，特别是生态受益地区、行业的补偿，引入碳汇交易等方式筹措资金，实行"谁受益、谁补偿"的模式。

(6)完善天然林保护工程相关配套政策。进一步完善天然林保护工程的相关配套政策，对于促进天然林保护工程持续健康发展也十分重要。一是建议中央财政支持解决森工企业两级管理费问题。天然林保护二期政策资金没有包含重点国有林区调减木材产量所造成的森工管理局和所属林业局两级管理费资金缺口的补助，而且两级管理费是林区维持正常运转最基本的经费保障，对于促进天然林保护工程二期的顺利实施具有重要作用。二是加大国有林区棚户区改造支持力度，减免由企业负担的相关配套资金，并建议出台森工企业金融机构债务政策。

（7）及时落实四部委文件要求，及时调整相关投资标准。工程二期各项投资和补助标准相对于工程一期虽然有较大幅度提高，但二期实施方案中投资标准的测算是按各省2008年实际支出情况得出的，随着物价、劳动力成本等的上涨，工程区许多地方、许多方面都已出现较大资金缺口。同时，森林管护、森林抚育、职工社会保险等补助偏低都是迫切需要解决的问题。建议按照国家四部委文件（林规发[2011]21号）中"工程实施过程中，根据工资水平和物价变动等因素，适时调整有关补助标准"的要求，及时提高各项工程实施标准，包括提高森林管护费补助标准。国有国家级公益林管护费和其他国有林均由每年每亩5元，提高到每年每亩10元；集体和个人所有的地方公益林中央补助管护费标准从每年每亩3元，提高到每年每亩6元，继续适时提高集体和个人所有的国家级公益林生态效益补偿标准；提高森林抚育补助标准，由现在的每亩120元提高到240元；提高社会保险补助标准，以各天然林保护工程区上年社会平均工资的100%为基数，测算当年社会保险补助，不设固定基数，避免造成新的差额。

（8）强化天然林保护政府职能，理顺天然林管理体制。当前，我国天然林保护工作的重要性与目前的机构设置仍不相适应。一方面有职能交叉，另一方面监管不到位，不利于统一管理、强化管理，为此建议从两个方面考虑，强化天然林保护的机构和职能。一是在天然林保护工程管理机构的基础上，建立统一管理的公益林管理机构。天然林保护工程区公益林面积达12亿亩，占工程区17.1亿亩管护面积的70%。特别是在长江上游、黄河上中游工程区，公益林面积占比更是高达91%。工程区的公益林管护，涉及范围超过2/3和千家万户职工、林农的切身利益，事关重大，与实施的天然林保护工程密不可分。为了更好地将天然林保护工程区的森林资源保护培育工作与全国的公益林管理工作相并轨，建议成立国家林业局公益林管理领导小组，办公室设在天然林保护办，加挂"国家林业局公益林管理办公室"的牌子，与天然林保护办两块牌子、一套人马，具体承担全国公益林管理的相关工作。二是在国家林业局设立国有林管理局。我国天然林资源的主体在国有林区，国有林区也是林业系统承担的森林资源体制改革、经济社会体制改革的重中之重。国有林区基本靠天然林保护工程生存、经营和发展，天然林保护工程可以说是推动国有林区改革发展的最为重要的平台和支撑。建议将国家林业局天然林保护办改组为国有林管理局，负责指导国有林区改革发展的具体工作，从根本上逐步理顺国有林区管理体制，全面加强国有林的管理，加快推动国有林区小康社会建设。

四、战略任务

天然林保护工程是我国在20世纪末开始实施的生态保护工程，也是我国迄今为止规模最大的生态资源保护工程。旨在更好地满足人民在物质需求得到极大提高的情况下，对环境质量及生态安全不断增长的需求；也标志着我国经过30多年的改革开放，综合国力显著增强，已经具备了为公众提供优质生态服务的能力。继续完成天然林保护工程二期的战略任务，包括：①长江上游、黄河上中游地区继续停止天然林商品性采伐；东北、内蒙古等重点国有林区进一步调减木材产量，由一期定产的年均1094.1万 m^3 在"十二五"期间分三年调减到402.5万 m^3。目前按照新的要求，逐步全面停止重点国有林区、国有林场的天然林商业性采伐。②强化森林管护，管护森林面积17.32亿亩。③继续加强公益林建设，建设任务1.16亿亩。④加强森林经营，国有中幼林抚育2.63亿亩，后备资源培育4890万亩。⑤保障和改善民生，增加林区就业，提高职工收入，完善社会保障，使职工收入和社会保障接近或达到社会平均水平。具体来讲，需要分步骤地完成下列任务。

(1) 着力保护森林资源，有效实现由以天然林采伐为主向以采伐人工林为主的战略性转变，让天然林继续得以休养生息。自2000年正式实施天然林资源保护工程以来，长江上游、黄河上中游地区全面停止了3038.07万 hm^2 天然林的商业性采伐，并对该地区3080.20万 hm^2 人工林地、灌木林地按照生态公益林建设要求进行了全面的有效管护；对东北、内蒙古等重点国有林区划分禁伐区、限伐区和商品林经营区，禁伐区全面停止森林采伐，限伐区通过调整森林采伐方式减少木材产量，商品林经营区按永续利用原则解决木材生产的可持续性经营问题，从而实现差别化的森林资源管理。然而，目前天然林保护工程所取得的成效保持还存在不稳定性。第一，林区经济还相对比较落后，替代木材生产的非木质产业还没有建立起来，林区经济没有实现跨越式发展；第二，天然林保护区职工及周边居民在认识上还没有从天然林资源的生产资本性上解脱出来，林业职工所积累的知识、技能和经验还以获取森林的生产价值为主；第三，停止采伐前留下的伐区森林的更新还没有彻底完成，森林抵御自然灾害的能力还比较脆弱；第四，一些地区森林生态效益的补偿机制还没有完全建立起来。因此，我们也看到，天然林保护工程第一阶段的成果还存在反复性和倒退的风险。为了国家的生态安全，必须确保前期天然林资源保护工程的成效不能流失，当前的任务是必须继续严格执行长江上游、黄河上中游地区天然林禁伐政策，在坚决落实东北、内蒙古等重点国有林区全面停止天然林商业性采伐的基础上，逐步落实停止集体和个人所有天然林商业性采伐的目标。建立严格的天然林保护制度，建立健全森林管护责任制，把全国29.66亿亩天然林资源都纳入保护范围。规划好不同阶段的保育目标和相应的措施，把每一棵该保的林木坚决保住、把每一寸该守的林地坚决守住。

(2) 着力增加森林资源，加快推进生态公益林建设，全面加强森林抚育，提高森林质量。抓好后备森林资源培育，让树木生长得更苗壮、让森林发育得更茂盛，森林生产力得到提高，是确保天然林能够更好地发挥其生态功能的必要条件。为此需要在基本遏止天然林资源快速消失的基础上，继续加强对天然林资源的管护；利用封山育林、人工促进更新等措施，促进恢复形成稳定的天然林生态系统；根据不同地区的自然条件，在林中空地、残留迹地、退化林地，依据适地适树原则，合理地开展人工造林或补植补造，尤其是在有条件的地区，还可以栽植一些具有重要利用价值的珍稀树种，作为特殊用途木材资源的储备。天然林不仅是满足人们生活需求的重要的木材及林副产品资源，作为维护和改善生态环境、保持生态平衡、保护生物多样性等满足人类社会的生态、社会需求和可持续发展的需要，还是提供公益性、社会性产品或服务的森林或林地。后者更是人们所关注的重点，故天然林保护区范围内的森林首先应该是生态公益林。非天然林保护区已经划定的生态公益林，在可能的条件下，也应逐步并入天然林工程保护的范围，享受同样的政策。

（3）改善天然林保育区的社会经济环境，着力加快林区发展，促进天然林保护成效得以延续。大力发展林区社会事业，加强和创新林区社会管理。积极扶持天然林保护区基础设施建设，继续对林区国有职工社会保险（包括基本养老、基本医疗、失业、工伤和生育）、政社性（文教、卫生、公检法司、政府经费）支出给予补助并相应提高补助标准。继续在天然林保护区内对包括人工造林、封山育林、飞播造林等在内的生态公益林建设、森林抚育、防火、防治病虫害等管护支出给予补助；支持天然林保护区后续资源培育（包括人工造林和改造培育）、中幼林抚育项目的实施；逐步提高天然林保护工程区集体林中的国家级公益林补偿、地方公益林的管护补助标准，支持提供天然林保护区林业企业分离负担的广播电视、城市环保、社区管理等公益事业的改革资金。大力培育接续和替代产业，努力拓宽就业渠道，有效改善林区民生。另外，天然林保护区森工企业要培育新的经济增长点，建立多样化的产业体系，减轻天然林保护区经济对天然林资源的过度依赖，从根本上解决天然林资源的经济压力。

（4）着力改革创新体制机制，积极推进建立符合天然林资源保护要求的长效管理体制。 天然林具备有别于其他森林类型更加强大的多种功能和生态、社会、经济价值，以及在维护国家生态安全、木材安全方面的重要地位，需要从建设生态文明的战略高度，明确切实保护好天然林的必要性和紧迫性。而且天然林的自然生态修复是一个长期过程，应该在科学制定我国天然林保护的中长期战略规划的基础上，从根本上建立保护和发展天然林的法律制度。天然林保护工程已经实施 15 年，国家还没有出台权威的专门性法律法规，实际造成各地形式多样的破坏天然林资源的行为，因缺乏严格、规范、明确的法律依据，导致保护力度不够。建议尽快制定《天然林保护条例》，明确天然林的概念、天然林保护的范围、技术方针、行政与法律责任等，将天然林保护工程管理人员纳入行政执法编制，将天然林的培育、保护、管理、利用等责任从法律或行政上给以保障，从而真正建立我国天然林保护工作的长效机制。

建立天然林保护的长效机制，需要进一步推进天然林保护区国有林资源管理体制改革、国有林区公共事务管理体制改革和国有森工企业改革，建立新型的天然林资源管理体制，以满足天然林可持续经营管理的要求。试行在国有天然林保护区建立林务官制度，将国有林的所有权与经营权分离开，政府主管部门对国有林承担监督职责，国有林业企业全面走向市场，企业通过招投标方式获得项目并根据契约完成各自的任务；充分吸纳天然林所在地社区居民组建或加入林业企业并参与天然林资源的管护；建立天然林区及周边地区政府、企业、专业协会、合作社等不同相关主体之间的协商机制，实现为建立天然林资源可持续经营管理而通力协作的利益共同体。

第四节 "十三五"加强我国天然林保护的建议

在我国当前强调加强生态文明建设的新形势下，为更好地完成天然林保护工程二期制订的目标和任务，建议"十三五"期间，国家在天然林保护工程上应加强以下几个方面的工作。

一、从国家生态安全的战略高度研究制定我国天然林保护的战略方向

已有实践经验证明，实施天然林保护工程对于有效地保护过度消耗的天然林资源具有重大意义且成效显著。到目前为止，我国被列入全国天然林保护工程的天然林面积只占全国的 50.1%，蓄积量为全国的 54.79%，即我国有将近一半的天然林资源还没有被列入国家天然林保护工程规划。从长远来看，出于国家生态安全的战略需要，今后在实现了对现有天然林保护工程的战略目标之后，也不能停止天然林的保护工作，要实现国家天然林保护工程的战略转型，即在天然林保护工程二期结束之后就应扩大天然林保护的范围到目前非天然林保护中有天然林的省(区)，以及现已实施天然林保护的省(区)中未列入天然林保护范围的地区。可以分步骤地实现天然林保护工程范围的全国覆盖，并将其作为国家战略长期稳定地执行下去。同时，将"国家林业局天然林保护工程管理办公室"更改为"国家天然林资源保护管理办公室"，执行全国天然林资源保护政策制定与监督执行等方面的工作。天然林资源保护不仅是国家生态安全的战略需要，也是国家未来木材及其他林产品资源储备的需要。国家决策部门应充分认识到天然林保护的重要作用，尽快将全国天然林资源统一列入保护规划具有极为重要的意义。

二、加强对天然林保护工程建设的组织领导，落实地方各级政府责任

过去的经验已经证明，强有力的组织保证是天然林保护工程能够顺利实施的前提，今后工程的继续实施仍应在国家林业局统一组织和部署下，实行将目标、任务、资金、责任落实到省的办法，由各省级人民政府对工程实施负总责，并进行绩效考评。按照明确目标、分解任务、落实资金、分级负责的原则，各工程区所属地方各级政府(区、州、市、县、旗等)通过层层签订责任状落实相应的具体责任。天然林保护工程的实施，必然会带来一些职工再就业、社会保险、医疗、教育等社会保障问题，各级地方政府要切实履行和强化属地社会保障责任，积极创造条件承接国有林业单位承担的社会职能，落实促进再就业等扶持政策。各级地方政府财政、林业部门要切实履行保障职责，加大所分担部分的投入力度，如落实集体所有的地方公益林补偿基金，确保顺利完成本地区天然林保护工程建设的任务。

三、天然林保护工程应与现阶段我国国有林区的改革结合起来

国有林区是我国天然林资源分布的主体。我国国有林区定位为木材生产，因此，天然林保护工程离不开国有林区的发展。在天然林保护工程实施后，国有林区职工的从业方式发生了较大变化，木材生产任务部分或完全停止，这将对企业运转、职工就业、林区短期经济发展产生一定影响。因此，要通过调整林区产业结构，建立多样化的产业体系，重新合理配置劳动力，抓好富余职工安置问题。要充分利用天然林保护工程森林管护、森林抚育等建设任务，加快实施生态公益林区生态保护和经济转型规划，加强就业技能培训、无偿技术服务等方式，引导支持职工群众发展林下资源开发、特色种苗培育、森林旅游等适合林业特点的产业，促进职工群众就业。

通过继续调整优化国有林区产业结构，建立多样化的产业体系，推进国有林区和森工企业改革，加快天然林保护区社会经济发展。利用天然林保护工程相关政策和配套措施的实施，加快推进国有林区和森工企业改革。一是企业可以通过技术创新，多渠道发展利用木质原料资源，开发适销对路的森工产品，从而发展企业。例如，云南普洱市卫国林业局在天然林保护工程实施后，通过技术改造和研发，开发新产品12个，并使"卫国牌"人造板被评为云南名牌产品。二是实行政企分开、事企分开，将森工企业承担的社会管理、公共服务职能交由地方政府负责，国有森林资源管理与企业经营分开，剥离森工企业承担的森林资源管理职能，纳入地方统一的林业行政管理体系，减轻企业负担，企业进入市场，逐步建立国有林管理的新体制。三是将森工企业转制为公益性事业单位，经费纳入政府财政预算，将林区城镇建设纳入地方城镇建设规划，国有林区电网资产整体移交电力部门，各级地方政府将国有林区道路、供电、安全饮水、管护站房等基础设施建设纳入同级政府基本建设计划，国家安排专项资金予以扶持，彻底改变国有林区和森工企业依靠消耗森林资源维持企业运转的局面。各地需根据本地实际学习借鉴森工企业改革典型经验，研究符合自身特点的改革措施和模式，稳妥有序地推进本地区林业企业改革，以提升天然林保护工程建设成效，建立起天然林保护的长效机制。

四、加强基础设施建设，改善生产生活环境，维护社会和谐稳定

天然林保护工程区大多地处偏远，交通不便，生产生活设施简陋。调研发现，部分工程区的管护站甚至存在不通电、无线信号不覆盖、饮用水不达标等现象，更不用说一些管护站相通的道路还是土石山路，时常存在泥石塌方堵路的危险。各地普遍反映，天然林保护区管护站年久失修，破损严重，设施装备差，车辆老化，不能有效履行对森林经营管理、执法保护的职能，为确保天然林保护工程取得成效，应将林区道路改造、管护站所修缮或改建、水电等基础设施建设纳入各级政府经济社会发展规划和相关行业发展规划。加快实施森林防火、病虫害防治的规划与基本设施设备建设，提高森林灾害防护的能力。同时，加速推进国有林区棚户区改造和国有林场危旧房改造工程，改善林区职工生活条件，维护林区社会稳定。

为建立健全天然林保护工程区森林生态监测体系，为全国天然林保护工程效益评估创造条件。建议"十三五"期间，国家列出专项资金加强天然林保护区森林管护基础设施建设，安排新建天然林保护工程区森林生态定位监测站。国家林业局应支持在各地天然林保护工程区建立现代化的天然林保护工程森林生态定位监测站。通过建立先进的监测站点，逐步建立形成覆盖全国天然林保护工程区范围的森林生态定位监测网络体系，对资源消长变化数据进行不间断采集分析，为天然林保护工程的效益评估和今后工程建设决策提供科学依据。

五、积极开展宣传，提升全社会的认识，调动群众爱林护林的积极性

天然林保护工程能否顺利实施并确保所取得的成效能够长久维持，需要全社会给予关注与支持，宣传工作是让全社会了解和认识工程建设的目的、实施进展、取得的成效的重要途径，是引导全社会关心、支持、参与生态建设和环境保护的强大推动力。各地

工程管理部门和实施单位应根据实际工程阶段性进展情况，利用广播电视等宣传媒体，借助科普画廊、宣传栏、碑牌等宣传手段，在城乡广泛开展多种形式、全方位的宣传活动，扩大社会对天然林保护工程的认知，增强工程的影响力，形成良好的舆论氛围。同时，各级工程管理部门也可以通过这种形式，自觉接受群众的监督，获取公众对工程实施的意见与建议，以完善工程管理与政策措施。

六、全面加强规划和制度建设，强化工程实施过程的监督管理

由于天然林具备有别于其他森林类型的更加强大的多种功能和生态、社会、经济价值，以及在维护国家生态安全、木材安全方面的重要地位，需要从建设生态文明的战略高度，明确切实保护好天然林的必要性和紧迫性。从全国来看，天然林保护工程区以外天然林面积仍占 49.9%、蓄积占 45.2%。除了非天然林保护工程区的一些重要生态区位的天然林亟待加强保护外，天然林保护工程区内也因未按照天然林资源的连续性和分布的自然状况划分范围而出现盲区，造成相近区域的天然林资源保护不同等对待。

近期国家主管部门应通过建立准入标准，在进行可行性研究的基础上，对符合天然林保护工程要求的省(区)准予纳入。目前国家按照长江、黄河流域划分天然林保护工程区范围，未按照天然林资源的连续性和分布的自然状况进行划分，造成一些天然林资源保护的盲区。例如，青海省海西蒙古族藏族自治州未纳入天然林保护工程区范围，而该州位于青海省西部，林业用地面积 2938.43 万亩。境内广泛分布着胡杨、祁连圆柏、青杨、小叶杨、柽柳、白刺和枸杞等天然树种，形成了高原独特的原始森林、灌丛景观。该州从生态区位上主要属荒漠化区，具有地理位置特殊、高原生态的边缘性、生态系统典型而脆弱。对这个州特殊的生态区位的保护，关系到我国乃至整个亚洲的生态安全。另外，还有一些省(区)对加入天然林保护工程范围的积极性很高，国家主管部门应建立准入标准，在进行可行性研究的基础上，对符合天然林保护工程要求的准予纳入。

在目前已经划定的一些天然林保护工程区内，还存在国有林和集体林相互交错，公益林、商品林并存，不同性质、权属的森林享有不同的森林管护政策的问题。例如，在云南景洪，天然林保护工程区 15.0% 为集体林，国有林的中幼林抚育有 120 元/亩的补助，而集体林没有纳入补助范围，但是集体林由于在天然林保护区内，因此仍要以保护为主，无法与非天然林保护区集体商品林一样享受同等的采伐政策，林农的利益和天然林保护的政策之间存在着利用与保护的矛盾。建议对在天然林保护区内的集体林给予同样的抚育补助并指导按相同的技术标准进行经营。同时应将国有林全部按重点公益林方向进行调整，不必区分公益林和商品林，国有林都是国家木材储备的基地，只是现阶段必须承担保护生态安全的重任，尽量减少采伐。

同时，天然林保护工程已经实施了近 17 年，但到目前为止，国家还没有出台权威的《天然林保护条例》，实际造成各地形式多样的破坏天然林资源的行为，因缺乏严格、规范、明确的法律依据，导致保护力度不够。建议尽快制定并完善针对天然林保护工程区的《天然林保护条例》和《中幼林抚育技术规程》等，明确天然林的概念、天然林保护的范围、技术方针、行政与法律责任等，将天然林保护工程管理人员纳入行政执法编制，将天然林的培育、保护、管理、利用等责任从法律或行政上给予保障，从而真正地

建立我国天然林保护工作的长效机制。同时，在《森林法》的修订中，应加入天然林保护相关制度的明确表述。

在天然林保护工程二期，中央财政已经对国有中幼林抚育实施了补贴政策，但目前中幼林抚育执行的文件和标准主要是《天然林资源保护工程二期实施方案》和现行的《森林抚育规程》国家标准，以及《财政部、国家林业局关于森林抚育补贴试点工作的意见》、国家林业局印发的《森林抚育补贴试点管理办法》《森林抚育作业设计规定》等有关要求，而这些标准基本都是基于用材林培育目标的制定规程和方案，作为以国土生态安全为目标实施的天然林保护工程区的天然林的抚育，有很大的特殊性。哪些对象应该抚育，哪些地方不能抚育，是按照合理经营密度还是按疏伐强度为抚育参数等都应该在天然林保护工程区的中幼林抚育规程中予以明确。

质量是工程建设的核心，各省级天然林保护工程管理部门应加强监督，把好工程项目作业设计和施工设计关，做好可行性研究报告与设计的指导与督查工作。充分领会和把握国家实施森林管护补助政策、完善社会保险补助政策、完善政策性社会性支出补助政策、公益林建设投资补助政策、森林培育经营补助政策等各项政策；通过健全完善相关规章制度，更加严格工程项目资金管理，加强审计稽查，强化资金使用监督，杜绝截留、挤占、挪用工程资金，提高资金使用效果，保证资金安全有效运行。

做好项目实施过程的督查督导，最好是在工程实施时工程监理部门及时驻点监理，深入现场对项目进行指导、检查，确保工程项目按时、高质量完成。借鉴青海省的经验，推广开展森林定点巡护、有害生物监控预测、森林火险预警体系等内容的林业三防体系智能监控系统建设，通过采用视频监控、微机联网等高科技手段对森林资源进行实时动态监控，及时掌握林区内火灾、动物活动、植被生长、病虫害、水土流失、违法毁林砍伐、乱占滥用土地等情况，有效减轻林区工作人员的工作强度，进一步提高护林工作的针对性和时效性，为确保工程建设取得成效打下坚实的基础。

各工程实施单位通过做好项目实施的事前、事中、事后全过程的监督管理，建立工程实施的绩效考评机制，建立和完善考评办法，开展年度考评，建立考评结果与资金投入挂钩的奖惩机制。对在天然林保护工作中做出突出成绩的单位和个人，给予表彰奖励，激发广大干部群众参与工程建设的积极性。

七、科学开展天然林的经营与利用，抓紧制定扶持政策

自天然林保护工程实施以来，工程区天然林资源得到了有效保护，森林面积和蓄积有了很大程度的增长，收到了良好的生态效益和社会效益。但是由于各地自然条件差别很大，在经过10多年的休养生息以后，不同地区的天然林林分结构、蓄积、林下植被状况等均表现出了较大的差别。"十三五"期间，天然林保护工程政策的调整应根据不同地区天然林主要树种的林学特征、生物学特性制定经营策略。在南方降雨量充沛地区，如云南、海南等部分地区，树木生长速度快，经过10～20年封禁，主要树种可能进入成熟期，因此就应停止中幼林抚育，代之以满足天然林保护总体目标的主伐。而在北方自然条件相对较差的地区，天然林恢复达到主要树种成熟可能还十分漫长，因此中幼林补贴政策可以在这些地区有更长的适用时间，其抚育的内容也会根据具

体地域差异有所不同。

妥善做好因天然林保护、木材减产而形成的富余职工分流安置工作是保障工程取得持久成效的重要措施，而在天然林保护区发展林下经济、开发非木质林产品是发展林区经济、解决富余人员就业创业的重要途径。从调研的情况看，一些企业和群众对发展林下经济的积极性都很高，但是目前天然林保护工程的政策设计上还没有对此给予相关政策。当前需要尽快制定关于在天然林保护区进行林下产业开发的规定，明确支持哪些林下种植和限制哪些森林利用。例如，西双版纳傣族自治州景洪在林下利用树干种植石斛等中药材，就应给予政策支持，可以合理安排一定的资金或按农业给予补贴。而在云南普洱地区，人们在思茅松林下大肆采割松脂，造成工程区被保护的思茅松树皮被割去，树木生长受到影响，而且存在很大的遭遇风折灾害的风险，这种林下开发利用就应该禁止。

天然林资源对于发展森林游憩业具有得天独厚的条件，也是林区发展非木质林产品的重要方向，国家应针对天然林保护工程区制定专项扶持政策，以推动森林游憩业的发展，带动天然林保护区社会经济的发展。

八、加强人才队伍建设，引进充实天然林保护区专业技术人才队伍

天然林保护工程区尽管环境优美，但大多地处偏远、交通不便、生活条件差，很难吸引有较高林业专业技术背景的人才长期在这些林区工作。即便是当地职工子女上了大学以后，也不愿意回到家乡工作。调查发现，各天然林保护工程区林业管理部门普遍存在林业专业技术人员严重短缺、现有专业技术人员老龄化、后继无人的现象，如青海互助北山林场属于天然林保护工程区，还是 2013 年"全国十佳林场"，可是林场没有 40岁以下学过林学的专业人员。云南省普洱卫国林业局也面临同样境况，整个林业局没有团支部，也找不到可以培育的年轻干部。拥有高素质的人才队伍，是生态文明建设的前提。要建立天然林保护工程的长久机制，使政策措施得以有效贯彻并延续，人才问题不能不考虑。应将鼓励人才的培养、引进列为天然林保护工程的政策之一给予高度重视。

九、加强国际交流，推动天然林保护的科技创新与新技术成果推广

我国天然林保护应鼓励有关组织机构和企业参与我国天然林保护工程，从而推动和促进国外先进技术在天然林保育工作中的应用。目前，我国在天然林保护与可持续经营技术体系方面的研究与发达国家之间还存在较大的差距。以我国东北小兴安岭和瑞典相比为例，从自然条件上看都差不多甚至我们还要好些，但我们的森林经营技术水平和林业对国民经济的贡献差得太远。他们能在每年从森林中拿出 $3\sim5m^3$ 木材进行深加工的情况下，还不影响森林生态功能的正常发挥。而我们却做不到。我们应该学习和引进国外的先进经验，促进我国天然林保护工作逐步走向科学化。

天然林作为一种可再生自然资源，是可以利用的自然资源，给予保护的目的不是彻底的禁伐。尽管我们在调研中看到，很多地区目前实施的天然林保护措施就是单纯禁伐。

在工程实施的初期，为了让民众能够提高对天然林保护工程意义的认识和改变依赖"靠山吃山"的以森林采伐为生存方式的习惯思维，这样做是可以理解的。但是从长远看，这是不符合天然林保护工程的根本目的的。作为重要资源财富，天然林保护需要实现对森林进行高水平的可持续的经营利用。在保护过程中，开展天然林的科学经营，使宝贵的天然林资源越来越多、越来越好(沈国舫，2008)。这需要对天然林资源恢复的基本规律有深入的了解，在此基础上，探索出一条合理的技术途径。例如，把林木采伐既作为一种技术手段，也作为一种经营手段加以利用，实现对天然林的保育管理。因此开展天然林保护的应用基础理论与技术创新研究十分重要。当前急需的研究内容是：各地天然林类型的划分及演替规律，不同类型天然林的结构调整技术与经营措施规范等。

我国从 20 世纪 50 年代起就开始了对天然林经营的研究和实践，要尽快总结已有的经验和成果，分析其技术特点和应用的社会经济条件，针对技术的适用条件进行筛选，对具有重要实用价值的技术成果或经验，可以通过建立试验示范林等方式建立天然林经营模式的示范基地。通过组织类似条件地区的天然林保护技术骨干参观、现场培训或技术指导等方式推广成熟的经营技术成果，从而提高整个天然林保护工程区森林经营的科技含量。

天然林保护专题组成员

孙国吉　国家林业局天然林保护办公室主任

闫光锋　国家林业局天然林保护办公室处长

徐　鹏　国家林业局天然林保护办公室处长

第四章　退耕还林工程建设研究

第一节　退耕还林工程的实施背景及其重大意义

退耕还林就是从保护和改善生态环境出发，将水土流失严重的陡坡耕地，沙化、盐碱化、石漠化严重的耕地，以及粮食产量低而不稳的耕地，有计划、有步骤地停止耕种，本着宜乔则乔、宜灌则灌、宜草则草的原则，因地制宜地造林种草，恢复植被。

一、实施背景

（一）历史背景

农耕的出现是人类文明的极大进步，是人类史上划时代的事件。然而农耕的出现，却使人类与自然环境之间再次产生了新的变化。开荒种田的方式在中国已经延续了几千年。民以食为天，发展农业是历代政府制定各种政策的重要基础。多少年来，粮食问题一直困扰着中国的发展。我国的生态又是如何演变的？实际上，我国在历史上曾经是一个森林茂密的国家。据专家考证：几亿年前，中国大地基本上由高大的原始森林所覆盖。以后由于造山运动和地壳沉降，一些地区的原始森林被深埋地下，逐步变成了煤田。西北地区的煤炭蕴藏量占全国的 2/3，不少煤田有好几层，煤层达几米厚，足见当时参天巨木的茂密景象。

在人类社会早期，无论高山，还是低丘，到处都是茂密的原始森林。当时全国的森林覆盖率达 60%以上，其中东北地区达 90%以上，中南地区达 80%以上，西北地区也有大面积森林，陕西的森林覆盖率达 40%～45%，甘肃约为 30%。江泽民同志曾指出："在古代历史上相当长的时间内，陕西、甘肃等西北地区，曾经是植被良好的繁荣富庶之地。"这完全符合历史事实。据考证，西周时期黄土高原大部分为森林所覆盖，其余则是一望无际的肥美草原。秦汉时期就以"山多林多、民以板为室"著称。战国时期的榆林地区是著名的"卧马草地"。公元 4 世纪西夏国在榆林地区的靖边县建都统万城，是"临广泽带清流"的好地方。公元 10 世纪以前，有 13 个王朝在陕西关中地区建都，因为这里及其周边地区繁荣富庶。土地是人类赖以生存的基本资源和条件，是社会发展的物质基础。这里的"土地"不仅指耕地，还包括了林地、草地甚至沙漠。

但是，我国又是一个传统的农业大国。对林业重要性的认识要远远低于对农业的认识。在历史上相当长的时间里，人们认为耕地才是最主要的，是人类生存的基本条件，是社会发展的物质基础。在这样的思想指导下，几千年来我们不惜毁坏林地和草地而一心扩张耕地，大量林木遭到毁灭性的破坏。

历史功过需要客观地评说。几千年来，我们的祖先为了生存和发展，孜孜不倦地努力着，为我们积累下了宝贵的财富，但是无论何种原因，在大规模的开采之后，留给我们的是生态环境的恶化，中国发展背上了沉重的包袱。新中国是从一穷二白起家的，各项发展任务都十分艰巨。生态建设只有在经济社会得到较大发展后，才能纳入人们的议事日程。

（二）工程启动之初的生态现实

（1）水土流失日趋严重。据权威部门统计，黄河流域水土流失面积已由 20 世纪 60 年代的 28 万 km^2 扩展到目前的 56 万 km^2，其中严重流失面积 27.6 万 km^2，有 50% 的侵蚀量超过 5000t/km^2，有些地方达到 1 万～3 万 t/km^2。其流域内的黄土高原因水土流失而闻名于世。我国是世界上水土流失最为严重的国家之一，全国水土流失面积已经达到了惊人的 356 万 km^2，37.1% 的国土正在因为水土流失而变得日益贫瘠。

（2）洪灾危害不期而至。以长江为例，每年在三峡段淤积泥沙近 6 亿 t，个别地段因泥沙淤积，河床已高出地面 10 多米，成为名副其实的"地上悬河"。近 500 年来，长江流域就发生过 53 次大的洪水。近几十年来，全国洪涝灾害发生频率呈加速态势，几乎每三年就发生一次大涝。尤其是 20 世纪 80 年代以来，洪涝灾害更是愈演愈烈，我国长江、黄河、珠江、淮河等七大江河的水灾面积和成灾率都比 60 年代和 70 年代有所增加。我国平均每年受洪涝灾害的耕地面积达 1000 万 hm^2，成灾面积 800 万 hm^2，粮食损失约 100 亿 kg，受灾人口以百万计，造成的经济损失在 150 亿～200 亿元。

（3）干旱缺水愈演愈烈。西北地区是我国旱情最为严重的地区之一，其河川径流在 20 世纪 50 年代丰，60 年代平，70 年代以后枯，呈逐渐递减的趋势。黄河于 1972 年发生第一次断流后，1985 年以后年年断流，断流天数逐渐增多：1995 年断流 122 天，1996 年断流 133 天，1997 年断流 226 天。越来越多的江河断流，湖泊干涸，雪线上移，地下水位下降，造成全国有 400 多座城市缺水，5000 万农村人口和 3000 万头牲畜饮水困难，损失工业产值 2300 亿元，造成农作物减产 125 亿 kg。

（4）土地荒漠化不断扩大。我国是受荒漠化危害最严重的国家之一。截至 1999 年，我国有荒漠化土地 267.4 万 km^2、沙化土地 174.3 万 km^2，分别占国土总面积的 27.9% 和 18.2%；并以年均 1.04 万 km^2 和 3436km^2 的速度在扩展。据资料记载，我国北方地区 20 世纪 50 年代发生沙尘暴 5 次，60 年代 8 次，70 年代 13 次，80 年代 19 次，90 年代则发展到 23 次。

（5）石漠化日益加剧。我国石漠化地区主要集中在西南地区。西南岩溶山区以贵州为中心，包括贵州大部及广西、云南、四川、重庆、湖北、湖南等地的部分地区，面积达 50 多万 km^2，是全球三大岩溶集中连片区中面积最大、岩溶发育最强烈的典型生态脆弱区。这里居住着 1 亿多人口，且以农业为主，人地矛盾突出，水土流失和石漠化极为严重，部分地区的石漠化面积已接近或超过所在地区总面积的 10%。

（6）"地球之肾"持续萎缩。据不完全统计，从 20 世纪 50 年代以来，全国湿地开垦面积达 1000 万 hm^2，全国沿海滩涂面积已削减过半，56% 以上的红树林丧失。中国天然湖泊已从历史上的 2800 个减少到 1800 多个，湖泊总面积减少了 36%。昔日"八百里洞庭"的洞庭湖已从 20 世纪 40 年代末期的 43 万 hm^2，减少到目前的 24 万 hm^2，水面缩小 40%，蓄水量减少 34%。鄱阳湖在 20 世纪 50～70 年代每年减少湖泊面积逾 4000hm^2。三江平原是中国最大的平原沼泽分布区，据统计，1975 年其自然沼泽面积为 244 万 hm^2，占平原面积的 48%；到 1990 年沼泽面积仅剩 113 万 hm^2，仅占平原面积的 22%。

(7) 生物多样性急剧下降。我国本是世界上动植物种类最多的国家之一，但由于森林植被遭破坏、草原退化和环境恶化，我国野生动物栖息地日益缩小，生存空间遭到严重破坏，动植物种类逐渐减少，许多珍贵的稀有动植物都处于濒危状态。近 50 年来，我国已有近 200 个特有物种消失；现有 300 多种陆栖脊椎动物和 400 多种、13 类野生植物处于濒危状态；在国家一级保护动物中，有 20 余种正濒于灭绝。我国 15%～20% 的动植物物种处于濒危状态，高于 10%～15% 的世界平均值。在《濒危野生动植物种国际贸易公约》列出的 640 个世界性濒危物种中，我国占 156 种，约占其总数的 24.4%。

(8) 温室效应越发凸显。温室效应致使气候变暖，其主要原因是大气中产生的二氧化碳等温室气体的增加，这也日益成为全世界最为关注的环境问题。森林能吸收二氧化碳并释放出氧气，每公顷森林可生产 10t 干物质，平均可吸收 16t 二氧化碳，释放 12t 氧气。破坏森林则意味着释放二氧化碳。目前在我国，由于森林破坏造成的碳排放量居第二位，仅次于矿物燃烧造成的碳排放量。

（三）启动时机已经成熟

(1) 新中国成立后几代领导人重视造林工作。1949 年 5 月 1 日晋西北行政公署（晋绥边区行政公署）发布的《保护与发展林木林业暂行条例（草案）》规定：已开垦而又荒芜了的林地应该还林。森林附近已开林地，如易于造林，应停止耕种而造林；林中小块农田应停耕还林。1952 年 12 月，由周恩来总理签发的《关于发动群众继续开展防旱抗旱运动并大力推行水土保持工作的指示》中指出："由于过去山林长期遭受破坏和无计划地在陡坡开荒，很多山区失去涵蓄雨水的能力……首先应在山区丘陵和高原地带有计划地封山、造林、种草和禁开陡坡，以涵蓄水流和巩固表土……。"1956 年，由胡耀邦同志主持，在延安召开西北五省（区）青年植树造林大会，拉开了西部植树造林的序幕，并涉及了退耕还林还草。1957 年 5 月，国务院第二十四次全体会议通过的《中华人民共和国水土保持暂行纲要》中规定："原有陡坡耕地在规定坡度以上的，若是人少地多地区，应该在平缓和缓坡地增加单位面积产量的基础上，逐年停耕，进行造林种草。"1958 年 4 月 24 日，周恩来总理在研究三门峡工程问题现场会总结发言时强调，修建水库首先要以水土保持为基础，同时指出："开垦地退耕。这一条的确是跟水土保持联系起来的，水土保持一定要保证。"1985 年 1 月，《中共中央国务院关于进一步活跃农村经济的十项政策》中规定："山区 25° 以上的坡耕地要有计划有步骤地退耕还林还草还牧，以发挥地利优势。口粮不足的，由国家销售或赊销"。然而，20 世纪 90 年代以前，由于全国粮食比较紧缺和经济因素制约等，退耕还林的设想始终难以在全国大范围、大规模地实施，环境保护、退耕还林成为新中国建立后领导人的良好愿望。

(2) 改革开放以来国民经济保持稳定快速发展。改革开放以来，我国的社会经济得到了很大发展，综合国力大大提高，财政收入大幅度增长。从整体上看，1978～1997 年，国民生产总值年均增长 9.8%，经济总量跃居世界第 7 位。经过 20 年的发展与积累，1999 年城镇居民家庭人均可支配收入达 5854 元，是 1978 年的 17 倍；农村居民家庭人均纯收入 2210.3 元，是 1978 年的 16.5 倍；城乡居民储蓄存款余额已由 1978

年的 210.6 亿元上升到 1999 年的 59 622 亿元，是 1978 年的 283 倍；人均国内生产总值达到 7702 元，是 1980 年的 20.5 倍。此外，我国还积极地参与国际经济与合作，外贸进出口总额由 1978 年的 206 亿美元增加到 1999 年的 3607 亿美元，增长 16.5 倍，其中外贸出口达到 1949 亿美元，增长 16.9 倍。我国在世界贸易中的位次，由第 32 位上升到第 9 位。外汇储备 1999 年末达到 1547 亿美元，居世界第二位，比 1978 年的 15 亿美元增长 102 倍。1999 年国内生产总值为 82 054 亿元，比上年增长 7.1%，国家财政收入首次突破万亿元，达到 11 377 亿元。强大的国力和财力为国家实施退耕还林、从根本上治理生态环境恶化奠定了坚实的经济基础。1998 年国际金融危机暴发，党中央提出要在相当一段时间内实施扩大内需的政策。拉动内需必须首先增加贫困农民的收入，而我国西部地区蕴藏着巨大的市场潜力和发展潜力，"西部大开发"应运而生。实施退耕还林，开仓济贫，进一步增加农民收入，有效拉动内需，促进国民经济的快速增长，这和西部大开发战略的目的不谋而合。退耕还林工程由此迎来发展契机，也迎来了难得的历史机遇。

(3) 粮食供求形势呈现新局面。在 1978 年农村改革实行联产承包责任制以后，中国农民的生产积极性空前焕发，粮食生产的潜能不断迸发，在日新月异的农业科技的辅助下，1984 年粮食产量达到 4000 亿 kg 水平。此后经过艰苦努力，粮食产量几年连续增长，1996 年，粮食总产首次突破 5000 亿 kg 大关，达到 5046 亿 kg 水平，1998 年，粮食产量更创 5123 亿 kg 的纪录，1999 年粮食产量稳定在 5084 亿 kg，出现了粮食供大于求的局面。整个"九五"时期，我国粮食年产量稳定在 5000 亿 kg 左右的较高水平，不仅基本解决了全国人民的吃饭问题，而且出现了粮食总量阶段性的略有富余。同时，这也为生态脆弱的西部地区有计划、分步骤地实施退耕还林还草，改善生态环境提供了坚实的基础。"退耕还林"这一既可以改善生态环境，又可以缓解粮食供大于求的矛盾，还能带动经济结构调整，加快贫困地区农民脱贫致富的工程，是一举多得，利国利民，大受群众欢迎、百姓拥戴的民心工程。

(4) 全社会生态意识逐步增强。长期以来，人们在经济落后、农业生产力低下的情况下，盲目开荒种田，一直成为难以遏制的现象，同时造成水土严重流失，沙进人退，形成了生态环境恶化与生活贫困的恶性循环。基层广大干部群众通过自己的亲身体验，深切感受到生态环境恶化是导致他们贫困的主要根源之一，再不能走那种"越穷越垦、越垦越穷"的老路，热切期盼通过生态环境改善来促进经济发展。1981 年 12 月，根据邓小平同志的倡议，第五届中华人民共和国全国人民代表大会（全国人大）第四次会议通过了《关于开展全民义务植树运动的决议》。1982 年 2 月，国务院又颁布了《关于开展全民义务植树运动的实施办法》。之后，全民义务植树运动不断向纵深发展，植树造林、绿化祖国作为治理山河、改善生态、造福当代、荫及子孙的重大战略措施，已经成为亿万民众的共同心愿和实际行动。退耕还林已成为全社会的普遍共识，成为广大基层干部群众的迫切要求。退耕还林从意识上深入人心，为退耕还林工程的实施提供了强大的精神保障与支持。

(5) 国际上更加重视可持续发展和气候变化。面对着全球生态危机日益加剧，国际上有识之士和专家学者惊呼："生态、环境的严重恶化，将是 21 世纪最具爆炸性、灾难性问题！"国际社会和世界各国对这一动态给予深切关注，并采取了一系列的对策和行动。1972 年在瑞典斯德哥尔摩召开的以"只有一个地球"为主题的联合国人类环境会议，唤起了各国政府对环境问题的关注。1983年，联合国出于对21世纪人类发展前景的思考，组建了以当时挪威首相布伦特夫人为首的"世界环境与发展委员会"。1987年，该委员会发表了《我们共同的未来》的报告。"我们需要有一条新的发展道路，这条道路不是一条仅能在若干年内、在若干地方支持人类进步的道路，而是一直到遥远的未来都能支持全球人类进步的道路。"这一鲜明、创新的科学观点，把人们从单纯考虑环境保护引导到把环境保护与人类发展切实结合起来，实现了人类有关环境与发展思想的重要飞跃。1992年在巴西里约热内卢召开了联合国环境与发展大会，全世界100多位国家首脑聚集一堂，共同签署了具有里程碑意义的《关于环境与发展的里约热内卢宣言》《21世纪议程》《关于森林问题的原则声明》《联合国气候变化框架公约》和《联合国生物多样性公约》5个重要的国际性公约，作为人类社会对环境与发展领域合作的全球共识和最高级别的政治承诺，在可持续发展中"赋予林业以首要地位"。联合国环境与发展大会秘书长密特朗指出："在世界最高级会议要解决的问题中，没有任何问题比林业更重要了。"加强生态建设和环境保护，走可持续发展之路，已经成为全人类的共识。

（6）再造一个山川秀美的西北地区。西北榆林地区成为我国退耕还林绿色工程中最早的实验田之一。榆林地理位置十分独特，地貌大体以长城为界：北部，黄沙片片，绿色难觅，生态环境脆弱；南部，大山连绵，丘陵纵横，水土流失严重。到新中国成立时，这里每年输入黄河的泥沙多达5.13亿t，占三门峡以上流域输沙量的1/3，天然林只有4万hm²(60万亩)，林木覆盖率仅为0.9%，连榆林古城也成为"沙梁高过城墙、风沙紧围古城"的危城。由于环境的恶化，当地经济发展极为缓慢，人民生活尤其困难。1997年6月，时任国务院副总理的姜春云同志率国务院工作组到陕西省榆林地区、延安市就防治水土流失、建设生态农业问题进行调查，发现陕北由毁林开荒、广种薄收，变为退耕还林还草、精种多收；由单一发展粮食生产，变为因地制宜、农林牧副渔全面发展；由单项治理，变为综合治理；发挥机械化作用，推广先进实用技术，提高了治理水平。特别是在延安枣花流域听到和看到，过去人均8亩地，全种粮，由于土地全都是跑水、跑土、跑肥的"三跑"坡耕地，亩产也不过40～50kg，人均产粮300kg，不够吃，遇到干旱就颗粒无收，连种子都打不回。经过山、水、田、林、路综合治理，压缩粮田，人均建2亩保水、保肥、保土的"三保"高产稳产田，采用新技术，精耕细作，亩产达400～500kg，粮食有了盈余。多种吃不饱，少种却吃不了，多么生动的一个辩证法！他们的经验、做法很好，效果显著。姜春云同志很兴奋地撰写了《关于陕北地区治理水土流失，建设生态农业的调查报告》，上报时任总书记的江泽民同志。报告中指出："在调查中了解到，他们搞水土保持、治沙防沙的决心和思路，来自对自然规律认识的飞跃。千百年来，战乱和无休止的毁林垦荒，严重破坏了自然生态。黄土地的人们，也一向把单纯向大自然索取作为维持自身生存的唯一选择。这种掠夺式的开发，不但经济没有上去，而且把生态给毁坏了，陷入了'越垦越荒、越荒越穷、越穷越垦'的恶性循环。通过对历史经验教训的深刻反思，他们逐步认识到，生态是经济、社会发展的基础，保护生态环境就是保护生产力，改善生态环境就是发展生产力；生态环境是经济、特别是农业发展的生命线，是人类生存的生命线。要在黄土高原上实现可持续发展，决不能再走破坏生态、掠夺自然资源、追求短期效益的老路了，必须走恢复优化生态、建设生态农业的新路子。"1997 年 8 月 5 日,江泽民在报告上批示:"经过一代一代人长期地、持续地奋斗,再造一个山川秀美的西北地区,应该是可以实现的"。李鹏、朱镕基也对报告做出了重要批示。

(7)1998 年洪水催生退耕还林。1998 年 6 月中旬至 9 月上旬,我国南方特别是长江流域及北方的嫩江、松花江流域出现历史上罕见的特大洪灾。截至 8 月 22 日,全国共有 29 个省(自治区、直辖市)遭受不同程度的洪涝灾害,江西、湖南、湖北、黑龙江、内蒙古和吉林等省(区)受灾最重。痛定思痛,大灾过后的 8 月 28 日至 9 月 12 日,时任国务院总理的朱镕基先后到内蒙古、黑龙江、吉林、湖北、江西、湖南、四川、重庆等省(自治区、直辖市)考察抗洪救灾和灾后重建工作,提出了"封山植树,退耕还林;平垸行洪,退田还湖;以工代赈,移民建镇;加固干堤,疏浚河道"的 32 字工作思路,并且提出了实施退耕还林工程的设想。

自此以后,在党中央国务院的英明决策和正确领导下,这项着眼于未来的中国最大范围的"退耕还林"工程于 1999 年拉开了序幕。

二、继续实施新一轮退耕还林的重大意义

党中央、国务院一再要求继续实施退耕还林。《中共中央　国务院关于加大统筹城乡发展力度进一步夯实农业农村发展基础的若干意见》(中发[2010]1 号)、《中共中央　国务院关于深入实施西部大开发战略的若干意见》(中发[2010]11 号)、《中共中央　国务院关于加快推进农业科技创新持续增强农产品供给保障能力的若干意见》(中发[2012]1 号)和《国务院关于切实加强中小河流治理和山洪地质灾害防治的若干意见》(国发[2010]31 号)都要求,巩固和发展退耕还林成果,在重点生态脆弱区和重要生态区位,结合扶贫开发、库区移民、小河流治理和山洪地质灾害防治等,适当增加退耕还林任务。《中共中央　国务院关于加快发展现代农业进一步增强农村发展活力的若干意见》(中发[2013]1 号)又要求:"巩固退耕还林成果,统筹安排新的退耕还林任务。"2012 年 9 月 19 日国务院第 217次常务会议决定:"自 2013 年起,适当提高巩固退耕还林成果部分项目的补助标准,并根据第二次全国土地调查结果,适当安排'十二五'时期重点生态脆弱区退耕还林任务。"2012 年 12 月 29 日,李克强同志亲自察看了湖北省恩施市龙凤镇茶园沟组路边陡坡上的玉米地。村民说:种"挂坡地"有三难,爬上去难、管理难、收成难,动不动被雨冲,被野猪啃。李克强说,这样的地应退耕还林,改种经济林。可以在这里进行移民建镇、扶贫搬迁、退耕还林、产业结构调整综合试点。2013 年 8 月 19 日,李克强总理在兰州主持召开的促进西部发展和扶贫工作座谈会上强调:"在推进开发式扶贫、增强造血功能的基础上,把生态文明建设作为重要抓手,切实保护好环境,探索生态移民、退耕还林、发展特色优势产业相结合的新路子。"退耕还林工程是我国生态修复的重中之重,是我们党建设生态文明的伟大实践。继续实施退耕还林工程,是加快我国生态修复、改善生态和改善民生、顺应广大人民群众期待的迫切需要,对于建设生态文明和美丽中国、实现中华民族伟大复兴的中国梦具有十分重大的现实意义和深远的历史意义。

(1)大力推进生态文明建设和建设美丽中国要求继续实施退耕还林。党的十八大做

出了大力推进生态文明建设和建设美丽中国的重大战略部署，把生态文明建设纳入了中国特色社会主义事业"五位一体"的总体布局。习近平总书记深刻指出，"生态文明是工业文明发展到一定阶段的产物，是实现人与自然和谐的新要求。建设生态文明，关系人民福祉，关乎民族未来。""生态兴则文明兴，生态衰则文明衰"。"保护生态环境就是保护生产力，改善生态环境就是发展生产力。良好生态环境是最公平的公共产品，是最普惠的民生福祉。""中国环境问题具有明显的集中性、结构性、复杂性，只能走一条新的道路：既要金山银山，又要绿水青山。宁可要绿水青山，不要金山银山。因为绿水青山就是金山银山。我们要为子孙后代留下绿水青山的美好家园。"全面推进生态文明建设，必须优化国土空间开发格局、全面促进资源节约、加大自然生态系统和环境保护力度及加强生态文明制度建设；建设美丽中国，实现真正的国富民强，必须守住青山绿水，着力推进绿色发展、循环发展、低碳发展。国土是生态文明建设的空间载体，只有国土安全才能建设好生态文明，才能创建美丽中国。多年的实践证明，退耕还林工程是"最合民意的德政工程，最牵动人心的社会工程，影响最深远的生态工程"，它扭住了我国生态建设的"牛鼻子"，对优化国土空间开发格局、全面促进资源节约、保护自然生态系统、维护国土生态安全发挥了不可替代的重要作用。继续实施退耕还林，坚持巩固成果与稳步推进并举，改善生态与改善民生兼顾，对推进生态文明建设和建设美丽中国意义重大。

(2) 进一步落实支农惠农政策、全面建成小康社会要求继续实施退耕还林。退耕还林工程区主要分布在我国的山区和沙区，分布在革命老区、民族地区、边疆地区，生存条件恶劣，贫困人口相对集中，经济社会发展水平长期落后于全国平均水平，是扶贫攻坚、全面建成小康社会的重点和难点。在这些地区，生态恶化与群众生活贫困相伴而生，互为因果，而且彼此催化。据水利部《2011年中国水土保持公报》，全国水土流失面积的80%、全国荒漠化面积的90%以上分布在西部地区，全国70%以上的突发性地质灾害也发生在西部地区。到2012年年底，我国农村扶贫对象仍有近1亿人，贫困地区农民人均纯收入仅为全国平均水平的58%，而且发展差距仍呈扩大趋势。退耕还林从解决老、少、边、贫地区人民群众最关心、最直接、最现实的改善生态、增加收入、发展经济问题入手，推动生态建设与经济建设、政治建设、社会建设、文化建设协调发展，走共同富裕的道路，充分体现了党中央、国务院对当地人民的深切关怀。采取更加得力的政策措施，巩固成果并继续实施退耕还林，使发展成果更多更公平地惠及老、少、边、贫地区广大农民，促进这些地区尽快改变社会经济面貌，增强可持续发展能力，对于加强维护社会安定、全面建成小康社会有着极其重要的战略意义。

(3) 推进新一轮退耕还林是经济社会协调发展的重要保障。目前，我国地区之间、城乡之间的发展很不平衡。我国退耕还林工程区大部分在中西部的山区、沙区，自然条件恶劣，农民群众收入低，经济社会发展落后。要实现全国经济社会的协调发展，必须首先解决这些地区的发展问题。实施退耕还林，调整土地利用结构，有效促进农林牧副渔各业的协调发展；实施退耕还林，调整农村产业结构，发展能替代传统产业的新型产业，可以实现产业结构的转型升级；实施退耕还林，增加"三农"投入，实现农民增收、农业增产和农村发展，促进区域经济社会协调发展。

(4) 推进新一轮退耕还林有利于民族团结和边疆稳定。维护民族团结和边疆稳定，始终是我国最重要的政治任务之一。退耕还林工程在民族地区安排退耕还林任务 1.2 亿亩，占全国总任务的 1/4 以上。同时，工程区战略地位突出，与十几个国家和地区接壤，分布着我国重要的国防基地。退耕还林工程在民族地区、边疆地区的大力实施，充分体现了党中央、国务院对当地人民的深切关怀。在构建社会主义和谐社会的新形势下，继续推进退耕还林工程建设，对于加强民族团结、维护边疆稳定有着极其重要的战略意义。

第二节　退耕还林工程主要政策与建设成效

为了建设好退耕还林这项功在当代、利在千秋的重大生态修复工程，党中央、国务院制定了一系列政策措施，确保了工程的顺利实施。

一、退耕还林工程的主要政策

（一）制定退耕还林政策的主要原则

（1）坚持生态优先的原则。退耕还林是基于对我国脆弱的生态环境的正确认识，以及对 1998 年长江、松花江特大水灾的反思，为再造秀美山川而提出的重大战略决策，这项工程实施的出发点和根本点就是改善生态环境、治理水土流失、遏制土地荒漠化。因此，退耕还林工程是一项以生态目标为主体的建设工程。工程的实施，强调了对生态区位重要地区、生态脆弱地区，以及风沙危害严重地区和陡坡耕地治理的优先性；同时，在林种安排上，以营造生态林为主，规定了退耕地还林营造的生态林比例以县为核算单位，不得低于 80%；不仅如此，在一些植物生长条件差的特殊地区，如高海拔、干旱半干旱、石质山区，以及沙漠化、石漠化严重地区，强调了以绿起来为首要目标的工程建设方针，确保了工程建设生态目标的实现。

（2）坚持退耕还林与调整农村产业结构、发展农村经济、防治水土流失、保护和建设基本农田、提高粮食单产、加强农村能源建设、实施生态移民相结合的原则。退耕还林工程不仅是遏制水土流失、减轻风沙危害的必然选择，而且是调整农村产业结构、增加农民收入、促进地方经济发展的有效途径；不仅顺应了当时的经济发展形势（粮食库存增多，拉动内需特别是要拉动农村的经济增长），而且对促进我国国民经济保持长期的持续、快速、健康发展，建设生态文明具有重要作用。同时，在保证生态目标的前提下，充分考虑农民的长远生计问题，促进地方经济发展，也是实现生态目标的一项重要条件，是确保"退得下、稳得住、能致富、不反弹"的关键。实施中采取的措施主要如下。

生态移民、封山绿化。对居住在生态地位重要、生态环境脆弱、已丧失基本生存条件地区的人口实行生态移民。对迁出区内的耕地全部退耕、草地全部封育，实行封山育林育草，恢复林草植被。

农村能源建设。为保护好现有植被，巩固工程建设成果，采取中央补助、地方配套和农民自筹相结合的方式，开展农村能源建设，从实际出发，发展沼气、小水电、太阳能、风能及营造薪炭林等，多渠道满足农村生活能源的基本需求，减轻植被破坏的压力。

封山禁牧、舍饲圈养。改变传统的牲畜饲养方式，实行舍饲圈养，严禁牲畜对林草植被的破坏；禁止采集发菜、滥挖甘草等人为破坏林草植被的行为，有效地保护了现有植被和退耕还林成果。

基本口粮田建设。为解除农民退耕后吃粮的后顾之忧，扩大陡坡耕地的退耕空间，实现具备条件的西南地区退耕农户人均不低于 0.5 亩、西北地区人均不低于 2 亩高产稳产基本口粮田的目标，中央安排预算内基本建设投资和巩固退耕还林成果专项资金 900 多亿元，用于坡改梯、土壤改良、农田水利设施建设等农田基本建设，提高粮食单产，切实做到"树上山，粮下川"。

发展后续产业。结合生态建设，大力调整农村产业结构，发展龙头企业和支柱产业，积极推广"公司+农户""工厂+基地"等做法，为农产品建立稳定的市场渠道，开辟就业门路，增加农民收入，增强经济发展后劲。

(3) 坚持统筹规划、分步实施、突出重点、注重实效的原则。即对江河源头、大江大河两岸、湖库周围、石质山地、山脉顶脊等生态区位重要地区的坡耕地，以及风沙危害严重地区的沙化耕地，特别是对陡坡耕地予以优先治理、重点治理。在具体实施过程中，采取了统筹规划、集中治理的方式，体现规模效益，确保了生态效益的充分发挥。同时，在技术上严格按照《退耕还林工程生态林与经济林认定标准》等技术规程，注重树种选择、初植密度、配置方式、水土保持措施等，特别是一些地区实行林草间种、林竹间种、林药间种、竹草间种、竹药间种、林果混交等，走生态经济型的治理路子，不但生态效果好，而且促进了农民的脱贫致富，极大地调动了农民参与工程建设的积极性和自觉性，为建设成果的长期巩固创造了条件。

(4) 坚持政策引导和农民自愿退耕相结合、谁退耕、谁造林、谁经营、谁受益的原则。任何一项政策要取得预期成效，必须是政府和百姓两厢情愿，达成共识。退耕还林也不例外，这项工作涉及千家万户，尊重农民群众的意愿是做好这项工作的根本。首先是进行了大量的、广泛的宣传发动工作，使国家的各项政策措施家喻户晓、深入人心，让群众了解退耕还林对国家有哪些好处，自己从中收获哪些利益；之后，根据国家下达的建设任务，与农户协商，编制作业设计，将任务落实到具体山头地块和退耕农户，并签订退耕还林合同，落实责任；及时进行检查验收，并以验收结果为依据，及时、足额兑现粮食和现金补助，取信于民；及时办理林权证，确定林权，使退耕农户定心，确保退耕农户的合法权益。

(5) 坚持遵循自然规律、因地制宜、宜林则林、宜草则草、综合治理的原则。我国地域辽阔，各地情况又千差万别，实施退耕还林工程一定要从实际出发，按自然规律和经济规律办事，既考虑需要，又考虑可能，真正做到因地制宜，实事求是，科学选择突破性的技术和关键树草种。实施中充分尊重自然规律，以发展乡土树种为主，积极恢复原生植被。例如，在一些条件好的地区，大力发展经济林果和速生丰产用材林、工业原料林等，收到了生态、经济双丰收的效果；而在一些海拔较高、干旱半干旱地区，则以尽快绿起来作为植被建设的指导思想，宜乔则乔，宜灌则灌，宜草则草，大力发展耐旱的、易成活的灌木树种，提高造林成活率，加快了绿化步伐，确保了工程建设生态目标的实现。

(6) 坚持建设与保护并重、防止边治理边破坏的原则。实施中采取科学整地方式，尽最大可能地保护好原有地表的土壤形态和植被；及时办理林权证，明晰产权，这也是加强林地、林木保护管理和防止复垦的重要措施；明确管护责任，因地制宜地采取科学的管护措施，加强退耕后的林地管护工作，经济条件较好的地方造林后进行了围栏，退耕地块分散的地方由退耕农户各自管护，退耕地块集中的地方由护林员集中管护；有条件的地区，采取了生态移民的方式，把居住在生态地位重要、生态环境脆弱地方的居民移出来，安置在生产、生活条件较好的地区，对原居住地实施退耕还林后封起来，达到"迁一户人、退一块地、封一片山、改善一方环境"的效果；采取建节柴灶、沼气池及营造薪炭林等各种手段，加强农村能源建设，减少对现有植被的破坏，有效地保护现有林草植被；改变传统的放养方式，实行舍饲圈养，封山禁牧，确保建设成果不受破坏。

（二）退耕还林补助政策

为了提高退耕还林的积极性，解决因退耕而造成的粮食供应减少和生活困难，以及造林所需苗木费用问题，国家实行了退耕还林补助政策，并在《国务院关于进一步做好退耕还林还草试点工作的若干意见》（国发[2000]24号）、《国务院关于进一步完善退耕还林政策措施的若干意见》（国发[2002]10号）、《退耕还林条例》，以及《国务院关于完善退耕还林政策的通知》（国发[2007]25号）做出明确规定。

(1)退耕地还林补助政策。国家按照核定的退耕还林实际面积，向土地承包经营权人提供补助粮食、种苗造林补助费和生活补助费。

种苗造林补助费：退耕地还林种苗和造林费补助款由国家提供，补助标准按退耕地还林每亩50元计算。种苗造林补助费用于种苗采购，节余部分用于造林补助和封育管护。

原有政策中的粮食和现金补助。长江流域及南方地区，每亩退耕地每年补助粮食（原粮）150kg；黄河流域及北方地区，每亩退耕地每年补助粮食（原粮）100kg。每亩退耕地每年补助现金20元。粮食和现金补助年限，还草补助按2年计算；还经济林补助按5年计算；还生态林补助暂按8年计算。补助粮食（原粮）的价款按每公斤1.4元折价计算。补助粮食（原粮）的价款和现金由中央财政承担。粮食调运费用由地方财政承担。

从2000~2003年，各地均以发放粮食的形式向退耕户兑现粮食补助。从2004年起至今，根据《国务院办公厅关于完善退耕还林粮食补助办法的通知》（国办发[2004]34号）精神，各地基本上将向退耕户补助的粮食改为了现金补助，按每公斤粮食（原粮）1.4元计算，只有个别地区仍以发放粮食的形式向退耕户兑现粮食补助。

完善政策中的粮食和现金补助。按照《国务院关于完善退耕还林政策的通知》（国发[2007]25号）精神，在第一轮补助到期后，中央财政安排资金，继续对退耕农户给予适当的补助，解决退耕农户当前的生活困难。补助标准为：长江流域及南方地区每亩退耕地每年补助现金105元；黄河流域及北方地区每亩退耕地每年补助现金70元。原每亩退耕地每年20元生活补助费，继续直接补助给退耕农户，并与管护任务挂钩。补助期为：还生态林补助8年，还经济林补助5年，还草补助2年。

(2)荒山荒地种苗造林费补助。种苗和造林费补助款由国家提供。

2000~2007年，宜林荒山荒地造林的补助标准按每亩50元计算；尚未承包到户及休耕的坡耕地，不纳入退耕还林兑现钱粮补助政策的范围，但可作宜林荒山荒地造林，按每亩 50 元标准给予种苗和造林费补助。

2008 年种苗造林费补助，按宜林荒山荒地人工造林每亩 100 元、封山育林每亩 70 元计算。

2009～2010 年，种苗造林费补助按宜林荒山荒地人工造乔木林每亩 200 元、造灌木林每亩 120 元、封山育林每亩 70 元计算。

从 2011 年起至今，按宜林荒山荒地人工造乔木林每亩 300 元、造灌木林每亩 120 元、封山育林每亩 70 元计算。

（三）退耕还林配套政策

为加强退耕还林工程管理，充分调动社会各界退耕还林的积极性，维护退耕农户的合法权益，落实"谁退耕、谁造林(草)、谁经营、谁受益"的政策，国家采取了一系列具体的配套政策措施。

(1)退耕还林所需前期工作和科技支撑等费用，国家按照退耕还林基本建设投资的一定比例给予补助，由国务院发展改革部门根据工程情况在年度计划中安排。

(2)退耕还林地方所需检查验收、兑付等费用，由地方财政承担。中央有关部门所需核查等费用，由中央财政承担。

(3)农业税征收减免政策。凡退耕地属于农业计税土地，自退耕之年起，对补助粮达到原常年产量的，国家扣除农业税部分后再将补助粮发放给农民；补助粮食标准未达到常年产量的，相应调减农业税，合理减少扣除数量。退耕地原来不是农业税计税土地的，无论原来产量多少，都不得从补助粮食中扣除农业税。在停止粮食补助的年度，同时停止扣除农业税。实施退耕还林的县，其农业税收入减收部分，由中央财政以转移支付的方式给予适当补助。

(4)免征农业特产税。退耕还林者按照国家有关规定享受税收优惠，其中退耕还林(草)所取得的农业特产收入，依照国家规定免征农业特产税。

(5)采取多种形式推进退耕还林还草。有条件的地区可本着协商、自愿的原则，由农村造林专业户、社会团体、企事业单位等租赁、承包退耕还林还草，其利益分配等问题由双方协商解决。鼓励有条件的地区实行集中连片造林、种草，鼓励个人兴办家庭林场和草场，实行多种经营。

(6)林木所有权。国家保护退耕还林者享有退耕土地上的林木(草)所有权。自行退耕还林的，土地承包经营权人享有退耕土地上的林木(草)所有权；委托他人还林或者与他人合作还林的，退耕土地上的林木(草)所有权由合同约定。退耕土地还林后，由县级以上人民政府依照《森林法》《草原法》的有关规定发放林(草)权属证书，确认所有权和使用权，并依法办理土地变更登记手续。土地承包经营合同应当作相应调整。

(7)土地承包经营权。退耕土地还林后的承包经营权期限可以延长到 70 年。承包经营权到期后，土地承包经营权人可以依照有关法律、法规的规定继续承包。退耕还林土地和荒山荒地造林后的承包经营权可以依法继承、转让。

(8)林木采伐权。资金和粮食补助期满后，在不破坏整体生态功能的前提下，经有关主管部门批准，退耕还林者可以依法对其所有的林木进行采伐。

（四）建立巩固退耕还林成果专项资金

中央财政按照退耕地还林面积核定各省(自治区、直辖市)巩固退耕还林成果专项资金总量，并从 2008 年起按 8 年集中安排，逐年下达，包干到省。巩固退耕还林成果专项资金主要用于西部地区、京津风沙源治理区和享受西部地区政策的中部地区退耕农户的基本口粮田建设，沼气、节柴灶、太阳灶等农村能源建设，生态移民，补植补造，地方特色优势产业的基地建设，退耕农民就业创业、劳动力转移、技能培训等，以及高寒少数民族地区退耕农户直接补助。按 1999～2006 年完成的 1.39 亿亩退耕地还林任务测算，中央共安排巩固成果专项资金 926 亿元。

(1)基本口粮田建设。中央安排巩固成果专项资金和中央预算内基本建设投资用于退耕农户基本口粮田建设。通过坡改梯、土壤改良、农田水利设施建设等措施，实现退耕农户高产稳产基本口粮田西南地区人均不低于 0.5 亩、西北地区人均不低于 2 亩的目标。补助标准为：西南地区 600 元/亩，西北地区 400 元/亩。2008～2015 年建设基本口粮田 5574 万亩，安排专项资金 263.5 亿元。

(2)农村能源建设。中央安排巩固退耕还林成果专项资金用于户用沼气池、太阳灶、节柴灶及薪炭林等农村能源建设。2008～2015 年建设户用沼气池 365 万口，营造薪炭林 675 万亩，以及太阳灶、节柴(煤)灶、太阳能热水器、节能炕(铺)和节能炉等，拟安排专项资金 100.3 亿元。

(3)生态移民。中央安排巩固成果专项资金用于实施生态环境恶劣、地质灾害频发地区的生态移民。2008～2015 年实施生态移民 115.7 万人，安排专项资金 55.1 亿元。

(4)后续产业发展和退耕农民就业创业、劳动力转移和技能培训。中央安排巩固成果专项资金用于开展包括林果业、特色种植业和养殖业等的后续产业建设。2008～2015 年利用 8 年的时间安排林业产业基地(含经济林果基地、工业原料林基地)7300 万亩、森林抚育经营及低产林改造 690 万亩、特色种植业 1700 万亩、设施农业 46.7 万亩、棚圈建设 2485 万 m², 开展退耕农民培训 1635 万人次，安排专项资金约 407.7 亿元。

(5)补植补造。中央安排巩固成果专项资金用于实施退耕地造林和荒山荒地造林补植补造。2008～2015 年实施补植补造 7645 万亩，安排专项资金 39.6 亿元。

(6)高寒少数民族地区退耕农户直接补助。由于条件不具备，四川、西藏、青海的部分高寒少数民族地区不编制和实施巩固退耕还林成果专项规划，中央巩固成果专项资金继续直接发给退耕农户，补助标准和补助年限按原有补助政策执行。2008～2015 年将发放补助 41 亿元。

二、退耕还林工程建设成效

退耕还林工程在党中央、国务院的正确领导下，在各级地方政府和林业等行政主管部门的共同努力下，在广大退耕农户的积极参与下，取得了巨大成就。退耕还林工程对加快国土绿化，改善生态环境条件，调整农村产业结构，增加农民收入，改善民生发挥了巨大作用；对促进国家生态安全和经济社会协调发展，推动农村经济社会全面发展发挥了重要作用，得到了广大农民的真心拥护和社会各界的广泛支持；工程建设为顺利推进十八大提出的"美丽中国"奋斗目标奠定了良好的基础。

（一）生态环境明显改善，加快了美丽中国建设步伐

十八大首次把"美丽中国"作为生态文明建设的宏伟目标，要建设美丽中国，拥有一个良好的生态环境是最基础的条件。退耕还林工程作为我国一项重大生态建设工程，主要在我国中西部地区实施，这些地区生态环境十分脆弱，工程建设本着生态优先的原则，通过10多年的不懈努力，为这些地区增加了大量林草植被，昔日的黄沙裸土披上了美丽绿装，扭转与遏制了工程区生态恶化的趋势，极大地改善了生态环境，一些地方"山更绿、水更清、天更蓝、空气更清新"正在逐渐变为现实，工程实施为加快美丽中国建设步伐做出了重大贡献。

(1)植被盖度大幅度提高，生态状况向良性发展。退耕还林工程自1999年实施以来，截至2013年年底，全国共完成退耕还林工程建设任务4.47亿亩。10多年来，通过退耕还林工程的实施，工程区林草植被显著增加，森林覆盖率平均提高了3个百分点以上。多数地方生态状况明显好转，正由"总体恶化、局部好转"向"总体好转、局部良性发展"转变。陕西省通过退耕还林，森林覆盖率由1999年的30.92%增长到目前的41.42%，净增10.5个百分点，是历史上增幅最大、增长最快的时期。陕北延安市通过退耕还林，林草覆盖度由2000年的46%提高到2012年的67.7%，13年提高了21.7个百分点，昔日陕北的"黄土高坡"实现了"由黄变绿"的历史性转变，工程区森林2010年释氧量达3846.64万t，比2000年增加了54%，固碳量2010年达1436.84万t，比2000年增加了53.25%。湖北省全省每年因退耕还林工程新增的森林面积，可使森林覆盖率提高0.4个百分点，水土涵养增加59.595亿 m^3，吸收二氧化碳507.23万t，释放氧气415.72万t。湖南省通过退耕还林工程的实施，全省森林覆盖率提高了5.8个百分点，达到了56.1%。宁夏实施退耕还林工程以来，全区林地面积增加1293.5万亩，森林覆盖率由2000年的8.4%提高到目前的11.89%，提高了约3.5个百分点，退耕还林增加的森林面积每年最低可实现固定二氧化碳553.4万t，实现碳固定150.9万t，退耕还林工程已成为宁夏林业生态建设的重要载体。广西实施退耕还林工程以来，累计完成建设任务1452万亩，退耕还林工程的实施，使广西直接增加森林面积1320万亩，全区森林覆盖率提高了3.7个百分点，退耕还林使广西局部生态环境得到明显改善，为打造广西"山清水秀生态美"品牌做出了重要贡献。

(2)水土流失和石漠化得到明显遏制，工程区生存环境得到极大改善。我国退耕还林工程建设任务主要落实在水土流失较重的西部和一些生态环境相对脆弱的石漠化地区，这些地区实施退耕还林后，水土流失明显减少，石漠化得到明显遏制，当地人们的生存环境得到极大改善。宁夏实施退耕还林以来，年均治理水土流失面积超过1000km²，累计完成治理水土流失面积2.37万 km^2，每年减少流入黄河泥沙量4000多万t，水土流失治理程度接近40%，有效地改善了水土流失区生态环境和农业基础条件。据2012年生态效益定位监测，四川省退耕还林工程林草植被减少土壤侵蚀量达526.62万t，涵养水源量43.61亿t，固定碳量582.26万t，生态服务价值达1062.17亿元，境内长江一级支流的年输沙量下降60%左右，为建设长江上游生态屏障发挥了重要作用。陕西省通过退耕还林治理水土流失面积达9.08万 km^2，黄土高原区年均输入黄河泥沙量由原

来的 8.3 亿 t 减少到 4.0 亿 t，一些原来光秃秃的山坡得到较好的治理，水土流失大为减轻，为当地群众创造了更好的生存环境。据山西省林业调查规划院监测，入黄河泥沙量比工程实施前减少了 30%。昕水河泥沙含量由工程实施前的 27.7% 减少到 25.4%，最早实施退耕还林的偏关、中阳、古县等 16 个县，地表径流和土壤侵蚀量分别比工程实施前减少了 18%～46%，大同县水土流失面积约减少 56.1%，朔州市全市水土流失面积由工程实施前的 386 万亩减少到 281 万亩，土壤侵蚀模数由 3230t/(km²·a) 减少到 1090t/(km²·a)，年减少泥沙输出量 18.5 万 t。云南是少数民族聚集地，自古就有刀耕火种、广种薄收的农耕传统，水土流失比较严重，水土流失面积占全省土地总面积的 36.9%，曾经是中国水土流失较为严重的省份之一，通过退耕还林工程，全省 25° 以上的陡坡耕地面积减少了 332.5 万亩。根据该省退耕还林生态效益监测站监测，全省 25° 以上陡坡耕地营造乔木树种的地块，其径流量平均下降 82%，泥沙含量下降了 98%，退耕还林有效地控制了泥沙流量，初步扭转了生态环境恶化的势头。重庆市据有关监测结果表明，退耕还林共治理水土流失面积 1.2 万 km²，三峡库区水土流失减少了 23.9%，土壤侵蚀模数由实施退耕还林前的 5000t/(km²·a) 降低到了目前的 3642t/(km²·a)，水土流失减少了 23.9%，生态环境得到明显改善。甘肃省天水市秦城区水土流失面积由 1998 年的 314.3km² 减少到 90.74km²，减少了 71.1%，土壤年侵蚀量由退耕前的 208.24 万 t 减少到 95.56 万 t，减少 54.1%，生态环境明显好转。广西和贵州都是石漠化比较严重的地区，据工程效益监测，自 2001 年实施退耕还林工程以来，广西全区每年减少土壤流失 2300 多万 t，石漠化初步得到遏制，局部生态环境得到明显改善；据贵州省林业科学研究院(林科院)2011 年监测，工程区土壤侵蚀模数由退耕还林前的 3325t/(km²·a) 降低到 931.4t/(km²·a)，降低了 72%，土壤年侵蚀总量由 221 万 t 降低到 62 万 t，退耕还林有效地遏止了陡坡耕地水土流失和石漠化。

(3) 风沙危害大幅度减轻，为生态屏障建设做出了重要贡献。我国沙化土地由 20 世纪末每年扩展 3436km² 转变为现在的每年减少 1283km²，实现了沙化逆转，其中退耕还林工程发挥了重要作用。特别是京津风沙源区，通过长期实施退耕还林工程，有效减少了沙化面积、减轻了风沙危害，取得了良好效果。内蒙古退耕还林效益监测数据表明，退耕还林工程区退耕地的地表径流量减少 20% 以上，泥沙量减少 24% 以上，地表结皮增加，遏制了沙质耕地的进一步沙化，工程区的风蚀沙化状况初步得到遏制，局部地区生态环境明显改善，退耕还林为改善内蒙古生态环境，特别是为建设祖国北疆重要的生态屏障做出了巨大贡献。宁夏三面环沙，是风沙受害最为严重的省(区)之一，同时又处在世界气候干旱带上，蒸发量是降雨量的 10 倍，由于恶劣的自然环境，形成了毛乌素、腾格里、乌兰布和三大沙漠及其向中原地带和京津地区风沙侵袭的通道，威胁着该地区的生态安全。退耕还林以后，水土流失和沙化面积逐年减少，治理区域的生态环境和农民生产生活条件得到明显改善。据全国第四次荒漠化监测结果显示，宁夏的荒漠化和沙化土地总面积分别比 1999 年第二次全国荒漠化和沙化监测时减少 23.3 万 hm² 和 2.54 万 hm²，2004～2009 年宁夏荒漠化面积共计减少了 757.94hm²，减少幅度为 2.5%，实现治理速度大于沙化速度的历史性转变。根据最新监测结果，河北退耕还林工程实施以来，全省荒漠化土地面积与 1999 年相比减少 40.29 万 hm²，沙化土地减少 9.59 万 hm²，是全国沙化土地减少最明显的 4 个省份之一。据全国 1999 年第二次监测、2004 年第三次监测和 2009 年第四次监测结果显示，山西省晋北工程区荒漠化土地面积由 1999 年的

99.1 万 hm²、2004 年的 97 万 hm²，到 2010 年的 94.7 万 hm²，10 年荒漠化土地逆转 4.4%，年均减少 0.4%，工程区域内整个荒漠化土地得到有效治理，荒漠化土地面积减少，土地退化速度呈递减趋势。陕西北部沙区每年沙尘暴天数由过去的 66 天下降为 24 天。气象资料显示，退耕还林后，延安的平均沙尘日数由 1995～1999 年的 4～8 天减少到 2005～2010 年的 2～3 天，城区空气优良天数从 2001 年的 238 天增加到 2011 年的 316 天。秦巴山区各县通过退耕还林，实现了"天更蓝、山更绿、水更清、人更富"的建设目标。辽宁自退耕还林工程开展以来，全省年均风速由 2004 年的 1.51m/s 降到了 2009 年的 1.39 m/s，下降幅度达到 8%。昌图县是辽宁省西部 10 万 hm² 的重点风沙区，至 2011 年，该县结合退耕还林工程共营造樟子松和杨树等防风固沙乔木林 3.4 万 hm²，形成以纵贯昌图西部南北 400m 宽的百公里防风固沙大林带，基本堵住了 141 个风口，固定了 500 多个流动或半流动沙丘，有效阻止了科尔沁沙地南移。

(4)增加了野生动植物资源，生物多样性得到保护和恢复。例如，贵州省 2010 年退耕还林工程综合效益监测结果显示，退耕还林工程监测区退耕还林前陡坡耕地地表植被仅有 9 科 85 种(不包括农作物)；退耕还林 10 年后，退耕地乔、灌、草已增加到 68 科，340 种，其中乔木 13 种、灌木 90 种、草 237 种。陕西省在退耕还林工程实施后，随着森林植被的快速增加，全省生物多样性得到有效保护和恢复，野生动物种群数量增加。大熊猫、朱鹮等珍稀动物种群扩大，一些地方已经消失多年的狼、狐狸、鹰等飞禽走兽重新出现。湖北省实施退耕还林工程后，退耕还林地的植物物种数明显增多，随着林木的生长和郁闭度增加，退耕还林地草灌层物种组成发生变化，耐阴性植物逐渐代替喜光植物，如灌木优势种火棘、悬钩子、野蔷薇、黄荆条、马桑等已逐渐恢复。根据辽宁省对本溪县草河口镇和建平县建平镇东街村流域面积 5km² 的区域监测数据统计，2005～2009 年，监测区内的林草覆盖率由退耕前的 18.5%上升到 42.5%，退耕地的植被盖度比农耕地高出 42.6%，林下草本植物平均高度增加 8.5～10.4cm，林下植物种类增加 6～9 种。通过工程的实施，工程区内各种动物有了良好的栖息繁衍场所，现有各类植物得到了更好的保护，为动植物种类、种群的进一步扩大奠定了基础。

(二)改善生态与关注民生并重，有效提高退耕农户生产生活水平

生态是社会发展之本，民生是社会发展之基，只有正确处理好生态和民生的关系，在改善生态的同时，为老百姓增福祉，才能促进社会又好又快发展，也才能巩固已有的林业建设成果。退耕还林工程作为六大林业重点生态工程之一，实施过程中，在确保生态优先的前提下，一方面注重增加林草植被，改善生态；另一方面注重与产业结构调整、后续产业发展、促进农业增效、农民增收相结合，着力改变传统耕作模式，着力提高退耕农户生活水平，为有效改善民生做出了重要贡献。退耕还林工程已成为我国最大的生态建设工程和强农、惠农、富农工程。

(1)退耕农户受益于国家政策补助，直接增加了收入。截至 2012 年年底，中央财政已累计投入 3247 亿元用于对退耕农户补助，25 个工程省和新疆生产建设兵团的 1.24 亿农民直接受益，人均已累计获得 2600 余元政策补助。据有关部门统计，退耕还林补助占退耕农民人均纯收入的比例接近 10%，西部省(区)的比例更高一些，有 401 个县退耕还林补助占退耕农民人均纯收入的比例高于 20%。例如，陕西省延安市到 2012 年年底

完成退耕地还林 33.49 万 hm^2，工程涉及 28.6 万户、124.8 万人，人均获得国家政策补助 6436.7 元，部分县退耕还林补助占退耕农民人均纯收入的比例在 40%以上。内蒙古退耕还林涉及 597 万人，退耕农户人均获得补助 3576 元。云南省 2000 年以来累计完成国家下达的退耕还林工程建设任务 115.5 万 hm^2，涉及 130 万退耕农户，户均获得退耕还林补助累计达 9462 元，退耕还林补助占退耕农民人均纯收入的比例在 15%以上。

(2)调整了农村产业结构，促进了地方经济发展。工程区退耕以前，山区、沙区农民广种薄收，农业产业结构单一，许多潜力没有得到有效发挥。退耕还林工程实施以来，为调整农村产业结构提供了良好机遇，有效带动了地方产业结构的合理调整，逐步淘汰了一些落后的生产方式，改变了部分群众的日常生活和消费习惯，依托于退耕还林工程的特色种植业、养殖业、林产品加工业、乡村旅游业等产业逐渐兴起，加快了农村产业结构调整，促进了农林牧各业的健康协调发展，一些生态恶劣、经济贫困的地区逐步走上了"粮下川、林上山、羊进圈"的良性发展道路，实现了耕地减少、粮食增产、农业增效，为促进地方经济发展和农民增收致富增添了新的活力。农民就业增收门路进一步拓宽扩大，部分农民通过发展特色种植业、养殖业、林副产品加工业、乡村旅游业等，既有效利用了农村资源，增加了收入，又创造了大量的就业机会，部分农户退耕还林后完全脱离农业生产，转移到城镇从事第二、第三产业，成为产业工人或新型服务业人员，不但改变了生活和就业环境，也推动了当地的工业化和城镇化发展。例如，甘肃退耕还林工程的实施优化了农村产业结构，使农民依靠单纯的劳作维持生活的观念得到了转变，退耕农户已经走上了林业经济和特色产业开发相结合的多元化发展道路。目前，全省种植业内部粮、经、饲结构比例由退耕前的 73：12：15，调整为现在的 60：15：25，很多退耕农户已经从种植结构调整中直接受益，结构调整后，全省农村劳动力输转人数和务工收入分别达到了退耕前的 14 倍和 23 倍。内蒙古通过退耕还林，为农村产业结构调整提供了良好的契机和平台，使区内粗放农业向设施农业、林果业、畜牧业、中药材和观光旅游等产业过渡，推动了农业产业化经营，农牧民经济收入的路子得到拓宽，促进了地方经济发展。退耕前，退耕农户人均收益只有 1512 元；退耕还林工程实施后，退耕农户人均已获得钱粮补助 2554 元，退耕农户人均收益水平达到 4681 元，是退耕前的 3 倍。

(3)转移了劳动力，增加了劳务收入，提高了自我发展能力。退耕还林使大量的农村劳动力转移到城市或其他产业，不仅极大地减少了农民对当地原生资源的依赖，解放了农村劳动力，也使他们脱离了祖祖辈辈赖以生存的土地，成为新型产业工人，增加了收入，提高了生活水平。例如，四川省根据对丘陵地区的调查，大约每退 0.2hm^2 坡耕地可转移 1 个劳动力。2006 年全省退耕农户中有 400 万剩余劳动力外出务工，劳务收入达 217 亿元，占退耕农民人均纯收入的 43%。陕西省安康市 2012 年农村劳动力转移就业人数达到 68 万人，劳务经济收入 89 亿元。内蒙古巴林右旗 2000 年只有 3000 余人次外出务工，但退耕还林后，到 2009 年全旗共有 20 085 人次外出务工。通过对发达地区的劳务输出，部分学习到先进技术的人员返乡发展，涌现出一大批造林大户，带动社会力量参与生态建设，引领广大群众共同致富，近些年群众自发造林达 4 万余 hm^2。重庆市退耕还林以来，共转移劳动力 197.9 万人，实现劳务收入 115 亿元，工程区农民收入结构发生了显著变化：由退耕前的种养殖业收入占 80%、外出务工收入占 20%改变为目前的种养殖业收入占 40%、外出务工收入占 60%。这种改变，不但实现了"减人、增效、留空间"的目标，也使工程区的农民开阔了眼界，提高了自我发展能力。山西晋北工程区 13 个区县年均输出劳力 40 多万人，10 年靠劳务输出直接收入达到 400 多亿元，农村人口人均纯收入已由 2000 年工程启动时的 1704 元提高到 2009 年的 4099 元，人均纯收入增加了 2395 元。农村基层干部认为，退耕还林给我国农村带来了一场深刻变革，探索了我国农村经济社会发展和补贴农民的新途径，是最合民意的德政工程、最牵动人心的社会工程、影响最深远的生态工程。

(4) 促进了绿色富民产业的发展，拓宽了增收渠道。退耕还林通过多元化发展，形成了众多富有地方特色的绿色基地，从而带动了绿色富民产业的发展，延长了产业链，拓宽了农民增收渠道，提高了生活质量。例如，湖南湘西土家族苗族自治州通过退耕还林，发展以柑橘、金秋梨、猕猴桃为主的经济林果，以黄柏、厚朴、杜仲为主的中药材，以及以楸木、毛竹、杉木为主的用材林，使 60 多万农民年人均增收 600 元，其中有 2 万多农户每年户均收入在万元以上。贵州普定县是石漠化非常严重的地区，退耕还林前，在石旮旯里栽种玉米的产量和收入都很低，每亩年收入不足 200 元，难以解决当地农民的吃饭问题，但通过退耕还林栽种冰脆李后，经济效益比传统栽种玉米翻了几十倍，每公顷年收入可达 133.3～400 元，大幅度增收不仅有效解决了农民吃饭问题，也提高了农民生活质量。贵州省都匀市实施退耕还林工程以前茶农种茶收入不足 100 万元，通过实施退耕还茶，到 2013 年全市可采茶园面积已达 4200hm²，全市退耕还茶年产值达 6.8 亿元，退耕还茶户均增收 2.08 万元。茶产业的发展，实现了农民增收，加快了脱贫致富步伐。遵义县 2000 年通过实施退耕还林，营造自然景观林，依托退耕还林已建成 3 个森林公园和 1 个 4A(AAAA) 级旅游景区，在三渡镇云门囤 4A(AAAA) 级旅游景区，仅门票一项收入年均就达千万元以上。纳雍县一些退耕农户依托退耕还林发展农家乐逐步兴起，不仅使自身的经济状况得到较大改善，而且通过带动示范作用，也使周边和地方经济得到了较好发展：沙包乡安乐村一退耕农户依托退耕还林栽植的布朗李发展农家乐，目前经果林和农家乐经营年收入过百万元。宁夏在 2000～2012 年，通过退耕还林，发展林草间作面积 12.7 万 hm²、林药间作面积 0.73 万 hm²、"两杏"面积 8 万 hm²、柠条 43.7 万 hm²。到 2012 年，全区枸杞种植面积已达 5 万 hm²、产量 8.5 万 t，实现产值 32 亿元，葡萄种植面积 2.2 万 hm²、加工能力达 12.9 万 t、产值 16 亿元，苹果种植面积达 4.5 万 hm²、产量 48 万 t、产值 4 亿元，红枣种植面积达 5.3 万 hm²、产量 4.6 万 t、产值 4 亿元，中药材人工种植面积 5.5 万 hm²、产量 144 万 t、产值 14.2 亿元。四川以工程建设为契机，不断加强绿色富民产业发展力度，通过政策、资金、项目扶持，鼓励社会非公主体参与工程建设，通过租赁承包、联合经营、股份经营等方式，实现林地资源的集约化利用，并在全省范围内推广"企业+基地+农户""企业+基地+合作社""企业+农户+合作社"的现代林业经营模式，建成多个以速生工业原料林、木本油料作物、珍稀苗木种植及林下种养等为主的规模化产业基地，孵化出一批具有一定社会影响力的林产业龙头企业和品牌，通过其辐射效应，提高林农的参与度，影响并带动社会造林的积极性，促进工程建设成果的巩固。山西依托退耕还林建成一批生态旅游区，带动了旅游业的发展，如山阴城郊公园、大同县东山森林公园、应县龙首山生态公园、左云生态狩猎场、阳高大泉山风景旅游区、金沙滩生态公园、山阴西龙泉山森林公园、朔城西山森林公园、大同火山群和乌龙峡等。晋北工程区依托退耕还林已经建成 100 多家生态农庄和农家乐。

（三）提高了农业综合效益，促进了粮食的稳产高产

实施退耕还林后，退耕农民对剩余的稳产耕地进行精耕细作，提高粮食单产。很多工程区退耕还林后"粮下川、树上山"，保障和提高了粮食综合生产能力，同时提高了复种指数和粮食单产，实现了减地不减收。退耕还林工程实施 16 年以来，不仅没有造成工程区的粮食减产，还促进了粮食增产。据国家统计局统计，2004 年以来我国粮食总产连年创历史新高，2013 年首次突破 6 亿 t 大关，达 12 038.7 亿斤①，实现连续 10 年稳定增长。另据国家统计局的统计数据显示，实施退耕还林的 25 个工程省(区、市)粮食总产量 2010 年反而比 1998 年增产 5213 万 t，退耕还林并未造成粮食减产，而没有实施退耕还林的 6 个省(市)却减产 1795 万 t；2010 年与 2003 年相比，退耕还林工程区粮食作物播种面积、粮食产量增幅比非退耕还林省(市)分别高 7.7 个百分点和 12.8 个百分点，退耕还林工程区粮食增产量占全国粮食增产总量的 87.1%。

内蒙古通过退耕还林工程的实施，推进了农牧民生产经营方式的转变，大力实施了精种、精养、高产、高效战略，全区粮食产量稳步提高。1999 年全区粮食总产量为 1428.5 万 t，实施退耕还林工程后，在耕地面积减少、连年持续干旱的情况下，粮食产量每年都稳定在 1750 万 t 左右。

（四）促进了社会和谐稳定

退耕还林工程的实施，改善了工程区生态环境，加快了农村产业结构调整，美化了农村环境，改善了农业生产条件，为农业增产增收构筑了生态屏障，退耕农户从退耕还林及其后续产业的发展中获得了长期稳定的经济收益，逐步摆脱了落后贫困的状况，切身感受到了退耕还林带来的实惠，广大退耕农户将退耕还林工程誉为德政工程、民生工程、致富工程。通过退耕还林、生态改善、民生发展，不仅密切了党群干群关系，也有效促进了地方的和谐稳定。退耕还林政策透明、公开，在政策兑现工作中张榜公布钱粮补助，实行钱粮补助"一卡通"，设立举报电话、举报箱，主动接受社会和群众监督，这些举措确保了政策兑现公平、公正、公开，保障了退耕农户的利益，使一些地方干群矛盾开始缓解，逐步消除或走向团结和谐。民族地区和贫困地区发展问题解决得好，就为当地的和谐稳定创造了有利条件，退耕还林工程在内蒙古、广西、西藏、云南、宁夏、新疆等民族地区和边疆地区安排了退耕还林任务达 1.2 亿亩，占全国总任务的 1/4 以上，惠及我国几乎所有的少数民族，为维护民族团结和边疆稳定提供了有力的支撑，为维护当地的社会和谐发挥了更加积极的重要作用。

由于国家采取长期的钱粮补助和产业扶持政策，退耕还林注重解决农民的长远生计，农户受益面宽，受益时间长，不仅农民自身得到了发展，当地社会整体上也得到长足发展。例如，宁夏近几年由于持续干旱，宁南山区夏粮连年歉收，对于素有"全国贫困之冠"的宁南山区来说，正是因为实施了退耕还林，广大退耕农户享受到国家退耕还林政策补助而生计无忧、社会稳定。因此，退耕还林工程被宁夏人民誉为"民心工程""扶贫工程""德政工程"和"维稳工程"。

---

① 1 斤=0.5kg。

（五）提高了生态环境保护意识，为生态文明建设创造了良好的发展空间

退耕还林工程的实施，使广大群众切身感受到了生态改善给生产生活带来的好处，在思想上深刻认识到了"越垦越穷、越穷越垦"是导致贫困的根源所在，生态意识明显增强，主动要求实施退耕还林、改善生态环境的积极性有增无减。随着工程的推进，工程区生产方式开始调整，大量农村剩余劳动力摆脱瘠薄土地的束缚，走出大山，走向文明，走进了城市，开阔了眼界，既增加了收入，又学到了技术，成为懂市场经济的新型农民。退耕农户思想观念也开始转变，从"要我保护"向"我要保护""要我造林"向"我要造林"转变，生态建设和环境保护已成为全社会的共识，农民素质的提高为建设新型农村和建设生态文明打下了坚实的基础。

四川省整合、优化退耕还林等人工林资源，创建了一批国家级、省级森林公园和湿地公园，在改善自然环境和人居环境的同时，广泛提升了民众爱林、护林的环保意识，社会效益十分显著。河北省结合实施的退耕还林工程，大力开展文明生态村建设，引导农民开展封山禁牧、舍饲养殖，发展沼气、太阳能、风能等清洁能源，开展村容村貌整治和环境绿化美化建设。工程实施以来，广大干部群众切实感受到生态环境改善带来的好处，生态意识、绿色意识、环保意识显著增强，加强生态建设、保护生态环境已成为全社会的广泛共识。退耕还林给河北省农村带来了一场广泛而又深刻的变革，"生产发展、生活宽裕、乡风文明、村容整洁、管理民主"的新农村建设格局已逐步形成。

三、工程建设存在的突出问题

尽管退耕还林工程建设进展总体顺利，成效显著，国务院也出台了《关于完善退耕还林政策的通知》（国发[2007]25号），但目前工程建设中还存在一些不容忽视的矛盾和问题，基层干部和群众迫切希望早日得到解决。

（1）国家没有批准出台退耕还林总体规划，给工程实施带来很大困难，造成各地计划任务量大起大落、前期工作准备不足、长远发展考虑不够、超计划实施或当年无法完成计划任务等诸多问题。

工程建设经过三年试点后，于2002年正式启动，此后两年工程建设任务成倍增加。到2003年退耕还林工程建设任务总量达到713.33万hm^2，超过历史上各年度造林任务总量，导致当时准备工作严重不足，有什么苗，造什么林，有的甚至出现偷苗、挖野生苗等现象，严重影响造林质量，出现大量遗留问题。到2004年，由于政府换届，退耕还林任务急降至66.67万hm^2，仅为上一年度可比口径的19.8%。同时又导致了苗木大量剩余，有的被当成了柴烧，造成了极大浪费；另外，由于出现大量超计划实施的退耕还林面积，从而导致群体上访等不和谐现象，给党和政府工作造成极大被动。

（2）政策由中央直接制定，没有密切结合基层实际情况，存在一刀切现象，影响退耕还林工程建设成效。例如，政策规定生态林面积不低于80%，导致一些地方由于超比例被扣减了国家的政策补助，打击了退耕农户的积极性；而另外一些地方不顾当地的立地条件，盲目追求兑现期相对较长的生态林，最后导致退耕失败。又如，政策规定按南北方流域不同，兑现的标准也不同，最后却导致各地都不满意：北方认为自己造林条件差，补植费用高，政策兑现标准应该高；南方认为自己耕地多季收获，产量高，退耕后

利益损失大，政策兑现标准不应该低。

（3）退耕还林任务暂停与基层需求形成强烈反差。当前大量陡坡耕地和严重沙化耕地仍在继续耕种，水土流失和土地沙化等生态问题依然严重，退耕还林任务暂停与基层要求继续实施的强烈愿望存在矛盾。各级党委、政府和广大退耕农户希望重启退耕还林的呼声始终高涨，多地政府投入地方财力开展了小范围的退耕还林工作，但这只是杯水车薪。从 2007 年起，国家暂停安排退耕还林任务，致使各地大量需要继续退耕还林的面积无法退耕还林。据第二次全国土地调查结果，全国还有 6500 多万亩陡坡耕地和 1700 多万亩陡坡梯田。陡坡耕种不仅粮食产量低而不稳，而且造成大量的水土流失，得不偿失。同时，在生态脆弱地区，生态恶化与群众生活贫困相伴而生，互为因果，而且彼此催化。2010 年、2012 年、2013 年"中央一号文件"及"十二五"规划纲要都提出，要巩固退耕还林成果，统筹安排新的退耕还林任务。但这一要求长时间没有得到落实，基层盼望国家继续安排退耕还林任务的愿望越来越强烈。同时，退耕还林暂停时间太长，影响基层加强生态建设的信心，影响已有的 4 亿多亩退耕还林成果的巩固。

（4）退耕还林政策补助比较效益大幅度下降，巩固工程建设成果的压力越来越大。我国退耕还林的补助标准是 2000 年制定的，近年来，随着国家各项支农惠农政策不断加强，种粮补贴范围不断扩大、补贴标准不断提高，加上粮价上涨、种粮收益增加，退耕还林与种粮的比较效益大幅度下降，发放给退耕农户的补助资金已经无法买到当初的补助粮食，农民觉得其利益受到损害，意见较大。由于政策补助标准偏低，随着物价上涨，国家取消农业税并不断提高种粮补贴范围和标准，退耕还林政策激励作用日趋下降，巩固成果任务艰巨。

（5）尚未建立科学、长效的退耕还林补偿机制。尽管国务院有关文件对退耕还林补助期限作了明确规定，但从总体上看，这些补助政策缺乏系统完善的设计，存在政策短期化、临时化的现象。退耕还生态林的补助将从 2016 年起逐步到期。《国务院办公厅关于切实搞好"五个结合"进一步巩固退耕还林成果的通知》（国办发[2005]25 号）规定，退耕还林所造林木，按有关政策规定被确认为公益林的，在钱粮补助期满后逐步分别纳入中央和地方森林生态效益补偿基金补助范围；属于商品林的，允许农民依法合理采伐。但退耕还林地原是农民赖以生存的基本生产资料，现行中央森林生态效益补偿标准较低，难以补偿退耕农户丧失的机会成本和退耕还林产生的生态效益。

此外，现行工程种苗造林费补助标准依然低于实际造林成本，基层工程管理经费严重缺乏的情况一直没有得到实质性改善。

第三节　退耕还林发展战略思考

一、实施新一轮退耕还林的指导思想和基本原则

实施新一轮退耕还林的指导思想是：深入贯彻落实党的十八大和习近平总书记关于生态文明建设的一系列重要指示精神，以改善生态和改善民生为宗旨，以治理水土流失和风沙危害为重点，坚持巩固成果与稳步推进并举，坚持生态、经济、社会效益相结合，调整优化布局、突出建设重点、提高建设成效，继续有计划地推进陡坡耕地和严重沙化

耕地退耕还林，扭转水土流失和土地沙化的严峻局面，着力转变发展方式和增加最普惠的民生福祉，为建设生态文明和美丽中国、全面建成小康社会、实现中华民族伟大复兴的中国梦做出新的更大贡献。根据上述指导思想，实施新一轮退耕还林应坚持以下基本原则。

坚持稳定连续、取信于民。新一轮退耕还林与原先的退耕还林相比，对退耕农民的补助标准应有所提高，具体补助内容、补助方式、补助年限可做出适当调整，使国家财政的负担能力与退耕农民的利益诉求有机结合，保持政策的稳定性、连续性，取信于民。

坚持统筹规划、突出重点。统筹制定新一轮退耕还林工程规划，有计划、分步骤地推进工程建设，重点安排生态区位重要、生态环境脆弱、集中连片特殊困难地区的 25° 以上坡耕地和严重沙化耕地退耕还林，集中治理水土流失和土地沙化。

坚持巩固成果、稳步推进。通过完善政策，巩固退耕还林成果，做到"退得下、稳得住、能致富、不反弹"；新的建设任务要在总结以往经验和问题的基础上稳步有序推进。

坚持政府主导、农民自愿。全面贯彻落实退耕还林政策，严格执行党中央、国务院关于强化耕地管理的有关规定，国家制定统一的退耕还林政策和规划，地方政府组织实施。充分尊重农民意愿，在确保留足基本口粮田的前提下，依法开展退耕还林。

坚持改善生态、改善民生。以改善生态为首要任务，尊重自然规律，宜林则林、宜草则草、宜乔则乔、宜灌则灌，乔灌草有机结合。将改善生态与改善民生有机结合，引入社会力量和市场机制，将退耕还林与区域经济发展、农业结构调整和农民脱贫致富紧密结合，实现生态、经济和社会三大效益协调统一。

二、退耕还林战略目标

总体目标(2014～2050 年)：以全面恢复林草植被、治理水土流失和土地沙化为重点，以确保国土生态安全、实现可持续发展为最终目标，在切实巩固已有退耕还林成果的基础上，继续有计划、分步骤地实施退耕还林还草、封山绿化，使全国水土流失严重的坡耕地、严重沙化耕地和重金属污染严重的耕地得到有效治理，并相应地开展宜林荒山荒地造林和封山育林，建立稳定的森林生态系统，从根本上改善我国的生态环境，促进生态、经济和社会可持续发展。

近期目标(2014～2020 年)：据第二次全国土地资源调查结果，全国有 25° 以上陡坡耕地 546.7 万 hm^2(含水土流失严重的梯田 113 万 hm^2)。另外，还有严重沙化耕地 486.7 万 hm^2，以及待核实面积的重金属严重污染耕地、重要水源地坡耕地和地震、泥石流等重大自然灾害破坏的耕地。统筹考虑生态建设和耕地保护的需要，新一轮退耕还林重点考虑 25° 以上陡坡耕地、重点地区的严重沙化耕地、重要水源地坡耕地及西部地区实施生态移民腾退出来的耕地等，2014～2020 年完成退耕还林任务 533.3 万 hm^2，配套完成宜林荒山荒地造林 466.7 万 hm^2、封山育林 200 万 hm^2。新增林草植被 1200 万 hm^2，工程区森林覆盖率再增加 2.7 个百分点，使脆弱的生态环境得到明显改善，农村产业结构得到有效调整，特色优势产业得到较快发展，退耕还林改善生态和改善民生的功能初步显现。

远期目标(2021～2050 年)：到 21 世纪中叶，退耕还林地区森林植被及相关资源极大丰富，森林生态系统结构合理、功能优化、效益凸现，工程治理地区的生态环境得到彻底改善，生态灾害大为减轻。退耕还林工程区以森林资源为依托的特色优势产业得到充分发展，体系完善，经济效益显著，林业在国民经济中占有足量份额。地方经济繁荣，农民生活富足安康，实现生态、经济和社会的可持续发展。

三、退耕还林战略任务

（一）继续实施退耕还林还草工程

根据可退耕地状况、退耕还林还草建设现状，以及工程建设的指导思想、原则和目标等，2014～2020年对25°以上坡耕地、沙化严重的耕地、石漠化严重的耕地实行退耕还林533.3万hm^2。为了加大生态建设力度，巩固和扩大退耕还林工程建设效果，在有退耕还林任务的省区，以及海南省，开展宜林荒山荒地造林，并对通过封育能成林的无林地、疏林地实行封山育林，恢复森林植被。2014～2020年完成宜林荒山荒地造林466.7万hm^2、封山育林200万hm^2。以后视情况再适当安排退耕还林任务。

退耕还林根据因地制宜、适地适树的原则，由地方及退耕农户依据当地自然条件和种植习惯，确定林种和树草种，国家对林种比例不再作统一规定。

（二）巩固退耕还林成果

退耕还林是我国治理水土流失、改善生态、促进农业可持续发展和农民增收致富所采取的重大政策。第一轮926.67万hm^2退耕还林，从2016年开始将陆续到期，为长期巩固退耕还林成果，形成良性循环，需要进一步完善政策，不断强化对退耕还林地的管护，改善林分质量，促进退耕农户获得持续性的收入，实现退耕还林工程区经济社会可持续发展与广大退耕农户自身利益诉求的"双赢"。

有关省(自治区、直辖市)及有关部门要按照目标、资金、任务、责任"四到省"的要求，统筹做好巩固退耕还林成果的工作。采取有效措施，突出重点，加快进度，提高质量，全力推进巩固退耕还林成果专项规划中的基本口粮田建设、农村能源建设、生态移民、后续产业发展和补植补造等五大任务建设。在巩固退耕还林成果专项规划实施结束后，继续安排一定规模的退耕还林后续产业发展资金，统筹财政、金融等扶持政策，壮大区域特色优势产业，为退耕农户建立稳定的增收渠道，确保退耕还林成果切实得到巩固和退耕农户长远生计得到有效解决这两大目标的实现。

同时，对已有退耕还林成果和实施的新一轮退耕还林采取如下措施，加强成果巩固。①实施分类管理，将退耕还林中的生态林纳入森林生态效益补偿范围。在巩固退耕还林成果专项规划实施结束、退耕还林补助到期后，对符合国家和地方公益林区划界定标准的，纳入中央、地方财政森林生态效益补偿，按生态公益林进行管理并按差别化补偿的最高标准进行补偿；未纳入公益林范围的，允许农民依法进行流转和开展采伐、利用等经营活动。②加强退耕还林森林经营，提高质量效益。将退耕还林地纳入现有森林抚育补贴范围，并给予重点倾斜，实行计划单列。③将退耕农户发展林下经济纳入林下经济补助范围。鼓励退耕农户发展林下种植业、养殖业，以及生态旅游、休闲度假、农家乐等家庭产业，促进退耕农户增收致富。④提高退耕农户的履约意识。加大《退耕还林条例》的宣传和执法力度，督促退耕农户履行退耕还林合同，加强对退耕还林地的经营管护，禁止在退耕还林项目实施范围内复耕和从事滥采、乱挖等破坏地表植被的活动。

四、退耕还林战略布局

根据自然地理条件、社会经济条件和退耕地特点，结合国家主体功能区规划、全国林业发展区划等，将工程区 876 个县(市、区、旗)分为重点水源涵养区、严重水土流失区、严重岩溶石漠化地区、重点风沙区和东北森林屏障区 5 个类型区。其中，长江流域、青藏高原江源区及南方地区 500 个县(市、区)，占总数的 57.1%；黄河流域及北方地区 376 个县(市、区、旗)，占总数的 42.9%(图 4-1)。

图 4-1　退耕还林工程建设重点示意图
(按 5 个分区中的 10 个亚区区划)(彩图请扫描文后白页二维码阅读)

（一）重点水源涵养区

本区行政范围包括安徽南部，江西、湖北、湖南、重庆、四川、西藏的全部，贵州部分地区，河南和陕西的汉水流域，云南的长江流域，甘肃、青海的长江流域和部分黄河流域。生态区位有三峡库区、南水北调(中线工程)水源区、长江上中游水源涵养区、长江中游重要湖库集水区、青藏高原江河源区等，共计 344 个县(市、区)，其中：安徽 5 个、江西 13 个、河南 8 个、湖北 42 个、湖南 43 个、重庆 30 个、四川 79 个、云南 37 个、贵州 12 个、西藏 16 个、陕西 23 个、甘肃 16 个、青海 20 个。可退耕地面积 237.47 万 hm^2(表 4-1)。

表 4-1　新一轮退耕还林还草工程战略布局规划一览表

分区	县数/个	可退面积/万亩	规划面积/万亩
重点水源涵养区	344	3 562	2 671
严重水土流失区	172	3 122	1 699
严重岩溶石漠化地区	156	2 890	1 704
重点风沙区	190	2 903	1 797
东北森林屏障区	14	249	129
合计	876	12 726	8 000

本区地形以山地为主，气候主要为亚热带气候，水热条件好，年降水量多在 800mm 以上，高的可达 2000mm。山地夏季温凉湿润，日照少、湿度大，适宜于多种林木的生长，森林分布多而广，生长快、质量好，是我国重要的用材林基地、天然林分布区和生物多样性富集区。本区也是我国最大河流长江、最大水库三峡水库、南水北调中线工程源头区，以及洞庭湖、鄱阳湖等重要河湖水库的集水区和青藏高原江源补给区，对长江、黄河、雅鲁藏布江流域的水源涵养和水土保持起着极为重要的作用。本区人口密度大，人均耕地少，为确保粮食自给，历史上毁林开荒、开垦陡坡地现象严重，因此 25°以上坡耕地分布广、面积大、开垦时间长、复种指数高。陡坡耕种，使该区成为我国水土流失最为严重的地区之一，严重威胁中下游江河湖库等水利设施的安全和广大人民生命财产的安全，也在一定程度上减少了生物多样性，同时使森林景观破碎化，严重影响森林多种效益的充分发挥。

主要对策措施：①对 25°以上坡耕地逐步做到全部退耕还林，主要营造水源涵养林和水土保持林。由于该区水热条件好，可大力发展珍贵稀有树种、木本粮油树种、生物质能源树种、竹子和各种水果，实现生态建设产业化、产业发展生态化。②禁止陡坡荒地开垦耕作和毁林开荒，加大对现有森林的保护力度。③转变传统的刀耕火种式的耕作方式，加强基本口粮田建设，解决群众的吃饭问题。主要造林树种有杉木、马尾松、湿地松、油松、云南松、柏木、柳杉、栎类、杨树、槭树、刺槐等用材树种，红豆杉、银杉、柚木、西南桦、香樟、楠木等珍贵稀有树种，杜仲、花椒、茶树、柑橘、核桃、板栗、柿类等经济树种，油茶、小桐子、光皮树等木本油料树种和生物质能源树种，以及竹类等。

重点水源涵养区退耕还林任务为 178.07 万 hm^2，占规划退耕地还林总任务的 33.4%。

(二)严重水土流失区

该区西起日月山，东至太行山，南靠秦岭，北至燕山，行政范围包括山西、河南、陕西、甘肃、青海、宁夏、河北的各一部分，生态区位有黄土高原丘陵沟壑、吕梁山、太行山、燕山石质山地等严重水土流失地区，共计 172 个县(区、市、旗)，其中：河北 28 个、山西 35 个、河南 8 个、陕西 39 个、甘肃 45 个、青海 9 个、宁夏 8 个。可退耕地 208.13 万 hm^2。

本区气候属中温带半干旱区和暖温带半干旱半湿润地区，年降水量较少，由东南部的 600mm 逐步降至西北部的 350mm。在黄土高原丘陵沟壑地区，普遍覆盖有少则几十米、多则 100 多米甚至 200m 以上厚的黄土。由于植被稀少，雨量集中且多暴雨，黄土质地松散，沟壑纵横深切，陡坡耕地多，耕作制度不合理，抗蚀能力弱，造成了严重的水土流失，并形成了沟壑密布、坡陡谷深、地面破碎的特点。石质山地主要是由于地质构造和长期侵蚀形成的，土壤瘠薄，植被稀疏，本身保土蓄水能力差，一旦大雨来临，受耕作的土壤连水一起冲到山下，不但给坡地本身造成水土流失，还破坏山下的好耕地。本区农耕地比例过大、陡坡耕地多，土地利用不合理，而且荒山、荒坡较多，是我国水土流失最严重的区域，是黄河泥沙的主要来源地，生态状况亟待改善。

主要对策措施：①25°以上的坡耕地和水土流失严重的 15°～25°的坡耕地原则上都应退耕还林，重点营造生态林，部分地区可适当发展特色经济林和薪炭林。②加强小流域综合治理，采取坡改梯、"淤地坝"等多种工程措施，建设高产稳产农田，确保人均拥有 2 亩以上基本口粮田。③对生态脆弱、生态区位重要和不具备生存条件的地区，实行生态移民。④实行封山禁牧、舍饲圈养，保护林草植被。⑤推进农业结构调整，充分利用光热资源和林草资源，大力发展有地方特色的经济林，以及畜牧业、设施农业，增加农民收入。该区在树种选择上，可侧重生产木本饲料的树种，在植被配置结构上，实行乔灌草结合。主要生态林造林树种有油松、华北落叶松、国槐、刺槐、侧柏、白榆、杨树、柳树、山桃、山杏、柠条、沙棘、紫穗槐等，经济林造林树种有苹果、核桃、枣、柿、梨等。

严重水土流失区退耕地还林任务 113.27 万 hm^2，占规划退耕地还林总任务的 21.2%。

（三）严重岩溶石漠化地区

本区行政范围包括广西全部和贵州部分地区，云南除长江流域以外的地区，即国家开发区域中的桂黔滇等喀斯特石漠化防治区，共计 156 个县(区、市)，其中：广西 20 个、贵州 67 个、云南 69 个。可退耕地 192.67 万 hm^2。

本区气候属亚热带气候，湿润多雨，年均降水量 800～2000mm。同时，岩溶区气温和降雨量与海拔之间存在显著的相关关系，具有明显的山地垂直气候特征。本区土壤瘠薄，森林植被稀疏。严重岩溶石漠化的主要成因是人为活动因素，包括陡坡开垦、过度樵采、过度放牧和不合理开发建设，形成了恶性循环，石漠化仍在加剧，生态极为脆弱，阻碍了区域经济的发展。

主要对策措施：①对 25°以上坡耕地及水土流失和石漠化严重的 15°～25°坡耕地要尽量退耕还林，并加大荒山荒地造林和封山育林力度，尽快增加森林植被，保水保土。②通过大力发展太阳能、沼气等措施，减少薪材消耗，保护石山现有植被，提高森林质量，从而提高保水固土能力。③加大生态移民力度，减轻岩溶石漠化地区的人口压力。该区应主要营造水土保持林，适当发展速生丰产用材林、特色经济林、竹林和薪炭林。主要造林树种有大翼豆、栎类、香椿、苦楝、任豆、剑麻、樟树、柚木、桤木、刺槐、圆柏、滇柏、柳杉、台湾杉、杜仲、板栗、核桃、花椒、金银花、胡枝子、火棘、马桑等。

严重岩溶石漠化地区退耕还林任务 113.6 万 hm²，占规划退耕地还林总任务的 21.3%。

（四）重点风沙区

本区行政范围包括辽宁、吉林和黑龙江的西部，河北北部，山西和内蒙古除黄土高原以外的部分，陕西北部，甘肃中西部，新疆全部和北京郊区。生态区位有京津风沙源区、科尔沁沙地、古尔班通古特沙漠和塔克拉玛干沙漠周边地区，以及黑河流域、石羊河流域等，共计 190 个县(区、市、旗、农建团)，其中：北京 9 个、河北 18 个、山西 20 个、内蒙古 61 个、辽宁 8 个、吉林 3 个、陕西 6 个、甘肃 15 个、新疆 50 个(新疆生产建设兵团 4 个)。可退耕地面积 193.53 万 hm²。

本区气候属干旱半干旱地区，除东北以外，大部分地区年降水量在 400mm 以下，热量丰富，但水量严重不足是最主要的制约因子。自然条件差，土地面积大，人口绝对密度小，但单位面积土地承载力小，社会经济发展水平低。由于长期毁林毁草开垦和过度放牧，导致土地沙化和草原退化，沙化、风蚀严重，是我国主要的沙漠分布区，也是我国沙尘暴的最主要沙源地和尘源地，生态区位重要并且极为脆弱。在严重沙化土地上耕作，不但粮食产量低而不稳，而且会进一步加剧土地沙化程度。

主要对策措施：①对严重沙化耕地逐步退耕还林还草，加大宜林荒山荒地造林和封山(沙)育林力度，尽快增加林草植被，建设乔灌草相结合的防风固沙林体系。年降水量小于 400mm 的地区，重点发展灌木林，并实行灌草结合，在林内间作苜蓿、草木犀、线叶菊、羊草等饲草。②沙地开发要在区域经济社会发展规划的控制下进行，禁止对沙地的无序、掠夺性、破坏性开发，防止新的严重沙化土地的产生。禁止新的毁林毁草开荒和采集发菜、滥挖甘草等人为破坏林草植被的行为，防止边治理边破坏。③把发展畜牧业同生态建设有机结合起来，改变农牧业生产方式，实行封山禁牧、舍饲圈养、以草定畜，并适当调整养殖结构，减少山羊、绵羊养殖量，增加奶牛、肉牛养殖量。④积极发展风能、太阳能等农村能源，对一些水源不足、水质不好、人畜无法生存的地区实行生态移民。⑤加大基本农田建设，确保退耕农户人均拥有 0.13hm²(2 亩)以上口粮田。该区主要造林树种有杨树、柳树、刺槐、侧柏、蒙古栎、落叶松、樟子松、油松、榆树、核桃、枣、红柳、沙枣、沙柳、柠条、沙棘、梭梭、沙蒿、沙打旺、花棒(细枝岩黄耆)、紫穗槐等耐旱、固沙效果好的树种。

重点风沙区退耕地还林任务约 120 万 hm²，占规划退耕地还林总任务的 22.5%。

（五）东北森林屏障区

本区行政范围包括吉林、黑龙江大兴安岭地区、长白山地区和辽宁的松辽平原地区。生态区位有我国重要的大兴安岭森林生态功能区、长白山森林生态功能区、松辽平原黑土地保育区等，共计 14 个县(区、市、旗)，其中：吉林 4 个、黑龙江 4 个、辽宁 6 个。可退耕地 16.6 万 hm²。

大兴安岭、长白山、松辽平原以低山为主，海拔多在 600～1000m。气候为温带、北温带大陆季风气候，四季分明，冬季严寒、干燥而漫长，夏季温热而短暂，年降水量多在 600～800mm，是我国面积最大、纬度最高、国有林区最集中、天然林分布最多、生态地位最重要的生态功能区，也是全国最大的木材生产基地和木材战略储备基地。区内分布有大河流、大湖泊，周边还有大草原和大粮食产区，战略地位非常重要。同时，大兴安岭、长白山也是世界上同纬度地区植物种类最多、生物多样性最丰富的地区，具有重大的科研和教学价值。由于林区开发，人员增加，林区人口压力加大，毁林开垦现象时有发生，形成"人进林退"的局面。在林缘线不断北移的同时，水土流失、土地沙化现象也不断发生。林区内分布的坡耕地对于林区生态退化产生了推波助澜的作用。

主要对策措施：①加强对现有森林资源和草原的保护，避免进一步发生毁林毁草等非法开垦现象。②对坡耕地、非法开垦的耕地实行退耕还林还草，营造水源涵养林。主要造林树种为红松、兴安落叶松、樟子松、云杉、冷杉、白桦、黑桦、山杨、柏树等。

东北森林屏障区退耕还林任务 8.6 万 hm^2，占规划退耕还林总任务的 1.6%。

第四节　退耕还林战略对策和路径

退耕还林工程自 1999 年实施以来，经历了三年试点、两年大规模推进、2004 年以后的结构性调整和巩固成果等三个阶段。

一、巩固成果对策，确保已有退耕还林的成果

回顾退耕还林工作可以看到，以 2004 年为界，退耕还林工程进入了"巩固成果"新阶段。2005 年 4 月，国务院办公厅下发了《关于切实搞好"五个结合"进一步巩固退耕还林成果的通知》（国办发[2005]25 号），安排了专项资金。2007 年 8 月，国务院印发了《关于完善退耕还林政策的通知》，提出了"巩固成果、稳步推进"的指导思想，明确了两大目标和两大政策。时任总理温家宝对退耕还林成果巩固工作高度重视，2007 年 4 月强调："退耕还林涉及 1 亿多农民，关系生态安全，关系农村稳定。要巩固成果，确保质量，完善政策，稳步推进。巩固好退耕还林成果，关键是搞好后续产业，核心是增加农民收入，根本是解决好农民的生计问题"。2012 年 9 月，温家宝总理主持召开国务院第 217 次常务会议，专门听取了国家发展改革委关于巩固退耕还林成果工作情况的汇报。会议强调，巩固退耕还林成果工作仍处于关键阶段，要突出工作重点，继续实施好巩固退耕还林成果专项规划，加快项目建设进度；要着重解决退耕农户长远生计问题，强化项目和资金管理，加强项目实施效果评估和评价。同时，会议还明确了两个事项：在全国第二次土地调查结果的基础上，适当安排重点生态脆弱区退耕还林任务；从 2013 年起适当提高部分项目补助标准。

（1）成立巩固成果组织机构。2004 年以来，各地区各有关部门在巩固退耕还林成果方面做了大量工作。一套完备的机制是工作顺利开展的保障。经国务院批准，建立了由国家发展改革委牵头，有关部门和单位参加的巩固退耕还林成果部际联席会议制度。各地建立了省级巩固退耕还林成果的组织领导机构，形成了"统筹在省、协调在市、实施在县"的工作机制。国家发展改革委、财政部等有关部门制定了巩固退耕还林成果项目管理办法、专项资金使用和管理办法。

(2)制定巩固成果"五结合"规划。按照国务院要求，国家发展改革委会同有关部门，组织各地编制了巩固退耕还林成果专项规划。2011年，根据实际情况和农民意愿，适当调整了专项规划建设任务。规划经过调整后，全国将建设稳产高产基本口粮田近400万hm²；户用沼气池380万口、太阳能灶168万台、太阳能热水器168万套；实施生态移民118万人；发展一批特色种植业、养殖业等后续产业；开展补植补造519万hm²。

(3)巩固成果补植补造。巩固退耕还林成果工作成效之一是林木保存率保持在较高水平。退耕还林工程区补植补造力度不断加大，使2600多万hm²退耕林木得到有效保护。据国家统计局监测结果显示，截至2011年年底，工程区退耕还林面积保存率达到98.9%。通过大规模退耕还林还草、荒山荒地造林、封山育林和补植补造，工程区林草植被盖度进一步增加，风沙危害不断减轻，水土流失明显减少，土壤侵蚀模数不断下降，碳汇能力显著提高。

(4)巩固成果解决生计。退耕还林了，退耕农民的吃饭问题如何解决？巩固成果成效之二是退耕农户口粮自给能力进一步增强。截至2011年年底，累计建成稳产高产基本口粮田176.87万hm²，参加基本口粮田建设的退耕户人均累计建成0.1hm²，亩均增产粮食50kg以上，解决了近2000万退耕农民的吃饭问题。

(5)巩固成果提高收入。巩固成果成效之三是退耕农户收入快速增长。退耕还林工程进一步解放了农村劳动力，促进富余劳动力外出务工，工资性收入成为退耕农户收入增长的主要来源。2007年以来，退耕农户人均纯收入年均实际增长11%，比全国同期水平高出1.4个百分点，其中工资性收入年均增长25%，对退耕农户收入增长的贡献率达55%。

(6)巩固成果改善生活。退耕农户生活方式发生了重大变化，是巩固成果成效之四。清洁能源和新能源消费方式逐步成为农村能源消费的新亮点。2007年以来，累计建成户用沼气池129万口，节煤节柴灶(炕)127万台(铺)，太阳能灶71万台，太阳能热水器33万套。据估算，由于能源结构的改善，保护了2000多万亩森林资源免遭砍伐破坏。

(7)巩固成果后续保障。变输血为造血，退耕农户长远生计有了基本保障，是巩固退耕还林成果的又一重要成效。退耕还林促进了农业产业结构调整，一批农林特色产业发展壮大，农村劳动力向二三产业转移加快。截至2011年年底，巩固退耕还林成果后续产业项目累计建成优势林果茶业和种植业4199万亩，发展特色畜禽养殖1733万头(只)。

二、重启退耕对策，确保退耕还林工作的连续性

迄今为止，退耕还林工程走过了十余年的光辉历程。2007年结构调整后，退耕地还林任务暂停，只剩下荒山荒地造林任务。目前，社会各界呼吁重新启动退耕地还林的呼声很高，党中央、国务院也高度重视，在此情况下，重新启动退耕地还林工作，可以说是水到渠成。今后安排退耕还林任务，将坚持"突出重点、集中连片安排，退耕还林一片、巩固建设一片、片内不留死角"的原则，集中布局在长江上中游重点水源涵养区、喀斯特石漠化防治区、重点风沙区、黄土高原丘陵沟壑水土流失防治区，重点安排在江河源头、湖库周围及石漠化危害严重等生态地位重要区域的25°以上坡耕地。在吸取第一期退耕地还林经验的基础上，结合当前新的形势，新一轮退耕还林还草工程，宜在以

下方面有所调整。

(1)补助政策调整。现有退耕还林补助政策的期限较长，增加了检查验收、兑现、管理等成本。由于造林后南方 3 年、北方 5 年成林，成林后可纳入林政资源管理，因此，新一轮退耕还林工程的补助政策及其检查验收年限，主要集中在 3～5 年造林成长期，成林后可以纳入林政资源管理，纳入公益林补偿范围。

(2)林种结构政策调整。《退耕还林条例》和国发[2002]10 号文规定，退耕土地还林营造的生态林面积，以县为单位核算，不得低于退耕土地还林面积的 80%。在退耕还林实践中，由于区域的差异性，这一规定不利于一些退耕还林工程区发挥当地自然地理、资源等优势，发展经济林产业；不利于促进农民增收，更不利于成果巩固。因此，新一轮退耕地还林时，建议按照因地制宜、适地适树、兴林富民等原则，放开生态林、经济林比例限制。

(3)配套保障政策调整。2005 年 4 月，国务院办公厅下发了《关于切实搞好"五个结合"进一步巩固退耕还林成果的通知》(国办发[2005]25 号)，安排资金，把退耕还林与基本口粮田建设、农村能源建设、生态移民、后续产业发展与培训、补植补造等配套保障措施结合起来。但在实施中存在实施单位分散、形不成合力，基本农田、沼气、生态移民等标准不统一等问题，因此，新一轮退耕地还林的配套保障措施，在组织实施单位、工程标准等方面应作适当调整。

(4)项目管理费纳入预算。许多地方戏称退耕还林工程为"裸体工程"，只有群众造林补助，没有政府和相关部门开展工作的前期工作费、作业设计费、检查验收费、监理费等管理费用，许多工程省、县退耕还林主管部门要么挪用其他资金，要么"掏空家底"，负债工作，情况相当被动和危险，也影响了退耕还林工程的正常运转。因此，新一轮退耕还林工程，要像其他国家重点工程一样，严格按照工程项目的管理方式，将退耕还林工程的管理费用，纳入项目规划，统筹安排。

(5)加强政府保障行为。退耕还林是一项政府主导的工程，政府的强势行为体现在工程建设方面。通过对国家级、省级、地级和县级等政府参与部门的目标、权利、责任、参与动机等分析，提出进一步优化和完善政府管理工程的措施。

(6)强化科技保障体系。科技是第一生产力，科学技术是提高退耕还林工程质量的重要措施。通过对退耕还林工程有关科技支撑工作的研究分析，提出进一步推广退耕还林实用技术、提高工程科技含量的政策措施。

(7)推广管理机制及模式。退耕还林工程确立了以"个体承包"为核心的管理机制，实现了行政手段、经济导向并重的工程建设机制。通过分析各地多种多样的"个体承包"形式，提出注重经济手段、突出市场导向的充满活力的工程建设机制和模式。

三、生态优先对策，走生态经济协调发展的路子

退耕还林工程是一项宏大的生态建设工程，是设计、建造以木本植物为调控主体的人工复合生态系统，以保护、改善和持续利用自然资源与环境。我国的退耕还林是一个复杂的社会系统工程，具有涉及面广、政策性强、群众参与程度高等特征，这在国内外都是空前少有的。因此，退耕还林工程的正确决策，必须用生态学原理、经济学原理和

社会学原理等理论来指导。事实证明，退耕还林工程是一项以生态为主体目标的工程，必须坚持生态优先、三大效益兼顾的原则。

(1)应用生态系统理论，经营恢复生态系统。退耕还林中，统筹考虑林业经营与环境系统之间的关系，把还林后形成的生物系统与环境系统作为一个统一的生态系统来经营，力争保持生态系统结构和功能的完整性，如整地时提倡穴状整地以小面积地破坏原生植被；抚育时推广穴状抚育以减少破坏地表植被；采伐时提倡择伐、间伐等以减少对生态系统完整性的破坏。

(2)应用生态平衡理论，尽快恢复生态平衡。退耕还林工程的本质是对毁林开荒的土地停止耕作并造林种草，希望通过林分的生长、发育、演替，最终恢复原有的顶极群落状态，实现生态平衡。退耕还林工程中选择当地顶极群落优势树种造林，可以缩短群落演替的时间，尽快达到顶极群落，恢复生态平衡的状态。

(3)应用生态脆弱区理论，科学选择退耕地块。在退耕还林工程中，应用生态脆弱区理论，主要是科学合理地选择退耕区域，解决好"在哪里退"的问题，特别是如下区域应优先退耕还林：水陆交接带，由于受力方式、强度及频繁侵蚀与堆集，其生态环境相当脆弱，如江河湖库岸边、周围地带、一面坡、集水区等；梯度联结带，主要是重力梯度在界面形态上的过渡区，其生态稳定性很差，如坡地、陡坡地等；沙漠边缘带，只有在沙漠的边缘地带造林，退耕还林才能更有效地阻止沙漠推进，最大限度地发挥其防护效益，在大沙漠中造林是没有效益的；干湿交替带和农牧交替带，这些地区植被类型、土壤类型、地表景观、耕作方式、生产方式等具有脆弱程度高的特点，因此干旱半干旱的中西部等地区是我国退耕还林的重点地区。

(4)应用生态位理论，科学选择植被配置方式。在退耕还林中，应用生态位理论，主要是科学合理地选择植被配置方式，根据物种间生态位相互交叉、重叠等特性，利用物种之间的共生、互生、抗生关系，最大限度地利用土壤、阳光、时间和空间等资源因素，提高退耕还林工程的生态和经济效益。依据生态位理论，退耕还林植被配置的主要形式有两种：水平配置，主要是利用树种间共生、互生等特性，营造混交林；立体配置，主要是利用树种生态位在时间、空间等因子上的差异，营造复层林(草)。

(5)应用生态控制理论，重建人工林生态系统。依据生态控制理论，在确保自然生态良性循环的基础上，可以采取一些积极措施调控生态系统，使其结构和功能更加完善，更符合人们的生态需求。退耕还林工程是生态控制理论的具体应用，通过重建人工林生态系统，尽快恢复顶极群落及其生态平衡。在恢复方式上采取人工促进的方式。

(6)生态经济学理论，生态经济一体化。退耕还林工程利用生态经济学理论，运用技术手段，确保人们在开发、利用和改造自然界的过程中，使生态、经济效益都能达到最大化。退耕还林工程的生态经济学依据主要表现在，粮食等农作物对坡耕地和沙化地没有良好的适应性，不仅产出率低，而且不能在再生产的同时维持生态平衡。虽然毁林开荒能取得短期的经济效益，却由此破坏了生态原有的平衡状态，造成水土流失，气候条件变劣，带来极大的外部不经济性，其代价是惨重的，最后不仅生态良性循环遭到破坏，原有的种植业产量也日益下降，综合效益低下。

(7)应用水土保持理论，选择生物措施。治理水土流失的主要方式有生物措施、工程措施、水保措施等，其中以植树种草为主的生物措施能有效降低水力、风力、泥石流等侵蚀。退耕还林工程对陡坡耕地和严重沙化的耕地，通过植树种草等手段来增加土体抵抗力，减小风力、水力等外营力的破坏力，有效控制水土流失，这也是水土保持基本理论的应用。

控制水土流失主要以减少养分流失为目的。在各种植被类型中，森林具有最大的保土作用，尤其是在原生和次生演替序列的过程中，能够累积大量的枯枝落叶而形成腐殖质层，不仅增加了土壤的有机质，还加厚了土壤层，并成为土壤的一部分。这种枯枝落叶层和有机质层，具有最大的保水性能和过滤作用，使土壤免遭侵蚀。还有构成森林群落各层次的草本植物、灌丛和乔木的庞大根系，它们的盘结度大大地增强了土壤的抗侵蚀性能。而土壤的流失不仅是大量表土的损失，还会带走表土中很多营养物质，如 N、P、K 等，以及下层土壤中的部分可溶解物质。

土壤侵蚀使土壤中的 N、P、K 及有机质大量流失，从而增加土壤的化肥施用量。因此森林减少土壤 N、P、K 有机质损失的经济价值可根据"影子价格"来估算，即现行化肥价格来确定。可以说，退耕还林工程是水土保持理论的最广泛、最直接的应用。

(8)应用公共商品理论，退耕还林工程主要建设费用由政府出资。林业具有生态、经济和社会三大效益，其中生态、社会效益都是不可交换的。因此，从商品生产、消费的角度看，退耕还林是一种准公共商品，存在市场调节失灵，其生产、供应离不开政府机构，政府应承担起公共商品生产、供应的角色，或者由政府出资组织、雇用生产，以满足全民或部分国民消费。退耕还林工程是我国迄今政府补助最高的生态建设项目，这与退耕还林工程具有公共商品或准公共商品的特性是分不开的。

四、规划先行对策，走按规划实施的路径

党中央、国务院领导同志对退耕还林工作高度关切，多次明确指示要编制退耕还林规划，稳步推进工程建设。《退耕还林条例》《国务院关于完善退耕还林政策的通知》(国发[2007]25 号)和《全国土地利用总体规划纲要(2006—2020 年)》等法律法规和重要文件对编制退耕还林规划也都有明确要求。由于多种原因，《退耕还林工程建设规划》已经数易文稿、多次协商、多次论证，但目前仍未批准实施。为进一步规范退耕还林工程建设，利用新一轮退耕还林契机，宜尽快出台《退耕还林总体规划》，作为今后一个时期退耕还林工程建设的总体方针，指导全国退耕还林工作。

(1)编制退耕还林总体规划，继续有计划、有步骤地推进工程建设。国发[2000]24号文件和国发[2002]10号文件都明确了退耕还林的基本政策，是退耕还林的纲领性文件。但这两个文件并没有明确规定退耕还林范围、布局、任务、资金、年限等关键问题。为进一步扎实稳妥地推进退耕还林工程建设，有必要在文件确立的基本政策框架下，尽快编制《退耕还林总体规划》。

(2)编制退耕还林总体规划，为工程提供预算资金保障。编制退耕还林总体规划，明确工程建设资金规模、年度支出等事项，有利于中央财政统筹安排预算内资金，设立资金专项，确保工程建设的资金需求。

(3)编制退耕还林总体规划，明确各地的目标任务。由于缺少退耕还林规划，各地

担心退耕还林政策会变化，担心退耕还林任务停止或减少，纷纷争抢退耕任务。本着"手中一只鸟胜过树上百只鸟"的思维，各省、地、县跑项目、争任务的现象相当突出，以致出现"利益均沾""平均主义""撒胡椒面"等问题，生态优先、集中治理、小流域治理等建设原则难以贯彻，影响了退耕还林成效。编制退耕还林总体规划，能确保退耕还林工程有计划、有步骤地开展，避免各地一哄而上地争抢任务。

(4)编制退耕还林总体规划，确保生态优先原则的实施。由于缺少退耕还林规划，对"退哪里""还什么"没有明确限制，一些地方忽略了退耕还林生态主导地位，偏向经济效益，没有把生态优先的原则贯穿到"退哪里""还什么"等环节。在"退哪里"环节上，没有优先安排生态脆弱区和生态重要区，平均分配、形象优先、通道优先、景区优先、整齐划一等做法比较突出，违背了先急后缓的原则；在"还什么"环节上重经济轻生态，以致经济林多、纯林多、速生林多。

(5)编制退耕还林总体规划，进一步提高党在群众中的威信。由于缺少退耕还林规划，对原则、范围、任务、目标、年限，以及"退哪里""还什么"等关键问题没有明确限制，群众不明白工程建设任务量，为一些地方在退耕还林工作中"暗箱操作"提供了方便之门，影响了党在人民群众心目中的形象。

五、产权明晰对策，先明晰产权再列入任务

(1)坚持"个体承包"机制，明晰产权。俗话说，"林定权、树定根、人定心"。因此，林权是核心。产权不明晰，政策多变，是影响农民造林、制约生态建设的重要原因。实施退耕还林要认真落实"退耕还林、封山绿化、以粮代赈、个体承包"的政策措施，坚持个体承包的机制，实行责权利相结合。各地在工程建设中，坚持先落实个体承包政策，明晰产权，再安排退耕还林任务，收到了良好效果。

(2)创新"个体承包"机制，充分调动建设主体的积极性。退耕还林"个体承包"原则，是确保"谁退耕，谁造林，谁经营，谁受益"的政策措施。就退耕还林中如何落实好这一政策措施，各地在工程建设中作了许多有益的尝试，进行积极探索，大胆创新建设机制，创造了一批适合本地区实际情况的具体运作方式，为落实"个体承包"机制，为我国生态建设的快速发展提供了有效的途径和经验，如户退户还、土地置换、退还分离、大户承包、专业队造林、产业化经营、股份合作和联营，以及招投标制等一些适合本地区实际情况的运行方式。

(3)确权发证，落实好"林权是核心"的工作。退耕还林后，应当依法履行土地用途变更手续。退耕还林者享有退耕土地上种植林木的所有权，由县级以上人民政府发放权属证明。退耕还林土地承包经营权的期限和造林后荒山荒地承包经营权的期限延长到70年，其承包经营权可以依法继承、流转。承包经营权到期后，退耕还林者可以按有关法律法规的规定继续承包。国家坚持"林权是核心"的原则，强化退耕还林工程的确权发证工作，让群众退得踏实、还得放心。2001年国家下发了《国家林业局关于做好退耕还林后颁发林权证工作的通知》（林资发[2001]544号），要求做到还林一块、验收一块、登记一块，依法确认其权属；2003年国家再次下发了《关于做好退耕还林后颁发林权证工作的通知》（林资发[2003]49号），进一步强调了确权工作。

六、领导负责对策，落实领导目标责任制及奖惩制

按照政策要求，退耕还林工程实行省级政府负总责和市、县级政府目标责任制。实行目标、任务、资金、责任四到省。同时，按照分级负责、分级管理的原则，切实抓好地、县级目标责任制和相关责任制的落实工作。为增加各级政府和领导的使命感和责任感，落实各级领导和退耕还林户的责任和义务，有必要层层签订目标责任书、责任状、合同书。

(1)层层签订目标责任状。退耕还林工程实行省级政府负总责的目标责任制，坚持退耕还林目标、任务、资金、责任"四到省"；同时，省级政府还要将目标、任务、责任分解落实到地市、县区政府，地市政府对省级负责，县区级政府对地市负责，并以此建立各级政府目标责任制，层层签订责任状。国家退耕还林行政主管部门与省级政府领导签订"四到省"责任状，省级政府与地市政府签订"四到市"责任状，地市级政府与县区级政府签订"四到县"责任状。

(2)列入发展规划。退耕还林省、地、县的各级党委、政府高度重视退耕还林工程，将退耕还林列入当地社会经济发展规划，并作为重要工作摆上议事日程，做到规划上有位置，计划上有措施，日程上有安排。

(3)建立健全退耕还林组织机构。为加强对退耕还林工作的组织领导，协调好各部门之间在退耕还林工作中的责任、权利和义务，使退耕还林这项庞大的生态工程得以全面顺利实施，有必要在省、市、县设立退耕还林工程领导小组及其办公室。领导小组由一名省、市、县领导担任组长，与退耕还林工作密切相关的发改、财政、林业、农业、水利、国土、审计、粮食等部门的负责人为领导小组成员。同时，成立退耕还林工程领导小组办公室，配备专门人员，具体落实领导小组布置的各项工作。在具体工作中，可采取建立管理制度、定期召集会议、部门工作人员合署办公、发行简报、设立举报电话等形式，及时处理退耕还林的日常事务，提高办事效率。

(4)推广领导包片制度。推广省级领导包市、市级领导包县、县级领导包乡，乡级领导包村，部门领导包重点村制度，层层签订包片责任状，明确奖惩措施，并作为一项硬指标，纳入省、市、县、乡和相关部门领导考核的重要内容。

(5)领导示范点制度。领导示范能提高退耕还林成效，是宣传动员群众参与工程建设的有效手段。各工程省、市、县，要根据自身的实际情况，建立一批退耕还林领导示范基地，如生态效益方面，选择防风治沙、水土保持、生物多样性等效益好的树种，建立生态林科技示范基地；经济效益方面，选择名特优新的树种，建立经济林示范基地；社会效益方面，可以选择旅游景观、吸尘防噪效益好的树种，建立示范基地。

(6)实行奖惩制度，与经济利益挂钩。把退耕还林工作作为县、乡领导干部政绩考核的主要内容，严格兑现奖惩，确保退耕还林的目标、任务、资金、责任"四到位"。

七、管理强化对策，抓好工程建设的十大环节

2002 年朱镕基总理在山西考察总结退耕还林试点经验时强调，实施退耕还林工程"林权是核心，给粮是关键，种苗要先行，干部是保证"，这四句话都做到了，退耕还林

就一定能够成功。为确保工程健康、顺利推进，必须抓住这4个主要环节，强化工程管理。为严格工程管理，逐步实现工程建设管理的制度化和规范化，国家有关部门相继出台了一系列关于工程建设、检查验收、资金管理、政策兑现等方面的办法、规程和标准等，形成了一套完善和规范的管理制度体系，主要包括前期工作制度、工程质量监管制度、资金管理制度、检查验收制度、档案管理制度、产权制度、管护制度，以及其他的配套制度等。

(1)实施方案环节。国家退耕还林主管部门，每年都要组织编制好省级年度实施方案。在国家下达年度任务计划后，各省级人民政府和工程主管部门要根据本省(区、市)生态建设总体规划和退耕还林工程建设规划，本着统一规划、分步实施、集中治理、注重实效的原则，将国家下达的计划任务分解落实到各工程县。编制省级年度实施方案后，要报国家林业主管部门审批后方可实施。

(2)作业设计环节。在省级主管部门下达各工程县年度计划任务后，各工程县要认真组织好本县当年的作业设计编制工作。作业设计是退耕还林工程施工作业的依据，它的编制，应由各工程县组织有资质的设计单位或专业技术人员严格按照《退耕还林工程作业设计技术规定》(林退发[2003]90号)来完成，编制的作业设计应及时报地(市)级工程主管部门审批后方可实施。

(3)宣传动员环节。退耕还林与农民的利益息息相关，农民对政策的理解程度直接关系到他们参与工程建设的积极性。通过宣传教育，把广大农民退耕还林的积极性调动好，使农民群众真正意识到国家实施退耕还林，不仅能改善生态环境，而且能使自己从中获得收益，得到实惠，逐步由"要我退"变为"我要退"，自觉自愿地参加到退耕还林队伍中来。各地可以采取多种宣传形式，如广播、电视、报纸、网络等工具进行宣传，也可以组织宣传队、办板报、贴标语、树标牌等形式进行宣传，甚至以办培训班的形式来进行宣传，总的目的是要宣传透彻、宣传全面、不留死角。

(4)签订退耕合同环节。为明确退耕还林户的责任和义务，让群众退了放心，退了踏实，通过县级人民政府委托林业局或者乡镇政府，与退耕还林户签订合同书。合同书应明确承包年限、面积、树种、成活率、保存率、生长率及年产量、资金投入、奖罚措施、双方责任和义务等主要内容。

(5)种苗供应环节。种苗工作是退耕还林工程建设中一项带有全局性、战略性、超前性的基础工作。要抓好林木种苗繁育和推广体系，建立和完善林木种苗管理机构和质量监督检验体系，加强种苗站、种子检验室、种检仪器设备和现代化种苗生产设施的建设，积极组织种苗生产和供应。同时，要根据市场经济原则，以市场需求为导向，大力发展种苗产业。

(6)检查验收环节。退耕还林工程投资巨大，是生态建设史上前所未有的重点工程，为确保工程的顺利实施和健康推进，必须强化检查验收。各级政府和主管部门都要不定期地组织检查督导组深入实地进行检查督导，要将监督检查工作经常化、制度化。监督检查一定要认真细致，不能敷衍了事、走马观花。严格按照相关文件要求，通过县级自查、省级复查、国家核查三级检查方式，对退耕还林工程的年度计划任务完成情况、历年退耕还林成果保存情况及工程管理情况等进行检查。

(7)资金兑现环节。国家林业局、发改委、财政部等有关退耕还林工程管理部门，严格执行国家退耕还林政策，制定了相关管理办法，为及时兑现工程建设的政策补助提供了保障措施。各地要按照检查验收结果，及时足额发放好政策补助，兑现到千家万户，确保退耕农民的生计，取信于民，树立党和政府的威信。

(8)群众举报环节。退耕还林的资金补助兑现情况，要纳入乡村政务公开的内容，张榜公布，接受群众监督，防止冒领，杜绝贪污。要建立退耕还林举报制度，公布举报电话，设立举报信箱，确保举报渠道畅通，接受群众监督。应切实保护好举报人的合法权益，坚决杜绝出现打击、报复举报人的现象，并及时奖励举报有功人员。

(9)档案管理环节。加强退耕还林工程档案管理至关重要，管好档案有条件，要有人、要有钱、要有手段，还要有一定的规程和办法。2003年2月，国家林业局下发了《关于做好退耕还林工程档案管理工作的通知》(林退发[2003]17号)，要求各地牢固树立"无档则乱"的思想，把工程档案管理工作提到重要的议事日程。这只是一个指导性的文件，很多工作还要靠地方各级林业部门去做。之后，又制定下发了《退耕还林工程档案管理办法》，对退耕还林工程的档案管理工作作了进一步的规范。

(10)封禁管护环节。常言说"三分造七分管"，退耕还林一直存在重造林轻管护的倾向。退耕还林者应当履行管护义务，禁止在退耕还林项目实施范围内复耕和从事滥采、乱挖等破坏地表植被的活动。根据退耕还林工程实行"谁退耕、谁造林、谁经营、谁受益"的政策，各地可采取分户管理和集体统一看守相结合的封禁管护方式。

八、科技支撑对策，抓好十大科技因子

坚持依靠科技进步，确保工程质量和效益。大力推广先进实用的科学技术，提高科技含量和科技创新能力，实现技术跨越式发展，为工程建设不断提供强大的技术支持，提高退耕还林工程的质量和效益。退耕还林工程的工作重点是西部地区，由于西部地区自然条件差，林草植被建设难度大，经济基础薄弱，生产条件落后，以及传统的农业经营习惯，退耕还林工作操作难度大。退耕还林政策性强、涉及面广，对科学技术的依赖程度高，它不但关系到千家万户农民的切身利益，还涉及农村经济结构调整、区域经济发展及扶贫战略目标的实现等一系列重大问题。因此，必须以科学的思想指导退耕还林工作，保证退耕还林工程的质量，提高工程建设的科技含量，确保工程的顺利实施。

(1)科学选择林种树种。退耕还林工程是一项以植被建设为主要内容的生态恢复工程，涉及我国整个西部地区，包括西南地区和西北地区，西部地区自然条件千差万别，有干旱少雨、土层较厚的黄土丘陵地区和黄土高原沟壑区，有风沙严重的荒漠地区，也有降雨丰富而土层瘠薄的西南地区，还有石漠化地区，以及干热河谷、干旱河谷地区等，在这些地区进行植被建设所适用的乔灌木树种和品种也千差万别，必须科学合理地选择树种，才能保证退耕还林工程的成功。

(2)推广实用技术。我国经过新中国成立以后60多年的发展，在林业科技进步上已取得显著的成就，也总结和创新了许多林业实用技术，其中有不少适用于当前的退耕还林工作，如抗旱造林技术、植被优化配置技术、造林整地技术、集水保墒技术、植物生长促进剂、干热河谷造林技术等，这些技术的推广应用，将有助于退耕还林工程科学合

理的实施，取得事半功倍的效果。

(3)推广成功的技术模式。退耕还林自1999年开展试点以来，各试点区积极探索应用新技术、新模式，取得了良好的成效。各地要全面总结退耕还林工程中涌现出来的好技术、好模式，如针阔混交、乔灌混交、林竹混交、林药混交、生态经济沟、一坡三带等，并加以推广。特别是新启动的工程县要多采用已成熟的退耕还林技术模式，提高退耕还林成效。

(4)建立科技示范基地。为提高退耕还林工程的科技含量，国家林业局于2000年5月正式启动退耕还林工程局领导示范试验点建设工作，在全国退耕还林工程区建立了13个退耕还林工程局领导科技示范点(四川北川和沐川、贵州黎平和普定、陕西吴起、湖北秭归、新疆奇台、内蒙古卓资、甘肃天祝、青海大通、山西中阳、云南鹤庆、宁夏固原)，投入了必要的建设资金，安排了专项科技支撑项目，发挥了良好的科技示范辐射作用。

(5)组织科技攻关。退耕还林科技支撑的主要目的是恢复该地区生态功能的良性循环，提高植被恢复质量，同时要对一些尚未成熟的造林技术进行当前所急需的研究，特别是在黄土高原丘陵沟壑区、荒漠化地区、石漠化地区等立地条件较差的困难地段，造林的成活率和保存率仍然很低，一些造林中的关键技术仍未解决，需要长时间地进行攻关研究，研究如何提高困难立地造林成活率和保存率，充分发挥困难立地条件下林木生态防护效益及应用现代化管理技术等，同时还要总结适合于不同立地条件的退耕还林模式，在退耕还林工作中推广应用。

(6)制定必要的标准和规程。科学的、规范的管理是确保退耕还林顺利实施，巩固退耕还林成果的关键。由于国家级标准、规程等都比较宏观、比较原则，各地可以根据当地的实际，在不违背国家级标准和规程的前提下，制定一些具体的退耕还林管理办法、检查验收办法、种苗管理办法等。

(7)推广应用现代信息管理技术。退耕还林工程信息量大，传统的方式满足不了工程管理的需要。各地要配备必要的设备，大力推广应用先进的计算机和网络技术，提高信息管理的水平和信息交流的速度。条件许可的，可以推广应用3S技术(全球定位系统、地理信息系统和遥感技术)，以加强工程监控和资源动态监测，在推动管理现代化方面取得实质性突破。

(8)建立分级技术培训制度。要保证退耕还林工作的顺利实施，必须提高广大林业工作者，特别是基层林业干部和技术人员的科学素质，必须建立分级技术培训制度对广大林业工作者和退耕农户进行技术培训，技术培训工作必须在工程建设启动之初就大规模地进行。

(9)建立工程质量技术监督体制。工程建设要严格按有关技术标准实施，严把质量关，要建立权威的工程建设质量技术监督体系。国家林业局拟分大区建立工程质量监督检验中心，各工程建设县也要设立工程建设质检站，实行定期检查。尤其是对国家和行业强制性标准执行情况从严检查，建立达标检查通报制度；建立工程建设技术档案规范化管理制度；试行工程建设总工程师技术负责制。

(10)建立科技支撑组织体系。科技支撑要有好的领导小组和技术支撑队伍，要成立退耕还林工程建设科技支撑领导小组和专家小组。科技支撑领导小组主要由国家林业局和国家有关部委的领导、专家组成，其主要任务是依据中央和国务院的决策及指导方针，统一协调工程建设的科技支撑工作，制定科技支撑管理规定，审定有关规划、计划，检查和考核工程建设科技工作进度与质量，管理科技支撑的项目和经费。

九、检查验收对策，执行好三级检查验收制度

检查验收是工程管理的重要环节，检查验收结果既是政策兑现的依据，又是工程指导、管理、科技支撑和计划调控的重要决策依据，必须严格把关，做到公正、公平、公开。各地要严格执行国家林业局修订后的《退耕还林工程建设检查验收办法》，严格执行好县级自查、省级复查、国家级核查的三级检查验收制度，特别是要提高县级自查的质量。

(1)落实好三级检查验收制度。退耕还林工程的检查验收实行县级自查、省级复查、国家核查的三级检查验收制度。三级检查验收的程序是：首先由县级林业主管部门组织专业技术人员进行全面自查，自查结束后，及时将检查验收结果上报省级林业主管部门并申请省级复查；省级抽查由省级林业主管部门组织具有相应资质单位的专业技术人员完成，抽查结束后，及时将抽查结果上报国家林业主管部门并申请国家核查；国家核查由国务院林业主管部门组织具有相应资质单位的专业技术人员完成。县级自查结果将作为补助政策兑现的直接依据；省级复查结果和国家级核查结果将作为报账制逐级认证和下一年度计划调控的重要依据。

(2)严格检查验收比例。严格执行《退耕还林工程建设检查验收办法》，省级复查要在县级自查基础上，随机抽取不少于全省30%的工程县作为复查县。对年度工程任务完成情况复查面积要按不少于各县年度退耕还林上报总面积的10%抽取；对历年退耕地还林保存情况复查面积要按不少于各县工程实施以来累计退耕地还林上报总面积的2%抽取；对荒山荒地造林保存情况复查面积要按不少于各县三年前当年度荒山荒地造林上报总面积的2%抽取。国家核查应在县级自查和省级复查的基础上，随机抽取不少于全省20%的工程县作为核查县。对年度工程任务完成情况核查面积要按不少于全省年度退耕地还林上报总面积的5%抽取；对历年退耕地还林保存情况的核查面积要按不少于全省工程实施以来累计退耕地还林上报总面积的1%抽取；对荒山荒地造林保存情况核查面积要按不少于全省三年前当年度荒山荒地造林上报总面积的1%抽取。

(3)落实好检查验收经费。根据国务院国发[2002]10号文件精神，退耕还林国家级核查所需经费由中央财政承担，地方所需检查验收、兑现等费用由地方政府承担，各级政府部门应对林业部门的工作给予大力支持，林业部门也要积极做好检查验收经费的争取工作。

(4)加强检查验收工作的监管。各级纪检、监察部门要加强对检查验收人员的监督，保证检查验收工作公平、公正地进行；各级政府和主管部门都要依据检查验收结果核定责任状的落实情况，对未按责任状完成任务和未达到质量要求的单位，根据程度不同采取不同力度的宏观调控措施，该减的减、该停的停，并依照国家林业局颁布的《关于造林质量事故行政追究制度的规定》追究相关责任人的责任，触犯法律的，要移送司法机关处理。

(5)推广3S等先进技术。在核查验收工作中，具体工作人员要不断掌握新知识、引进新技术，使目前较先进的3S技术逐步应用到退耕还林工程的核查验收中。

十、监测评估对策，科学评价退耕还林成效

效益监测是工程管理的重要环节，定期监测退耕还林工程的生态、经济和社会效益，可以及时准确地使主管部门掌握工程进展和生态环境变化情况，准确评价工程建设效果，为宏观管理、科学决策提供依据。

(1)把准效益监测的原则。效益监测的原则有：根据全国退耕还林工程区的生态差异性，分区实施效益监测；生态效益监测与经济效益、社会效益监测相结合，突出生态效益监测；以监测站定位监测为主，定位监测与跟踪调查相结合；同一类型区统一监测内容、指标及方法。

(2)科学划分效益监测类型区。在全国退耕还林工程总体布局的基础上，按水土流失类型和风蚀沙化危害程度，依据地形地貌特征，分土石山地丘陵区、黄土区、风沙区和高寒草原草甸区4个监测类型区对全国退耕还林工程效益实施监测。土石山地丘陵区是指河北、山西、内蒙古、辽宁、吉林、黑龙江、安徽、江西、河南、湖北、湖南、广西、海南、重庆、四川、贵州、云南、陕西、甘肃等省(自治区、直辖市)的土石山地和丘陵地区；黄土区是指山西、河南、陕西、甘肃、青海、宁夏等省(区)的黄土地区；风沙区是指河北、山西、内蒙古、辽宁、吉林、黑龙江、陕西、甘肃、青海、宁夏、新疆等省(区)的风沙地区；高寒草原草甸区主要是指四川、西藏、甘肃、青海等省(区)的高寒草原草甸地区。

(3)合理布设效益监测站。根据不同退耕还林工程区主要生态特点和全国退耕还林工程效益监测总体布局需要，依据退耕还林工程效益监测类型区划分，全国逐步建立起由若干效益监测站构成的监测网络体系。效益监测站应建立在具有代表性的退耕还林工程县、面积为 $3\sim5km^2$ 的小流域内。不同类型的监测站要根据监测工作需要，分别建设好气象哨、沟口水文站、坡面径流场、固定标准地、调查样地、集沙槽等设施。

(4)科学确定效益监测的内容。退耕还林效益监测的主要内容包括生态、经济和社会三大效益。生态效益监测主要是对退耕还林地在涵养水源、保持水土、改良土壤及防治石漠化等方面的作用进行监测；经济效益监测主要是对工程实施前后退耕农户年度家庭经济收入变化，包括年度总收入和净收入的变化等方面的情况进行监测；社会效益监测的内容主要包括：工程实施前后退耕农户年度家庭食品、衣着、日用品、燃料等生活消费支出的变化；工程实施前后退耕农户年度家庭文娱、卫生、交通、邮电等文化消费支出的变化；退耕农户家庭就医、适龄儿童入学情况的变化；工程区域性产业结构、经济结构及土地利用结构的变化；工程区域性贫困人口数量的变化等。

(5)适时发布效益监测成果。退耕还林工程效益监测成果主要包括：监测站所在县退耕还林基本情况；监测站所在地自然条件(包括地形、地质、地带性土壤、地带性植被、气候等)、基础设施及观测设备情况；水土流失或风蚀沙化调查情况；林草植被及生物多样性监测与调查情况；经济效益调查与评价；社会效益调查与评价等。

第五节　完善退耕还林政策的建议

党的十八大关于生态文明建设的明确要求和李克强总理关于退耕还林工作的重要

指示，再一次将新一轮退耕还林工程列入了政府议事日程。总结以往退耕还林工程实施过程中的经验教训和存在的问题，针对新一轮退耕还林工程，特提出以下建议。

一、制定退耕还林规划

为进一步规范退耕还林工程建设，重启新一轮退耕还林工程时，宜尽快出台《退耕还林总体规划》，作为今后一个时期退耕还林工程建设的总体方针，指导全国退耕还林工作。

编制退耕还林总体规划，明确工程建设的范围、布局、任务、资金、年限等关键问题，为工程提供预算资金保障，以减少工程建设的盲目性和不确定性。

编制退耕还林总体规划，将项目管理费纳入工程预算。退耕还林工程涉及千家万户、千山万水，基础工程极其重要。工程建设的前期工作费、作业设计费、检查验收费、监理费等管理费用，都是工程建设中必不可少的，宜按比例列入工程建设规划，以确保工程建设的顺利实施。

二、完善退耕还林补偿标准

退耕还林工程建设之所以取得巨大成效，建设成果得到较好巩固，以及地方政府和广大农民普遍欢迎，主要在于政策支持到位，政策执行到位。原来每亩退耕地还生态林、经济林、草的中央投入标准：长江流域及南方地区分别为3730元、2350元和970元，黄河流域及北方地区分别为2610元、1650元、690元。根据基层调研情况，大家普遍反映应根据物价上涨、造林成本提高和国家增加种粮补贴等实际情况，在原有政策的基础上，进一步完善补助政策，适当提高补助标准，并根据退耕还林的实际，调整补助内容和结构，以保证退耕农户不因退耕还林降低收入和生活水平。具体政策建议如下。

对南方、北方退耕还林不再实行差别化的补助政策。过去，对长江流域及南方地区、黄河流域及北方地区退耕还林，实行不同的补助标准，主要考虑南方坡耕地粮食产量高于北方坡耕地和严重沙化耕地的粮食产量。鉴于北方退耕还林的成本普遍高于南方，建议在新一轮退耕还林中不再区分南方、北方实行差别化的补助政策。

对还生态林、经济林的比例不再作限制。过去曾明确规定，退耕地还林营造的生态林面积，以县为单位核算，不得低于退耕土地面积的80%。鉴于经济林同样具有较好的生态效益，为扩大退耕农户的自主权，更好地把退耕还林与发展区域特色产业结合起来，促进退耕农户奔康致富，建议新一轮退耕还林对生态林、经济林的比例不作强行限制，根据实际情况因地制宜，按实事求是的原则发展经济林。

对退耕地造林和种草实行不同的补助标准。还乔木林每亩补助1600元，还灌木林每亩补助1200元，还草每亩补助800元。第一年支付70%，第三年验收合格后再支付30%。

退耕还林后，继续享受耕地补贴政策。为确保退耕农户经济收益不下降，考虑到新一轮退耕还林补助标准比前一轮低，退耕还林后，群众继续享受耕地种粮补贴，时间到下一轮土地承包时为止。

三、明确界定退耕地的范围

在过去的退耕还林工程建设中，存在着目标把握不到位的现象，生态优先的原则没有得到充分体现。一些地方忽略了生态优先的原则，在"退哪里"的环节上，没有优先安排生态脆弱区和生态重要区，平均分配、形象优先、通道优先、景区优先、整齐划一等做法比较突出，违背了先急后缓的原则。为此，新一轮退耕还林工程中应优先选择如下地类。

第二轮承包范围内的耕地。应在新一轮退耕还林工程中明确规定：列入退耕还林工程范围的，只能是第二轮承包的耕地，不在第二轮承包范围内的集体耕地、开垦地、休耕地、宜林荒山荒地等，一律禁止纳入工程建设范围。

25°以上的坡耕地。应明确规定列入新一轮退耕还林工程范围的，只能是第二轮承包耕地中25°以上的陡坡地，禁止将道路、景区、城镇等周边的缓坡地、平地等纳入工程建设任务。

沙漠边缘的沙化地。干旱半干旱地区面积广阔，新一轮工程补助期又短，为避免花几十块钱种沙棘、柠条套用工程资金的现象，应严格控制沙化地的范围，应优先选择沙漠边缘地带二轮承包期内的沙化地退耕，以遏制沙漠推进的势头，沙漠地区、农区退耕应从严控制。

四、保持与其他农业、林业政策相一致

新一轮的退耕还林不能搞成一个轰轰烈烈的生态建设运动，不能随着政府的换届和领导人的更迭而大起大落，需要将这个政策以法制化的形式落实下来，除了对现行的《退耕还林条例》进行必要的修改外，政策制度之间的对接和协调也非常重要。

与土地承包经营权保持一致。在实际工作中，经常存在农民的同样一块地，既有"土地承包经营权证"，又有"林权证"，即通常所讲的"一地两证"现象。建议在新一轮退耕还林政策实施中，在颁发林权证时，土地承包权证继续保留，耕地补助政策继续享受，直到第三轮土地承保为止。同时，林权证年限与土地承包证的年限一致。

与森林生态效益补偿制度一致。退耕还林政策补助是有期限限制的，特别是生态林补助期满后，退耕户的收益得不到保证。为避免毁林开荒现象的发生，退耕还林后依法界定为公益林的，一并纳入森林生态效益补偿制度体系，永久性且制度化地消除退耕还林者(生态林所有者)关于补偿期限的担心。

五、对退耕还林政策进行风险评估

社会风险评估是指与人民群众利益密切相关的重大决策、重要政策、重大改革措施、重大工程建设项目、与社会公共秩序相关的重大活动等重大事项在制定出台、组织实施或审批审核前，对可能影响社会稳定的因素开展系统的调查，科学的预测、分析和评估，制定风险应对策略和预案。为有效规避、预防、控制退耕还林工程实施过程中可能产生的社会稳定风险，更好地确保项目的顺利实施，新一轮退耕还林政策必须进行如下风险评估。

合法性评估。包括退耕还林政策的制定和出台是否符合党和国家的方针、政策，是否与现行政策、法律、法规相抵触，是否有充分的政策、法律依据；退耕还林所涉及政策调整的对象和范围是否界定准确，调整的依据是否合法；是否坚持严格的审查审批和

报批程序，是否会侵犯农民的土地承包经营权和集体林权。

合理性评估。包括退耕还林政策是否符合经济社会发展规律，是否符合以人为本的科学发展观，是否符合大多数群众的根本利益；是否超过国家财力和绝大多数群众的承受能力，是否把改革的力度、发展的速度和社会可承受程度有机地统一起来；是否得到大多数群众的理解和支持，是否兼顾了人民群众的现实利益和长远利益，是否有机地协调了经济利益和生态效益。

可行性评估。包括具体退耕还林实施方案是否经过严谨科学的可行性研究论证，是否充分考虑到时间、空间和人力、物力、财力等制约因素；方案是否具体、翔实，配套措施是否完善；退耕还林政策出台的时机是否成熟，出台后是否会造成其他地方、其他行业、其他群体的攀比。

安全性评估。包括实施过程中可能出现哪些较大的粮食安全和生态安全问题；是否存在引发群体性上访或群体性事件的苗头性、倾向性问题；当地群众对该项目建设有无强烈的反映和要求等。

六、建立退耕还林多种效益评价体系

退耕还林工程多种效益评价，实际上就是利用具体的指标对工程所产生的贡献和影响进行具体化、层次化的描述分析和评价分析。如果没有相应的指标体系，评价就容易成为一个空洞的概念和形式。因此，构建退耕还林工程综合效益评价指标体系，不仅是理论研究的需要，也是客观现实的需要。

经济效益指标评价体系。退耕还林工程改变了当地的产业结构，振兴了地方经济，对当地的经济产生了一定影响。因此，经济影响指标，可以选择粮食产量、经济作物产量、国民生产总值、农业产值、林业产值，以及财政收入、人均收入等指标。

社会效益指标评价体系。退耕还林工程改变了农民祖祖辈辈垦荒种粮的生活习惯，对当地的社会产生比较深刻而又长远的影响，其中最突出的方面就是影响当地的人口、土地资源的社会分配。人口资源变化，可选择退耕前后的总人口、耕作人口和外出劳务人口变化等指标。土地资源变化，可以选择退耕还林前后 25°以上的坡耕地、宜林荒山荒地、有林地等指标。

生态效益指标评价体系。生态效益评价的主要目标包括：以涵养水源、净化水质为主的保护水资源效益；以减少土壤侵蚀、减少养分流失为主的保育土壤效益；以植物群落物种变化为主的生物多样性效益；以固定 CO_2 为主的固氮制氧效益；以净化 SO_2、阻滞降尘、减少 $PM_{2.5}$ 含量为主的净化环境效益；以降低温度、保护农田和牧场为主的改善小气候效益，以及保护生物多样性效益。

七、巩固退耕还林成果政策

退耕还林是我国治理水土流失、改善生态、促进农业可持续发展和农民增收致富所采取的重大政策。前一轮退耕还林，从 2016 年开始陆续到期，为长期巩固退耕还林成果、形成良性循环，建议进一步完善政策，不断强化对退耕还林地的管护，改善林分质量，促进退耕农户获得持续性的收入，实现退耕还林工程区经济社会可持续发展与广大退耕农户自身利益诉求的"双赢"。

实施分类管理，将退耕还林中的公益林纳入森林生态效益补偿。建议在巩固退耕还林成果专项规划实施结束、退耕还林补助到期后，对符合国家和地方公益林区划界定标准的，纳入中央、地方财政森林生态效益补偿，并按差别化补偿的最高标准进行补偿；未纳入公益林范围的，允许农民依法进行流转和开展采伐利用等经营活动。

加强退耕还林森林经营，提高质量效益。建议将退耕还林地纳入现有森林抚育补贴范围，并给予重点倾斜，实行计划单列。

将退耕农户发展林下经济纳入林下经济补助范围，鼓励退耕农户发展林下种植业、养殖业，以及生态旅游、休闲度假、农家乐等家庭产业，促进退耕农户增收致富；同时扩大中央财政林下经济补助资金规模。

在巩固退耕还林成果专项规划实施结束后，继续安排一定规模的退耕还林后续产业发展资金，统筹财政、金融等扶持政策，壮大区域特色优势产业，为退耕农户建立稳定的增收渠道。

结　语

为加快退耕还林步伐，巩固生态建设成果，2013 年 5 月 9～12 日，中国工程院原副院长沈国舫、农学部主任尹伟伦及山仑、戴景瑞、荣廷昭、李坚、喻树迅、李佩成 8 位院士等，深入延安调研退耕还林，并向国务院领导报告了调查结果与重新启动退耕还林工程的建议，受到了国家高层的重视。

2013 年 11 月，党的十八届三中全会通过了《中共中央关于全面深化改革若干重大问题的决定》，该决定明确指出：稳定和扩大退耕还林、退牧还草范围，调整严重污染和地下水严重超采区耕地用途，有序实现耕地、河湖休养生息。为贯彻落实党的十八大和十八届三中全会精神，根据中央有关文件和国务院领导批示要求，2014 年 8 月，发改委、财政部会同林业局、农业部、国土资源部，在认真总结经验、深入调查研究的基础上，提出新一轮退耕还林还草总体方案。

在新一届的党中央和国务院英明领导下，在广大退耕还林工作者和亿万退耕还林农户的共同努力下，新一轮退耕还林工程正式拉开了轰轰烈烈的大幕。新一轮退耕还林严格限定在 25°以上坡耕地、严重沙化耕地和重要水源地 15°～25°坡耕地等三种地类。但各地在工作中遇到了一些突出问题，如 25°以上坡耕地许多已被划入基本农田，需要依据法定程序调整为非基本农田后，方可退耕还林；土地部门的二调数据不准确，退耕还林地块难以落实，一些图上标注的耕地小班在现场找不到，许多现场耕地小班在图上又没有；新一轮退耕还林补助标准偏低，许多地方农业补贴每年达 100 元/亩以上，而且有增加的趋势。这些问题的解决，还需要退耕还林政策的进一步完善。

2015 年 4 月 25 日，中共中央、国务院印发了《中共中央　国务院关于加快推进生态文明建设的意见》，提出要"大力开展植树造林和森林经营，稳定和扩大退耕还林范围，加快重点防护林体系建设"，将退耕还林工程作为保护和修复自然生态系统的重要内容，并启动湿地生态效益补偿和退耕还湿工作。

《中共中央 国务院关于加快推进生态文明建设的意见》进一步指明了退耕还林工程的前进方向，为退耕还林工程的健康发展注入了新的生机和活力。我们有理由相信：作为中国生态建设的先锋和旗手，退耕还林工程一定会在生态文明建设中留下浓重的一笔，退耕还林事业也一定会在建设美丽中国、实现中华民族伟大复兴的"中国梦"的征程中做出新的更大的贡献。

退耕还林(草)专题组成员

专 题 负 责 人：周鸿升 国家林业局退耕办主任，教授级高工

起草小组组长：敖安强 国家林业局退耕办总工程师，高级工程师

副组长：陈应发 国家林业局退耕办处长，高级工程师

孔忠东 国家林业局退耕办调研员，教授级高工

成 员：汪飞跃 国家林业局退耕办处长，高级工程师

李 栎 国家林业局退耕办调研员，高级工程师

王维亚 国家林业局退耕办处长，高级工程师

吴转颖 国家林业局退耕办处长，高级工程师

张英豪 国家林业局经济发展研究中心，工程师

赵 伟 解放军某部，工程师

李保玉 国家林业局退耕办调研员，高级工程师

第五章　防护林体系建设发展战略研究

第一节　防护林体系建设概论

一、防护林的内涵与外延

我国《森林法》第四条将森林分为5种类型：防护林、用材林、薪炭林、经济林和特种用材林，防护林是其中的一个主要林种。

《森林法》规定，防护林是以防护为主要目的的森林、林木和灌木丛，包括水源涵养林，水土保持林，防风固沙林，农田、牧场防护林，护岸林，护路林等。水源涵养林是指以涵养保护水源、调洪削峰、防止土壤侵蚀、净化水质和调节气候等为主要功能的防护林；水土保持林是指以调节降水和地表径流、固持土壤为主要功能而营建的防护林；防风固沙林是以降低风速，防止或减缓风蚀，固定沙地，以及保护耕地、果园、经济作物、牧场免受风沙侵袭为主要目的的森林、林木和灌木林；农田、牧场防护林是指将一定宽度、结构、走向、间距的林带，栽植在农田田块四周，通过林带对气流、温度、水分、土壤等环境因子的影响，改善农田小气候，减轻和防御各种农业自然灾害，创造有利于农作物生长发育的环境；护岸林是指栽种在渠道、河流两岸使其免受冲刷的防护林；护路林是指在道路旁、城市毗连处，为防止飞沙、积雪及横向风流等对道路或行驶车辆造成有害影响而种植的林带；抑螺防病林是指以改造血吸虫中间宿主——钉螺孳生环境、抑制钉螺生长发育、预防控制血吸虫病流行的具有复合效益的人工防护林；血防林是指以预防控制血吸虫病流行为主要目的，具有复合效益的森林类型。

我国《森林法》中规定的防护林特指防护林这一林种，是狭义的防护林，一般有人工营造(包括连片林地、林带和林网)和由天然林中划定(如水源涵养林、水土保持林等)两类，严禁砍伐和破坏。

二、防护林体系的内涵与外延

防护林体系是在一定的自然地理区域内，依据地形条件、土地利用状况、主要自然灾害和人们生产活动情况，在尊重当地经济社会发展总体规划的前提下，结合田边、道路、水利设施和居民点四旁植树，通过有序规划和合理布局，形成与用材林、经济林、薪炭林等其他林种布局相互协调，互为补充的防护林有机综合体。

目前我国防护林体系建设主要以区域为划分对象，同时兼顾各个区域对生态服务的不同需求，以重点工程为主要形式("三北"防护林体系工程、长江流域防护林体系工程、林业血防工程、平原地区防护林体系工程、太行山绿化工程、珠江流域防护林体系工程、沿海防护林体系工程)，除七大工程之外，速生丰产林工程也具备很强的防护功能。这些工程正在全国范围内分阶段推进(表5-1)。

表 5-1 我国七大防护林体系建设工程概况

工程名称	规划建设期	建设范围	工程建设规划目标
"三北"防护林体系工程	第一阶段： 第一期：1978～1985 年 第二期：1986～1995 年 第三期：1996～2000 年 第二阶段： 第四期：2001～2010 年 第五期：2011～2020 年 第三阶段： 第六期：2021～2030 年 第七期：2031～2040 年 第八期：2041～2050 年	13 个省(自治区、直辖市)：北京、天津、河北、山西、内蒙古、辽宁、吉林、黑龙江、陕西、甘肃、宁夏、青海、新疆	工程五期规划(2011～2020 年)：在东北、华北平原农区构建高效农业防护林体系，风沙区构建乔灌草相结合的防风固沙防护林体系，黄土高原丘陵沟壑区构建生态经济型防护林体系，西北荒漠区构建以沙生灌木为主的荒漠绿洲防护林体系
长江流域防护林体系工程	第一期：1989～2000 年 第二期：2001～2010 年 第三期：2011～2020 年	17 个省(自治区、直辖市)：青海、西藏、甘肃、四川、云南、贵州、重庆、陕西、湖北、湖南、河南、安徽、江西、江苏、山东、浙江、上海	工程三期(2011～2020 年)规划：在长江中上游地区重点进行水源涵养林、水土保持林、护库护岸林、道路防护林等建设；在长江中下游地区重点进行水土保持林、农田防护林、道路(河岸)防护林及村镇景观林建设
珠江流域防护林体系工程	第一期：1996～2000 年 第二期：2001～2010 年 第三期：2011～2020 年	6 个省(区)：广东、广西、贵州、云南、湖南、江西	工程三期(2011～2020 年)规划 8 个重点建设区域，分别为：南盘江水源涵养林建设；北盘江水源涵养林建设；左江流域水源涵养林建设；右江流域水源涵养林建设；红水河流域阶梯电站库区水源涵养林建设；珠江中游水土保持林建设；东江水土保持、水源涵养林建设；北江水土保持、水源涵养林建设
沿海防护林体系工程	第一期：2006～2015 年	11 个省(自治区、直辖市)：辽宁、河北、天津、山东、江苏、上海、浙江、福建、广东、广西、海南	工程规划(2006～2015 年)：以建设海岸基干林、消浪林和纵深防护林为主要任务
太行山绿化工程	试点期：1987～1993 年 第一期：1994～2000 年 第二期：2001～2010 年 第三期：2011～2020 年	4 个省(市)：北京、河北、河南、山西	工程三期规划(2011～2020 年)：从北向南依次划分为桑干河水源涵养防护林建设区，大清河上游水源涵养防护林建设区，滹沱河水源涵养、水土保持防护林建设区，滏阳河上游水源涵养、水土保持防护林建设区，漳河上游水源涵养、水土保持防护林建设区，卫河上游水源涵养、水土保持防护林建设区，沁河水源涵养、水土保持防护林建设区等 7 个建设区
平原绿化工程	第一期：1988～2005 年 第二期：2006～2010 年 第三期：2011～2020 年	26 个省(自治区、直辖市)：北京、天津、河北、山西、内蒙古、辽宁、吉林、黑龙江、上海、江苏、浙江、安徽、福建、江西、山东、河南、湖北、湖南、广东、广西、海南、四川、陕西、甘肃、宁夏、新疆	工程三期规划(2011～2020 年)：建立起比较完善的平原农田防护林体系，已建成的等级以上公路、铁路等沿线实现全面绿化(护路林)
林业血防工程	第一期：2006～2015 年	7 个省：江苏、安徽、江西、湖北、湖南、四川、云南	工程规划(2006～2015 年)：在工程区大规模营造高质量的抑螺防病林

资料来源：国家林业局，2012c

(1)"三北"防护林体系工程。建设范围主要是我国的西北、华北、东北地区。工程五期(2011～2020 年)规划：在东北、华北平原农区构建高效农业防护林体系，风沙区构建乔灌草相结合的防风固沙防护林体系，黄土高原丘陵沟壑区构建生态经济型防护林体系，西北荒漠区构建以沙生灌木为主的荒漠绿洲防护林体系。

(2)长江流域防护林体系工程。建设范围包括长江、淮河、钱塘江流域的汇水区域。

工程三期(2011～2020年)规划：在长江中上游地区重点进行水源涵养林、水土保持林、护库护岸林、道路防护林等建设；在长江中下游地区重点进行水土保持林、农田防护林、道路(河岸)防护林及村镇景观林建设。

(3)珠江流域防护林体系工程。建设范围涉及广西、广东、云南、贵州、湖南、江西6个省(区)。工程三期(2011～2020年)确定8个重点建设区域，分别为：南盘江水源涵养林建设；北盘江水源涵养林建设；左江流域水源涵养林建设；右江流域水源涵养林建设；红水河流域阶梯电站库区水源涵养林建设；珠江中游水土保持林建设；东江水土保持、水源涵养林建设；北江水土保持、水源涵养林建设。

(4)沿海防护林体系工程。建设范围涉及辽宁、河北、天津、山东、江苏、上海、浙江、福建、广东、广西、海南11个省(自治区、直辖市)。工程规划(2006～2015年)以建设海岸基干林、消浪林和纵深防护林为主要任务。

(5)太行山绿化工程。涉及北京、河北、山西、河南4个省(市)。工程三期(2011～2020年)规划从北向南依次划分为桑干河水源涵养防护林建设区，大清河上游水源涵养防护林建设区，滹沱河水源涵养、水土保持防护林建设区，滏阳河上游水源涵养、水土保持防护林建设区，漳河上游水源涵养、水土保持防护林建设区，卫河上游水源涵养、水土保持防护林建设区，沁河水源涵养、水土保持防护林建设区等7个建设区。

(6)平原地区防护林体系工程。我国平原主要分布在东北、华北、长江中下游、珠江三角洲等地，划分为东北、华北东部、华北西部、中南至华东、华南、西北6个片区。工程三期规划(2011～2020年)建立起比较完善的平原农田防护林体系，已建成的等级以上公路、铁路等沿线实现全面绿化(护路林)。

(7)林业血防工程。建设范围包括江苏、安徽、江西、湖北、湖南、四川、云南7个省。规划(2006～2015年)在工程区大规模营造高质量的抑螺防病林。

三、防护林体系的地位与作用

第八次森林资源清查数据显示，我国现有防护林面积9967万hm^2，占有林地面积的48%。其中，水土保持林和水源涵养林占防护林总面积的89.38%，是防护林的主体。防护林的建设，对于改善生态具有至关重要的意义。

(1)有效减轻土地沙漠化程度。防护林建设改变了沙区面貌，沙化程度持续减轻。毛乌素、科尔沁、呼伦贝尔三大沙地全部实现了沙漠化土地净减少的根本性逆转，进入了改造利用沙漠的新阶段。2013年，内蒙古自治区通辽市(位于科尔沁沙地)有166.67万hm^{2}的沙地得到有效治理，沙化土地净减少77万hm^2，实现了治理速度大于沙化速度。陕西省榆林沙区建成了以陕蒙边界、古长城沿线、白于山北麓、榆定公路、黄河沿岸为骨架，总成2000多公里的大型防风固沙林带，与20世纪末相比，沙化地减少了2.08万hm^2，流动沙地和半固定沙地的比例由29.9%降到15.9%，实现了由"整体恶化"到"整体遏制"的转变。甘肃省河西走廊五地市，在走廊北部长达1600km的风沙线上，建起了长达1200km、面积约30.7万hm^{2}的大型基干防风固沙林带，控制流沙面积20多万hm^2，堵住大小风口470处，使1400多个村庄免遭流沙侵害。

(2)明显减少水土流失面积。我国通过防护林体系工程的建设，重点治理的黄土高原，新增水土流失治理面积 15 万 km², 使黄土高原水土流失治理面积达到 23 万 km², 占水土流失面积的 50%；土壤侵蚀模数大幅度下降，年流入黄河的泥沙减少 4 亿 t 左右。沿海地区水土流失面积减少 94 万 hm², 林分年固土量达 3.76 亿 t, 年保肥 4.76 亿 t, 年调节水量 276 亿 t。通过长江流域防护林体系工程及相关工程建设，据长江三峡开发总公司对库区泥沙淤积数据分析，三峡库区的泥沙沉积量正以每年 1% 的速度递减，长江的浑水期由工程实施前的 300 天降至现在的 150 天。2013 年清江流域土壤侵蚀模数、年土壤侵蚀量和河流泥沙含量比 2000 年分别下降了 29.5%、29.5% 和 30%。珠江流域水土流失面积由防护林建设前的 277.17 万 hm² 减至 254.46 万 hm²。通过防护林建设，辽宁省有效控制水土流失面积 150 万 hm², 土壤侵蚀模数从过去平均 4500～5000t/(km²·a)，下降到 1500～2191t/(km²·a)，大大提高了蓄水能力。湖南省水土流失面积由 10 年前的 60 余万 hm², 下降到目前的 46.7 万 hm², 土壤侵蚀总量由 10 年前的 5115 万 t/a 降低到目前的 2615 万 t/a。

(3) 加强水源涵养和保护。防护林建设在涵养保护水源、净化水质等方面起到非常重要的作用。通过防护林的建设，广东省东江、西江、北江中上游水质保持在二类以上，新丰水库等大型水质保持一类水质标准。四川省河流沿岸营建的竹子血防林，对氮、磷的截留率达 60%～90%，有效降低了面源污染，净化了水土。2010 年沿海防护林工程区调节水量 275.899 亿 t, 比 2000 年增加 35.86 亿 t, 净化水质价值 576.8 亿元，比 2000 年增加 74.58 亿元。

(4) 强化生物多样性保护。通过防护林工程建设，"三北"地区野生动植物数量明显增多，稳中有升的陆地野生动物占 55.7%，其中野马、藏羚羊等种群迅速增加，189 种国家重点保护的野生植物，有 71% 达到野外稳定标准。在山西省，以前少见的遗鸥、小天鹅、蓝尾石龙子、王锦蛇、隆肛蛙等相继被发现。在甘肃省，绝迹多年的内蒙古野驴又现身影，岩羊、雪鸡种群数量明显增加，红羊成群出现。在东北林区，绝迹多年的野生东北虎、东北豹时常出现。朱鹮、金丝猴、羚牛等国家一级保护野生动物种群不断扩大，珙桐、苏铁、红豆杉等国家重点保护野生植物数量明显增加。

(5) 提升农田生产效能。农田防护林对于改良土壤，提高土壤肥力，改善农田小气候，减轻干热风、倒春寒、霜冻、沙尘暴等灾害性天气的危害，保持粮食稳产增产，作用十分显著。据测定，农田防护林网内与无林网区的对照点相比，风速平均降低 32.9%～47.7%，相对湿度平均提高 7.1%～20.5%，土壤蒸发量平均减少 27.4%，作物蒸腾量平均减少 34.1%，冬季气温平均提高 0.5～1℃，夏季气温平均降低 0.6～1.4℃，干热风出现的频率也由建网前的每年三四次减少到现在的不足 1 次，单产平均增加 12.3%～15.2%。"三北"地区通过防护林的建设，粮食单产和总产都显著提高。东北平原林网化程度达到 72.24%，增加了无霜期 10～15 天，延长了生产周期，保证了粮食的稳产高产。新疆维吾尔自治区有 12 个地(州)、82 个县(市)和新疆建设兵团的 134 个团场，粮食单产由防护林建设前的 100kg 增加到 427.5kg, 总产量达到 816 万 t。河南省营造农田防护林 452.33 万 hm², 目前，粮食和棉花产量分别达到了 1949 年的 5.9 倍和 12.2 倍，2006 年、2007 年更是连续两年粮食产量突破千亿斤大关，成为全国第一产粮大省。

(6) 减缓自然灾害对沿海地区的冲击。2004 年 12 月 26 日，印度洋地震海啸夺取了沿岸近 20 万人的生命。灾区中的 8 块国际重要湿地反馈的信息表明，海啸的能量经过红树林、珊瑚礁、基干林带后，进入村庄的海水缓缓上涨，随后徐徐退却，与瞬间席卷无数村庄的凶猛海啸形成鲜明对比。

(7)遏制血吸虫病疫情。林业血防工程的实施，有效地改变了血吸虫中间宿主——钉螺的孳生环境。据疫区各省份的相关检测调查结果，工程实施后较实施前，钉螺平均密度降低 85%以上，感染性钉螺密度下降 95%左右，有螺面积大幅度减少，抑螺防病效果十分显著。

(8)增加森林碳汇和释氧。我国的防护林建设，大大增加了我国的森林面积和林木蓄积量，同时也增加了森林碳汇和释氧。2010 年，沿海防护林体系工程区林分年固碳量 0.75 亿 t，释氧 2 亿 t，分别比 2000 年增加 0.07 亿 t 和 0.19 亿 t，林分年固碳价值 746.88 亿元，释氧价值 1996.89 亿元，分别比 2000 年增加 69.41 亿元和 185.58 亿元。

此外，防护林建设在治理石漠化(珠江流域防护林建设区 70%的石漠化土地得到有效治理)、恢复湿地(沿海防护林工程建立了 29 处红树林自然保护区，其中海南东寨港等 5 处湿地被列入《国际重要湿地名录》)等方面也发挥了重要作用。

第二节　防护林体系建设的背景与现状

一、历史背景

随着人口增长、粮食短缺、能源匮乏、自然资源遭受破坏及环境污染等五大国际性问题的出现，人们越来越深刻地认识到森林与人类生活休戚相关。防护林建设也越来越受到世界各国的重视。

(一)国际背景

前苏联是最早营造防护林的国家之一。1843 年，道库查耶夫等在俄罗斯和乌克兰营建了草原农田防护试验林，成为现代防护林工程的起始。1948 年，在苏联欧洲部分的草原地区实施的"斯大林改造大自然工程"是当时世界上规模最大的防护林工程。

美国农田防护林主要在中西部大平原地区。美国防护林营造的历史，最早可追溯到 19 世纪中叶。1873 年，美国通过的《木材教育法案》(TCA)，鼓励在所有新建住宅周围种植树木。1934 年美国实施了大草原各州林业工程计划("罗斯福工程")。该计划包括从北达科他至得克萨斯等纵贯大草原的 6 个州，建设范围约 $1.85×10^5 km^2$，营造林带和片林以保护农田、牧场和防止土地沙漠化。1985 年美国《农场法》规定把一部分受侵蚀的农田退耕还林，用于营造风蚀控制林、野生动物防护林。

北非的摩洛哥、阿尔及利亚、突尼斯、利比亚和埃及五国于 1970 年联合在撒哈拉沙漠北部边缘地区建设一条跨国工程，即"北非五国绿色坝工程"(1970~1990 年)。工程东西长 1500km，南北宽 20~40km，造林面积 $3×10^6 hm^2$。通过造林种草，建设一条绿色防护林带，以阻止撒哈拉沙漠的北移及土地沙漠化。

此外，日本、新西兰、澳大利亚、加拿大、英国、阿根廷、哥斯达黎加等许多国家也在防护林的营造方面做了大量工作。

（二）国内背景

我国防护林建设具有悠久的历史。据《国语》记载，早在公元前550年人们就已在耕地边缘、房前屋后种植树木。而我国大规模有计划地发展防护林，始于新中国成立之后，大体上经历了三个阶段。

新中国成立初期，防护林建设开始起步。我国开展了全国性，旨在防灾治灾、保障和提高农业生产的防护林建设工程。包括东北西部、内蒙古东部防护林工程，苏北、山东、河北沿海防护林工程，豫东沙荒防护林工程，陕北毛乌素沙地防护林工程，永定河下游及冀西防护林工程，以及新疆、河西走廊绿洲垦区防护林工程。1955年第一届全国人大二次会议通过了《关于根治黄河水害和开展黄河水利的综合规划的决议》，结合治理黄河和黄土高原开展的大规模水土保持工作，黄河中上游各省，以及淮河、海河、辽河上游水土流失地区的水土保持林工程也应运而生。

20世纪六七十年代，防护林建设进入迅速扩展阶段。防护林建设扩展到华北、中原和江南农业区。以改善农田小气候、防御自然灾害为目的，以窄林带、小网格为主要结构模式。在20世纪80年代初，我国山区、丘陵、高原和盆地等农田，吸收平原农区经验，营造了一些农田林网，以防御自然灾害。

1978年至今，防护林建设体系逐渐建立和完善。此阶段我国进行了几项大的防护林工程建设："三北"防护林体系工程建设[开始于1978年，目前进入第五期（2011～2020年）]；长江流域防护林体系工程建设[开始于1989年，目前进入第三期（2011～2020年）]；珠江流域防护林体系工程[开始于1996年，目前进入第三期（2011～2020年）]；沿海防护林体系工程建设[开始于1988年，目前进入第二期（2006～2015年）]；太行山绿化工程建设[开始于1994年，目前进入第三期（2011～2020年）]；平原绿化工程建设[开始于1988年，目前进入第三期（2011～2020年）]；林业血防工程[开始于2004年，目前实施2006～2015年10年规划]。通过这些工程，我国的防护林建设已取得了举世瞩目的伟大成就。

二、基本经验

（一）政府重视是防护林建设顺利推进的关键

防护林建设是实现可持续发展战略的重要基础工作，是一项社会公益性事业，是政府工程、政府行为，必须依靠强有力的行政措施；同时，防护林建设是一项综合性系统工程，造林地块相对分散，涉及面广，组织实施难度大，需要由各级党委、政府统一安排、统一部署，来保证防护林建设工作的顺利开展。我国防护林的建设起初就得到了各级政府的重视，在工程建设实施过程中，从国家林业局到省林业厅（局），到县、乡、村五级，都十分重视防护林建设：一些地区专门成立防护林建设工作领导小组和专家指导组。例如，浙江省林业厅厅长任速生丰产林工程领导小组组长，成员由厅办公室、计财处、造林处、科技处等处室主要领导组成，极大地推进了工程建设；一些地区将防护林体系建设工程列入了地方领导目标责任制和年度考核的重要内容。广东省政府与珠江沿岸各市党政领导签订了珠江综合整治责任书，防护林建设作为重要内容之一。各级政府一级带一级，一任接一任，有效地推动了防护林建设工作。

表 5-2　历年防护林人工造林面积

年份	人工造林总面积/hm²	防护林人工造林面积/hm²	百分比/%
2012	5 595 791	3 650 842	65.24
2011	5 996 613	3 688 827	61.52
2011~2012 小计	11 592 404	7 339 669	63.31
2010	5 909 919	3 943 432	66.74
2009	6 262 330	4 407 654	70.38
2008	5 353 735	3 697 163	69.06
2007	3 907 711	2 790 172	71.40
2006	2 717 925	2 667 953	98.16
2005	3 637 681	1 824 687	50.16
2004	5 598 079	4 210 768	75.22
2003	9 118 894	7 087 319	77.72
2002	7 770 971	5 828 810	75.01
2001	4 953 038	2 913 538	58.82
2001~2010 小计	55 230 283	39 371 496	71.29
2000	5 105 138	2 430 834	47.62
1999	4 900 710	1 948 450	39.76
1998	4 811 050	1 772 020	36.83
1997	4 354 930	1 366 230	31.37
1996	4 919 380	1 368 610	27.82
1995	5 214 610	1 240 440	23.79
1994	5 992 660	1 253 940	20.92
1993	5 903 400	1 314 600	22.27
1992	6 030 400	1 442 100	23.91
1991	8 391 700	5 015 500	59.77
1991~2000 小计	55 623 978	16 721 890	30.06
1990(国营)	750 700	122 300	16.29
1989(国营)	709 100	114 500	16.15
1988(国营)	764 600	123 000	16.09
1987(国营)	780 100	133 500	17.11
1986(国营)	712 800	122 400	17.17
1985(国营)	1 150 100	170 900	14.86
1984(国营)	1 042 200	251 200	24.10
1983(国营)	962 500	130 600	13.57
1982(国营)	844 300	150 100	17.78
1981(国营)	8 52 700	105 700	12.40
1981~1990 小计	8 569 100	1 424 100	16.62
1980(国营)	1 021 500	1971 00	19.30
1979(国营)	1 240 600	85 600	6.90
1978(国营)	1 087 200	70 000	6.44
1978~1980 小计	3 349 300	352 700	10.53

资料来源：国家林业局，1978~2012

（二）科学规划是确保防护林建设成效的坚实基础

在防护林建设中，各地根据区域实际情况，因地制宜，因害设防、分类指导、科学规划、合理布局，使工程建设实现了生态效益、经济效益和社会效益相统一。在规划过程中，各地根据实际情况，因地制宜、突出重点，使防护林建设达到综合效益最优。例如，贵州省珠江防护林体系建设工程将重点放在全省石漠化较为严重、经济发展落后的地区，把防护林体系建设与石漠化治理、农业产业结构调整及农民增收相结合，大力推行生态经济型防护林建设模式，建成了石漠化地区具有一定规模的生态经济产业带。在工程实施阶段，防护林建设工程区各地从强化工程管理入手，狠抓了工程建设的质量。①结合工程管理的要求和实际，相继制定了工程管理办法、技术标准，使工程建设逐步进入规范化管理轨道，如《贵州省珠江防护林体系建设工程管理办法》《云南省防护林工程建设管理暂行办法》《广西林业生态工程造林检查验收办法(暂行)》《广东省造林工程规划设计、施工、监理单位资质认定办法(暂行)》《广西壮族自治区重点防护林工程县级作业设计操作规程(试行)》等一系列工程管理规定、标准的施行，对提高工程建设管理水平发挥了重要作用。②建立施工责任制，明确负责人。③加强技术培训，组织专业队伍造林。④严格检查验收。在后期管护阶段，防护林建设工程涉及地区充分认识到造林后期管护的重要性，及时将工程建设的重点转移到加强管护、巩固成果上来：适当调整年度工程建设的任务结构；健全护林队伍，配备管护人员，落实管护经费，建立管护制度，实行办场管护。

（三）加大投入是确保防护林建设成功的重要保障

防护林体系建设工程面广，量大，建设难度大，成本高。为了加速建设步伐，实现规划目标，各地积极拓宽资金筹措渠道，一些地方按照"国家要一点，省里投一点，地县挤一点，乡村拿一点，群众筹一点"的办法多渠道、多层次筹集资金，推进防护林建设工程，具体从以下三方面入手：①争取各级财政支持，落实配套资金。②积极争取部门投资，主要是农业、水利、交通运输、城市建设等部门的绿化资金。③进一步完善林业产权制度，积极探索"谁造谁有、合造共有"政策，引进各种竞争机制，引入多元投资机制，放手发展非公有制林业，鼓励多种形式股份制经营和合作造林，调动企业或个体、群众个人自筹资金参与防护林建设的积极性，有效地缓解了资金不足的矛盾，有力地保证了工程实施。

（四）科技支撑是提高防护林建设成效的先决条件

"科技兴林"是我国林业发展战略之一。在防护林建设中，工程区各地十分注重提高科技含量。①积极与生产单位、科研院校联合探索，大力推广先进实用技术和成果，不断提高工程建设的科技含量。②加强技术培训，请国内外农林、水保、管理、推广等方面的专家对各级项目管理和技术人员进行培训，从林业科研院所请专家，赴各工程县咨询指导，举办培训班，讲授主要造林树种的管理技术。③提高管理自动化水平，要求工程区配备现代化办公通信设备，并有针对性地举办造林核查、计算机管理、财务管理等培训班，逐步实现营造林管理现代化。④通过建立一批科技示范基地，应用先进的林业科技成果，提高了防护林建设的科技含量和集约经营水平。

（五）创新机制是实施防护林建设的内在动力

防护林工程建设开展以来，工程区各地在政府行政推动的同时，注重发挥市场机制的作用，不断创新体制机制，激发防护林建设的内在活力。①继续深化集体林产权制度改革。通过核发林权证，有效地调动了广大农民参与防护林建设的积极性，同时，把"谁造林、谁所有，谁投入、谁受益"的政策落到实处。从近年来的统计数据看，民营企业和个体老板造林占全部造林的比例明显增加。②制定优惠政策，引导民营企业营造防护林。优惠政策有效地调动了社会各类投资主体的积极性，林业基础设施不断完善，大面积高标准防护林层出不穷。③采用专业队伍营造防护林。实现了由群众性造林向专业队造林方式的转变，从造林到成活由造林专业队全程负责，保证了造林质量。

（六）宣传发动是推进防护林建设的重要手段

防护林建设工程是一项巨大的生态建设工程，涉及面广，技术性强，必须发动全社会各方力量参与。工程区各地方把宣传发动工作放在重要位置上，采取广播、电视、电台、黑板报、宣传队等形式多样的宣传手段，采用多种群众喜闻乐见的宣传方式，结合党中央、国务院等党和国家主要领导人对生态建设的重要讲话和论述，面向社会、面向群众，宣传防护林建设工程的相关政策，宣传防护林建设对改善生态的重要意义，宣传防护林建设工程是农民的"致富工程"、当地生态建设的"形象工程"，有效地调动了基层干部群众参与防护林建设工程的积极性。

三、存在的主要问题

（一）建设任务仍很繁重且难度加大

我国防护林建设虽然取得了很大成绩，但从目标和要求来看，防护林建设任务还很艰巨，且难度越来越大。长江流域防护林体系建设工程经过 20 多年的工程造林，工程区内易于造林的宜林地块均基本完成造林任务，其余可用于造林的地类大多为困难造林地块。例如，2012 年，湖南省尚有 66.67 万 hm² 荒山迹地需要造林绿化，有 133.33 万 hm² 石漠化土地需要治理。太行山绿化工程区 2011～2050 年营造林计划中，还有 42 万 hm² 的土地用于造林，这些造林地多位于交通不便、海拔较高地段，立地条件较差，山高、石多、土层薄，干旱少雨，造林难度极大，近年来，南方地区人口流动、水情变化及血吸虫病流行、环境复杂等原因，导致部分地区疫情回升和新的疫情发生，血防任务依然繁重和艰巨。因此，造林任务仍十分艰巨。

（二）国家政策扶持力度有待加强

防护林体系建设工程是国家重点生态建设工程，随着农民收入水平的上升，国家扶持政策的作用有弱化的趋势。例如，2001 年，长防林二期工程启动时，国家人工造林补助标准为每亩 100 元，封育补助标准为每亩 70 元，当时在种粮每亩要交近百元的农业税的情况下，农民对长防林建设的积极性仍然很高。在 2004 年，国家提出"粮食安全"，全面减免了农业税，并逐年加大农民粮食补助力度，到 2009 年各项种粮补助平均每亩达到了 70～90 元，对种粮大户每亩达到近 200 元。目前，人工造林补助甚至达到了 300 元，然而，近几年受苗木价格上涨、人工费用提高等因素影响，营造林成本已大幅度提高，当年确定的补助标准与工程建设实际成本相差甚远。在补助标准远低于工程造林成本的情况下，公益林又不允许随意采伐，农民除工程补助外，基本没有其他的经济收入，其他防护林均存在类似的情况，造成了近年来农民对防护林建设的积极性明显下降。

（三）资金投入与实际需要差距较大

项目资金投入不足，补助标准低，严重影响防护林工程建设和实施的积极性。长江流域防护林体系建设工程是国家重点生态建设工程，二期工程确定的补助标准与工程建设实际成本相差较远，个别地区的困难地造林成本能达 2000～3000 元/亩，造林补助仅 300 元/亩。太行山绿化工程人工造林由试点期和一期的 10 元/亩提高到二期的 100 元/亩，2011 年又提高到了 300 元/亩。珠江流域防护林体系建设工程(2001～2010 年)，广东、广西、云南、贵州四省(区)总投资 12.81 亿元，仅占二期规划四省(区)总投资的 31.72%，中央投资和地方投资均未达到二期规划投资额度。"三北"防护林体系工程 2011 年和 2012 年累计完成中央投资仅占规划中央投资额的 21.8%。

而仅从人工造林成本看，虽然各地区情况不尽相同，但总体偏高。除造林成本外，防护林建设项目的作业设计、招投标、监理、检查验收等管理费用均不能从中央造林补助资金中开支，而地方政府一般又没有能力全额配套资金。项目作业设计费、检查验收等必需费用，都需要基层林业部门想办法自筹解决，导致基层林业部门实施项目出现"倒贴"现象，形成了林业部门实施的项目越多、经济负担越重的局面，致使基层单位逐渐失去对争取和实施重点工程项目的主动性和积极性。

（四）科技支撑体系急需完善

尽管有些林业科研机构、高校等以各种形式参与了防护林建设的科研工作，但由于科研经费不足、机制不活等，科技支撑力度还远远不够。①林业科研不足。干热河谷等生态脆弱、环境恶劣地区的造林树种选择和适用造林技术等科研工作还没有实质性突破。②科技推广滞后。ABT 生根粉、保水剂等一些新技术因为成本高而在实际造林中很难得到大规模推广应用。③科研人员和设施无法保障。基层林业技术人员少，科研设施落后，难以充分发挥科技服务作用。④工程技术标准滞后。例如，"三北"防护林工程启动以来，制订了一整套技术标准和规范，但随着工程建设的发展，原有的许多技术标准与管理办法与现行国家体制机制、工程区经济社会发展状况不相适应，急待修订完善。⑤工程监测体系建设欠缺。监测体系建设是防护林建设工程重要的基础性工作，监测数据是评价工程建设质量的基础数据，只有取得可靠的基础性数据才能确保对工程建设生态、经济和社会三大效益评价的可信度。目前，我国防护林建设工程监测体系一直没有建立，更没有形成区域监测网络，难以对工程建设进行全面、科学、客观的评价。

（五）林种结构与多样化功能需求不相适应

①林种、树种结构单一。例如，"三北"防护林体系建设工程营造了大面积纯林，

且以杨、槐、榆等树种为主，林分呈现纯林多、混交林少，阔叶林多、针叶林少，中幼林多、成熟林少，单层林多、复层林少的特征，森林生态系统的系统性与抗逆性有待提高。②建设内容单一。由于工程投入总量有限，长期以来防护林建设只突出造林环节，没能按照林木生长发育规律和森林生态群落演替规律，全过程开展造林、管护、经营、抚育等工作，影响了工程建设质量、效益、功能的提高和发挥。例如，太行山绿化二期工程建设过程中，存在一定程度的"重造轻抚"和"重造轻管"现象。虽然部分地区实施了山区生态林补偿制度，成千上万的农民上山务林成为了生态林管护员，但由于抚育和管护水平不高和生态补偿制度覆盖面不够，致使部分区域林木保存率低，森林质量低下。③营造林方式单一。长期以来防护林建设工程只突出了人工造林，封山(沙)育林等任务安排不足。这一状况在"三北"防护林体系建设四期工程中有所改善，但还有待进一步改进。

（六）防护林退化老化问题突出

东北、华北、西北等地区多年来受持续干旱的影响，加上当地经济社会发展的原因，近年来地下水位每年呈下降趋势，这些自然干扰严重影响树木生长，加速林木衰老死亡。自 2003 年开始，部分地区大量防护林濒死木、枯死木，自然老化现象严重。2007～2012 年呈逐年加重趋势。例如，坝上地区防护林 90%栽植于 20 世纪 70 年代，树龄都在 40 年左右，林分早已进入成熟期、过熟期，生长停滞，生理衰退，抗逆性降低，病虫害严重。坝上地区进行的死亡林木解析结果显示：树皮腐烂病达到 100%，心腐病达到 92%，受害虫危害株数达到 83%。

第三节　防护林体系建设发展战略

一、指导思想

坚持以邓小平理论、"三个代表"重要思想、科学发展观及习近平总书记系列讲话为指导，深入贯彻落实党的十八大和三中、四中、五中全会精神，围绕全面建成小康社会和实现中华民族伟大复兴的中国梦，以建设生态文明为总目标，继续坚持以生态建设为主的基本思路，在巩固前期防护林工程建设成果的基础上，统筹规划，突出重点，分区施策，结合全国主体功能区和生态功能区建设区划，以增加森林面积、提高森林质量、增强生态功能为主攻方向，以增强森林水源涵养功能、防治水土流失、治理沙漠化与石漠化、推进农田防护林网建设、开展退化林带的生态修复和中幼龄林带抚育建设、实行抑螺与防病综合治理、加强生物多样性保护为重点，以全面深化改革和科技创新驱动为动力，加快构筑结构稳定、布局有序、功能完备的国家防护林生态屏障。

二、战略目标

到 2020 年，工程规划任务完成后，将在防护林地区新增森林面积 1600 万 hm^2，工程区森林覆盖率达 39.5%。造林总面积达 3721 万 hm^2，其中，人工造林 1680.93 万 hm^2、封山育林 1930.83 万 hm^2、飞播造林 109.25 万 hm^2。营造血防林 83.2 万 hm^2，建立血防监测点 220 处，改造低效林 1188.64 万 hm^2。50%以上可治理沙化土地得到初步治理，

60%以上的退化林分得到有效修复，70%以上水土流失得到有效控制；90%以上的农田实现林网化。

到 2050 年，防护林建设体系基本成熟，防护林建设持续发展机制趋于完善，各项防护功能充分发挥。

三、战略布局与任务

为服务国家主体功能区与生态功能区战略规划，按照服务大局、体现特色、强化保护、加快发展、统筹兼顾、突出重点、改善布局的原则，在延续前期工程范围的基础上，遵循流域完整性，尊重林业发展总体布局与地区布局，结合防护林工程涵养水源、保持水土、防风御沙、防灾减灾、防护农田、治理沙漠化、抑螺防病、保护生物多样性等功能，将防护林工程区划确定为东北地区、"三北"地区、华北中原地区、南方地区、东南沿海热带地区、西南峡谷地区、青藏高原地区七大地区(图 5-1)。工程范围涉及北京、天津、河北、山西、内蒙古、辽宁、吉林、黑龙江、江苏、浙江、安徽、福建、山东、河南、湖北、湖南、云南、贵州、重庆、江西、广东、广西、海南、四川、陕西、甘肃、宁夏、新疆、青海、西藏 30 个省(自治区、直辖市)，涵盖长江、黄河、淮河、海河、珠江、钱塘江等多个流域(表 5-3)。

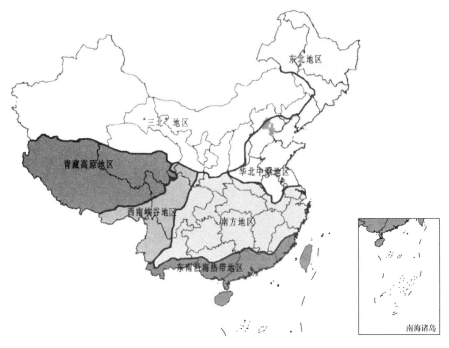

图 5-1　防护林体系战略分区示意图

（一）东北地区

1. 林业特征与需求

东北地区是我国森林资源最丰富的地区，也是继加拿大、俄罗斯之后北半球最主要

表 5-3 防护林体系分区战略任务与目标

地区	功能区											
	农田防护区					沙漠化治理区	水源涵养与水土保持区		抑螺防病区			防灾减灾区
	造林面积/万hm²	新建防护带/万hm²	修复防护带/万hm²	农林间作/万hm²	绿化村镇/万hm²	防风固沙林基地或工程/万hm²	造林面积/万hm²	低效林改造/万hm²	营造血防林/万hm²	示范区/个	监测点/个	
东北地区	71.1	17.4	14.7	25.9	10.3	—	—	—	—	—	—	**
"三北"地区	247.6	118.5	103.3	46.4	49.9	1051	348.7	**	—	—	—	**
华北中原地区	—	—	—	—	—	**	76.27	41.56	—	—	—	—
南方地区	36.6	54.2	201	13.6	27.7	—	1256.43	870.58	83.1	18	220	—
东南沿海地区	1.5	3.0	2.5	1.2	1.2	5.6	—	—	—	—	—	**
西南峡谷地区	—	—	—	—	—	—	293.2	224.69	—	—	—	—
青藏高原地区	—	—	—	—	—	—	106.81	51.81	—	—	—	—
总计	356.8	193.1	321.5	87.1	89.1	1056.6	2081.41	1188.64	83.1	18	220	**

注："—"表示相应区域无此项任务与目标；"**"表示相应区域有相应任务，但具体目标数据涉密或难以统计。

的三大温带森林地带之一，林地利用率较高，达 72.66%；森林覆盖率高，森林资源总量大，分布相对集中，但森林资源的林种结构、林龄结构不尽合理。特别是可采用资源已趋于枯竭，总体上森林资源质量偏低，人工林和集体林的单位产量更低，均只有天然林和国有林单位产量的 1/2；无林地面积较大，占林地面积的 21.04%。本区是我国传统的木材主产区，以经营国有林为主的产业组织完善，形成以龙江、大兴安岭、内蒙古、吉林和延吉五大森工集团为中心，向地方和非公有经济渗透的林业发展典型模式，但采造的长期失衡，导致森林质量低下，后续不足。本区是重点的国有林区，林产品加工等林业产业体系完善，在良好地缘优势下，便于森林资源的获取和林业产品的销售。随着粮食生产主产区地域北移，该区林业还负有阻隔沙漠东扩和保护东北平原的生态责任。此外，东北沿海地区常受暴雨、风沙、洪涝等自然灾害影响，急需加强沿海防护林建设。

根据特征分析，该区对防护林工程建设的迫切需求主要体现在农田保护、防灾减灾等方面。

2. 功能布局与任务

农田防护区。该功能区 2 个水土保持林基地属于"三北"防护林体系五期工程布局范围。一是辽宁西北部山地以油松为主的百万亩水土保持林基地。该基地地处松辽平原，涉及辽宁省 8 个县(市、区)，包括锦州市、铁岭市、朝阳市、葫芦岛市条件适宜的各县(市)。二是黑龙江松嫩平原以杨树为主的百万亩防护林基地。该基地地处松嫩平原，涉及黑龙江省 16 个县(市、区)，包括绥化市条件适宜的各县(市)。此外，该功能区包括辽宁、吉林、黑龙江和内蒙古东部共计 114 个县级行政区划单位，南北长约 1000km，东西宽约 400km，面积约 35 万 km²，属于全国平原绿化三期工程范围。战略任务是：实施人工造林和封山育林并重，主要造林树种为油松、杨树、刺槐、山杏等，推进平原绿化，重点进行农田防护林建设，保障该区粮食安全。到 2020 年，本区规划造林面积 71.1 万 hm²。新建防护林带 17.4 万 hm²，修复防护林带 14.7 万 hm²，农林间作 25.9 万 hm²，绿化村镇 2.2 万个、面积 10.3 万 hm²。

防灾减灾区。该功能区属于沿海防护林工程布局范围，主要包括辽宁丹东、大连、营口、锦州、葫芦岛、鞍山、盘锦等地区。战略任务是：推进若干地方级自然保护区晋升为国家级自然保护区，加强保护区基础设施建设和能力建设，进一步完善由海岸基干林带、消浪林带和纵深防护林组成的综合防护林体系。

（二）"三北"地区

1. 林业特征与需求

由于长期掠夺式经营，森林资源数量少、质量低、分布不均匀，东部多、西部少，主要分布在山区，林地利用率仅为 37.38%，灌木林和无林地面积较大，分别占林地面积的 14.51%和 43.56%。林地生产力低下，低于全国平均水平，其中，人工林和集体林的单位产量更低，分别相当于天然林和国有林单位量的 1/2 和 2/5。该区分布有我国四大沙地和八大沙漠，生态环境极其恶劣，同时也是全国贫困区域之一。该区林业建设以改善生态环境为主要目标，林业生态建设主要形式是生态经济型防护林体系模式，但尚未形成规模。自 2003 年开始，河北坝上等部分地区开始出现大量杨树防护林濒死木、枯死木，2007～2012 年呈逐年加重趋势。近年来，该区外出打工者有所回流，"三北"风沙治理区林业发展面临难得的机遇。

根据特征分析，该区对防护林工程建设的功能需求主要体现在防护农田、防风固沙、涵养水源、保持水土、防灾减灾等方面。

2. 功能布局与任务

农田防护区。该功能区属于"三北"防护林建设五期工程布局范围，涉及海河流域河北省内 15 个县(市、区)；黄淮海平原和渭河平原坝上农牧区、蒙古高原、河套灌区、毛乌素沙地；河西走廊、南疆、北疆及伊犁河谷；河北坝上等地区。战略任务是：规划营造河北海河流域上游以松柏为主的百万亩水源涵养林基地和河北燕山山地以侧柏为主的百万亩水源涵养林基地，在华北东部、西部地区，以及西北地区宜林地造林。加快推进并扩大"三北"地区老化防护林更新改造试点。到 2020 年，造林 247.6 万 hm²，新建防护林带 118.5 万 hm²，修复防护林带 103.3 万 hm²，农林间作 46.4 万 hm²，绿化村镇 10.4 万个、面积 49.9 万 hm²；基本实现更新模式完备，质量控制与循环更新功能成熟的更新改造机制。

沙漠化治理区。该功能区属于"三北"防护林建设工程范围，主要分布在风沙区的科尔沁沙地、毛乌素沙地、呼伦贝尔沙地、浑善达克沙地、河套平原等 5 个重点防风固沙林基地；西北荒漠区包括河西走廊、柴达木盆地、天山北坡谷地、准噶尔盆地南缘、塔里木盆地周边、阿拉善地区等 6 个重点工程区。战略任务是：主要任务为规划营造防风固沙林基地。到 2020 年，营造林 1051 万 hm²，其中，人工造林 468.6 万 hm²、封山育林 523.6 万 hm²、飞播造林 58.8 万 hm²。

水源涵养与水土保持区。该功能区为黄土高原丘陵沟壑地区，包括晋西北、晋陕峡谷、泾河渭河流域、湟水河流域，属于"三北"防护林五期工程布局范围；桑干河、大清河、滹沱河、滏阳河、漳河、卫河、沁河等流域属于太行山绿化三期工程布局范围。战略任务是：黄土高原丘陵沟壑区规划以松、柏为主的水土保持林和水源涵养林基地；太行山地区以岭脊陡坡、沙石山及石灰岩山丘区为治理重点，积极营建水土保持林，治理水土流失。到 2020 年，营造林 348.7 万 hm²，其中，人工造林 158.8 万 hm²(乔木林 119.1 万 hm²，灌木林 39.7 万 hm²)、封山育林 157.6 万 hm²、飞播造林 32.3 万 hm²。其中，建成 10 个以松、柏为主的水土保持林和水源涵养林基地 72.7 万 hm²。

防灾减灾区。该功能区属于沿海防护林工程布局范围，主要分布在河北(沧州、唐山、秦皇岛)、天津、山东(潍坊、烟台、威海、青岛、日照、临沂)地区。战略任务是：营造、恢复和保护红树林，加快海岸消浪林带建设；采用人工造林、封山育林和林带修复三种方式，加强海岸基干林带建设；继续实施宜林荒山荒地造林、农田防护林、护路林、村镇绿化等造林工程，推进纵深防护林建设。

(三) 华北中原地区

1. 林业特征与需求

该区山地少、平原多。森林资源分布不均，天然林分布在山区，平原区人工林和集体林面积较大，且主要为农林防护林，部分地区林粮间作多。平原林业的集约度较高，但山地丘陵由于人为干扰严重，经营强度低，尤其是山区生态环境恶化，森林资源受到严重破坏，急需提高森林质量。在此条件下，其单位面积蓄积量为全国最低，产出材主要为中小径材。同时，平原区树种比较单一(除了少量泡桐外，多为杨树)。现有林业产业主要是一些木材加工业，随着种植林业的发展，以森林旅游为主要内容的第三产业也有了初步发展。

根据特征分析，该区对防护林工程建设的功能需求主要体现在涵养水源、保持水土、沙漠化治理等方面。

2. 功能布局与任务

涵养水源与保持水土区。该功能区为黄淮平原地区、伏牛山武当山地区、沂蒙山地丘陵地区，属于长江流域防护林工程三期布局范围。战略任务是：进行造林与低效林改造。到 2020 年，造林总规模为 76.27 万 hm^2，其中人工造林 48.5 万 hm^2、飞播造林 0.01 万 hm^2、封山育林 27.76 万 hm^2(其中有林地、灌木林地封育 21.14 万 hm^2)；低效林改造规模为 41.56 万 hm^2(其中低效用材林改造 7.62 万 hm^2)。

沙漠化治理区。沂蒙山地区对宜林荒山采取人工造林为主，对稀疏灌丛进行全面封育，部分岩石裸露、土壤贫瘠的地区先种植抗逆性强、耐瘠薄的先锋灌木树种，待土壤条件改善后再种植乔木树种，通过多种方式恢复和增加森林植被。

(四) 南方地区

1. 林业特征与需求

南方地区是我国重要的集体林区和商品林生产基地。集体林占林地总面积的 60%；林业第一产业增加值占国内生产总值的 1.53%；林地利用率达 64.63%。然而，南方地区林业生产也存在如下问题：①自然与经济干扰因素多，导致土壤侵蚀严重，从而影响林地生产力，降低森林效益的产出，尤其是在喀斯特地貌广泛分布的广西、贵州、云南、湖北和湖南等省(区)。因此，在林业经济建设的同时，必须注意生态环境的建设。②森林培育不能做到适地适树，大面积营造单一树种的纯林，病虫灾害及地力下降严重。③该地区以集体林为主，而目前国家、地方对集体林业的扶持政策少，税负过重，导致乡村居民营林积极性不高。④培育与利用脱节，未形成真正的林业产业。目前，该区集体林、人工林的单位面积蓄积都很低，而国有林单位面积蓄积却相当高。本区内天然林也遭受严重破坏，林地生产力不高，天然林单位面积蓄积仅为长江上游的 1/4～1/3，一些次生林尚有珍稀植物种类和优良的阔叶材树种，但未得到科学经营利用。因此，有必要制定严格的法律法规，在保护的基础上提高森林经营强度。

根据特征分析，该区对防护林工程建设的功能需求主要体现在涵养水源、保持水土、防护农田、抑螺防病等方面。

2. 功能布局与任务

水源涵养与水土保持区。该功能区内，秦巴山地水土保持水源涵养治理区、大别山桐柏山江淮丘陵地区、三峡库区水土保持库岸防护治理区、乌江流域石质山地水土保持治理区、长江中下游滨湖堤岸地区、武陵山雪峰山山地地区、幕阜山山地地区、天目山山地丘陵地区、南岭山地水源涵养治理区、湘赣浙丘陵地区属于长江流域防护林工程三期布局范围；南盘江、北盘江流域，左江、右江流域，红水河流域，珠江中下游地区，东江、北江流域，属于珠江流域防护林工程布局范围。战略任务是：进行造林与低效林改造。到 2020 年，营造林 1261.42 万 hm²，其中人工造林 387.57 万 hm²、飞播造林 9.14 万 hm²、封山育林 864.71 万 hm²；低效防护林改造 870.58 万 hm²。

农田防护区。该功能区属于全国平原绿化三期工程布局范围，主要分布在湖南、广东、广西、海南及长江中下游平原、华东沿海各省和四川盆地等地区宜林地带。战略任务是：造林、新建防护林带、修复防护林带、绿化村镇等。到 2020 年，在宜林地造林 36.6 万 hm²，新建防护林带 54.2 万 hm²，修复防护林带 201 万 hm²，农林间作 13.6 万 hm²、绿化村镇 9.8 万个、面积 27.7 万 hm²。

抑螺防病区。该功能区属于林业血防工程布局范围，主要分布在江苏、安徽、江西、湖南、湖北、四川、云南七省长江流域血吸虫病重疫区和浙江、广东、重庆两省一市血吸虫病潜在流行区。战略任务是：结合重点工程及退耕还林营造血防林，建立实验示范区和监测点。到 2020 年，完成营造血防林总面积 83.1 万 hm²，其中营造抑螺防病林 63.5 万 hm²，结合长江流域和珠江流域等重点防护林 13.2 万 hm²，结合退耕还林面积 5.9 万 hm²，建设试验示范区 18 个，示范面积 0.6 万 hm²；建立监测点 220 处。

（五）东南沿海热带地区

1. 林业特征与需求

东南沿海热带地区是重要的集体林和商品林生产基地。林业第一产业增加值占国内生产总值的 1.55%；林地利用率达 66.63%，但是由于长期粗放式经营，森林生产效率低，而其中人工林和集体林的森林生产率更低，分别相当于天然林和国有林生产率的 1/2 和 1/3；灌木林和无林地面积比例较大，分别占林地面积的 11.54% 和 16.71%。然而，东南沿海热带林区林业生产也存在以下问题：①森林植被长期破坏加上强烈降雨导致的土壤侵蚀，影响林地生产力，降低森林效益的产出。因此，该地区在营造林及经营利用方面，应加强对生态环境的保护，尤其是应杜绝皆伐造成的影响。②由于以集体林为主，存在森林质量低下的问题，因此迫切需要提高森林质量。③该地区是台风多发地区，而防护林具有削减风力、增大地面摩擦力的作用，因此，迫切需要加强沿岸防护林带建设，减少台风危害。

根据特征分析，该区对防护林工程建设的功能需求主要为防灾减灾、防护农田。

2. 功能布局与任务

防灾减灾区。该功能区属于沿海防护林工程布局范围，分布在福建、广东、广西、海南沿海各市县。战略任务是：营造、恢复和保护红树林，推进海岸消浪林带建设；采用人工造林、封山育林和林带修复三种方式，加强海岸基干林带建设；继续实施宜林荒山荒地造林、农田防护林、护路林、村镇绿化等造林工程，推进纵深防护林建设。

农田防护区。该功能区属于全国平原绿化三期工程布局范围，分布在福建南部、广东、广西、海南地区。战略任务是：建立农田防护林体系，构筑以乔木为主，乔灌草混交、片带网点结合，园林化城镇绿化、园林化村庄绿化、路沟渠田绿化浑然一体的自然式农田防护林体系，提高抗御热带风暴的能力，实现香化、美化、城乡一体化。

（六）西南峡谷地区

1. 林业特征与需求

本区是我国第二大林区和重要的木材生产基地，天然林比较多、人工林比较少，森林资源十分丰富但分布不均，尤其是大面积原始森林主要集中在人烟稀少、经济落后、交通不便的四川西部、云南西北部和西藏东南部。这些地区山高谷深、河流深切、山坡陡峭，一般坡度在 35°左右，不便开发利用，属于不可及森林资源。开发利用后的森林资源(即人工林资源)与其他地区同类资源一样，质量低下。该地区处于诸多流域的上游地区，水源涵养和水土保持十分重要。由于受特有地势地貌、气候条件的影响，本区树种资源丰富，特有种类和珍稀种类繁多，从热带到寒温带的森林类型都有分布，在林业生产上和科学研究上具有重要意义。但由于生态环境的失调，森林植被的生存空间缩小，生物多样性保存与野生动植物栖息地保护也受到影响。受社会经济条件尤其是交通运输条件的制约，本区森林资源利用率和林业工业生产水平比较低，尤其是木材综合利用率更低，缺少"三板"生产和造纸工业，并且与东北国有林区和南方用材林区一样，都以木材生产为中心，以消耗森林资源即木材采运业为主，导致了林业路子越走越窄。

根据特征分析，该区对防护林工程建设的功能需求主要体现在涵养水源、保持水土及保护生物多样性等方面。

2. 功能布局与任务

该地区主要是水源涵养与水土保持区，属于长江流域防护林三期工程布局范围，分布在四川盆地低山丘陵地区、攀西滇北山地地区。

战略任务是：四川盆地低山丘陵水土保持治理区从调整产业结构和优化土地资源利用方式入手，结合退耕还林工程建设，大力开展水土保持林、农田防护林、护坡护岸林的建设。通过实施低效防护林的改造，树种结构和层次配置结构的调整，建立起结构稳定、功能优良、效益兼顾、可持续经营的防护林体系；攀西滇北山地水土保持治理区在加强现有森林植被保护的基础上，通过飞播造林、封山育林和人工造林，加快荒山绿化和水土流失区的治理。针对河谷区的特殊环境和生态问题，以坡面、小流域为单元，分阶段、有重点地开展生态恢复与重建，遏制区域生态环境的恶化。到 2020 年，该地区造林总规模为 293.19 万 hm²，其中人工造林 79.11 万 hm²、封山育林 214.08 万 hm²(其中有林地、灌木林地封育 190.83 万 hm²)；低效林改造规模为 224.69 万 hm²(其中低效用材林改造 84.64 万 hm²)。

（七）青藏高原地区

1. 林业特征与需求

青藏高原由于严寒、大风、高辐射、蒸发量大、冻融侵蚀面大，生态环境极端恶劣且极端脆弱，乔木生长发育的生理化活动无法维持。因此，除西藏东南高山峡谷地区和西南部分国界附近外，其他地区天然分布的乔木很少，仅在村镇周围可见零星四旁树，而且一旦遭受破坏难以重新恢复。现有森林资源对维护区域的良好生态环境具有重要的作用。由于区域内人口少，社会经济水平不高，加上恶劣的自然条件，林业生产极为困难，林业生产水平低，林产品市场小，森林资源开发利用不严重。因此，现有的森林资源虽然数量不多且分布不均，但质量很高。

根据特征分析，该区对防护林工程建设的功能需求主要为涵养水源和保持水土。

2. 功能布局与任务

该区防护林主要以水土涵养、水土保持和保护生物多样性为主要目标，布局重点为江源高原高山生态保护水源涵养治理区。

战略任务是：在江源生态保护、天然林资源保护和退耕还林等工程建设基础上，采取封育、植树种草、人工促进天然更新等多种治理措施，积极开展荒山绿化和迹地更新，加快退化森林生态系统的恢复和荒漠化的治理，加强原生植被的保护，建立起涵蓄和保护长江水资源、调节地表和河川径流、防止水土流失、保护生物多样性、改善江河谷地生态环境的长江源区绿色防护屏障。到 2020 年，造林总规模为 106.81 万 hm²，其中人工造林 7.76 万 hm²、封山育林 99.05 万 hm²（其中有林地、灌木林地封育 85.03 万 hm²）；低效林改造规模 51.81 万 hm²（其中低效用材林改造 5.50 万 hm²）。

四、战略途径

（一）实施分区建设，加强水土保持与水源涵养

(1)生态脆弱区水土保持林建设。重点是实施退耕还林，治理坡面水土流失，从生态经济的角度出发建立农林复合系统和生态产业体系。在建设上积极营造水土保持林和农田防护林，采取乔、灌、草复合配置模式治理石质化山地，开展对低效防护林的改造，建立起结构优良、效益显著的防护林体系。

(2)江(河)源区水源涵养、水土保持林建设。在江(河)源区主要进行水源涵养、水土保持林建设，应统筹天然林资源保护、退耕还林等生态工程，开展人工造林、封山育林、低效林改造，恢复森林植被，扩大水源涵养、水土保持林规模，增加区域整体涵蓄水源、调节径流的能力。积极采用先进的技术、手段和行之有效的治理模式，提高营造林成效和质量，增强江(河)源区森林水源涵养能力，从流域源头上缓解水土流失问题。

(3)湖区与水库区防护林建设。主要是在汇水区、沿岸营建水土保持林、水源涵养林、护湖护堤护岸林，形成与水利设施互为一体的生态防护屏障，从整体上提高区域自身的生态防护功能，形成以干流、湖泊为重点的护坡护堤护岸林体系，有效减少沿江、湖区的洪灾威胁。水库区源头及周边防护林建设，主要是以现有森林资源保护为重点，通过在荒山荒谷营造水源涵养林，在江河沿岸发展水土保持林，建立起以水源涵养林、水土保持林为主的区域性防护林体系，达到削洪增枯、防止水土流失、减少水患威胁的目的。

（二）造林与修复并举，推进农田林网建设

(1)人工造林。主要通过宜林地造林、防护林带建设和村镇绿化三种途径。宜林地造林主要是在集中连片，面积为 0.067hm²(1 亩)以上的荒滩、荒沙、荒地等宜林地采取

人工造林措施，在城镇和风景名胜区等周边以营造景观树种为主，其他地区以营造经济林果树种为主、用材树种为辅的生态经济林。新建防护林带主要是将尚未达标或无农田林网保护的基本农田，新开发的农田，建设三高农田保护区重新规划平整土地的地段，毁灭性灾害致使防护林全部破坏的地段，县、乡结合部空档地段规划为新建林带。村镇绿化是以自然村为单位，开展绿色庭院建设，主要营造用材林、经济林果、木质花卉(花灌木)树种，达到增加农户收入和绿化美化环境的双重效果。在风沙危害严重、土地资源相对丰富的北方地区，营建围村防护林带。

(2)退化防护林修复。对现有林带已老化、防护效能差、需要更新改造的地段，或现有林带缺株断带、树种单一、结构简单、易发生病虫害、需要提高档次的地段，通过实行采伐更新、疏伐更新、补植改造和综合改造等措施，进行农田防护林带修复，注重修复的质量与循环。

(3)农林间作。在适宜地区的旱地上，选择适宜的树种，开展农林间作。进一步完善农田林网体系，大力开展道路、河渠绿化工作，加强村屯四旁绿化美化建设，构筑以农田防护林带为主、其他防护林为辅、村屯绿化为补充的网、片、带、点结合的防护林体系，提高抵御风沙、干旱、洪涝、土壤盐渍化等自然灾害的能力，充分发挥森林防风固沙、调节气候等功效，改善农牧业生产条件。

（三）结合重点工程建设体系，积极开展抑螺防病

(1)建设抑螺防病林。根据滩地和山丘等不同立地类型，因地制宜地开展抑螺防病林建设。在符合条件的地区，采取多种工程造林模式，实施以杨树、柳树、桤木、松类、乌桕、枫杨等树种造林为主的林业生态工程建设，结合翻耕套种农作物，建立林农复合生态系统。

(2)结合重点工程建设造林。在湖沼型和山丘型血吸虫病流行区，结合长防、珠防等国家重点防护林工程建设，在有钉螺的荒地上种植杨树、枫杨等树种；结合退耕还林建设造林，在不同水肥条件地区的工程建设过程中，结合混交造林、防蚀保土、林农间作等技术措施，以提高退耕还林后抑螺防病的综合治理效果；结合湿地与野生动植物保护及自然保护区建设造林。积极开展工程区内的湿地保护与恢复和鸟类疫情的监测等工作，在兼顾湿地和自然保护区生态保护的前提下，种植抑螺植物，抑制钉螺孳生。

(3)建设试验示范区。以现有科研成果为基础，将关键技术组装配套，通过不同立地类型高效抑螺防病林构建试验示范、抑螺防病林复合经营与林下经济开发试验示范、传染源生物生态隔离带建设试验示范、抑螺防病林可持续经营试验示范、林业血防配套工程建设试验示范、抑螺防病林定位监测试验示范等，为大面积工程施工提供样板和经验。同时，试验示范区作为研究和定位监测点，及时解决项目实施过程中出现的新问题，为林业血防工程起到宣传示范和辐射推广的作用。

(4)建设监测体系。通过建立基于3S的螺情监测系统、环境效应动态观测体系、数据管理与远程传输系统，采用定位观测、抽样调查、检查验收等方法，对钉螺动态、林分状况、环境变化、工程实施等情况进行实时监测，分析工程建设的进度、质量及其效果，开创林业工程项目建设的科学化、系统化、信息化、网络化，为国家制定林业血防

政策、评估林业血防建设成效提供基础数据和科学依据。

（四）扩大和提升防护林功能范围，巩固防灾减灾体系

（1）扩大和提升防护林的功能范围。通过工程建设，在沿海地区建成生态功能稳定、防灾减灾效果稳定的防护林体系，逐渐推进防护林建设从层次相对单一的基干林带向滨海湿地、基干林带、纵深防护林多层次的综合防护林体系方向扩展；从一般的防风固沙等防护功能向包括增强应对台风、风暴潮等重大突发性生态灾难在内的、相对巩固完善的多功能防灾减灾能力方向扩展；从传统的防护林体系建设向包括村庄绿化在内的良好人居环境和林业现代化方向发展。

（2）注重人员培训和质量管理。为了提高防护林防灾减灾工程建设质量，大力推广和应用新技术，工程区各省加强对工程管理人员和专业技术人员的培训，提高其管理水平和业务素质；各地按照基本建设管理要求，规范建设程序，采取有效措施强化对工程建设质量的管理和监督。实行工程建设质量考评和责任追究制，积极推行项目法人招投标制、合同制和工程建设监理制。积极推行专业队造林，确保造林质量，提高成活率。

（3）加强档案验收与质量管理。防灾减灾防护林工程建设应实行县级自查、省级抽查、国家核查的三级检查验收制度。工程区林业主管部门按照国家档案管理的有关规定和要求，逐步完善档案管理工作，将防灾减灾防护林体系建设的各个环节的文件和资料进行整理和装订、归档和专柜保存。

（五）因地制宜，全面推进沙漠化与石漠化治理

（1）实施多种造林方式。以遏制土地沙化扩展为目标，以流动和半流动沙地、沿河沙地、丘间低地、风蚀区域、农田牧场、沙漠周边地区作为重点治理对象，在保护好现有植被的基础上，通过人工造林、封山育林、飞播造林等措施，建设乔灌草相结合的防风固沙防护林体系。对流动和半流动沙地，采取生物措施和工程措施相结合的方法进行综合治理；对固定沙丘，采取以封沙育林育草为主的自然修复措施；对沿河平缓沙地和丘间低地，大力实施人工造林；对风蚀严重区域，推行林农、林草混作，保护人工绿洲生态系统；对农田和牧场，营造带、片、网相结合的农田、牧场防护林网；对沙漠周边地区，封沙育林育草，封育和飞播相结合，防风固沙，遏制沙漠化扩展。

（2）建设荒漠绿洲防护林体系。以保护天然荒漠植被为重点，大力实施封山育林，加强以典型荒漠生态系统为主的自然保护区建设，建设以沙生灌木为主的荒漠绿洲防护林体系。

（六）兼顾森林生态质与量，加强生物多样性保护

（1）提高林分质量。通过不断提高林分质量，完善森林生态系统结构和功能，建设健康稳定的森林生态系统，促进森林类型多样性指数逐步提高，并维持在一个较高水平，为生物多样性提供高质量的生态环境。

（2）增加和恢复植被。采取封育、植树种草、人工促进天然更新等多种治理措施，积极开展荒山绿化和迹地更新，加快退化森林生态系统的恢复和荒漠化的治理，加强原

生植被的保护，建立起涵蓄和保护江河水资源、调节地表和河川径流、防止水土流失、改善江河谷地生态环境的江河源区绿色防护屏障，保护生物多样性。

第四节　防护林体系建设的政策建议

按照《中华人民共和国森林法》规定，防护林是以防护为主要目的的森林、林木和灌木丛，包括水源涵养林，水土保持林，防风固沙林，农田、牧场林，护岸林，护路林，在林业分类经营中防护林属于与商品林对应的公益林。新时期，防护林建设与发展要求以林业分类经营为基础，以林权改革为核心，以森林资源经营管理为主要规范对象，以现行林业基本体制为框架，从资金投入、政策法规、激励机制、科技支撑、规划监督等方面提出保障措施。

一、加大公共财政支持力度，促进资金重点供给

防护林是一项重要的公益事业，具有生态、经济、社会等多方面的功能，是一个具有典型外部公益性的事业，从建设生态文明、改善生态、改善民生、促进社会进步角度看，防护林是一个"瓶颈"和需要重点发展的事业。这些特点决定了防护林建设和发展与政府和公共财政有着天然的密不可分的联系。从防护林性质与定位、当前中国防护林发展所处的历史阶段及国外的经验来看，对防护林加大投入是一个重大的战略问题。

（一）全额公共财政供给

防护林是典型的具有公共性和基础性的公益事业，它的健康持续发展直接影响到经济和社会的可持续发展，因此防护林事业应该成为公共财政支持的重点领域之一，从建设、抚育、管护、更新、优化等方面应当由公共财政无偿投入。通过各级预算层次，列入项目预算，根据国民经济状况和防护林建设的需要，保证支出，同时防护林经营的各环节要全部免税。此外，划分国家防护林与地方防护林，根据事权划分原则，国家划定的防护林应该由中央财政全额拨款；省级划定的防护林应由省财政全额拨款；县级划定的防护林应由县财政全额拨款。兼用林可以采取以受益者筹集资金为主、国家适当补助为辅的资金投入模式进行建设和管理。

（二）碳汇林业资金供给

防护林建设的一个重要特征就是具有典型的外部经济性，它所带来的收益基本上是生态效益和社会收益。从经济学意义上说，这种收益应当由受益者进行补偿。除了实行财政无偿供给这种主要形式外，近年来为了应对气候变化，国际社会积极探讨解决温室气体排放的国际性难题，主要利用碳汇机制，筹集资金，进行防护林建设。主要做法是：利用防护林的储碳功能，通过一系列的防护林经营管理活动，吸收和固定大气中的二氧化碳，并按照相关规则与碳汇交易相结合的过程、活动或机制，根据交易规则获取防护林建设资金。今后，需要大力发展碳汇融资功能，促进防护林碳汇林业发展。

（三）完善生态效益补偿机制

虽然自 2001 年以来，我国逐步开始有偿使用森林生态效益，使得森林经营者提供的生态价值在一定程度上得到了社会的承认和回报，但仍然是初步的、尝试性的。①提高国家补偿标准。10 多年来，虽然生态效益从每亩几元到十几元实现了一定程度的增长，但仍然远远没有体现森林生态效益的实际价值。因此，需要考虑提高补偿资金标准。②建立生态效益普惠与补偿机制。从全国来看，生态效益的输出地区，往往也是经济社会发展落后的地区。生态效益具有普惠的特点，享受生态效益的人群没有行政界限，这就要求享受生态效益的地区要向生产效益的地区直接提供资金支持，或者由国家采取财政转移支付的办法，对生态效益的产出区进行一定的经济补偿，以体现不同区域的主体功能作用，实现社会公平。具体到全国来看，就要体现到发达地区对西部地区、水源地下游对上游、资源富集地区对生态良好地区的生态补偿问题。③需要探索生态效益进入市场进行交易的可能。用市场经济的手段体现生态效益的市场价值，调动森林经营者造林、护林、爱林的积极性，解决生态林业发展的原动力问题。

二、建立中央与地方协同机制，推进防护林建设一体化

防护林建设体系是一个系统工程，这项巨大工程的建设既需要中央的"统"，也需要地方的"分"。因此，各级政府应加强工程组织领导，加强协调，密切配合，精心实施，坚持不懈地推进防护林一体化建设。

（一）抓好组织管理和责任落实

要进一步建立健全各级工程建设管理机构，充实管理人员，强化管理职能，形成上下贯通的管理体系，全面承担起工程建设规划、计划、督导、检查的职责。要把防护林工程建设纳入各级地方政府领导任期的目标考核范畴，进行严格的考核奖惩；要将各项工程建设层层落实到各级政府、业务部门的肩上，把工程建设任务分解落实到山头地块。

（二）注重资金倾斜与落实

各地要按照国家基本建设项目的要求，着力抓好地方配套资金的落实；要创新和完善各项政策措施，本着国家、地方、社会与市场共同投资的模式，广筹各项工程建设资金，聚集各种生产要素向防护林工程建设领域流动，构建多元化的长期、稳定的投入机制，保证工程建设资金需要。

（三）抓好关系协调与任务落实

各地要把落实各项防护林工程规划任务作为头等大事，积极协调，依法抓好造林地块的落实，明确土地权属，调整和统一土地用途，理顺利益关系，努力做到造林地块权属明晰、集中连片；把种苗生产供应作为防护林工程建设物质基础的重要保证，结合建设任务和主攻方向，发挥市场机制在配置种苗资源中的基础性作用，积极推行定点生产、定向培育、合同化管理，增强种苗生产的供应能力，抓好种苗储备，确保各项工程建设

的种苗供给，推进防护林工程建设持续健康发展。

三、完善政策法规体系，依法推进防护林保护工作

依法进行防护林建设是社会主义法制的重要组成部分，属于上层建筑的范畴，与防护林事业发展密切相关，在防护林建设中具有不可替代的作用。就防护林建设而言，还没有形成一整套完备的法律体系，还不能适应当前建设生态文明社会的法制需求，还需要系统梳理现有的林业法律法规，在此基础上应制定系统完善的防护林法治体系，破除防护林建设在实际操作中东查西找的碎片化障碍。

（一）出台防护林分类施治条例

根据防护林的分类，以《森林法》《水土保持法》《防沙治沙法》为根本母法，出台相应的实施条例，规范防护林的建设。要根据防护林建设的实际情况和实施中存在的问题，研究相应的实施条例，主要包括各种防护林建设的目标责任考核奖励办法，土地使用权管理办法、建设成果验收办法等。此外，还要研究制定与防护林建设相关的技术标准等。针对目前实施的重大防护林工程，所适应法律过于原则、过于分散、在实施工程中缺乏操作性的问题，在总结工程建设经验的基础上，整合相关法律、行政法规的内容，研究制定防护林工程保障和促进法，其内容应当包括：防护林工程的概念和性质，工程建设的财政扶持和保障，工程建设的规划与计划、批准程序，工程建设当事人的权利和义务，工程建设主管部门及其相关部门的法定职责和权限，工程建设的监督、监理机制和措施，以及相应的法律责任等。

（二）建立防护林破坏责任追究制和生态损害赔偿制度

要建立防护林破坏案件责任追究制度，把防护林保护与管理的责任落实到各级政府的肩上，对不履行工作职责，监管失误，甚至违反有关法律法规和政策规定，导致森林资源遭到破坏，造成土地沙化和水土流失的大案要案的国家工作人员要依法追究行政责任，甚至法律责任。界定防护林生态损害赔偿的根本目的、赔偿原则、赔偿范围、免赔条件、追溯时限等基本内容，建立因果关系确认、举证责任、赔偿程序、赔偿数额的计算等基本政策、标准、规范，制定防护林生态损害赔偿标准和管理办法，制定全面反映市场供求、资源稀缺程度、生态损害和修复成本的赔偿价格机制，要求破坏者给予经济赔偿或者恢复防护林生态服务功能。

四、探索改革突破口，构建激励导向机制

深化改革是防护林建设的根本动力，只有深化改革，才能增强防护林发展的内在活力。当前的防护林建设改革就是要从错综复杂的矛盾中寻找出一个能够牵一发而动全身的突破口，就是要构筑防护林发展的长效机制。

（一）贯彻定向造林原则

集体林权改革之后，防护林建设体系的发展与林农的经济需求存在一定的矛盾，林

农得到林地承包权后，受经济利益的驱使，本应以防护为目的的营林造林可能最终会向其他方向发展，如向经济林等非防护林方向发展。因此，要保证集体林改后防护林建设的稳定性和持续性，急需利用利益导向和政策导向功能，建立适应集体林权改革的防护林建设机制，限定防护林发展方向，防止防护林建设落地后转变成为经济林或其他非防护林。

（二）贯彻市场调控原则

其核心是用市场经济的办法推进防护林建设，其重点是解决公共资金建设防护林效率低下的问题，基本方法是：国家制定生态产品市场规则、参与生态产品市场交易、建立国家生态产品储备机制。体现国家既是生态产品的管理者、建设者，又是生态产品的经营者。西部自然条件恶劣地区急需这种政策，因为这些地区生产的生态产品，由于几乎没有经济效益，很难在民间市场上流通，国家参与生态市场，可以调动民间生产生态产品的积极性，盘活林业生产要素。这种政策与国家粮食储备体制、能源储备体制、文化建设体制有相似之处，可以借鉴。

（三）贯彻行政杠杆调节原则

其核心是将防护林建设纳入党政领导任期目标考核责任制，目的是让各级政府树立正确的生态政绩观。习近平总书记关于生态文明建设中指出："生态兴则文明兴、生态衰则文明衰""保护生态环境就是保护生产力，改善生态环境就是发展生产力""良好的生态环境是最公平的公共产品，是最普惠的民生福祉"，深刻阐述生态与人类文明、生产力、民生的辩证关系和内在联系。防护林建设是生态建设的一个重要组成部分，搞好防护林建设就是发展生产力，就是改善经济发展软实力，就是增加最普惠的民生福祉。因此，要建立各级领导干部的防护林建设考核制和责任追究制，以此作为我们加强防护林建设的重要导向和破坏防护林行为的有力约束，进一步增强各级党政部门推进防护林建设的自觉性和主动性。

五、全面提升科技支撑能力，实现重点领域新突破

在新的历史条件下，林业科技工作必须紧密围绕防护林可持续发展特别是重大生态工程建设的需要，始终将积极推进防护林科技进步和努力提高生态工程建设的科技含量作为林业科技工作者的首要任务，迅速将现实需求转化为具体的科技行动。就防护林科技支撑而言，必须突出抓好以下三项工作。

（一）创新抗逆性强的优良树种应用技术

良种是建设现代林业的物质基础，是提高营造林质量的根本保证。目前，我国林业良种使用率仅为30%左右，远低于农业的水平。因此，各地要从工程建设立地条件越来越差、造林难度越来越大的实际出发，选择一批适生范围广、抗逆性强、生态效益稳定、经济效益高的优良树种，作为工程建设的首选树种，在大范围内推广应用，真正形成规模，产生效益。当前要重点抓好樟子松、杨树优良无性系、沙棘、四翅滨藜、四倍体刺槐、花椒、红枣、仁用杏等优良品种的繁育和推广，不断丰富和优化工

程建设的树种结构。要适应生物质能源发展的需要，积极引进和培育生长快、生物量大的灌木树种，为开发利用林木生物质能源奠定资源基础；要结合社会城乡防护林建设一体化新格局，在立地条件相对较好的田边、渠边、宅边推广水曲柳、美国黑核桃、核桃楸、紫椴、栎木等经济价值高的珍贵树种，在发挥生态防护效益的同时，最大限度地获得经济效益。

（二）突破困难立地营造林技术

经过林业科技工作者的多年努力，在困难立地营造林技术方面，我们取得了一系列重大突破。但是，随着防护林建设的不断深入发展，建设区域造林难度越来越大，防护林工程进入了攻坚阶段。能否突破困难立地的束缚，是事关防护林工程持续健康发展的关键性技术难题。当前，要针对工程区干旱、缺水、土壤贫瘠、沙化、盐渍化严重等突出问题，紧紧围绕抗旱保活这个目标，大力推广鱼鳞坑、围堰客土、水平沟等蓄水保墒整地技术，大力推广苗木处理、"三水"造林、机械开沟、钻孔深栽等节水抗旱技术，大力推广封山(沙)育林技术、飞播造林技术、林农复合经营、小流域综合治理、沙地生物经济圈、生物固沙技术等，为工程建设向困难立地推进提供技术支撑。

（三）创建不同立地类型区的治理模式

防护林建设区内有高原、平原、盆地、山地、丘陵等复杂多样的地形、地貌类型，主要灾害类型、主要治理对象有所不同，防护林体系建设的主导功能也各有侧重。因此，防护林科技推广工作要按照"分类指导、分区施策"的原则，把现有技术优势集成、组装配套，在不同立地类型区的整地方式、造林方式、林种、树种配置、乔灌草比例等关键技术上取得重点突破，推广一批行之有效的治理模式。当前，我们要精选防护林建设模式，按不同地域类型进行组装配套，完善提高，扎扎实实地推广，努力建设一批以科技为支撑，各具特色、代表不同治理模式的科技示范区，为推动整个防护林工程建设逐步走上科学的发展轨道树立典型和样板。

六、强化规划监督，确保防护林建设有序推进

防护林建设规划是以当前有效、准确、翔实的数据为基础，根据相关标准和技术规范，运用科学方法，对一个工程(如"三北"工程)或者某项防护林建设项目进行长期、整体设计的一整套行动方案。防护林建设规划是建设防护林行动的指南，它对防护林建设计划具有统筹功能和宏观指导意义。但是，由于缺乏监督，我们的规划和计划常常脱节，还需要在规划的监督上下工夫，主要采取以下四方面的措施。

（一）提高规划的科学性和可行性

要主动邀请有关部门、社会各界专家共同参加规划，增强规划的科学性、综合性、开放性。完善规划决策体制和制度，建立重大问题的政策研究机构、专家论证制度和听证制度，提高规划决策的科学性。切实落实公众参与原则，推进公众参与的法制化和制

度化，提高规划的社会公众接受程度。

（二）将防护林规划纳入立法监督范围

按照防护林规划级别纳入各级人民代表大会的监督范畴。全国性的防护林建设规划需要报全国人民代表大会常务委员会批准后实施。省级、市级、县级防护林建设规划也要纳入相应的人民代表大会批准，这样就奠定了规划的法律监督基础，否则，"规划规划，墙上一挂"，形同虚设，起不到调控和统筹作用。

（三）对防护林规划实施效果进行监测

为充分发挥防护林规划的综合调控作用，并能随未来发展的实际情况作实时调整，应从经济、社会、环境、基础设施及城乡建设等方面设定规划目标和监测变量，建立规划实施监督机制，以便对规划的实施效果进行评估。规划的目标和任务都要向社会发布，接受社会监督。

（四）加强防护林规划的宣传工作

提高全社会对防护林规划及实施重要性的认识，增强规划意识，提高维护和执行规划的自觉性，共同推进规划的实施。防护林规划编制完成后，应立即通过文件、报纸、影视、宣传日等方式向社会公布，使人们了解防护林规划的战略方向和主要内容，引导全社会共同落实规划，形成推动防护林建设事业的强大合力。

防护林体系建设专题组成员

组　　长：刘道平　国家林业局造林司处长
副组长：何友均　中国林业科学研究院林业科技信息研究所，研究员
组　　员：胡海波　南京林业大学科研处副处长，教授
　　　　　何利成　三北防护林建设局政研室，教授级高工
　　　　　孙垂河　三北防护林建设局政研室副处长
　　　　　苏　宁　国家林业局速丰办处长
　　　　　曾宪芷　国家林业局造林绿化管理司调研员
　　　　　覃庆峰　国家林业局造林绿化管理司副处长
　　　　　刘振中　中国林业科学研究院林业科技信息研究所，助理研究员
　　　　　张　谱　中国林业科学研究院林业科技信息研究所，研究生

第六章　湿地生态保护和建设研究

第一节　湿地概念及其在生态文明建设中的作用

湿地是重要的国土资源和自然资源,具有涵养水源、净化水质、蓄洪防旱、调节气候、美化环境和维护生物多样性等重要生态功能,被誉为"地球之肾""鸟的乐园""天然水库"和"天然物种基因库"。然而,目前湿地已成为地球上受威胁最为严重的生态系统之一,许多湿地正经历着退化和丧失的过程,直接威胁人类的生存与发展。根据 2005 年联合国发布的《千年生态系统评估报告》,湿地退化与森林大面积消失、土地沙漠化扩展、物种加速灭绝、水土严重流失、干旱缺水普遍、洪涝灾害频发及全球气候变暖并列为全球面临的八大生态危机。保护湿地生态系统和湿地资源对改善生态环境、实现人与自然的和谐,以及促进经济社会可持续发展具有十分重要的意义。

党的十八大提出"生态文明建设放在突出位置,融入经济建设、政治建设、文化建设、社会建设各方面和全过程,努力建设美丽中国,实现中华民族永续发展"。以生态文明理念推动湿地保护,将有助于突破"人类中心主义",回归湿地的本质内涵,跨过片面的"征服自然观",树立"人与自然的和谐观",实现人类生态价值观的重大变革。根据《推进生态文明建设规划纲要(2013—2020 年)》的总体布局,在"两屏三带多点"的国土生态安全战略框架下,着力构建十大屏障,其中东部沿海防护林屏障、西部高原生态屏障、长江流域生态屏障、黄河流域生态屏障、珠江流域生态屏障和中小河流及库区生态屏障等六大屏障都与湿地有关,因此湿地保护是建设美丽中国、建设生态文明、实现中华民族永续发展的基本战略保障。湿地工作得到党中央、国务院的高度重视。李克强总理于 2014 年 1 月 7 日在国家林业局报送的《关于第二次全国湿地资源调查结果有关情况的报告》上作出重要批示:"湿地是重要的生态资源,此次调查摸清了'家底'。有关部门要形成合力,完善湿地保护制度体系,依靠科技多措并举,遏制湿地减少、退化势头"。

一、湿地的概念

湿地(wetland)的中英文原意都是指湿润的土地。近一个世纪以来,国内外许多学者先后从不同的角度、研究目的及国情,提出不同的湿地定义,目前在国际上存在的湿地定义达 50 多种。国际湿地学会主席 William J. Mitsch 在《湿地》一书中提到:"由于认识上的差异和目的的不同,不同的人对湿地的定义强调不同的方面。例如,湿地科学家感兴趣的是弹性较大、全面而严密的定义,便于进行湿地分类、外业调查和研究;湿地经营者则关心管理条例的制定,以阻止或控制湿地的人为改变,因此需要准确而具有法律效力的定义。由于人们的不同需要,就产生了各种不同的湿地定义。"虽然国际上对湿地的定义多种多样并各有侧重,但基本上都从水、土、植物三个要素出发,界定了多水(积水或饱和)、湿润的土壤和适水的生物活动是湿地的基本要素。各国和地区根据本国或者本地区湿地实际情况，从各自保护和利用目的出发，界定各自湿地的概念(表6-1)。

表 6-1　不同国家和学者对湿地的定义（修改自于洪贤等，2011）

国家	时间/出处	定义	备注
美国	《美国的湿地》，通常被称为"39号通报"(Shaw等，1956)	湿地是指被浅水和有时被暂时性或间歇性积水所覆盖的低地。它们常常是草本沼泽、木本沼泽、藓类沼泽、湿草甸、塘沼、淤泥沼泽及滨河泛滥地，也包括生长挺水植物的浅水湖泊或浅水水体，但河、溪、水库和深水湖泊等稳定水体不包括在内	强调了湿地作为水禽生境的重要性，包括了20种湿地类型，至今仍是美国所用的主要湿地分类基础，但该定义对水深未作规定
	《美国湿地及其深水生境的分类》(Cowardin等，1979)	湿地是指陆地生态系统和水域生态系统之间的转换区，其地下水位通常达到或接近地表或处于浅水淹覆状态，湿地至少具有下列一个或几个属性：①水生植物至少周期性地占优势；②基底以排水不良的水成土为主；③若土层为非土质化土壤，则被水淹，或在每年生长季的部分时间内被水浸或水淹	这一概念在美国湿地学界被广泛接受。这一概念包含了对植被、水文和土壤的描述，主要适于科研应用
	美国清水法案(1977年颁布)	湿地是指那些地表水和地面积水浸淹的频度和持续时间很充分，能够供养适应于潮湿土壤的植被的区域。通常包括木本沼泽、草本沼泽、泥炭藓沼泽，以及其他类似区域	这一概念只给出一项指标即植被，主要是为了法律和管理应用的简便
加拿大	Zohai(1979)	湿地是指那些水位在地表、接近或高于地表，因而使得土壤在相当长的时间内处于饱和状态的地带。这些条件促成了湿地即水生过程，具体表现为湿地土壤、水生植物和各种适于潮湿环境的生物活动	强调湿润土壤条件，尤其是生长季节的湿润土壤条件
	国际湿地与泥炭研讨会(National Wetlands Working Group，1988)	湿地是一种土地类型，其主要标志是土壤过湿、地表积水(但水深不超过2m，有时含盐量高)、土壤为泥炭土或潜育化沼泽土，并生长有水生植物	提出了水深不超过2m的指标
法国	法国水法(1992年颁布)	已被开发或者未被开发的，永久性或者暂时性充满淡水或者咸水的土地	狭义定义，忽视湿地植被
英国	Lloyd等(1993)	一个地面受水浸润的地区，具有自由水面，通常是四季存水，但也可以在有限时间段内没有积水，自然湿地的主要控制因子是气候、地形和地质，人工湿地还有其他控制因子	强调水分和土壤，忽略了植被状况
日本	日本学者井一(王宪礼等1995)	主要特征首先是潮湿，其次是地面水位高，三是至少一年中的某段时间里土壤处于饱和状态。土壤积水导致特征植被发育	定性描述的定义

1971年，在伊朗的拉姆萨尔(Ramsar)世界自然保护联盟(IUCN)主持的会议上通过了《关于特别是作为水禽栖息地的国际重要湿地公约》(简称《湿地公约》，也称《Ramsar公约》)。该公约于1975年12月21日正式生效，目前有168个缔约方。《湿地公约》给出了较为广义的湿地定义："湿地是指不问其为天然或人工、长久或暂时性的沼泽地、泥炭地或水域地带，带有静止或流动的淡水、半咸水及咸水体，包括低潮时水深不超过6m的海域"。该定义延伸为更广泛的湿地水禽的栖息地类型，不仅包括天然河流及洪泛平原、湖泊、沼泽及泥炭地、沿海滩涂、红树林及珊瑚礁等天然湿地，还包括水库、鱼(虾)塘、农田、盐池、砂砾矿坑、污水处理厂及运河等人工湿地。《湿地公约》对于湿地的定义是所有缔约方必须接受的，它有利于管理部门划定湿地管理边界，有利于建立流域联系，以阻止或控制流域不同地段的湿地被人为破坏。

我国于1992年加入《湿地公约》，其湿地定义可在国内直接使用。然而，从我国湿地保护管理、国民经济和社会发展的需要出发，还需界定适合我国的湿地定义，便于湿地恢复和保护工作开展。2013 年国家林业局颁布的《湿地保护管理规定》中，湿地是指"常年或者季节性积水地带、水域和低潮时水深不超过 6m 的海域，包括沼泽湿地、湖泊湿地、河流湿地、滨海湿地等自然湿地，以及重点保护野生动物栖息地或者重点保护野生植物的原生地等人工湿地"。

二、湿地保护的国际背景

由于人为和自然原因，当前全球湿地退化形势严峻。为了通过国家行动和国际合作来保护与合理利用湿地，各国政府签署了《湿地公约》，这是全球范围内唯一针对单一生态系统缔结的政府间条约。自 20 世纪 70 年代起，各个国家陆续颁布了与保护湿地相关的法律、政策和行动计划，如美国的《清水法案》、加拿大的《联邦政府关于湿地保护的政策》、澳大利亚的《澳大利亚联邦政府湿地政策》等。根据《湿地公约》的报告，至 2008 年已有 44%的缔约国出台了国家湿地保护政策，民间非政府组织也积极与政府合作，参与了湿地政策的制定与推广（Secretariat，2010）。

美国是最早开展湿地保护的国家。1975～1985 年，联邦政府环境保护局清洁湖泊项目（CLP）资助了 313 个湿地恢复研究，包括控制污水的排放、恢复计划实施的可行性研究、恢复项目实施的反应评价、湖泊分类和湖泊营养状况分类等。美国国家委员会、美国国家环境保护局、农业部和水域生态系统恢复委员会于 1990 年和 1991 年提出了在 2010 年前恢复受损河流 6400 万 hm²、湖泊 6.7 万 hm² 和其他湿地 400 万 hm² 的庞大生态恢复计划。随后，佛罗里达州大沼泽地重建，密西西比河上游生态恢复，明尼苏达州北部湿地恢复等项目相继出台。2010 年，由于墨西哥湾的石油污染事件，美国启动了墨西哥湾生态系统恢复工程，对墨西哥湾进行长期生态修复。加拿大于 1994 年提出了"大湖湿地保护行动计划"（GLWCAP），旨在遏制流域生态系统的污染并恢复退化的湿地生态系统。墨累-达令河是澳大利亚东南部的重要河流，上游支流的不断截留使下游水量剧减。为了解决水资源问题，各州政府于 2000 年成立了墨累-达令流域委员会，达成水交易协议，逐渐缓解了墨累河的水资源匮乏，成为国际河流界有名的案例河。欧洲各国也自 20 世纪 90 年代起采取拆除堤坝、禁止放牧、控制污水排放等措施保护自然湿地。

三、湿地保护是我国生态文明建设的重要保障

湿地是人类文明的发源地，孕育了灿烂悠久、丰富多样的湿地生态文化。她是生态文明建设的重要载体，可以对全社会牢固树立生态文明观发挥主体作用，引导全社会了解湿地，树立人与湿地和谐的价值观，促进社会转变生产生活方式；推动科学技术不断创新发展，提高湿地资源利用效率，促进湿地生态改善。建设健康的湿地生态系统，是国家生态安全体系的重要组成部分和实现国民经济与社会文化可持续发展的重要基础。湿地保护是建设美丽中国、建设生态文明、实现中华民族永续发展的基本战略保障。

（一）湿地的生态功能

湿地具有保持水源、净化水质、蓄洪防旱、调节气候和保护海岸等重要生态功能，也是生物多样性的富集地区，庇护了许多珍稀濒危野生动植物种，为美丽中国提供生态

保障。

(1)水的贮存库。水是地球的生命基础,然而淡水只占地球上总水量的2.5%。淡水资源中地表水仅占0.3%,其中2%贮存于河流,11%贮存于湿地,87%贮存在湖泊(Oki and Kanae,2006)。我国湿地维持着约2.7万亿t淡水,主要分布在河流湿地、湖泊湿地、沼泽湿地和库塘湿地之中,占全国可利用淡水资源总量的96%(贾治邦,2009)。由于湿地土壤具超强的蓄水性和透水性,是蓄水防洪的天然"海绵"。在洪水时期,湿地能够贮存、滞留降水和地表径流,调节洪水流量。在干旱季节,湿地可将洪水期间容纳的水量向下游和周边地区排放,补充地下水。

(2)天然净化器。湿地具有强大的净化功能,被称为"地球之肾"。湿地水流速度缓慢,有利于污染物沉降,可对污染物质进行吸收、代谢、分解、积累等,从而减轻水体富营养化,对大肠杆菌、酚、氯化物、重金属盐类悬浮物等的净化作用十分明显。湿地的植物、微生物通过物理过滤、生物吸收和化学合成与分解等吸收和转化人类排入湖泊、河流等湿地的有毒有害物质,使湿地水体得到净化,从而使环境免受污染。每公顷湿地每年可去除1000多千克氮和130多千克磷。湿地植物对重金属的超富集能力可能超过其他植物数倍以上,可作为重金属污染修复的备选对象(李鸣等,2008)。

专栏6-1

人工湿地对污染物的净化效果

在北京市野生动物救护中心建立的人工湿地系统,处理水禽养殖废水。连续5年的监测结果表明,经过湿地净化后的污水水质已经达到国家Ⅱ类水环境质量标准,其中COD的含量达到国家Ⅰ类水环境质量标准。

人工湿地对污水的净化能力

项目	污染物去除率/%				
	2008年	2009年	2010年	2011年	2012年
总磷(TP)	92~93	66~82	62~83	59~88	42~79
总氮(TN)	81~82	79~80	61~93	68~89	54~88
化学需氧量(COD)	79~85	83~88	71~87	59~90	62~74

---

(3)缓解气候变化。湿地在全球碳循环中发挥着重要作用。与森林、草地等生态系统相比,湿地具有较高的固碳潜力。全球湿地占陆地面积的6%,却储存陆地生态系统碳库的35%,碳储量约为770亿t,超过农田(150亿t)、温带森林(159亿t)和热带雨林(428亿t)生态系统碳储量的总和(段晓男等,2008)。中国湿地占国土面积的5.58%,土壤碳库碳存储量达8亿~10亿t,占全国碳储量的10%左右(张旭辉等,2008)。我国泥炭沼泽湿地中泥炭的积累速率为0.32mm/a,一年中可为我国堆积约58.47万t泥炭,折合20万t有机碳。

(4)调节区域小气候。湿地在增加局地空气湿度、削弱风速、缩小昼夜温差、降低大气含量等气候调节方面都具有明显的作用,是环境微气候的"调节器"。据测定,地处半干旱地区的新疆博斯腾湖湿地周围比远离湿地的地域气温低3℃,湿度高14%,沙尘暴天数减少 25%。城市湿地对于调节城市小区域气候作用尤为显著。例如，北京湿地地上生物量吸收固定二氧化碳和释放氧气分别约为 14.2 万 t/a 和 1030 万 t/a，其气候调节功能总价值约为 4.39 亿元(杨一鹏等，2013)。

(5)消洪减灾。湿地植被对防止和减轻洪水和海啸对岸带侵蚀起着很大的作用，可大大节约人工加固堤岸的费用。植物根系及堆积的植物体能够稳固基质、削弱海浪和水流的冲力、沉降沉积物。沿海滩涂和河湖滩地生长有大量的红树林、芦苇等湿生植物，天然湿地植被能够稳固基质、减缓水流流速、削弱水流冲力、沉降沉积物等，起到防波固堤护岸和保护农田、鱼塘和村庄的作用。50m 宽的白骨壤林带，可使 1m 高的波浪减至 0.3m 以下；红树林对潮水流动的阻碍，使林内水流速度仅为潮水沟流速的 1/10；红树林纵横交错的根系及地上根的发育，使粒径<0.01mm 的悬浮物沉积量增大，其淤积速度是附近裸地的 2～3 倍(世界自然基金会，1996)。沼泽能使河川径流年内分配平均化，具有显著的调洪作用。中国三江平原的别拉洪河流域沼泽率高达 45%，沼泽自然调节系数为 0.678。三江平原的挠力河中游莱嘴子站由于沼泽的作用夏季洪峰值较上游宝清站减少了 1/2，并使汛期向后推迟(中国科学院长春地理研究所沼泽研究室，1983)。

专栏 6-2

湿地对北京城市环境的调节作用

在北京颐和园等地研究湿地对环境微气候的调节作用，结果表明湿地具有明显的降低温度、升高适度和降低富氧离子的功能。

湿地不同距离的微气候变化

离湿地距离/km	升高温度/℃	降低湿度/%	降低负离子/cm^3
1	0.2～1.1	1.5～2.5	200～1000
2	1.5～2.2	2.2～3.1	500～2000
3	2.3～3.0	3.9～6.5	2800～4000

---

(6)重要栖息地。湿地生态系统水源充沛、肥力和养分充足，有利于水生植物和水禽等野生动物生长。全球超过 40%以上的物种依赖湿地生存。水草丛生的环境为野生动物提供了丰富的食物来源和营巢、避敌的良好条件，尤其是为水禽提供了必需的栖息、迁徙、越冬和繁殖场所。依据湿地水鸟地理分布特征，根据中国自然地理环境的地域差异和湿地类型的不同，我国湿地水鸟栖息地可分为 5 种类型，即东北沼泽湿地大型涉禽和游禽繁殖与迁徙停歇区、西北和青藏高原草甸沼泽与高原湖泊游禽和大型涉禽繁殖与迁徙停歇区、西南部高原湖泊和湿草甸水鸟游禽和大型涉禽越冬与迁徙停歇区、长江中下游淡水湖泊大型涉禽和游禽越冬区、沿海和近海岛屿滨海滩涂湿地鸻目鸟类与大型涉禽繁殖越冬与迁徙停歇区。

(7)重要基因库。湿地是物种最丰富的地区之一，能够汇集物种的大量遗传信息，被誉为生物多样性的关键地区。鸟类、鱼类、两栖类、爬行类、哺乳类及植物等生物在湿地繁衍，为许多物种保存了基因特性。一些经济作物的野生亲缘种在湿地中分布，这些野生种的基因可以改善味道、生长和降低病害感染率因子等特性。例如，中国普通野生稻分布于我国 6 个省 110 个县内湿地中，可为水稻杂交育种提供宝贵的基因材料。现代药品中，最畅销的药品都含有从动植物、微生物中提取的有效成分。丰富多样的湿地野生动物毫无疑问担当着"物种基因库"的重任。我国还拥有众多被称为生物界"活化石"的珍稀物种，如中生代的孑遗物种水松、水杉等携带远古时期的信息。像水松、水杉、宽叶水韭、中华水韭、红榄李、海南海桑、野大豆等珍稀物种，它们的分布、生存和延续，对研究古代地理学、地质学和植物系统发育具有重要的科学价值。

（二）湿地的社会作用

湿地的社会作用主要体现在能为人类提供天然产品和开展生态旅游；古人流传下来的开发生产方式，能为可持续发展提供思路，是开展教育、科研的重要素材。

（1）经济价值。一是提供丰富的生物产品。湿地的生物产量很高，可提供鱼虾蟹、海藻等水产品、肉食、木材、药材、芦苇造纸材等。二是提供水资源。湿地是人类生活用水和工农业生产用水的主要来源。我国的沼泽、河流、湖泊和水库在输水、储水和供水方面发挥着巨大效益。三是提供矿物资源。湿地中贮存各种矿砂和盐类资源，如中国青藏地区的碱水湖和盐湖分布相对集中，盐的种类齐全，储量极大。盐湖中除了赋存大量的食盐、芒硝、天然碱、石膏等普通盐类外，还富含硼、锂等多种稀有元素。四是提供能源。湿地蕴藏着令人惊叹的能源，例如，我国沿海河口港湾巨大的潮汐能，在泥炭湿地中采挖泥炭可用于燃烧，湿地中的林草可作为薪材等，这些都是湿地周边农村中重要能源的来源。五是提供水运。湿地具有重要的水运价值，促进了沿海沿江地区经济的快速发展。据统计，中国约有 10 万 km 内河航道，内陆水运承担了大约 30% 的货运量。

（2）生态旅游。湿地具有独特的湿地景观资源，使人类更多地了解自然、学习自然、敬仰自然。美国的大沼泽、秘鲁的喀喀湖、澳大利亚的大堡礁等湿地旅游是当地重要的经济活动，湿地观鸟、湿地植物观赏、河口瀑布观赏和湿地教育游等生态旅游在发达国家和地区已非常普及。人与湿地关系密切，各个地方至今还保留了水乡民俗文化。中国湿地博物馆、杭州西溪研究院共同主办的"水调浮家"——西溪民俗文化展向市民展现了西溪湿地的民俗事象，还原西溪每一时代的历史面貌，展出了从西溪生产经营到衣食住行再到文化艺术等大量实物，如趟刀、独轮车、千步、菱桶等，还有织土布、制作清水丝绵、编织小花篮、越剧、武术等传统技艺表演，让市民还原记忆里一个真实的西溪。

（3）教育研究基地。湿地中保留着过去和现在的生物、地理等方面的演化进程的信息，在研究环境演化、古地理方面有着重要价值，为教育和科学研究提供了对象、材料和实验基地。在天然湿地中开展湿地野生动植物的调查研究，特别是开展对水禽和鱼类、两栖类动物的科学观察和研究，对了解和掌握其生物习性、生态系统和食物链结构、生物进化和生物演替过程具有非常重要的意义。可以建立青少年自然科学知识的普及教育基地，充分展示天然湿地的自然景观和生物之间互惠关系及物竞天择、适者生存的自然法则，培养青少年观察自然、爱护自然和对自然奥秘孜孜不倦的探秘精神。

（三）湿地的文化传承作用

湿地是人类文明的摇篮，文化传承的载体，为世界文明的延续和发展做出了重要贡献，是生态文明建设的重要文化和精神源泉之一。

（1）人类赖以生存的家园，孕育古老文明。人类自古逐水而居，灿烂的文化依水而发源。在生产力水平低下的远古时代，人们不得不依赖气候适宜、水源充沛、土地肥沃的湿地耕作生息，聚合部落。纵观古今，人类的文明史就是江河的历史。世界上许多河流、平原湿地都为养育古代文明提供了可靠的栖息地，成为孕育人类古老文明的"摇篮"。悠久而伟大的尼罗河造就了光辉灿烂的金字塔古埃及文明，幼发拉底河与底格里斯河是古巴比伦文明的摇篮，恒河和印度河是孕育印度文明的胎盘，长江与黄河共同创造了华夏文明。西汉《山海经》记载，春秋战国时期的黄河流域有 48 条河流。古人称湿地为"薮"或"泽"或"海"，《吕氏春秋》记载古代中国有"十薮"，其中大部分在黄河中下游。在这些山泽之间，形成千里沃野，河流两岸肥沃的土地和充足的水源为发展农牧业提供了水利条件，华夏民族原始部落逐水草而居，创造了灿烂的东方文化。早在旧石器时代，黄河、长江流域就有人类活动的足迹。自殷商至北宋，黄河流域已经成为中国政治、经济、文化中心，一部中华民族的文明史，就这样伴随着湿地而诞生。没有湿地就没有人类社会的进步与发展，也就没有现代人类的文明与文化。在目睹了自然、生命变迁的同时，湿地也见证了文明、历史的演变。

（2）人类精神的寄托，文化传承的载体。湿地不仅是历史文明的摇篮，还是人类文化传承的载体。古人渔樵耕读的生活方式，赋予了湿地深厚的文化底蕴和独特的文化形态。湿地具有鲜明的文化特征，以其特有的美学、教育、文化、精神等功能，涵盖了音乐、艺术、文学等方面，湿地是鲜活丰富的文化，是人类艺术创作的源泉。中国文学史开篇之作《诗经·关雎》起兴之句就是从湿地说起。中国四大名楼黄鹤楼、岳阳楼、滕王阁、蓬莱阁又都位于湿地或其周边地区，成就了许多流传千古的诗词歌赋。名句"晴川历历汉阳树，芳草萋萋鹦鹉洲。日暮乡关何处是？烟波江上使人愁。"出自唐代诗人崔颢的《黄鹤楼》，寄托了诗人的思乡之情。李清照的《如梦令》以"兴尽晚回舟，误入藕花深处。争渡，争渡，惊起一滩鸥鹭。"记叙了一次她经久不忘的溪亭畅游，透露着她对湿地乐趣的沉醉。

湿地还保留了具有宝贵历史价值的文化遗址，是历史文化研究的重要场所。中国太湖湿地区域新石器时代早期以来古文化遗址数量多，分布广，已发现 200 余处。其中马家滨文化遗址中发现典型新石器和泥质黑陶、红陶，以及麋鹿、水牛、亚洲象等 20 多种动物化石和稻谷等；良渚文化遗址中发现大量砂陶、稻谷、绢片、麻布、竹编等，这对研究该时期人类文化活动具有重要意义。

第二节　我国湿地生态保护和建设现状

一、我国湿地的现状

（一）我国湿地类型与分布

我国湿地总面积位居亚洲第一位，世界第四位，占世界湿地面积的 10%。据全国第二次湿地资源调查，我国湿地面积 5360.26 万 hm^2（含资料查询获得的香港、澳门特别行政区和台湾地区的湿地，面积 18.2 万 hm^2，不含水稻田面积 3005.70 万 hm^2），占国土面积的比例约为 5.58%。其中，自然湿地面积 4667.47 万 hm^2，占全国湿地总面积的 87.08%。

根据《湿地公约》定义，本次调查将湿地分为 5 类，其中近海与海岸湿地 579.59 万 hm²，河流湿地 1055.21 万 hm²，湖泊湿地 859.38 万 hm²，沼泽湿地 2173.29 万 hm²，人工湿地 674.59 万 hm²。青海、西藏、内蒙古、黑龙江等四省(区)湿地面积均超过 500 万 hm²，约占全国湿地总面积的 50%。

按照全国水资源区划一级区统计，各流域湿地分布分别为：西北诸河区湿地面积 1652.78 万 hm²，西南诸河区湿地面积 210.81 万 hm²，松花江区湿地面积 928.07 万 hm²，辽河区湿地面积 192.20 万 hm²，淮河区湿地面积 367.63 万 hm²，黄河区湿地面积 392.92 万 hm²，东南诸河区湿地面积 185.88 万 hm²，珠江区湿地面积 300.82 万 hm²，长江区湿地面积 945.68 万 hm²，海河区湿地面积 165.27 万 hm²(图 6-1)。

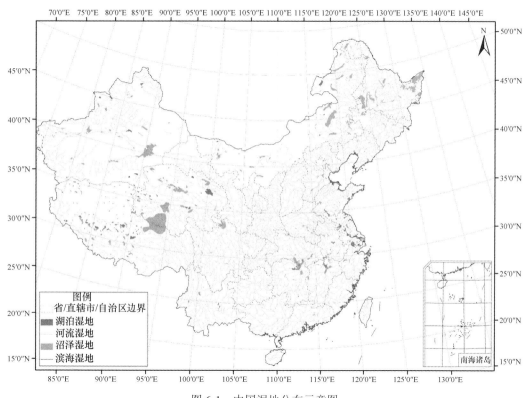

图 6-1　中国湿地分布示意图
国家地球系统科学数据共享平台 http://www.geodata.cn/

(1)沼泽湿地。沼泽湿地是地表过湿或有薄层积水，土壤水分几乎达到饱和，并有泥炭堆积，生长着喜湿性和喜水性沼生植物的湿地。沼泽湿地面积 2173.29 万 hm²，占我国湿地总面积的 46.56%。沼泽湿地主要分布于东北平原、大小兴安岭和青藏高原，而盐沼主要分布于西北干旱半干旱的青藏高原，78.84%的沼泽湿地分布于东北平原、大小兴安岭和青藏高原，72.9%的盐沼分布于青藏高原上的柴达木盆地。

(2)湖泊湿地。湖泊湿地是指湖泊岸边或浅湖发生沼泽化过程而形成的湿地，根据《湿地公约》和《湿地保护管理规定》的定义，湖泊湿地还包括湖泊水体本身。我国天然湖泊湿地遍布全国，无论高山与平原、大陆或岛屿、湿润区还是干旱区都有天然湖泊的分布，就连干旱的沙漠地区与严寒的青藏高原也不乏有湖泊的存在。各民族对湖泊的习惯称谓也有所不同。一般在太湖流域称荡、漾、塘和汊；松辽地区称泡或咸泡子；内蒙古称诺尔、淖或海子；新疆称库尔或库勒；西藏称错或茶卡。我国现有湖泊湿地 859.38 万 hm^2，其中包括地球上海拔最高的大型湖泊纳木错(湖面海拔 4718m)和海拔最低的艾丁湖(湖面海拔–154m)。我国湖泊主要分布于长江及淮河中下游地区的淡水湖群、黄河及海河下游和大运河沿岸的大小湖泊、蒙新高原地区湖泊、云贵高原地区湖泊、青藏高原地区湖泊、东北平原地区与山区湖泊。其中以青藏高原，长江中下游平原湖泊分布最密集。湖泊湿地分布以大兴安岭-阴山-贺兰山-祁连山-昆仑山-冈底斯山一线为界，此线东南为外流湖区，以淡水湖泊为主。此线西北为内陆湖区，以咸水湖或盐湖为主，湖泊位于封闭或半封闭的内陆盆地之中。

(3)河流湿地。河流湿地是指因河流泛滥而形成的湿地，根据《湿地公约》和《湿地保护管理规定》的定义，河流湿地还包括河流系统本身。我国河流虽多，但在地区分布上很不均匀，主要分布在东部气候湿润多雨的季风区，其中长江流域、黄河流域和珠江流域所占比例最大。而西北内陆气候干旱少雨，河流较少，并有大面积的无流区，河流湿地较少。河流湿地面积 1055.21 万 hm^2。我国河流多属外流型河流，其流域面积约占全国总面积的 64%。其中流域面积在 100km² 以上的河流有 5 万多条，流域面积在 1000km² 以上的河流约有 1500 条。其中，向东注入太平洋的河流主要有长江、黄河、黑龙江、辽河、海河、淮河、钱塘江、珠江、澜沧江；向南注入印度洋的有怒江和雅鲁藏布江；北部的额尔齐斯河向西流入哈萨克斯坦境内，再向北经俄罗斯流入北冰洋(湿地中国 http：//www.shidi.org/lib/lore/river.htm)。

(4)近海与海岸湿地。近海及海岸湿地发育在陆地与海洋之间，是海洋和大陆相互作用最强烈的地带。近海与海岸湿地面积 579.59 万 hm^2，占我国湿地总面积的 12.42%。我国近海与海岸湿地主要分布于沿海的 11 个省和直辖市，以及香港和澳门特别行政区。以杭州湾为界，分成南、北两个部分。杭州湾以北的滨海湿地除山东半岛、辽东半岛的部分地区为基岩质海滩外，多为沙质和淤泥质型海滩，由环渤海滨海湿地和江苏滨海湿地组成，其中黄河三角洲和辽河三角洲是环渤海滨海湿地的重要分布区。杭州湾以南的滨海湿地以基岩质海滩为主，主要分布于钱塘江口-杭州湾、晋江口-泉州湾、珠江河口和北部湾，其中在海南至福建北部的海湾、河口的淤泥质海滩上分布有红树林湿地。

(5)人工湿地。除水稻田外，我国的人工湿地主要指库塘湿地，即为灌溉、水电、防洪等目的而建造的人工蓄水设施。库塘湿地在全国各地都有零星分布，但主要分布在大江大河中上游，以及天然湿地集中的周边区域。长江流域中下游是我国库塘湿地分布最集中的地区。中国现有库塘湿地面积 674.59 万 hm^2(不包括水稻田)，占湿地总面积的 12.63%。

(二)我国湿地主要特点

(1)类型多，分布广，面积大。中国湿地广泛分布于全国各地，北起黑龙江最北江畔、南到海南岛和南海诸岛，东自沿海，西至干旱的西北地区，甚至帕米尔高原都有湿地分布。因各地自然条件不同，湿地性质并不一样。中国东半部临太平洋，气候温暖湿润，年降水量大，湖泊多，河网密，湿地分布广，面积大，约占全国湿地面积的 3/5。

寒温带、温带湿润气候下的大小兴安岭和长白山地，湿地类型多，分布广。三江平原有大面积苔草沼泽，松嫩平原有大面积芦苇沼泽。暖温带、亚热带半湿润、湿润气候条件下的华北平原、淮河平原、长江中下游平原，湖泊众多，河网密，有大面积芦苇湿地和荻湿地。亚热带湿润气候条件下的江南丘陵和云贵高原受地形影响，湿地面积小，分布零星，主要有山间洼地藓类沼泽、湖边芦苇湿地，以及该区特有的海菜花(*Ottelia acuminata*)湿地。亚热带南部、热带湿润气候条件下的滇西南山间谷地，以及广东和海南沿海分布有小片芦苇湿地。三角洲有水松(*Glyptostrobus pensilis*)林，河口湾有红树林。中国西半部包括蒙新高原和青藏高原，气候干旱和半干旱，降水少，仅在一些山间洼地、山麓潜水溢出带及湖泊洼地有湿地分布。青藏高原海拔 3400m 以上的大河源区和一些山间谷地及湖群洼地，由于气候高寒、冻土发育、现代冰川的冰雪融水补给充足，分布有大面积沼泽，如长江、黄河、雅鲁藏布江、怒江的源头都有大面积沼泽分布。尤其是川西北若尔盖高原的沼泽，连片集中，成为中国面积最大的高原沼泽。

(2)生物多样性丰富。我国的湿地生境类型众多，其间生长着多种多样的生物物种，不仅物种数量多，而且有很多是我国所特有的。第二次湿地调查共记录到湿地植物 4220种，属 3 门 239 科 1255 属。包括苔藓植物 39 科 70 属 137 种，维管束植物 200 科 1185属 4083 种。记录到国家重点保护野生植物 26 种，其中国家Ⅰ级重点保护野生植物 6 种。湿地调查共记录到脊椎动物 2312 种，隶属于 5 纲 51 目 266 科。其中，鱼类 25 目 200科 1763 种，两栖类 3 目 11 科 215 种，爬行类 3 目 12 科 83 种，鸟类 13 目 33 科 231 种，哺乳类 7 目 10 科 20 种。记录到国家重点保护野生动物 90 种，其中国家Ⅰ级重点保护野生动物 24 中。国家重点保护鸟类 49 种，其中国家Ⅰ级保护鸟类 12 种。在亚洲 57种濒危鸟类中，中国湿地内有 31 种，占 54%。全世界共有鹤类 15 种，中国湿地内有9 种，占 60%。湿地高等植物中高度濒危种类约 100 种，如水松，现只零星分布在广东、广西、福建等省(区)。

(3)区域差异显著。我国东部地区河流湿地多，西部干旱区湿地少。长江中下游和青藏高原的湖泊湿地多，青藏高原和西北干旱地区多为咸水湖和盐湖。福建沿海以南的沿海地区，分布着独特的红树林，亚热带和热带地区人工湿地广泛分布。青藏高原分布着世界海拔最高的大面积高原沼泽和湖群，有着独特的生态环境，这里又是长江和黄河等大水系的发源地，具有特殊的意义。

(4)开发历史悠久，人口压力大。中国人口众多，然而湿地面积有限，湿地资源难以满足经济发展需求，人为活动频繁，造成目前湿地保护面临巨大的人为压力。根据我国现有湿地面积与总人口估算，人均占有率不到 0.04hm²。中国湿地开发具有数千年的历史，早在春秋战国时期就开始了对湖泊的围垦开发，出现了许多科学利用湿地资源的成功范例。距今已有 2000 多年历史的都江堰的成功修建，使大约 300 万亩农田得到了灌溉，使原来旱涝多灾的成都平原变成了"沃野千里"的"天府之国"，是中国古代水利工程最杰出的代表。京杭大运河，沟通了海河、黄河、淮河、长江和钱塘江等五大水系，成为南北方交通的大动脉，对巩固中国的统一、促进南北经济文化交流和发展起到了重大作用。为解决中国北方缺水问题，2000 年以后启动南水北调工程，分东、中、西三条调水线，目前已完成东线和中线工程。

(5)利用方式多样化。湿地资源最主要的利用方式是农业开发。通过对湿地的围垦、开发和建设，鄱阳湖、洞庭湖、洪湖、太湖、"南四湖"，以及东北三江平原等地区，现都成了我国的主要商品粮基地。在农业开发过程中，积累了许多湿地保护和合理利用的典型经验创造了有效的模式。例如，长江中下游湿地创造的林—鱼—鸭生态工程模式，利用池杉(*Taxodium distichum* var. *imbricatum*)耐湿的特点种植在堤岸上，水面进行养鱼、养鸭，形成很好的食物链，经过多年的运行，取得较好的经济和生态效益，同时还招引来大量鸟类栖息。另外，对湿地的水资源储备进行了开发利用，至 2009 年我国农田有效灌溉面积约为 8.77 亿亩(李仰斌，2009)。除了直接用于农业和水资源开发外，还有多种利用方式，如矿产利用——海盐与石油开发、能源利用——修建水电站、水运利用——中国约有 10 万 km 内河航道，承担了大约 30% 的货运量、景观资源利用——建立湿地风景区，以及调蓄洪水的利用——沿江河水系修建的堤防和多座水库(国家林业局等，2000)，与天然湿地保留区、通江湖泊等共同构成了调蓄抗旱的防护体系。在保护生态环境的前提下，合理开发利用湿地及其资源，可以为我国的经济持续发展做出重要贡献。

(三) 我国湿地退化现状

随着人类掠夺性开发活动和全球气候变化的加剧，湿地丧失和退化已经成为世界范围内普遍存在的问题。我国同样面临着湿地面积萎缩和功能退化的问题。水资源过度耗用、排放污染物，再加上全球气候变化、河流天然水量减少、泥沙淤积严重等因素，我国的湿地面积急剧减少，湿地资源遭到严重破坏，水体水质恶化。我国的湿地生态状况总体上处于中等水平。参照国际上的通行做法，如果将湿地生态状况按照好、中、差三个档次进行简单分，评级为"好"的湿地占湿地总面积的 15%，生态状况评级获得中等档次的湿地占湿地面积的 53%，生态状况评级获得"差"的湿地面积占全国湿地面积的 32%(国家地球系统科学数据共享平台 http：//www.geodata.cn/)。

(1)湿地面积减少。从 20 世纪中叶至今，我国湿地总体呈面积下降趋势(图 6-2)。我国湿地丧失和退化主要发生在 20 世纪 50 年代中期到 80 年代初，这期间我国淡水湖泊面积减少了 11%。1978～1990 年减少 660 万 hm^2，1990～2000 年湿地面积减少 280 万 hm^2，2000～2008 年减少 670 万 hm^2。近 20 年间，东北三江平原的湿地已不到新中国成立时的 1/3，而西藏湿地面积增加了 70 余万 hm^2。人工湿地增加迅速。从 1990 年的 230 万 hm^2 增加到了 2008 年 390 万 hm^2，增幅为 69.57%，而同期天然湿地减少了 16.76%。2013 年 1 月公布的全国第二次湿地普查结果与 2009 年第一次调查同口径比较，湿地面积减少了 339.63 万 hm^2，减少率为 8.82%，自然湿地面积减少了 337.62 万 hm^2，减少率为 9.33%。此外，河流、湖泊湿地沼泽化，河流湿地转为人工库塘等情况也很突出。

(2)湿地水体污染严重。湿地污染是湿地退化的重要标志，也是中国湿地面临的最严重威胁之一。工业废水和生活污水排放，以及农业面源污染使许多河湖湿地及沿海水域水质恶化，加速某些湿地水体富营养化和寄生虫的流行，生物多样性受到严重危害。《2014 年中国环境状况公报》(环境保护部，2014)显示，2014 年，长江、黄河、珠江、松花江、淮河、海河、辽河等七大流域和浙闽片河流、西北诸河、西南诸河的国控断面中，Ⅰ类水质断面占 2.8%；Ⅱ类占 36.9%；Ⅲ类占 31.5%；Ⅳ类占 15.0%；Ⅴ类占 4.8%，劣Ⅴ类占 9.0%(图 6-3)。

2014 年全国 62 个重点湖泊(水库)中，7 个湖泊(水库)水质为Ⅰ类，11 个为Ⅱ类，

20 个为Ⅲ类，15 个为Ⅳ类，4 个为Ⅴ类，5 个为劣Ⅴ类。主要污染指标为总磷、化学需氧量和高锰酸盐指数(图 6-4)。

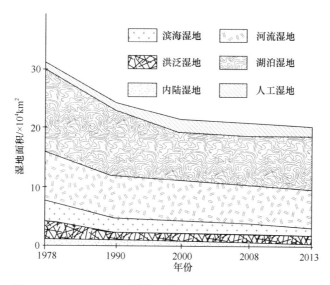

图 6-2 1978～2013 年我国湿地总体变化(牛振国等，2012)

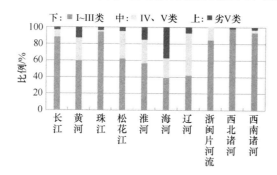

图 6-3 2014 年中国十大流域水质类别比例(环境保护部，2014)

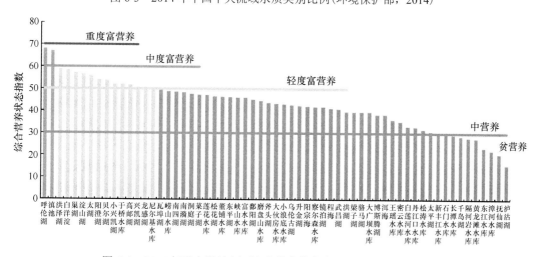

图 6-4 2014 年重点湖泊(水库)富营养化状态(环境保护部，2014)

(3)湿地生物多样性降低。我国湿地生态系统生物多样性受到严重威胁。从两次调查的鸟类资源变化情况看，湿地鸟类种类呈减少趋势，两次均记录到的湿地鸟类种类占75%，首次有记录而第二次没有调查到的湿地鸟类占24%，第二次调查有记录而首次无记录的湿地鸟类仅占12%。另外，种群数量明显增加或基本稳定的湿地鸟类比例仅为48%，而种群数量明显减少的鸟类比例达到了52%。我国长江中下游湿地区域内湖泊天然鱼产量持续下降，洪湖、太湖等湖泊的鱼类从20世纪五六十年代的100余种降为目前不足50种(江苏省海洋与渔业局，2012)。青海湖已有34种野生动物消失(赵魁义和陈宜瑜，1995)。我国的浅海湿地酷渔滥捕的现象十分严重，鱼类种类日趋单一，种群结构低龄化、小型化。

二、我国湿地保护和建设的成果

湿地在国民经济和社会发展格局中的地位不断提升，湿地总面积、湿地保护面积已纳入了我国资源环境指标体系。近年来全国湿地保护建设不断提速，湿地保护工程成效明显，保护体系逐步完善，调查监测和科研得到加强，湿地公园发展快速，立法和制度建设稳步推进，履约与国际合作有效开展，宣教工作影响广泛。

(一)湿地保护恢复工作得到重视

随着国际社会对湿地重视程度的提高，我国政府自上而下加强了湿地保护恢复工作。1992年，国务院决定加入《湿地公约》，明确由林业部负责组织、协调履约工作。2000年，国务院17个部门颁布了《中国湿地保护行动计划》(国家林业局等，2000)。2001年，湿地保护和恢复示范、湿地监测等内容纳入六大林业重点工程。2003年，国家林业局会同国家发改委等9个单位编制完成了《全国湿地保护工程规划》(2002～2030)(国家林业局等，2003)。2004年，国务院办公厅发出了《关于加强湿地保护管理的通知》，要求"采取建立湿地保护区、保护小区、湿地公园等多种形式加强自然湿地的抢救性保护，完善湿地保护和管理的制度建设"，这是我国政府第一次就湿地保护作出的明确声明，表明湿地保护已经纳入国家议事日程。2005年，国务院批准了《全国湿地保护工程实施规划》和三江源湿地保护的专项规划。2006年，国家把湿地保护列入"十一五"(2005～2010年)建设重点并启动了湿地保护工程建设。2007年，成立湿地保护管理中心和中国履行《湿地公约》国家委员会。2009年，《国家湿地公园建设规范》和《国家湿地公园评估标准》出台。2010年，启动了湿地生态效益补偿试点。2012年，国务院正式批复了《全国湿地保护工程实施规划》(2011—2015年)(国家林业局，2012a)，明确了"十二五"期间国家湿地保护的指导思想、原则、目标、重点区域、重点项目和保障措施，确定了包括滨海湿地在内的8个保护与建设的重点区域。明确规划期内，将选取我国最为典型的黄河三角洲、辽河三角洲、长江口、闽江口湿地，以及福建、广东、广西、海南的红树林集中分布区，共5个区域开展面积达1875hm^{2}的近海与海岸湿地恢复和综合治理工程。其中，湿地生态系统恢复面积1375hm^2，关键物种栖息地重建面积420hm^2，外来入侵物种防治面积80hm^2。2013年，经国务院常务会议审议通过《水质较好湖泊生态环境保护总体规划(2013—2020年)》，以2013～2015年为近期规划期限，并提出到 2015 年优于Ⅲ类(含Ⅲ类)的湖泊水质不降级、其他湖泊水质达到Ⅲ类的目标。截至目前,中央已累计投入 158 亿元,支持全国 77 个湖泊开展生态环境保护工作。2015年,国务院印发《水污染防治行动计划》(即"水十条")。"水十条"首次对 2020 年和2050 年这两个重大历史节点进行水污染防治规划编制。水污染防治被提升到了国家水生态环境安全、生态文明和实现"中国梦"的高度,这次对水污染的宣战也因此更显决绝和果断。

（二）湿地保护网络体系构建

在现行的法律体系框架和管理体制下,我国政府为推动湿地保护、确保湿地生态服务功能得到完好实现,开展湿地分级管理,初步形成了以湿地自然保护区为主体,水源保护区、海洋功能特别保护区、湿地多用途管制区、湿地野生动物禁猎区、湿地公园、湿地风景名胜区等多种管理形式相结合的湿地保护网络体系。湿地公园建设是湿地保护和恢复的一种重要模式,是湿地保护体系的重要组成部分,也是湿地保护与综合利用协调发展的新型模式。湿地保护小区,是我国近来正逐渐推广、数量上升较快的一类保护实体,其面积较小,由县级以下(含县级)的行政机关设定保护的自然区域,或者在自然保护区的主要保护区域以外划定的保护地段,一般不进行功能分区。以上两种湿地保护形式与传统的自然保护区相结合,形成了自上而下较完整的湿地保护管理体系,三者之间互相补充。截至2013 年 10 月,全国已建立了 577 处湿地自然保护区、468 处湿地公园和 46 处国际重要湿地,基本形成了以湿地自然保护区为主体,国际重要湿地、湿地公园等相结合的湿地保护网络体系,全国湿地保护面积达 2324.32 万 hm^2,占全国湿地总面积的 43.51%。其中,自然湿地的保护面积 2115.68 万 hm^2,自然湿地保护率为 45.33%。从第一次到第二次全国湿地资源调查期间,自然保护区、湿地公园和湿地保护小区所保护的湿地面积增加了525.94 万 hm^2。新增湿地自然保护区的湿地面积占 71.52%,新增湿地公园的湿地面积占26.87%。新建自然保护区 279 个,其中国家级自然保护区 23 个,省级自然保护区 144 个,年均增加近 28 个;新建各级湿地公园 468 个,其中国家湿地公园 298 个。全国许多重要自然湿地得到抢救性保护,局部地区湿地生态系统得到有效恢复,一些流域湿地的综合治理取得明显成效,很多湿地防灾减灾、供水和净化水质等功能得到维护(图 6-5,图 6-6)。

（三）湿地保护立法工作

从 21 世纪初,国家已经将湿地保护纳入立法计划,启动了湿地立法工作。迄今为止,在我国现行法律体系中,明确出现"湿地"字眼,并有相对应的条款直接作用于"湿地"的,分别有《中华人民共和国海洋环境保护法》(1999 年)、《中华人民共和国农业法》(2002 年)、《中华人民共和国自然保护区条例》(1994 年)等法律法规。另外,现有法律体系中有一些关于湿地水、土地、生物的法律条文,诸如《中华人民共和国野生动物保护法》(2004 年修订)、《中华人民共和国环境保护法》(1989 年)、《中华人民共和国水污染防治法》(1997 年)等。然而,我国目前尚没有一部国家层面的湿地专项保护法律法规。2013 年国家林业局颁布第 32 号令,自 5 月 1 日起实施《湿地保护管理规定》,为我国向全国层面的湿地立法又推进了一大步。特别是 2013 年《中共中央关于全面深化改革若干重大问题的决定》(2013 年 11 月 12 日中国共产党第十八届中央委员会第三

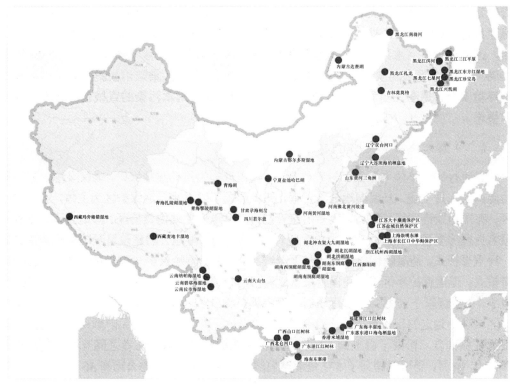

图 6-5　国际重要湿地分布示意图

图 6-6　国家湿地自然保护区分布示意图

次全体会议通过)的公布,强调加快生态文明制度建设,明确健全自然资源资产产权制度和用途管制制度,划定生态保护红线,实行资源有偿使用制度和生态补偿制度,以及改革生态环境保护管理体制,这些决定为我国湿地保护和恢复注入了活力。

自 2003 年黑龙江省率先出台《黑龙江省湿地保护条例》以来,先后已有湖南、广东、陕西、甘肃、内蒙古、辽宁、宁夏、重庆、吉林、西藏、四川、浙江、新疆、甘肃、陕西、北京、青海和云南等 18 个省(区)出台了地方湿地保护条例。一些地级市如拉萨、包头、苏州等也相继出台了湿地保护法规。针对重要流域、湖泊和湿地保护区,地方政府有针对性地颁布了湿地保护条例,如《吉林向海国家级自然保护区管理条例》《张掖市黑河流域湿地管理办法》《云南省玉龙纳西族自治县拉市海高原湿地保护管理条例》《吉林省松花江三湖保护区管理条例》《青海湖流域生态环境保护条例》《云南省昭通大山包黑颈鹤国家级自然保护区条例》《陕西省汉江丹江流域水污染防治条例》《辽宁省凌河保护区条例》《鄱阳湖国家级自然保护区管理条例》等。这些政策、法规的制定有效制止侵占破坏湿地、限制无序开发湿地、鼓励合理利用湿地,湿地生态补偿、湿地生态用水、湿地用途监管等方面的政策制度正在逐步建立健全。湿地保护被纳入水资源管理、流域综合管理、土地利用等多个重大行业规划,国家出台了抢救性湿地保护政策,将湿地总面积、湿地保护面积纳入了我国资源环境指标体系。

（四）科技支撑能力取得初步成果

湿地在全球生态环境研究中具有重要地位,湿地研究是国家战略层面上一项重大的、紧迫的课题。近年来,我国开展了全国湿地生态监测和湿地信息化建设,部分国家级湿地自然保护区和重要湿地建立了生态系统定位监测站,开展了日常监测活动,并将湿地纳入了"国家自然资源基础地理信息库",建立了湿地保护工程管理信息系统,全面推进了"金林工程"和"林业资源信息库"中"湿地信息库"的建设。先后建立了国家林业局湿地研究中心、中国林业科学研究院湿地研究所、国家高原湿地研究中心、国家湿地保护和修复技术中心等;合作开展与湿地相关的重大课题研究,取得了初步效果。《国家中长期科学和技术发展规划纲要(2006—2020 年)》中设立了"水体污染控制与治理科技重大专项",旨在为中国水体污染控制与治理提供科技支撑,达到中国"十一五"期间主要污染物排放总量、化学需氧量减少 10%的约束性指标。国家重点基础研究发展计划("973"计划)、国家高技术研究发展计划("863"计划)、国家科技支撑计划等科技计划相继对湿地加大投入,如"973"计划"黄淮海湿地水生态过程、水环境效应与生态安全调控""湿地系统水生态过程与格局耦合机理""863"计划"高污染海洋浅水湿地生物修复的关键技术研究与示范"、科技支撑重大项目课题"湿地生态系统保护与恢复技术试验示范""草海湿地生态系统恢复与重建关键技术研究与示范"等多项课题相继开展。国家自然科学基金中关于湿地的研究项目逐年递增,现在已经有 325 个湿地项目结题,为湿地保护和管理提供了基础的理论支撑。

（五）开展《湿地公约》履约工作

我国自 1992 年加入《湿地公约》以来,国务院授权原林业部(国家林业局)代表中国政府履行《湿地公约》,积极实施公约相关决议,认真实施双边和多边政府间湿地保护合作项目，有力地推动了湿地保护与合理利用。1992年，中国政府指定了6块国际重要湿地，到2013年已经有46块湿地被列入国际重要湿地名录。2005年8月，"国家林业局湿地保护管理中心"即"中华人民共和国国际湿地公约履约办公室"成立。2007年，经国务院批准，我国建立由国家林业局担任主任委员单位、16个部委局共同组成的"中国履行《湿地公约》国家委员会"，负责协调和指导国内相关部门开展履行《湿地公约》相关工作；研究制订国家履行《湿地公约》的有关重大方针、政策；协调解决与履约相关的重大问题；协调履行公约规定并执行有关国际会议决议；协调湿地领域国际合作项目的申请和实施。2008年，国务院"三定"方案全面强化了国家林业局"组织、协调、指导、监督全国湿地保护"和"组织、协调有关国际湿地公约履约"的职能，14个省（自治区、直辖市）建立了省级湿地保护管理专门机构，加强了对国际重要湿地的监管，公布了《中国国际重要湿地生态状况公报》（刘惠兰，2013）。湿地调查、评价和监测是履行《湿地公约》的重要组成部分，1995～2003年，国家林业局组织开展了新中国成立以来首次大规模的全国湿地资源调查，基本摸清了全国湿地的类型、面积及湿地动植物状况，于2009年启动了全国第二次湿地资源调查，已于2014年1月发布了调查结果。

（六）开展国际合作项目

我国政府一直积极推进国际合作。中国于1972年加入"人与生物圈计划"，是"人与生物圈国际协调理事会"的理事国，成立了中华人民共和国人与生物圈国家委员会。我国获得全球环境基金（GEF）资助，中国政府和联合国开发计划署共同执行"湿地生物多样性保护与可持续利用项目"，项目总金额1400多万美元，在黑龙江三江平原淡水沼泽、江苏盐城沿海滩涂、湖南洞庭湖淡水湖泊和四川、甘肃两省交界的若尔盖高寒沼泽等4处项目区开展湿地保护和研究示范活动。中国政府分别与日本、澳大利亚政府签订了中日、中澳候鸟保护协定；与俄罗斯政府签订了中俄两国共同保护兴凯湖湿地的协定，加强了与周边国家和地区保护候鸟，特别对跨国迁徙水鸟及其栖息地的保护工作。1996年湿地国际-中国办事处在北京正式成立，目的是通过引进技术和资金、提供人员培训和技术支持、开展信息交流来促进中国和其他东北亚地区的湿地保护与合理利用。以上国内外交流拓展了合作领域，学习借鉴国外先进适用的保护管理技术管理模式，能促进我国湿地生态系统保护管理的科学化、现代化，提升我国湿地保护管理效能。

三、湿地保护面临的诸多问题

第二次湿地调查结果显示，根据对1579处重点湿地调查显示，1093处被调查湿地受到不同程度威胁，占调查总数的69.22%（图6-7）。主要威胁来自污染、围垦、基建占用、过度放牧、过度捕捞和采集及外来物种入侵六大因素。同时受到多种威胁因子影响的现象比较普遍，受2种以上威胁因子影响的湿地占50%以上，受3种以上威胁因子影响的占29%以上。

（一）农业开垦、城镇化土地利用侵占湿地

导致湿地消失的原因有填埋、排水转为农业用地、作为废物处理区和垃圾填埋地、城市的扩展外延、路基建设、工业开发等。目前，我国受围垦威胁的湿地占第二次湿地

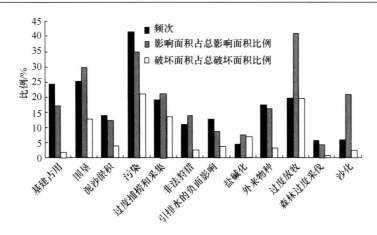

图 6-7　第二次全国湿地资源调查重点湿地受威胁状况统计（唐小平等，2013）

资源调查重点湿地的 25.37%，主要发生在新疆、华北、黄河中下游、长江中下游及西南部分区域；受基建占用威胁的湿地占调查湿地的 14.53%，主要发生在海南、黄河中下游、长江中下游、广西沿海以及西南部分区域。

（二）工业、农业污染排放严重

湿地具有一定的净化能力，能够缓冲周边排入的污染物，改善周围环境的质量。然而，随着工农业生产的发展和城市建设的扩大，大量的工业废水、废渣、生活污水和化肥、农药等有害物质被排入湿地。这些有害污染物不仅对生物多样性造成严重危害，对地表水、地下水及土壤环境也造成影响，使水质变坏，寄生虫流行，造成供水短缺。我国的河流湖泊实际上已成为工农业、生活废水、废渣的承泄区。目前我国受污染威胁的湿地占第二次全国湿地重点调查湿地的 29.69%，除了我国西部和东北的北部地区以外，其他地区均受到污染的影响。工业废水、废渣是威胁湿地生境的主要来源，其不仅排放量大，而且含有大量有毒物质。酸性的矿山排水通过径流和直接将有害物质排入湿地，这些物质包括高浓度的酸和重金属。沿海石油开采工业使大部分油类碳氢化合物被释放进入沿海湿地。农业面源污染的威胁也占有很大比例。农田养分的投入和农田土壤养分的积累及流失量不断增加，农业面源污染所占的负荷越来越大，农业逐渐成为水体富营养化最主要的污染源。

（三）过度放牧

随着人口的增加及人们改善生活质量的迫切需求，一些地区畜牧业发展过快，导致过度放牧，使很多湿地植物不能有规律地完成其生活周期，湿地植物多样性丧失，生态功能降低或丧失。目前，我国受过度放牧威胁的湿地占第二次湿地资源调查重点湿地的 35.13%，主要发生在西北、云南北部、四川的西北部、山西和河北北部区域。例如，若尔盖湿地草场长期超载，牲畜增长过快，"靠天养畜"十分突出。产草量较 20 世纪 60 年代下降了 20% 左右，杂类草和有毒草上升 10%～20%，禾本科牧草从 30% 下降到 16%，对牲畜危害很大的狼毒在很多草场均有分布。过度放牧造成河边湿地的植被减少，影响了径流的过滤作用，增加了水温，从而导致鱼类减少和野生动物食物减少和生境丧失。由于植物的减少，河流堤岸会坍落或被侵蚀破坏。

（四）资源利用过度

湿地资源利用方式多种多样，水利建设、泥炭开采、过度旅游开发等活动大大超过了湿地的承受能力，威胁湿地的自身生态平衡。目前，我国受过度利用威胁的湿地占第二次湿地资源调查重点湿地的18.09%，主要发生在黄河中下游、长江中下游、海南、广西东南部、大兴安岭北部及沿海的大部分区域。新中国成立以来，我国在全国范围内进行了大规模的水利建设。在防洪、发电、蓄水灌溉方面取得了良好的效益，但对湖泊生态环境和水产资源产生了不利影响。20世纪50年代以后，不少湖泊在主要通江口处修建闸坝，切断了洄游鱼类的通道，洄游鱼类资源衰竭；同时也妨碍湖水与外江水发生直接交换，使湖水植物群落发生变化，沼泽化进程加剧。我国西部内陆干燥地区的湖泊，与入湖河流的水量补给关系密切。在上游拦河筑坝、发展灌溉农业，使位于河流尾闾的一些湖泊得不到足够的水量补充而逐渐萎缩、水质咸化，直至消亡，而且对湖泊周围地区的生态平衡也产生了深刻的影响。泥炭作为一种重要的有机矿产资源，可以作为燃料开发利用，但由于还未形成详细的利用计划，现在大多是无节制的开采，滥采乱挖，不仅泥炭资源浪费严重，而且沼泽地表植被破坏也十分严重，深浅不一、大小不同的废弃泥炭矿坑很多，对泥炭资源的可持续利用不利，对湿地生物保护不利，还对湿地生物多样性保护和可持续发展构成了严重的威胁。在一些重点旅游区，游客量的无限增多又增加了湿地保护的难度，加上一些游客的素质不高，对湿地景区的植被和动植物造成了破坏和影响，直接或间接地对湿地生态环境造成了破坏。

（五）生物入侵

湿地生物入侵的发生，具有种类多、数量大、分布广、危害重等特点。目前，我国受外来物种入侵威胁的湿地占第二次湿地资源调查重点湿地的14.15%，主要发生在长江中下游、西南及沿海部分区域。小龙虾、巴西龟、凤眼蓝、大米草等100余种湿地入侵物种，给我国造成了巨大的经济损失和生态破坏。外来入侵物种会与当地物种竞争营养资源和生存空间，破坏引入地的生态系统，降低生物多样性，给种植业、饲养业的生产造成损失，还有可能威胁食品安全、危害人类健康。湿地入侵生物的危害更为明显，如巴西龟对饵料占有率高、生存优势强，流入自然水域中会大量捕食小型水生动物，使同类物种的生存受到毁灭性打击。入侵植物凤眼蓝一旦大量形成，会抑制其他水生生物的正常新陈代谢，不仅使水体内水生生物系统所需的氧被消耗、光被遮，连水体表面的自然气体交换也被封住。我国每年仅凤眼蓝造成的直接经济损失就接近100亿元，打捞凤眼蓝的费用多达5亿以上。每年外来入侵物种所造成的经济损失，全国共计高达2000亿元（桑景拴和田野，2010）。

（六）应对气候变化的能力减弱

湿地是重要的"储碳库"和"吸碳器"，是气候变化的"缓冲器"。湿地特别是泥炭地在有效缓解温室效应、应对气候变化方面也发挥着不可替代的功能。然而，湿地应对气候变化的能力受人为干扰和气候变化的双重影响，湿地退化不仅削弱自身的固碳能力，还可能释放更多的甲烷气体成为碳源。据四川若尔盖沼泽湿地45年气象资料，该区年均气温每10年约增高0.23℃，且有逐步变干的趋势。大规模土层减少，可能会导致泥炭覆盖地的减少，从而造成大量的 CO_2 和 CH_4 不断被释放到大气中。

（七）国家层面湿地保护立法滞后

历史上，由于对湿地的功能和价值认识不清，对湿地进行大面积开荒，结果使湿地大面积丧失，而我国目前尚没有一部国家层面的湿地专项保护法律法规。2004 年修订的《中华人民共和国土地管理法》中，将土地分为农用地、建设用地和未利用地，并明确将耕地和林地划归在农用地中，而湿地一词并未在该法律条款中出现，自然湿地仍被归在未利用地一类，并且在第四十条中还提出"开发未确定使用权的国有荒山、荒地、荒滩从事种植业、林业、畜牧业、渔业生产的，经县级以上人民政府依法批准，可以确定给开发单位或者个人长期使用"。由此可见，现有法律体系中，耕地和林地都有明确的法律内容规定其受保护的权利，而归属于未利用地的自然湿地尚未有明确的法律规定加以专门保护。在国家标准土地利用现状分类标准中，沼泽湿地也被划为"其他土地"类型，与沙地、裸地、空闲地、盐碱地等划为一类。我国的现行土地分类体系已经严重制约了湿地保护和管理工作的开展(崔丽娟，2013)。

现行某些法律法规中虽然涉及湿地条款，但只是基于立法本身的目的对个别湿地资源要素做出符合部门经济发展需要的规定。例如，《中华人民共和国土地管理法》涉及"养殖水面"，《中华人民共和国环境保护法》涉及"水、草原、野生动物"，《中华人民共和国海洋环境保护法》涉及"海滨"，《中华人民共和国渔业法》涉及"内水、滩涂"，《中华人民共和国水法》涉及"江河、湖泊、水库、渠道"，《中华人民共和国水污染防治法》涉及"江河、湖泊、运河、渠道、水库"等(陈颜，2012)。这中间就存在很多问题，立法内部存在"湿地保护不完整、湿地权属不清、湿地管理混乱"等问题；立法外部存在"部门法之间的利益冲突、湿地保护与经济发展之间的矛盾"等问题。这些问题都有待于国家立法通过统一规定进行解决。一些有关湿地资源要素的单行法规对湿地资源要素的利用主要是从经济效用的角度加以考虑，很少考虑资源的生态功能价值，因此，立法目的更多侧重于如何更高效率地开发、利用湿地而非保护湿地。这些单行法规不仅不能起到保护湿地生态功能的作用，还可能通过促进湿地的过度利用而加剧湿地及其生态功能的衰退。最近几年，部分省(市)相继出台了地方湿地保护条例，为地方湿地保护与管理工作提供了法律依据，推动了湿地保护工作的发展。但是由于缺少统一的上位法，地方立法在制定过程中往往具有一定的随意性，在某些原则性的问题上比较模糊，如湿地类型不全、湿地保护基本原则不完善等，某些湿地保护制度的规定不够严谨，在实践中缺乏可操作性。因此，针对湿地保护的系统性、整体性要求，开展湿地保护立法，弥补现有法律法规的不足，是遏制湿地退化、保障国家生态安全、促进经济与社会可持续发展的必然要求。

（八）管理机制不完善

湿地是由土地、水域、植物、动物及微生物等要素相互作用形成的独立生态系统，对湿地保护必须建立在系统化和综合性管理体制基础上。但在现行立法体制下，不同资源由不同行政主管部门管理，设计管理部门众多，内容繁杂。与湿地保护管理工作直接相关的国务院组成部门包括国土资源部、农业部、水利部和建设部等，国家直属部门主要包括国家林业局、环境保护部等，国务院下属部委管理局包括国家海洋局等。在中央层面，除国家林业局、环保部等少数部门具有明确的保护职责外，其他相关部门职责更多与湿地资源的开发利用直接相关。例如，国土和城建部门对湿地开发，特别是对占用湿地并将其转变为其他用途的审批管理，水利部对修建工程从湿地调水、截水行为的审批管理，都会对湿地生态系统造成不良影响，却没有部门具有从保护和合理利用湿地的整体利益出发对上述行为实施监督或者制约的法定权利。尽管国务院在 1998 年"三定方案"中规定，授权国家林业局行使"组织、协调全国湿地保护和有关国际公约的履约工作"；农业部、水利部、国土资源部、国家环保总局(现环保部)和国家海洋局等相关部门在各自职责范围内对湿地进行管理。但在湿地保护管理实践中，由于缺乏明确的法律约束，林业行政主管部门组织、协调工作难以落到实处。在湿地保护管理中，不同部门的职责与职权不对应，导致湿地保护与利用两者难以统一，湿地保护面临的威胁因素难以消除，制约了我国湿地保护管理工作的成效。

（九）公众参与机制缺位

吸引公众参与湿地保护管理工作是国际自然保护领域中通行的做法，有助于加强湿地保护管理力量，构建公众监督体系，提高湿地保护管理工作的有效性。然而，公众参与机制也是国内自然保护管理工作中的薄弱环节。湿地面临的诸多问题不仅需要通过行政手段自上而下地加强管理，也需要通过公众参与加快解决。就水污染问题而言，如果能吸引公众形成节水和环境友好型生活方式，将使得污水排放量减少，直接有利于减缓湿地生态系统面临的污染威胁。湿地保护管理中公众参与机制缺位具有多重缘由，主要与管理部门缺乏吸纳公众参与湿地保护的能力有关。能力的不足可能由于管理人员自身缺乏带动公众参与的意识，也与现有管理部门本身机构设置有关，负责环境教育与负责湿地保护的部门之间缺乏合作。

（十）保护经费投入不尽合理

目前我国湿地保护管理所需各项资金结构较单一，以政府投入为主，社会投入为辅，同时参与和利用国际湿地保护项目及相关投资。其中，政府投入为湿地保护总投资的主要部分，湿地保护区、湿地及相关生态保护工程被作为重中之重，而其他渠道的资金注入明显不足。尽管我国已经初步建立了湿地保护投入体系，但面临的湿地投入不足问题还较为严重。当前，我国政府与联合国开发计划署、联合国环境规划署、全球环境基金、亚洲开发银行、世界自然基金会联合开展了多个湿地保护国际合作项目，需进一步完善社会基金投入机制，促成各种形式资金进入湿地保护，实现投入主体多元化。建立外援项目示范点，扩大外援项目辐射作用。不断创新湿地利用外资机制，进一步探索国外资金与国内资金、官方与民间、赠款与贷款、多边与双边相结合的有效途径，建立多元化外资利用机制。

第三节　我国湿地保护战略思考

一、战略思路

从维护湿地系统生态平衡、保护湿地功能和湿地生物多样性，实现资源的可持续利用出发，坚持"保护为先、兼顾利用、占补平衡"的原则，以遏制湿地减少、改善湿地环境、建立长效机制为目标，从战略布局、任务、对策和保障机制等方面确定中国湿地保护的实施路径，在保护湿地、恢复湿地的同时加强平台建设、能力建设、制度建设，充分发挥湿地在国民经济发展中的生态、经济和社会效益，实现人与湿地的和谐共处。

二、战略目标

（一）总目标

全面加强中国湿地及其生物多样性保护，不断完善湿地保护体系，科学修复退化湿地，着力推动湿地法制建设，逐步理顺体制机制。到 21 世纪中叶，使我国退化湿地基本得到修复和恢复，湿地退化趋势得到遏制，并建成完备的湿地环境保护、合理利用的体制，实现湿地的有效管理和永续利用，最大限度地发挥湿地生态功能与效益，形成人与湿地和谐发展的现代化建设新格局，实现生态文明，建设美丽中国。

（二）阶段目标

(1)近期目标(至 2020 年)：确保 8 亿亩湿地红线，并基本遏制人为因素导致的自然湿地数量下降趋势；建设各级湿地自然保护区 600 个，自然湿地保护率达 60%。湿地主要污染物排放得到有效控制，基本遏制湿地质量下降趋势，湿地水质达标率达到 60%。保障湿地最小生态需水，保障湿地基本生态特征及功能。遵循自然规律，合理利用湿地资源，遏制湿地生物多样性急剧下降趋势。完善管理体系、推进管理机构改革，建立湿地生态系统保护网络。以保护自然湿地为主，在此基础上加强对退化湿地的生态恢复、重建。

(2)中长期目标(至 2050 年)：确保自然湿地面积不减少，自然湿地有效保护面积达到 100%，人工湿地面积较 2020 年增长 10%。促进退化湿地恢复与治理，使天然湿地生态质量有所改善，湿地各项生态功能及其效益明显提高。构建比较完善的湿地保护、管理与合理利用的法律、政策和监测科研体系，形成较为完整的湿地保护、管理、建设体系，使我国成为湿地保护和管理的先进国家。全面提高我国湿地保护、管理和合理利用水平，形成完善的自然湿地保护网络体系，使绝大多数的自然湿地得到良好的保护，实现我国湿地保护和合理利用的良性循环。初步建立湿地保护与合理利用的良好管理秩序，保持和最大限度地发挥湿地生态系统的各种功能和效益。

三、战略布局

在保证湿地保护面积，系统分析我国湿地面积变化与景观格局变化的数量及空间分布的基础上，针对当前的实际，结合今后中长期发展趋势，综合考虑，全国湿地保护总体布局为："六区一带"(图 6-8)。"六区"为东北平原地区、西北干旱区、黄河中下游地区、长江中下游地区、云贵高原地区和青藏高原地区，"一带"主要包括我国滨海地区天津、山东、江苏、上海、浙江、福建、广东、广西、海南、香港、澳门等 11 个省(自治区、直辖市)。青藏高寒湿地区、云贵高原湿地区、西北干旱湿地区等西部区域，湿地功能主要以生态功能为主，采取的措施主要以保护为主，在加强高海拔湿地保护的前提下，适当地开展合理利用的示范。长江中下游湿地区、东北湿地区、滨海湿地区等中东部区域，湿地的功能效益主要以经济价值和生态效益并重，该区域的湿地需要保护和恢复并举，对现有生态环境较好的湿地要加强保护和防治，对生态环境恶化和生态功能退化的湿地，要采取治理、恢复和修复措施，逐步恢复湿地的原有结构和功能，遏制人口增加、工农业生产和经济发展对湿地资源及功能效益的潜在威胁，实现湿地资源的可持续利用。黄河中下游湿地区，由于水资源供需矛盾突出，工农业生产和人民生活严重缺水，因此主要侧重于水资源的保护、调配和合理利用。

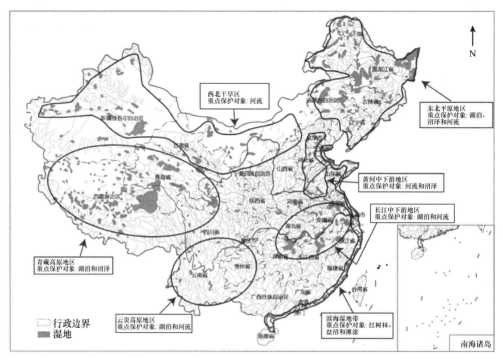

图 6-8　中国湿地保护战略布局示意图——六区一带

　　(1)东北平原地区。该区域位于黑龙江、吉林、辽宁及内蒙古东北部，本区湿地以淡水沼泽和湖泊为主。三江平原、松嫩平原、辽河下游平原、大小兴安岭、长白山区等是我国淡水沼泽的集中分布区。湖泊主要有兴凯湖、查干湖、镜泊湖、五大连池、长白山天池等。松花江、辽河为本区的主要河流。该区以沼泽和湖泊湿地为保护重点。该地区湿地面临的主要问题是大规模的农业开发，使天然沼泽面积大量减少。该区保护重点在三江平原、松嫩平原等农业开发区域，通过湿地保护与恢复及生态农业等方面的示范，提供东北平原地区湿地生态系统保护、恢复和合理利用模式。在大兴安岭、小兴安岭、长白山地和呼伦贝尔草原，加强森林沼泽、灌丛沼泽和草本沼泽的保护，建立和完善区域湿地自然保护区网络，加强该地区国际重要湿地的保护。在农田与湿地交错区实施农区湿地污染物源头控制、农区湿地生态恢复工程、农区湿地可持续利用工程。
　　(2)西北干旱地区。本区湿地可分为两个分区：一是新疆高原干旱湿地区，主要分布在天山、阿尔泰山等北疆海拔 1000m 以上的山间盆地和谷地及山麓平原-冲积扇缘潜水溢出地带，典型湿地为塔里木河、新疆博斯腾湖、天池等；二是内蒙古中西部、甘肃、宁夏的干旱湿地区，该区主要以黄河上游河流及沿岸湿地为主，典型湿地为乌梁素海、岱海等湖泊，多为咸水湖和半咸水湖，是迁徙水禽的重要繁殖地。该区湿地面临的最大问题是由于干旱和上游地区的截流，湿地大面积萎缩和干涸，原有的一些重要湿地如罗布泊、居延海等早已消失，部分地区成为"尘暴"源，荒漠干旱区的生物多样性受到严重威胁。该区重点恢复塔里木河、黑河下游和银川黄河周边湿地，通过生态措施和工程措施，遏制湿地周边区域土地沙漠化趋势。加强天然湿地的保护区建设和水资源的管理与协调，采取保护和恢复措施缓解西部干旱荒漠地区由于人为和自然因素导致的湿地环境恶化、湿地面积萎缩甚至消失的趋势。

(3) 黄河中下游地区。该区域包括黄河中下游地区及海河流域，行政上涉及北京、天津、河北、河南、山西、陕西和山东，该区天然湿地以河流为主，伴随分布着许多沼泽、洼淀、古河道、河间带、河口三角洲等湿地，黄河是本区沼泽地形成的主要水源。该区湿地保护的最大问题是水资源缺乏，由于上游地区的截留，河流中下游地区严重缺水，黄河中下游主河道断流严重。该区重点加强黄河干流水资源的管理及中游地区的湿地保护，加强该区域湿地水资源保护和合理利用，尤其是京津冀生态圈湿地水资源和华北平原湖泊湿地的保护。提高区域有限水资源的利用效率，缓解该地区农业及城市饮用水资源日益紧张的状况。合理运用汇集的雨水、再生水等水资源建设城市湿地。实施农区湿地污染物源头控制、湿地可持续利用示范工程。

(4) 长江中下游地区。本区包括长江中下游地区及淮河流域，行政上涉及湖北、湖南、江西、江苏、安徽、上海、浙江七省(市)。该区湿地保护面临的最大问题是围湖造田和城市化导致天然湿地面积减少，湿地功能减弱，水质污染严重，湿地生态环境退化。本区重点通过退田还湖、还泽、还滩、还林草及水土保持等措施，改善湿地生态状况，充分保证该区域湿地调蓄洪水和保护生物多样性等生态功能的发挥。在长江中下游湖泊群建立湿地保护和合理利用模式，在水质污染严重的湖泊开展污染防治和水环境的治理。加强自然保护区建设，尤其是具有国际重要意义的水鸟栖息地建设，实施迁徙鸟类网络保护工程，使该区域丰富的湿地生物多样性得到有效保护。同时，实施农区湿地污染物源头控制、湿地可持续利用示范工程。

(5) 云贵高原地区。本区包括云南、贵州及川西高山区，湿地主要分布在云南、贵州、四川的高山与高原冰(雪)蚀湖盆、高原断陷湖盆、河谷盆地及山麓缓坡等地区。本区大于4000hm^{2}以上的湖泊有9个，著名的有云南的滇池、洱海、抚仙湖、泸沽湖和贵州的草海等。金沙江、南盘江、元江、澜沧江、怒江和独龙江六大水系，构成云贵高原湿地的基础。该区湿地保护存在的主要问题是一些靠近城市的高原湖泊有机污染严重，对湿地的不合理开发导致湖泊水位下降，流域缺乏综合管理，湿地生态环境退化。本区重点加强典型高原湿地的保护与恢复，以及流域综合管理，注重国际河流流域湿地保护，开展高原湿地生物多样性保护、水资源的保护和合理利用，加大高原湿地生态监测体系建设力度，在人为活动干扰较大的湿地进行生态恢复、湿地资源可持续利用示范，对高原富营养化湖泊进行综合治理。

(6) 青藏高原地区。本区湿地分布于青海、西藏和四川西部等，高原散布着无数湖泊、沼泽，其中大部分分布在海拔3500～5500m。该区的湖泊多为咸水湖，青海湖是我国最大的咸水湖，较大的湖泊还有纳木错、色林错、羊卓雍错等。我国几条著名的江河发源于本区，长江、黄河、怒江和雅鲁藏布江等河源区都是湿地集中分布区。四川北部的若尔盖沼泽湿地是我国最大的一片泥炭沼泽区。该区湿地保护面临的主要问题是区域生态环境十分脆弱，草场退化、荒漠化严重，湿地面积萎缩，湿地生态环境退化，功能减退。该区重点通过加强保护区建设及植被恢复等措施保护高原湿地，尤其是江河源头地区的重要湿地，发挥该地区湿地的重要储水功能，使高原特有的珍稀野生动植物得以栖息繁衍。在三江源头、青海湖和若尔盖沼泽地区进行湿地保护和生态示范建设。

(7) 滨海湿地带。滨海湿地带主要包括我国沿海天津、山东、江苏、上海、浙江、福建、广东、广西、海南、香港、澳门等 11 个省 (自治区、直辖市)。其中，杭州湾以北的滨海湿地由环渤海滨海和江苏滨海湿地组成：黄河三角洲、辽河三角洲和丹东鸭绿江口是环渤海滨重要湿地；江苏滨海湿地主要由长江三角洲和黄河三角洲的一部分构成，包括盐城地区湿地、南通地区湿地和连云港地区湿地。该区湿地面临的主要问题是油田开采、盐田和农业开发对滨海湿地产生的威胁，浅海区域海水污染严重，赤潮频发。杭州湾以南的滨海湿地以岩石性海滩为主，主要河口与海湾有钱塘江口-杭州湾、晋江口-泉州湾、珠江口河口湾和北部湾等，在海湾、河口的淤泥质海滩分布有红树林湿地。该区的主要威胁是红树林面积急剧下降，生态质量降低，导致海洋生物栖息繁殖地减少，生物多样性降低。滨海湿地带应重点加强对河口湿地和鸟类迁徙重要驿站进行保护，以及对该区域珍稀野生动物及其栖息地的保护。在城市密集、工业发达的环渤海海岸湿地，建立具有良性循环和生态经济增值的湿地开发利用示范区。逐步恢复我国的红树林湿地资源，对退化海岸湿地生态系统，以生态工程为技术依托，对其进行综合整治、恢复与重建。

四、战略任务

（一）建立湿地生态红线制度

根据第二次全国湿地资源调查的结果，制订满足国家生态安全的湿地保护"红线"，确保现有的 8 亿亩湿地不减少 (国家林业局，2014)。建立湿地红线制度，各级政府根据当地的湿地资源情况划定地区湿地保护红线。提出生态红线的划定范围和技术流程，特别关注重要湿地生态功能区、湿地环境敏感区、湿地脆弱区等区域。湿地红线制度要充分考虑湿地植被、鸟类、污染等状况，以及周边条件等，划出红线范围，由政府相关部门发布《湿地红线保护公告》。

（二）遏制湿地减少趋势

抓紧湿地的抢救性保护，把一切应该保护的湿地都尽快保护起来，使更多的自然湿地尽快纳入保护管理范围。采取有效措施，加大对已建的各级湿地自然保护区、湿地保护小区和湿地公园保育区的监管和投入力度，改善保护区及湿地公园的硬件和软件条件，提高湿地保护管理能力，解决因保护管理水平低下导致的湿地生态功能受损等问题，使湿地资源得到最大保护，有效改善湿地管护效果。湿地公园和湿地保护小区是湿地保护的重要形式，严格遵循"保护优先、科学修复、适度开发、合理利用"的基本原则，合理推进湿地保护小区、湿地公园建设工作，尽可能地扩大湿地保护的范围。

（三）保护湿地生物多样性

以预防湿地及其生物多样性遭受破坏为出发点，采用直接、有效和经济的就地保护方式，保护湿地及其生物多样性，保持湿地的自然或近自然状态。以保护我国天然湿地生态系统和维持湿地野生动植物种多样性为重点，在生态脆弱地区，具有代表性、典型性并未受破坏的湿地区域或湿地生物多样性丰富区域等地建立不同级别、不同规模的湿地自然保护区，形成湿地自然保护区网络。加强濒危动植物的保护，高度重视湿地资源开发对湿地生物的影响，积极实施湿地恢复及保育工程，保护和恢复湿地动植物的重要栖息地及其生态环境，维持并提高湿地生物多样性。

（四）控制湿地污染

积极转变水污染防治思路，从末端治理向流域水环境综合治理转变，从单纯水质管理向流域水生态管理转变，从目标总量控制向容量总量控制转变。将湿地污染管理纳入流域治污体系，统筹经济发展与生态保护的关系。强化流域内水环境污染源的综合治理，实行容量总量控制。推进湿地恢复与综合治理工程的实施，有效改善生态质量。

（五）保证湿地可持续利用

以调整产业结构为契机，以正确处理湿地保护与利用的关系为前提，选择好本地区既有经济效益、又确保可持续发展的支柱产业；制定科学的湿地资源利用规划，建立湿地生态环境影响评价制度，实现统一规划指导下的湿地资源保护与合理利用的分类管理；制止过度利用与不合理开发，使湿地资源逐步恢复，形成良性循环。

五、战略对策

（一）加强湿地保护

(1)加强湿地保护体系建设。加强湿地保护体系建设，科学规划湿地保护区、湿地公园、湿地保护小区建设，不断完善湿地保护网络体系。分层启动湿地保护示范工程，对国家和国际具有重要意义的湿地开展保护示范，以点带面，推动对全国湿地的保护和管理。在执行过程中，应避免片面追求工程数量、重复建设，以维护湿地系统生态平衡、保护湿地功能和湿地生物多样性，实现资源的可持续利用为基本出发点，切实提高湿地保护效果。

大力推进湿地保护区建设，应对人类过度利用湿地而面临的湿地严重退化与丧失的威胁。保护区设置湿地资源保护的职能部门，实行"三级管护"制度，即以该区管理处(局)为决策机构，保护站为分支管护机构，管护点为基层管护单元，形成保护区资源保护网络体系。完善保护区的基础设施和人员配备，合理布设保护区检查站、防火道路、巡护道路、巡护码头、巡护步道、瞭望塔、远程监控设施、界标界碑等。组织有效的保护和科研队伍，主要开展业务培训，制定巡护路线、巡护记录和巡护时间，提高保护区的保护与管理效率；保护区应配备林业公安派出所，维持治安和查处区内违法事件。

合理发展湿地公园，达到既能有效保护湿地生态系统，又能发挥湿地生态旅游、休闲和宣传教育等多种生态服务功能的多重社会效应。明确区分各主管部门定义的"湿地公园"，避免概念模糊引起的重复建设和资源浪费，建议从宏观上由专门部门统一湿地公园概念，进行统一界定并统一指导建设。湿地公园规划、建设中应遵循"保护优先、科学修复、适度开放、合理利用"的指导思想，以维护湿地系统生态平衡、保护湿地功能和湿地生物多样性、实现资源的可持续利用为基本出发点，通过人工适度干预，促进修复或重建湿地生态景观，维护湿地生态过程，保护湿地生物多样性，强调人与自然和谐并发挥湿地多种功能。加强对湿地公园建设的管理，避免以湿地公园建设为名而过度开展工程，如在湿地周边甚至湿地中修路、建桥、造房、建设非生态的游乐项目，使湿地由于承受过度的人类干扰而退化，对湿地生态系统功能造成了实质性损害。

建立湿地保护小区，实现快速保护湿地，甚至抢救性保护一批湿地。成立湿地保护小区共管委员会，遵循自然生态原理和农村经济原理，吸收当地居民参加自然保护小区管理工作，引导劳力转向。以保护为根本，以提高人们生态保护意识、推动社区经济发展为目的，以自然景观、自然生物和自然社会为基本原则，科学规划，依法管理，依靠湿地资源优势，创造优化的内外投资环境，有条件地逐步建设生态旅游产业，发挥湿地生态、社会和经济效益。

(2)实施以流域为单元的湿地保护。以流域为单元进行保护布局，重点考虑对全局工作有重要影响的国际及国家重要湿地、湿地保护区和国家级湿地公园，同时对沿海湿地、高原湿地、鸟类迁飞网络、对气候变化有重大影响的泥炭湿地，以及跨流域、跨地区湿地给予优先考虑，形成国家层次示范效果。完善流域湿地保护网络建设，加强流域内珍稀濒危物种的有效保护，构筑完整的长流域生态保护屏障。设立流域湿地保护管理机构，加强分散保护区跨区域、跨部门的合作与交流，在大的流域和区域尺度上进行湿地保护与湿地生态系统应对气候变化的研究探索，提高湿地生态系统保护力度与适应能力。

（二）加强退化湿地恢复

(1)加强湿地污染控制。调查湿地周围污染源的类型、污染物的数量、排污途径及其最大排污量，以流域为单元，统筹规划，严格执行总量控制，将流域排污总量控制在水环境纳污能力之内。调整产业结构和工业布局、推进污染集中治理和提标改造，实施工业和生活污染源控制。推行以生态农业和循环型农业为主要措施，削减农业面源的污染。实施以全流域水资源的合理配置和生态化整治为重点，提高水环境容量。以完善流域监测体系和加大执法力度作为保障，严格执行"水十条"，建立健全流域水环境监测、联防机制，切实控污减排，从根本上解决影响流域湿地水环境的各种问题。

(2)加强湿地入侵生物防控。开展湿地生物入侵防控工程。加强湿地入侵植物的预警机制，定期调查湿地生物，及时发现潜在入侵生物；重点开展凤眼莲、喜旱莲子草、互花米草、小龙虾、巴西龟、福寿螺等湿地入侵植物的控制工程；开展湿地周边地区入侵生物调查，采取措施防止入侵生物蔓延引起的湿地生境破坏、水路堵塞等问题；制定专门法律、完善措施，加强外来植物的防控力度；强化湿地引种管理，防止湿地入侵植物的人为引入。

(3)开展湿地水文修复工程。在不影响其他生态系统功能的条件下，开展退化湿地水文修复工程。重点在由排水引起退化的沼泽湿地、黄河流域、京津地区，以及塔里木河等内陆河流域开展水文修复，运用湿地水文连通、蓄水防渗和生态补水等技术，通过筑坝、修建引水渠、改造地形、抬高水位来养护沼泽，改善湿地水鸟栖息地。增加河床深度和宽度，使湿地植被恢复，形成良好的小气候、生物栖息地等，维持湿地生态功能。

(4)推进湿地综合治理。调查和评价我国湿地退化状况，明确湿地退化的具体原因及恢复潜力，根据可行性、有限性及稀缺性原则，制订退化湿地恢复行动计划，划定重点恢复区域，有目的、有次序地对其进行生态恢复。通过自然恢复(如恢复自然水文模式)、人工辅助恢复(如植物移植等)及工程的恢复(如水利工程改造、水土保持等)保障湿地内水量水质的恢复、退化土壤及植被的恢复、湿地水鸟生境恢复及湿地景观连通性的恢复，合理配置湿地植物，构建水生动物群落，恢复滨岸湿地植被带。对于已受到工程建设负面影响的重要的天然湿地，要建立天然湿地生态需水和生物保护的保障机制和补救措施，以减少其对湿地及其生物多样性的负面影响；改变易造成水土流失的土地利用方式，大力营造生态保护林和水源涵养林；对部分河流、湖泊、水库进行清淤工作，减少河湖淤积。

（三）探索湿地的可持续利用模式

坚持"以保护求持续发展，以持续发展促保护"的湿地发展战略，科学规划、合理利用湿地资源，实现其可持续发展。

(1)保护湿地多样性特色，促进湿地综合利用。充分利用湿地的地貌多样性和环境多样性特点，做到宜农则农、宜牧则牧、宜渔则渔，获取湿地各类生物资源最有效的利用。合理发展湿地生态旅游业、水产养殖业、高效避洪农业、农副产品保鲜加工业，探索湿地生态经济的发展模式；加大推广成熟经验和成果的力度，推广"公司+基地+农户"的湿地经济发展的运作模式。

(2)选择典型湿地，建设湿地合理利用示范工程。建设具有辐射意义的湿地可持续利用示范工程，带动一批湿地保护与合理利用项目和工程的实施，建立各个级别的农牧渔业综合利用示范区及管护区、人工湿地高效生态模式示范区、滨海湿地养殖优化和生态养殖工程、红树林合理利用示范区及湿地公园示范区等，积极推进湿地可持续利用示范工程的建立健全。

（四）开展湿地应对气候变化能力专项

开展沼泽湿地、滨海湿地等敏感生态系统应对气候变化能力的专项，加强湿地生态系统整体的结构和功能，加强湿地响应与适应气候变化的研究，如湿地生态脆弱性、湿地生态过程、极端气候事件对湿地生态系统的影响等。探讨湿地应对气候变化的响应机制，建立湿地生态系统碳收支核算方法体系，发展提高湿地增汇减排新技术，恢复湿地生态系统的结构与功能，提高湿地生态系统的回弹力与抵抗力，提高湿地自然保护区应对全球气候变化的能力。

（五）加强平台建设

（1）加强湿地保护管理信息平台建设。湿地保护管理信息平台是发布及交流湿地保护、管理相关信息，普及湿地知识，落实树立科学发展观，加强生态文明和生态文化建设的重要平台。为决策者、湿地管理者、湿地科研人员、湿地保护志愿者及广大公众提供一个交流、学习和监督的窗口。为全面反映湿地资源管理和生态变化的基本情况，增加对湿地生态系统生物多样性、森林健康状况的监测，实现对湿地资源及其生态状况的综合评价，以全国湿地资源数据库为突破口，搭建湿地资源综合监测体系的信息管理平台，构建全国和各主要湿地信息系统及湿地资源数据库，实现湿地信息管理和查询功能，并建立分析模型；建立有关湿地信息、数据的共享机制，构建湿地信息数据共享平台。在湿地资源监测、利用管理、资源监督等方面提供实用、高效的信息处理与分析功能，以改变目前湿地资源数据缺乏、分散、互不共享、更新滞后、重复建设和缺乏统一技术标准的局面。

（2）完善湿地定位观测网络建设。加强中国湿地生态系统定位观测研究网络建设，对重要湿地及重要地区湿地生态系统的生态特征、生态功能及人为干扰进行长期定位观测，加强湿地生态系统定位观测研究网络的标准体系建设。加强野外站台的人才队伍建设，建立有层次的中心站-分站-流动观测点结合的野外台站综合体；从野外台站的长期发展出发，注重长期科学目标与短期行为的关系；加强生物多样性观测研究，强化与国际及地方相关部门方面的合作。充分利用林业、农业、水利、环保、海洋、建设等部门的监测机构、人员和设备等资源，建立全国湿地生态环境监测和评价体系，及时监测、预测预报湿地污染和生态环境动态，重点加强对大江、大河、大湖和近岸重点海域的污染监测和预报。

（3）加强湿地科研平台建设。加强湿地科学实验室建设，包括各类湿地高精度与高准确度的分析化验仪器、采样设备、湿地环境介质自动观测与监测设备、湿地恢复与重建配套装置等。加强湿地科研成果转化平台建设。强化湿地科学相关科研机构在湿地保护、恢复、管理等相关科技成果方面的科技实力，加强湿地科技成果转化的服务力量；加强培养企业为湿地科研转化的主体，加强湿地科技中介机构的建设，使其成为湿地科技成果转化的桥梁和纽带；推进部门间、地方间、科研机构间、涉及湿地的企业间的协调与配合。

（4）加强建设公众参与平台。加强建设公众参与的湿地资源共享平台，通过网络、民间组织、社团等拓宽公众获取湿地信息，进行互动的渠道。通过立法赋予公众获取湿地信息的权利和参与湿地保护的权利，具体规定公众参与湿地保护的途径、形式和程序等问题，使公众参与环境保护成为可行和易操作的行为，降低公众参与的门槛。建立透明化的信息平台，保障公民知情权，让公众在信息对称的情况下参与湿地保护中来，可以帮助公众提高判断力，并有效实行监督、举报、投诉。通过公布相关湿地信息，借助公众舆论和公众监督，对污染和生态破坏的制造者施加压力。

（六）加强能力建设

（1）提高湿地管理人员的管护水平。加强湿地管理人员素质培养。注重湿地资源调查、监测能力，行政执法能力，能力建设，灾害应急能力和宣传教育能力建设。加强人才的引进和培训，建立野外培训基地，组织各级湿地管理人员开展湿地资源调查、湿地保护执法案例分析、湿地保护与管理、野生动植物保护、湿地保护相关法律法规、有害生物防治、信息系统建设与维护、湿地宣教等内容的学习与培训。积极开展湿地保护方案、湿地生态灾害应急预案编制等工作并组织管理人员进行预案演练，提高湿地管理人员管护水平和应变能力。

改善湿地管理人员的设备配置。为各级湿地保护管理部门配备必要的监测、通信和信息处理设备，建立湿地资源调查和监测管理系统；健全应急机构，落实应急装备，保证救灾物资储备到位，交通、通信畅通；加强湿地保护区、保护小区和湿地公园宣教的基础设施建设，为湿地保护、管理、宣传创造良好条件。

（2）加强科技创新能力。针对我国湿地面积不断减少、功能退化等严峻问题，开展湿地科学研究和技术创新，改进湿地修复技术，扩大湿地面积，增加湿地生态功能的稳定性。重视湿地基础研究，包括湿地形成、演化规律、湿地过程、湿地生物多样性等的研究，湿地生态功能评价研究，外来物种引种安全性评价研究，以及人工湿地生态系统结构与功能研究。加强应用技术研究，包括湿地保护技术，现有被破坏和已退化湿地生态系统的整治、恢复及重建技术研究，湿地资源持续利用技术及管理技术研究，湿地效益评价体系等。

加强湿地科研人才和技术骨干培养，完善湿地高等教育、培训、人才开发、职业技能鉴定和人才评价体系建设。实施湿地科技领军人才、急需紧缺骨干人才培养引进，专业技术人才知识更新。加快湿地研究各类人才信息库建设、重点建设若干湿地研究创新团队，培养具有显著影响力的领军人才。按照生态文明建设的要求，统筹多种资源，整合各方力量，加强湿地科学研究，抓紧解决重大理论问题，掌握湿地生态系统自然演替规律，突破湿地保护与修复的关键技术，优化湿地资源开发利用模式，全面提升湿地保护管理水平。

（3）加强《湿地公约》履约能力。促进《湿地公约》国家委员会各成员单位的通力协作，树立科学发展观，坚持合理利用原则，建立比较完善的湿地保护、管理与利用的法律、政策和监测科研体系，加强政策、宣教、科研、合作之间的紧密性，形成较为完整的湿地保护、管理、建设体系，使中国成为湿地保护、管理的先进国家，汇总国家湿地信息，及时、准确地向《湿地公约》报告，对《湿地公约》的建议、要求作出积极响应。推动国际交流合作项目，积极参与相关国际规则的制定，更好地完成履约工作。

（4）促进国际交流与合作。进一步加强国际交流与合作。积极争取多边和双边国际援助湿地保护项目，在部分湿地与湿地保护工程项目联合实施，通过引进国外先进的湿地保护理念、技术和经验，提高工程项目的实施水平和效果。继续推进中国与联合国教育、科学及文化组织（UNESCO）、世界银行（WB）、联合国开发计划署（UNDP）、联合国环境规划署（UNEP）、世界自然基金会（WWF）、世界自然保护联盟（IUCN）、国际鹤类基金会(ICF)、湿地国际(WI)等国际机构和组织在湿地野生动物保护、湿地调查、湿地自然保护区建设及人才培训等方面的合作。设立跨国联合资助基金湿地专项，加强基础科学研究跨国合作、培训和经验分享。

六、实施路径(图 6-9)

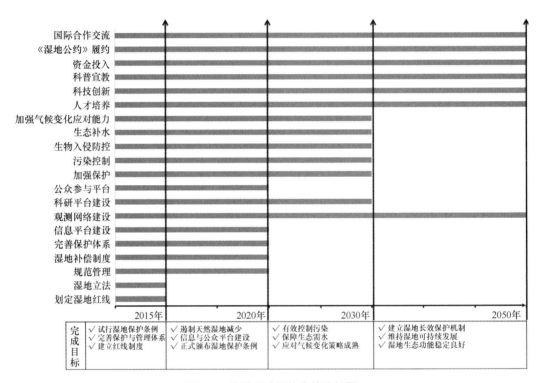

图 6-9 我国湿地保护实施路径图

第四节 我国湿地保护政策建议

一、加快国家层面湿地保护立法

在森林、海洋、湿地等三大生态系统中，唯独湿地没有全国统一的法规，这与湿地生态系统高度的整体性、复杂性、特殊性严重不符，制约了我国湿地保护事业的发展，制定一部国家层面湿地保护的专门法律，极为迫切。湿地立法将明确湿地的内涵和外延，提出湿地保护基本原则，制定湿地保护基本制度和追究湿地破坏者的法律责任，为地方湿地保护条例的制定或修改提供统一的立法指导思想。建议尽快制定《中国湿地保护条例》，将"保护湿地生态系统的完整性，合理开发利用湿地资源"作为立法宗旨，明确"整体保护、保护优先、可持续发展、公众参与"四项立法基本原则，立法应包括 10 项湿地保护制度，即"湿地名录制度，湿地调查、监测、信息共享制度，湿地规划制度，湿地污染防控制度，湿地生态用水保障制度，湿地自然保护区制度，湿地生态环境恢复制度，湿地开发利用许可证制度，湿地有偿使用制度和湿地生态补偿制度"。

二、完善湿地保护管理机制

规范管理是加强湿地保护的主要依靠手段，应进一步制定和完善湿地保护管理机制。通过立法明确湿地的综合管理部门，明确各级、各行业的管理权限，确定湿地开发利用的方针、原则和行为规范，规定管理程序及对违法行为的处理，依法管理湿地；对现有政策中制约、阻碍湿地保护与合理利用的内容进行修改，及时增补、修订不完善内容；完善与执法相配套的实施程序与办法，使执法机构不仅有法可依，而且有法能依，有法必依。健全湿地自然资源资产产权制度和用途管理制度，对湿地自然生态空间进行统一确权登记，形成归属清晰、权责明确、监管有效的湿地自然资源资产产权制度。建立湿地空间规划体系，划定生产、生活、生态空间开发管制界限，落实用途管制。

三、建立湿地生态效益补偿制度

逐步建立并完善湿地生态补偿制度，通过建立湿地生态补偿基金的手段使生态补偿能够落实。生态补偿是指使生态影响的责任者承担破坏环境的经济损失，对生态环境保护、建设者和生态环境质量降低的受害者进行补偿的一种生态经济机制。湿地生态补偿包括两种情况：一是因政府实施湿地建设、规划等湿地保护行为而受到损害的单位和个人从政府获得的利益补偿，如国家规划的蓄泄洪区内的退耕还湖、移民并镇、自然保护区或生态功能区内退耕还渔、还草还湿等情况；二是单位或个人对湿地进行生态环境的保护、改善或恢复建设时，应就保护和改善湿地环境而受的损失从政府得到利益补偿。通过建立湿地生态补偿基金对造成湿地退化的开发利用活动进行调节，能够弥补湿地保护恢复和重建工作与湿地保护管理工作的资金不足，补偿湿地保护工作中的合法权益受损者，缓解湿地保护与利用的冲突，形成社会参与社会保护的激励机制。湿地生态补偿基金主要来源于湿地开发利用者所缴纳的湿地使用费，主要用于湿地的恢复和重建。

四、将湿地保护纳入国民经济和社会发展规划

将湿地保护纳入国民经济和社会发展规划，明确提出把湿地保护和恢复的目标作为各级政府制定中长期发展战略和规划的重要依据，贯彻落实党的十八届三中全会精神，增强国家软实力，突出生态文明建设的首要地位，把湿地保护与恢复融入经济建设、政治建设、文化建设、社会建设各方面和全过程。根据湿地保护长期规划的总体部署，以保护湿地资源、建设生态文明、促进经济社会可持续发展为总体目标，重点加强建设湿地生态屏障，加快湿地保护工程实施、加强对湿地抢救性保护和对自然湿地的保护监管，划定水源涵养重点区域，重点保护和建设滨海湿地、沼泽湿地、鸟类迁飞网络和跨流域、跨地区湿地，有效保护和恢复湿地生态服务功能。

五、完善湿地保护资金投入

建立资金保障制度，保障湿地资金投入到位，合理规划资金分配，优先投入重点保

护领域,同时避免个别领域资金重复投入或投入不足的不均衡现象,确保资金运用合理。加强政府对于湿地保护资金的投入,充分利用现有市场经济的有利条件,引导和鼓励企业、民众、民间组织投资,多渠道、多层次、多形式地筹集资金。积极开展与国际、国内相关非政府组织、学术团体、基金组织及其友好人士的合作与交流,募集资金用于湿地保护、恢复与合理利用工程建设,达到湿地保护与利用的双赢目标。在资金投入和经营管理上,实施政府政策导向,采取合资、合作和股份经营等运作模式,多种办法、多种模式保障湿地保护发展。

湿地保护专题组成员

组　　长：崔丽娟　中国林业科学研究院湿地研究所所长,研究员
副组长：王小文　中国林业科学研究院湿地研究所副所长,副研究员
成　　员(按拼音排序)：
　　　　李春义　中国林业科学研究院湿地研究所,助理研究员
　　　　马牧源　中国林业科学研究院湿地研究所,助理研究员
　　　　张曼胤　中国林业科学研究院湿地研究所,副研究员
　　　　张骁栋　中国林业科学研究院湿地研究所,助理研究员
　　　　赵欣胜　中国林业科学研究院湿地研究所,助理研究员

第七章　草原生态保护和建设研究*

第一节　新时期草原基本情况

中国草原资源非常丰富，总面积达 3.93 亿 hm^2，占国土总面积的 41.41%，仅次于澳大利亚，居世界第二位，是我国面积最大的陆地生态系统，也是建设生态文明、实现科学发展的重要着力点。中国草原的主要特点表现如下。

一、具有丰富的地理植被类型

我国草原是欧亚大陆草原的重要组成部分。在世界上主要用于家畜放牧利用的主要草原类型中，我国拥有原生的草甸、草原、荒漠、沼泽和次生的灌草丛，类型较为全面。我国不但拥有热带、亚热带、暖温带、中温带和寒温带的草地植被，还拥有世界上独一无二的高寒草原类型。青藏高原位于中国的西南部，具有特殊的气候特征，高寒的气候条件下形成并发育了世界上面积最大、呈地带性分布、类型丰富、以高寒草地植被为主的青藏高原草地分布区。

根据中国草地资源调查的分类原则，将我国草原划分为 18 个大类，53 个组，824 个草原类型。按地域植被特征，可以概括为草甸类、草原类、荒漠类、灌草丛类和沼泽类。其中草甸类草地面积最大，分布最广，草地总面积达 105 659 096hm^2，占全国草原总面积的 26.90%，其次是温性草原类草原，为 74 537 509hm^2，占全国草原面积的 18.98%，沼泽类草地面积最小，只有 2 873 812hm^2，仅占草原总面积的 0.73%。

全国草原依分布面积大小排序如下：高寒草甸类、温性荒漠类、高寒草原类、温性草原类、低地草甸类、温性荒漠草原类、热性灌草丛类、山地草甸类、温性草甸草原类、热性草丛类、暖性灌草丛类、温性草原化荒漠类、高寒荒漠草原类、高寒荒漠类、高寒草甸草原类、暖性草丛类、沼泽类、干稀树灌草丛类，还有极少部分为未划分类型的草地。以上成片草原合计占 90.69%（含未划类型的成片草地 0.24%），未划分草地类型的零星草地占总草原面积的 9.31%。其中青藏高原的高寒类型草原面积占全国草原的近 1/3（32.24%），草丛、灌木草丛和稀树灌草丛类合计占 12.96%。

二、具有丰富的动植物资源

我国草原植被资源丰富，又是许多野生动物重要的栖息地。我国草原类型多样，跨越热带、亚热带、温带、高原寒带等多种自然地带。年降雨量从东南的 2000mm，向西北逐渐减少至 50mm 以下。海拔从负 100 多米至 8000 多米。复杂的自然条件，形成了

　＊ 本章作者为北京林业大学草地资源与生态研究中心卢欣石教授。

丰富的草原类型。经全国草地资源调查，我国草原饲用植物 6700 余种，特有饲用植物 493 种，分属 5 个植物门 246 科 1545 属，约占我国植物总数的 25%。全国草原共有 18 个草地类、813 个草地型，草原上生长有 12 000 多种植物，其中 6700 多种为品质优良 的饲用植物，200 多种为我国特有种，经济价值较大的禾本科有 207 属 1103 种，豆科有 123 属 1224 种，许多种还具有丰富多样的类型，具有较大的资源优势。广阔、富饶的草 原还放养着我国近 1/3 的草食家畜，品种达 150 多个。草原上还分布着大量的野生动物， 我国草原区野生动物 2000 多种，其中 40 余种属国家一级保护动物，30 余种为国家二级 保护动物，此外还有 250 多个放牧家畜品种，它们既是珍贵的自然资源，又是重要的经 济资源。数量少，种类珍奇，多列为国家重点保护动物。通过保护具有典型意义的草原 生态系统、珍稀濒危物种，以维持生物多样性，保证草原资源的持续利用和草原生态系 统的良性循环，以及草原畜牧业的健康发展。

三、具有强大的生态服务功能

中国草原具有巨大的碳汇能力。草原与森林、海洋并称为地球的三大碳库。我 国草原生态系统总的碳储量约为 440.9 亿 t 碳，占全球草地生态系统碳储量的 7.7%， 其碳密度高于世界平均水平，在世界草地生态系统碳储量中占有重要地位。草地有 机质每增加 0.1 个百分点，可增加草地碳汇 6 亿 t。中国退化草地恢复的总固碳潜力 为 31.6 亿～66.9 亿 t。

中国草原是天然蓄水库和能量库。中国重要江河都发源于草原地区。黄河水量的 80%、长江水量的 30%、东北河流的 50% 以上的水量直接来源于草原地区。草原的兴衰 直接关系到我国的水系变化。草原提供了重要的水源涵养功能，据 2015 年方精云的研 究，我国水源涵养功能区草地总面积约占 37%，其水源涵养能力是农田的 40～100 倍， 是森林的 0.5～3.0 倍。草地阻挡拦蓄径流能力比林地高 58.7%，减少含沙量能力比林地 高 88.5%。

中国草原具有巨大的生态服务价值：草原生态服务功能表现在生物多样性保护、 防风固沙、培肥土壤、保持水土、调节气候等方面。经核算，中国草原生态系统的 总价值达到 8697.68×10^8 元，约合每公顷草地 2000 元，远超过其生产所直接创造的 价值。

四、具有重要的草地生产力

草原是我国重要的畜牧业产业基地，为畜牧业提供了大量的饲草饲料和营养源。据 统计，2014 年全国天然草原共提供了 3.5 亿 t 干草，可提供载畜量达 2.5 亿个羊单位。 中国草原是农牧民的生活家园。中国以草原为主要产业的牧业县 121 个，半农半牧县 143 个，共有人口 4784 万人，少数民族人口 1427 万，就业人口 2000 万以上，饲养了 2.4 亿只羊单位，生产牛肉 122 万 t，羊肉 120 万 t，羊毛 22 万 t，奶类 750 万 t。在牧业县、 半农半牧县人口只占全国的 3.6%，生产的肉类占全国的 8.5%，奶类占 20%，羊毛占 50%， 羊绒占 60%。草原畜牧业是草原地区无可替代的支柱产业。

第二节　草原面临的问题与建设进展

一、主要问题

中国草原资源具有强大的数量优势和发展潜力，但是在开发利用中由于自然限制性因素和人为活动不当造成诸多问题，突出表现在以下几个方面。

(1)草原退化严重，生态环境恶化。目前，我国 90%的可利用天然草原存在不同程度的退化，盖度降低，沙化、盐碱化等中度以上明显退化的草原面积占到半数。据调查报道，全国沙漠化潜在发生面积占国土面积的 27.3%，其中西北新疆、青海、甘肃、宁夏、陕西五省（区）占潜在面积的 59.38%。大部分分布在草原地区。全国目前已有风蚀沙化土地面积 160.7 万 km^2，占国土面积的 16.7%。草原盐渍化面积已达 930 万 hm^2 以上，大面积发生于东北地区西部松嫩草原、内蒙古西部、新疆、甘肃、青海干旱荒漠区绿洲边缘草地及干旱大水漫灌溉的改良草原。其中内蒙古一些地下水位较高的草场，由于重牧形成碱斑、寸草不生的盐碱裸地。据中国科学院资源遥感调查表明，从 1988～2000 年我国草地面积净减少 329 万 hm^2，2000～2008 年草地面积减少了 286 万 hm^2，草地面积的减少主要为草地转化为耕地、林地与未利用地。草原火灾、鼠虫害、雪灾等自然灾害也十分严重，近 10 年来，平均每年发生草原火灾数百起，一些地方开垦草原、乱采滥挖草原野生植物、乱征滥占草原等问题非常突出。自 20 世纪 50 年代以来，我国累计开垦草原约 2000 万 hm^2，其中近 50%已被撂荒成为裸地或沙地。一些地方不合理开采草原水资源，致使下游湖泊干涸，绿洲草原及其外围植被不断消失。长期不合理的开发利用，导致草原不断退化，沙尘暴、荒漠化、水土流失等危害日益加剧，已成为制约我国社会经济可持续发展的重要"瓶颈"。

(2)草原鼠虫害危害加剧，草原植被破坏严重。目前，我国草原鼠害面积约 4000 万 hm^2，草原虫害面积约 2000 万 hm^2。北方和西部牧区草原鼠害严重，每年鼠害发生面积都在 2000 万 hm^2 以上，其中四川、甘肃、内蒙古、青海等四省(区)发生面积均在 300 万 hm^2 以上。我国每年均有草原虫害发生，达到防治指标的发生面积每年为 550 万 hm^2 左右，新疆、内蒙古、青海、甘肃、四川每年虫害发生面积均在百万公顷以上。发生虫害的草原损失牧草为 50%～90%。内蒙古：近几年部分地区连续干旱及蝗灾，使草原退化加重，蝗灾严重的草原，有 90%的禾本科优良牧草从根部死掉，被猪毛菜、灰藜等一年生杂草所代替。近 10 年来我国每年坚持进行草原灭鼠、治虫，但防治面积每年约为 350 万 hm^2，仅相当于鼠虫害发生面积的 20%～30%。

(3)草原生物多样性趋于减少，生态系统恢复力减弱。由于人类在草原上开展经济活动，草原上的众多动植物资源遭到破坏，尤其是近几十年来，随着人为干扰程度的增强，加剧了生物资源的破坏速度，引起大批生物资源的丧失。国务院环境保护委员会分别于 1980 年、1985 年、1991 年分三批公布了重点保护动植物名单。《中国珍稀濒危植物名录》共列出了 389 种珍稀濒危保护植物，1991 年中国科学院植物研究所编写的《第二批中国稀有濒危植物名录》共收入了 627 种、10 个变种。这些稀有濒危种大都分布在草原地带。对草原野生动物的乱捕滥杀更为严重，不少种类的栖息地日益缩小，许多种类濒临灭绝。

(4)草原水资源日益减少，可持续发展受到影响。草原区主要分布在我国干旱半干旱地区，水资源十分宝贵。草原区内河流上游截留水源，使中下流断流、湖泊干涸，地下水位大幅下降，下游绿洲及其周围的草原植被枯死、消失。新疆塔里木河、玛纳斯河，甘肃石羊河、黑河，上游修水库截留水源，造成中下游断流，尾闾湖泊干涸，迫使下游过多抽取地下水，地下水位大幅下降，最终使民勤盆地绿洲、额济纳绿洲及外围草原、塔里木河下游绿色长廊和草地消失。植被退缩顺序如下：首先是浅根系的草本植被枯死消失，继而沙棘、红柳等灌丛草原植被衰败，最后河岸两侧及湖泊边缘湿地消失，胡杨林枯死，下游两岸及尾闾湖泊成为新生的沙漠。新疆 40 多年来因上游农垦，绿洲农业超量用水，用水不当，造成下游 340 万 hm² 的草原和荒漠植被萎缩，沦为沙漠。荒漠区绿洲边缘草地，如内蒙古黄河河套地区，草地漫灌，致使草地发生次生盐渍化。黄河断流引起海水倒灌，使河口地区草地发生盐碱化。

二、草原生态保护与恢复情况

为了保护草原生态系统，国家先后启动了退耕还林工程、退牧还草工程、京津风沙源治理工程、青海三江源生态保护和建设工程、西南岩溶地区草地治理、草原防灾救灾工程等多项工程。按照 2012 年农业部监测结果，草原生态保护建设工程成效显著。与非工程区相比，草原植被盖度提高 11%，草丛高度提高 43.1%，鲜草产量提高 50.7%，草原利用状况有较大改善，2012 年全国 268 个牧区县超载率较 2011 年下降 34.5%～36.2%；草原鼠虫害程度有所下降，2012 年全国鼠害危害面积 3691.5 万 hm²，较上一年减少 4.7%，虫害危害面积 1739.6 万 hm²，较上年减少 1.5%。

三江源生态保护建设区以高寒草原生态系统为主，在 26 项工程建设内容中，涉及草原生态系统保护和建设的共 5 项，包括围栏封育、黑土滩退化草地治理、退牧还草、草原鼠虫害防治、饲料基地建设等，2004~2011 年，通过生态工程治理，草原生态系统功能开始好转，土地退化趋势得到有效遏制，沙化地区植被盖度从 18.4%提高到了 27.5%，荒漠化土地面积减少 95.6km²，水源涵养能力提高，水域和湿地草原面积净增 141.9km²，生物多样性恢复，藏羚羊、野牦牛、白唇鹿、岩羊等野生动物种群有所增加，可可西里的藏羚羊由保护前的 2 万只恢复到 10 万多只。

总体看，局部草原生态状况在改良，工程区和保护区内的生物多样性在恢复。但是整体看，草原大部分仍处于超载过牧状态，同时受到人为破坏、气候变化、灾害肆虐的严重威胁，草原退化、沙化、盐渍化、石漠化尚未得到有效控制，草原生态保护建设任务依然繁重。

第三节　草原生态保护建设的目标与布局

一、目标

到 2020 年，全面完成牧草种质资源体系建设和草原自然保护区的基本建设，草原遗传资源得到有效保存和利用，草原自然保护区的建设和管理达到国际先进水平，草原资源调查定期普查列入国家计划，草原资源保护利用的国家系统形成有效体制并进入高效运行。进一步深入实施国家草原工程，草地"三化"趋势得到基本遏制，草原资源保护和建设进入历史最好阶段。

到 2020 年，全国累计草原围栏面积达到 1.5 亿 hm²，改良草原 6000 万 hm²，人工种草面积达到 3000 万 hm²。优良草种繁育基地达 80 万 hm²，年产草种达 30 万 t 以上。新建草原自然保护区 30 处。全国 60% 的可利用草原实施轮牧、休牧和禁牧措施，天然草原基本实现草畜平衡，草原植被明显恢复，基本草场的植被覆盖率达 60% 以上。

二、重点区域

"十二五"期间，在全国开展草原保护建设的同时，确定 13 个重点草原退化区域，采取综合措施开展草原保护建设工作。重点草原退化区域包括伊犁河谷草地、阿勒泰山草地、额尔古纳河流域草地、康定高寒草原、滇西北高寒草原、藏西北高寒草原、疏勒河流域草地、天山南北坡草地、海西柴达木荒漠化草原、松嫩平原盐碱化草原、科尔沁沙化草原、帕米尔高原草地和草原采油采矿区等 13 个区域。

三、重点保护发展的区域布局

依据农业部草地生态建设总体规划、中国草原地理类型和水分条件，将新时期草原生态保护与建设的区域布局分为三大片，即北方干旱半干旱草原区、青藏高寒草原区、东北华北湿润半湿润草原区。上述分区利于草原经济生产区域规划，突出草地生态类型特点，适宜于资源保护和生态整治的整体布局。

（一）北方干旱半干旱草原区

（1）区域概况。本区涉及内蒙古、新疆、宁夏全区，以及河北省坝上承德地区、张家口地区，山西省大同市、忻州地区、雁北地区，陕西省榆林地区、延安地区，甘肃省部分地区［甘南藏族自治州（甘南州）、天祝藏族自治县（天祝县）、肃南裕固族自治县（肃南县）除外］，黑龙江省的大庆市、齐齐哈尔市，吉林省的白城地区 9 个县及辽宁省阜新市、朝阳市等两个市 8 个县。全区涉及十省（区），现有草原面积 15 994.86 万 hm²，可利用草原面积 13 244.58 万 hm²。

本区域大陆性干旱荒漠气候特征明显，干旱寒冷，多风，是我国降水量最少的地理区域，水资源极度匮乏，也是我国的主要牧区之一。大部分地区自然条件严酷，植被稀疏，土壤瘠薄，草原"三化"生态环境非常脆弱。该区域内的荒漠草原区，是传统的草原牧区；年降雨量 180～280mm，境内地表水十分缺乏，地下水埋藏很深。长期以来，由于大量开垦种粮，滥挖乱采，重利用轻管护建设，超载过牧严重，鼠虫害频繁发生，导致草原退化、沙化、碱化严重，植被覆盖度大幅度下降，水土流失和风沙危害日趋严重，目前草原沙化面积已超过草原总面积的 60%，干旱的荒漠类型草原的边界线由西向东扩展了 50km。生态环境恶化，必须尽快采取有效措施进行治理。

（2）保护重点：温性典型草原、温性荒漠草原及温性山地草原为主要类型组，如呼伦贝尔羊草草原、锡林郭勒典型草原、新疆山地草甸、山地草原、荒漠绿洲人工草地等；

干草原范围内的主要优异牧草、饲用植物种质资源，如荒漠草原内的抗旱、耐盐碱灌木、丛生禾草，根茎类禾草，山地草原区内的禾本科、豆科优良牧草的野生种、亲缘种、近缘种等；动物区系内的古北界中亚亚界中的蒙新区具有草原代表性的主要野生动物，如有蹄类食草动物黄羊、野生岩羊、狍类等野生动物；区内人工培育的具有一定特点的优良家畜品种和地方品种，如蒙古三河马、蒙古羊、绒山羊、中国美利奴细毛羊、卡拉库尔羊等；干旱草原区的水资源。

(3)管理重点：在干旱草原降水量 250mm 以下的地区和"三化"草原，主要措施是加强天然草原保护，通过封育围栏、划区轮牧，实行季节性休牧，防治鼠虫害的发生，加强草原监理体系建设，严禁毁草开荒、滥挖、乱搂、破坏草原植被；注重对旱生、强旱生草地植物和濒危珍稀草原荒漠植物原生地的保护和管理，加强以人工种草、飞播牧草、草原改良为主要内容的草原建设措施，节水灌溉配套设施和棚圈建设。以建促保，促进天然草原休牧、轮牧制度和草畜平衡制度的实施；在沙地和沙漠边缘以草治沙，大力种植旱生、强旱生牧草与灌木，倡导草、灌结合，提高植被覆盖度，防风固沙，遏制草原沙化势头，落实草地承包制度，加强天然草地科学管理，促进天然草地的植被恢复，使得草地遗传资源得到有效保护，草地畜牧业得到稳定发展。

在山地草原区建立合理的四季转场轮场制度，按照自然规律合理利用草地资源；建立保护良好的天然割草地，完善饲草贮备供冬春补饲，以减少天然草地放牧压力，充分利用夏牧场优势，发展季节性畜牧业，注重在有水利条件的地方建立人工半人工草地，实施放牧与舍饲相结合、农牧相结合，近田养畜或异地育肥，提高草地畜牧业的生产效率，切实保护好草地资源和种质资源，努力做到草地资源的可持续利用。保护山地草原可贵的生物多样性。

(4)主要任务：到 2020 年，累计草原围栏面积达到 9700 万 hm^2，治理风沙源面积达到 1800 万 hm^2，人工种草保留面积达到 1400 万 hm^2，改良草原面积达到 2640 万 hm^2。牧草良种繁育面积达到 54 万 hm^2，草种产量达 20.2 万 t。禁牧休牧划区轮牧面积达 12 000 万 hm^2，其中禁牧 1800 万 hm^2，休牧 8400 万 hm^2，划区轮牧 1800 万 hm^2。建立草原自然保护区 12 个。

(二)青藏高寒草原区

(1)区域概况。本区域涉及西藏全区、青海省除海东地区的大部分县（市），四川甘孜藏族自治州（甘孜州）、阿坝藏族羌族自治州（阿坝州），甘肃省的甘南州及天祝县、肃南县，云南省迪庆藏族自治州（迪庆州）包括德钦、中甸（现名称为香格里拉）、维西三县，以及丽江市的丽江、宁蒗、永胜、华坪等四县。全区共含五省（区）378 个县（市），该区域草原面积为 13 908.45 万 hm^2，可利用草原面积 12 060.93 万 hm^2。

本区域绝大部分在海拔 3000m 以上，气候寒冷，人口稀少，区域内 70%的地区为高寒草原，是我国主要牧区之一，也是我国长江、黄河、澜沧江等大江大河的发源地。境内有大小河流百余条，河网密布，湖泊、沼泽众多，水质好，是我国母亲河的重要水源涵养地，有"中华水塔"之称。境内气候严寒，高寒草甸和高寒草原植被占绝对优势，是传统的草原牧业区。其中西部为无人区，养育着藏羚羊、藏野驴、野牦牛等珍稀野生动物，海拔 4600m 以上地区不宜人类居住。草原自然生态系统脆弱，牧草生长期短，产草量低，每公顷天然草原载畜量仅为 0.2~1.2 个羊单位，鼠害严重。长期以来由于超载过牧，不合理利用，加之干旱及人为因素影响，1/3 的草原发生了严重退化，近 10 年产草量下降 50%以上，植被覆盖度大幅度降低。黄河、雅鲁藏布江、怒江等中上游地区和内陆湖周围草原出现大面积沙化现象，致使水源涵养功能减弱，大量泥沙流失，直接影响长江、黄河中下游地区的生态安全。

(2)保护重点：高原高寒气候条件下发育形成的高寒草甸、高寒草原、高寒荒漠和高寒沼泽等主要草地类型；三江源头草甸植被、丛生苔草、垫状植物、锦鸡儿类灌木、栽培型禾本科牧草；动物区系内的古北界中亚亚界中的青藏区具有代表性的主要野生动物，如藏羚羊、藏野驴、野牦牛等国家一级保护动物和藏原羚、盘羊等国家二级保护动物，以及优良独特的家养动物牦牛、粗毛型藏羊等；三江源区的冰川、湖泊、沼泽等水源涵养区和水源的补给源。三江源自然保护区及相应地区的植被、动物、生物多样性及免污染保护等。

(3)管理重点：以保护天然草原植被为主，加强草原植被恢复建设，治理"三化"草原，重点搞好三江源草原保护，建立具有独特意义的国家级草地自然核心保护区，注重具有特殊遗传特性的高原草地动植物资源和水资源的有效保护和利用，维护高寒草地和草原湿地的生物多样性。生态脆弱区退牧育草，草原灭鼠治虫，尤其注重采取生物防治工程与药物、人力捕捉相结合的措施；草原建设与牧区节水灌溉设施建设，防止不合理开发。实行围栏封育，建设部分高产人工草地，提高防灾抗灾能力，保证家畜必需的饲草饲料，引导牧民定居，力争改变传统的游牧生产方式，实行划区轮牧。缓解并消除人为因素对三江源的影响，确保三江源的水质和水量。

(4)主要任务：到 2020 年，累计草原围栏面积达到 4100 万 hm²，人工种草保留面积达到 330 万 hm²，草原改良面积达到 2100 万 hm²。牧草良种繁育面积达到 9 万 hm²，草种产量达 3.4 万 t。禁牧休牧划区轮牧面积达 6300 万 hm²，其中禁牧 1300 万 hm²、休牧 4200 万 hm²、划区轮牧 800 万 hm²。建立草原自然保护区 8 个。

（三）东北-华北湿润半湿润草原区

(1)区域概况。本区域涉及河南省、山东省、北京市、天津市的全部，以及黑龙江省大部(除大庆市、齐齐哈尔市外)、吉林省大部(除白城地区外)、辽宁省大部（除阜新市、朝阳市外)、河北省大部（除承德地区、张家口地区外)、山西省大部(除大同市、忻州地区、雁北地区外)和陕西省大部(除榆林地区、延安地区外)等，共计 10 个省(自治区、直辖市)，本区草原面积 2960.82 万 hm²，可利用草原面积 2546.12 万 hm²。

本区域是我国北方主要的农耕区和农牧交错区，农牧交错区是我国从西北至东南的重要生态屏障，是全国生态环境破坏最严重的区域，也是全国贫困地区集中连片分布的区域。该区地势起伏大，山多平地少，地形破碎。季风气候异常显著，暴雨、大风集中。近几十年因开垦草原、过度放牧，造成草原退化，植被稀疏，草原蓄水能力变差，水土流失加重，荒漠化土地面积已占全国荒漠化土地总量的 45%。该区的生态问题对全国特别是京津地区等政治、经济、文化中心的城市环境，以及经济社会发展影响最大。半农半牧区共有耕地 5.19 万 km²，以"旱作雨养"为主，多年来一直沿用落后的"弃耕"制。人口增长过快是该区生态退化发生发展的重要诱导因素。新中国成立以来，北方农牧交错区人口平均增长率高达 30%以上。长期的人口压力，在落后的生产方式下，形成对资源的掠夺利用，突出的问题是过垦、过牧，这是导致生态退化极其严重的最主要的人为因素。

该区内还包含世界上最大的黄土高原地区，水土流失面积占总面积的70%，是江河泥沙的主要来源。长城以北是以风蚀为主的风沙干旱草原区，长城以南是流水侵蚀严重的黄土丘陵沟壑区，土壤质地松散，多暴雨，水土流失严重，是我国风沙危害和水土流失最严重的区域之一。历史上由于汉族农耕活动北进，逐渐形成草地与旱作雨养农业耕地相间分布的农牧交错区。由于受传统农耕思想、人口的不断增长和其他因素的影响，大量开垦草原，广种薄收，致使水土流失进一步加剧，风沙危害严重，草原植被破坏严重，草地严重沙化，沙丘活动，北沙南移。自然灾害频繁，生态环境恶化，有大面积的耕地需要退耕还草。

(2)保护重点：暖性灌草丛；豆科、禾本科栽培品种、地方材料，耐旱的禾本科黄背草、白羊草等丛生禾草，以秦川牛为代表的农区黄牛、以关中驴为代表的马属动物；农牧交错带的草地生产方式等。

(3)管理重点：加大农业结构调整的力度，重点实施人工种草和改良草原工程，实行草、灌、乔结合，恢复和增加草原植被。在严重水土流失区大力种植抗逆性强的牧草。加强棚圈建设，提高秸秆利用率，增加草原畜牧业比例。同时利用半农半牧区和农区的水热优势和土地资源优势，挖掘草地生产能力，建立高产人工草地和饲料基地，努力实现种植业的"三元"结构，建立稳定高效的草地农业生态系统。利用区内的科技优势和地理优势，建立和完善国家牧草饲料作物种植资源基因库，通过重点实施人工种草和牧草良种繁育工程，保护和开发一批适于农艺种植和水土保持的优良牧草饲料作物种植资源。因地制宜地选择适宜区域，建立优质高产的草产品生产基地和优良牧草种子生产基地，加大草业在农业经济中的比例；充分利用半农半牧区的区位优势，改良天然草原，增加草原畜牧业比例，加大草食动物的比例，加速草地由初级植物生产向动物生产的转化，提高草业生产的经济效率；加快强化草原监理和技术推广体系建设，完善技术服务体系和防灾减灾能力，为草原牧区做好后方保障和技术供给工作。

(4)主要任务：到2010年，累计草原围栏面积600万hm²，人工种草保留面积达到440万hm²，草原改良面积达到560万hm²。牧草良种繁育面积达到5万hm²，草种产量达1.5万t。禁牧休牧划区轮牧面积达700万hm²，其中禁牧140万hm²，休牧500万hm²，划区轮牧60万hm²。建立草原自然保护区2个。

到2020年，累计草原围栏面积达到700万hm²，人工种草保留面积达到650万hm²，草原改良面积达到840万hm²。牧草良种繁育面积达到7万hm²，草种产量达2.6万t。禁牧休牧划区轮牧面积达900万hm²，其中禁牧150万hm²，休牧600万hm²，划区轮牧150万hm²。建立草原自然保护区6个。

第四节　采取的草原保护行动

一、草原生态保护补助奖励机制

鉴于我国草原退化严重，可利用面积减少，生态功能弱化。为了解决草原超载放牧和草原保护投入不足等问题，解决牧民就业渠道窄、收入增长缓慢带来的问题，国务院于 2010 年 10 月 12 日召开了国务院常务会议，会议决定，中央财政每年安排资金 134 亿元，启动草原生态保护补助奖励机制，机制坚持以人为本、统筹兼顾，加强草原生态保护，转变畜牧业发展方式，促进牧民持续增收，推动城乡和区域协调发展，维护国家生态安全、民族团结和边疆稳定。项目从 2011 年起，在内蒙古、新疆(含新疆生产建设兵团)、西藏、青海、四川、甘肃、宁夏和云南 8 个主要草原牧区省(自治区)，全面建立草原生态保护补助奖励机制。①实施禁牧补助。对生存环境非常恶劣、草场严重退化、不宜放牧的草原，实行禁牧封育，中央财政按每亩 6 元的标准给予补助。②实施草畜平衡奖励。对禁牧区域以外的可利用草原，在核定合理载畜量的基础上，中央财政按每亩 1.5 元的标准对未超载放牧的牧民给予奖励。③落实对牧民的生产性补贴政策。增加牧区畜牧良种补贴，在对肉牛和绵羊进行良种补贴的基础上，将牦牛和山羊纳入补贴范围；实施牧草良种补贴，对 8 个省(区)0.9 亿亩人工草场，按每亩 10 元的标准给予补贴；实施牧民生产资料综合补贴，对 8 个省(区)约 200 万户牧民，按每户 500 元的标准给予补贴。④加大对牧区教育发展和牧民培训的支持力度，促进牧民转移就业；建立草原生态保护补助奖励机制、促进牧民增收。

二、草牧业试验试点

2014 年 10 月 26 日，国务院副总理汪洋在中南海主持召开了草业座谈会，首次提出草牧业概念，深入讨论了草牧业的发展需求和政策导向。2015 年"中央一号"正式提出"大力发展草牧业，支持青贮玉米和苜蓿等饲草料种植，开展粮改饲和种养结合模式试点。"农业部根据《研究促进草原畜牧业发展有关问题的会议纪要》要求，制定实施了 2015 年草牧业发展试验试点工作。

2015 年在河北、内蒙古、辽宁、湖北、广西、四川、贵州、甘肃、青海、新疆 10 个省（区）各选择 2 个县开展试点，同时，选择具备条件的 1 或 2 个国家现代农业示范区或农村改革试验区开展县级试点；在新疆生产建设兵团、内蒙古大兴安岭和海拉尔、宁夏和甘肃等垦区各选择 1 个团场开展试点；试验试点主要内容包括：第一，种养结构调整，将种植业和畜牧业作为一个统一的整体，统筹谋划种养业协调发展。合理确定饲草料的种类和生产规模，实现种养业发展有机结合、良性循环。第二，草食畜牧业适度规模经营，通过试验试点培育规模相适宜的新型经营主体，促进基础母畜扩群增量。第三，加快牛、羊生产发展方式转变，推进标准化规模养殖，提高生产效率和水平。第四，探索提高草食畜良种水平的有效措施，加快良种扩繁，推广良种，提高生产水平。第五，加强与金融机构合作，开展饲草、牛羊肉生产贷款担保、贴息工作，探索通过财政资金引导和撬动金融资本解决融资难问题，支持草牧业发展，加强与财政、保险机构合作，推动建立草牧业政策性保险，提高草牧业抵御风险能力，保障草牧业持续健康发展。第六，进一步完善草原承包经营制度，推进草原承包确权登记工作，探索建立健全信息化、规范化的草原确权承包管理模式和运行机制，更加有效地保障广大牧民承包经营草原的权益，进一步激发草原牧区发展活力。

三、退牧还草工程

该工程主要在地处北方干旱半干旱草原区的内蒙古东部和东北西部退化草原治理区、新疆退化草原治理区、蒙陕甘宁西部退化草原治理区，以及地处青藏高寒草原区的青藏高原江河源退化草原治理区的内蒙古、辽宁、吉林、黑龙江、四川、云南、西藏、陕西、甘肃、青海、宁夏、新疆 12 个省（区）及兵团，共 279 个县(旗、团场)实施。这一区域现有草原面积 2 亿 hm² 以上，其中一半以上严重退化。主要通过草原围栏、补播改良、人工种草，以及禁牧、休牧、划区轮牧等措施，减轻天然草原放牧压力，恢复草原植被，促进草原生态和畜牧业协调发展。国家在每一期项目的 5 年时间内给予退牧区围栏建设和退牧舍饲饲料粮补助。2002~2004 年的项目标准为 11.55 元/亩，2004 年以后，国家发改委、农业部、财政部、中国农业发展银行（农发行）等七部委决定将饲料补贴改为现金兑现。2005 年经国务院同意，对退牧还草工程政策进行了调整和完善，将禁牧、休牧、划区轮牧围栏建设的标准调整为每亩建设投资 20 元，国家补贴 70%，即 14 元，地方和个人承担 30%；草场补播补贴标准每亩草种费 10 元。调整提高了围栏建设标准，延长了饲料粮补助年限，增加了严重退化草原补播建设内容，增加了工程前期工作补助费。

四、沙化草原治理工程

该工程在北方干旱半干旱草原区和青藏高寒草原区的北京、天津、河北、山西、内蒙古、辽宁、吉林、黑龙江、西藏、四川、陕西、甘肃、宁夏、新疆等 14 个省(自治区、直辖市)的 215 个县(市、区)实施，其中包括正在实施的京津风沙源治理工程的 75 个县(市、旗、区)。工程区内有草原面积 6232 万 hm²，其中退化草原面积 4822 万 hm²，通过采取围栏封育、飞播改良、人工种草、小型牧区水利配套设施建设，以及禁牧、休牧等措施，沙化草原得到有效治理，生态环境明显好转，风沙天气和沙尘暴天气明显减少，从总体上遏制了沙化土地的扩展趋势。

五、草业良种工程

按照生态地带性要求，在甘肃河西走廊、蒙宁河套灌区和新疆绿洲灌区建设温性牧草种子繁育基地；在东北三省建设羊草、碱茅和饲用(青贮)玉米原种繁育基地；在海南、广西、广东等省（区）建设热带亚热带牧草种子繁育基地。同时，对"十五"期间国家已建设的优良草种基地择优扶持，初步形成较为完善的草业良种繁育体系，大幅度提高我国牧草良种的生产能力。

六、草原防灾减灾工程

按照我国草原火灾、病虫鼠害、毒害草等灾害发生的特点和规律，因害设防，分区施治，加强草原灾害监测预警体系、防灾物资保障体系及指挥体系等基础设施建设，提高灾害防治应急反应能力。

草原防火工程实施的重点区域包括内蒙古、新疆、黑龙江、甘肃、青海、河北等13个省(区)及新疆生产建设兵团的272个Ⅰ、Ⅱ级火险县(市、旗、区、团场)。另外，还包括云南的迪庆、西藏的那曲等草原防火重点地区。主要建设内容为物资储备库、防火站、指挥中心及防火隔离带设施建设。

草原病虫鼠害防治重点区域包括河北、山西、内蒙古、辽宁、吉林、黑龙江、西藏、四川、云南、陕西、甘肃、青海、宁夏、新疆等14个省(区)及新疆生产建设兵团，虫害、鼠害常年发生面积分别在2万hm^2、4万hm^2以上的299个县(市、旗、区、团场)。

七、草原自然保护区建设工程

在加强已建12处草原自然保护区建设和管理的基础上，按照草地类型、自然特点和气候规律等因素，从抢救性保护的需要出发，统筹规划，突出重点，合理确定草原自然保护区，有计划地、分期分批地建设和完善50个草原自然保护区，重点保护具有代表性的草原类型、珍稀濒危野生动植物，以及具有重要生态功能和经济科研价值的草原。需完善的草原自然保护区建设内容主要包括更新交通、通信和管护设施，完善办公和生活设施，购置与新建部分科研、监测、宣传与教育设施。拟新建的草原自然保护区建设内容主要包括建立管护、办公和生活设施，购置交通、通信、科研、监测、宣传与教育设备。

八、牧区水利工程

该工程范围包括河北、山西、内蒙古、辽宁、吉林、黑龙江、四川、云南、西藏、陕西、甘肃、青海、宁夏、新疆14个省(区)及兵团，涉及386个县(市、旗、区、团场)。建设重点在内蒙古中部、新疆北部、青海三江源区及环青海湖、甘肃南部、四川北部等草原生态恶化的牧区。在水资源的开发和利用上坚持合理开发、优化配置和节约保护水资源；通过采取"大、中、小、微"并举，"蓄、引、提、节"结合，优先对现有工程进行续建配套节水改造；坚持建管并重，突出抓好管理，确保工程发挥最佳效益。

第五节 草原生态保护建设的政策与措施

一、加强草原资源功能定位与分类协调管理

改变草原单纯服务于草原畜牧业生产的传统观念，以草原资源保护为中心，重新定位草原功能，并按照资源特点、地理分布及环境条件，将中国草原划分为基本经营型草原和资源保护型草原，进行分类管理。基本经营型草原主要是指年降雨量高于150mm，水热条件具备草原畜牧业基本生产要求，具有一定生产潜力和经济效益的草原。资源保护型草原主要是指不适合人类居住的无人区草原，海拔高于4600m的高寒草原，降雨量

低于 100mm、无灌溉水源的荒漠草原等生态极度脆弱的草原区。

在重要的水热条件良好的基本草原分布区设禁垦区和禁林区，采用技术法规手段，阻止草原开垦和草原造林行为。依据草原利用状况和健康状况，设立针对实际的休牧、轮牧和短期禁牧制度，彻底解决草原平衡利用的问题。

二、促进草原资源有效配置利用的制度创新

改变传统的"草原无价"的游牧文化观念，建立"草原资源资本化"理念，使自然状态下的天然草原，尤其是基本经营型草原得以资本化，是今后草原保护与建设的又一项制度改革。按照资本管理要求，保证不断巩固和提高草原资本的数量和质量，通过草原"双权一制"法规政策的落实，进一步明晰产权，使生产要素如人力资源、技术等向优化方向流动。在解决草原牧区经济不发达、资源利用低效、浪费等问题时，决策者必须要研究当地外部条件，尤其是制度条件，为草原资源的有效开发利用提供政策或对策。

要进行有利于草原资源向资本转化，从而形成资本市场的制度创新。以产权制度为基础，以市场方式来配置资源，使草原牧区的草原资源从实物形态向价值形态转化，优化草原资源开发利用的要素结构，解决传统的农牧民提供剩余太少、积累率过低，因而难以完成资本原始积累的历史性矛盾。这样，可以从制度上解决资金投入不足、牧民消极利用草原资源的问题。

三、建立草原资源利用的"绿色 GDP"核算体系

要尽快研究和提出草原资源"绿色 GDP"核算的指标体系和核算标准，研究非市场化的生态系统服务的合理分类、生态系统服务的量化方法、数据标准化，完善生态系统服务价值体系。该套体系必须如实地反映草原资源拥有量、耗减量、草原退化量，评价其数量、质量，进而进行价值核算，打破传统会计核算的局限性，彻底实现草原资源实物向价值核算的转变，实现生态-环境-经济综合核算，并将其纳入国民经济核算体系。为国家进行草原资源的宏观管理、区域规划及提高草原资源的生态效益、社会效益和经济效益提供理论依据。

四、切实促进草原遗传资源生物多样性保护

进一步完善草原野生种质资源的搜集、鉴定、评价、保存体系，建立健全全国性的种质资源三级保护体系，并运用分子标记、活体保存、迁地保护、种质扩繁等现代生物技术，建立基因库，最大限度地保存、利用现有种质资源，为我国生物多样性保护、农牧业生产、国民经济建设提供雄厚的物质基础。

进一步建立不同类型的草原自然保护区，确立被保护的对象，种群分布的大致范围，然后进行周密勘察、准确定位，在科学规划与合理布局的基础上，实施与被保护对象相关的保护手段和保护工程。对于草原生物多样性集中分布区域、草原生态系统典型区域及草原自然保护区的缓冲地带，应以国家和地方政府的名义，采取特殊扶持政策，能动

迁的牧户，坚决实施生态移民；并按资源类型、可利用目标进行分类管理，在保护的基础上，探索资源的利用方式和开发模式，以保护促利用、以利用促发展。

五、加速解决草原资源季节性供应平衡管理

要改变传统的放牧制度，全面实行草地划区轮牧、季节性舍饲圈养，使家畜在适宜放牧的季节有计划地进行轮牧，而在不宜放牧季节或不适宜放牧的草地要进行舍饲圈养；另外要提高饲草供给率，加强优质牧草和饲料作物高效生产关键技术的研究，加大优质高产人工草地、饲料基地的建植力度，加大退化草地的改良力度，提高草原牧区饲草的总产量。

尽快建设成立国家级饲草料贮备库，以改变目前我国在风调雨顺年牧草价格下降、饲草出售难，而在干旱雪灾年份牧草价格攀升、购买难的市场供应无序状态，减轻因灾害给草原牧区牧民带来的经济损失。

六、进一步完善草原生态保护的经济补偿制度

总结草原生态保护补偿机制，从政策上，补偿标准的确定、补偿制度的实施，都需要进一步落实和完善。尤其是补偿政策的落实需要法律法规作为有效保障，真正实现"谁受益、谁补偿""谁建设、谁获利"的经济补偿原则，从而促进草原生态环境的全面改善和草原生态功能的有效发挥。

草原使用补偿金的收取，原则上应由草原管理部门、税务部门协助乡镇统一收取，实行专户储存，由国家或地方政府统一管理。由于草原补偿金数目较大，管理好、用好这笔资金是充分调动承包者改良建设草原的积极性，实现草原资源生态、经济效益两个最大化的前提条件，对此一定要建立健全草原补偿金管理使用制度，严格把关预算外资金。资金的使用应在健全管理制度的基础上，用于草原建设和草原管理事务。

第八章　荒漠生态系统保育与荒漠化防治研究

　　荒漠化是全球共同面临的重大环境及社会问题。荒漠化不仅使生态环境恶化，降低自然资源的质量与利用效益，而且加剧贫困程度，甚至致使一些地区因荒漠化而丧失生存条件，严重制约社会经济可持续发展，荒漠化已成为全面建成小康社会、建设生态文明的重要障碍。经过长期不懈的预防和治理，我国荒漠化地区生态状况有所改善。据 2011 年公布的第四次全国荒漠化和沙化监测结果，截至 2009 年年底，我国荒漠化土地面积为 262.37 万 km^2，沙化土地面积为 173.11 万 km^2。与 2004 年相比，5 年间荒漠化土地面积净减少 12 454km^2，年均减少 2491km^2。沙化土地面积净减少 8587km^2，年均减少 1717km^2，实现了沙化土地面积持续净减少。荒漠化防治为改善生态状况、保障经济社会发展、促进农民增收发挥了重要的推动作用。

　　但是，我国荒漠化面积大、类型多、危害重的总体形势依然没有根本性改变。监测结果显示，全国仍有 173.11 万 km^2 沙化土地，占国土面积的 18.03%，还有 31.1 万 km^2 土地具有明显沙化趋势，局部地区沙化土地仍在扩展。资源过度利用、全球气候变化等导致荒漠化土地扩展的自然和人为因素依然存在，防治成果的巩固与各种破坏行为的冲突还时有发生，中国荒漠化防治任务艰巨的形势没有根本改变。近年来，荒漠化防治日益受到国际社会的高度重视，中国政府也对生态文明建设提出了更高的要求，荒漠化防治已成为生态文明建设的重要内容。本章从荒漠生态系统保育、荒漠化防治、沙区资源高效利用、石漠化防治等方面，综合分析我国荒漠化现状、危害和存在的问题，探索生态文明建设理念指导下，荒漠化防治的战略、对策和政策建议，为生态文明建设提供有益借鉴。

第一节　概念、类型与分布

一、概念与类型

　　荒漠是在干旱气候条件下形成的由旱生、超旱生稀疏植被组成的地理景观。按其组成基质差异又分为：岩漠、砾漠(戈壁)、沙漠、泥漠、盐漠等。具体特征：降水稀少，气温变化剧烈，尤以地面温度日变化最大；风力作用活跃；地表水贫乏，只形成内流河或完全无地表径流；植被具有根深、耐盐、叶片退化等特征；地表物质较粗，土壤层次不发育，有机质含量低或完全没有，盐分含量高，在低洼处或地下水接近地表处常形成盐碱地。

　　荒漠生态系统是由在荒漠区域内各种生物参与活动的生物群落与其生境共同形成的物质循环和能量流动的动态系统，主要类型包括戈壁、沙漠和沙地。荒漠生态系统是陆地生态系统中重要的子系统，荒漠环境的独特性形成了与其自然环境相适应的、极其敏感而脆弱的生态系统。

荒漠化是指包括气候变化和人类活动在内的种种因素造成的干旱、半干旱和干旱亚湿润区[①]的土地退化(《联合国防治荒漠化公约》)。主要类型包括风蚀荒漠化、水蚀荒漠化、冻融荒漠化和土壤盐渍化。

石漠化是指在岩溶极其发育地区,受人为活动干扰,地表植被遭受破坏,导致土壤严重流失,基岩大面积裸露或砾石堆积的土地退化现象。根据岩性划分,石漠化的主要类型包括石灰岩喀斯特、白云岩喀斯特、石膏喀斯特、盐喀斯特。

二、分布

根据联合国《千年生态系统评估》(*Millennium Ecosystem Assessment*)的定义,旱区包括所有陆地上作物、饲草、木材及其他生态系统服务的生产受到水供应量限制的那些区域,旱区包含分布于干旱的半湿润区、半干旱区、干旱区和极干旱区的土地。

根据吴波等 2007 年的成果,中国气候分区和中国植被区划等,界定和测算出我国旱区(dryland)面积为 452 万 km²、约占国土面积的 47.1%,荒漠生态系统(含戈壁、沙漠、沙地)总计约 165 万 km²,约占国土总面积的 17.2%,占荒漠化发生区域的 36.5%(图 8-1)。

广义的荒漠化范围包括西北旱区和西南岩溶区,总面积为 497.69 万 km²,占国土面积的 51.84%,涉及 26 个省(自治区、直辖市)的 960 多个县(图 8-3)。

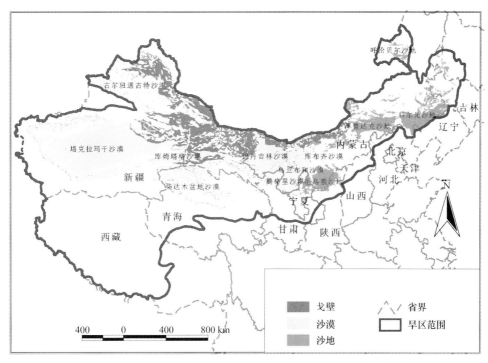

图 8-1 荒漠生态系统范围及戈壁、沙漠和沙地分布示意图
(彩图请扫描文后白页二维码阅读)

---

① 英文"sub-humid arid area"的中文翻译,《联合国防治荒漠化公约》文本的中译文是"亚湿润干旱区"。

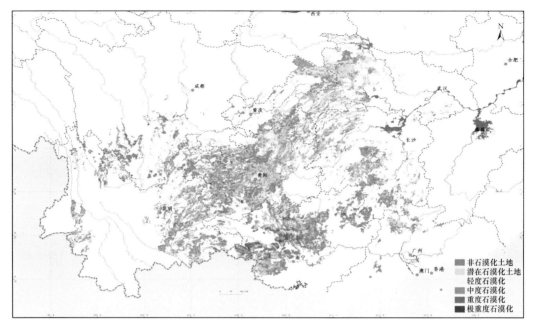

图 8-2　中国石漠化土地分布图
资料来源：国家林业局，2012b；彩图请扫描文后白页二维码阅读

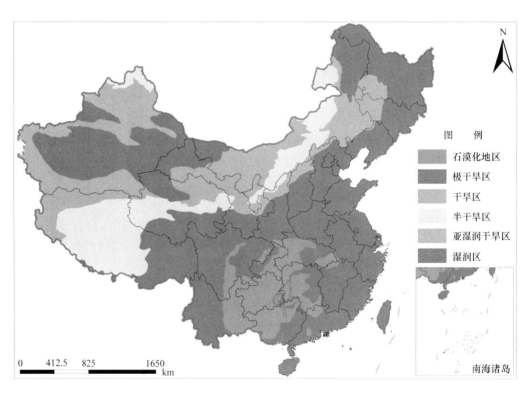

图 8-3　中国荒漠化区域分布图
(彩图请扫描文后白页二维码阅读)

第二节　地位、现状与危害

一、区位重要性

荒漠化地区是生态脆弱区、生态灾害产灾区和受灾区，同时也是我国重要的国防、边防、航天和生产(兵团)基地；荒漠化地区矿产、光能、风能等资源丰富，拥有铁路、公路上万千米，厂矿企业超过千家，还分布着现代化城镇，是国家重要战略资源储备区。

在西部生态建设中的地位举足轻重，西部 80% 的土地就在大漠戈壁，未来 4000 万 hm^2 新增森林面积的 60% 分布在西部，荒漠化地区是国土安全和林业双增主战场；丝绸之路经济带上的甘肃、新疆、内蒙古、陕西等都是我国荒漠化主要省（区）。因此，荒漠化防治对于生态文明建设、保障国家安全、西部大开发和丝绸之路经济带建设等具有重大意义。

(1)防治荒漠化是国家生态安全的基石。全球气候变化及一些地区不顾资源环境承载能力的肆意开发，导致部分地区荒漠化土地不断扩展，生态系统功能退化。构建以"两屏三带"为主体的战略格局是保障我国生态安全的切实需要，即构建以青藏高原生态屏障、黄土高原-川滇生态屏障、东北森林带、北方防沙带和南方丘陵山地带，以及大江大河重要水系为骨架，以其他国家重点生态功能区为重要支撑，以点状分布的国家禁止开发区为重要组成的生态安全战略格局，荒漠化防治是其中的重要内容。北方防沙带是我国北方绿色生态屏障的主体和骨架，也是京津地区、西北地区和东北华北粮食主产区的重要屏障，区域林草资源对防风固沙、涵养水源、保持水土等具有不可估量的作用，对保障"三北"地区乃至全国的生态安全意义重大。

(2)防治荒漠化是确保国家粮食安全的重要保障。资源的持续利用和生态系统的稳定是人类可持续发展的首要条件。中国土地资源贫乏，人地矛盾突出。全国耕地面积从 1996 年的 19.51 亿亩减少到 2008 年的 18.26 亿亩，人均耕地由 1.59 亩减少到 1.37 亩，逼近保障我国农产品供给安全的"红线"，耕地减少过多过快，保障粮食安全压力大。中国有 1/3 的国土面积受到荒漠化的影响，18 个省(自治区、直辖市)的 508 个县(市、旗、区)受到荒漠化威胁。20 世纪末沙化土地以年均 $3436km^2$ 的速度扩展，这对于人地关系紧张的中国是严峻的挑战。荒漠化防治是保护耕地、提高土地质量的重要基础，对稳定全国耕地面积、保障粮食安全具有重要意义。

(3)防治荒漠化是减轻贫困和维护社会安定的重要基础。我国 90% 以上的荒漠化土地分布在西部地区，荒漠化土地占据这些地区土地面积的一半以上，荒漠化已成为制约区域社会经济发展的主要因素。只有荒漠化防治取得实质性进展，西部地区的生态环境才能得到根本改善，才能有效保障区域经济发展和增加群众收入，保障西部大开发战略目标的最终实现，达到各民族共同繁荣。

荒漠化和贫困互为因果。中国重点荒漠化地区 2003 年的农村居民人均纯收入远远低于全国农村居民人均纯收入 2476 元，仅为全国平均水平的 2/3，与发达地区相比差距更大。全国相当数量的国家扶贫开发重点县集中在荒漠化地区。没有荒漠化地区的生态改善和群众致富，就很难维护社会安定，难以稳步推进构建社会主义和谐社会的进程。

(4) 防治荒漠化是承担国际责任和履行国际义务的需要。中国是《联合国防治荒漠化公约》的缔约国。荒漠化与生物多样性和气候变化等诸多全球性环境问题有着密不可分的关系，荒漠化扩展的直接表现就是生物生产力和复杂性的下降，因荒漠化加剧而频繁发生的沙尘暴可导致跨国界的高空飘尘。荒漠化还与受其影响地区消除贫困和可持续发展有着密切的关系，是解决全球性环境问题和实现可持续发展的重要组成部分，是承担国际责任、履行国际义务的需要。

(5) 防治荒漠化是"一带一路"战略的生态保障。党的十八届三中全会提出"加快同周边国家和区域基础设施互联互通建设，推进丝绸之路经济带、海上丝绸之路建设，形成全方位开放新格局。""一带一路"战略构想引起了国际社会的关注，是新时期中国和平崛起的重要举措。"一带一路"贯穿亚欧非大陆，一头是活跃的东亚经济圈，一头是发达的欧洲经济圈，中间广大腹地国家经济发展潜力巨大。其中丝绸之路经济带地域辽阔，贯穿陕西、甘肃、青海、宁夏和新疆，有着丰富的矿产、能源和土地资源，但该区域气候干旱，植被稀疏，风沙危害严重，生态环境十分脆弱。同时，该区域也是全球变化的敏感区，气候变化和社会经济的快速发展必然给生态环境带来深刻影响。从长远来看，"一带一路"上升为国家战略，在未来经济社会发展加速和全球环境变化的大背景下，生态环境面临的形势严峻，防治荒漠化是"一带一路"战略的重要保障，遏制荒漠化扩展、构建区域生态安全保障体系意义重大。

二、荒漠化现状

第四次全国荒漠化和沙化监测结果表明，截至 2009 年年底，全国荒漠化土地总面积 262.37 万 km^2，占国土总面积的 27.33%，分布于北京、天津、河北、山西、内蒙古、辽宁、吉林、山东、河南、海南、四川、云南、西藏、陕西、甘肃、青海、宁夏、新疆 18 个省(自治区、直辖市)的 508 个县(旗、市)，其中新疆、内蒙古、西藏、青海、甘肃五省(自治区)是荒漠化土地主要分布区，占全国荒漠化土地总面积的 95.48%。全国沙化土地面积为 173.11 万 km^2，占国土面积的 18.03%，分布在除上海、台湾及香港和澳门特别行政区以外的 30 个省(自治区、直辖市)的 902 个县(旗、区)，其中 93.69%分布在新疆、内蒙古、西藏、青海、甘肃五省(区)。全国具有明显沙化趋势的土地 31.1 万 km^2，占国土面积的 3.24%（表 8-1）。

表8-1　西部五省(区)荒漠化和沙化土地面积占全国的比例

省(区)	旱地面积占全国/%	荒漠化土地面积占全国/%	沙化土地面积占全国/%
新疆	43.08	40.83	43.13
内蒙古	21.14	23.54	23.96
西藏	15.56	16.49	12.49

续表

省(区)	旱地面积占全国/%	荒漠化土地面积占全国/%	沙化土地面积占全国/%
青海	7.19	7.32	7.22
甘肃	6.93	7.30	6.89
总计	93.90	95.48	93.69

从荒漠化土地类型来看，全国风蚀荒漠化土地面积 183.20 万 km²，占荒漠化土地总面积的 69.82%；水蚀荒漠化土地面积 25.52 万 km²，占 9.73%；盐渍化土地面积 17.30 万 km²，占 6.59%；冻融荒漠化土地面积 36.35 万 km²，占 13.86%（图 8-4）。

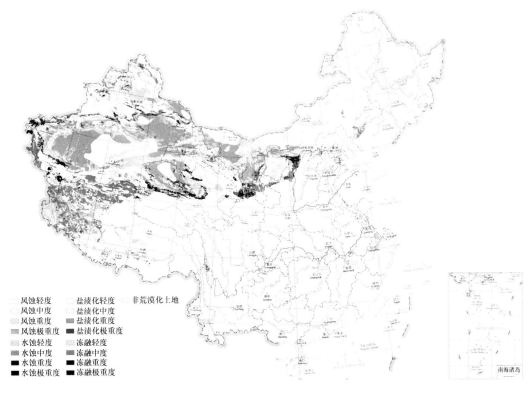

图 8-4　中国荒漠化土地类型及程度示意图
资料来源：国家林业局，2009b；彩图请扫描文后白页二维码阅读

全国沙化土地面积为 173.11 万 km²，占国土总面积的 18.03%，分布在除上海、台湾、香港和澳门外的 30 个省（自治区、直辖市）的 902 个县（旗、区）。荒漠化和沙化土地都比较集中地分布在北方干旱区，因此在地域上有部分重叠（图 8-5）。

从沙化土地类型来看，流动沙丘（地）40.61 万 km²，占全国沙化土地面积的 23.46%；半固定沙丘（地）17.72 万 km²，占 10.24%；固定沙丘（地）27.79 万 km²，占 16.06%；露沙地 9.97 万 km²，占 5.76%；沙化耕地 4.46 万 km²，占 2.58%；风蚀残丘 8898 km²，占 0.51%；风蚀劣地 5.57 万平方公里，占 3.22%；戈壁 66.08 万 km²，占 38.17%（图 8-6）。

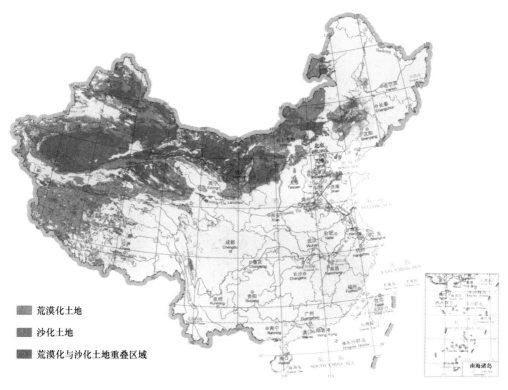

荒漠化土地

沙化土地

荒漠化与沙化土地重叠区域

图 8-5 中国荒漠化和沙化土地重叠分布示意图
资料来源：国家林业局，2009b；彩图请扫描文后白页二维码阅读

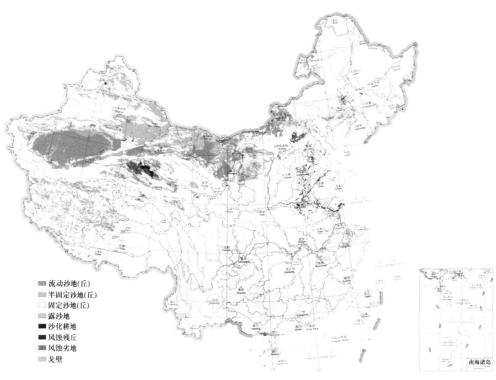

流动沙地(丘)

半固定沙地(丘)

固定沙地(丘)

露沙地

沙化耕地

风蚀残丘

风蚀劣地

戈壁

图 8-6 中国沙化土地类型
资料来源：国家林业局，2009b；彩图请扫描文后白页二维码阅读

　　根据沙化发生的程度，可分为极重度、重度、中度、轻度 4 个程度等级
（图 8-7）。

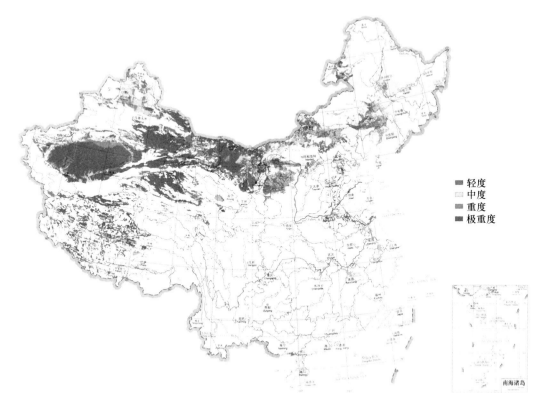

■ 轻度
□ 中度
■ 重度
■ 极重度

图 8-7　中国沙化土地程度示意图
资料来源：国家林业局，2009b；彩图请扫描文后白页二维码阅读

　　截至 2009 年年底，全国具有明显沙化趋势的土地面积为 31.10 万 km^2，占国土总面积的 3.24%。主要分布在内蒙古、新疆、青海、甘肃 4 省（自治区），面积分别为 17.79 万 km^2、4.75 万 km^2、4.16 万 km^2、2.18 万 km^2，其面积占全国具有明显沙化趋势的土地面积的 92.86%（图 8-8）。

　　根据《中国石漠化状况公报》显示，截至 2011 年年底，岩溶地区石漠化土地总面积为 1200.2 万 hm^2，占岩溶土地面积的 26.5%，占区域国土面积的 11.2%，涉及 8 个省（自治区、直辖市）的 455 个县。贵州省石漠化土地面积最大，为 302.4 万 hm^2，占石漠化土地总面积的 25.2%；云南、广西、湖南、湖北、重庆、四川和广东石漠化土地面积分别为 284.0 万 hm^2、192.6 万 hm^2、143.1 万 hm^2、109.1 万 hm^2、89.5 万 hm^2、73.2 万 hm^2 和 6.4 万 hm^2。

　　根据石漠化的发生程度，轻度石漠化土地为 431.5 万 hm^2，中度石漠化土地为 518.9 万 hm^2，重度石漠化土地为 217.7 万 hm^2，极重度石漠化土地为 32.0 万 hm^2（图 8-10）。

图 8-8　中国具有明显沙化趋势的土地示意图
资料来源：国家林业局，2009b；彩图请扫描文后白页二维码阅读

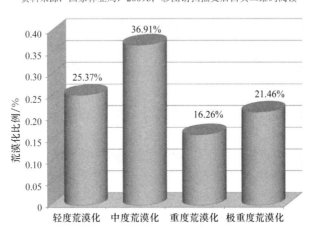

图 8-9　中国荒漠化土地程度等级
资料来源：国家林业局，2011a

目前，我国土地石漠化整体扩展的趋势得到初步遏制，由过去持续扩展转变为净减少，治理区植被发生显著变化，植被覆盖率提高了 4.4%，岩溶地区生态状况呈良性发展态势。但土地石漠化程度变化有增有减，中度以上呈减少趋势，轻度石漠化面积有所增加，由潜在石漠化面积转变为轻度石漠化面积的趋势仍然存在，由坡耕地变成石漠化土地的面积有 43 431.9hm^2，年均增加 7238.0hm^2，我国石漠化防治形势仍很严峻。

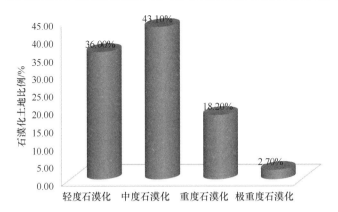

图 8-10　中国石漠化土地程度等级
数据来源：国家林业局，2012b

三、荒漠化危害

土地沙化是我国最严重的生态问题之一，也是当前生态建设的重点和难点。土地沙化不仅恶化生态环境，而且破坏农牧业生产条件，加剧沙区贫困，给国民经济和社会可持续发展造成了极大危害。尽管我国荒漠化和沙化整体扩展的趋势得到初步遏制。但是，我国荒漠化、沙化土地面积基数大、程度重、危害深的现状在短期内很难根本改变，另外，在川西北、南疆盆地、青藏高原江河源区等局部地区，仍有 30 多万 km² 具有明显沙化趋势的土地。北方荒漠化地区植被总体上仍处于初步恢复阶段，自我调节能力仍较弱，稳定性仍较差，难以在短期内形成稳定的生态系统。我国荒漠化的危害仍然严重、影响深远，威胁我国生态安全和经济社会的可持续发展。

(1)破坏和缩小了人类生存空间。荒漠化地区的林草植被减少，地下水位下降，湖泊干涸，许多物种濒危或趋于消亡，中国每年输入黄河的 16 亿 t 泥沙中约有 12 亿 t 来自荒漠化地区。荒漠化不仅造成生态环境恶化和自然灾害，直接破坏人类的生存空间，使可利用土地资源锐减、土地质量下降，导致贫困，全国约有 4 亿人口受到荒漠化影响，一些荒漠化严重地区出现背井离乡的"生态难民"(卢琦，2000a)；而且对交通运输、水利设施和工矿企业建设造成严重危害和巨大经济损失，全国每年因荒漠化造成的直接经济损失高达 640 多亿元(卢琦和吴波，2002)，每年有 4 万个村庄、1400km 铁路、3 万 km 公路、5 万 km 以上的灌渠遭受沙埋，甚至危及人身安全，造成重大事故。

(2)威胁粮食安全，制约社会经济发展。荒漠化造成可利用土地资源减少，土地质量下降，农牧业生产环境恶化，严重制约了我国农业的可持续发展。中国荒漠化地区分布着渭河平原、河套平原、河西走廊等重要农业区和商品粮基地，但全国土地利用变更调查结果显示，2005~2009 年，7 个主要荒漠化省(区)的耕地面积从 2467.13 万 hm² 下降到 2199.23 万 hm²，约 267.9 万 hm² 的耕地因非耕地占用和土地沙化而消失，耕地面积下降 12.18%，但人口持续增长，使人地矛盾更加突出。同时，由于耕地质量低、水资源不足和农牧业基础设施薄弱，荒漠化地区有的地方粮食亩产仅几十公斤，且要多次播种耕作，粮食持续增产的困难越来越大。

(3)加深贫困程度，影响社会安定。中国的荒漠化地区多数为经济欠发达地区，少数为民族聚居地区和边疆地区。荒漠化地区分布有 31 个少数民族和约 1/3 的少数民族人口，约有 8000km 长的国境线位于荒漠化地区，并与 10 个国家接壤。据调查，中国 60%以上的贫困县、一半以上的贫困人口生活在荒漠化地区。恶劣的生态环境与当地群众的贫困互为因果、相互作用，使荒漠化地区与发达地区经济差距越来越大，很有可能转化为社会矛盾，从而影响民族团结和社会安定。

第三节　经验、教训与问题

一、国际经验

各个国家都在积极研究与不断探讨土地退化防治的对策和措施，并形成了不同类型的防治模式，如政府主导型、科技主导型、产业主导型等范式，积累了成功的经验。

(1) 政府主导型——美国、加拿大和德国。美国是受荒漠化严重影响的国家。从 20 世纪 30 年代开始，美国制定了专门的法律，如限制土地退化地区的载畜量，调整畜禽结构，推广围栏放牧技术；引进与培育优良物种，恢复退化植被；实施节水保温灌溉技术，保护土壤，节约水源；禁止乱开滥伐矿山、森林等。另外，国家鼓励私有土地者种草植树，在技术、设备、资金上予以大力支持。美国荒漠化防治策略体现为：以防为主，治理为辅；集中开发，保护耕作；大片保护，公私双赢。这些政策和措施有力地促进了土地的合理利用，有效地遏制了土地荒漠化的急速扩展。

加拿大是较早开始防治荒漠化的国家，成为全球防治土地退化的最佳案例之一。政府部门建立了专门的土壤保护机构和协调机制，针对容易退化的林业用地、农业用地和矿区土地制定了全面有效的管理和保护政策，取得了良好效果。联邦政府和省政府启动了大批土壤保护计划和项目，综合运用优化管理方法、营造防护林、改造河岸地与草场、保护性农业耕作等实际措施恢复退化的土地，并遏止土地退化发展势头。加拿大联邦政府、省级政府及农场复垦管理部门在大部分计划和项目上发挥了重要作用。

德国号召回归自然，从 1965 年开始大规模兴建海岸防风固沙林等林业生态工程。造林款由国家补贴(阔叶树 85%、针叶树 15%)，免征林业产品税，只征 5% 的特产税(低于农业 8%)，国有林经营费用 40%~60% 由政府拨款。

(2) 科技主导型——以色列、阿联酋和印度。以色列的荒漠化面积占其国土总面积的 75%，他们采用高技术、高投入战略，合理开发利用有限的水土资源，在被世人视为地球癌症的荒漠地区创造出高产出、高效益的辉煌成就。为了提高荒漠地区的产出，科技人员大力研究开发适合本地种植的植物资源，目前，以色列的农产品和植物开发研究技术处于国际领先水平，从而保证农牧林产品的优质化、多样化，在欧洲占据很大市场份额，取得高额回报，并且使荒漠化的治理和农业综合开发得到了有机结合，迈入了良性循环的发展轨道。

印度在治理荒漠化方面也取得了明显成效。目前，印度已利用卫星编制了荒漠化发生发展系列图，基本摸清了不同土地利用体系下土壤侵蚀过程及侵袭程度；开发了一系列固定流沙的技术，如建立防风固沙林带，即沿大风风向，垂直营造多层次的由高大乔木和低矮灌木、灌丛组成的林带，建起绿色屏障，以减缓风速，降低风力，抵御风沙。印度西部干旱严重的拉贾斯坦邦地区在治理和固定流沙地方面的效果明显，既维持了生态平衡，又改造了大片流沙地，达到了可持续土地利用与环境保护的目的。

(3)产业主导型——澳大利亚、埃及和土库曼斯坦。澳大利亚的干旱半干旱土地面积占75%，对沙区基本上实行以保护为主的管理办法，政府每年投资开展水、土和生物多样性保护项目建设，建立农垦区、示范区和沙漠公园，利用沙漠独特的景观吸引游客。

土库曼斯坦国土面积的90%为沙漠和荒漠化土地，农业主要以棉花和畜牧业为主。在荒漠化防治中，编制了防治荒漠化国家行动方案，不断增加农田灌溉面积及退化水浇地的复垦，并于1954年开始新建卡拉库姆运河，调水到西部灌溉5250万亩的荒漠草场和1500万亩的新农垦区，并改善10 500万亩草场的供水条件，运河两岸成为以棉花为主的农业基地。

从上述几国的经验可以看出：政府在沙漠化治理过程中发挥着举足轻重的作用，政府是多种利益关系的平衡者，同时，科技是一项必备的战略武器，科技能够增强人自身的防御能力，同时也能改造自然。针对各国土地退化防治的相关法律政策及成功经验，选择美国、以色列和澳大利亚作为典型案例，对其土地退化防治模式进行总结，以期对我国的土地退化防治提供有益的借鉴。

二、主要启示

以色列、美国、澳大利亚等国，在荒漠化防治中具有代表性。以色列的治理经验就是以节水和提高水资源利用效益为核心，积极发展高科技、高效益的技术密集型现代化高效农业。美国通过对干旱土地资源，沙漠地区光热、风能进行高效开发利用，以及对荒漠草场的合理轮牧与人工改良，保障了荒漠区保护和利用的高效性，并且特别重视对天然植被的保护和封育，以及破坏后土地的复垦与管理。澳大利亚政府对干旱和土地退化采取了以保护为主的一整套土地保护管理的技术和措施，将大面积脆弱的荒漠化地区划作保留地，实施以保护为主的措施。美国田纳西河流域曾是喀斯特石漠化地区，在未治理开发之前，灾害频繁，森林遭砍伐，水土流失严重，土壤贫瘠稀薄，人民生活贫困。1933年，美国成立区域建设局，开始综合治理和全面开发。经过50年的综合治理，昔日荒凉贫瘠的田纳西成了现在的"田纳西奇迹"：人均收入从过去的600美元增至现在的3万美元；治理后的田纳西河，将9个大水库和航运水闸联结成了一条水道，成为防洪、灌溉、发电、航运等效益兼收的经济发达区，田纳西河流域也被开发成为美国最大的能源基地，该流域还成为成千上万游客的旅游目的地。

世界上一些国家和地区防治荒漠化的共同经验：第一，加强宣传教育，提高公民(包括各级政府官员)环境保护意识。第二，国家高层领导重视，如美国的"罗斯福工程"、前苏联的"斯大林计划"及北非的"绿色坝"工程。第三，加强对土地资源的保护，防止因人为因素造成破坏。第四，把荒漠化防治纳入国家发展计划，由财政进行投资。第五，重视科学研究和科技推广工作，提高防治成效。

从世界各国土地荒漠化防治状况来看，人口的急剧增长、盲目无计划的开垦、超过草原承载力的过度放牧及水资源的不合理调度、利用等是世界各国造成土地荒漠化的最普遍因素。这也是我们开展荒漠化防治工作必须汲取的教训。非洲萨赫勒地区由联合国组织实施的振兴畜牧业、解决人畜饮水的防治荒漠化国际行动，由于没有控制牲畜数量，草场严重退化。在不到 5 年的时间，导致以水井为中心的沙化圈。国际组织于 1987 年被迫中止了该计划。原苏联在土库曼斯坦卡拉库姆沙漠中修建卡拉库姆运河调水到西部灌溉荒漠草场和新农垦区，使阿姆河下游的咸海水位急剧下降，咸海水面缩小，地下水位降低。咸海周围出露水面的沙质干湖平原，在风力作用下迅速沙化。与此同时，湖底盐碱裸露，"白风暴"（含盐的风暴）接踵而来。

三、国内成就

新中国成立不久，我国即向沙害宣战。1958 年国务院召开西北内蒙古六省（区）治沙会议，决定由中国科学院组成治沙队开展治沙及研究，在沙区开展了以植树造林种草为主的群众性治沙活动。在冀中、冀西、陕北、豫东、东北西部、内蒙古东部等广大沙区组织实施了防风固沙林建设。从此，拉开了与沙害抗争的序幕。

改革开放以来，进入了工程带动、政策拉动、科技推动、法制促动的快速发展新阶段。1978 年我国启动实施了"三北"防护林体系建设工程，专门解决"三北"地区的风沙危害和水土流失问题。1991 年国务院批准启动了全国防沙治沙工程规划纲要。至此，我国有了防沙治沙的专项工程。

进入 21 世纪，国家全面实施京津风沙源治理工程、"三北"四期工程、退耕还林工程、退牧还草工程、小流域治理工程等一批重点生态建设工程。按照"预防为主、科学治理、合理利用"的方针，实行统筹规划、因地制宜、分类施策、先急后缓、重点突破的原则，采取宜乔则乔、宜灌则灌、宜草则草，林业、农业、水利、扶贫、移民等相结合的措施，综合治理沙化土地。近年来，全国各类工程年均治理沙化土地 190 多万 hm^2。

2002 年 1 月 1 日，《中华人民共和国防沙治沙法》（《防沙治沙法》）正式施行，随后出台了《营利性治沙管理办法》等一系列配套规章。2005 年 2 月，国务院批准《全国防沙治沙规划（2005—2010 年）》，明确了防沙治沙的目标和任务，对全国的防沙治沙进行了科学合理的布局，沙化土地治理进入了按规划治理的阶段。2005 年 9 月，国务院发布《关于进一步加强防沙治沙工作的决定》，明确了新时期防沙治沙的指导思想、奋斗目标、战略重点和政策措施，为调动社会各方面力量，推进防沙治沙又好又快发展提供了良好的制度保障。

多年来，治沙工作坚持防沙治沙地方政府负责制。国务院批准成立了中国防治荒漠化协调小组，专门研究解决防治荒漠化工作中的重大问题。沙区各级党委、政府"一把手"亲自挂帅，一级带着一级干，一任接着一任干。沙区县级以上地方人民政府每年要向同级人民代表大会及其常务委员会报告防沙治沙情况，全面推行地方行政领导防沙治沙任期目标责任奖惩制度。

长期以来，面对严峻的土地沙化形势和艰巨的防沙治沙任务，沙区人民发扬"沙害不除、治沙不止"的精神，积极投身防沙治沙的伟大实践，与沙害进行了长期艰苦的抗争。一分耕耘一分收获。近 30 年来，通过一系列国家级生态工程的实施，以年均 0.024% 的 GDP 投入，治理和修复了大约 20% 的荒漠化土地，我国荒漠化防治事业取得了重要进展。一是荒漠化和沙化土地持续减少。据 2011 年公布的第四次全国荒漠化和沙化监测结果，我国土地荒漠化和沙化整体得到初步遏制，荒漠化和沙化土地面积持续减少，5 年间荒漠化土地面积净减少 12 454km^2，年均减少 2491km^2；沙化土地面积净减少 8587km^2，年均减少 1717km^2；石漠化土地减少 9600km^2。二是沙化程度持续减轻。2004~2009 年，中度、重度、极重度沙化土地面积分别减少 9906km^2、10 400km^2 和 15 600km^2。三是沙区植被状况进一步改善。沙化土地植被盖度以年均 0.12% 的速度递增，重点治理区林草植被盖度增幅达 20% 以上，生物多样性日益丰富，植被群落稳定性增强。四是重点治理区生态环境明显改善。与 2001 年相比，京津风沙源治理工程区地表释尘量减少了 43.3%、土壤风蚀总量减少了 44%、水蚀总量减少了 82%。

荒漠化防治工程还促进了民族区域经济发展和农民增收。沙区农牧民每年人均从防沙治沙中获利 230 多元。京津风沙源治理工程后续产业为地方财政增收平均贡献率约为 20%，有 137 万人在工程建设中摆脱了贫困。全社会防沙治沙的积极性也明显提高。内蒙古个体治沙面积在 1000 亩以上的大户已超过 1300 户，过去不少无人问津的沙荒地，如今披上了绿装，成为沙区农牧民和治沙实体的收入来源。

近年来，我国在荒漠化防治领域的国际地位显著提高。自 1994 年我国加入《联合国防治荒漠化公约》以来，广泛开展国际合作交流，以对国际防治荒漠化事务积极、负责任的态度，赢得了国际社会的广泛赞誉和充分肯定。联合国防治荒漠化公约秘书长迪亚洛先生曾经表示，中国是世界上履行公约成效最显著的国家，世界防治荒漠化看中国。

四、国内经验："三大法宝"

中国在防治荒漠化方面取得了显著成就。其主要经验可归纳为"三大法宝"，即政府主导、科技引领、法规保障。

（一）政府主导：规划实施国家级生态工程

我国地域辽阔，荒漠生态系统类型多样，社会经济状况差异大。根据不同时期的国情、沙情，先后启动实施了"三北"防护林体系建设工程(1978 年)、全国防沙治沙工程(1991 年)等林业生态工程，对我国防沙治沙事业产生了强有力的推动作用。进入 21 世纪，国家又先后启动实施了京津风沙源治理工程(一期、二期)和以防沙治沙为主攻方向的"三北"防护林体系建设工程(四期、五期)，我国的防沙治沙步入了以大工程带动大发展的新阶段。我国荒漠化防治重点工程分三个层次：一是国家级重点荒漠化防治工程，主要包括京津风沙源治理工程、"三北"防护林工程、草地沙化防治、退耕还林(草)和退牧还草工程等。二是区域性的荒漠化防治工程，包括新疆和田地区生态建设工程、拉萨市及周边地区造林绿化工程、青藏高原冻融保护项目、石羊河流域综合治理项目等。三是全国封禁保护区试点和防沙治沙示范区、示范点建设构成了"点、线、片"结合，沙区全覆盖的国家治沙体系。

(1)京津风沙源治理二期工程(2013~2022年)。根据国务院批复的《京津风沙源治理二期工程规划(2013—2022年)》，工程区范围将扩大至包括北京、天津、河北、山西、内蒙古、陕西在内的6个省(自治区、直辖市)的138个县(旗、市、区)，面积扩大至70.6万km²。遵循"科学规划、分区(类)施策"的原则，因地制宜地进行分区、分类治理。对影响京津地区的沙尘源区和重点加强区实行封禁，对重要的沙尘入京津通道加大治理力度，营造多层防护体系，对一期工程已初步治理的项目区加大经营和管护力度。到2022年，工程区内可治理的沙化土地得到基本治理，总体上遏制沙化土地扩展的趋势，基本建成京津及华北北部地区的绿色生态屏障，京津地区的沙尘天气明显减少，风沙危害进一步减轻；工程区经济结构继续优化，可持续发展能力稳步提高，林草资源得到合理有效利用，全面实现草畜平衡，草原畜牧业和特色优势产业向质量效益型转变取得重大进展，工程区农牧民收入稳定在全国农牧民平均水平以上，走上生产发展、生活富裕、生态良好的发展道路（图8-11）。

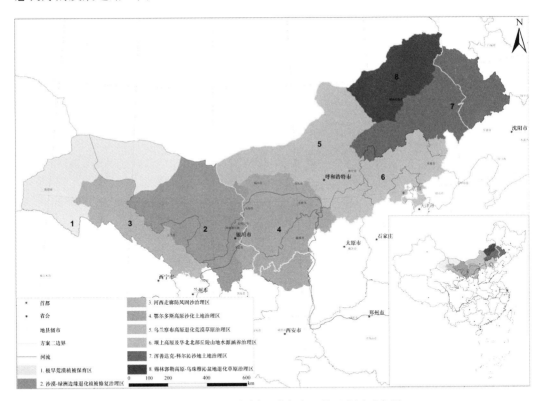

图8-11 京津二期规划区域生态—地理分区示意图
(彩图请扫描文后白页二维码阅读)

(2)"三北"防护林体系建设五期工程(2011~2020年)。实施范围包括西北、东北、华北地区13个省489个县。在东北华北平原地区，建设和改造相结合，大力提升农田防护林功能，基本建成区域性防护林体系；在风沙区，实行保护、治理、利用、开发协调发展，营造新林新草，扩大林草植被，重点治理科尔沁、毛乌素、呼伦贝尔沙地；在黄土高原丘陵沟壑区，山、水、田、林、路综合治理，大力营造水土保持和水源涵养林，提高土地生产率，减少流入黄河的泥沙量；在西北荒漠区，以保护天然荒漠植被为重点，采取以封育为主的措施，增加封育的比例，加快荒漠植被建设，形成稳定的荒漠绿洲防护林体系。到 2020 年，造林 1000 万 hm²，使"三北"地区森林覆盖率达到 12%，沙化土地扩展趋势得到基本遏制，建成一批区域性防护林体系。五期工程规划完成后，沙地治理面积达到"三北"地区可治理沙地面积的 50%以上，水土流失治理面积达到 70%以上。

（3）岩溶地区石漠化综合治理工程(2008~2015 年)。国务院于 2008 年 2 月批复了《岩溶地区石漠化综合治理规划大纲(2006—2015 年)》，明确了石漠化综合治理工程建设的目标、任务和保障措施，确定了"以点带面、点面结合、滚动推进"的工作思路。工程实施范围包括贵州、云南、湖南、四川、重庆、广东等 8 个省(自治区、直辖市)的 451 个县(市、区)，在"十一五"试点的基础上全面启动实施。一是对南方石漠化土地通过封山育林(草)、退耕还林(草)、人工造林种草等措施进行综合治理，逐步恢复林草植被；二是加强石漠化地区基本农田建设和农村能源，以及人畜饮水工程建设，并在石漠化危害极其严重的地区有计划、有步骤地开展生态移民；三是在不破坏生态的前提下，积极发展经济林、中药材等生态经济型特色产业和岩溶地区生态旅游，增加农民收入。当前主要任务是开展人工造林、封山育林育草等（图 8-12）。

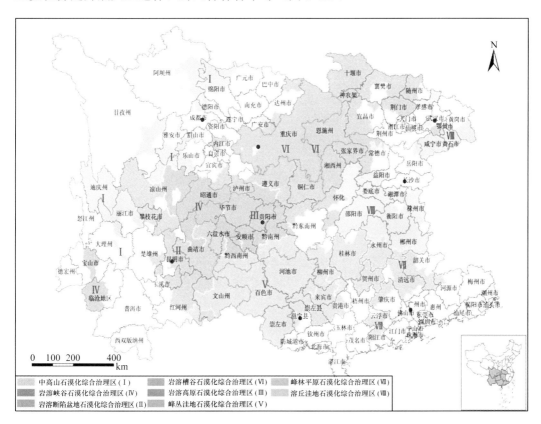

图 8-12 西南岩溶地区石漠化综合治理工程示意图(2008~2015 年)
资料来源：国务院，2008b

（4）退耕还林退牧还草工程。退耕还林退牧还草工程覆盖所有沙化类型区。主要对由于人工樵采、过度开垦、过度放牧、陡坡耕种等造成的植被破坏、水土流失加剧和土地沙化草原退化的地区实行退耕还林、退牧还草。规划期内，完成沙化土地治理 140 万 hm²，同时，通过退牧还草，恢复和增加草原植被，增强抵御风沙危害的能力。草原沙化防治工程覆盖所有类型区，主要通过围栏封育、划区轮牧等措施保护现有草地，通过人工种草、飞播牧草、草场改良等措施，以建促保。高寒地区，主要通过退牧育草、治虫灭鼠、人工种草等措施恢复和保护江河源头生态系统；光、热、水条件较好时，实行草田轮作，加快高产优质人工草场建设。规划期内，重点治理工程完成沙化土地治理 1279 万 hm²。

（5）区域性建设项目。一是防沙治沙综合示范区建设项目。根据全国不同沙化类型区的自然、气候特点和经济状况，在不同沙化类型区的典型区域布设一批防沙治沙综合示范区。通过优化现有生态建设布局，以及通过机制创新、科技创新、制度创新、模式创新等，探索防沙治沙的多种有效实现形式及新形势下防沙治沙与地方经济发展、群众脱贫致富相结合的有效途径，以点带面推动全国防沙治沙工作全局发展。"十一五"以来，我国已累计投入防沙治沙示范区建设资金 2.3 亿元，完成治沙造林 141.6 万亩。在示范区建设中，各地探索出生态经济型综合防治、生态庄园式治理、公路铁路沿线固沙及综合治理、沙漠边缘及绿洲外围防风阻沙等防治模式，总结出沙地樟子松造林技术、沙地封育飞播结合恢复植被技术、高原地区封沙育林育草技术和截干造林治沙技术等防沙治沙适用技术。目前，国家林业局先后批复建设县级、地级、省级及跨区域防沙治沙示范区 46 个。二是黄河故道沙化土地综合治理项目。建设范围涉及河北、山东、河南、江苏、安徽五省。主要对黄河故道沙化土地进行治理，增强区域抵抗风沙能力，维护粮食生产安全。规划期内，建设人工片林 38 万 hm²，农田林网 11 万 hm²，农林间作 25 万 hm²。三是南方湿润沙地治理示范点建设项目。主要建设内容是在生态区位重要地带营造防护林，大力发展生态防护型的经济林和用材林。规划期内，区域性建设项目完成沙化土地治理 21 万 hm²。另外，新疆塔址下游治沙工程、甘肃民勤盆地治沙工程、石羊河流域综合治理工程、西藏生态安全屏障保护与建设工程、川西藏区生态保护与建设工程等区域性治沙工程的相继实施，为促进区域荒漠化防治发挥了重要作用。

（二）科技引领：重点布局，总体推进，因地制宜，因害设防

我国已初步揭示了我国沙漠化发生规律和风沙灾害的类型、格局、过程及驱动机制；并集成创新出一整套针对各类荒漠化土地和风沙灾害的治理开发技术和模式，实现了中国荒漠化治理的一揽子解决方案，被联合国防治荒漠化公约秘书处赞誉为"中国模式"，并被推广应用到亚、非等多个国家；累计推广应用面积超过 1000 万 hm²，提供的生态服务价值超过 4 万亿元，有力地促进了沙区环境保护、生态建设和社会经济发展。向国家提出多份战略和政策咨询报告，为国务院制定《关于进一步加强防沙治沙工作的决议》等重大决策提供了科学依据。我国三位部级领导因此被联合国机构授予国际大奖；治沙相关技术先后获得国家科技进步特等奖 1 项、一等奖 1 项、二等奖 17 项，国际合作奖 1 项。未来适宜推广应用的面积超过 50 万 km²。

（1）初步建成荒漠生态系统观测、监测网络体系。按照我国荒漠化气候分区和主要沙化土地、石漠化土地分布，充分考虑《全国防沙治沙规划》和《岩溶地区石漠化综合治理规划大纲》等的需求，根据《国家林业局陆地生态系统定位研究网络中长期发展规

划(2008—2020 年)》总体部署，积极推进极端干旱区、半干旱区、亚湿润干旱区、西南岩溶石漠化区的荒漠生态站建设工作。截至 2014 年年底，中国荒漠生态系统定位研究网络已经有 23 个野外台站获得国家林业局批复建设，在极干旱区、干旱区、半干旱区和亚湿润干旱区等不同气候类型区，以及非典型荒漠、沙地的干热干旱河谷、岩溶石漠化和红壤崩岗等特殊环境区域均有分布，基本涵盖了荒漠生态系统的各种类型。

在荒漠化和沙化土地监测方面，首次根据《联合国防治荒漠化公约》定义完成了中国荒漠化生物——气候分区和荒漠化监测与评价指标体系框架，并在第四次全国荒漠化监测中得到广泛应用。目前，已基本建成基于地面观测和空间遥感相结合的荒漠化土地动态变化、工程效益监测的年度和定期评估发布制度。

通过多年研究，提出了沙化土地遥感信息提取，以及土地沙化状况动态监测和精度验证等技术，对沙化土地面积的监测精度达 90%以上，并构建了适合本研究区沙尘暴及其他沙尘天气过程的图像识别和专家判别系统。反演了近 40 年来的沙漠化时空演变规律，提出了沙漠化同心圆发展、条带状发展和单向发展的空间模式，构建了中国北方沙漠化防治由预防保护区、生态控制带、治理隔离网和沙漠化防治圈 4 个防治层次构成的呈网络状分布的空间格局，提出了重点控制、局部治理、适度利用、整体保护等战略方案。

(2)治沙科技攻关，服务工程一线。一是储备了一批新的防沙治沙关键技术，为进一步开展防沙治沙技术示范提供了技术保障。在干旱沙漠，提出了防护体系水分-生物管理技术初步方案。在极端干旱沙漠，完成了沙漠腹地苦咸水灌溉试验，提出了相应的生物持续防沙技术、沙漠公路防护林工程技术规范、沙漠公路造林滴灌工程技术规范，以及柽柳、梭梭、沙拐枣沙地咸水育苗技术规程等，为我国极干旱区沙漠公路防沙治沙和高寒区沙漠化整治提供了技术模式。提出了适应于不同生态类型的水土资源优化配置与高效利用技术体系，以及蓄水保墒技术、秸秆覆盖技术、少耕保墒技术等实用的节水与集水技术体系。

二是形成了一系列实用、易学、高效的防沙治沙模式和产业开发技术体系，推动了沙区产业和地方支柱性产业的发展。在项目区突破了防风固沙技术，植被保育、植被恢复与植被建设技术，沙地土壤改良与节水、保水技术，沙地林、草、药及畜牧等生物资源高效开发技术等 20 余项关键技术，并在不同类型区形成了可推广的防沙治沙、植被恢复、植被建设与资源高效利用相结合的 10 余项技术体系，以及建立了 8 种各具特色的退化草原、沙地综合治理与沙产业模式。建立的 12 个具有代表性的防沙治沙试验示范基地，总面积达 24 万余亩，辐射推广面积达到 3000 万亩，解决了植被与其他固沙物覆盖度>70%、大风不起沙的"治沙"指标问题。为同类地区提供了防沙治沙示范和样板，推动了全国防沙治沙的技术创新。

三是通过项目示范，取得了显著的生态效益和广泛的社会效益。①植被建设效益显著。项目区植被与其他固沙物覆盖度由治理前的不到 40%已达到 85%以上，退化草地的产草量增加了 40～75kg/亩，优良牧草比例增加 1.3 倍。有效降低了地面起沙扬尘，遏制了项目区沙地活化、流沙蔓延，缓解了沙尘危害，提高了土地绿色生产能力。项目区草地生产力得以大幅度提高，农牧业产值达 300 元/亩以上，提高幅度达到 100%，示范区农牧民年收入达到 300～3000 元，提高了 50%～300%。②土地利用结构与布局发生了变化。项目区"生态用地"比例大幅度提高。项目区内昔日"生产用地"大面积转变为如今的"生态用地"，与项目实施前相比，由生态与生产用地的 3∶7 转变为目前的 7∶3，为退耕还林、退牧还草和划区轮牧制度的进一步实施提供了技术保障和示范样板。对天然草地推行退牧、休牧、轮牧相结合的技术集成体系的推广，取得了快速恢复退化草地的显著成效。在适宜土地上成功建立了非灌溉人工草地与青贮饲料基地，取得了显著效益。通过家畜圈养方法发展养殖业，不仅创造出良好的经济效益，同时对生态环境的保护和优化建设起到积极的示范效果，达到解决养殖业的发展与生态环境不被破坏之间矛盾的目的。

项目的实施显示出明显的示范效果。项目区累计接待农牧民自发参观，以及当地政府和中央部委领导组织的考察、视察总人数达千余人次。项目实施以来，技术培训率达到 80%～90%。为当地政府实施的"防沙治沙与生态环境建设"提供了决策咨询和技术指导。

(3) 生态工程效益评价和生态服务功能评估。为了切实保护和改善沙区生态，合理利用沙区资源，促进沙区经济社会可持续发展，国家林业局印发了《国家林业局关于做好沙区开发建设项目环评中防沙治沙内容评价工作的意见》(林沙发〔2013〕136 号)，要求充分认识做好沙区开发建设项目环评中防沙治沙内容评价工作的重要性，明确了做好沙区开发建设项目环评中防沙治沙内容评价工作的目的和要求、沙区开发建设项目环评中防沙治沙内容评价工作的原则及重点、加强实施沙区开发建设项目环评中防沙治沙内容评价工作的措施。今后，要对开发建设项目实施后可能造成对沙区植被、生态的影响和土地沙化变化趋势进行综合分析、预测和评估，提出预防或者减轻不良影响的对策和措施，为沙区开发建设项目的立项决策提供生态承载能力等方面的科学依据。并指出，根据沙区生态承载能力，逐步建立沙区开发建设项目准入制度。在分析沙区生态限制条件、进行风险评估的基础上，确定进入沙区的开发建设项目类型、建设规模和有利于保护生态的基本要求及条件；对于超出生态承载能力的开发建设项目，或者对当地生态造成破坏、加剧沙区植被衰败死亡、导致土地沙化和退化、给当地水土资源和空气质量造成污染的"三高"企业要严格限制；鼓励既有经济效益又有生态效益的低碳、绿色、环保的企业进入沙区。

(三) 法规保障：颁布实施了一系列生态保护的法律与政策

自 20 世纪 70 年代以来，为了应对荒漠区土地利用导致的生态破坏和土地荒漠化问题，中国先后颁布实施了近 20 部涉及荒漠生态建设和保护的相关法律及一系列法规和标准，形成了以《防沙治沙法》为核心，以《水土保持法》《土地管理法》《环境保护法》《草原法》和《森林法》等为重要支撑的法律体系。特别是 1994 年中国签署《联合国防治荒漠化公约》后，就着手完善防治荒漠化法律体系。经过多年的努力，《防沙治沙法》于 2001 年 8 月 31 日正式颁布。该法确立了防沙治沙的基本原则、责任、义务、管理体制、主要制度、保障措施，以及违反《防沙治沙法》应当承担的法律责任，为快速健康推进防沙治沙工作奠定了坚实的基础。《防沙治沙法》的颁布与实施，进一步理顺了防沙治沙管理体制，规范了沙区经济行为，使中国的荒漠化防治工作完成了从人治到法制的世纪跨越，成为中国乃至世界上第一部防沙治沙的专项法案，翻开了环境立法的新篇章，对世界其他国家具有积极的启示和借鉴意义。中国制定和颁布实施的上述立法体系，在干旱荒漠区的生态保护与建设实践中发挥了重要作用。主要表现在三方面：①促进了干旱区生态保护与经济社会的协调发展；②为荒漠生态保护与建设的规范管理提供了坚实基础；③保障了荒漠生态保护与建设各项制度和措施的高效实施。当然，由于法律法规大都是针对自然环境中的某一特定要素制定的，没有考虑到自然生态环境的有机整体性和各生态要素的相互依存关系，还存在一定的缺陷和不足，特别是缺少一部综合性的生态保护法。

在政策方面，中国政府将"可持续发展"作为国家发展的重大战略，把保护环境确定为基本国策，实施经济、社会、资源、环境和人口相协调的发展战略；并将防治荒漠化作为保护环境和实现可持续发展的重要行动纳入国民经济和社会发展计划，先后制定了《中国 21 世纪议程》《中国环境保护 21 世纪议程》《中国 21 世纪议程林业行动计划》《全国生态环境建设规划》《中国生物多样性保护战略与行动计划（2011—2030 年）》《全国生态脆弱区保护规划纲要》《中国履行联合国防治荒漠化公约国家行动方案》《全国防沙治沙规划(2011—2020 年)》《西部地区重点生态区综合治理规划纲要(2012—2020 年)》等重要文件，坚持经济建设和环境建设同步规划、同步实施、同步发展。

干旱区荒漠生态保护与建设作为一项长期的社会性、公益性事业，一直受到各级政府部门的高度重视，中国各级政府为此制定并出台了许多政策和规划。1999 年 6 月，中国政府正式启动西部大开发战略，其中一个重要目标就是确保西部地区自然资源的可持续经营。20 世纪 90 年代末，中央政府启动了退耕还林(草)、封山禁牧、京津风沙源治理和生态移民等一系列的生态治理政策，启动了内陆河流域综合治理与试验示范项目、草原保护和建设工程，以及水土保持项目等一批有关防沙治沙的工程项目，在国家层面上确立并实施了以生态建设为主的林业发展战略。国家实施重大生态治理政策以来，在政府加强对土地利用管理和监督过程中，农户的生态意识发生了很大变化，土地沙漠化快速蔓延的趋势得到遏制，呈现出"治理与破坏相持"的局面。与国家的政策相配套，地方政府在省(自治区、直辖市)层面上实施了"禁牧、移民搬迁、结构调整"等生态治理政策，形成了"国家投资、地方实施、农户参与"的治理模式。这些政策的实施范围涉及全国 97%以上的县(市、区、旗)，其中，内蒙古自治区的退耕还林涉及 96 个旗(县)，累计完成退耕还林任务 3.5×10^7 亩。通过实施退牧还草、围栏封育、退耕还林(草)等生态治理政策，我国土地荒漠化快速蔓延的趋势在整体上得到遏制，为实现沙化土地整体逆转发挥了重要作用，有力地保障了荒漠生态保护与建设工作的顺利进行。

生态补偿机制。"十一五"期间，中国政府开始实施森林生态效益补偿制度，并开展了以草定畜奖励、禁牧补贴、薪柴替代补贴等多种形式的草原生态补偿政策探索和试点。2004 年森林生态效益补偿制度正式建立。2006 年以来，中央财政不断加大资金投入力度，增加补偿面积，扩大补偿基金规模。2009 年国务院决定，从 2010 年起中央财政对国家级公益林补偿标准由每年每亩 5 元提高到 10 元，补偿面积达到 10.49 亿亩，补偿基金达到 52.47 亿元。截至 2009 年年底，中央财政已累计安排森林生态效益补偿基金达 220 多亿元。同时，中央森林生态效益补偿基金的实施，带动和推进了全国各省(自治区、直辖市)地方森林生态效益补偿基金的建立，加速了公益林投资体制与国家公共财政体制的衔接。据统计，全国已有 28 个省(自治区、直辖市)建立了省级森林生态效益补偿基金制度，累计安排资金 132 亿多元。

2010 年 10 月，中央政府决定，从 2011 年起，在内蒙古、新疆、西藏、青海、四川、甘肃、宁夏和云南 8 个主要草原牧区省(自治区)，全面建立草原生态保护补助奖励机制，对生存环境非常恶劣、草场严重退化、不宜放牧的草原，实行禁牧封育，中央财政按每亩 6 元的标准给予补助。对禁牧区域以外的可利用草原，在核定合理载畜量的基础上，中央财政按每亩 1.5 元的标准对未超载放牧的牧民给予草畜平衡奖励。中央财政每年安排资金 134 亿元支持草原生态保护补助奖励机制。各省(区)地方草原生态补偿制度也不断推进。内蒙古自治区自 2010 年起，对阶段性禁牧区域内的牧民，每年给予每亩草原 5 元的补偿，连续补贴 5 年，仅此一项，每位牧民平均每年可增收 4000 元左右。在国家已经实施的生态工程项目区之外、草原生态严重退化的区域，通过补偿有计划地实行阶段性禁牧；对草场资源状况好的地区进行划区轮牧试点，按每年每亩 0.5 元的标准给予补贴；鼓励牧民合作组织建设饲草料基地，对节水灌溉设备给予补贴；对未超过核定载畜量的牧户进行畜种改良补贴；鼓励牧户建设标准化棚圈、青贮窖、储草棚和使用风、光互补发电。

沙化土地封禁保护区建设。考虑到沙漠是我国面积最大、危害最严重的荒漠生态系统类型，保护沙漠生态系统对保护陆地生态平衡十分重要，而采用封禁办法既是保持沙漠自然生态系统稳定，也是恢复已严重退化的沙区植被最有效、最经济的办法。因此，《防沙治沙法》将设立沙化土地封禁保护区作为一项重要规定，对不具备治理条件或者因为保护生态需要不宜治理和开发利用的连片沙化土地实行封禁保护。《防沙治沙法》中有关条款规定：①在沙化土地封禁保护区范围内，禁止一切破坏植被的活动。②禁止在沙化土地封禁保护区范围内安置移民。对沙化土地封禁保护区范围内的农牧民，县级以上地方人民政府应当有计划地组织迁出，并妥善安置。沙化土地封禁保护区范围内尚未迁出的农牧民的生产生活，由沙化土地封禁保护区主管部门妥善安排。③未经国务院或者国务院指定的部门同意，不得在沙化土地封禁保护区范围内进行修建铁路、公路等建设活动。

封禁保护，就是对地质时期形成的沙漠、沙地和戈壁实行全面的封禁；沙漠周边，人为破坏严重，沙化扩展加剧，当前暂不具备治理条件的沙化土地被划定为若干个沙化土地封禁保护区，消除放牧、开垦、采挖等人类活动的影响，保护和促进林草植被的自然恢复，遏制沙化扩展。国内外经验表明，实施封禁保护后，沙区植被在若干年内能够自然恢复，即使是没有植被覆盖的沙地，表面也会形成一层保护性"结皮"，将沙尘盖住，从而显著减少沙尘源区或路径区的起沙和起尘量，减少沙尘暴的频次，减轻沙尘暴的强度。受自然、人力等诸多因素影响，我国形成了西起新疆塔里木盆地，东至东北松嫩平原西部的"万里风沙带"。第四次全国荒漠化和沙化监测结果显示，目前我国沙化土地面积为 173.11 万 km^2，占国土总面积的 18.03%。其中约有 50 万 km^2 属于可治理区域，还约有 120 万 km^2 属于不具备治理条件的区域。这些不具备治理条件的沙化土地，大多位于我国的沙尘源区和沙尘暴的路径上，由于当地降水量很少，植被破坏容易、恢复艰难，只有封禁保护才能使当地生态得以恢复。

建立封禁保护区，可以有效降低人畜对区域生态环境的破坏，对于改善当地生态环境、促进地方经济可持续发展、缓解对周边地区的沙害压力、减少沙尘暴的危害、保护沙区的生物多样性等都具有重要意义。为稳妥、有序地推进沙化土地封禁保护区建设，加快我国防沙治沙进程，改善沙区生态状况，构建北方防沙治沙生态屏障，根据《防沙治沙法》的有关要求，财政部和国家林业局决定，从 2013 年起开展沙化土地封禁保护补助试点工作。同时，2013 年颁布实施的《全国防沙治沙规划(2011—2020 年)》也提出，将对我国沙化土地实施封禁保护，范围涉及内蒙古、西藏、陕西、甘肃、宁夏、青海和新疆等 7 个省(区)，主要分布于内蒙古中西部、甘肃河西走廊西北部、新疆塔里木盆地和准噶尔盆地，以及东疆地区、青海柴达木盆地（含共和盆地）、陕西西北部、宁夏西北部、西藏西部等干旱及半干旱地区。实行封禁保护后，我国北方广阔的沙区将成为"无人区"或"无人活动区"，对于全国的生态环境和当地的经济社会发展影响巨大。

五、问题与困难

我国防沙治沙虽然取得了一定的成绩，但土地沙化的形势依然十分严峻，治理任务仍十分繁重。目前仍有 54 万 km^2 的可治理沙化土地亟待修复，按照"十八大"确定的实现生态环境明显改善的目标，到 2020 年需治理沙化土地 32 万 km^2，即每年需要治理 2.3 万 km^2。还有 32 万 km^2 潜在沙化土地需要加强保护，否则极易沙化。几十年来，按照"先易后难、先急后缓"的治理原则，一些条件相对较好、治理相对容易的沙化土地已经得到治理或初步治理。随着防沙治沙的推进，需要治理的沙化土地的立地条件越来越差，难度越来越大，单位面积所需投资越来越高。同时，导致沙化扩展的各种人为因素依然存在。在经济利益驱动下，各种破坏沙区植被的现象还没有得到完全制止，滥樵采、滥开垦、滥放牧、滥采挖、滥用水资源等问题仍没有得到根本解决。一些地方对防沙治沙工作认识不到位，措施不力，执法不严，边治理边破坏的现象依然存在。此外，不利的气候因素，特别是干旱对加速荒漠化和土地沙化的影响亦不可低估。

荒漠化防治是一项长期艰巨的生态环境建设工作，经过多年的发展和实践，我国在荒漠化"防、治、用"方面积累了丰富的经验。但长期以来，在公众参与、科学研究、技术开发和政府防沙治沙工作中还存在着一些问题。主要表现如下。

（1）大面积搞生产、小面积搞生态。在 50 年的防沙治沙过程中，我们过分地强调"向沙漠进军"，幻想将沙漠全部变成绿洲，并最终从我国的版图上消灭沙漠。这种违背自然规律的资源开发与治沙模式，其结果反而招致沙漠一步步向我们袭来，使我们面临着风沙灾害加重的严峻形势。这种治标不治本的做法，不能从根本上减轻我国风沙灾害。

（2）没有把防沙治沙和脱贫致富结合起来。我国沙漠及沙化土地分布地区，大多是少数民族和贫困人口集中分布的地区，生态环境相对恶劣，经济落后，靠天吃饭。例如，在北方农牧交错带，214 个旗(县)中，少数民族县占 25%，贫困县占 65%。由于没有找到生态安全条件下的长期高效的土地利用模式，植被建设虽然实现了生态效益，但并没有带来多大经济效益，治沙与防穷相脱节，当地人民的脱贫致富问题一直未能解决。而以试验示范方式为主的防沙治沙工程，在除害中并没有兴利，常常只是一种政府行为，于是形成了"政府要被子(植被)、百姓要票子"的矛盾，缺乏生态工程产业化的有效途径，结果就造成"建设—破坏—再建设—再破坏""穷—垦—穷"的恶性循环。

（3）水土资源利用极不合理，管理失当。在以往的流域水资源利用规划中，重视生产和生活用水，而忽视了生态用水；由于节水意识不强，重开源、轻节流，造成水资源利用的效益和效率低下。开源(筑坝、调水、找水)是国家投资，用水(生产、生活、生态)却是无政府状态，而节流和节水则是放任自流；在流域内上、中、下游用水的分配中没能体现保护与利用并重、效益共享的原则，从而导致水资源利用中责、权、利之间的冲突。由于人多地少与单位土地生产力低下，很难遵循自然规律的土地利用方式和耕作模式，造成"重生产、轻生态，重农业、轻牧业，重营造、轻管护，重利用、轻培肥"（"四重四轻"）的土地利用定式，正是这种短期行为诱发和加剧了风沙灾害。

（4）防沙治沙工程与科学研究和技术开发关系不密切。20 世纪 50 年代以来，历次与防沙治沙相关的生态建设，以及与此同时进行的科学与技术开发，没能够紧密地结合在一起。主要表现在三个方面：一是科学目标与生产需要相分离，科学研究成果在走过了"立项—研究—论文—获奖"四步之后被束之高阁；二是科学研究与国家需求或区域需求相背，为学科而科学，为论文而研究，远离国家生态工程的主战场；三是纯科研性质的防沙治沙技术模式成本太高，大多是一种小面积生态建设的样板，难以在大范围的生产过程中推广。这就形成了防沙治沙工程建设与科学研究和技术开发相脱节的局面。

第四节　发展战略与对策措施

中国治沙的实践可以追溯到 20 世纪 50 年代。特别是近 30 年来，通过"三北"防护林工程(1978 年)、全国防沙治沙工程(1990 年)、京津风沙源治理工程和退耕还林还草工程(2000 年)等一系列国家级生态治理工程的实施，以年均 0.024% 的 GDP 投入，治理和修复了大约 20% 的荒漠化土地。荒漠化防治是一项长期艰巨的生态环境建设工作，经过多年的发展和实践，当前的荒漠化防治工作已开始步入"防、治、用"齐头并进阶段，实现了由单纯"治"向"防"和"用"的战略转变。荒漠化防治作为生态文明建设的重要内容，当前和今后一个时期应继续以"用"拉动治理与保护，建立起比较完备的生态防护体系和比较发达的沙产业体系。但是，相对落后的荒漠化防治政策、机制已与沙产业发展不相匹配，软的制度制约了硬的发展，迫切需要从制度、政策、机制、法律、科技、监督等方面采取有效措施，处理好资源、人口、环境之间的关系，促进荒漠化防治的可持续发展。

一、战略思路

防沙治沙工作是一项复杂的系统工程，涉及生态、经济、社会等多方面的问题。既有沙区生态条件差、土地易沙化的问题，又有沙区群众科学文化素质低、生产方式落后的问题，也有人口超载、生活贫困等社会问题。防沙治沙工作，必须"科学规划、因地制宜，先易后难、先急后缓，重点突破、提高效益"。

（1）整体布局、长远规划。防沙治沙要由局部试验示范转向整体控制，制订整体方案。同时，防沙治沙是一个长期性的工作，必须长远规划。今后的防沙治沙技术对策要从小面积的试验示范，转向为大面积生态建设提供技术支撑。

（2）分区治理、突出重点。针对我国风沙活动危害的地域差异，重点抓好首都经济圈和农牧交错带的防沙治沙工作，兼顾草原带和荒漠绿洲带。防沙治沙技术体系的研制要从控制流沙的技术体系，转向控制沙源与减少尘源的技术体系。特别要重视在干旱多风季节，加强控制地表裸露的技术研制工作。

（3）先保后治、以保为主。土地一旦沙化就很难恢复，而且治理费用约为保护费用的 20 倍。为了能够实现总体控制、局部重点治理的防沙治沙目标，就必须对现行的防沙治沙方针作调整，即在原有的"因害设防"方针基础上，贯彻"以保为主，先保后治"的方针，因此，应改变"重治理、轻保护"的旧观点，发挥流沙的生态功能，在大面积保护的基础上，做好沙区的治理与利用工作。与此同时，对重点亟待解决的地段，要采取有效的治理措施重点防治。要在自然条件相对好的小范围土地上，加快发展高效生产系统，走集约化生产-经营的道路。

（4）除害兴利、治用结合。在重点治理地段，要推广"生态建设产业化"的模式，针对我国人多地少的国情，明显提高治沙的经济效益，融除害与兴利为一体化，治用结合，把防沙治沙与沙区经济发展结合起来。同时，在提高沙区太阳能和风能利用能力，以及水资源利用效益方面，发展沙区的集约化"生产—生活—生态"模式。

（5）开源节流、合理调配。水资源利用的合理与否是防沙治沙的关键所在。我国沙区主要分布在干旱、半干旱地区，本来自然降水就少，加之近年来人口激增、土地开垦面积增大，对水资源的利用日趋增多，全球变化和北方气候干燥化使河川径流量减少，更加剧了北方缺水的严峻态势。因此，应积极探索增加水资源的新途径，如人工降雨、苦咸水利用等，并在节水灌溉、提高植被和作物水分利用效率上下功夫。

二、战略目标

我国荒漠化防治的阶段目标是，到 21 世纪中叶，使我国适宜治理的荒漠化土地基本得到整治，并建成稳定高效的生态防护体系、发达的沙产业体系和完备的生态环境保护与资源开发利用保障体系，区域经济蓬勃发展，东西部差距明显缩小，荒漠化地区将呈现生态稳定、环境优美、经济繁荣、人民安居乐业的景象。

2011～2020 年，荒漠化扩展的趋势得到逆转，荒漠化地区生态环境初步改善。到 2020 年，力争使荒漠化地区生态明显改观。这一时期的主要奋斗目标是：荒漠化地区 50%以上适宜治理的荒漠化土地得到不同程度整治，重点治理区的生态环境开始走上良性循环的轨道。2021～2050 年，再奋斗 30 年，荒漠化地区建立起基本适应可持续发展的良性生态系统。主要奋斗目标是：荒漠化地区适宜治理的荒漠化土地基本得到整治，宜林地全部绿化，林种、树种结构合理，陡坡耕地全部退耕还林，缓坡耕地基本实现梯田化，"三化"草地得到全面恢复。

2013 年，国务院批准并实施的《全国防沙治沙规划(2011—2020 年)》。规划分两个阶段实施，其中：2011~2015 年为第一阶段，2016~2020 年为第二阶段。《规划》的目标任务是：划定沙化土地封禁保护区，加大防沙治沙重点工程建设力度，全面保护和增加林草植被，积极预防土地沙化，综合治理沙化土地，完成沙化土地治理任务 2000 万 hm^2，其中第一阶段 1000 万 hm^2，第二阶段 1000 万 hm^2，到 2020 年，全国一半以上可治理的沙化土地得到治理，沙区生态状况进一步改善。

国务院批准的《西南岩溶地区石漠化综合治理规划纲要(2008—2015 年)》中提出，到 2015 年完成石漠化土地治理任务 942.15 万 hm^2。目标任务：工程建设要实现生态、经济、社会三大目标，争取到 2015 年，控制住人为因素可能产生的新的石漠化现象，生态恶化的态势得到根本改变；人民生活水平持续稳步提高；工程区土地利用结构和农业生产结构不断优化，特色产业得到发展，步入稳定、协调、可持续发展的轨道。

三、战略布局

根据全国荒漠化防治形势，立足特殊区位和比较优势，提出构建"一线两带三区"的总体战略构思。"一线"是指"荒漠化防治的国防生态线"，即沿我国北方边境线，在我国一侧设立宽50～100km的国防林带，防风固沙、保家卫国、守护国防。"两带"分别是指"青藏铁路生态防护带"和"新丝绸之路生态经济带"。针对青藏铁路沿线土壤沙化严重的问题，在青藏铁路沿线两侧各设立50～100km的生态防护带，缓解风沙对铁路安全运行造成的威胁；从陕西到新疆设立新丝绸之路绿色生态经济带，深化我国与中亚国家的战略伙伴关系，保障新丝路的生态安全。"三区"是指在荒漠化、石漠化地区分别设立"经济特区、文化特区和国防特区。"例如，在敦煌设立国际文化特区，在内蒙古正蓝旗设立蒙古族文化特区，在新疆喀什设立维吾尔族文化特区，在西藏日喀则设立藏族文化特区等，促进西北地区民族文化传承和繁荣；在内蒙古满洲里、鄂尔多斯、阿拉善，新疆喀什、克拉玛依、伊犁，甘肃武威，青海格尔木，宁夏沙坡头等地设立经济特区，促进荒漠化防治与经济繁荣；在新疆罗布泊、甘肃金塔、酒泉基地等地设立国防特区，为国防和国家安全提供战略保障（图8-13）。

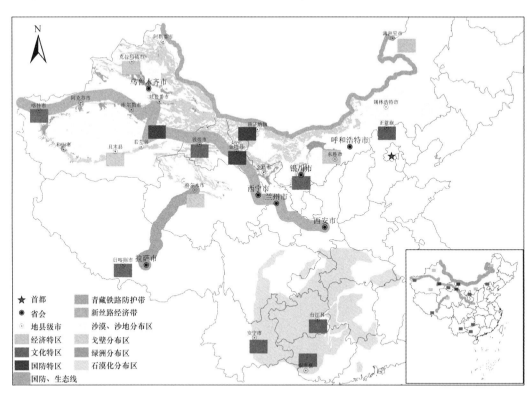

图8-13　我国荒漠化防治战略布局示意图
(彩图请扫描文后白页二维码阅读)

四、战略重点

规划建设：四大生态屏障(北方防风固沙屏障、青藏高原生态屏障、河西走廊-黄河流域生态屏障、西南生态安全屏障)、五大生态治理区域、十大国家生态治理工程(含目前已经立项开工和国务院批复的工程项目)。基本涵盖了我国自然生态最为脆弱、生态产品最为短缺、生态灾害最为频繁的亟待修复治理的区域，构成国家生态安全体系的主体框架(超过45%的国土面积，集中了全国67%以上的水土流失、85%以上的沙化土地、100%的荒漠化土地)。

(1)京津冀风沙源治理。主要包括北京、天津及河北省张家口地区、承德市，总土地面积6万km²，人口超过3300万。

城区的重点是土地的绿化和硬化。把减少裸地面积作为主要目标，大力发展草坪、植树造林，不宜造林种草的地面要加速衬砌与硬化，在干旱多风季节，建筑施工工地实行覆盖作业或喷水作业。推广城镇美化、绿化生态防护圈模式。

郊区的重点是调整农业结构，发展高效农业。大力发展高效农业，减少粮田面积，扩大林果及草地与绿地面积；形成片、网、带相结合的绿色防护体系；大力推广秋季作物留茬、春季免耕技术，增加冬春季节地面覆盖。推广生态经济园林景观型沙地治理模式。

周边地区的重点是退耕还林还草，提高植被覆盖率，涵养水源、恢复生态。退耕还林还草，即把25°以上的坡耕地一律还林还草。大力推广节水高效农业，加速绿化，封山育林。推广水源涵养林与水源地保护工程建设模式。

(2)农牧交错带和草原牧区。农牧交错带：指我国北方农区与天然草地牧区接壤的过渡地带，是年降水量250~500mm的半干旱和亚湿润地区。该区作为我国北方重要的"三源"(尘源、沙源、水源)地区，范围涵盖吉林、内蒙古、辽宁、河北、山西、陕西六省（区），面积约72.6万km²，辖205个县(旗)，人口为6053.61万。

农牧交错带沙化的根本原因是乱垦、过牧等人为因素，防沙治沙的关键是退耕还林还草、降低草地载畜量。治理的重点是退掉25°以上的耕地和固定沙地上的耕地，发展集约化高效农业，将大面积的土地解放出来用于造林、种草，并通过草田轮作、建设高产人工草地和饲料地、草地围栏等技术改良退化草场。

大兴安岭南-科尔沁沙地采取乔、灌、草结合的方式恢复沙地植被。该区是自然条件相对较好的地区，但地表沙物质极为丰富，一旦植被被破坏，极易形成沙化土地，因此，应大力发展高产人工草地和草食性家畜基地。推广"内蒙古科尔沁小生物圈整治与发展"模式，即以户为单位，固定流沙，开发丘间地，形成农牧互补的生产一体化模式。

张北-集宁丘陵区要以灌木和草本为主，提高地表植被覆盖率。治理的重点是退耕还林还草、农田免耕、农牧互补，发展高效无公害特色农业，建设人工饲草与补饲相结合的畜牧业基地。推广内蒙古乌兰察布市"退一进二还三"的土地利用调整与优化模式，即每建成一亩水浇地或两亩旱作稳产田，退出两亩旱坡地，还林、还草、还牧。

黄土高原区要草田轮作。治理的重点是把坡耕地退下来还草、还林，发展梯田与节水灌溉农业，建设舍饲畜牧业基地。推广"甘肃定西多元系统集成"模式，即保护性林业、自给性农业、商品性畜牧业一体化农林牧复合的生态生产体系。

北方草原牧区：包括内蒙古中东部4个盟，含32个旗（县），总面积45.6万km²，人口630万。天然草地面积4670万hm²，可利用草地面积3990万hm²，是我国北方重点牧区之一。草场退化面积累计已达1544万hm²，占38.7%，是我国东部和首都经济圈沙尘暴的主要沙源和尘源。

草原带沙化、退化速度很快。荒漠带与草原带的过渡带平均以每年3~5km的速度东移，近20年已推移了近100km。草原带防沙治沙的重点是：一是禁耕，年降水量300mm以下的地区严禁开垦，已开垦的土地全部退耕，改建人工草地；300~400mm水分条件相对好的地段发展高产饲草饲料种植基地，确保补饲期间的饲草饲料。二是改良草地，提高草地生产力。关键是培育优良的高产牧草品种，推广飞播种草技术，实现短期恢复草地。三是以草定畜，大幅度降低单位草地的载畜量，培育优良畜种，提高家畜个体生产能力和经济效益。四是大力推广"内蒙古伊利集团公司加农户"发展产业化畜牧业的模式。

草原牧区可细分为三个亚类，应采取不同措施治理：条件较好的呼伦贝尔草甸草原，严禁继续垦殖开荒，整治恢复撂荒土地，退耕还草；锡林郭勒典型草原，重点解决夏季无水草场的开发利用和冬春草场的合理利用问题，实施划区轮牧；条件较差的乌兰察布荒漠草原和鄂尔多斯草原化荒漠区，必须实行退牧还草，封滩育草，恢复自然植被。

(3) 丝绸之路沿线沙区及西北荒漠绿洲。本区指贺兰山以西，昆仑山和阿尔金山以北的广大内陆地区，包括新疆、青海、甘肃、辽宁、内蒙古的全部或部分地区，总面积为210万km²，人口为5300多万。区内分布着七大沙漠(塔克拉玛干、古尔班通古特、巴丹吉林、柴达木、库姆塔格、腾格里及乌兰布和)，沙丘浩瀚，戈壁广袤。

荒漠绿洲带的主要问题是沙漠向绿洲扩展，绿洲面积越来越小；流沙蔓延，城镇、工矿、交通设施、国防基地受到流沙掩埋，甚至导致村民沦落外乡，成为生态难民。其主要成因是过度开发地下水而导致天然绿洲植被大面积枯萎死亡。荒漠绿洲区年降水在200mm以下，干旱少雨，风大沙多，植被稀疏，防沙治沙工作难度极大，重点是在城市、道路、国防设施、绿洲等重要经济区建设生态屏障。根据不同保护对象，采取不同的保护措施。干旱地区的流沙有着重要的生态功能，流沙的存在是绿洲得以维持的重要条件。要利用极为有限的宝贵水资源，发展技术密集型的高效益经济作物和极端环境条件下的药用动植物，大力推广"伊利""蒙牛"等企业除害兴利并举、治用结合的治沙产业化模式，实现高投入、高产出、高效益、集约化的产业经营模式。在需要重点设防的地段，推广干旱荒漠及其绿洲防护林体系建设技术，铁路、公路防沙造林技术，流沙控制技术，机械沙障保护下的灌木造林治沙技术，沙地飞播固沙技术等。

(4) 青藏高原沙化与冻融荒漠化。本区绝大部分位于海拔3000m以上的青藏高原高寒地带，总面积约为176万km²，包括西藏、青海、新疆、甘肃、四川的全部或部分地区，人口为240万，除西藏"一江两河"地区外，大部分地区地广人稀，牧场辽阔。长江、黄河的上游和源头地区，风蚀、水蚀作用强烈，植被破坏严重，对中下游地区构成潜在的威胁。第四次全国荒漠化和沙化监测结果表明，我国土地荒漠化和沙化整体得到初步遏制，荒漠化和沙化土地面积持续减少，但川西北地区沙化土地仍在扩展。任务是以生物措施为主，乔、灌、草结合，以保护现有森林植被为主，适当人工造林种草，建立生物防护屏障，涵养水源，减少泥沙流失；通过封沙育林育草和人工造林，恢复和扩大沙地林草植被，控制沙化蔓延；加强天然草场的保护和建设、控制畜数、缓解草场压力。该区的重点治理对象分别是："三江源区"沙化治理；青藏铁(公)路沿线(含柴达木盆地、青海湖盆地)沙化治理；"一江三河"流域沙化治理；"川西北"沙化治理。

(5)西南岩溶石漠化。本区主要包括贵州、云南、广西、湖南、湖北、四川、重庆、广东8个省(自治区、直辖市)的463个县(市、区)。该区域是珠江的源头，长江水源的重要补给区，也是南水北调水源区、三峡库区，生态区位十分重要。石漠化是该地区最为严重的生态问题，影响着珠江、长江的生态安全，制约区域经济社会可持续发展。第二次石漠化监测结果显示，截至2011年，西南岩溶区石漠化土地面积为12万 km^2，占监测区国土面积的11.2%，占岩溶面积的26.5%。与2005年相比，石漠化土地净减少0.96万 km^2，减少了7.4%；年均减少 $1600km^2$，缩减率为1.27%。虽然我国土地石漠化整体扩展的趋势得到初步遏制，由过去持续扩展转变为净减少，岩溶地区生态状况呈良性发展态势，但局部地区仍在恶化，防治形势仍很严峻。前期的治理经验表明，人工造林种草和植被保护对石漠化逆转起着主导作用。因此，在今后的治理工作中，应继续实施天然林保护、生态公益林补偿、草场生态补偿等和林草植被保护政策，大幅增加对林草植被保护的投入，抑制不合理的人为活动，调动广大群众保护林草植被的积极性，促进岩溶地区的林草植被恢复和生态环境改善；另外，在石漠化地区实施退耕还林还草工程，加大长江、珠江防护林等重点生态工程建设投入，在石漠化区的所有县（市）全面实施石漠化综合治理工程、水土保持工程；并根据岩溶地区自然资源条件特点，在不破坏生态的前提下，积极发展特色产业，提高群众自觉参与石漠化治理的积极性，促进区域经济社会协调发展。

五、战略措施

(1)坚持保护优先，加强林草建设。坚持保护优先，把植被保护放在突出位置，杜绝各种破坏林草植被的行为，调整能源结构，减轻植被压力。重视生态系统的自我修复能力，大力推行封山封沙育林育草，通过植树造林、乔灌草的合理配置，建设多林种、多树种、多层次的立体防护体系，扩大林草比例。

(2)优先保障生态用水，合理高效利用水资源。加强流域和区域水资源的统一调配和管理，合理调配江河上、中、下游用水，实施建设项目水资源论证制度和取水许可制度，严格控制开采地下水，合理确定生活、生产和生态用水比例。重点加强对黑河、石羊河、塔里木河、疏勒河、党河等水资源的合理利用，遏制西北内陆河、中游绿洲及下游湿地区域生态环境恶化的趋势。因地制宜地新修水利设施，继续加大灌区节水改造力度，结合农业结构调整，大力推广旱作节水技术，提高水资源利用效率，保障生态用水需求。

(3)加强草原保护与治理，转变畜牧业生产方式。落实草原承包责任制，合理确定草原载畜量，采取围栏封育、轮封轮牧、人工种草、补播改良等措施，对退化草原进行保护和综合治理。加强优良牧草繁育体系建设，优化草原畜牧业区域布局，引导农牧民建设高产人工草地和饲草饲料地，改良牲畜品种，发展规模化舍饲养殖，逐步改变依赖天然草场放牧的生产方式。推广绿色健康养殖技术，发展绿色畜产品生产及加工，走绿色品牌之路，逐步形成畜产品优势产业带。

(4) 适度发展沙产业，促进农牧民增收。在保护生态环境的前提下，以多用光、少用水、高科技为原则，以市场为导向，以资源培育为基础，以精深加工为途径，开拓沙产业的内涵和外延，提高沙区资源利用率，发展循环经济和低碳绿色环保产业。突出抓好应用高新技术的新兴产业及现代种植业、养殖业和加工业；积极推进名特优鲜果、特有药材和食用植物基地建设；大力开发果品、药品及藻类等系列产品，实现产业化、规模化经营；积极开展灌木资源的综合利用，大力推进以灌木为主的生物质能源和饲料林等产业的发展，形成沙产业发展新格局，促进沙区经济社会可持续发展。

(5) 推进工程治理，加快荒漠化防治步伐。中国荒漠化土地面积大，分布广，扩展快，危害重，防治难度大，要在较短时间内遏制荒漠化的扩展趋势，必须以国家生态工程带动荒漠化防治。将荒漠化防治继续作为国家基础设施建设的重要内容，加速推进京津风沙源治理、黄土高原地区综合治理、石漠化综合治理等国家级生态工程，开展沙化土地封禁保护试点，划定全国防沙治沙综合示范区，谋划、启动一批重点区域专项防沙治沙工程，包括丝绸之路经济带、青藏铁路沿线、中蒙边界及东北老工业基地、重点风沙源区等；多措并举、多效并施，确保生态、民生互利双赢。

六、实现途径

(一) 创新治理机制

荒漠化防治是一项社会公益性的系统生态环境工程，涉及各个部门和社会的各个方面，更与广大群众的生产和生活密切相关。几十年的实践经验告诉我们，荒漠化防治工作离不开方方面面的密切配合，需要不断创新治理机制。

(1) 强化部门协作机制。多年来，在党中央、国务院的正确领导下，各级林业部门充分发挥主管部门作用，积极做好组织、协调和指导工作，农业、水利等有关部门发挥职能作用，积极配合、通力协作，为推进荒漠化防治工作起到了积极作用。但是，部门之间各自为政，各自为战，相互扯皮的现象依然存在，因此，需要加强领导，搞好协调，齐抓共管，进一步形成合力推进荒漠化防治。建议进一步理顺关系，健全相关部门的荒漠化防治机构和地方政府荒漠化管理协调机制，充分发挥"中国防治荒漠化协调小组"和"《联合国防治荒漠化公约》中国执行委员会联络员制度"的有效性，加强其协调与决策能力；各有关部门充分发挥各自职能，形成各负其责、密切配合、协同作战、齐抓共管的工作机制；发改、财政、金融等部门在项目上给予支持，在资金上给予倾斜，在政策上给予优惠，集中配套使用，提高荒漠化防治的整体效益；国土资源、环境保护、水利、农业、气象等部门按照各自的职能，做好沙区国土整治、环境保护、沙化草原治理、水资源合理分配和利用、沙尘暴天气的预测预报等工作；林业部门作为荒漠化防治工作的组织、协调和指导部门，做好规划编制、工作指导、组织协调和监督检查等工作。

(2) 完善公众参与机制。人是生态建设和保护的决定性因素，人的认知程度和能力直接影响到荒漠化防治的成效，由于种种原因，我国荒漠化的地区大多信息不畅，人的文化素质较低，生态保护的建设尚未得到全社会的普遍重视。如果人们的生态意识不提高，滥砍、滥伐、滥采等人为破坏活动得不到有效遏制，花再多的精力去治理，也不可能巩固治理成果，荒漠化问题就不可能得到根本解决。而且，防治荒漠化涉及面广，关系到广大农牧民群众的切身利益，必须依靠和发动群众，通过宣传教育，提高公众生态意识，通过政策引导，调动广大群众和社会各界参与防治荒漠化的积极性。建议利用好新闻媒体，采用群众喜闻乐见的形式，开展荒漠化宣传教育，弘扬"胡杨"精神，发挥榜样的激励、带动作用，提高全社会对荒漠化危害的严重性、防治的紧迫性、长期性、艰巨性的认识；完善公众参与荒漠化防治的有效机制，形成举报、听证、研讨等形式多样的公众参与制度；建立公众和媒体监督机制，监督相关政策的实施；充分发挥沙区群众的主体作用，探索新形势下开展群众性荒漠化防治的新机制、新办法，鼓励荒漠化地区国有单位、集体单位、民营企业等各类经济组织及个人承包治理荒漠化土地，鼓励不同经济成分购买沙地使用权，进行治理开发，进一步明晰权益关系，完善利益分配机制，实行"谁治理、谁开发、谁受益"的激励机制，充分调动各种社会力量参与荒漠化防治的积极性。

(3)建立多元投入机制。荒漠化防治的投资以国家投入为主体，中央财政每年安排一定数额的资金，重点用于荒漠化防治工作及相关工程建设。近年来，中国虽然加大了对重点生态工程建设的投入，防治荒漠化资金投入不足的问题有所缓解，然而荒漠化区域经济发展相对落后、贫困人口众多、地方自我筹资能力弱，资金投入仍显不足，导致一些地区的防治荒漠化工程建设质量不高，成果难以巩固，规模难以扩大，制约了防治荒漠化的总体步伐。荒漠化防治的实际需求与国家投入之间存在差距，国家的生态工程投资标准多根据 21 世纪初经济发展水平确定，单位投资标准偏低，工程实施多依靠地方政府组织农民投工投劳和以工代赈，随着市场经济发展和劳动力价格提高，现有投资标准已不能支撑生态建设的基本投入。除京津风沙源治理工程外，中国北方大部分沙尘源区的治理工作还比较薄弱，急需加大投入力度，建立有效的多元投入机制。建议国家进一步加大投入，对国家级生态工程建设项目建立长期稳定的投资渠道，保证投资额度，对营利性的荒漠化防治项目，按照《防沙治沙法》的要求予以规范，给予长周期、低利息、匹配资金的信贷扶持政策，加大治沙贴息贷款的投入；广拓资金渠道，在安排扶贫、农业、水利、道路、能源、农业综合开发等项目时，根据具体情况，设立若干防治荒漠化子项目，资金捆绑使用，加大治理、开发的力度和规模；推动地方政府筹资开展区域性荒漠化治理，随着财力的增强，加大对荒漠化防治的资金投入，并纳入同级财政预算和固定资产投资计划；积极引导社会资金，吸引国外投资，鼓励国内外各类社会团体、企业、个人参与荒漠化防治事业，多渠道、多形式地筹集资金(或劳务)，建立荒漠化防治多元投入机制。

（二）完善政策法规

我国的荒漠化防治在一定程度上依赖政府行为，忽视了人力资本的开发和技术成果的推广与转化，制度安排的不合理是影响我国荒漠化治理成效的原因之一。要实现荒漠化防治的战略目标，必须完成制度安排的正向变迁，在产权得到保护和补偿制度建立的前提下，通过一系列的制度、法规的保证，将荒漠化防治的运作机制转变为切实行动，实现社会、经济、环境三重效益的整体最大化。

(1)完善扶持政策。集体林权制度改革、森林生态效益补偿、林业贷款贴息、造林补贴、草原生态保护补助奖励、沙地无偿使用等一系列支持荒漠化地区生态建设、产业发展的政策出台，促进了资金、技术、劳动力等生产要素向荒漠化地区聚集。但是，诸多扶持政策已不能适应新的形势发展，鼓励非公有制主体和个人参与荒漠化防治的资金扶持、税赋优惠、土地利用政策和保护治理者合法权益等方面的政策措施还有待完善。建议如下：①落实权属。鼓励集体、社会团体、个人和外商承包治理和开发荒漠化土地，完善相关土地政策，实行"谁治理、谁开发、谁受益"的政策，50~70年不变，允许继承、转让、拍卖、租赁等。②贷款优惠。改进现有贴息办法，实行定向、定期、定率贴息，简化贷款手续，改革现行贷款抵押办法，放宽贷款条件。扩大农户小额信用贷款和农户联保贷款，支持有条件、有生产能力、守信用的农户通过防沙治沙发展多种经营，实现增收致富。③税收优惠。对从事荒漠化防治技术转让、技术服务、技术咨询、技术培训等方面的收入，按现行税收政策规定减免营业税和企业所得税；单位和个人投资进行防沙治沙的，在投资阶段免征各种税收，取得一定收益后，可免征或减征有关税收。④生态补偿。加大对重点生态功能区的均衡性转移支付力度，设立国家生态补偿专项资金；实施下游地区对上游地区、开发地区对保护地区、生态受益地区对生态保护地区的生态补偿；使用治理修复的荒漠化土地的单位和个人缴纳生态补偿金；破坏生态者不仅要支付罚金和负责恢复生态，还要缴纳补偿金。收取的补偿金专项用于防治荒漠化工程建设，以此补偿生态公益经营者付出的投入，弥补建设经费的不足，增强全社会的环境意识和责任感。

（2）健全法律制度。荒漠化防治必须一手抓治理，扩大植被面积，一手抓执法监督，减少植被破坏，切实制止边治理、边破坏的现象。我国先后颁布实施了《草原法》《水土保持法》《防沙治沙法》等法律法规，但由于法制知识宣传和普及程度还不够，不知法、不懂法导致的有法不依和执法不严现象较为普遍，由于一些法律法规本身的缺陷，法律法规可操作性差，缺乏有效遏制滥垦、滥牧、滥采、滥用水资源等不合理人为活动的强有力措施，执法效果还不理想。建议如下：①全面梳理现有法律、法规中有关荒漠化防治的内容，调整不同法律法规之间的冲突和不一致的内容，提高法律、法规的系统性和协调性；研究制定与《防沙治沙法》相配套的法规和防治荒漠化工程专项法规，形成以《防沙治沙法》为核心的荒漠化防治法律、法规体系；加大执法力度，依法严厉打击滥垦滥牧、滥采滥挖、非法征占沙化土地等破坏沙区植被和野生动植物资源的违法行为；加强执法队伍建设，健全监督机制，切实做到严格执法、公正执法、文明执法；加强法制宣传教育和保护生态环境道德教育，普及法律知识，提高公众依法防治荒漠化的意识。②落实草原承包经营制度，推行草畜平衡及禁牧休牧、划区轮牧制度，防止因过度放牧对草原造成新的破坏；积极落实最严格的水资源管理制度，合理调配上、中、下游用水和生产、生活、生态用水比例，推行节水灌溉方式和节水技术，保障沙区生态用水，加强沙区相关规划和项目建设布局水资源论证工作；落实沙化土地单位治理责任制，对铁路、公路、河流和水渠两侧，以及城镇、村庄、厂矿和水库周围的沙化土地，县级以上地方政府要切实落实单位治理责任制，限期由责任单位完成治理。

（三）加强科技支撑

我国荒漠化地区自然条件恶劣，生态植被破坏容易、恢复难，完成防治荒漠化的历史性任务，必须依靠科技进步和创新，全面加大科技支撑力度，提升防治荒漠化的科技水平。目前，荒漠化防治已被列入国家科学技术发展规划，围绕荒漠化防治的关键问题，开展了一系列科技攻关，在基础理论和实用技术等方面取得突破。中国荒漠化类型多样，不同荒漠化类型、不同气候区、不同成因的荒漠化土地，需要采取不同的治理技术与模式，虽然研究和积累了大量荒漠化防治技术，但是缺乏科学、系统的总结，目前还没有建立系统的荒漠化防治技术体系，荒漠化防治工程的科技含量总体上不高，对农牧民的可持续土地管理技术支持不足，荒漠化防治技术推广体系尚不健全。

(1) 加强监测与评估，提高决策的科学性。荒漠化监测与效益评价是加强工程管理的重要手段，是编制规划、兑现政策、宏观决策的基础，是落实地方行政领导防沙治沙责任考核奖惩的主要依据。为了及时、准确、全面地了解和掌握荒漠化现状及治理成效，必须加强荒漠化监测与效益评价体系建设。完善国家级沙化土地监测体系，建立省级、县(市)级土地沙化与沙尘暴监测、预警系统。充分利用国家现有荒漠生态系统定位研究站网资源，形成监测网络，对沙化土地实施定期动态监测，对防沙治沙工程进行跟踪监测，及时、准确地掌握沙区生态状况、沙化土地动态变化趋势，以及重点工程建设进展情况和成效，提升监测工作的科学性、适用性和时效性。制定沙化土地生态效益评价与监测技术规范，完善监测工作程序和质量管理体系，建立部门之间信息交流共享机制，使沙化土地监测结果更加科学，重点工程效益监测更加准确，为荒漠化防治的科学决策提供依据。

(2) 加强技术研发与集成，提高治理有效性。①继续做好荒漠化基础科学和应用技术研究。继续国家基础研究计划对荒漠化领域的支持，深化对不同类型荒漠化发生机制的研究，建立科学、系统的荒漠化防治的理论体系。探索防沙治沙新技术、新材料、新方法，系统总结和优化荒漠化防治模式，针对不同荒漠化类型、不同气候区、不同成因的荒漠化土地，建立适用于不同区域和不同荒漠化类型的技术体系与优化模式。②开展荒漠化防治与应对气候变化研究。制定荒漠化防治应对气候变化的行动计划，评估气候变化对我国荒漠生态系统的影响，深入开展气候变化与荒漠化、生物多样性的关系研究，包括荒漠化的过程、扩展方式、发生范围等，提出荒漠化防治对气候变化的应对措施。加强不同学科之间的交流与合作，提高我国荒漠化防治对气候变化的预见性和适应能力。③提高荒漠化防治工程科技含量。健全荒漠化防治重点工程建设与科技支撑项目同步设计、同步实施、同步验收制度，切实将科技支撑贯穿于工程建设的全过程，针对工程建设中优良抗逆性植物材料选育与扩繁、干旱半干旱区人工植被建设与管理等主要技术需求，重点开展干旱半干旱区节水型植被建设技术、退化天然荒漠植被恢复与重建技术、干旱区绿洲植被综合防护体系建设技术、抗逆性植物材料选育技术、良种壮苗培育和工厂化扩繁技术等工程建设中急需的关键技术和现有技术的组装配套研究，提高工程建设质量和科技含量。

(3) 促进技术推广应用，扩大治理成效。在长期的防治荒漠化实践中，我国广大科技工作者已经探索、研究出了诸多实用技术和治理模式，如节水保水技术、风沙区造林技术、沙区飞播造林种草技术、封沙育林育草技术、防护林体系建设与结构模式配置技术、沙障加生物固沙技术等，总结推广这些有效经验和技术，应用于荒漠化防治。健全基层农牧业、林业、水利科技推广服务体系，加强基层科研和推广体系基础设施建设，建立基层科研和推广人员定期培训制度，积极培育农牧民专业技术协会和科技型企业，鼓励科研院所、高等院校和相关农林业、水利、生态技术研发企业直接参与科技推广，探索科技推广新机制。

（4）加强教育和培训，强化人才培养。推动荒漠化治理专业技术人才队伍建设，以提高科技自主创新能力为重点，开展新理论、新知识、新技术、新方法的专项培训，培养一批具有国内和世界前沿水平的水土保持与荒漠化防治专家；推行"人才＋项目"的培养模式，依托国家重大人才计划和重大科研、工程、产业攻关、国际科技合作等项目，培养高层次人才和创新团队；扶持基层实用型人才队伍建设，积极引导人才向荒漠化防治基层地区流动，千方百计地吸引毕业生和从业人员到基层工作，制订高校毕业生到荒漠化地区创业就业扶持办法，开展面向基层单位的荒漠化防治知识普及和实用技术培训。

（四）开展国际合作

中国的荒漠化防治需要做好各方面的对外交流合作。我国与联合国开发计划署（UNDP）、联合国环境规划署（UNEP）、全球环境基金（GEF）、《联合国防治荒漠化公约》（UNCCD）秘书处等国际机构开展了不同层次的合作。组织实施了中国-GEF干旱生态系统土地退化防治伙伴关系项目、全球干旱土地退化评估项目（LADA）等10多项国际合作项目，促进了国内的荒漠化防治。作为《联合国防治荒漠化公约》的缔约国，我国积极履行公约义务，推动公约进程，我国防治荒漠化的成功实践，在国际上产生了积极影响，树立了负责任大国形象。防治荒漠化已成为双边、多边合作的重要内容和优先领域，为提高我国国际地位做出了重要贡献。

建议如下：①按照国际合作服务于国内总体规划的宗旨，根据荒漠化领域的总体战略目标和需要解决的关键性问题，确定优先领域，积极引进国外资金、技术和先进管理经验，提高资金使用效率。②围绕与荒漠化和土地退化密切相关的气候变化、生物多样性保护、森林、粮食安全等全球性热点问题，强化国际设计项目，提高项目质量，确保项目申请符合国家战略和国际合作政策要求。③继续推动和加强《联合国防治荒漠化公约》多边筹资机制，向民间合作、市场机制和有偿生态服务等国际合作的新领域开拓渠道，扩大利用外资规模，从单向受援观念向互利双赢观念转变。④根据发展中国家需求确定我国对发展中国家特别是非洲的技术援助和技术合作优先领域，提供经济、实用的防治荒漠化技术。在中亚、中阿、中非合作论坛框架下，积极推进区域荒漠化防治合作能力建设，实施"绿化丝绸之路伙伴计划"，改善丝绸之路经济带生态脆弱区域的生态环境，提升该地区适应和应对气候变化的能力，并有效防治土地退化。⑤积极参与荒漠化防治国际谈判和国际规则制定，加强对热点问题的研究，以及国外相关信息、动态的分析，争取更多的话语权和主动权，切实维护国家利益。

第五节　政　策　建　议

一、尽早修订《防沙治沙法》

《中华人民共和国防沙治沙法》自2001年出台以来一直未曾修订，已不适应当前新形势的发展需要。鼓励非公有制主体和个人参与荒漠化防治的资金扶持、税赋优惠、土地利用政策和保护治理者合法权益以调动社会各界参与荒漠化防治的积极性等方面的政策措施有待完善；沙化土地治理好后成为草原或林地，由《草原法》和《森林法》管理，相关法律法规间的关系尚待理顺，执法程序有待明晰；缺乏有效遏制滥垦、滥牧、滥采、滥用水资源等不合理人为活动的强有力法律措施。

建议修订《中华人民共和国防沙治沙法》，制定配套法规；梳理现有法规中有关荒漠化防治的内容，调整不一致的内容(与十八届三中全会的《决定》相匹配和衔接)；加大执法力度，依法严厉打击滥垦、滥牧、滥采、滥挖、非法征占沙化土地等破坏沙区植被和野生动植物资源的违法行为。

二、制定上下兼修的荒漠生态系统生态红线

制定上下兼修的荒漠生态系统生态红线，实现退化土地年度零净增长；植被恢复面积在 56 万 km² 以上；沙化土地总体控制在 150 万 km² 以内；荒漠化土地总量控制在 250 万 km² 以内。

(1)率先实现土地退化年度净增长。2012 年 5 月 23 日，《联合国防治荒漠化公约》秘书处正式发布一份报告，呼吁国际社会在 2030 年实现"土地退化总面积零增长"。这份题为《"里约＋20"峰会的可持续发展目标：土地退化总面积零增长》的报告指出，2030 年实现"土地退化总面积零增长"，需要世界范围内政府和私营部门的承诺、支持和投资，国际社会就这一目标达成一致的时机已经成熟，确保土地的可持续性使用功在当代，利在千秋。这份报告还设定了 2020 年实现在所有易遭旱灾的国家和地区实施干旱政策和干旱准备措施的目标。

报告指出，肥沃的土地是寻求可持续发展过程中被忽视的重要环节。世界范围内有 15 亿人直接受到土地退化的威胁，每年有 1200 万 hm² 可耕地由于土地退化和干旱而流失。另外，全世界对粮食的需求将在 2030 年增长 50%，为满足不断增长的粮食需求则要增加 1.2 亿 hm² 的可耕地。

为达到 2030 年实现"土地退化总面积零增长"的目标，报告呼吁国际社会不仅要防治土地退化，而且要努力恢复已退化的土地，建立强有力的框架协议以保证迅速的全球行动，建立政府间的土地退化和干旱信息平台，并对土地退化对经济造成的影响作全面评估。

2013 年 9 月，《联合国防治荒漠化公约》(简称《公约》)第 11 次缔约方大会与会各方经过艰苦谈判，终于就如何在《公约》框架下处理"土地退化零增长"的愿景达成共识。落实"里约＋20"峰会提出的"土地退化零增长"的世界愿景是本次大会一个重要议题。各方同意成立一个政府间工作组，在《公约》的范围内进一步研究土地退化问题，提出应对土地退化问题的各种选择，供缔约方大会考虑。

(2)沙区植被修复面积在 56 万 km² 以上。国家林业局发布《推进生态文明建设规划纲要(2013—2020 年)》，划定森林、湿地、荒漠植被、野生动植物生态保护红线，并提出到 2020 年，森林覆盖率超 23%、湿地保有量超 8 亿亩、新增沙化土地治理面积达到 20 万 km² 等目标。沙区植被红线被确定为：全国治理和保护恢复植被的沙化土

地面积不少于 56 万 km²。

（3）沙化土地总体控制在 150 万 km² 以内。截至 2009 年年底，全国沙化面积为 173.11 万 km²。按照规划安排，到 2020 年治理 20 万 km² 的目标，实际控制沙化面积 150 万 km² 左右的目标基本可以实现。

（4）荒漠化土地总量控制在 250 万 km² 以内。截至 2009 年年底，全国荒漠化面积为 262.37 万 km²。按照目前的治理速度，2020 年保有面积应该在 250 万 km² 左右。

三、界定"荒地"概念、范畴，开展荒漠生态资产评估

十八届三中全会通过的《中共中央关于全面深化改革若干重大问题的决定》提出，对水流、森林、山岭、草原、荒地、滩涂等自然生态空间进行统一确权登记，形成归属清晰、权责明确、监管有效的自然资源资产产权制度。"荒地"第一次作为一种地类写入中央文件。

建议尽快研究界定"荒地"概念、范畴，开展荒漠生态资产监测、评估、确权工作。并立即着手编制《国家荒地保护发展总体规划》。初步确定国家荒地保护比例不低于15%，并将其纳入国家公园体系总体框架下进行有序开发，调动社会力量参与荒漠化防治，从国家层面推动沙漠公园健康发展。以国家沙漠公园和荒地保护为载体，开展荒地综合整治与合理利用，结合科普宣传和教育，提高公众环境保护意识。

荒漠生态系统保育与荒漠化防治专题组成员

组　长：张守攻　中国林业科学研究院院长，研究员

副组长：卢　琦　中国林业科学研究院荒漠化研究所所长，研究员

　　　　　吴　波　中国林业科学研究院荒漠化研究所副所长，研究员

成　员(以姓氏笔画为序)：

　　　　　王学全　中国林业科学研究院荒漠化研究所，研究员

　　　　　丛日春　中国林业科学研究院荒漠化研究所，研究员

　　　　　包英爽　中国林业科学研究院荒漠化研究所，助理研究员

　　　　　冯益明　中国林业科学研究院荒漠化研究所，研究员

　　　　　却晓娥　中国林业科学研究院荒漠化研究所，助理研究员

　　　　　周金星　中国林业科学研究院荒漠化研究所，研究员

　　　　　郭　浩　中国林业科学研究院荒漠化研究所，研究员

　　　　　崔　明　中国林业科学研究院荒漠化研究所，副研究员

　　　　　崔向慧　中国林业科学研究院荒漠化研究所，助理研究员

　　　　　程磊磊　中国林业科学研究院荒漠化研究所，助理研究员

第九章 水土保持建设研究

第一节 水土保持的地位与作用

水土流失是指在陆地表面由水力、风力、重力及温度等自然外营力后人类活动作用下引起的水、土资源和土地生产力的损失和破坏，包括土壤表层侵蚀及水的损失。水土保持是对自然因素和人为活动造成的水土流失所采取的预防和治理措施，其核心是防治水土流失，保护改良和合理利用水土资源，保护和提高土地生产力，以利于充分发挥水土资源的经济效益和社会效益，建立良好的生态环境的综合性应用技术科学。水是生命之源，土是生存之本。水土资源是生态环境良性演替的基本要素和物质环境，是人类社会存在和发展的基础，是国家发展的最基本条件和战略资源，是国家经济建设的动力，保护好水土资源，则这种动力将取之不尽，用之不竭，永远发挥作用，造福人类，使国家富强，民族昌盛；反之，则导致水土流失，资源枯竭，轻则雨水失调，水灾、旱灾相继发生，影响人民生活；重则导致国家衰败，民族毁灭。西谚云："文化的基础建立于土壤的存在，一旦表土流失，则无国家财富与文化可言"。因此水土保持作为我国生态建设和保护的基本国策，在生态文明建设中具有基础性的地位和作用，是生态文明实现的基础。

一、水土保持是生态文明建设的重要组成部分

水土流失是制约人类生存和社会可持续发展的重大环境问题，是我国各种生态问题的集中反映和导致生态进一步恶化和贫困的根源。党的"十八大"报告提出"建设生态文明是关系人民福祉、关乎民族未来的长远大计，必须树立尊重自然、顺应自然、保护自然的生态文明理念，把生态文明建设放在突出地位，融入经济建设、政治建设、文化建设、社会建设各方面和全过程，努力建设美丽中国，实现中华民族永续发展。"

水土资源是生态系统不可或缺的要素，是人类社会存在和发展的基础和前提。水土保持是生态建设的综合性技术措施，植物措施净化、美化，工程措施固土、保墒，为植物措施和生态修复提供基础，农业技术措施保肥保土，管理措施减少扰动，优化生产力布局，保护和改善资源和环境条件，增加环境容量，使经济社会发展方式逐步转变为近自然(在承载能力范围内)、可持续(永续)、美丽和谐的生态文明发展方式，水土保持工作的核心是保护、培育和合理利用水土资源，它涉及了生态文明建设的各个方面，无论是自然生态系统和环境保护还是国土资源空间布局优化、资源节约和生态文明制度，都和水土保持工作密切相关，不言而喻水土保持是生态文明建设的重要组成部分。

二、水土保持是全面建设小康社会的基础工程

要实现 2020 年全面建成小康社会的宏伟目标，重点和难点在农村，特别是水土流

失严重的山丘区。长期实践证明，水土保持不仅是山区经济社会发展的生命线，而且是全面建成小康社会的基础工程。

水土保持以改善农业基础条件为切入点，在优先发展农业生产、突出稳定粮食生产、解决温饱问题的基础上，推动农民增收和区域经济发展。一是按照水土资源综合利用规划的总体安排部署，增加有效投入，采取有力措施，保护农村水土资源，提高资源质量和利用效率，防止和减轻水旱风沙灾害，优化农、林、牧、生态等水土资源的利用比例，增加水土资源的生产能力，通过综合治理，提高和改善农村基础设施和人居环境；二是夯实产业基础，瞄准市场需求，加大科技投入，培育特色产业，转变农业经营和区域经济增长方式，使水土流失区经济社会发展和生态环境改善步入良性循环的轨道。

水土保持促进了农村社会的全面进步，通过劳动力转移及产品的加工和产业化，加快了城镇化和工业化过程，同时改善生态环境，减轻水旱风沙灾害，保障粮食安全、生态安全、饮水安全和公共安全，对于缩小城乡差距、促进社会和谐发展与全面进步具有十分重要的意义。

三、水土保持是实现人与自然和谐发展的重要手段

实现人与自然和谐发展是整个水土保持工作的核心理念，立足于人合理利用土壤资源，在保障水土资源质量不下降的前提下，使之源源不断地生产动植物产品，满足人类的需求。水土保持的目的是保护水土资源，从规范和约束人的行为出发，遵循因地制宜的原则，倡导人们有效保护和合理利用水土资源。水土保持亦从人的总体需要出发，综合考虑当代人及后代人的需求。

水土保持将国家的生态需要与群众自身的经济需要相互结合，考虑各种需求，系统规划、综合治理，实现多目标、多赢的目的。具有中国特色的水土保持经验和做法是在我国人口多、生态问题突出的形势下形成的，是实现水土资源可持续利用和生态环境可持续维护的最佳途径。

人与自然和谐的理念贯穿水土保持的前期规划、措施优化配置与实施，以及后期管护的每一个环节。凡是采取综合治理的地区，生态得到改善，灾害明显减轻，群众生活质量显著提高，人与自然趋于协调发展。

四、水土保持是可持续发展的重要保障

土是基础，水是命脉，水土流失造成土壤的流失，以及污染了水质，降低了土壤的水源涵养能力，同时水土流失也是洪水灾害的重要根源。大量的水土流失，一方面造成上中游地区山体滑坡、泥石流灾害频繁发生，人民生命财产受到威胁，同时，水源涵养、径流调节和缓洪滞洪能力持续降低，洪水频次增多，洪量加大；另一方面，产生的泥沙不断淤积在中下游地区的江河湖库，抬高河床，减少防洪库容，削弱防洪能力，加剧洪水灾害。保持水土、减少泥沙成为整治江河、防治洪灾的治本之策。

如果不开展水土流失治理，人类将会失去最基础的生存所需的资源，水土保持采取各种综合措施，提高了土地资源的质量，减少了对水质的污染，提高了水源的涵养能力，

有效改善了农业综合生产能力，提高资源产出效率，使资源在不被过度利用的情况下实现人们经济活动的预期目的，将水土、生物等自然资源的开发利用控制在合理和适度范畴之内，实现土壤资源的可持续利用。

水土保持措施的实施有效地缓解了区域人地关系紧张的矛盾，基本农田的持续快速发展推动了粮食产量的稳步增长，为农业打下了坚实的基础，促进了生态脆弱地区社会的全面进步、增强区域社会可持续发展能力，使经济社会发展进入良性循环状态。

党的"十八大"制定了全面建成小康社会、加快推进社会主义现代化的宏伟蓝图，把生态文明建设摆在突出位置，明确将"推进荒漠化、石漠化、水土流失综合治理"作为生态文明建设的重要内容；2015年《中共中央国务院关于加快推进生态文明建设的意见》的提出更加说明水土保持工作的重要性和迫切性不言而喻。水土保持是治理江河、根除水患的治本之策，是国土整治、江河治理的根本和粮食安全的重要保证，是解决饮水安全和实现水土资源可持续利用的有效途径，是国家生态安全的基础，是我国必须长期坚持的一项基本国策，是中华民族走向生态文明、确保生存发展的长远大计。

第二节 我国水土保持发展历程和建设成就

一、我国水土保持发展历程

新中国成立以来，在党和政府的高度重视和关怀下，在广大干部和人民群众的不懈努力下，我国水土保持事业进入一个全新的历史时期，从1950年开始，水土保持的发展历程可以概括为起步探索、示范推广、依法防治、全面发展、生态文明建设等几个阶段。

（一）起步探索阶段（20世纪50~70年代）

新中国成立后，百废待举，百业待兴。围绕发展山区生产和治理江河等需要，党和政府很快就将水土保持作为一项重要工作来抓，并大力号召开展水土保持工作。在经过一段时间的试验试办后，伴随着农业合作化的高潮，水土保持工作迎来一段全面推广发展的黄金时期，并迎来了水土保持发展的高潮。随即"大跃进"开始，"三年困难时期"降临，水土保持转入调整、恢复阶段，以基本农田建设为主成为此后相当长一个时期内水土保持工作的主要内容。"文化大革命"中，水土保持工作一度陷入瘫痪状态，在广大水土保持工作者的努力下，全国的水土保持工作在曲折中缓慢发展。总体上来讲，20世纪50～70年代水土保持事业伴随着新中国社会主义建设不断成长发展，虽有停顿反复，但总体上仍取得了巨大成就，并为以后的发展奠定了基础。

（二）示范推广阶段（20世纪80年代）

20世纪80年代，随着国家工作重点转向以经济建设为中心，并实行改革开放政策，水土保持工作得以迅速恢复和加强，同时由基本农田建设为主转入以小流域为单元进行综合治理的轨道。全国八片水土保持重点防治工程、长江上游水土保持重点防治工程等重点工程的相继实施，推动了水土流失严重地区和面上的水土保持工作；80年代初期，家庭联产承包责任制在农村普遍实行，促进了户包治理小流域的发生发展，调动了千家万户治理水土流失的积极性；80 年代后期，在晋陕蒙接壤地区首先开展的水土保持监督执法工作，为《中华人民共和国水土保持法》（《水土保持法》）的制定颁布作了必要的前期探索和实践。

（三）依法防治阶段（20 世纪 90 年代）

1991 年，《中华人民共和国水土保持法》正式颁布实施，水土保持工作由此开始走上依法防治的轨道。水土保持重点工程得到加强，治理范围覆盖全国各主要水土流失区域，治理速度大大加快；水土保持改革深入进行，促进了小流域经济的发展，增加了农民群众的收入，调动了社会力量治理水土流失的积极性。各级水土保持部门认真履行水土保持法赋予的职责，依法开展水土保持工作：法律法规体系建设逐步完善，水土保持机构逐渐健全，预防监督工作逐步开展；1996 年 3 月 1 日水利部批复了全国首个生产建设项目水土保持方案《平朔煤炭工业公司安太堡露天煤矿水土保持方案》。生产建设项目水土保持工作纳入法制化管理轨道。

（四）全面发展阶段（1997～2007 年）

1997 年以后，随着江泽民同志"再造秀美山川"伟大号召的发出，以及 1998 年长江流域和嫩江流域大洪水给人们的警示，水土保持生态环境建设工作受到国家前所未有的重视及全社会的广泛关注。党中央、国务院审时度势，从我国社会经济可持续发展的高度，从国家生态安全的高度，从中华民族生存与发展的高度，把水土保持生态建设摆在更加突出的位置，并做出了生态环境建设、退耕还林还草等一系列重要决定，大力加强了生态环境的建设与保护。各级水利水保部门抓住难得的发展机遇，加快治理步伐，强化监督管理，2001 年以来，水利部开展水土保持监督管理规范化建设，联合有关部门颁布了一系列生产建设项目水土保持相关规定，水土保持方案编报审批制度得到全面落实，建成了一批高质量、高水平的生产建设项目水土保持示范工程，水土保持事业进一步得到全面发展。

（五）生态文明建设阶段（2008 年至今）

2007 年 10 月，党的"十七大"报告提出要"建设生态文明"，使"生态文明观念在全社会牢固树立。"生态文明是人类文明进步的一种新形态，它以尊重和维护自然为前提，以人与人、人与自然、人与社会和谐共生为宗旨，以建立可持续的生产方式和消费方式为内涵，以引导人们走上持续、和谐的发展道路为着眼点和落脚点。生态文明强调人的自觉与自律，强调人与自然环境的相互依存、相互促进、共处共融，既追求人与生态的和谐，也追求人与人的和谐，而且人与人的和谐是人与自然和谐的前提。水利部于 2011 年开展了创建国家水土保持生态文明工程的活动，提出了水土保持生态文明城市、生态文明县和生态文明工程的考评标准。水土保持工作进入了生态文明建设的新阶段。

二、我国水土保持建设成就

（一）水土保持工程现状

新中国成立以来，开展了大规模的群众运动；20 世纪 80 年代开始，水利部在国家发改委、财政部的支持下先后在黄河中游、长江上游等水土流失严重地区实施重点治理工程；1998 年以来，国家又相继实施了退耕还林、退牧还草、京津风沙源治理等一系列重大生态工程，水土流失防治取得了显著成效。截至 2013 年，累计综合治理小流域 7 万多条，实施封育 80 多万 km^2。全国水土流失面积由 2000 年的 356 万 km^2 下降到 2011 年的 294.91 万 km^2，减少了 17%；中度及以上水土流失面积由 194 万 km^2 下降到 157 万 km^2，降低了 19%。通过综合治理，大量坡耕地改造为梯田，并配套农田道路和水利设施，有效提高了土地生产力；荒山荒坡变为林地草地，农村生产生活基本条件得以改善；同时水土保持与特色产业发展紧密结合，促进了农村产业结构调整，农业综合生产能力明显提高，增加了农民收入。截至 2013 年，全国共修筑梯田 1800 余万 hm^2，累计增产粮食 3000 多亿 kg；据测算，水土保持措施累计实现林产品及饲草等效益约 5600 亿元。近 10 年来治理区人均纯收入普遍比未治理区高出 30%～50%，有 1.5 亿群众直接受益，解决了 2000 多万山丘区群众的生计问题。

通过大面积封育保护、造林种草、退耕还林还草、退化草场治理等植被建设与恢复措施，林草植被面积大幅增加，森林覆盖率达到 21.63%，林草覆盖率达到 45%，生态环境明显趋好。经过 20 年国家重点治理，长江流域的金沙江下游及毕节地区、嘉陵江中下游、陇南陕南地区、三峡库区等林草覆盖率提高了约 30%，荒山荒坡面积减少了 70%。黄河粗泥沙集中来源区已有一半区域实现由"黄"转"绿"，植被覆盖率普遍增加了 10%～30%，局部区域增加 30%～50%；京津风沙源治理一期工程实施 12 年以来，累计完成退耕还林还草和造林 752 万 hm^2，草地治理 933 万 hm^2，森林覆盖率提高到 15% 以上。

通过合理配置水土保持措施，蓄水保土能力不断提高，土壤流失量明显减少，有效拦截了进入江河湖库的泥沙，延长了水库等水利基础设施的使用寿命。据统计与测算，全国现有水土保持措施每年可减少土壤流失量 15 亿 t。黄河上中游地区采取淤地坝、坡改梯等综合治理措施，年均减少入黄泥沙约 4 亿 t；长江中上游水土保持重点防治工程已治理水土流失面积约 8 万 km^2，土壤蓄水能力增加 20 多亿 m^3。丹江口库区及上游水土保持一期工程累计治理水土流失面积 1.45 万 km^2，项目区年均保土能力达到近 5000 万 t，蓄水能力达到 4.3 亿 m^3，年均减少进入丹江口水库泥沙达 2000 万 t 以上。

据测算，全国梯田、坝滩地、乔木林、灌木林、经济林、人工种草等水土保持措施累计保水量 6604 亿 m^3，年均 120 亿 m^3。到 2013 年全国累计建成清洁小流域 1000 多条，有效维护了水源地水质。其中丹江口库区及上游水土保持一期工程完成后，进入水库的面源污染物明显减少，据陕西省水文水资源勘测局 7 个水质监测断面分析，汉江、丹江年度水质基本稳定在Ⅱ类或优于Ⅱ类，水源涵养能力进一步增强。

（二）建立了水土流失综合防治支撑体系

(1)政策法规体系。从 1991 年《中华人民共和国水土保持法》颁布实施到 2011 年开始实施新修订的《中华人民共和国水土保持法》，我国的水土保持工作逐步走上了依法防治轨道，形成了较为完善的水土保持法律法规体系和监督执法体系，"三同时"制度得到深入贯彻落实。水利部门相继在水土保持方案审批、水土保持设施验收、水土保持设施补偿费征收使用等方面制定和出台了一系列配套法规和政策，与环保、铁路、交通、国土、电力、有色金属、煤炭等部门联合制定和出台了关于生产建设项目水土保持方面的一系列规章制度，全国共出台县级以上水土保持配套法规 3000 多个。

(2)行政管理体系。水利部是国务院主管全国水土保持工作的职能部门。1993 年，水利部设立水土保持司，下设规划协调处、生态建设处和监督管理处，负责管理全国的水土保持日常工作。水利部所属的七大流域机构代表水利部在本流域行使水土保持职责，七大流域机构均设有水土保持局(处)。

省级水土保持管理一般由省水利(务)厅(局)设立的水土保持局(处)承担。水土保持任务较重的陕西省设立了隶属水利厅的副厅级水土保持局，主管全省的水土保持工作。目前有 90 多个水土流失预防和治理任务较重的地(市)、县(旗)单独设立了负责水土保持工作的机构。

为加强流域水土保持领导与协调管理，1964 年 7 月，经国务院批准，成立了黄河中游水土保持委员会。1988 年 4 月，经国务院批准，又成立了长江上游水土保持委员会。黄河、长江等水土流失较为严重的地区大部分成立了省级水土保持委员会，一些水土流失比较严重的地(市、盟、州)、县(市、区、旗)也成立了水土保持委员会。

(3)教育、科技、标准支撑体系。我国先后建立了一批水土保持科学研究试验站、国家级水土保持试验区和土壤侵蚀国家重点实验室。全国专门从事水土保持科研或以水土保持为主的相关科研机构达 53 个，水土保持科研人员 4000 多人。开展了一大批水土保持重大科技项目攻关，建成了一批起点高、质量精、效益好，集科研、推广、示范、教育、休闲和产业开发为一体的水土保持科技示范园，成为各地水土保持示范和科普教育、科研单位试验研究与大专院校研究生培养的基地和窗口。全国有 19 所大专院校相继设立了水土保持学院或水土保持专业，有 40 所大学和研究机构开展水土保持专业研究生教育，有博士点 9 个、硕士点 34 个，每年为我国的水土保持事业培养一大批专业技术人才。

陆续制定颁布了 40 余项水土保持专业国家标准和行业标准，从水土保持前期工作、综合防治工作、运行维护、监督管理到监测评价，都有相应的技术标准。同时，还有 15 项标准正在编制或修订过程中。生产建设项目水土保持方案编制、水土保持监测、水土保持工程监理资质单位从无到有，不断完善。

(4)水土流失监测评价与水土保持信息管理体系。目前，我国已初步建成了由水利部水土保持监测中心、7 个流域中心站、29 个省级总站和 151 个分站组成的水土保持监测网络，建立了全国、大流域和省(区)水土保持基础数据库，水土流失监测预报能力显著增强。从 2003 年起，每年发布全国及部分省(区)水土保持公报。先后对国家水土保持重点治理工程，金沙江流域、丹江口库区等重点区域，以及 160 个大型生产建设项目实施了水土保持动态监测评价与信息管理。

三、我国水土保持工作经验

(一)经济效益、生态效益和社会效益兼顾

水土保持工作始终立足于我国人口众多、山丘区面积比例大、贫困人口集中、人均

土地资源有限、人口生存与发展对土地资源依存度高的基本国情，在指导思想上，坚持以人为本，服务民生，从增加粮食产量和发展经济入手，着力解决群众生产、生活问题，促进农业增效和农民增收，注重把治理水土流失与当地特色产业发展紧密结合起来，大幅度提升水土保持经济效益，突出生态效益，兼顾社会效益，实现三大效益的有机统一。在水土流失治理区已建成上百个水土保持生态建设大示范区，培育了一大批水土保持示范基地，江西赣南的脐橙、晋陕峡谷的红枣和甘肃定西的土豆等，都已成为当地群众脱贫致富的重要支撑，群众在治理水土流失、保护生态与环境的同时，得到了明显的经济效益，从而进一步激发群众治理水土流失的积极性。

（二）人工治理同自然修复相结合

我国水土流失面广量大、成因复杂、危害严重，加快水土流失治理进程，大面积改善生态环境，维护生态安全，是水土保持工作面临的艰巨任务。历史经验教训证明，水土保持工作必须摈弃以往人定胜天、战天斗地，人进沙退、向沙漠进军等错误做法，坚持并努力做到人与自然和谐，尊重自然规律，遵循植被地带性分布规律，充分依靠大自然的自身修复能力，植被建设实现由人工治理为主转向人工治理同自然修复相结合。近年来，生态自然修复的理念日益深入人心，技术路线逐步成熟，取得了很好的生态效果，为大面积封育保护创造了有利条件。多年实践表明，生态修复不仅在雨水丰沛的南方地区是成功的，而且在干旱少雨的北方地区也是可行的；不仅能促进大面积植被恢复，加快水土流失治理步伐，改善生态环境，而且能促进干部群众观念和农牧业生产方式的转变，实现生态环境和农牧业发展的良性互动，促进区域经济的协调发展，能以较小的投入取得显著的生态效益和经济效益，多快好省，费省效宏，是我国水土保持、生态建设应长期坚持的一项重要经验。

（三）预防为主，防治结合

60多年来水土保持的探索与实践证明，水土保持工作必须坚决贯彻"预防为主、保护优先"的方针，严格执法，控制新的人为水土流失，不欠或者少欠新账，同时，防治结合，注重事前预防保护，做到预防保护与综合治理"两手抓、两手硬"，加快严重流失区的治理，快还旧账。近年来，水利部门依法开展了全国水土保持重点防治区划分与公告工作，划定16个重点预防保护区、7个重点监督区、19个重点治理区，共42个国家级水土流失重点防治区，加强了对三江源区、首都水源区、丹江口水源区等重要区域的预防保护工作，对南水北调、西气东输、西电东送等国家重点建设项目实施了有效的监督管理。各地结合当地实际情况，对重点预防保护区、重点监督管理区及确定的重点监督工程，实施有效监督。水利部进一步发挥水土保持方案审批的调控作用，提出对10种情况开发建设项目水土保持方案不予批准、3种情况不予通过技术评审的规定，通过划定"红线"，严格方案审批，进一步强化了依法行政，规范了生产建设项目管理，启动实施的全国水土保持监督执法专项行动，共调查生产建设项目10.48万个，开展执法检查3.56万次，对2.68万个水土保持违法违规项目印发了限期整改通知书，对2201个项目进行了通报曝光，有效增强了全社会的水土保持意识和法制观念，提高了水土保持依法行政水平，促进了建设项目水土保持监督管理工作的规范化、制度化。各级水行政主管部门也不断强化水土保持方案审查、依法加强监督检查、大力推进水土保持设施验收工作，显著提高了水土保持方案的申报率、实施率和验收率。

（四）以小流域为单元，山、水、田、林、路、村综合治理

坚持以小流域为单元，注重因地制宜，科学规划，实现工程措施、植物措施和农业技术措施优化配置，山、水、田、林、路、村综合治理，水源保护和水土流失防治并重。小流域综合治理在理论、实践、技术、机制等方面不断创新和发展，逐步形成了以小于30km^{2}的集水区为单元，因地制宜，科学规划，工程措施、植物措施和耕作措施优化配置，山、水、田、林、路、村综合治理的技术路线，在减少水土流失、改善生态环境的同时，最大限度地提高土地资源的利用率和生产力，实现水土资源的优化配置，妥善解决群众的生产和生活问题，同时，注重水源保护，防止面源污染，有效协调人口、资源、环境矛盾，使水土资源得到有效保护、永续利用，使生态环境得到可持续维护，使水土流失区逐步实现生产发展、生态良好、生活富裕，走上生态、经济、社会协调统一、良性循环的发展轨道。

（五）不断深化改革，全社会参与治理

改革创新始终是水土保持事业不断发展的重要推动力。各地在实践中深化水保改革，创新发展机制，制定完善政策，有效调动了全社会参与治理水土流失的积极性。在产权制度改革方面，通过明晰所有权，拍卖使用权，放开治理权，搞活经营权等方式，鼓励和引导大户参与治理开发，逐步形成了较为完善的水土保持产权确认制度，为水土保持生态建设注入了新的活力。在矿产等资源富集的地区，积极探索从资源开采收益中提取一定比例用于当地水土保持生态建设的生态补偿机制，实行工业反哺生态，加快了水土流失治理步伐。目前已有878万户农民、专业大户和企事业单位参与"四荒"土地治理开发，已治理水土流失面积12.7万km^2，注入资金108亿元，初步形成了"治理主体多元化、投入来源多样化"的格局。陕西省通过建立能源开发水土保持补偿机制，每年可从煤炭石油天然气资源开采中征收13.5亿元用于水土保持。

第三节　我国水土保持存在的问题

一、人为水土流失加剧

随着我国经济建设的快速发展，现代化、城市化和工业化的进程加快，各种开发建设活动大量增加，一些地方人为造成的水土流失已到了触目惊心的地步，给水土保持带来了巨大的压力。国家虽然加大了水土保持投入，使年治理水土流失面积达到了4万～5万km^2，但同期因开发建设及生产活动人为造成的水土流失面积就达1万～1.5万km^2，部分地区新破坏面积甚至大于治理面积。据统计，20世纪90年代后期以来，全国每年新上各类生产建设项目上万个，其中国家级大型生产建设项目就达数百个。数以万计的城镇建设、资源开发、公路铁路建设和农林生产建设项目，扰动地面的规模和强度达到前所未有的程度，由此引发的开发与保护的矛盾十分尖锐，人为水土流失呈不断加剧趋

势。根据《中国水土保持公报》公布的数据，从 2006～2011 年审批的水土保持方案情况判断在此期间全国生产建设项目数量,2006～2011 年全国有生产建设项目 141 883 个，其中国家级项目 1725 个，省级项目 15 544 个，地级项目 24 403 个，县级项目 100 211 个；国家级项目涉及水土流失防治责任范围 33 930.18km²，省级及其以下级别项目涉及水土流失防治责任范围 63 787.39km²。"十五"期间，全国耕地面积共净减少 9240 万亩，其中因建设项目占用耕地 1641 万亩。结合生产建设项目水土流失典型调查和重点调查，仅"十五"期间，全国各类建设项目所产生的弃土弃渣总量即达 92.1 亿 t。其中公路项目最多，为 42.4 亿 t，占弃土弃渣总量的 46.1%；其次为露采矿工程、水利水电工程，分别为 19.1 亿 t、17.2 亿 t，分别占弃土弃渣总量的 20.7%、18.7%；井采矿工程、铁路工程、渠道堤防工程分别为 5.1 亿 t、4.0 亿 t 和 2.3 亿 t，分别占 5.5%、4.3% 和 2.5%；管道工程弃土弃渣量近 1 亿 t；电力工程和输变电工程均在 3900 万 t 以下；冶金化工工程 2795.4 万 t，占 0.3%。从区域分布看，西部地区弃土弃渣量 35.7 亿 t，占全国弃土弃渣总量的 38.7%；中部地区 16.6 亿 t，占 18.0%；东部地区 29.5 亿 t，占 32.1%；东北地区 10.3 亿 t，占 11.2%。生产建设项目的土壤侵蚀强度与自然侵蚀相比有明显区别，由于生产建设项目的扰动强度大、挖填堆积物数量大，即使是在江苏、浙江等平原地区，侵蚀模数仍可达 10 000～30 000t/(km²·a)。据对近 5 年的不完全统计，因生产建设项目扰动地表、造成和加重水土流失的面积达 5 万 km²，增加的水土流失量达 3 亿 t，生产建设项目造成的水土流失十分严重。

生产建设项目分布情况差别较大，主要分布在资源富集区、交通干线和枢纽区、经济实力较强区。据水利部、中国科学院、中国工程院开展的"中国水土流失与生态安全科学考察"调查报告，"十五"期间全国在建的生产建设项目约有 76 810 项，地区分布和行业分布很不均衡。从区域分布看，按国家西部大开发、东北老工业基地振兴、中部地区崛起、东部地区率先发展的区域经济发展总体格局，西部 12 个省(自治区、直辖市)生产建设项目总数 29 772 个，占全国总量的 39%；东部十省项目总数 24 634 个，占全国总量的 32%；中部地区六省项目总数 13 820 个，占全国总量的 18%；东北地区三省项目总数 8584 个，占全国总量的 11%。总体上，西部、东部地区的项目较多。西部项目中，四川、云南的项目较多，主要是城镇建设、水电工程、公路建设、矿山开采等。东部地区的项目主要集中在浙江、福建、广东、江苏，项目类型主要是城镇建设、水利水电工程。从行业分布看，"十五"期间的生产建设项目中城镇建设类项目居首位，全国各地无论是东部、中部还是西部，无论是大城市、小城镇还是农村都在进行城镇建设，其项目数量达 24 700 多个，占项目调查总量的 32%，占总数的 1/3；第二位的是公路建设项目，全国各地都在积极建设公路，其项目数量为 13 200 多个，占项目总数的 17%；第三位是水利水电工程，项目数量为 9100 多个，占项目总数的 12%。从项目对地表的扰动面积看，"十五"期间的在建项目占压、扰动地表的面积达 552.8 万 hm²。扰动面积最大的项目类别是农林开发项目，主要是规模化的农地开发、山地经济果木林开发等，其扰动面积达 204.8 万 hm²，占总扰动面积的 37%，主要是在广西、四川、广东、江西、湖南、福建、山东的经济果木林开发，北方地区新疆、甘肃、内蒙古的农业开发；第二位是公路建设项目，扰动面积为 119.6 万 hm²，占总扰动面积的 22%，分布于各省（区）；第三位是城镇建设项目，扰动面积为 108.1 万 hm²，占总扰动面积的 20%。上述三类项目的扰动面积占总扰动面积的 79%。之后依次为水利水电工程、矿山开采项目、输油输气管线工程、铁路、冶金化工、输变电工程、火电厂等，其扰动面积占总量的 21%。

据对典型流域的调查，生产建设项目新增水土流失量是同期各项水土保持措施减沙量的 1.53 倍。随着我国现代化进程的加快，水土流失造成生态环境破坏的损失也随之增大。农林开发、公路铁路、城镇建设、煤矿、水利水电等工程建设造成的水土流失都很严重。大量的群众采石、挖沙、取土等生产建设活动，也造成大面积的植被破坏和严重的水土流失。

生产建设项目的水土流失危害有些具有潜在性，如地下采矿项目，如果仅从地表的扰动面积、扰动强度来看，只有主井、副井、风井、工业广场等几个占地面积不大的区域，并且扰动强度不高，不会产生强烈的水土流失，可能会错误地认为，井采矿项目没有水土流失危害。但实际上，井下采矿项目要维持正常的生产，会大量排放地下涌水，长此以往使地下水位下降，由于地下水的下降又会引发浅层土壤、地表土壤干化，随着土层的干化，会导致地表植被退化、死亡，植被减少又会使地表土壤逐渐沙化，最终导致耕地无法耕种、土地撂荒。井田范围内由于地下水位降低，当地群众的吃水井干枯，直接影响群众的生存生活。同时，随着地下采矿的不断进行，地表逐渐出现沉降、塌陷，又会进一步加剧水土流失。又如，水利水电工程，蓄水后随着水位的不断升高，对库周两岸土地的浸润，会引发塌岸、土地盐渍化，而这些危害也是逐步显现的。

随着我国城乡一体化过程的推进，尤其是山区城乡一体化建设中的基础设施和城镇建设，忽视了水土流失防治，由此造成的洪水、滑坡、泥石流灾害越来越频繁，严重威胁当地社会经济发展和居民的安全，并造成了极大的危害和损失，四川北川灾后重建地的洪水、甘肃舟曲的泥石流、北京 2012 年的"7·21"大水等，已经敲响了警钟。因此必须重视和加强我国城乡一体化进程中对极端气候事件的响应和防治。

二、水土流失灾害频发、治理难度加大

全球气候变化，极端天气增多，水土流失严重的山丘区洪涝、干旱灾害发生频次明显增加，危害日益加剧。同时，气候变化使得各项水土流失治理措施更难保全，在局部区域引起的干旱使植物措施成活率下降，而在另一些区域引起的洪涝灾害，则会对水土保持工程措施造成破坏，增加了治理的难度。气候变化对水土保持科学研究提出了更高要求，必须对不同区域水土保持工作受到的影响和应对措施进行深入研究。同时，对水土保持监测预报能力提出了更高要求，必须及时预测极端天气可能造成的水土流失危害，为防灾减灾提供决策依据。

三、水土流失依然严重，面源污染问题加剧

我国水土流失无论在面积上还是在强度上依然十分严重。根据 2011 年全国水利普

查最新的数据，我国土壤侵蚀总面积为 294.91 万 km^2，占普查范围总面积的 31.12%，其中水力侵蚀 129.32 万 km^2、风力侵蚀 165.59 万 km^2。

(1)水力侵蚀。在水力侵蚀面积中，轻度、中度、强烈、极强烈和剧烈侵蚀的面积分别为 66.76 万 km^2、35.14 万 km^2、16.87 万 km^2、7.63 万 km^2 和 2.92 万 km^2，所占比例分别为 51.62%、27.18%、13.04%、5.90% 和 2.26%。山西、重庆、陕西、贵州、辽宁、云南和宁夏 7 个省(自治区、直辖市)的侵蚀面积超过辖区面积的 25%。

(2)风力侵蚀。在风力侵蚀面积中，轻度、中度、强烈、极强烈和剧烈侵蚀的面积分别为 71.60 万 km^2、21.74 万 km^2、21.82 万 km^2、22.04 万 km^2、28.39 万 km^2，所占比例分别为 43.24%、13.13%、13.17%、13.31% 和 17.15%。新疆、内蒙古、青海和甘肃四省(区)的风力侵蚀面积较大，占风力侵蚀总面积的比例分别为 48.18%、31.80%、7.60% 和 7.55%。

(3)侵蚀沟道。在西北黄土高原区的高塬沟壑区、丘陵沟壑区，共有侵蚀沟道 666 719 条，总长度为 56.33 万 km，总面积为 1872.15 万 hm^2。其中，甘肃省侵蚀沟道数量最多，占区域侵蚀沟道总数量的 40.26%；其次为陕西，占 21.13%，侵蚀沟道面积与数量基本一致，甘肃省和陕西省的面积较大，侵蚀沟道面积占区域侵蚀沟道总面积的比例分别达到 28.90% 和 23.95%。

在东北黑土区，共有侵蚀沟道 295 663 条，总长度为 19.55 万 km，总面积为 36.48 万 hm^2。其中，发展沟 262 177 条、占 88.7%，面积 30.36 万 hm^2、占 83.2%；稳定沟 33 486 条、占 11.3%，面积 6.12 万 hm^2、占 16.8%。黑龙江省侵蚀沟道的数量最多，占区域侵蚀沟道总数量的 39.08%；内蒙古自治区侵蚀沟道的面积最大，占区域侵蚀沟道总面积的 58.85%。

一些重点地区如东北黑土区、西南石漠化地区土地资源保护抢救的任务十分迫切，革命老区、少数民族地区、贫困地区严重的水土流失尚未得到有效治理。

与治理任务相比，公共财政水土保持投入规模仍然偏小，鼓励社会投入的机制尚未建立，水土保持监督管理和执法能力相对薄弱，规划体系、标准规范、科技支撑和机构队伍等行业能力建设亟待进一步增强。"十一五"期间，国家水土保持投入达到历史最高水平，但其占国家 GDP 的比例仍微乎其微，以 2009 年为例，当年我国水土保持投入为 29.94 亿元，而当年我国 GDP 现价总量为 340 507 亿元，水土保持投入不及当年 GDP 的万分之一。在总投入十分有限的情况下，尽管各级水土保持部门始终把投入的重点放在贫困地区、革命老区和少数民族地区，但仍然难以满足这些地区防治水土流失的迫切需要。在 646 个水土流失严重县中，开展重点治理的 200 多个。水土保持工程长期属于补助性质，中央投入标准很低，群众投工投劳折算成投资占工程总投入的 80% 以上。按现有的水土流失程度，每年因水土流失损失的耕地面积达 100 万亩，有更多的耕地因水土流失而变得更加瘠薄。

水土流失造成大量的面源污染，威胁水源安全。严重的水土流失携带了大量的营养和有害物质，进入江河湖泊，污染水源，加剧了水资源的短缺，我国 2010 年《第一次全国污染源普查公报》显示，农业污染源的 TN、TP、COD 已成为我国水环境污染的主要来源，防治水土流失带来的面源污染已成为水土流失防治的重要任务。

四、政策、机制仍需创新

（一）缺乏有效的协调机制，水土流失治理多头管理

尽管《水土保持法》明确规定，由水行政主管部门主管水土保持工作，但是水土保持的具体职责实际分散在水利、农业、林业等部门中。因此，虽然协调水土流失防治是水土保持主管部门的重要职能，但是受行政权力限制，水利部门难以具体指导其他相关部门的水土保持行为，协调作用十分有限，在投资、治理等方面常出现"各自为政"的现象，难以统筹，争资金、争项目，重复投资、重复建设情况较为严重。"一块地多块牌子"的现象普遍，以致成绩重复统计、效益重复估算，其实际成效甚微。尤其是有限的资金分散使用，难以发挥最大效益，影响了生态工程效益的发挥和生态建设目标的实现。

（二）水土保持政策、机制有待创新，规划地位需提高

水土保持政策、机制和体制还不能适应生态文明建设的需要，如在水土流失治理的投入、保护、补偿、激励和制约的政策；重点防治区地方政府水土保持目标责任制和考核奖惩制度，生态补偿制度等都需要建立和完善。

新《水土保持法》配套制度需要建立、完善和提高，以提高管理水平和能力。例如，水土保持规划是水土流失地区生态文明建设的综合性规划，而不是一个部门的规划，目前还是作为一个部门和行业规划，没有起到其应有的作用并发挥其效能，因此需要建立相应的水土保持规划制度、生产建设项目水土流失的预防和管理制度、水土流失监测评价制度等。

（三）人为水土流失预防多重管理，监管能力亟待增强

有人为活动造成的水土流失，如各类各等级生产建设项目的审批、核准和监管隶属于国家及各级地方政府的国土、交通、水利、电力、住建、市政、环保、海洋、航空、农业、林业，以及生产安全监督等行政主管部门及大型国企，加之生产建设项目生态影响的复合与叠加等，生产建设项目造成的毁损土地权属比较复杂，分属各个行业和部门，管理也比较分散，国土部门涉及的工作有土地复垦、土地整理、矿山环境保护与综合治理、矿山地质环境保护与治理、地质灾害治理等内容；环境保护部门涉及的也有环境影响评价、生态环境影响评价、矿山生态环境保护与恢复治理；交通运输部门涉及的有公路、铁路、水路环境保护等；农业部门涉及的有基本农田保护、草原保护等；林业部门涉及的有林地保护与林地占用审批、植树造林等；水利部门在负责水土保持生态建设的基础上，负责各类生产建设项目的水土保持工作，措施涵盖工程措施、植物措施、临时措施、土地整治等，近年着力推进的生态清洁小流域建设工程更是涵盖了垃圾处理与水污染治理等内容；国家安监局则负责尾矿库的安全；国家发展和改革委员会在各职能部门职责划分及其变更的背景下，负责陆上石油天然气生产环境保护等相关工作，牵扯部门较多，不能形成有效的管理。

同时，人为水土流失监管能力严重不足，不能及时发现和预防，在生产建设过程中

破坏生态的情况仍有发生。

五、水土保持科技能力严重不足

（一）科研队伍、机构能力不足

科研经费相对不足，目前在水土保持科研机构建设上仍然欠账较多。科研队伍、科研设施建设等基础工作发展缓慢，甚至有点后退。全国各级现有的 53 个水土保持科研站所，由于经费不足，普遍缺乏高新科技研究分析设备，已有的设备老化，测试手段落后，科技人员能力难以发挥。

（二）学科建设、基础理论和技术与需求有一定距离

水土保持学科地位较低。目前水土保持学科只是林学的二级学科，不能体现水土保持在生态文明建设中的主体地位和作用，加强水土保持学科建设刻不容缓。一些水土保持重大基础理论问题急需解决。不同区域水土流失分类分级标准需要进一步研究细化。例如，东北黑土区，土层很薄，坡缓坡长，即使坡度不大但水土流失也十分严重；而西南石漠化区，土壤侵蚀模数评价指标不足以说明该区水土流失的严重性，因为这里大多数地区已几乎无土可流，每流失一点土就丧失一点耕地。因此利用目前的土壤侵蚀强度分级标准难以真正反映这些地区的土壤侵蚀危害。其他如上游水土保持对下游水资源供给的影响需要、不同区域水土流失控制容量等问题仍需要进一步研究解决。

水土流失严重地区的水土保持技术仍有待于进一步研究，如重要水源区的面源污染防治技术、南方石漠化等地区的高效生态修复技术的研发，水土保持技术与建设新农村和小康社会的结合等。

六、全民水土保持意识有待加强

水土流失灾害的发生和加剧，一个很重要的原因是全社会的水土保持意识和对水土流失灾害造成的危害意识不足，对水土流失造成的洪水、泥石流、滑坡灾害没有防范和风险意识。尤其是需要从师范类院校和小学、初中、高中开始普及，进一步将水土保持的意识和生态建设需要融入政治、经济、社会和文化建设之中，假以时日才能真正实现生态文明。

第四节　水土保持建设总体战略

一、总体思路

根据《水土保持法》提出的"预防为主、保护优先、全面规划、综合治理、因地制宜、突出重点、科学管理、注重效益"的方针"，提出水土保持生态文明建设发展战略的总体思路为：实施分区防治、突出重点、科学管理、科技支撑的宏观战略，构建科学合理的水土流失防治战略空间格局；注重国策宣传教育，提升全民节约水土资源、保护

生态环境意识；注重预防保护和监督管理，严格控制人为水土流失；注重遵循自然规律，发挥生态自我修复能力，促进大面积植被恢复；注重科学治理，提高治理的质量和效益；注重面源污染的控制和人居环境的改善；加强西南诸河、海岸岛屿、冻融侵蚀区等特殊区域的科学研究，丰富水土保持内涵和外延，拓展新领域。大力推进水土保持生态文明建设，在建设中，因地制宜地推进小流域综合治理，实现水土保持新发展。

二、战略目标

（一）近期目标

到 2020 年，基本建成与我国经济社会发展相适应的水土流失综合防治体系，基本实现预防保护，重点防治地区的水土流失得到有效治理，生态进一步趋向好转。

具体指标为：全国新增水土流失治理面积 32 万 km^2，其中新增水蚀治理面积 29 万 km^2，风蚀面积逐步减少，水土流失面积和侵蚀强度有所下降，林草植被得到有效保护与恢复；年均减少土壤流失量 8 亿 t，输入江河湖库的泥沙有效减少。人为水土流失得到有效控制；建立水土流失地区各级政府的水土保持目标考核制度；大中型项目水土保持三率（方案编报率、实施率和验收率）达到 90%，小型项目三率达到 60%。

（二）远期目标

2050 年，全面建成与我国经济社会发展相适应的分区水土流失综合防治体系，全国水土流失治理程度进一步巩固和提高，水土流失面积和强度逐步下降并趋于稳定，人为水土流失得到全面控制。

具体指标为：水力侵蚀地区水土流失强度控制在中度以内，江河泥沙量基本实现动态平衡，基本实现水土流失极端事件监测及预报。建立完善的水土保持管理、考核、投资等管理和制度体系，大中型项目水土保持三率（方案编报率、实施率和验收率）达到 100%，小型项目三率达到 100%。

三、战略布局

根据国土空间开发的优化开发、重点开发、限制开发和禁止开发四类主体功能区对国土生态安全格局的要求，因地制宜，因害设防，分类指导，分区防治，总体分为八大分区。

（一）东北黑土区

本区位于七老图山-浑善达克沙地-内蒙古高原一线以东广大地区，主要包括大小兴安岭、长白山、东北平原及呼伦贝尔地区，总面积约 109 万 km^2，包括内蒙古、黑龙江、吉林和辽宁四省（区）共 244 个县(市、区、旗)，水土流失面积 25.3 万 km^2。东北黑土区主要分布有大小兴安岭、长白山、呼伦贝尔高原、三江平原及松嫩平原，主要河流涉及黑龙江、松花江等。气候类型从东往西依次是中温带湿润区、中温带亚湿润区、中温带亚干旱区，西北部属于寒温带湿润区，年均降水量 250～1000mm，区内平均降水量约 500mm，≥10℃积温 1300～3500℃，干燥指数≤1。该区优势地面组成物质为黑土，土壤类型以暗棕壤、棕色针叶林土、草甸土和沼泽土为主。植被类型主要为寒温带针叶林、温带针阔混交林、暖温带落叶阔叶林。水土流失以水力侵蚀为主，间有风力侵蚀。北部有冻融侵蚀。

东北黑土区是世界三大黑土带之一，既是我国森林资源最为丰富的地区，也是国家重要的生态屏障。三江平原和松嫩平原是全国重要商品粮生产基地，呼伦贝尔草原是国家重要畜产品生产基地，哈长地区是全国重要的能源、装备制造基地。该区域森林过度采伐导致后备资源不足，大规模农业开发导致湿地萎缩，黑土流失严重。区内以漫川漫岗水土流失最为典型，水土流失主要发生在长坡耕地、侵蚀沟及冻融诱发的重力侵蚀区。

该区以保护黑土资源为重点，保障粮食生产安全，建设东北森林带；以漫川漫岗区的坡耕地和侵蚀沟治理为重点，治理措施包括谷坊、切沟、梯田、等高耕作、垄向区田、地埂植物带等。增强大小兴安岭地区，嫩江、松花江等江河源头区水源涵养功能，加强松辽平原风沙区农田防护体系建设和风蚀防治、呼伦贝尔丘陵平原区草场管理，保护现有草地和森林。强化自然保护区、天然林保护区、重要水源地的预防和监督管理。

（二）北方风沙区

本区位于大兴安岭以西、阴山-祁连山-阿尔金山-昆仑山以北的广大地区，主要包括内蒙古高原、河西走廊、塔里木盆地、准噶尔盆地及天山山地、阿尔泰山山地等，涉及新疆、甘肃、内蒙古和河北四省(区)共 145 个县(市、区、旗)，总面积约 239 万 km²，水土流失面积 142.6 万 km²。

北方风沙区地处我国第二级地势阶梯，海拔 500～4000m，平均海拔约为 1500m，有内蒙古高原、阿尔泰山、准噶尔盆地、天山、塔里木盆地、昆仑山、阿尔金山。区内包含塔克拉玛干、古尔班通古特、巴丹吉林、腾格里、库姆塔格、库布齐、乌兰布和沙漠及浑善达克沙地，沙漠戈壁广布。主要涉及塔里木河、黑河、石羊河、疏勒河等内陆河，以及额尔齐斯河、伊犁河等河流。气候类型属于温带干旱、半干旱气候区，降水稀少，蒸发量大，大风及沙尘暴频繁，年均降水量 25～600mm，区内平均降水量约为 250mm，≥10℃积温 500～4000℃，干燥指数≥1.5。该区优势地面组成物质以明沙为主，土壤类型以棕漠土、灰钙土、栗钙土和风沙土为主。植被稀少，主要植被类型为荒漠草原、典型草原及疏林灌木草原，局部高山地区分布着森林。该区生态脆弱，区内土地过度开垦和草场超载放牧，植被覆盖度低，水土流失以风力侵蚀为主，局部地区风蚀和水蚀并存。

北方风沙区荒漠草原相间，绿洲零星分布，天山、祁连山、昆仑山、阿尔泰山是区内主要河流的发源地，生态环境脆弱，在我国生态安全战略格局中具有十分重要的地位，是国家重要的能源矿产和风能开发基地，是国家重要农牧产品产业带。天山北坡地区是国家重点开发区域。区内草场退化，土地风蚀与沙化问题突出，水资源匮乏，河流下游绿洲萎缩，局部地区能源矿产开发活动频繁，植被破坏和沙丘活化现象严重，风沙严重危害工农业生产和群众生活。

加强预防，实施退牧还草工程，防治草场沙化退化，加强内蒙古中部高原丘陵区草场管理和风蚀防治。保护河西走廊及阿拉善高原区绿洲农业和草地资源。保护和修复山地森林植被，提高水源涵养能力，维护江河源头区生态安全，提高北疆山地盆地区森林水源涵养能力，开展绿洲边缘冲洪积山麓地带综合治理和山洪灾害防治。综合防治农牧交错地带水土流失，建立绿洲防风固沙体系，加强南疆山地盆地区绿洲农田防护和荒漠植被保护。加强能源矿产开发的监督管理。

（三）北方土石山区

即北方山地丘陵区。总面积约 81 万 km^2，包括北京、天津、河北、内蒙古、辽宁、山西、河南、山东、江苏和安徽 10 个省（自治区、直辖市）共 662 个县（市、区、旗），水土流失面积 19.0 万 km^2。主要包括辽河平原、燕山-太行山、胶东低山丘陵、沂蒙山-泰山及淮河以北的黄淮海平原等。该区位于我国第三级地势阶梯，海拔 10～1500m，平均海拔约为 150m。区内山地和平原呈环抱态势，北部、西部和西南部为土石山地，地形起伏较大；中东部地区为平原及相间分布的丘陵岗地。地跨温带半干旱区、暖温带半干旱区及半湿润区三个气候区带，年均降水量 400～1000mm，区内平均降水量约为 600mm，≥10℃积温 2100～4500℃，干燥指数≤2。主要河流涉及辽河、大凌河、滦河、北三河、永定河、大清河、子牙河、漳卫河，以及伊洛河、大汶河、沂河、沭河、泗河等。该区优势地面组成物质为褐土和岩石，土壤主要以褐土、棕壤和栗钙土为主。植被类型主要为温带落叶阔叶林。该区内降雨集中，水土流失以水力侵蚀为主，部分地区间有风力侵蚀。

北方土石山区的环渤海地区、山东半岛地区、冀中南地区、东陇海地区、中原经济区等重要的优化开发和重点开发区域是我国城市化战略格局的重要组成部分，辽河平原、黄淮海平原是重要的粮食主产区，沿淮低山丘陵区为农业综合开发基地，太行山、燕山等区域是华北重要饮用水水源地。区内除西部和西北部山区丘陵区有森林分布外，大部分为农业耕作区，整体林草覆盖率低。山区丘陵区耕地资源短缺，坡耕地比例大，水源涵养能力有待提高，局部地区存在山洪灾害。区内开发强度大，人为水土流失问题突出，海河下游和黄泛区存在潜在风蚀危险。

该区以保护和建设山地森林草原植被、提高河流上游水源涵养能力为重点，维护重要水源地安全，加强辽宁环渤海山地丘陵区水源涵养林建设，提高太行山山地丘陵区森林水源涵养能力。加强山丘区小流域综合治理，开展燕山及辽西山地丘陵区水土流失综合治理，豫西南山地丘陵区水土流失综合治理，发展特色产业，加强京津风沙源区综合治理，改造坡耕地，发展特色产业，保护现有森林植被。推动城郊及周边地区清洁小流域建设，改善农村生产生活条件，加强城市人居环境建设。改善华北平原区农业产业结构，推行保护性耕作。全面加强生产建设活动和项目水土保持监督管理，强化黄泛平原及河湖滨海风沙区的监督管理。

（四）西北黄土高原区

本区总面积约 56 万 km^2，涉及山西、内蒙古、陕西、甘肃、青海和宁夏六省（区）共 271 个县（市、区、旗），水土流失面积 23.5 万 km^2。西北黄土高原区主要分布鄂尔多斯高原、陕北高原、陇中高原等。地处我国第二级地势阶梯，地势自西北向东南倾斜。该区土层深厚、沟壑纵横，主要地貌类型有丘陵沟壑、高塬沟壑、黄土阶地、冲积平原、土石山地等，海拔200～3000m，平均海拔约为1400m。主要河流涉及黄河干流、汾河、无定河、渭河、泾河、洛河、洮河、湟水河等。气候属暖温带半湿润区、半干旱区和干旱区，雨量分配不均，暴雨集中，年均降水量200～700mm，区内平均降水量为450mm，$\geqslant 10℃$积温1000～4000℃，干燥指数1～3。该区优势地面组成物质以黄土为主，主要土壤类型包括黄绵土、棕壤、褐土、垆土、栗钙土和风沙土等。植被类型主要为暖温带落叶阔叶林和森林草原。水土流失以水力侵蚀为主，北部地区水蚀和风蚀交错。

西北黄土高原区是世界上面积最大的黄土覆盖地区和黄河泥沙的主要策源地，是阻止内蒙古高原风沙南移的生态屏障，也是重要的能源重化工基地。汾渭盆地、河套灌区是国家的农产品主产区，呼包鄂榆、宁夏沿黄经济区、兰州-西宁和关中-天水等国家重点开发区是我国城市化战略格局的重要组成部分。区内水土流失严重，泥沙下泄影响黄河下游防洪安全。坡耕地多，水资源匮乏，农业综合生产能力较低。部分区域草场退化沙化严重。能源开发引起的水土流失问题十分突出。该区土壤侵蚀强度之大、流失量之多堪称世界之最。

该区重点是实施小流域综合治理，建设以梯田和淤地坝为核心的拦沙减沙体系，发展农业特色产业，保障黄河下游安全，加强汾渭及晋城丘陵阶地区丘陵台塬水土流失综合治理，保护与建设山地水源涵养林。开展晋陕甘高塬沟壑区坡耕地综合治理和沟道坝系建设，保护与建设子午岭与吕梁林区植被。加强甘宁青山地丘陵沟壑区以坡改梯和雨水集蓄利用为主的小流域综合治理，保护与建设林草植被。巩固退耕还林还草成果，保护和建设林草植被，防风固沙，控制沙漠南移。建设宁蒙覆沙黄土丘陵区毛乌素沙地、库布齐沙漠、河套平原周边的防风固沙体系。实施晋陕蒙丘陵沟壑区拦沙减沙工程，恢复与建设长城沿线防风固沙林草植被。加强能源开发区域的水土流失预防及植被恢复与土地整治。

（五）南方红壤区

即南方山地丘陵区，包括上海、江苏、浙江、安徽、福建、江西、河南、湖北、湖南、广东、广西、海南、香港、澳门和台湾15个省（自治区、直辖市、特别行政区）共888个县（市、区），土地总面积约为128万km²，水土流失面积16.0万km²。本区位于淮河以南，巫山-武陵山-云贵高原以东广大地区，主要包括大别山、桐柏山、江南丘陵、淮阳丘陵、浙闽山地丘陵、南岭山地丘陵及长江中下游平原、东南沿海平原等。地处我国第三级地势阶梯，海拔10～1400m，平均海拔约为240m；主要河流湖泊涉及淮河部分支流，长江中下游及汉江、湘江、赣江等重要支流，珠江中下游及桂江、东江、北江等重要支流，钱塘江、韩江、闽江等东南沿海诸河，以及洞庭湖、鄱阳湖、太湖、巢湖等。气候属于亚热带、热带湿润区，降水丰沛，沿海地区台风灾害频繁，年均降水量800～2000mm，区内平均降水量约为1500mm，$\geqslant 10℃$积温4000～9000℃，干燥指数≤1。该区优势地面组成物质以红壤为主，土壤类型主要包括黄棕壤、黄红壤、红壤、赤红壤、砖红壤、水稻土和潮土等。主要植被类型以常绿针叶林、阔叶林、针阔混交林及热带季雨林为主。水土流失以水力侵蚀为主，局部地区崩岗发育，滨海环湖地带兼有风力侵蚀。

南方红壤区是重要的粮食、经济作物、水产品、速生丰产林和水果生产基地，也是有色金属和核电生产基地。大别山山地丘陵、南岭山地、海南岛中部山区等是重要的生态功能区。洞庭湖、鄱阳湖是我国重要湿地。长江、珠江三角洲等城市群是我国城市化战略格局的重要组成部分。区内人口密度大，人均耕地少，农业开发程度高，山丘区坡耕地及经济林和速生丰产林林下水土流失严重，局部地区存在侵蚀劣地和崩岗，水网地区存在河岸坍塌、河道淤积、水体富营养化等问题。

该区的重点是加强江淮丘陵及下游平原区农田保护及丘岗水土流失综合防治，维护水质及人居环境。保护与建设大别山-桐柏山山地丘陵区森林植被，提高水源涵养能力，实施以坡改梯及配套水系工程和发展特色产业为核心的综合治理。优化长江中游丘陵平原区农业产业结构，保护农田，维护水网地区水质和城市人居环境。加强江南山地丘陵区坡耕地、坡林地及崩岗的水土流失综合治理，保护与建设江河源头区水源涵养林，培育和合理利用森林资源，维护重要水源地水质。保护浙闽山地丘陵区耕地资源，配套坡面排蓄工程，强化溪岸整治，加强农林开发水土流失治理和监督管理，加强崩岗和侵蚀劣地的综合治理，保护好河流上游森林植被。保护和建设南岭山地丘陵区森林植被，提高水源涵养能力，防治亚热带特色林果产业开发产生的水土流失，抢救岩溶分布地带土地资源，实施坡改梯，做好坡面径流排蓄和岩溶水利用。保护华南沿海丘陵台地区森林植被，建设清洁小流域，维护人居环境。保护海南及南海诸岛丘陵台地区热带雨林，加强热带特色林果开发的水土流失治理和监督管理，发展生态旅游。加强城市、经济开发区及基础设施建设的水土保持监督管理。

（六）西南紫色土区

即四川盆地及周围山地丘陵区，包括河南、湖北、湖南、重庆、四川、陕西和甘肃七省(市)共 254 个县(市、区)，土地总面积约为 51 万 km²，水土流失面积 16.2 万 km²。西南紫色土区分布有秦岭、武当山、大巴山、巫山、武陵山、岷山、汉江谷地、四川盆地等。地处我国第二级地势阶梯，海拔 300～2500m，平均海拔约为 800m。山地、丘陵、谷地和平原相间分布，坡度变幅大，山地土层薄。主要涉及长江上游干流，以及岷江、沱江、嘉陵江、汉江、丹江、清江、澧水等河流。气候类型属于亚热带湿润气候，全年温暖湿润，雨水充沛，年均降水量 600～1600mm，区内平均降水量 1000mm，≥10℃积温 3700～4600℃，干燥指数≤1。该区优势地面组成物质以紫色土为主，土壤类型主要以紫色土、黄棕壤和黄壤为主。植被类型垂直分布差异明显，主要以亚热带常绿阔叶林、针叶林及竹林为主。水土流失以水力侵蚀为主，局部地区滑坡、泥石流等山地灾害频发。

西南紫色土区是我国西部重点开发区和重要的农产品生产区，也是重要的水电资源开发和有色金属矿产生产基地，是长江上游重要的水源涵养区。区内有三峡水库和丹江口水库，秦巴山地是嘉陵江与汉江等河流的发源地，成渝地区是全国统筹城乡发展示范区，以及全国重要的高新技术产业、先进制造业和现代服务业基地。区内人多地少，坡耕地广布，水电、石油天然气和有色金属矿产等资源开发强度大，水土流失严重，山地灾害频发，是长江泥沙的策源地之一。

加强以坡耕地改造及坡面水系工程配套为主的小流域综合治理，巩固退耕还林还草成果。实施重要水源地和江河源头区预防保护，建设与保护植被，提高水源涵养能力，完善长江上游防护林体系。积极推行重要水源地清洁小流域建设，维护水源地水质。防治山洪灾害，健全滑坡、泥石流预警体系。加强水电资源开发及经济开发区的水土保持监督管理。巩固秦巴山地区治理成果，保护河流源头区和水源地植被，继续推进小流域综合治理，发展特色产业，加强库区移民安置和城镇迁建的水土保持监督管理。保护武陵山山地丘陵区森林植被，大力营造水源涵养林，开展坡耕地综合整治，发展特色旅游生态产业。强化川渝山地丘陵区以坡改梯和坡面水系工程为主的小流域综合治理，保护山丘区水源涵养林，建设沿江滨库植被带，注重山区山洪、泥石流沟道治理。

（七）西南岩溶区

即云贵高原区，包括四川、贵州、云南和广西四省(区)共 273 个县(市、区)，土地总面积约为 70 万 km^2，水土流失面积 20.4 万 km^2。西南岩溶区主要分布横断山山地、云贵高原、桂西山地丘陵等。地处我国第二级地势阶梯，海拔 800～3000m，平均海拔约为 1500m。主要河流涉及澜沧江、怒江、元江、金沙江、雅砻江、乌江、赤水河、南北盘江、红水河、左江、右江。气候属于温带、亚热带和热带湿润气候，年均降水量 800～2000mm，区内平均降水量为 1200mm，≥10℃积温 2500～7000℃，干燥指数≤1。该区优势地面组成物质以红壤为主，土壤类型主要为红壤和赤红壤。植被类型以亚热带、热带常绿阔叶、针叶林，针阔混交林为主，干热河谷以落叶阔叶灌丛为主。水土流失以水力侵蚀为主，局部地区存在滑坡、泥石流。

西南岩溶区有少数民族聚居，是我国水电资源蕴藏最丰富的地区之一，是重要的有色金属及稀土等矿产基地，也是重要的生态屏障。黔中和滇中地区是国家重点开发区，滇南是华南农产品主产区的重要组成部分。区内岩溶石漠化严重，耕地资源短缺，陡坡耕地比例大，工程性缺水严重，农村能源匮乏，贫困人口多，山区滑坡、泥石流等灾害频发，水土流失问题突出。

该区的重点是改造坡耕地和建设小型蓄水工程，强化岩溶石漠化治理，保护耕地资源，提高耕地资源的综合利用效率，加快群众脱贫致富。注重自然修复，推进陡坡耕地退耕，保护和建设林草植被。防治山地灾害。加强水电、矿产资源开发的水土保持监督管理。加强滇黔桂山地丘陵区坡耕地整治，实施坡面水系工程和表层泉水引蓄灌工程，保护现有森林植被，实施退耕还林还草和自然修复。保护滇北及川西南高山峡谷区森林植被，实施坡改梯及配套坡面水系工程，提高抗旱能力和土地生产力，促进陡坡退耕还林还草，加强山洪、泥石流预警预报，防治山地灾害。保护和恢复滇西南山地区热带森林，治理坡耕地及橡胶园等林下水土流失，加强水电资源开发的水土保持监督管理。

（八）青藏高原区

包括西藏、青海、甘肃、四川和云南五省(区)共 144 个县(市、区)，土地总面积约为 219 万 km^2，水土流失面积 31.9 万 km^2。青藏高原区主要分布有祁连山、唐古拉山、巴颜喀拉山、横断山脉、喜马拉雅山、柴达木盆地、羌塘高原、青海高原、藏南谷地。地处我国第一级地势阶梯，海拔 2500～5100m，平均海拔约为 4200m。主要河流涉及黄河、怒江、澜沧江、金沙江、雅鲁藏布江。该区气候从东往西由温带湿润区过渡到寒带干旱区，年均降水量 50～1500mm，区内平均降水量为 640mm，≥10℃积温 10～3000℃，干燥指数 0.1～2。该区优势地面组成物质以草甸土为主，土壤类型以高山草甸土、草原土和漠土为主。植被类型以温带高寒草原、草甸和疏林灌木草原为主。冻融、水力、风力侵蚀均有分布。

青藏高原区孕育了长江、黄河和西南诸河，高原湿地与湖泊众多，是我国西部重要的生态屏障，也是淡水资源和水电资源最为丰富的地区。青海湖是我国最大的内陆湖和咸水湖，也是我国七大国际重要湿地之一，长江、黄河和澜沧江三江源头湿地广布，物种丰富。区内地广人稀，冰川退化，雪线上移，湿地萎缩，植被退化，水源涵养能力下降，自然生态系统保存较为完整但极端脆弱。

该区的重点是维护独特的高原生态系统，加强草场和湿地的保护，治理和修复退化草场，提高江河源头区水源涵养能力，综合治理河谷周边水土流失，促进河谷农业生产。加强水电和矿产资源开发的水土保持监督管理。加强柴达木盆地及昆仑山北麓高原区预防保护，保护青海湖周边的生态及柴达木盆地东端的绿洲农田。强化若尔盖-江河源高原山区草场和湿地保护，防治草场沙化退化，维护水源涵养功能。保护羌塘-藏西南高原区天然草场，轮封轮牧，发展冬季草场，防止草场退化。实施藏东-川西高山峡谷区天然林保护，改造坡耕地，陡坡退耕还林还草，加强水电资源开发的水土保持监督管理。保护雅鲁藏布河谷及藏南山地区天然林，建设人工草地，保护天然草场，轮封轮牧，实施河谷农区小流域综合治理。

四、主要任务

（1）加强水土流失重点区域的治理。在长江上中游、黄河中上游、东北黑土区、西南岩溶等人口密度相对大、水土流失严重的地区，坚持以小流域为单元开展综合治理，因地制宜、优化配置工程、生物、农业耕作和管理措施，搞好坡改梯及其配套工程建设，加大侵蚀沟治理力度，统筹实施全国坡耕地水土流失综合治理试点工程、国家水土保持重点建设工程、国家农业综合开发水土保持项目等国家重点工程。

（2）积极开展水土流失预防。在地广人稀、降雨条件适宜和水土流失较为轻微的地区，特别是内陆河生态绿洲区、"三化"草原区、重要水源区、三江源区、长城沿线农牧交错区及青藏高原区等生态脆弱区，牢固树立人与自然和谐相处的理念，尊重自然规律，切实加强封育保护与生态自然修复，充分发挥大自然的力量，加快水土流失防治步伐。

（3）推进面源污染防治及人居环境改善。在水源保护和面源污染严重地区，尤其是重要水源、河湖、城镇周边等地区大力推进生态清洁小流域建设，大力推进生态清洁小流域建设，以水源保护为中心，以控制水土流失和面源污染为重点，坚持山、水、田、林、路、村、固体废弃物和污水排放综合治理，提高水土资源利用效率，改善生产环境，与推进社会主义新农村建设相结合，努力实现天蓝、水清、景美、人富的生态文明新目标。

(4) 加强城镇化过程中水土流失灾害的预防。在进行城镇化和城乡一体化建设中，尤其是在山区和水土流失严重地区，规划建设时应加强水土流失灾害的风险评价和预警研究，对有风险的区域，提高防治标准等级，防患于未然。

(5) 强化水土保持科技支撑。建成健全覆盖不同水土流失类型区的全国水土保持监测网络，开展水土流失动态监测，建立各级水土保持基础数据库，全面提升水土保持信息化水平；建立完善的水土保持学科体系，教育、宣传、研究体系，不断完善水土保持技术标准体系建设，加强水土保持技术创新和应用推广的有机衔接，促进科研与生产实践相结合，提高全社会的水土保持意识。

(6) 大力推进水土保持生态建设与保护体制、机制创新。继续抓好水土保持法配套法规建设，健全水土保持配套法规体系。全面推进落实地方政府水土保持生态文明建设目标体系和责任制，切实发挥政府主导作用。建立有效的水土保持协调机制，加强部门之间、地区之间的协调与配合。积极探索建立健全水土保持生态补偿机制，推进建立多元化的水土保持投资融资机制，鼓励和支持社会力量、民间资本参与水土流失治理。

五、重点工程

(1) 重点水土流失区综合治理工程。在全国主要的水土流失严重地区实施水土流失综合治理工程，治理面积 7.64 万 km²。坡耕地水土流失综合治理工程，综合治理坡耕地面积 160 万 hm²。侵蚀沟综合治理工程，综合治理侵蚀沟 46 156 条，总面积 0.73 万 km²；综合治理崩岗 76 783 个，总面积 0.07 万 km²。

(2) 重点预防工程。在三江源区、嘉陵江源区、三江并流和岷江源区、清江澧水源区、东江北江及湘江源区、第二松花江嫩江源区、黑河石羊河疏勒河源区、额尔齐斯河伊犁河源区、闽江及抚河信江源区 9 个重要江河源头区，丹江口库区水源地、燕山太行山水源地、桐柏山大别山水源地、长白山水源地、黄山天目山水源地 5 个重要水源地和北方农牧交错区、黄泛平原风沙区 2 个水蚀风蚀交错区开展水土保持预防工程。

(3) 全国水土保持监管信息系统建设工程。开展国家水土保持基础信息平台建设，建设水土保持信息采集及服务平台，推进预防监督的"天、地一体化"动态监控，综合治理"图斑"的精细化管理，监测工作的即时动态采集与分析，建成面向社会公众的信息服务体系。

第五节 加强水土保持的政策建议

一、建立国家层面的生态建设管理和协调机构

通过建立国家层面的生态建设管理和协调机构，统筹山、水、田、林、湖管理，以

及生态建设和保护。

二、建立健全政府水土保持目标责任制

对水土流失重点防治区地方人民政府实行水土保持目标责任制和考核奖惩制度是强化水土保持政府管理责任，推动水土保持工作顺利开展的重要举措和制度保障。实行地方各级人民政府水土保持目标责任制和考核奖惩制度，包括以下几方面的内容：明确各级水土保持目标责任制和考核奖惩制度的范围；明确水土保持目标责任制和考核奖惩制度的具体内容；明确水土保持目标责任制和考核奖惩制度的具体考核奖惩措施。

三、建立健全水土保持生态补偿机制

应尽快建立吸引社会资本投入的市场化机制，并完善生态补偿制度，包括国家财政转移支付生态补偿、资源开发企业生态补偿、水土保持和生态受益区生态补偿等。制定和完善水土保持补助、信贷、税收等优惠政策，完善权益激励机制，鼓励和引导民间资本参与水土保持工程建设，形成市场化机制。

四、建立统一的国家基础信息平台

涵盖流域水资源、土地资源、水土流失、水生态、水工程建设等方面的水土流失监测网络和基础信息系统，提高水土保持信息化管理水平，为水土流失预测预报、科学决策和管理提供支撑。

五、加强水土流失和水土保持基础及风险研究

构建国家水土保持基础理论研究、科技协作和科学决策与工程设计三大平台，加强水土保持基础理论和水土流失风险、不同区域水土流失控制容量、开展水土流失区林草植被快速恢复与生态自然修复、降雨地表径流调控与高效利用、水土流失区面源污染控制与环境整治、开发建设项目与城市水土流失防治等关键技术研究。加强水土保持学科体系和教育体系建设，加强科技合作与交流，加强科技示范和推广，推进实用技术、高新技术和水土保持数字化技术的应用，提高水土保持的防治水平。加强水土保持生态文明建设的学科体系和教育体系建设，加大人才培养力度，不断提高水土保持科技贡献率和水土流失防治水平。

六、强化水土保持规划的地位

逐步建成国家、流域、地方上下协调，综合、专项相互配套的水土保持规划体系，科学划定生态保护"红线"，优化国土空间开发格局。

建立水土保持规划制度，强化规划的指导和约束作用，根据规划，科学划定不同主

体功能区生态保护"红线"，优化国土空间格局，将规划相关指标纳入国民经济和社会发展规划，明确实施主体，落实实施规划所需的投入，加强监督管理措施，使规划的内容落到实处；同时强化规划的社会约束。广泛宣传规划的目标和相关的指标，调动社会参与和监督。

水土保持专题组成员

齐　实　北京林业大学水土保持学院，教授

赵廷宁　北京林业大学水土保持学院，教授

第十章 生产建设项目用地生态修复研究

第一节 生产建设项目损毁土地及其生态修复的基本内容

一、生产建设项目分类

生产建设项目是指直接用于物质生产或者满足物质生产需要的建设项目，包括工业建设项目、农业建设项目、基础设施建设项目和商业建设项目。

根据"四个差异性""两个有利于"和"最大原则"，即①项目组成、工程性质与特征、开发利用方向、工程布置和不同功能单元工艺流程等方面的差异性；②主体工程的施工工艺、施工组织、施工布置和建设时序，以及所引发水土流失的形式和特点的差异性；③工程占地方式和扰动地表形式，以及由此而造成水土流失的数量、强度及过程的差异性；④因工程建设所引发水土流失的危害，以及为此而布设的防治措施体系和关键措施类型的差异性；⑤分类结果应有利于对开发建设项目所造成水土流失的调查；⑥分类成果应有利于对考察成果的客观分析评价和分类指导，有利于开展如水土流失特点及其危害、防治对策等方面的研究；⑦按类型之间差异最大、相同类型内相似(或者差异最小)的原则，将全国的生产建设项目划分为公路工程、铁路工程、管线工程、渠道和堤防等工程、输变电工程、电力工程、井采矿工程、露采矿工程、水利水电类工程、城镇建设类工程、农林开发工程和冶金化工类工程等 12 类工程。

(一)公路工程

依据《公路工程技术标准》(JTG B01—2003)，按功能和适应的交通量将公路工程分为如下 5 个等级，即高速公路、一级公路、二级公路、三级公路和四级公路。

(二)铁路工程

根据《铁路线路设计规范》国家计委计标〔1986〕8 号通知，将铁路等级划分为三级，即Ⅰ级铁路、Ⅱ级铁路和Ⅲ级铁路。

(三)管线(水、油、气)工程

管线(水、油、气)工程主要包括供排水管线工程、输油管线工程、送气管线工程和光缆工程等。

(四)渠道和堤防等工程

渠道和堤防等工程主要包括渠道工程和堤防工程。输水渠道工程依据《灌溉与排水工程设计规范》(GB 50288—99)分为 1 级、2 级、3 级、4 级和 5 级，具体如表 10-1 所列。

堤防工程依据《堤防工程技术标准汇编》(中华人民共和国水利部国际合作与科技

司，2004)划分为 1 级、2 级、3 级、4 级和 5 级，详见表 10-2 所列。

表 10-1　灌溉与排水工程分级标准

灌溉流量/(m³/s)	>300	100～300	20～100	5～20	<5
引水流量/(m³/s)	>500	200～500	50～200	10～50	<10
工程级别	1	2	3	4	5

表 10-2　堤防工程分级标准

防洪标准重现期/a	≥100	<100 且≥50	<50 且≥30	<30 且≥20	<20 且≥10
工程级别	1	2	3	4	5

（五）输变电工程

输变电工程主要包括输变电线路建设和输变电线改造工程，以及同期建设的变电站（所）、间隔组和铁塔等配套工程。

（六）电力工程

电力工程主要包括火力发电厂、风力发电站和核能发电站等工程。

（七）井采矿工程

井采矿工程主要指以立井、斜井和平硐开拓方式进行的煤炭、金属矿等矿产资源开发工程。

（八）露采矿工程

露采矿工程主要指以层层剥离方式进行的煤炭、金属矿等矿产资源开发工程。

（九）水利水电类工程

水利水电类工程主要包括水库、水电站、抽水蓄能电站、码头、港口和病险水库改造等工程。

（十）城镇建设类工程

城镇建设类工程主要指城镇开发及与之相关的采石、挖沙、取土工程，包括工业园区、商业区、经济开发园区、住宅区及配套开矿采石取土区、交通基础设施建设等。

（十一）农林开发工程

农林开发项目主要指通过"龙头企业+农民合作经济组织+农户""公司+基地+农户""林场+基地+农户"等多发展模式，采取独资、合资、合作、联营、股份制等多种经营方式开展的集团化陡坡(山地)开垦种植、定向用材林开发、规模化农林开发、炼山造林等项目。

（十二）冶金化工类工程

冶金化工类工程主要包括金属冶炼和化工工程等。

为了便于统计分类，又可将上述十二类工程划分为两大类工程，即线性工程和点式工程，其中线性工程包括公路、铁路、管道渠道堤防和输变电工程等，其余项目为点式工程。

二、生态修复及其内涵

生产建设项目损毁土地是指工矿、交通等生产和基础设施建设活动由于开挖地表、地下开采等活动造成损毁的土地，包括挖掘损毁、塌陷损毁、占压损毁及潜在损毁等形式。

生态修复是指利用生态系统自我恢复的能力，并辅以人工措施，使遭受破坏的生态系统逐步恢复或使生态系统向良性循环方向发展。生态修复包含两方面的内涵，即生态系统自身的自我恢复和人工措施促进生态系统恢复。现阶段，由于人类活动加剧，对自然生态系统造成严重破坏，其自我恢复能力难以修复严重受损的生态系统，人工辅助措施成为生态系统快速恢复的必要手段。

生态修复应以生态系统自我修复能力为主，配合人为正向干扰促进其修复，使其在没有或少有人为破坏的情况下恢复至健康状态。生态修复过程是一个生态功能逐渐恢复、发展和提高的过程，生态系统结构及其群落结构由简单向复杂，由单功能向多功能，由抗逆性弱到抗逆性强转变的过程，合理的人工干扰能缩短转变的过程并保护生态修复过程中的成果。在严重破坏的生态系统中，人工正向干扰即各类工程措施在生态系统自我修复的前期具有重要作用，随着生态系统生态功能的逐渐恢复，工程措施的作用则体现在保护生态系统在剧烈干扰的情况下少受或不受破坏。

对损毁土地的生态修复是通过采取土地整治措施、植被恢复措施等，提高土地资源质量，使土地可供利用，促进土地生产能力的提高和土地生态系统的稳定。其本质就是对破坏的生态系统恢复重建，是生态建设和保护的工作内容之一。

生产建设活动损毁土地的修复与项目类型、生产技术与工艺等一系列相关内容息息相关。受损土地的修复及利用的核心为土地复垦的相关技术，此外还包括对不合理的土地利用状态的调整和土地资源的优化配置，以达到保障耕地数量、改善生产生活条件、提升生态环境等多重目标。

第二节　生产建设项目水土流失状况

水土流失直接关系国家生态安全。严重的水土流失，是生态恶化的集中反映，成为我国生态与环境最突出的问题之一。加强水土流失防治，促进人与自然和谐，保障国家生态安全和经济社会可持续发展是一项长期的战略任务。

一、生产建设项目水土流失特征

生产建设项目水土流失在人为扰动和自然营力综合作用下使水资源、土地资源及其环境遭受破坏和损失的速度加速，包括岩石、土壤、土状物、泥状物、废渣、尾矿、垃圾等多种物质的破坏、侵蚀、搬运和沉积。其危害具有地域不完整性、形式多样性、时间潜在性、分布不均匀性、事件突发性、强度变化大、流失物质成分复杂和危害性极大等特点。不同行业类型项目、位于不同区域的同类建设项目也均具有不同的水土流失特点。

（一）侵蚀强度的剧变性

生产建设项目的施工活动高度集中在有限的征地范围内，对地表的扰动非常强烈。这种扰动与自然侵蚀对地表的扰动相比，强度级有极大的增强。自然侵蚀中的外营力如降雨的侵蚀力、大风的吹蚀力是有限的，引起的水土流失呈一定的相对稳定状态，年复一年、日复一日，在一定的量级范围内发生、发展、演变。而生产建设项目则是对原地表实施强力的扰动，地表附着物、地表组成物质、表层土壤的物理组成等都发生了巨大变化，这种扰动往往是全面的、翻天覆地的，许多项目每一块土地、每一寸地表都被破坏、重组，在遇到自然营力如大风、暴雨时，其侵蚀强度剧增。即使在平原、缓坡地此类过去水土流失十分轻微的地方，侵蚀强度仍剧烈增加，从微度、轻度陡然间达到强烈、剧烈，侵蚀模数从数十吨、数百吨，突然增加到数千吨、数万吨。根据深圳市的调查测定，在开发区的扰动土地上土壤侵蚀模数可从 $2000\sim3000t/(km^2\cdot a)$ 短时内增长到 $100\ 000t/(km^2\cdot a)$ 以上，增加数倍至数十倍。过去流失 1t 土壤需要几年，由于开发建设，地表密实的土壤成为了松散的堆积物，大量弃土弃渣被倾倒在沟道、河流，地表也失去了林草植被保护，现今水土流失强度剧增。

（二）水土流失强度的不均衡性

（1）不同项目水土流失强度的差异性。生产建设项目因其所处地理位置、对地表的扰动强度、施工时间等不同，造成的水土流失面积、流失强度也不同，而且差别很大。从单个项目情况看，露天矿、公路、铁路、水利水电工程项目的影响面积大，扰动强度高，挖填土石方量大，建设工期长，其造成的水土流失量也大。而管线工程、火电工程、井采矿、冶金化工等项目影响面积则相对较小，施工期短，土石方量小，造成的水土流失不是非常大。

同一类项目因其所在区域不同，水土流失状况也不同，不能一概而论，简单地断定某一类项目水土流失轻或重。在暴雨多、降雨强度大、风力强的地区，侵蚀外营力大，遇到生产建设活动产生的水土流失物质源时，就会产生较强的水土流失，甚至会引发水土流失灾害。线性工程，如公路、铁路、输变电线路、输油输气管线等，一般线路较长，往往要穿越山地、丘陵、平地、沟河，其水土流失影响、侵蚀强度等在一个项目内就会有较大的差异，在平缓线段侵蚀模数可能为 $3000\sim5000t/(km^2\cdot a)$，到达丘陵段时上升到 $10\ 000\sim20\ 000t/(km^2\cdot a)$，穿越山区段时，侵蚀模数可达 $30\ 000\sim50\ 000t/(km^2\cdot a)$，变化非常大。

（2）同一项目水土流失强度分布的不均衡性。同一生产建设项目，不同的施工区域对地表的扰动强度、施工时段、施工方法等不完全相同，因此造成水土流失的情况也不同，要分析研究一个生产建设项目的水土流失问题就要针对项目区的自然情况、项目的特点，进行具体分析和研究。例如，一个火电厂项目，主厂房区的地下基础开挖、埋设等土石方工程量大，引发的水土流失也较严重，而在生活及辅助设施区，其土石方工程量较小，造成的水土流失也相对较轻微，不同施工区的水土流失强度及水土流失量相差较大，呈现出明显的不均衡性。

（三）项目分布的不确定性及水土流失规律的差异性

生产建设项目分布情况差别较大，主要分布在资源富集区、交通干线和枢纽区、经济实力较强区。据水利部、中国科学院、中国工程院开展的"中国水土流失与生态安全科学考察"调查报告，"十五"期间全国在建的生产建设项目约有 76 810 项，地区分布和行业分布很不均衡。从区域分布看，按国家西部大开发、东北老工业基地振兴、中部地区崛起、东部地区率先发展的区域经济发展总体格局，西部 12 个省（自治区、直辖市）生产建设项目总数 29 772 个，占全国总量的 39%；东部 10 个省项目总数 24 634 个，占全国总量的 32%；中部地区 6 个省项目总数 13 820 个，占全国总量的 18%；东北地区三省项目总数 8584 个，占全国总量的 11%。总体上，西部、东部地区的项目较多。西部项目中，四川、云南的项目较多，主要是城镇建设、水电工程、公路建设、矿山开采等。东部地区的项目主要集中在浙江、福建、广东、江苏，项目类型主要是城镇建设、水利水电工程。从行业分布看，"十五"期间的生产建设项目中城镇建设类项目居首位，全国各地无论是东部、中部还是西部，无论是大城市、小城镇还是农村都在进行城镇建设，其项目数量达 24 700 多个，占项目调查总量的 32%，占项目总数的 1/3；第二位的是公路建设项目，全国各地都在积极建设公路，其项目数量为 13 200 多个，占项目总数的 17%；第三位是水利水电工程，项目数量为 9100 多个，占项目总数的 12%。从项目对地表的扰动面积看，"十五"期间的在建项目占压、扰动地表的面积达 552.8 万 hm^2。扰动面积最大的项目类别是农林开发项目，主要是规模化的农地开发、山地经济果木林开发等，其扰动面积达 204.8 万 hm^2，占总扰动面积的 37%，主要为广西、四川、广东、江西、湖南、福建、山东的经济果木林开发，北方地区新疆、甘肃、内蒙古的农业开发；第二位是公路建设项目，扰动面积为 119.6 万 hm^2，占总扰动面积的 22%，分布于各省（区）；第三位是城镇建设项目，扰动面积为 108.1 万 hm^2，占总扰动面积的 20%。上述三类项目的扰动面积占总扰动面积的 79%。之后依次为水利水电工程、矿山开采项目、输油输气管线工程、铁路、冶金化工、输变电工程、火电厂等，其扰动面积占总量的 21%。

由于项目分布的不均衡性，对地表扰动、造成水土流失的情况也不均衡。与自然侵蚀相比，地貌分布上存在山区、丘陵区侵蚀严重，平原区相对轻微的规律，区域上有西部严重、东部较轻的特点。生产建设项目的土壤侵蚀强度与自然侵蚀相比有明显区别（图10-1）。由于生产建设项目的扰动强度大、挖填堆积物数量大，在江苏、浙江等平原地区的项目，其侵蚀模数仍可达 10 000~30 000t/(km^2·a)，因此，不能认为平原地区的生产建设项目区没有水土流失或水土流失轻微，也不能简单地认为平原区生产建设项目的水土流失低于丘陵区。生产建设项目引发和加剧了水土流失，使区域原有的水土流失规律被打破。

（四）扰动区域的破碎性和治理技术措施体系的差异性

水土流失的发生、发展、演变有其规律性，如一条小流域水土流失呈明显的规律性分布，以小流域为单元的综合治理，一般实行山、水、田、林、路统一规划，工程措施、治污措施、农业耕作措施科学配置的治理模式，取得了良好的效果。

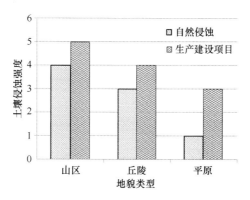

图 10-1　自然侵蚀与生产建设项目工程侵蚀强度对比
图中纵坐标土壤侵蚀强度 1～6 分别对应微度、轻度、中度、强度、极强度和剧烈侵蚀

生产建设项目则是根据其总体布置，占用、扰动地表，基本没有按一条完整流域占地、建设的情况，一条公路、铁路会穿越山岭重丘区、丘陵区、平原区、沟谷、河流，所经区域原有水土流失分布规律被彻底打破，扰动区域呈现出很大的破碎性，用于治理自然侵蚀的小流域综合治理模式和技术措施体系完全不适用于生产建设项目水土流失的防治，而要根据水土流失的类型、部位采取相应的技术措施，其防治措施体系如图 10-2 所示。

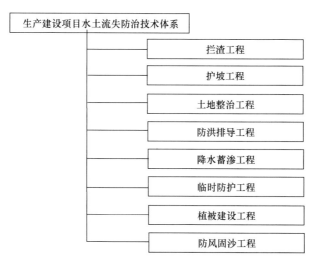

图 10-2　生产建设项目水土流失防治措施体系图

（五）水土流失危害的突发性、巨大性和潜在性

（1）水土流失危害的突发性。生产建设项目由于扰动强度大、区域集中、人为活动密集，在短期内会使一面坡被截断、一片植被被毁坏、弃土弃渣堆积于沟道，为水土流失的产生创造了丰富的物质源，这些物质的数量是自然侵蚀量的几十倍甚至几百倍，当

遇到暴雨时，往往会引发滑坡、泥石流、崩塌等突发灾害。

(2) 水土流失危害的巨大性。由于生产建设项目水土流失危害有突发性特点，灾害一旦发生往往危害巨大。例如，山西省太原市郊区因忽视采矿区的水土流失防治，1996年8月一场暴雨使洪水挟带着泥沙涌进市区，淤积厚达1m，造成60人失踪和死亡，直接经济损失达2.86亿元。广西南丹县大厂镇鸿图选矿厂尾矿库于2000年10月18日发生重大垮坝事故，造成28人死亡，56人受伤，70间房屋被不同程度毁坏，直接经济损失340万元。由此可见，生产建设项目引发的水土流失危害往往关系到人民生命财产的安危、关系到公共设施的安全和正常运行。

(3) 水土流失危害的潜在性。生产建设项目的水土流失危害有些具有潜在性。例如，地下采矿项目，如果仅从地表的扰动面积、扰动强度来看，只有主井、副井、风井、工业广场等几个占地面积不大的区域，并且扰动强度不高，不会产生强烈的水土流失，可能会错误地认为，井下采矿项目没有水土流失危害。但实际上，井下采矿项目要维持正常的生产，会大量排放地下涌水，长此以往使地下水位下降，由于地下水位的下降又会引发浅层土壤、地表土壤干化，随着土层的干化，会导致地表植被退化、死亡，植被减少又会使地表土壤逐渐沙化，最终导致耕地无法耕种、土地撂荒。井田范围内由于地下水位降低，当地群众的吃水井干枯，直接影响到群众的生存生活。同时，随着地下采矿的不断进行，地表逐渐出现沉降、塌陷，又会进一步加剧水土流失。又如，水利水电工程，蓄水后随着水位的不断升高和消涨，对库周两岸土地的浸润，会引发塌岸、土地盐渍化，而这些危害也是逐步显现的。

二、生产建设项目水土保持存在的问题

（一）水土流失量加剧

随着我国经济建设的快速发展，现代化、城市化和工业化的进程加快，各种生产建设活动大量增加，一些地方人为造成的水土流失已到了触目惊心的地步，给生态环境带来了巨大的压力。国家虽然加大了水土保持生态环境的投入，使年治理水土流失面积达到了4万～5万 km^2，但同期因开发建设及生产活动人为造成的水土流失面积就达1万～1.5万 km^2，部分地区新破坏面积甚至大于治理面积。据统计，20世纪90年代后期以来，全国每年新上各类生产建设项目上万个，其中国家级大型生产建设项目就达数百个。数以万计的城镇建设、资源开发、公路铁路建设和农林生产建设项目，扰动地面的规模和强度达到前所未有的程度，由此引发的开发与保护的矛盾十分尖锐，人为水土流失呈不断加剧趋势。根据《中国水土保持公报》公布的数据，从2006～2011年审批的水土保持方案情况判断在此期间全国生产建设项目数量，2006～2011年全国有生产建设项目141 883个，其中国家级项目1725个，省级项目15 544个，地级项目24 403个，县级项目100 211个；国家级项目涉及水土流失防治责任范围33 930.18km^2，省级及其以下级别项目涉及水土流失防治责任范围63 787.39km^2。"十五"期间，全国耕地面积共净减少616万 hm^2，其中因建设项目占用耕地109万 hm^2。结合生产建设项目水土流失典型调查和重点调查，仅"十五"期间，全国各类建设项目所产生的弃土弃渣总量达92.1亿 t。其中公路项目最多，为42.4亿 t，占弃土弃渣总量的46.0%；其次为露采矿工程、

水利水电工程，分别为 19.1 亿 t、17.2 亿 t，分别占弃土弃渣总量的 20.7%、18.7%；并采矿工程、铁路工程、渠道堤防工程分别为 5.1 亿 t、4.0 亿 t 和 2.3 亿 t，分别占 5.5%、4.3% 和 2.5%；管道工程弃土弃渣量近 1 亿 t；电力工程和输变电工程均在 3900 万 t 以下；冶金化工工程 2795.4 万 t，占 0.3%。从区域分布看，西部地区弃土弃渣量 35.7 亿 t，占全国弃土弃渣总量的 38.7%；中部地区 16.6 亿 t，占 18.0%；东部地区 29.5 亿 t，占 32.1%；东北地区 10.3 亿 t，占 11.2%。生产建设项目的土壤侵蚀强度与自然侵蚀相比有明显区别，由于生产建设项目的扰动强度大、挖填堆积物数量大，即使是在江苏、浙江等平原地区，侵蚀模数仍可达 $10\,000 \sim 30\,000 t/(km^2 \cdot a)$。据对近 5 年的不完全统计，因生产建设项目扰动地表、造成和加重水土流失的面积达 5 万 km^2，增加的水土流失量达 3 亿 t，生产建设项目造成的水土流失十分严重。

对典型流域的调查结果表明，生产建设项目新增水土流失量是同期各项水土保持措施减沙量的 1.53 倍。随着我国现代化进程的加快，水土流失造成生态环境破坏的损失也随之增大。农林开发、公路铁路、城镇建设、煤矿、水利水电等工程建设造成的水土流失都很严重。大量的群众采石、挖砂、取土等生产建设活动，也造成大面积的植被破坏和严重的水土流失。

随着我国城乡一体化过程的推进，尤其是山区城乡一体化建设中的基础设施和城镇建设，忽视了水土流失防治，由此造成的洪水、滑坡、泥石流灾害越来越频繁，严重威胁当地社会经济发展和居民的安全，并造成了极大的危害和损失，四川北川灾后重建地的洪水、甘肃舟曲的泥石流、北京 2012 年的"7·21"大暴雨等，已经敲响了警钟。因此必须重视和加强我国城乡一体化进程中对极端气候事件的响应和防治。

（二）相关法律、法规不够完善，法制观念不强

(1)相关法律责任不够明确，操作难度较大。《水土保持法》中有关生产建设项目的水土保持法律责任比较笼统、原则，只在预防、治理方面作了具体规定。但是，对违反《水土保持法》行为的法律责任没有全面规定，对一些重要环节，缺乏追究法律责任的条款。例如，未同时开展水土保持设计、施工或未报送水土保持监测情况的工程，就没有在《水土保持法》中明确相应的法律责任，或者做出必要处罚的规定。

部分法律条文的可操作性不强。一是《水土保持法》规定了"必须""应当"等许多引导性义务，却没有规定相应的法律责任。对生产建设活动所占用土地的地表土的剥离、保存和利用，没有规定应承担的法律责任。还有的规定了强制措施，但由于过于原则、简单，可操作性不强，强制力不够。例如，《水土保持法》第 41 条规定"对可能造成严重水土流失的大中型生产建设项目，生产建设单位应当自行或者委托具备水土保持监测资质的机构，对生产建设活动造成的水土流失进行监测，并将监测情况定期上报当地水行政主管部门。"但是如果不报送，也没有相应的处罚条款。第 19 条关于水土保持设施管护问题，也缺乏相应的责任条款。二是追究法律责任的制约因素太多。例如，监督检查人员现场处置手续烦琐；被检查单位或者个人拒不停止违法行为，造成严重水土流失的，报经水行政主管部门批准，可以查封、扣押实施违法行为的工具及施工机械、设备等。三是制度设计过于理想，可操作性不强。例如，《水土保持法》第 55、56 条规定的对在方案指定存放地之外弃渣、生产建设造成水土流失而不治理的行为，规定了代

履行措施，但没有关于认定单位具备清理能力、治理能力的配套规定，使这一规定流于形式。再者，是否需要经招标程序选择这类单位，如何确定合理的清理、治理费用等都是难题。四是法律条文实施难度较大。法律规定生产建设项目应当避让县级以上人民政府水行政主管部门划定的水土流失重点预防区和重点治理区，但国家级和省级的预防区和治理区多以县级行政区域为单元，要求在全境内避让不太现实，实施难度较大。要么调整预防区和治理区的形式，由全境改成片区；要么将"避让"的提法改成其他要求。同时还规定生产建设活动应将占用土地的地表土分层剥离、保存和利用。剥多少、如何分层等，有许多细节需要进一步明确。

有关生产建设项目的部分法律规定不合理。一是方案编报的适用主体不明确。《水土保持法》第 25 条规定在山区、丘陵区、风沙区及水土保持规划确定的容易发生水土流失的其他区域，开办可能造成水土流失的生产建设项目，生产建设单位应当编制水土保持方案。而容易造成水土流失的其他区域，则不太明确，各地操作方式可能也不同，应当删除地域范围的限制，只要是可能造成水土流失、达到一定规模的生产建设项目，就应当编报水土保持方案。二是水土保持前置许可改革，难以更好地发挥约束作用。随着万众创新、大众创业政策的实施，对包含环境、安全在内的许多行政许可事项进行了改革，作为指导工程设计的水土保持方案，也由前置许可变成了并联许可，要求在开工前编报即可，在场址和弃渣场位置选择、主体工程比选方案确定等方面，话语权大大削弱，难以发挥约束作用。三是水土保持方案的工作深度不能满足工作需要。当前，水土保持方案主要在可行性研究阶段同步开展，工作深度总体上处于可行性研究深度。而各行业的前期工作深度不一，线性工程的可行性研究深度偏浅，导致后期的路径走向、工程布局，特别是渣料场的选址和容量发生过大的变更，进而导致大量的方案补充修改或措施重大变更，加剧了水行政主管部门和企业及设计单位的负担。四是技术服务资质取消，服务质量缺乏保障，给水土流失防治留下隐患。水土保持方案编制、监测等资质弱化，由行政许可改为行业自律，甚至可以自行开展方案编制和监测工作。与原来实行资质管理、市场准入时相比，服务质量难以保证，水土流失防治措施的针对性、及时性和反馈机制可能大打折扣。

综上可见，生产建设项目的水土保持管理工作还需适应新形势，切忌形成有法难依的局面，使监管难以到位。

(2)地方水行政主管部门决定权较弱、相关部门合作不够。根据水利部《水行政处罚实施办法》第九条规定，地方人民政府设立的水土保持机构以自己的名义独立行使水行政处罚权。根据这个规定，地方人民政府设立的水土保持预防监督机构可以独立行使水土保持行政处罚权。

而按《水土保持法》的规定，水土保持方案审查、验收、责令改正及罚款等，只能由水行政主管部门实施，却没有提及拥有独立水行政处罚权的水土保持机构，这无形中就对水土保持机构作为行政执法的主体给予了否定。

《水土保持法》第二十七条规定，依法应当编制水土保持方案的生产建设项目中的水土保持设施，应当与主体工程同时设计、同时施工、同时投产使用；生产建设项目竣工验收，应当验收水土保持设施；水土保持设施未经验收或者验收不合格的，生产建设项目不得投产使用。但是这样规定，容易引起误解。最终的验收谁说了算，是生产建设单位还是审批水土保持方案的水行政主管部门，未表达清楚真实的意思。

《水土保持法》规定了水行政主管部门主管生产建设项目水土保持工作，但工作涉及农、林、水、国土、环境等多部门。《水土保持法》第二十二条规定林区的林木采伐方案中应当有水土保持措施，但规定采伐方案经林业主管部门批准后由林业主管部门和水行政主管部门监督实施，导致推诿扯皮。环保部门与水土保持部门及水行政主管部门及林业部门等常发生权力责任义务上的矛盾和冲突，如《水土保持法》和《中华人民共和国土地法》《中华人民共和国环境保护法》《中华人民共和国森林法》《中华人民共和国防沙治沙法》《中华人民共和国草原法》《中华人民共和国农业法》等其他资源管理法交叉。并且，很多部门在日常工作中往往互相配合、合作不够，从而形成不利于生产建设项目水土流失防治的局面。

(3) 与生产建设项目水土保持管理要求不适应。水土保持设施的设计及验收未在《水土保持法》中做出具体规定。水土保持方案仅相当于工程可行性研究深度，许多防治措施尚不能定位、定规模，难以指导施工。而许多单位拿到方案批文后便束之高阁，对生产建设项目水土保持设施不进行后续的勘测设计，导致验收时缺乏依据，只能和水土保持方案进行对比，结果是许多措施没有落实或者有大的变化而无变更手续。水土保持设施的验收也一样，缺乏明确的法律依据。

生产建设项目水土保持技术市场不规范。随着各类生产建设项目的增多，水土保持方案编制、监理、监测、技术评估等已经形成一个很大的技术市场，很多相关单位和社会力量参与进来从事有偿技术服务，对于推动生产建设项目的水土保持工作起到了积极的作用。但是，有的持证单位在获得资质证书之后，不注重技术力量的强化和技术人员的培训学习，编制水土保持方案和监测报告时照抄照搬、粗制滥造，编制水平很低；个别单位为了承揽项目，包设计包批文，一味地降低服务费用，竞相压价，无序竞争，既扰乱了水土保持技术服务市场，又由于工作经费不足，使得服务质量下降，所提供的技术文本达不到应有的深度，进而影响了生产建设项目的水土保持工作。

水土保持中介机构法律地位和作用没有确立。作为一部资源环境法，其所调整的领域涉及大量技术性问题，如水土保持规划与水土保持方案的编制和审批、方案实施情况的验收评估、水土流失量及其破坏程度的勘验确定、水土保持工程建设的监理、有关资质的评估等，这些业务在市场经济条件下，应由社会中介组织或机构承担。但是，目前相应的中介机构没有相应的权威，也没有确立其在市场监管中的地位和法律作用，导致管理流于形式，只能维系不能发展，从而影响了对生产建设项目的监督管理。

水土保持方案有关制度不完善。由于《水土保持法》中未对生产建设项目水土保持方案的法律地位、审批程序和相应的法律责任等做出明确的规定。因此，水土保持方案缺乏独立性、系统性、程序性和强制性规定。例如，对于林业采伐、农垦、造林、农林开发等项目，尚未必须编报水土保持方案的有关规定。因此，水土保持部门参与管理的规定就难以执行，进而导致全垦、滥垦、盲目造林和随意进行农林开发等现象无法得到有效控制。

事实上，目前存在许多项目立项批准或核准、开工甚至验收可以越过水土保持方案报批关和验收关；水土保持方案既不能很好地适应行政许可法"一个窗口"的审批要求，方案报批又需"求助"于环保、土地乃至调控管理部门把关或寄希望于项目单位的"自觉性"，这就充分说明水土保持部门缺少执法的权威。

(4)建设单位法制观念不强。从近年的执法检查和跟踪检查来看，部分建设单位虽然对水土保持工作有一定的认识，但相当一部分只是停留在口头上，在实际工作中对水土保持工作仍不够重视，主要表现在：水土保持工作机构不健全、没有将水土保持工作纳入项目合同及日常管理中、建设单位对水土流失及其造成的危害认识不够、资金投入量不完全到位、重视主体工程建设而忽视了对周边影响区的治理等方面。在已完成的一些生产建设项目水土保持工程中，大部分水土保持设施与建设项目的主体关系密切，而对主体工程安全运营没有影响的区域如弃渣场、取土(料)场、施工便道等防治措施则严重滞后、标准偏低或没有实施水土保持措施，留下水土流失隐患。

此外，大部分建设单位对水土保持的概念不清，将"水土保持"与"环保"混为一谈，不了解水土保持方案的内容和任务，没有真正认识到编制水土保持方案和实施水土保持方案的重要性，更没有按照水土保持工程建设的特点和要求进行管理。把编制水土保持方案当作建设项目立项的"敲门砖"，项目一旦核准通过，就把水土保持方案归入档案室，因此对水土保持工程的投资、数量、质量、进度等就不可能得以有效控制，严重影响了水土保持工程的质量和防护效果。归纳起来，建设单位对水土保持工作重视程度不够主要表现为：施工企业资质管理不规范、控制分包不严、投标定标过程不严、评标方式尚需健全与完善、生产建设单位方案编制滞后或无方案、没有按照方案及其设计文件落实水土保持措施、施工过程中的临时性防护措施不到位、建设单位将水土流失防治责任转嫁、生产建设项目"三同时"制度未全面贯彻落实等。

另外，水利部规定持有乙级资质证书的水土保持方案编制单位只能编制中小型生产建设项目水土保持方案，但在实际工作中，持有乙、丙级资质证书的单位编制大中型生产建设项目水土保持方案的情况屡见不鲜，部分编制的成果深度不够，质量偏低。

(5)社会及有关行业法制观念不强。近年来，通过广泛宣传，虽然全社会的水土保持意识和法制观念增强了，收到了较好的效果。但是，由于受现行法规强制性不够、人员与经费不足、装备与技术手段相对落后等多种因素的影响，水土保持宣传、教育工作还没有完全到位，当前社会和有关行业的法制和生态保护意识仍然比较薄弱；部分地方的个别领导干部水土保持意识和法制观点依然不强，往往口头上重视生态文明建设，事实上以创造宽松的投资环境为借口，要求执法部门开"绿灯"，简化项目正常审批程序。

部分项目业主、施工单位为节省资金，不管国家有关法律法规，只重视主体工程建设，忽略了水土保持设施的建设，以牺牲环境来换取企业利益，只求完成主体工程建设任务，而不编报水土保持方案，即使编报了水土保持方案也不积极实施，或者项目没有水土保持方案就立项开工建设，水土保持资金不能列入工程概(预)算，造成水土流失不治理，主体工程竣工后也不采取任何补救措施，继续走"先破坏、后治理"的老路。

上述问题的存在，其主要原因就在于社会及有关行业对当前与长远利益、局部与全局利益、工程建设与环境保护利益等没有清晰的、整体的认识，从根本上讲是水土保持意识和法制观念落后。

（三）监督执法体系尚未健全、执法力度不够

目前，全国有200多个地(市)、2500多个县(市、区)成立了水土保持监督管理机构，尚有300多个县没有建立水土保持监督管理机构，所以生产建设项目水土保持工作还存

在着一定的盲区。

各地的水土流失情况不同，对水土保持工作的重视程度和水土保持机构设置也存在着很大差异。例如，有些地方开展水土保持工作时间较长，水土保持机构也较为健全，而有些地方虽然有水土保持机构，但大多数是水利厅、局内设的处、科、室，尤其是县级机构，多数是在水行政主管部门下设的股、站，人员编制大多数是事业编制。这样，从机构和编制上就很不利于水土保持专业化水平的提高，不利于水土保持的创新和可持续发展。在一些水土流失严重的山区县，有的仅把水土保持列为股级编制，有的把水土保持预防监督站列为水利局（或水务局）的下属事业单位，还有的虽然批建了机构，但不给人员编制。以上种种情况都非常不利于水土保持工作的开展。

（1）水土保持方案监管落实不到位。有的建设单位为使项目及时立项，积极主动地编制水土保持方案并报批，一旦批文到手，就把水土保持工作搁置一边了。项目立项后，只注重主体工程，方案报告书设计的各项措施不落实，随意更改，认为可有可无，有的甚至把方案报告书束之高阁；有的单位则以种种理由搪塞，不开展水土保持监测和水土保持监理，不按时缴纳、少缴或拒缴水土保持补偿费；有的生产建设单位对水土保持监督检查不配合，对水土保持监督检查人员不予理睬，甚至拒之门外，致使"三同时"制度落实不到位，各种防护措施不到位，没有水土保持后续设计；弃土弃渣没有固定排放位置，随意堆放，留下水土流失隐患。由于各种原因，部分县（市）缺少经费和人员，检查不及时，措施不力，监督管理不到位，造成方案落实不到位。

按照《开发建设项目水土保持方案报送及有关格式暂行规定》的要求，"建设单位应在收到批复文件后30日内将报告书(报批稿)送达项目所在地省、地、县三级行政主管部门各两份"。但是，在督查中发现不少建设单位未严格按照有关规定将水土保持方案报告书及时送达有关地方水土保持监督部门和流域机构，由于监督部门对建设项目的信息不了解，不掌握开发动态，致使生产建设项目水土保持方案在落实过程中得不到及时有效的监管。

（2）水土保持监督管理规范化不够。当前，根据国家基本建设程序，国家立项建设项目的水土保持方案由水利部审批，地方立项建设项目的水土保持方案由同级政府水行政主管部门审批。依据《水土保持法》和《行政许可法》的规定和"谁许可谁负责监督"的精神，部委批准方案的项目的跟踪检查由流域机构实施，但由于人员和精力的限制，难以做到每年现场检查一次的要求，导致水土保持执法监督工作出现盲区，影响了水土保持监督管理的权威。

（3）水行政主管部门难以发挥应有的作用。尽管《水土保持法》规定，项目所在地各级水行政主管部门均有监督检查的职责，相关的水土保持补偿费等由地方政府水行政主管部门负责征收使用。但由于经济利益的驱动，地方政府时有保护主义思想，致使当地水行政主管部门对建设项目的监督检查力度不够。虽然流域机构在水土保持预防监督工作中占有相当重要的地位，但也经常受到地方政府的行政干预，加之经费不足，致使许多水土保持违法案件得不到及时有效的查处，严重影响了治理工作，造成人为水土流失日益加重的局面。尤其在近年来的监督管理实践中，个别地方政府领导为了争取项目，不惜以牺牲环境为代价，片面追求经济效益，为建设项目立项大开绿灯，无视一些生产建设项目不履行《水土保持法》规定义务的现象，使监督执法工作严重受阻。

(4)执法装备少，技术手段粗放，支撑体系不完善。近年来，各地生产建设项目水土保持监督执法装备做到从无到有，从小到大，从弱到强，配备了执法车辆、通信设施、电脑设备及调查取证器械等一批执法装备，但总体上还是不能适应形势发展要求，尤其是缺乏现代化的监督执法装备。例如，执法车辆不能做到随时调用，还不具备定量取证能力，尤其在县一级，许多水土保持执法部门仍然靠的是摩托车、自行车和皮尺等这样一些既简单又落后的交通、测量工具。因此，由于缺乏必要的勘测设施，不仅取证工作难度加大，降低了工作效率，而且影响了执法的威慑作用，限制了监督执法水平的提高。

通常，水土保持执法需要以下三大技术支撑体系：一是执法相对人动态信息管理体系。即对与水土保持监督执法密切关联的开发建设、生产经营企事业单位，进行全面深入的调查摸底，并且进行跟踪调查，在此基础上，建立计算机管理信息系统。二是水土保持方案信息管理体系。内容包括水土保持方案编制资格单位基本情况，方案编制、报批与实施情况跟踪等。三是水土保持监督执法科技信息管理体系。内容包括与水土保持监督执法有关的科研、设计、技术中介机构及技术专家等方面的基本情况，生产建设项目水土流失防治工作的目标任务等。当前，上述水土保持监督执法技术支撑体系严重不健全。

(5)预防监督经费严重不足。近年来由于地方政府机构改革，有的水土保持预防监督部门定性为公益一类事业单位；有的为公益二类事业单位。经调查发现，由于水土保持预防监督部门经费短缺，工作难以展开，影响了执法的公正性和全面性。此外，对发生的水土流失案件反应慢、执法不严，特别是对已建、在建中的项目监督不力，重收费轻监督管理，不仅执法效果差，还损坏了生产建设项目水土保持监督执法的形象。

生产建设项目水土保持监督执法所需经费问题是个老问题，但多年来都悬而未决，难以落实，这是导致预防监督执法工作不到位的重要因素。一些财政困难的山区县连日常办公经费(如电话费、差旅费等)都难以支付，根本无法配备必要的执法装备和开展执法工作。

(6)行政干预及地方、行业保护较严重。在当前优先发展经济的大环境里，部分地方政府为了做好招商引资，迅速发展地方经济，往往只顾眼前的经济利益，忽视生态环境效益，采用地方保护主义政策，甚至个别地方政府还出台一些与法律、法规有抵触的地方性文件，制定了许多变通政策，为违法者千方百计地逃避法律制裁提供了方便。还有的在在建项目并不完全具备立项条件下，一路开绿灯，干扰正常的监督执法，纵容随意开工和施工行为，严重阻碍了建设项目水土保持工作的开展。尤其是对政府重点项目、园区项目等可以"未批先建"，实行"零收费"，使一些重点项目的水土保持方案的审批和补偿费收缴工作无法正常开展。

还有少数地方干部和行业主管部门的领导，由于生态文明意识淡薄，法制观念不强，常常为基本建设和资源开发项目的业主说情，以至于要求简化水土保持方案编报手续、减免应缴的"规费"，甚至以权代法、以言压法，干预执法工作，致使执法工作难以顺利进行，部分项目受行政干预未编报水土保持方案就擅自开工建设，使得破坏的环境无法恢复，遗留的损失难以弥补。

还有些地方，即使水土保持监督部门发现了建设单位存在的严重违反水土保持法律法规的行为，地方政府的某些官员仍千方百计地予以干预，造成水土保持的违法行为难以追究。

事实上，由于目前生产建设项目是建设、计划、财政、环保等部门多头分管格局，因此存在着把关不严、协调不一等问题。

(7)监督执法部门自身建设不足。有些地方官员，甚至是主管领导的"小水土保持"观念十分浓厚，习惯于就水土保持搞水土保持，甚至就水土保持只搞治理，导致路子越走越窄；有些地方领导对预防监督工作的认识存在着很大的偏差，把搞预防监督等同于收费，进而提出"无关收费的事都不干"，导致预防监督执法工作长期开展不起来。在水土保持整个工作格局中，依然普遍存在"重治轻防"现象，预防监督执法工作并没有摆上应有位置，在领导的工作精力、技术人员的配置和经费安排等方面，都处于"无足轻重"的地位。一些地方水土保持监督机构长期存在无明确负责人、无明确人员、无明确分工职责、无规章制度、无执法基本装备等"五无"现象，导致水土保持监督执法工作长期不到位和执法不力。监督执法管理规范化建设还处在起步阶段，在执法程序、执法制度建设、手续完备性等方面依然存在较大差距，规范化建设任重道远。

(8)监督检查工作不够到位。近年来，水土保持监督执法工作在各级各部门的支持配合下、在本系统广大干部职工的共同努力下，取得了一定成绩。但也存在不到位的问题。主要表现在以下几个方面：有些行业的水土保持执法至今还是个空白，如农林业开发、冶金化工、城镇建设等，而且对于平原区生产建设项目的执法也还处于十分不力的状况。相当一部分生产建设项目的水土保持监督执法工作不到位，跟踪检查的覆盖率和频次偏低，现场检查的技术落后，仅靠肉眼判别明显的违法行为，对一些死角和交通不便的地方监管不到位。由于受地方政府和行业主管领导的干预，监管部门对部分在建和已经投入生产运行项目的水土保持监督检查工作不到位。由于受地方保护主义和行业保护、干预的影响，水土保持补偿费征收面不广、量不足，目前未能做到应收尽收等。一些地方执法人员存在事业心、责任感不强或有某些畏难情绪，甚至个别人还因待遇问题闹情绪影响了工作，这些都在一定程度上影响了执法工作的开展。

(9)执法人员的素质有待于进一步提高。水土保持监督执法是一项业务复杂、政策性很强的工作，不仅执法人员应具备系统的业务知识，熟悉法律条文和有关规定，而且应该具备良好的政治道德素质和较强的业务、社会工作能力。

但从目前的情况看，这些方面都还存在一定的问题。例如，有的同志在水土保持执法过程中，对有关的法律条款理解并不透，对业务知识也不太熟悉。因此，往往就不能依法正确解答执法相对人提出的有关问题，甚至在查处水土流失违法案件时存在执法不严、处理失当或在执行法定程序上出现失误等问题，严重影响水土保持执法队伍的整体形象。

因此，目前监督执法队伍不管是数量还是素质，都难以适应生态建设新形势发展的需要，执法人员的素质亟待提高，已成为当前制约监督工作打开新局面迫切需要解决的问题。

（四）协调机制缺位，政策、机制仍需创新，规划地位和管理能力有待提高

(1)缺乏有效的协调机制，水土流失治理一家管理，措施难以统筹。尽管《水土保持法》明确规定，由水行政主管部门主管水土保持工作，但是水土保持的具体职责实际分散在水利、农业、林业等部门中。因此，虽然协调水土流失防治是水土保持主管部门

的重要职能，但是受行政权力限制，水利部门难以具体指导其他相关部门的水土保持行为，协调作用十分有限，实际成效大打折扣，直接影响了全面建成小康社会宏伟目标和生态文明的顺利实现。

（2）水土保持政策、机制有待创新，规划地位需提高。水土保持政策、机制和体制还不能适应生态文明建设的需要，如在水土流失治理的投入、保护、补偿、激励和制约的政策方面；重点防治区地方政府水土保持目标责任制和考核奖惩制度、生态补偿制度等都需要建立和完善。

《全国水土保持规划》已经国务院批准公布，但只有少数省（区）同步完成了规划的报批工作，内容上也未能有效衔接。另外，许多地方认为水土保持规划是一个部门和行业规划，没有起到其应有的地位和作用，对全国规划确定的任务和目标没有分解下去，直接导致了规划实施风险。

（3）人为水土流失预防多重管理。人为活动造成的水土流失，如各类各等级生产建设项目的审批、核准和监管隶属于国家及各级地方政府的国土、交通、水利、电力、住建、市政、环保、海洋、航空、农业、林业，以及生产安全监督等行政主管部门及大型国企，加之生产建设项目生态影响的复合与叠加等，生产建设项目造成的毁损土地权属比较复杂，分属各个行业和部门，管理也比较分散，国土部门涉及的工作有土地复垦、土地整理、矿山环境保护与综合治理、矿山地质环境保护与治理、地质灾害治理等内容；环境保护部门涉及的也有环境影响评价、生态环境影响评价、矿山生态环境保护与恢复治理；交通运输部门涉及的有公路、铁路、水路环境保护等；农业部门涉及的有基本农田保护、草原保护等；林业部门涉及的有林地保护与林地占用审批、植树造林等；水利部门在负责水土保持生态建设的基础上，负责各类生产建设项目的水土保持工作，措施涵盖工程措施、植物措施、临时措施、土地整治等，近年着力推进的生态清洁小流域建设工程更是涵盖了垃圾处理与水污染治理等内容；国家安监局则负责尾矿库的安全；国家发展和改革委员会在各职能部门职责划分及其变更的背景下，负责陆上石油天然气生产环境保护等相关工作，牵扯部门较多，不能形成有效的管理。

（五）科研队伍薄弱，经费投入不足

（1）有关技术标准的采用不合理。由于全国各地自然条件千差万别，从南方到北方、从东部到西部采用同一个"技术规范"，显然难以适应各地特殊情况的需要，需要应用其他行业的新技术加以综合研究解决。

（2）坡面水土流失防治新技术的推广应用不够普及。近年来国内外对生产建设项目的开挖坡面和堆土(渣)坡面的防治新技术研究比较深入，发展较快，有些新技术比较成熟，防治成效也较突出，对防治人为破坏引发水土流失具有速度快、效果好的特点，但这些新技术除在高速公路、铁路的个别路段应用外，在其他类型生产建设项目上基本上难以得到推广应用。究其原因，一方面与业主不愿多投入有关，另一方面与生产建设项目水土保持投资占项目总投资的比例较低有关。

（3）缺乏水土保持设施专业施工队伍和运行机制。在生产建设项目水土保持设施的建设过程中，缺乏水土保持专业施工技术和专业施工队伍参与实施，专业化的技术规程不尽完善；在水土保持工程的施工管理中，也没有推行水土保持工程与主体工程同步施工和项目法人制、招投标制监理制等基本建设制度的社会化运行机制。因此，虽然编制了水土保持方案，但控制水土流失的目的难以实现。

（4）防治措施创新技术研究不够。表现在总是沿用面上治理的那一套理论和方法，针对性不强，实施措施效果不理想。另外，对生产建设项目水土流失的发生规律、流失特征、表现形式、产生危害及防治技术的研究还很不够。

（5）科研队伍不断壮大，但仍显不足。随着我国水土保持事业的不断深入，我国水土保持科研队伍不断壮大，我国现有水土保持从业人员达 10 万多人。除中央所属外，省级各类水土保持从业人员 1350 人；地级各类水土保持从业人员 4620 人；县级各类水土保持从业人员 91 730 人。其中行政管理机构的从业人员 14 900 人；监督执法机构的从业人员 67 590 人；技术推广与服务机构的从业人员 10 390 人；科研机构的从业人员 2400 人；监测机构从业人员 2380 人。

近年来，全国水土保持业务培训工作逐步展开，培训内容不断拓展，受训人数逐年增加。水利部先后组织开展了水土保持行业管理、重点工程项目管理、水土保持前期工作、水土保持监督执法、水土保持方案编制持证上岗、水土保持监理工程师培训等专项培训。各流域机构和各省级水土保持主管部门也根据工作需要积极开展业务培训工作。每年省级以上的水土保持业务培训人数达 3000 人次以上。

尽管如此，面对我国日益严峻的水土流失问题，需要越来越多的人参与到水土保持事业中来，我国水土保持科研队伍不足的问题也逐渐暴露出来，再加上水土保持科研人员分布不平衡(大都集中在发达地区)，西部条件较艰苦的地区人才大量流失，科研队伍不足的问题尤为突出。

（6）科研经费不足。尽管目前我国对水土保持科研投入逐年增加，但仍存在科研经费不足的问题。以黄河流域从事水土保持工作的科研站所为例，目前普遍存在经费严重短缺、设备陈旧老化等问题，有的连人员工资都难以兑现，就其原因可分为三种类型：第一类是水土保持科研费过低，绝大多数市、县两级的水土保持科研站、所属于此类；第二类是根本没有正常的水土保持科研经费；第三类是人员增长远大于事业费增长，人头经费不足，行政开支大，仅有的科研费大部分被挤占。

（7）科研人员结构比例不合理。我国水土保持从业人员结构比例不合理的问题较为突出，非技术人员比例偏高。如此发展下去，非科技人员队伍如滚雪球般膨胀，家族裙带关系发展严重，形成干事的人越来越少、吃饭的人越来越多的恶性循环，科研水平和实力则会下降，进而由于缺乏竞争能力，水土保持科研工作停止不前，甚至倒退。

第三节　生产建设项目水土保持的地位与作用

一、生态文明建设的重要组成部分

水土流失是制约人类生存和社会可持续发展的重大环境问题，是我国各种生态问题的集中反映和导致生态进一步恶化和贫困的根源。党的"十八大"报告提出"建设生态文明是关系人民福祉、关乎民族未来的长远大计，必须树立尊重自然、顺应自然、保护自然的生态文明理念，把生态文明建设放在突出地位，融入经济建设、政治建设、文化建设、社会建设各方面和全过程，努力建设美丽中国，实现中华民族永续发展。"

水土保持是生态建设的综合性技术措施，植物措施净化、美化环境，工程措施固土、保塥，为植物措施和生态修复提供基础，农业技术措施保肥保土，管理措施减少扰动，优化生产力力布局，保护和改善资源和环境条件，增加环境容量，使经济社会发展方式逐步转变到近自然(在承载能力范围内)、可持续(永续)、美丽和谐的生态文明发展方式，水土保持工作的核心是保护、培育和合理利用水土资源，它涉及了生态文明建设的各个方面，自然生态系统和环境保护、国土资源空间布局优化、资源节约和生态文明制度，都和水土保持工作密切相关，不言而喻水土保持是生态文明建设的重要组成部分。

二、全面建设小康社会的基础工程

在基本建设领域，搞好水土保持，可减轻对周边环境和生态的影响，还可保障生产建设项目的安全运行。一是按照水土资源综合利用规划的总体安排部署，保障经费投入，采取有力措施，保护表土资源，减少占地和扰动范围，促进水土资源的集约高效利用并使之得到最大限度的保护，进而保障国家的生态安全；二是采取治理措施，使边坡得以稳定，裸露地表得以覆盖植被，降水资源得以良好蓄排，控制水土流失并快速进行生态修复，使之步入良性循环的轨道。

搞好生产建设项目水土保持工作，可最大限度地减少对农村生态环境的破坏，还可促进农村社会的全面进步，为生态安全和公共安全做出贡献，对于促进社会和谐发展与全面进步，全面建成小康社会具有十分重要的意义。

三、实现人与自然和谐发展的重要手段

实现人与自然和谐发展是整个水土保持工作的核心理念，立足于人们合理利用土壤资源，在保障水土资源质量不下降的前提下，使之源源不断地生产动植物产品，满足人类的需求。水土保持的目的是保护水土资源，从规范和约束人的行为出发，遵循因地制宜的原则，倡导人们有效保护和合理利用水土资源。水土保持亦从人的总体需要出发，综合考虑当代人及后代人的需求。

人与自然和谐的理念贯穿生产建设项目的规划、选址、立项、实施和验收的全过程，以及后期管护的每一个环节。凡是系统采取综合防治的生产建设项目，项目顺利建成投产，生态得到改善，做到了经济建设与生态保护的双赢。

四、可持续发展的重要保障

在生产建设的同时如果不同步开展水土流失治理工作，人类就会不断失去最基础的生存资源和空间。水土保持采取各种综合措施控制和减少水土流失，保护了土地资源，减少了对水质的污染，提高了水源的涵养能力，使资源在不被过度利用的情况下实现人们经济活动的预期目的，将水土、生物等自然资源的开发利用控制在合理和适度范畴之

内，实现土壤资源的可持续利用。

水土保持是减少生产建设活动对区域生态影响的有效途径，是中华民族走向生态文明、确保生存发展的长远大计。

第四节　国内外发展历程、成就和经验

一、国外主要国家的研究现状

（一）美国

作为世界上土地修复领域较为发达的国家之一，美国开展土地修复的研究历史也较为悠久。早在 1918 年，美国印第安纳州煤炭生产协会就自发地在煤矸石山上开展种植试验研究。1920 年，美国颁布了《矿山租赁法》，首先提出了在工矿开采时应当保护土地资源和生态环境。1935 年，Leopold 带领其团队开展了采煤塌陷区废弃农场的草地恢复研究，开创了美国矿山恢复生态学研究的科学实验先河。1939 年，伴随美国露天煤矿开采规模的逐渐扩大，印第安纳州、伊利诺伊州、西弗吉尼亚州等地逐渐制定了相应的露天采矿及其土地修复的法律法规，土地修复迈上了法制化的轨道。1970 年，美国颁布了《露天开采控制和复田法令》，标志着美国工矿区土地修复进入了一个新的发展阶段。1977 年，美国颁布实施首部全国性的土地修复法规——《露天采矿管理与土地复垦法》，明令要求把受破坏的生态系统恢复到开发前的健康状态。

作为世界上最发达的工业国家，美国开展矿山环境的修复工作成果卓著。目前美国把工矿区生态环境破坏大致分为土地表层破坏、大气污染和水系污染三种类型，并先后制定了相关的法律法规规定了不同情况的处理方式。在国家法律法规的规定和各种科学技术手段的支持下，美国在工矿区环境保护和管理的方面取得了显著的成就，尤其是在修复耕地种植作物、矸石山整形植树造林、粉煤灰充填改良土壤等方面。

美国矿山地质环境的重点在于恢复到采矿损毁前的地形地貌，即开采前是耕地的矿区要恢复到之前的农业耕作状态，开采破坏前是森林的恢复到同等水平的森林覆盖状态，最大限度地减少对生态环境的破坏，把矿区生态环境保护置于极高的地位（Lubchenco，1991）。矿产、生态、生物、地质、农业等多方面的专家先后参与了美国工矿区环境修复的研究(李树志，1998)，国会还批准成立了"国家矿山土地复垦研究中心"，该中心由政府和矿山企业两方共同提供研究资金。

（二）日本

日本进行生态修复的历史可以追溯到 17 世纪，当时的政府部门在学者河村瑞贤的建议下开展了荒山治理工程，并把造林与工程措施相结合，随后设置了砂防机构，开展砂防工程的建设。1873 年，荷兰土木工程师到日本传授西欧水土保持工程措施，1897年，为防治山区灾害，制定了《森林法》，并一直修订延续至今。1904 年，奥地利荒溪治理专家霍夫曼受邀到日讲学，开始正规的水土保持教育推广，并推动了荒溪治理的森林-工程体系。

第二次世界大战后，日本重新开始生态修复工作，1953 年成立水土保持对策协议会，从事土壤侵蚀防治、生态修复等相关研究。由于日本特殊的国情，日本在从事生态修复研究时更多的是注重实际应用，即以工程应用措施为主，而在系统的理论研究方面做得不足。

（三）德国

有记录的德国土地修复可以追溯到 1776 年，当时的矿山租赁合约明确规定了矿山开发者对采矿区域有治理和植树造林的义务。德国对土地修复的全面研究是从 20 世纪 20 年代开始的，当时主要是选择多种树种的方式进行植树造林，以恢复森林的生态多功能性（Siegfried Lange，1998）。第二次世界大战之后，煤炭的大规模开采为德国经济的恢复和发展起到了重要作用，但与此同时，工矿区土地的损毁情况也愈加严重。1950 年北莱茵-威斯特法伦州专门制定了褐煤采区的规划方案，同时把重建生态环境写入了基本矿业法。分裂为东西两个德国后，二者对土地修复关注的重点也有所不同，西德更加注重植树造林与生态环境恢复，东德从 20 世纪 60 年代的林业修复发展为 70 年代的农业修复，土地修复的生产力和林业的经济收益成为衡量土地修复的重要标准。20 世纪 90 年代东西德合并后，德国土地修复进入混合型土地修复阶段，研究重点从农林用地转为休闲用地、物种保护和重构生物循环体方面上来，从而为人与自然创造一个和谐的生存空间（Gerhard Dumbeck，1998）。

（四）澳大利亚

澳大利亚是一个以矿业为主的国家，煤矿、铁矿等矿产资源储量和产量丰富，其矿山修复技术和管理水平也取得了令世人瞩目的成就，土地修复已经融为矿山开采工艺的一个重要环节，是当今世界处理扰动土地非常成功的国家。澳大利亚将土地修复视为一个系统工程来操作，涉及诸多部门的参与，不仅重视恢复土地基本功能，而且注意矿山废弃物对地表环境和地下水的污染，实现了土地修复、环境治理和生态恢复的成功综合。

澳大利亚政府制定了工矿区开发与管理的法律框架，各州相对有较大权限，可以依据具体情况指定不同的法律。尽管如此，各州都规定工矿土地的修复是在开采过程中的一项重要内容。

澳大利亚对土地修复的管理主要是制定土地修复的目标和指导标准。政府在制定土地修复的目标时主要以下原则为主：修复后土地利用方向要考虑损毁前的土地利用状况；土地修复的社会成本最低；修复后土地利用方式的确定必须以区域环境价值、相邻土地的利用方式、相关人员和政府的目标为参考；土地修复的影响具有长期性，修复后土地在利用过程中的各项风险必须最小；土地修复应尽量恢复土地破坏前的情况，尽量消除工矿开采的痕迹。

（五）英国

英国的矿产开发有着悠久的历史，矿产资源的开发为英国的发展做出了贡献，但同时也造成了较多的环境问题。随着各种生态问题的涌现，英国政府和民众越来越认识到保护环境的重要性。因此，英国政府不断加强工矿开发中的环境保护与环境监管，先后制定和出台了大量的相关法律、法规和政策，对工矿活动进行约束和限制，对利用完毕的矿业用地采取措施进行恢复，以保护环境。英国工矿区环境保护与管理可以分三个阶段：首先是矿山开采前的准入管理；其次是矿产开发过程中的监督；最后是矿山闭坑后的土地修复。

英国政府在 1969 年颁布了《矿山采矿法》，提出矿山开采者在开矿的同时必须进行生态恢复及重建(杨胜香，2007)。英国矿山修复的立法完善，且执法严格，矿山开采必须进行修复，保证资金落实到位。露天采矿用内排法，边采边回填再修复(Tomlinson，1980)。

英国常以剥离采煤法开采，剥离开采的地区不仅将开采中的区域规划修复，也考虑了开采废弃物的处理。他们注重将土地恢复到原始的利用状态，在土壤回填之后，还需要恢复耕地的土体结构，为了补偿土壤在剥离时产生的营养元素流失，通常追加大量高氮肥料(宋成君，2011)。英国工矿区修复后的土地生产能力较高，农作物普遍获得了高产，生态环境恢复的成果也令人满意。

（六）前苏联

前苏联对于受工业或矿业破坏土地的修复也十分关注，1954 年苏联部长委员会议中明确指出："工业和矿业破坏的土地必须采取一切措施来恢复到适合农业利用或其他建设利用的要求"。1960 年各加盟国通过的《自然保护法》和 1962 年的部长委员会决议中更是明确地要求必须进行土地修复工作。在 1968 年的苏联宪法和 1976 年的部长会议决议中，土地修复的相关法律法规得以进一步发展和具体化。在法律的约束和制度的保障促进下，土地修复的综合研究在俄罗斯顺利进行。此外，捷克、波兰、南非、印度尼西亚、印度等产煤国也开展了相应的工矿区土地修复研究。

二、国内研究现状

早在 20 世纪 50～70 年代，我国一些矿区就开始对受损土地实施自发性的治理，治理的对象主要是采矿活动破坏的小面积零星土地，一般采用移植客土的方法。这种治理活动的弊端是缺乏组织性和目的性，并且由于客土资源的稀缺性，往往不能满足大面积采煤塌陷地的修复。

改革开放 20 多年以来，我国土地修复经历了从自发性零星修复到自觉性有计划修复、从单一型修复到多形式修复、从无组织到有组织、从无法可依到有法可依的巨大变化。尤其是 1988 年国务院颁布的《土地复垦规定》实施以后，采矿塌陷地、矸石山、露天采矿场、排土场、尾矿场和砖瓦窑取土坑等各类破坏土地的修复工作受到了全社会的高度重视，也取得了较大的进展，修复方法从"一挖二平三改造"的简单工程处理发展到基塘修复、疏降非充填修复、矸石和粉煤灰等充填修复、生态工程和生物修复等多种形式、多种途径、多种方法相结合的技术体系。

引发工矿区土地损毁的原因是复杂的，大体上可分为由于岩土圈发生变形引起的损毁、对于地下水层破坏引起的水体破坏及采矿造成的环境影响，对于修复土地的分类主要依据土地破坏的原因、特征、破坏程度及修复利用方向和措施等因素。

不同类型的土地损毁，有不同的特征和相应的治理方法。目前，我国将工矿区土地损毁分为塌陷、压占、污染、挖损、建设占用等类型。

塌陷地按照塌陷程度一般分为浅层塌陷、中层塌陷和深层塌陷。浅层塌陷地主要采取削高填凹，划方整平和修缮农田基础设施的治理方法；中度塌陷地主要采取挖深填浅、建鱼塘、筑台田的方法，形成上粮下渔的格局；深度塌陷地可挖池筑堤，建设鱼塘或利用网箱养鱼、建立水禽基地、培植水生植物等。近些年来，国内学者针对采煤塌陷区土地修复过程中表土的处理、重金属污染等问题的预防及后期土壤培肥展开了很多研究。

土地压占的主要压占物是剥离物、废石、矿渣、粉煤灰、表土、施工材料等，赵景逵、吕能慧、李德中等对矸石山的修复种植问题进行了探讨，孙绍先、周树理等根据对淮北矿区多年造地复田实践的研究，提出了将煤矸石堆积成山的方式改为直接向塌陷坑充填后造地复田，大大节约了矸石山占地面积。张国良、卞正富等对煤矸石山整形的设计方法进行了较为完整而详细的介绍，包括上山的道路、整形形式的确定、矸石山边坡稳定性、排水系统等。

土地污染主要分有机污染物和重金属污染物两种，其中较为突出的是煤矿、金属矿的重金属污染和石油天然气矿区的有机污染。胡振琪、魏忠义、秦萍等分析了粉煤灰充填土壤的污染，结果表明，粉煤灰充填土壤的污染指标在国家标准控制范围内，可以种植适当的作物。胡振琪、马保国、张明亮等采用黄土分理处的硫酸盐还原菌来修复煤矸石的酸性污染，可以提高煤矸石淋溶液的 pH，降低其电导率和氧化还原电位，从而有效抑制含硫煤矸石的酸性淋溶环境污染。石平通过分析比较矿区优势植物对重金属的富集、转移能力，提出了一批对重金属累积能力强或耐受能力强的植物，从而有效提高了植被重建效果。刘五星等分析了我国石油污染土地的状况，并分析了石油污染场地的修复技术，对各种技术的原理、进展和优缺点进行了阐述。

工矿区受损土地整治与土地复垦不同，主要内容包括复垦矿区受损土地、调整土地关系，提高矿区土地资源利用率，增加土地产出率，改善矿区生态环境等。将土地复垦技术与土地整治规划设计结合，统筹工矿区土地利用与区域发展的综合措施。

梳理国内工矿废弃地修复研究历程，可根据发展程度及研究程度分为三个研究阶段，即发展初级阶段，发展壮大阶段及全面发展和规范科学治理阶段。

（一）发展初级阶段

20 世纪 50 年代末，我国的矿山职工开展了小规模的对矿山损毁废弃地的"造田复地"活动，垫土种植蔬菜和粮食，这可以看作我国损毁土地恢复的雏形。1982 年颁布的《国家建设征用土地条例》，1986 年颁布的《中华人民共和国矿产资源法》和《中华人民共和国土地管理法》逐步提出了对生产建设项目损毁土地的生态恢复要求；从技术方面研究以矿山损毁土地退化和土壤退化问题为主，以实现矿山废弃地的农业复垦和造林绿化为主要目标。由于社会认识、经济和技术方面的原因，直到 20 世纪 80 年代已复垦修复的矿山废弃地尚不足 1%。

（二）发展壮大阶段

1988 年国务院令第 19 号颁布了《土地复垦规定》，是我国损毁土地生态修复开始发展壮大的主要标志，1999 年 1 月 1 日生效的《中华人民共和国土地管理法》，进一步加大了耕地保护力度，实行了土地用途管制制度、耕地补偿制度即"占多少、垦多少"和基本农田保护制度，提出了耕地总量动态平衡的战略目标；2001 年国土资源部颁布了《全国土地开发整理规划》《土地开发整理规划编制规程》《土地开发整理项目规划设计规范》，土地复垦大面积开展，某些地区复垦率迅速上升，安徽淮北矿山废弃地上升到 50%。这一阶段的工作重点转向以生态系统健康与环境安全为目标的生态恢复，开始强调恢复生态学理论在基质改良方面的应用，以高速公路为代表的道路边坡绿化进入起步阶段。突出成果是颁布了一系列的相关规范，如《开发建设项目水土保持方案技术规范》（SL 204—98）、《铁路工程环境保护设计规范》（TB 10501—1998）、《土地开发整理项目规划编制规程》（TD/T 1011—2000）和《土地开发整理项目规划设计规范》（TD/T 1012—2000）等，使生产建设活动损毁土地的治理和生态修复趋向规范化、科学化。

（三）全面发展和规范科学治理阶段

2006 年国土资源部与国家发展与改革委员会、财政部、铁道部、交通部、水利部、国家环保总局（现环保部）及其部委联合下发了《关于加强生产建设项目土地复垦管理工作的通知》，提出了各有关部门加强协作配合，共同做好土地复垦工作的要求，以及征收土地复垦费及复垦后土地使用管理等的政策措施，极大地促进了损毁土地的生态修复和复垦工作。土地复垦方案的编报和审查制度逐步建立。同时，各行业都相继颁布了损毁土地生态修复的规范和标准，《矿山环境保护与综合治理方案编制规范》（DZ/T 223—2007）对矿区的土地复垦和植被重建工作提出了技术要求；2008 年，《开发建设项目水土保持方案技术规范》（SL204—98）由行标全面升级为国标《开发建设项目水土保持技术规范》（GB 50433—2008）；《矿山地质环境保护规定》（2009 年国土资源部令第 44 号）第六条规定，国家鼓励企业、社会团体或者个人投资，对已关闭或者废弃矿山的地质环境进行治理恢复；《水电水利工程边坡施工技术规范》（DL/T 5255—2010）提出了植物护坡的要求；《公路环境保护设计规范》（JTGB 04—2010）对于新建高速公路、一级公路和有特殊要求的公路工程，在生态环境保护的水土保持方面进行了具体的规定；《矿山地质环境保护与恢复治理方案编制规范》（DZT-0223—2011）提出了对矿山地质环境采取综合措施进行保护和恢复建设的规定；《水利水电工程水土保持技术规范》（SL 575—2012）对水利水电类工程提出全程水土保持工作技术要求；环境保护部新近出台的《矿山生态环境保护与恢复治理技术规范(试行)》（HJ 651—2013）更是规定了在矿产资源勘查与采选过程中，排土场、露天采场、尾矿库、矿区专用道路、矿山工业场地、沉陷区、矸石场、矿山污染场地等矿区生态环境保护与恢复治理的指导性技术要求。本阶段我国土地复垦工作进展迅速，部分地区复垦率迅速上升，安徽淮北矿山废弃地上升到了 50%，2011年生效的《土地复垦条例》取代了 1988 年的《土地复垦规定》，使我国的土地复垦工作进一步规范化、科学化。

三、生产建设项目损毁土地生态建设和保护成就

（一）生态建设和保护的方案报备审批制度

生产建设活动损毁土地的生态建设和保护方案审批报备制度涉及的主要包括：生产建设项目水土保持方案、土地复垦方案、矿山环境保护与综合治理方案、矿山地质环境保护与恢复治理方案，以及土地整治重大工程(原土地开发、整理、复垦)项目可行性研究与实施方案、使用林地可行性报告等。

(1)土地复垦方案报备制度。2007 年 4 月，国土资源部为了加强土地复垦前期管理，做好新增生产建设项目土地复垦方案的编制、评审和审查工作，出台了《关于组织土地复垦方案编报和审查有关问题的通知》，要求在生产建设活动中可能造成土地破坏的单位或个人应当按照规定编制土地复垦方案报告书，并报送相关部门进行评审；土地复垦方案经评审不合格的，不予报批建设用地、不发放采矿许可证或不予通过年检"。自 2007 年 6 月 15 日国土资源部土地整理中心举行第一次土地复垦方案论证会，截至 2012 年年初，共组织评审土地复垦方案 360 余部，划定复垦责任范围超过 1800 万亩。土地复垦前期管理工作初见成效。通过落实土地复垦方案的编报、评审和备案，基本实现了各级国土资源管理部门对新增生产建设项目损毁土地的量化掌控，实现了土地复垦责任人在生产建设过程中复垦意识的提升，实现了土地复垦监管主体在履行行政事务过程中有据可查。

(2)生产建设项目水土保持方案制度。水利部已形成了比较完善的生产建设项目水土保持的"三同时"制度，水土保持方案制度作为生产建设活动造成水土流失综合防治的前期工作，得到了有效的保障和实施。根据《中国水土保持公报》公布的数据，仅 2006～2011 年审批的生产建设项目水土保持方案就有 141 883 个，其中国家级项目 1725 个，省级项目 15 544 个，地级项目 24 403 个，县级项目 100 211 个。

(3)使用林地可行性报告。2002 年，为了规范林业用地，严格保护和控制占用、使用林业用地，国家林业局出台了《使用林地可行性报告编写规范》，规范明确了可行性报告的使用范围、编写方法和原则。规范明确规定了各级林业部门在使用、占用林业用地时应编制相应的可行性报告，且报告应由具有相关林业调查规划设计资质的单位编写。

（二）生态建设和保护工程

生产建设活动损毁土地的生态保护与建设工程，包括各类生产建设项目的水土保持，其中矿山类项目的矿山环境保护与综合治理、矿山地质环境保护与恢复治理、矿山土地复垦方案，以及土地整治重大工程(原土地开发、整理、复垦)中最主要的就是土地复垦专项整治工程。

近年来，针对历史遗留废弃地，土地复垦专项整治工作取得了良好成效。2005～2009 年，中央和地方财政共投入资金约 133.88 亿元，实施各类土地复垦项目 29 549 个，增加耕地约 468.6 万亩，复垦土地约 552.54 万亩。其中《全国土地开发整理规划(2001—2010 年)》涵盖了冀东煤炭钢铁基地等 11 个土地复垦重点地区；全国重点煤炭基地土地复垦

重大工程(2006～2010 年)涉及 8 个省(区)的 127 个县(市、区)，划分了 301 个备选片区，建设规模达 27.74 万 hm²；《全国土地整治规划(2011—2015 年)》进一步加强了对冀东煤炭钢铁基地等 10 个土地复垦重点区域的规划治理工作要求。2006 年起实施的北京市关停废弃矿山植被恢复工程，大约累计绿化治理了 3.27 万亩矿山废弃地。"十一五"时期，全国复垦了 15% 的工矿废弃地。

四、生产建设活动损毁土地生态修复经验

生产建设项目生态保护与建设有其特殊性，它的理论与技术是从水土保持学、土壤学、森林培育学等理论与技术中衍生发展而来的。《植被护坡工程技术》(2003 年)、《人工坡面植被恢复设计与技术》(2009 年)、《建设项目水土保持边坡防护常用技术与实践》(2010 年)、《矿业废弃地生态恢复材料与应用技术研究》(2011 年)、《生产建设项目水土保持设计指南》(2011 年)、《矿区植被保护与生态恢复技术及政策研究》(2012 年)、《土壤生物工程技术在河流生态修复中的应用》(2012 年)等著作，集中体现了我国生产建设项目生态保护与建设的经验。

初期的矿山绿化与土地复垦，限于经济与技术水平，主要是通过整地、土壤改良及适地适树等措施进行治理的。随着我国经济与技术水平的发展与全民环境保护意识的提高，大量工程技术、工程材料与工程机械开始应用到生产建设项目的生态保护与建设中。迄今为止，我国已经引进或研发了警戒或围封保护、地形整理、土壤构型、微立地条件类型划分、渣土污泥等废弃物改良利用绿化、乔灌草结合绿化、挂网喷播绿化、各式挡土绿化、鱼鳞形钢筋混凝土框格客土绿化、覆网自然恢复绿化、生态袋或生态棒覆盖绿化、植被毯覆盖绿化、利用土壤种子库自然恢复绿化、天然草皮移植绿化、高温性垃圾填埋场降温绿化、自燃煤矸石山注浆灭火绿化及屋顶绿化等系列技术，在公路、铁路、矿山、石油、城建等领域损毁土地生态修复中得到了较为广泛的应用。

第五节　生产建设活动损毁土地生态修复的总体战略

一、战略思路

根据我国《国民经济和社会发展第十三个五年规划纲要》提出的总体要求，按照《全国生态环境建设规划》的部署，近期我国水土流失防治应以国务院批复的《全国水土保持规划(2015—2030 年)》等为指导，坚持预防为主、保护优先的工作方针，因地制宜，分区防治，突出重点，治理与开发相结合，人工治理与自然修复相结合，采取以恢复植被为主，生物措施和工程措施相结合的措施，自然恢复和人工促进相结合，工程安全与生态安全相结合。生态、经济与社会效益相统一，努力推进水土资源的可持续利用和生态与环境的可持续维护，以此促进经济社会的可持续发展和小康社会的全面建成。

二、战略目标

（一）近期目标

力争用 15～20 年的时间，扭转治理速度抵不过人为水土流失速度的局面，使全国范围内的人为水土流失得到有效控制，生产建设项目水土保持"三同时"制度落实率达到 100%，水土流失重点预防保护区实施有效保护；生产建设活动新损毁土地全面得到修复和复垦，历史遗留损毁土地复垦和修复率达到 35%以上。

（二）远期目标

到 2050 年，新损毁土地复垦和修复率达到 95%以上，历史遗留损毁土地复垦和修复率达到 80%以上。

三、基本原则

(1)坚持生态优先，突出生态保护。把生态保护放在生态文明建设的首要地位，融入经济建设、政治建设、文化建设、社会建设各方面和全过程。把生态保护和建设成效作为考核各级政府生态文明建设的重要指标，确保如期实现生态文明建设目标。

(2)坚持优化布局，强化生态修复。划定生态"红线"，严格保护森林、湿地、草原、荒漠植被等各类生态用地，明确生态空间的功能定位、目标任务和管理措施，优化生态空间布局。实施重大生态修复工程，全面提升森林、湿地、荒漠、草原等生态系统的生态服务功能。

(3)坚持改善民生，推动绿色发展。把改善民生作为重要任务，加快绿色发展步伐，发展绿色富民产业，提升绿色经济发展水平，创造更丰富的生态产品，促进绿色消费，实现生态产业化，改善生产生活条件，促进社会就业，维护国家资源能源安全，积极应对气候变化。

(4)坚持深化改革，实施创新战略。改革生态建设体制机制，激发生态建设活力。提高科技创新能力，加强科技成果转化应用，强化信息技术等高新技术普及，创新方式方法，推动转型升级，充分发挥科技在推进生态文明建设中的引领、带动和示范作用。

四、主要任务和战略重点

（一）主要任务

充分发挥生态保护与建设在生态文明建设中的主体功能，以保护建设森林、湿地、荒漠、草原、农田、城市等生态系统和维护生物多样性为核心，以重点生态工程为依托，以防范和减轻风沙、山洪、泥石流等灾害为重点，加快实施国土生态安全战略。

加强对生产建设项目的生态影响评价，落实生态保护与建设责任，大力推广生态友好型材料、技术与工艺，确保生态保护工作的早期介入。采取植物措施与工程措施等紧密结合的综合措施，推进生产建设活动损毁土地的植被建设与生态修复，加强对既往生态修复工程的维护和管理，保障生产安全、生态安全及景观效果。

(1)加强生产建设活动新增损毁土地的监督和管理。对于新建、扩建、改造的生产建设项目导致的损毁土地，建立发改委、国土、水利、林业、农业、环保等相关部门间的通报、协调、备案机制，打破行业间条条框框的限制，加强对生产建设项目的全方位监控，邀请相关部门参加项目审查，力争做到对生产建设项目的管理无遗漏、无死角，明确责任、落实资金，督促责任方限期完成植被恢复任务。

(2)编制损毁土地生态修复规划。结合各地的区域发展规划，综合土地整理、土地复垦、生态环境建设、造林绿化等项目，植被恢复与开发利用相结合，编制历史遗留损毁土地的植被恢复工程规划，多方筹资，有步骤有计划地实施植被恢复规划，尽快完成历史遗留损毁土地的植被恢复任务。

(3)积极开展生态修复。强化各级林业行政主管部门对植被恢复工作的监督管理职能，在全国绿化委员会的领导下，协调好林业系统内外各部门间关于植被恢复工作的职能分工，着力抓好植被恢复项目管理制度建设、技术标准建设、投资标准定额建设、质量保证资质体系建设等工作，解决好目前植被恢复工作有重复、有遗漏的问题。

针对大规模的生产建设活动，各部门加大监督执法力度，加强方案审批、监督检查和验收工作，牢固树立人与自然和谐相处的理念，尊重自然规律，快速修复受损生态系统。

(4)建设和改善城市生态系统。加强城市人居生态环境保护建设，拓展构建建成区内外绿地一体化、城乡绿地一体化、多功能兼顾的复合城市绿色空间，增强环境自净能力，有效地发挥林草植被净化空气的作用，增大城市森林和绿地休闲游憩承载力，提升人居环境质量。科学规划、合理布局和建设城市绿地系统，积极推行立体绿化，提升城市绿地品质；加强城市扩展区原生生态系统保护，建设城郊生态防护绿地、环城林和郊野公园，改善城市生态环境；提升完善绿地功能，推行绿道网络建设；积极保护和治理城市河湖水生态，加强河湖水体沿岸绿化建设，恢复水陆交界处的生物多样性，建设城市生态廊道，通过绿地与景观设计，保持合理的雨水渗漏功能，建设海绵城市，提高雨洪蓄滞能力。

(5)加强技术创新。完善各类科学研究项目的顶层设计，针对损毁土地植被恢复领域目前存在的引进或模仿技术多、创新技术少的具体问题，长期设置区别于常规造林绿化理论技术研究的植被恢复领域，开展项目管理、规划设计、技术标准、技术定额等研究，植被建植方面着重研究乡土植物的选配与植被演替、生物多样性保护、植物措施和工程措施的有机结合，通过长期支持、连续支持，促进我国植被恢复领域的技术发展。

（二）总体战略布局

根据国土空间开发的优化开发、重点开发、限制开发和禁止开发四类主体功能区对国土生态安全格局的要求，因地制宜，因害设防，分类指导，参照水土保持生态文明专题划分的八大区域，分区防治。

(1)东北黑土区。水土流失以水力侵蚀为主，间有风力侵蚀。西北部存在永久冻土带，有冻融侵蚀。

存在问题：该区域生产建设项目造成土地资源破坏，修复较难，一是黑土区原生土壤肥沃，形成年代长，一旦破坏，恢复所需的时间很长。二是黑土区位于我国东北部，纬度高，植被生长期较短，地表植被一旦破坏后，恢复的难度较大。

防治战略：各类生产建设项目在施工建设过程中应结合当地土壤、水分及物候条件，合理安排施工进度，最大限度地保护土壤、植被不受破坏，并采取适合措施予以快速恢复。

治理措施：措施设计还应考虑冻土深度和冻融冻害的影响。

科学研究：生产建设项目损坏土地生态修复关键技术研究与模式示范。

(2)北方风沙区。水土流失以风力侵蚀为主，间有水力侵蚀。

存在问题：局部地区能源开发活动规模大，植被破坏和固定沙丘活化现象严重。植被生长稳定性较差，破坏后恢复难度大，且该区域水土条件差，极大地限制了植被恢复。

防治战略：加强监督管理；规范生产建设项目的立项、审批及实施；控制施工扰动范围，加强临时防护。

治理措施：针对不同区域的生产建设项目采取相应的措施。干旱区应在恢复地形地貌的基础上，以自然材料进行物理覆盖为主；半干旱区的林草工程设计应以灌草为主。

科学研究：固沙改土恢复植被技术等。

(3)北方土石山区。水土流失以水力侵蚀为主，间有滑坡、山洪、泥石流等，黄泛区及沿河风沙危害严重。

存在问题：该区内降雨集中，土壤瘠薄，雨季和施工期易同步，生产建设项目施工时易产生水土流失现象，且恢复难度较大。

防治战略：生产建设项目水土流失防治应当剥离保存和有效利用表土；弃渣场应整治后用于造地，并做好防洪排水、工程拦挡，防止引发泥石流。

治理措施：生产建设项目措施布设时应以集水区为单元，强化截排水措施的应用，保证坡面防护措施到位。

科学研究：植物措施不同季相配置研究等。

(4)西北黄土高原区。水土流失以水力侵蚀为主，间有滑坡、山洪、泥石流等。

存在问题：生产建设项目实施过程中对原地貌破坏程度大，雨季水土流失现象十分严重。

防治战略：加强能源重化工基地的植被恢复与土地整治。因水制宜，注重生物措施的科学配置，并结合工程措施，控制地面径流，促进受损土地的快速恢复。

治理措施：控制生产建设项目施工扰动范围，保护地貌及植被。在煤矿地面开采范围做好疏干水的综合利用，及时整治地表塌陷，促进植被恢复。

科学研究：自然恢复与人工促进恢复技术与模式，能源重化工区土壤侵蚀治理。

(5)南方红壤区。水土流失以水力侵蚀为主，间有滑坡、山洪等。

存在问题：该区内人口密度大，人均耕地少，局部地区崩岗危害严重。

防治战略：做好城市及经济开发区、工矿建设区的监督管理工作，弃渣场防护应结合降雨条件，适当提高设计标准。

治理措施：生产建设项目应做好坡面水系工程，防止引发崩岗、滑坡等灾害。施工占地应注重保护地表耕作层，加强土地复垦整治工作，及时恢复农田和灌排系统。工程弃渣应注重项目间的综合利用，确需废弃的应集中、分类堆放，并采取有效的拦挡措施。

科学研究：城市水土保持关键技术，生产建设引起的人为土壤侵蚀防治技术和生态修复技术。

(6)西南紫色土区(四川盆地及周围山地丘陵区)。水土流失以水力侵蚀为主，滑坡、泥石流等山地灾害发育。

存在问题：区内地质构造复杂而活跃，山高坡陡，人口密集，降雨集中，坡耕地比例大，水土流失严重，是长江泥沙的主要源区。

防治战略：加强防灾减灾工程建设，防治山地灾害，改善城镇人居环境。

治理措施：生产建设项目应做好表土的剥离与利用，以集水区为单元做好截排水工程，结合工程拦挡、防护措施做好植被恢复。

科学研究：三峡库区等库滨带的水土保持与植被恢复技术，云贵高原干热河谷生态修复技术等。

(7)西南岩溶区(云贵高原区)。水土流失以水力侵蚀为主，局部地区滑坡、泥石流危害严重。

存在问题：该区岩溶石漠化严重，耕地资源短缺，陡坡耕地比例大，水土流失和工程性缺水严重。

防治战略：生产建设项目注重保护和建设水系，避免破坏地下暗河和溶洞等地下水系。

治理措施：保护表层和恢复土壤，增加可耕种面积，同时充分利用小溪流、小泉、小水建设塘坝、滚水坝及引水用水措施，实现灌溉或补充灌溉。

科学研究：岩溶地质背景下生态修复物种选育与干预技术，不同岩溶土壤的改良与快速培肥技术。

(8)青藏高原区。冻融侵蚀严重，风蚀水蚀并存。

存在问题：以自然侵蚀为主，局部地区人为活动影响较大。

防治战略：保护为主，做好水电、交通等工程建设的水土保持监督管理工作。

治理措施：林草植被恢复应考虑高原气候，选择适生的乡土树草种，工程措施设计应充分考虑冻融的影响。

科学研究：植被移植与恢复技术，利用土壤种子库的植被恢复技术、植物纤维毯覆盖恢复植被技术等。

（三）重点工程

结合各地的区域发展规划，综合土地整理、土地复垦、生态建设等项目，植被恢复与开发利用相结合，编制历史遗留生产建设项目废弃土地修复工程规划，多方筹资，有步骤有计划地实施植被恢复，尽快完成历史遗留废弃地植被恢复任务。加强对生产建设项目生态保护与建设工作的多部门联合监管，实施生态保护与建设相关方案，确保不产生新的废弃地。

(1)生产建设项目损毁土地生态建设工程。在各地区域发展规划的指导下，国土、水利、林业、农业、建设等部门相结合，按照宜农则农、宜林则林、宜牧则牧、宜建(设)则建(设)、宜景(观)则景(观)的原则，开展土地整治复垦、植被恢复等工作，实施历史遗留生产建设项目损毁土地的生态建设工程。

(2)生产建设项目水土保持生态建设与保护工程。加大《水土保持法》的贯彻执行力度，加强生产建设项目水土保持工作力度，深化水土保持后续设计水平，强化水土保持监测、监理工作，严格进行水土保持设施验收工作，保障生产建设项目水土保持工程按照技术设计文件的要求实施。

(3)生产建设项目地质环境保护与恢复治理工程。加强生产建设项目地质环境保护与恢复治理工作的力度，深化地质环境保护与恢复治理后续设计水平，强化地质环境保护与恢复治理的监测、监理工作，严格进行地质环境保护与恢复治理工程验收工作，保障生产建设项目地质环境保护与恢复治理工程按照技术设计文件的要求实施。

(4)植树造林与林业治山工程。在《森林法》的指导下，结合国土、水利、建设等有关部门，开展林业行业外的造林绿化与植被恢复工作；在林区或林业用地范围内，利用工程和生物相结合的措施，稳定斜坡或边坡表层岩土，恢复森林植被。

五、政策建议

（一）加强协调管理、统一整治

落实党中央、国务院"坚持节约资源和保护环境，坚持节约优先、保护优先、自然恢复为主"的指导方针，根据相关法律法规要求，创新管理模式，实施分类管理、精细管理，提高管理水平，使生产建设活动损毁土地的生态保护与建设工作真正做到实处，同时在技术标准、投资等方面实行统一的标准。结合当前土地流转的趋势，土地整治时应注重成果的规格和质量要求，为农业机械化预留条件。

（二）分区分类管理与整治

按照国家总体功能区划分，禁止和限制开发区应对生产建设活动严加禁止或限制，加强管理；其他区域全面推进生产建设活动损毁土地的生态修复工作，加大力度。对历史上遗留下来的受损土地，国土、水利、林业等多行业参与共同制定整治规划，逐步进行治理恢复；对生产建设活动可能占用的耕地、林地，按补一占一的原则，同步做好土地储备工作。

（三）大力推进水土保持体制、机制创新

继续抓好《水土保持法》配套法规建设，健全水土保持配套法规体系，配套开展相应的科学研究工作。全面推进落实地方政府水土保持生态文明建设目标体系和责任制，切实发挥政府主导作用。建立有效的水土保持协调机制，加强部门之间、地区之间的协调与配合。积极探索建立健全水土保持生态补偿机制，推进建立多元化的水土保持投资融资机制，鼓励和支持社会力量、民间资本参与水土流失治理。

（四）加强山、水、田、林、湖生命共同体大背景下的制度创新

习近平总书记在《关于<中共中央关于全面深化改革若干重大问题的决定>的说明》中谈到，"我们要认识到，山水田林湖是一个生命共同体，人的命脉在田，田的命脉在水，水的命脉在山，山的命脉在土，土的命脉在树。用途管制和生态修复必须遵循自然

规律，如果种树的只管种树，治水的只管治水，护田的单纯护田，很容易顾此失彼，最终造成生态的系统性破坏，由一个部门负责领土范围内所有国土空间用途管制职责，对山水田林湖进行统一保护、统一修复是十分必要的。"所谓山、水、田、林、湖即生物圈内不同生态系统之间组成的不同尺度的生态系统，山、水、田、林、湖的统一协调发展即各生态系统的协调发展。针对现在管理部门各单位之间的不协调、研究领域的差异等现状，应考虑部门协调统一，交叉学科的发展和应用。

水土保持专题组成员
赵廷宁　北京林业大学水土保持学院，教授
赵永军　北京林业大学水土保持学院，教授

第十一章 野生动植物保护及自然保护区建设

我国疆域辽阔，地形气候复杂，生态环境多样，孕育了丰富的野生动植物资源。从已记录的物种数目来看，我国有高等植物 3 万多种，脊椎动物约 6400 种，分别约占世界种类总数的 12% 和 14%。同时，我国野生动植物中特有属、特有种多，动植物区系起源古老，珍稀物种丰富，其中大熊猫（*Ailuropoda melanoleuca*）、金丝猴（*Rhinopithecus* spp.）、朱鹮（*Nipponia nippon*）、扬子鳄（*Alligator sinensis*）、银杏（*Ginkgo biloba*）、珙桐（*Davidia involucrata*）等是我国特有或主要分布在我国的珍稀野生动植物。因此，我国丰富的野生动植物资源在全球野生动植物乃至生物多样性保护中具有十分重要的地位。然而，我国濒危和受威胁物种总数居高不下，已占脊椎动物和高等植物种类总数的 10%～15%。世界自然保护联盟（IUCN）中国植物专家组已初步评估出我国 4% 的高等植物受到严重威胁。1995～2003 年由国家林业局组织完成的全国第一次陆生野生动物资源调查表明，我国野生动物及其栖息地受危严重，脊椎动物受威胁比例为 35.92%。因而采取科学合理的措施对这些野生动植物资源及其携带的基因进行有效保护对我国乃至世界野生动植物保护均具有重大意义。

建立保护地（protected area）是保护生物多样性最有效的方式。自美国于 1872 年建立了全球第一个保护地——黄石国家公园（Yellowstone National Park）以来，全球保护地已经约有 140 年的发展历史。到 2011 年年底，全球共建立各类保护地 13 余万处，面积则超过 2423 万 km^2（图 11-1）。在我国，保护地除了通常所说的自然保护区外，还包括风景名胜区、森林公园、地质公园、湿地公园及部分重点文物保护单位等，共计 6900 多处（图 11-2）。其中，自然保护区在野生动植物保护中发挥了关键性作用。

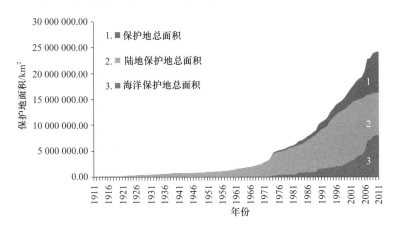

图 11-1　全球 1911~2011 年保护地面积增长状况

数据来源：IUCN 和 UNEP-WCMC，2012

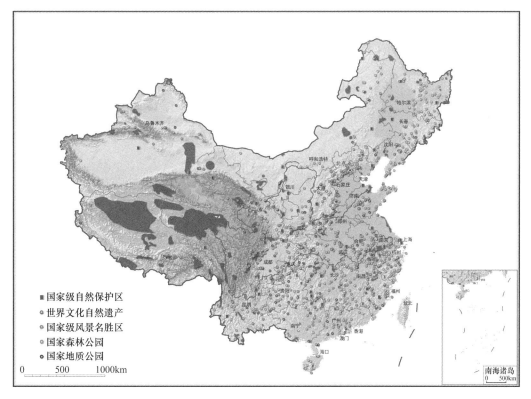

图 11-2　国家禁止开发区域示意图
资料来源：国务院办公厅，2011；彩图请扫描文后白页二维码阅读

第一节　野生动植物保护与自然保护区建设的意义

一、人类赖以生存的物质条件

野生动植物资源是人类繁衍生息的物质基础。人类生存与发展的首要条件是温饱，这是最基本、最底层的需要。过去和现在，人类日常食用的各种粮食、蔬菜、水果、肉、蛋、奶和鱼虾贝藻等无不得之于野生动植物资源，其中相当一部分直接来源于野生环境。将来，养活全球人口依然需要依靠野生动植物资源。目前人类 90%的食物来源于 20 个物种，所需粮食的 75%来自小麦、水稻、玉米、马铃薯、大麦、甘薯和木薯 7 种作物。未来，要扩大作物品种，提高其品质、产量和抗干扰能力，还需要野生动植物资源提供重要的基因基础。可见，建设自然保护区保护野生动植物资源，也是维护我国粮食安全的重要保障。

二、社会经济可持续发展的战略基础

野生动植物是我国许多传统产业的资源基础，蕴藏有巨大开发潜力的基因资源。随着科学技术的发展，基因资源也逐渐成为一个民族和国家最宝贵的财富之一，是未来人

305

类文明发展必须依赖的最重要资源。我国85%的野生动物种群和65%的高等植物群落在自然保护区中得到有效保护，其中许多珍稀濒危野生动植物，如大熊猫、金丝猴、扬子鳄、虎（*Panthera tigris*）、麋鹿（*Elaphurus davidianus*）和红豆杉（*Taxus chinensis*）、百山祖冷杉（*Abies beshanzuensis*）、苏铁（*Cycas revoluta*）等物种只在自然保护区中有栖息和分布，为进一步培育、扩大资源，保障国民经济发展的需求，奠定了基础。特别是随着现代科学技术的发展，野生动植物基因资源的研究开发，对生命科学和生物技术的发展和新资源、新能源、新材料的发展等，具有难以估量的战略价值。因此，建设自然保护区、保护野生动植物及其携带的基因资源，成为促进资源增长的基础，也成为社会经济可持续发展的战略保障。

三、国家生态安全的重要保障

占我国陆地国土面积约15%的自然保护区体系，构成了国家生态安全的坚实屏障，有效保护了我国90%以上的陆地生态系统类型、85%的野生动物种群和65%的高等植物群落，涵盖了25%的原始天然林、50%以上的自然湿地和30%的典型荒漠地区，这对遏制生态恶化、维护生态平衡、优化生态环境发挥了极为重要的作用，为经济和社会发展提供了稳定的生态保障。例如，国家通过建立三江源自然保护区，不仅保护了我国海拔最高、面积最大的天然湿地，也维护了我国长江、黄河、澜沧江流域的生态安全；广东省地理位置特殊，人口密集，经济的高速发展对生态状况提出了新的要求，该省目前建立的自然保护区，不仅保护了华南低山丘陵的热带、亚热带森林生态系统和沿海红树林生态系统，也有力地保障了该省经济和社会的协调发展。

四、应对气候变化的有效途径

自然保护区在减少二氧化碳排放方面具有重要作用，全球15%的陆地碳汇贮存在世界各地的保护区中。同时，保护野生动植物必须加强自然保护区和野生动植物天然集中分布地管理，这是目前世界公认的应对气候变化所必须、最有效和低成本、高回报的一种策略。例如，较完好的野生虎栖息地内的碳储量约是周边区域的3.5倍。并且，自然保护区和珍稀、濒危野生动植物天然集中分布地所具备的自然生态系统服务功能，可以极大地缓解和降低气候变化、洪水、干旱等极端气候事件带来的风险和影响，有效地维持必要的自然资源供给和生态服务，帮助人类提高应对气候变化的能力。

五、生态文明建设的重要阵地

建设生态文明给野生动植物保护与自然保护区管理赋予了新的使命。首先，丰富多彩的野生动植物资源和完美的自然生态系统是生态文化的主要源泉。其次，野生动物园、植物园、自然保护区是弘扬生态文化、倡导人与自然和谐、树立生态文明理念的重要阵地，也是公众体验人与自然和谐的良好场所，其保护管理状况，直接关系到生态文明宣传教育的成效。最后，野生动植物保护与自然保护区管理的成效，还直接关系到公众对国家生态文明建设成果的认识。因此，加强以野生动植物保护和自然保护区建设为主体的生物多样性保护，对推进生态文明和建设美丽中国具有重要意义。

第二节　我国野生动植物保护与自然保护区建设现状

一、我国野生动植物保护与自然保护区建设主要措施

（一）完善法律法规体系

近年来，我国制订或修订了约 60 项有关生物多样性保护的法律法规，包括《中华人民共和国宪法》《中华人民共和国刑法》《中华人民共和国森林法》《中华人民共和国环境保护法》《中华人民共和国野生动物保护法》《中华人民共和国环境影响评价法》《中华人民共和国种子法》等法律，以及《森林和野生动物类型自然保护区管理办法》《中华人民共和国自然保护区条例》《中华人民共和国野生植物保护条例》《中华人民共和国植物新品种保护条例》《中华人民共和国濒危野生动植物进出口管理条例》《中华人民共和国风景名胜区条例》《中华人民共和国规划环境影响评价条例》《中华人民共和国植物新品种保护条例》等，使保护和利用生物多样性的法律法规体系日臻完善。

（二）重视野生动植物调查与监测

我国自 20 世纪 50 年代起开展了多次全国性或区域性的大规模生物资源调查，近年来又完成了第七次全国森林资源清查、全国湿地资源调查、全国野生动植物资源调查、第三次大熊猫资源调查，目前正在实施第八次森林资源清查、第四次大熊猫资源调查、全国第二次陆生野生动物资源调查，及时掌握了我国现有野生动植物基本状况。

中国森林生物多样性监测网络(CForBio) (http://www.cfbiodiv.org)于 2004 年建立，涵盖了不同纬度带的森林植被类型，包括针阔混交林、落叶阔叶林、常绿落叶阔叶混交林、常绿阔叶林及热带雨林。截至 2014 年，中国森林生物多样性监测网络包括 13 个大型监测样地，每个样地面积为 9~25hm^2，另有一个样地正在建设中。一些国家级自然保护区开始拥有较好的生物多样性监测能力，正在开展生物多样性监测。

全国野生动物、野生植物等调查结束后，我国开展了一系列的珍稀野生动植物专项调查和监测工作，尤其对大熊猫、黑叶猴(*Trachypithecus francoisi*)、蒙古野驴(*Equus hemionus*)、北山羊(*Capra ibex*)、盘羊(*Ovis ammon*)、东方白鹳(*Ciconia boyciana*)、黑琴鸡(*Lyrurustetrix* sp.)、红腹角雉(*Tragopan temminckii*)、海南山鹧鸪(*Arborophila ardens*)、扬子鳄、瑶山鳄蜥(*Shinisaurus crocodilurus*)、新疆北鲵(*Ranodonsibiricus*)、金茶花(*Camellia nitidissima*)、杜鹃(*Rhododendron* spp.)、滇桐(*Craigia yunnanensis*)和紫檀(*Pterocarpus indicus*)等进行了专项的调查和监测，为我国进一步开展珍稀野生动植物保护奠定了良好的基础。

（三）加强保护体系建设

加强就地保护。建立了以自然保护区为主体，以风景名胜区、森林公园、自然保护小

区、农业野生植物原生境保护点、湿地公园、地质公园为补充的保护地体系。截至 2013 年年底，全国共建立自然保护区 2697 个，总面积约 146.31 万 km²（图 11-3），其中国家级自然保护区 407 个，面积约 94.04 万 km²，约占全国自然保护区总面积的 64.3%；我国建立森林公园 2948 处，规划总面积 17.58 万 km²，其中国家级森林公园 779 处（图 11-4）；已建立国家级风景名胜区 225 处，省级风景名胜区 737 处，两者总面积约 19.56 万 km²，其中国家级风景名胜区面积约 10.36 万 km²（图 11-5）；建立了自然保护小区 5 万多处，总面积 1.50 多万 km²。

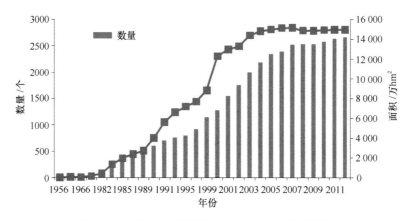

图 11-3 我国自然保护区 1956～2011 年增长状况

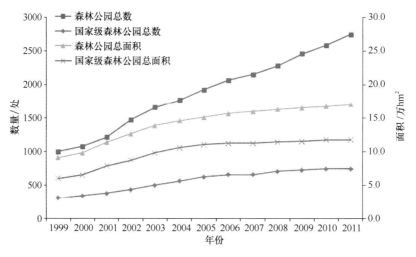

图 11-4 全国森林公园数量和面积
数据来源：各年度中国林业统计年鉴

加强濒危物种的拯救和繁育。对濒危野生动植物实施抢救性保护，通过开发濒危物种繁育技术、扩大濒危物种种群、加强野外巡护、栖息地恢复、实施放归自然等一系列措施，使一批极度濒危的陆生野生动植物种正逐步摆脱灭绝的风险。同时还采取多种有效措施，不断加强对其他野生动植物的普遍保护。

科学开展迁地保护。建有植物园近 200 个，收集保存了占中国植物区系 2/3 的 2 万个物种；建立了 230 多个动物园、250 处野生动物拯救繁育基地；建立了 400 多处野生

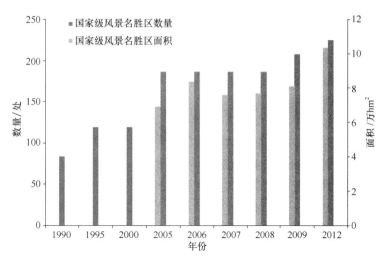

图 11-5 全国国家级风景名胜区数量和面积
数据来源：中国风景名胜区事业发展公报（1982~2012 年）

植物种质资源保育基地；建立了中国西南野生生物种质资源库，搜集和保存中国野生生物种质资源。

（四）推动野生动植物资源可持续利用

实施重点保护野生动植物利用管理制度，包括国家重点保护野生动物特许猎捕证制度和驯养繁殖许可证制度、国家重点保护植物采集证制度。加强对野生动植物繁育利用的规范管理和执法监管，制定了科学严格的技术标准，建立了专用标识制度。对种群恢复较困难的濒危物种，进行人工繁育，开发替代品，减轻对濒危物种的压力。不断加大执法力度，严厉查处销售、收购国家重点保护野生动植物及其产品的违法违规行为，查获了一批濒危物种重特大走私案件。

（五）大力开展野生动植物生境保护与修复

近年来，我国实施了天然林保护、野生动植物保护及自然保护区建设、湿地保护（图11-6）、"三北"和长江中下游地区等重点防护林体系建设、退耕还林还草、环北京地区防沙治沙、重点地区以速生丰产用材林为主的林业产业建设等重点生态工程，有效保护与修复了野生动植物的生境。自 2001 年以来，重点工程区生态状况明显改善，全国森林资源持续增长，森林面积较 10 年前增长了 23.0%；森林覆盖率比 10 年前上升了 3.8个百分点。一批国际和国家重要湿地得到了抢救性保护，自然湿地保护率平均每年增加1 个多百分点，约一半的自然湿地得到有效保护。重点生态工程的实施，促进了退化生态系统和野生物种生境的恢复，有效保护了野生动植物。

（六）积极开展外来入侵物种防控

我国于 2010 年发布了《中国第二批外来入侵物种名单》，2013 年发布了《国家重点管理外来入侵物种名录(第一批)》。国务院农业、环保、林业等部门联合成立了外来入侵物种防治协作组，各相关部门内部还成立了防治外来入侵物种的专门机构，部分部门制定了外来入侵物种应急预案，制订了 40 种重大外来入侵物种应急防控技术指南，发布了 17 项外来入侵物种监测、评估、防控技术规范；全国 18 个省（自治区、直辖市）成立了外来入侵物种管理办公室或建立了联席会议制度，27 个省（自治区、直辖市）发布了有关外来入侵物种管理的应急预案。目前全国已初步形成了一套程序化、制度化的外来入侵物种管理体系，开展了外来入侵物种集中灭除行动。

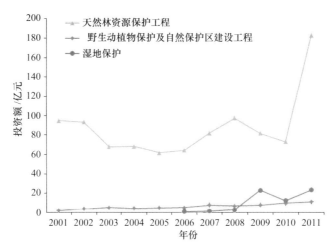

图 11-6　部分生态保护工程相关资金
数据来源：各年度中国林业统计年鉴

（七）严格控制工程项目生态影响与破坏

我国严格执行《环境影响评价法》，凡对生态环境和生物多样性具有显著或潜在影响的一切建设项目，都要进行环境影响评价，其中对在自然保护区内建设的项目还需专门进行生态影响评价。环境影响评价和生态影响评价不通过的项目一概不予立项。根据环保部门的统计，到 2008 年曾对全国 9000 多个新开工项目开展了环保专项清理检查，对不符合环评要求的 1194 个项目依法予以严肃处理；采取"区域限批""流域限批"措施，暂停 10 市、2 县、5 个开发区和 4 个电力集团的环评审批，有效地保护了野生动植物栖息地。

（八）推动公众参与

各有关部门、各地加大对野生动植物保护及自然保护区建设宣传力度，积极利用广播电视、报刊、网络媒体等平台，加大了野生动植物及自然保护区宣传，极大地提高了公众保护意识，引导大批公众关注和支持野生动植物保护及自然保护区建设，自觉抵制不利于保护的非法行为，壮大了保护力量，形成了政府部门与社会公众共管共建的良好局面，有效地推动了保护事业的快速、健康和可持续发展。

专栏 11-1

云南高黎贡山国家级自然保护区的社区共管

云南高黎贡山位于我国云南省西部，地处印度板块和欧亚板块碰撞形成的大地缝合线上，是海洋性气候和大陆性气候交汇地带。该地区是我国生物多样性最丰富的地区，也是特有植物富集的地区，有特有植物 434 种；又是我国近 30 年来发现新物种最多的地区，累计发表新物种 518 种；还是我国灵长类动物分布最多的地区，有 8 种。高黎贡山国家级自然保护区总面积为 40.52 万 hm²。

高黎贡山国家级自然保护区在行政区域上，涉及保山市和怒江州，周边有 5 个县（区）的 18 个乡（镇）109 个村民委员会，居民人口达 21.36 万人，涉及汉族、傣族、傈僳族、白族、回族、怒族、苗族、彝族、德昂族、景颇族、纳西族等 16 个世居民族，社区群众的生产生活与自然保护区息息相关。

1995 年 12 月，位于高黎贡山东坡深处的百花岭村，由当地村民自发组织成立了中国第一个农民生物多样性保护组织——"高黎贡山农民生物多样性保护协会"，开辟了高黎贡山国家级自然保护区社区共管的先河。十余年来，社区共管作为对自然资源实施有效管理的新方式，逐渐深入高黎贡山国家级自然保护区的周边社区。在自然保护区管理机构的指导下，高黎贡山（保山段）周边社区先后成立了 28 个森林共管委员会；在国家知识产权局的支持下，腾冲县界头乡新庄村成立了中国第一个农村传统资源共管委员会；在隆阳区潞江镇赧亢村成立了白眉长臂猿共管委员会。1998～2004 年，高黎贡山自然保护区周边的 28 个自然村编制和实施了《社区环境行动计划》。2002 年，对高黎贡山周边的 847 个村民小组实施了"全覆盖"的基础性调查和自然保护意识教育。以上社区共管活动的开展，有力地推进了周边社区公众保护森林和爱护大自然的意识和行动，既促进了周边社区的发展，也促进了人与自然的和谐共处。

该保护区还通过实施中外合作项目，推动周边社区的发展。1995 年，由美国麦克阿瑟基金会资助，在百花岭村民委员会实施了"高黎贡山森林资源管理与生物多样性保护"项目，以混农林模式种植的日本甜柿、板栗，现在已经进入盛果期。1999～2001年，参与实施中荷合作云南省"森林保护与社区发展"（FCCD）项目的 28 个村，直接得到荷兰王国的无偿资金援助，实施了节能、营造用材林和薪炭林、发展经济林、封山育林、种植农业经济作物、养殖畜禽、建设基础设施、农科技术培训、自然保护意识教育 9 个主题的社区发展活动，为直接实施项目活动的村民 2071 户 9046 人改善生产生活环境、创新经济收入途径注入了强大的牵引力。2006～2009 年，在香港社区伙伴（PCD）的资助下，腾冲分局在横河自然村实施了"傈僳族社区文化和自然恢复"项目。

资料来源：云南高黎贡山国家级自然保护区管理局

（九）积极履行国际公约并推动国际合作

我国先后缔结了《濒危野生动植物种国际贸易公约》（1980 年）、《关于特别是作为水禽栖息地的国际重要湿地公约》（1992 年）、《生物多样性公约》（1992 年)等多项涉及野生动植物保护的国际条约，并积极履行这些公约规定的义务。我国也与众多自然保护国际组织和机构，以及周边国家的保护部门开展了富有成效的濒危物种拯救与保护、自然保护区管理培训、打击野生动植物非法贸易和社区公众保护宣传等方面的项目合作，进一步强化了我国与国际组织和周边国家在濒危物种拯救与保护领域的合作。

专栏 11-2

藏羚羊(*Pantholops hodgsoni*)的保护

藏羚羊主要分布于中国青藏高原，是青藏高原动物区系的典型代表。经过漫长的自然演替和发展，该物种种群曾达到相对稳定状态，且数量巨大。但从 20 世纪 80 年代末开始，该物种遭受了从未有过的大规模盗猎，种群数量急剧下降。1986 年冬季在青海西南部调查到藏羚羊分布密度为每平方千米 0.2～0.3 头，1991 年羌塘自然保护区东部藏羚羊分布密度为每平方千米 0.2 头，并且能看到集群数量超过 2000 头的藏羚羊群。1994 年在新疆昆仑山进行的一次调查，估算该区域藏羚羊数量约 43 700 头。

藏羚羊作为青藏高原动物区系的典型代表，具有难以估量的科学价值。藏羚羊种群也是构成青藏高原自然生态极为重要的组成部分。中国政府十分重视藏羚羊保护。1981 年，《濒危野生动植物种国际贸易公约》对我国正式生效，鉴于藏羚羊为附录 I 物种，中国政府严格禁止了一切贸易性出口藏羚羊及其产品的活动。1988 年《中华人民共和国野生动物保护法》颁布后，中国国务院随即批准发布的《国家重点保护野生动物名录》将藏羚羊确定为中国国家一级保护野生动物，严禁非法猎捕。此外，中国政府还在藏羚羊重要分布区先后划建了青海可可西里国家级自然保护区、新疆阿尔金山国家级自然保护区、西藏羌塘自然保护区等多处自然保护区，成立了专门的保护管理机构和执法队伍,定期进行巡山和对藏羚羊种群活动实施监测。2008 年，藏羚羊还被选为北京奥运吉祥物之一，极大地促进了公众对藏羚羊的了解及藏羚羊的保护工作。

保护藏羚羊需要国际社会的理解和共同行动。藏羚羊制品的贸易过去在印度的一些地区被认为是合法的；如今在支持保护藏羚羊的人越来越多的情况下，这种状况很快被制止。尼泊尔境内的藏羚羊都是从国外迁徙进去的，其贸易路径是西藏—尼泊尔—印度—德里。尼泊尔反盗猎组织扩大搜寻范围，在西藏、尼泊尔和印度边境地区进行合作，大批走私藏羚羊制品被查获。美国政府也禁止在美国销售藏羚羊制品。

如今，在我国及国际社会的共同努力下，藏羚羊保护成效显著。以西藏自治区为例，其种群已经由 2000 年的 1 万只恢复到 2008 年的 12 万只以上。

二、我国野生动植物保护与自然保护区建设成效

我国野生动植物保护与自然保护区建设已基本建立了具有中国特色的野生动植物保护与自然保护区建设法律法规体系，形成了类型比较齐全、布局比较合理、功能比较

健全的自然保护区体系，部分国家重点保护物种的状况有所改善，在保护野生动植物资源的同时也促进了地方社会经济的发展。

（一）野生动植物拯救显著加强

近年来，我国重点开展了濒危野生动植物拯救和保护工程，重点实施了栖息地恢复改造、濒危野生动植物繁育及再引入的探索，已取得了显著成效（图 11-7）。对 120 多种珍稀濒危野生动物强化了野外巡护、监测，实施了栖息地恢复试点，对 30 多种珍稀濒危野生植物加强了原生地保护；250 多种野生动物人工繁育种群持续扩大，1000 余种珍稀濒危野生植物得到迁地保护。全国大熊猫圈养数量达 312 只，朱鹮圈养种群由不足 300 只增长到 620 只，瑶山鳄蜥、蟒蛇（*Python molurus*）、穿山甲（*Manis pentadactyla*）等 30 多种野生动植物建立起稳定的人工繁育种群；朱鹮、扬子鳄、瑶山鳄蜥、黄腹角雉（*Tragopan caboti*）、华盖木（*Pachylarnax sinica*）、西畴青冈（*Cyclobalanopsis sichourensis*）等 30 余种野生动植物实现了从人工繁育场所到野外生存，其中，朱鹮、野马（*Equus ferus*）、德保苏铁（*Cycas debaoensis*）、杏黄兜兰（*Paphiopedilum armeniacum*）等已顺利实现自然繁殖；针对自然灾害、环境污染等危及野生动植物种群及栖息地安全的突发事件，切实强化了应急处置能力建设，有效降低了损失风险。

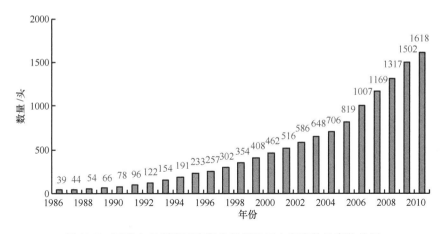

图 11-7　江苏大丰麋鹿国家级自然保护区内麋鹿数量变化状况

（二）自然保护区建设管理水平稳中有升

通过制定和实施《国家级自然保护区建设标准》《国家级自然保护区规范化建设和管理导则》等规范性文件，推动了自然保护区建设与管理的专业化、规范化、标准化；通过开展自然保护区管理有效性评估和建立全国自然保护区管理信息数据库等措施，促进自然保护区健全管理制度，落实保护管理措施，提高管理质量和水平；借助中央财政专项资金，用于国家级自然保护区能力建设补助，自然保护区保护管理条件明显改善；林业部门还以总体规划为规范管理基础，以创建国家级示范自然保护区为龙头，强化确权定界、机构建设等基础性工作，树立了保护监测、生态旅游、集体林改、公共教育等多方面的典型，不断提高自然保护区总体管理水平。

（三）野生动植物繁育利用科学有序

积极实施从利用野外生物资源为主向利用人工繁育生物资源为主的战略转变，对中医药和蟒皮乐器等传统产业中资源消耗量或需求量较大的野生动植物，采取试点探索、示范推广等措施，大力发展养殖业和种植业，引导、促进野生动植物人工繁(培)育技术对成熟物种繁育利用，积极争取对野生动植物驯养繁(培)育企业免收企业所得税，对人工驯养繁殖野生动物及其产品免收野生动物资源保护管理费等扶持政策。大力推行专用标识管理、标准化管理等手段，强化监管力度，并通过开展清理整顿，严厉打击非法经营利用、走私野生动植物及其产品的行为，保障该产业的健康快速发展。目前全国野生动物养殖单位及养殖户达 20 000 家左右，野生植物种植单位及种植户近 20 000 家，野生动植物产品开发利用及进出口企业约 15 000 家，年总产值及进出口贸易总额达 2000 亿元，不仅有效缓解了野外资源保护压力，还有效促进了当地特色资源经济的发展和农民增收。

（四）公众保护意识普遍提高

野生动植物常常成为社会公众特别是青少年认识和探索大自然奥秘的首选对象，而许多自然保护区已成为普及自然科学知识、开展科学研究的重要场所。据统计，自然保护区年接待参观考察人数逾 3000 万人次。四川九寨沟、云南西双版纳、湖北神农架、福建武夷山、陕西太白山、吉林长白山等一大批自然保护区已成为全国著名的生态旅游、宣教和科研基地。动物园、植物园、野生动植物繁(培)育场所和各种类型自然保护区成为人们接受生态文化教育及众多文学创作、影视拍摄、美术写生等实践活动的重要基地。野生动植物与自然保护区建设也日益得到公众的关注与支持，越来越多的非政府组织（NGO）诞生且投身于我国野生动植物与自然保护区建设工作之中，如自然之友、地球村、观鸟会等，美国大自然保护协会还探索建立了我国第一个民间机构主导的保护区——四川老河沟自然保护区。

三、我国野生动植物保护与自然保护区建设存在的问题

尽管我国野生动植物保护与自然保护区管理取得显著成效，但濒危和受威胁物种总数居高不下，已占脊椎动物和高等植物种类总数的 10%～15%，许多野生动植物的遗传资源仍在不断丧失和流失；不少区域野生动植物及其栖息地由于城市扩张、采矿挖矿、农业开垦等不断恶化；自然灾害、野生动物疫源疫病对野生动物种群的威胁呈上升趋势。因此，自然保护形势依然严峻。

（一）管理体制不顺且多头管理问题较为突出

我国现行野生动植物保护与自然保护区管理体制的特点是综合管理和分部门管理相结合。环境保护部门负责牵头、协调全国生物多样性的保护，国家林业局、农业部、国家海洋局、住房与城乡建设部负责实施专业管理，国家发展和改革委员会、科技部也有一些职责涉及生物多样性的保护(表 11-1)。

表 11-1 我国生物多样性保护管理的主要部门及其职能

序号	部门	在生物多样性保护管理中的职能
1	环境保护部	指导、协调、监督生态保护工作。拟订生态保护规划,组织评估生态环境质量状况,监督对生态环境有影响的自然资源开发利用活动、重要生态环境建设和生态破坏恢复工作;指导、协调、监督各种类型的自然保护区、风景名胜区、森林公园的环境保护工作,协调和监督野生动植物保护、湿地环境保护、荒漠化防治工作;协调指导农村生态环境保护,监督生物技术环境安全,牵头生物物种(含遗传资源)工作,组织协调生物多样性保护
2	国家林业局	研究拟定森林生态环境建设、森林资源保护和国土绿化的方针、政策,组织起草有关的法律法规并监督实施;组织开展植树造林和封山育林工作;组织、指导以植树种草等生物措施防治水土流失和防沙、治沙工作;组织、协调防治荒漠化有关国际公约的履约工作;组织、指导森林资源(含经济林、薪炭林、热带林作物、红树林及其他特种用途林)的管理;管理国务院确定的重点林区的国有森林资源并向其派驻森林资源监督机构;组织全国森林资源调查、动态监测和统计;组织、指导陆生野生动植物资源的保护和合理开发利用;拟定及调整国家重点保护的野生动物、植物名录,报国务院批准后发布;在国家自然保护区的区划、规划原则的指导下,指导森林和陆生野生动物类型自然保护区的建设和管理;组织、协调全国湿地保护和有关国际公约的履约工作;负责濒危物种进出口和国家保护的野生动物、珍稀树种、珍稀野生植物及其产品出口的审批工作
3	农业部	组织农业资源区划、生态农业和农业可持续发展工作;指导农用地、渔业水域、草原、宜农滩涂、宜农湿地、农村可再生能源的开发利用,以及农业生物物种资源的保护和管理;负责保护渔业水域生态环境和水生野生动植物;起草动植物防疫和检疫的法律法规草案,签署政府间协议、协定,制定有关标准
4	国家海洋局	负责起草内海、领海、毗连区、专属经济区、大陆架及其他海域涉及海域使用、海洋生态环境保护、海洋科学调查、海岛保护等法律法规、规章草案,会同有关部门组织拟订并监督实施海洋事业发展战略,以及海洋主体功能区、海洋生态环境保护、海洋经济发展、海岛保护及无居民海岛开发利用等规划,推动完善海洋事务统筹规划和综合协调机制;负责组织开展海洋生态环境保护工作。按国家统一要求,组织拟订海洋生态环境保护标准、规范和污染物排海总量控制制度并监督实施,制定海洋环境监测监视和评价规范并组织实施,发布海洋环境信息,承担海洋生态损害国家索赔工作,组织开展海洋领域应对气候变化相关工作
5	住房与城乡建设部	负责风景名胜区的管理,拟订全国风景名胜区的发展规划、政策并指导实施,负责国家级风景名胜区的审查报批和监督管理,组织审核世界自然遗产的申报;负责动物园和野生动物园建设与野生动物迁地保护,植物园建设与野生植物迁地保护,城市绿地建设
6	国家中医药管理局	组织开展中药资源普查,促进中药资源的保护、开发和合理利用,参与制定中药产业发展规划、产业政策和中医药的扶持政策
7	科技部	对全国生物多样性的科学研究与技术发展负责
8	教育部	负责生物多样性信息管理及信息安全,制定信息管理相关的技术规范和管理规定,组织相关专业人才培养
9	公安部	负责有关法律的实施
10	外交部	负责或参与有关国际法规的事务方面
11	中国科学院	负责生物多样性保护领域的研究工作
12	其他	与中央政府部门一级相应的各级地方政府部门,也逐级负责有关领域的工作

这一管理体制,常常造成多头管理、机构重叠的问题。

第一,对野生动植物的保护管理,按照《中华人民共和国野生动物保护法》(《野生动物保护法》)、《中华人民共和国野生植物保护条例》的规定,野生动植物主管部门每10年要进行一次全国野生动物、野生植物调查,环保部门也在开展生物多样性调查,调查的内容基本相同,造成不必要的浪费。

第二，当前我国在国家级自然保护区的建立、功能区划调整工作中，首先由自然保护区所属部门评审，上报国务院，环保部门作为综合管理部门再组织一次评审。省级自然保护区的建立、功能区调整也是依此办理。这就存在环节过多，效率下降，耗时太长，影响地方建立自然保护区的积极性。

第三，在很多地方，自然保护区与风景名胜区、森林公园、地质公园、文物保护单位等相互重叠，形成条块分离、多头管理的格局，管理目标的冲突和利益上的矛盾导致政策规划多样，建设管理混乱。一些自然保护区涉及多个行政区域和管理部门，如对于自然保护区的水域、土地和违法破坏生态环境和渔业资源等现象，自然保护区管理机构和主管部门难以协调监管。例如，按国家规定，林业行政主管部门负责陆生野生动物的保护管理，农业部门负责水生野生动物的保护管理，这就造成了一个自然保护区有多个部门进行多头管理的混乱。在对湿地类型自然保护区的调查中发现，我国很多类型自然保护区有 5 个以上的行政部门参与管理。

与国外部分国家和地区相比，我国野生动植物保护与自然保护区管理也存在明显的差异。由于各国政体不同，各国的野生动植物保护与自然保护区管理体制也有所不同，但总体可概括为分部门管理与统一管理两种模式。前者如美国、日本、澳大利亚、印度等国家。在美国，自然保护区主要由联邦内政部和商务部负责；内政部具体负责国家野生生物避难所、国家公园和荒野保持体系的管理；海洋自然保护区，则是由商务部负责管理；只是在联邦内政部又分别涉及鱼类和野生生物署、土地管理局、国家公园署及林务局等多个机构。后者如英国、韩国、德国、俄罗斯等国家。英国在 1949 年《国家公园与乡土利用法》颁布之前就设立了专门机构，即自然管理委员会，1973 年更名为自然保护委员会，专门负责英国自然保护包括自然保护区管理工作，1990 年以后，这一管理机构被按地理分区重新组建的自然保护管理机构所取代，包括英格兰自然保护委员会、苏格兰自然遗产委员会、威尔士乡村委员会，并成立了具有协调性质的自然保护联合委员会。

但是，无论是多部门管理还是专门部门统一管理，这些国家都有类似于生物多样性保护协调委员会性质的管理机构。例如，日本政府在内务部成立了专门的由与生物多样性保护和多样性资源可持续利用相关的部（署）的负责人组成的协调委员会。这为保护工作中遇到的跨部门问题的解决提供了基础。我国野生动植物保护与自然保护区管理工作在国家层面缺乏统一的协调和管理机构，对于自然保护工作中出现的部门之间的争议、不同单项法之间的冲突等缺乏直接有效的解决途径。因此，对于开展保护工作可能会出现的跨部门的问题缺乏应对措施，也缺乏事先的预防手段。

（二）现有法规政策滞后于保护管理的需求

部分野生动植物保护及自然保护区管理的法律法规不完全适应新形势下的保护管理工作。例如，我国《野生动物保护法》第二条指出，"本法规定保护的野生动物，是指珍贵、濒危的陆生、水生野生动物和有益的或者有重要经济、科学研究价值的陆生野生动物"。可见，我国法律保护的野生动物为珍贵、濒危的陆生、水生野生动物和"三有"野生动物，而对该范围以外的野生动物保护执法工作无法律依据。对于野生植物的保护，由于部门之间的意见不一致，很多省的野生植物保护条例和省级重点保护野生植物名录迟迟不能出台，影响了野生植物的保护。

自然保护区只占我国野生动物栖息地的一部分，而自然保护区外的野生动植物特别是国家重点保护野生动植物及其栖息地的保护存在空缺。特别是在《中华人民共和国物权法》于 2007 年实施以后，涉及集体林区的生物多样性保护问题遇到了很大的困难。许多基层保护管理机构至今没有建立规范的野外巡护、市场巡查、执法协调等制度，执法监管不到位的情况仍十分严重，破坏野生动植物资源和自然保护区的行为得不到及时惩处。并且，我国地域广阔，各地条件各异，特别是南方集体林区的自然保护区，执法困难，缺乏一区一法，可操作性差。

另外，现行相关法律法规部分要求过于严格。例如，《中华人民共和国森林法》第27 条规定自然保护区的森林严禁采伐；《自然保护区条例》中规定，禁止在自然保护区内进行砍伐、放牧、狩猎、捕捞、采药、开垦、烧荒、开矿、采石、捞沙等活动，禁止任何人进入自然保护区核心区，禁止在自然保护区的缓冲区内开展旅游和生产经营活动，禁止在自然保护区实验区内开设与自然保护区保护方向不一致的参观、旅游项目。这些禁止事项在保护自然保护区内自然资源方面发挥了一定的积极作用，但同时也给自然保护区的保护、管理工作、地方经济发展、缓解保护区和社区矛盾等方面带来了一些负面影响。我们曾对 199 个自然保护区进行了分析，人工林面积达 391 870.3hm^2，平均值为 1969.2hm^2。有时为了恢复地带性植被、生境或群落，或者恢复野生动植物的栖息地，需要对保护区，尤其是核心区中大面积树种单一的人工林进行改造。例如，在江西桃红岭梅花鹿国家级自然保护区，根据梅花鹿的栖息需求，保护区应对区内森林采取矮化、火烧的办法使之变为灌草地类。然而，现行相关法律法规对此有严格的限制，不允许对其栖息地进行人工干预，给该自然保护区的保护成效带来了明显影响。

（三）管理与运行机制不顺

野生动植物保护与自然保护区管理中的机制不顺，主要体现在缺乏投入机制、权力约束机制、监管协调机制、考评机制、激励机制、国际公约谈判机制等方面，其后果是投入严重不足、管理行为不规范，严重制约了野生动植物保护与自然保护区事业的发展。

投入机制：野生动植物保护和自然保护区建设是事关国家生态安全的大事，受益的是国家和全社会，理应由国家的公共财政承担。但由于财政能力有限，国家和地方对野生动植物保护与自然保护区建设的投入严重不足，野生动植物保护自然保护区经费也没有被列入各级政府财政预算，缺乏稳定的资金投入，每种国家重点保护野生动物国家年均投入保护经费只有 10 万元左右，难以采取全面有效的保护措施；自然保护区所在地方政府的财政拨款是我国自然保护区建设与管理的主要经费来源，据统计其约占我国自然保护区经费来源的 80%以上，其中国家级自然保护区在这方面超过 95%。但是，国家自然保护区行政主管部门只对国家级自然保护区基础设施建设和能力建设给予资金补助。省级及以下自然保护区受地方经济水平的影响，往往缺少有效的资金保证。虽然我国自然保护事业能得到国际组织的援助，有些还能通过发展旅游、生物资源的开发等经济活动自筹并补充一部分经费，但这部分比例较低。根据世界保护监测中心（WCMC）的调查，大部分国家的自然保护区建设和管理有稳定的财政保障，且渠道上多样化、多元化。例如，美国国家公园的经费来源于国家拨款，且严格限制公园门票的征收，决不允许管理局下达经济创收指标。在加拿大，其国家公园系统的联邦拨款占据主导地位。对于国家级自然保护区，大多数资金来源于政府的投资；对于省级自然保护区，公园的运转经费大约有 50% 是筹集的，50% 来自省级政府的拨款；在区域和地方层次，主要依靠公园和户外游憩的收入来达到经费的自给自足，大多数区域保护机构接近于收支平衡。韩国政府出台了多种政策扶持自然保护区发展：中央政府根据有关法律，每年安排一定的资金，有计划地逐年购买自然保护区内的土地；政府通过减免税赋给予自然保护区内居民一定的经济补偿。与此同时，他们还采取分级管理的原则，鼓励地方各级政府会同中央政府共同投资自然保护区建设。此外，在投入方式方面，我国与发达国家之间也存在一定差异：我国对于自然保护的投入以资金为主，而西方发达国家的投入方式更为丰富。例如，对于从事野生动物及其栖息地保护的直接和间接的活动，由国家给予税收上的优待。

监督机制：表现出两方面的问题。一是缺乏独立的监督部门。尽管环境保护行政主管部门及县级以上自然保护区行政主管部门是自然保护区管理的监督部门，但各级行政主管部门同时又是自然保护区行政主管部门，自身直接管理了一批自然保护区，难以对自然保护区的管理给予客观公正的监督。二是缺乏自然保护区管理监督的手段与方法。国家自然保护区管理主管部门与管理监督部门均没有建立自然保护区管理评价方法、指标体系与管理评价制度，对自然保护区的保护效果与管理成效均没有有效的监督手段和方法，从而导致我国自然保护区管理的监督缺位，自然保护区的保护对象与生境存在局部退化现象，而且得不到监督，自然保护区的保护效果大多达不到应有的要求，自然保护区保护生物多样性的作用受到严重影响。

激励机制：在相当长的时间内，我国对于生物多样性保护的态度是强制为主，缺乏足够的激励机制。目前我国实行的生态补偿机制仅包括大江大河的源头及国家级自然保护区内的森林，且补偿标准偏低；我国也没有建立流域生态效益补偿机制，一些江河源头自然保护区，当地社区群众为生态保护付出的牺牲未能得到社会的认同和受益地区的经济补偿。例如，青海三江源国家级自然保护区有效保护了长江、黄河和澜沧江，被誉为"中华水塔"，但区内超过 25 万的居民因此受到严重影响，也未得到有效的补偿。

（四）保护管理体系不完善

国家林业局设有野生动植物保护与自然保护区管理司，主管全国陆生野生动植物保护及林业系统自然保护区管理工作，各省在林业厅(局)设置了负责野生动植物保护和自然保护区管理的处(室)或直属机构(野生动植物保护站)，但有的省处站并存，有些则只有处或站。全国省级野生动植物保护站作为野生动植物保护及自然保护区管理机构情况各有不同，参照公务员管理事业单位、全额拨款事业单位及差额拨款事业单位均存在，市、县级野生动植物保护机构情况更加复杂，影响了野生动植物保护和自然保护区管理工作。

另外，目前我国有不少极小种群野生动植物分布区、自然保护区、野生动物历史疫源区、野生动植物产品集散地等仍没有专门的保护管理机构，是保护监管盲区；有很多地方虽然成立了保护管理机构，但没有编制、没有专职人员、没有经费保障，野外巡护、资源监测、市场巡查等工作无法开展。

（五）保护与当地发展政策之间的冲突

可持续发展是国家的基本国策，国家政策追求的是生态、社会和经济的均衡和可持续。但这一具体目标落实到自然保护区，就分解为自然保护区所承担的保护政策和当地政府所负责的社会经济发展政策，两者往往是冲突的。

当保护与当地发展发生冲突时，受危害的往往是保护，因为在一个地区，政府比自然保护区具有更大权力和更多的政策手段，可以通过各种途径抵制保护政策，这种事例在我国不胜枚举。保护和发展的政策冲突往往引发制度和体制等深层面的问题，导致现行的保护政策、法律缺乏强制性和权威性，一些破坏生物多样性的政府行为往往不了了之。实践证明，政策的冲突比自然保护区与周边群众的冲突影响更为广泛。

（六）资源权属利益关系存在冲突

当前我国野生动植物保护与自然保护区建设中涉及的资源权属特别是土地权属一般是清晰的，但资源所有权与管理权常常分离，资源权属利益存在冲突。

以土地权属为例。由于社会和历史等原因，自然保护区中分布有集体林，是我国自然保护区一个相对比较普遍的现象，特别是在华东、华南和华中等地区。据不完全统计，我国林业系统自然保护区内有集体林 790.5 万 hm^2，而部分省（区）自然保护区集体林面积比例超过 70%，如福建、广东、浙江和广西(表 11-2)。一些国家级自然保护区中也分布有集体林。例如，福建省国家级自然保护区中集体林面积达 109 209hm^2，占这些保护区面积的 71.2%；在云南省，1986 年建立的自然保护区内集体林地面积为 2.5%，到 1990 年增加为 4.5%，1995 年增加到 10%，到 2007 年 4 月则达到 32%，有明显的上升趋势。

表 11-2　我国林业系统自然保护区林权现状简表[*]

省（自治区、直辖市）	自然保护区总面积/hm^2	集体土地(林地)面积/hm^2	集体土地(林地)比例/%
北京	127 010	39 789	31.33
天津	67 220	13 337	19.84
河北	431 080	6 733	1.56
山西	1 140 297	29 951	2.63
内蒙古	9 846 336	406 863	4.13
辽宁	1 337 751	297 333	22.23
吉林	2 224 620	179 646	8.08
黑龙江	4 068 698	40	0
上海	24 155	0	0
江苏	78 754	127	0.16
浙江	92 739	69 243	74.66
安徽	359 307	196 768	54.76
福建	496 674	398 000	80.13
江西	812 522	189 144	23.28
山东	818 837	126 764	15.48
河南	470 814	150 707	32.01
湖北	842 810	281 530	33.40

省（自治区、直辖市）	自然保护区总面积/hm²	集体土地（林地）面积/hm²	集体土地（林地）比例/%
湖南	1 226 424	372 516	30.37
广东	958 772	801 959	83.64
广西	1 433 086	1 035 591	72.26
海南	239 296	0	0
重庆	828 095	545 060	65.82
四川	7 560 234	1 597 031	21.12
贵州	725 982	290 393	40.00
云南	2 860 384	596 828	20.87
西藏	40 308 064	0	0
陕西	999 417	95 164	9.52
甘肃	9 422 112	173 416	1.84
青海	21 796 920	0	0
宁夏	433 209	11 557	2.67
新疆	9 142 405	0	0
合计	121 174 024	7 905 490	

*数据截至 2007 年 4 月，来源于国家林业局野生动植物保护司

　　一些地方政府在申报国家级、省级自然保护区时，未征得林权所有者的同意，将部分责任山、自留山、单位或个人贷款营造的人工林和农地划入了自然保护区，林权所有者意见较大，要求划出自然保护区的呼声较高。同时，我国《中华人民共和国宪法》《中华人民共和国民法通则》《中华人民共和国土地管理法》《中华人民共和国森林法》《中华人民共和国渔业法》《中华人民共和国草原法》《自然保护区条例》《自然保护区土地管理办法》等法律法规均有自然保护区土地权属管理方面的相关规定。但这些法律法规主要强调对自然保护区内资源的保护，而很少关注当地社区经济发展和林农生计问题，也缺乏系统性和可操作性，已经不能适应当前自然保护区发展的客观需求。

　　随着社会经济的发展，自然保护区生态功能和社会功能日益凸显，而自然保护区内集体林管理与自然保护区功能维持之间的矛盾也日益加剧。如何在保持我国自然保护区建设和管理相关政策相对稳定的前提下，充分保障自然保护区内林木、林地所有权人的权益，已成为当前急需解决的问题。

　　（七）社区发展需求突出

　　我国人口众多，很难找到一块面积适合、没有居民、又有重要保护价值的区域建立自然保护区。据不完全统计，我国自然保护区内约有 1000 万居民。这些居民生产生活总体上还比较贫困，在广东、江西、云南等省调查的结果均表明，自然保护区内社区群众年收入均低于全省农村居民人均年收入。究其原因主要有：地理区位条件的制约；群众生产生活方式的落后，依赖自然资源的程度很大；现行自然保护区相关法律法规的限制。另外，划建自然保护区时，为确保野生动植物栖息地和分布地，以及生态系统的完整性，不可避免地将一些群众包括在内，但由于经济社会发展条件限制，当地政府和有关部门也无力妥善安置好区内群众。

我国自然保护区社区群众要求发展的愿望强烈。尽管有专家提出在生态脆弱区或自然保护区的核心区逐步开展生态移民工作，但由于没有出台移民搬迁的配套政策、措施，也没有专项经费支持，移民搬迁政策得不到落实。并且，我国在野生动植物保护及自然保护区建设方面具有较高价值的区域常常是"老、少、边、穷"地区，自然保护区的建立或多或少限制了当地社区的生产生活，而社区群众要求利用集体林地资源发展经济、改善生活条件的愿望十分迫切。

然而，由于自然保护区管理中对人员的活动有比较严格的限制，尤其是在核心区中，常常引起与社区之间的矛盾。例如，陕西省长青国家级自然保护区坚持"保护区内一草一木不能动"的政策，当地居民既不能砍伐树木，也不能采药挖竹子，甚至不能到保护区内放牛和放蜂，使农民失去了生活来源，曾经造成自然保护区与社区之间的关系十分紧张，甚至出现农民阻止保护区工作人员通过集体林进入保护区工作的现象。

另外，我国野生动植物资源利用形式主要有资源收获、种养业、旅游业、工业加工、资源补偿和资源管理等，相关资源利用形式的主体常常是当地政府、相关管理机构自身、当地社区居民或外来机构(如公司)，但更多以获得经济收益为主，偏离了资源保护的目的；也未采取特许经营和收支两条线政策，资金分配不均匀；缺少科学支持，常常造成不可逆的影响。对资源利用所产生的收入反馈到自然保护工作中不足，偏离了野生动植物资源利用的初衷。

专栏 11-3

部分国家和地区野生动植物资源的可持续利用方式

北美、欧洲等发达国家或地区和亚洲、非洲等的发展中国家，野生动植物及自然保护区资源利用与我国存在显著差别，实行特许经营和收支两条线是其重要措施，坚持野生动植物资源的可持续利用和反哺保护是其重要特色。

1. 特许经营

特许经营是指政府按照有关法律、法规规定，通过市场竞争机制选择某项公共产品或服务的投资者或经营者，明确其在一定期限和范围内经营某项公共产品或者提供某项服务的制度。美国于 1965 年颁布实施的《特许经营法》，第一条首先阐明特许经营政策法案的目的与建立国家公园(自然保护区)的基本目的是一致的；然后明确指出，要服务于公园保护管理目标，严防无管制和随意地使用区内公共住宿、娱乐设施和服务设施等。通过特许经营，充分体现资源保护、管理、监督由政府承担，经营则由第三方(既不是政府，也不是公园管理机构)提供的政企、事企分开的模式。

2. 收支两条线

"收支两条线"在门票收入的处理上体现最明显。例如，美国的国家公园，对游客有的收费，有的免费。对于有门票收入的公园，门票收入全部上缴联邦政府，再由联邦政府按一定比例返还，其余部分则由联邦政府统一支配，用于援助不收费的国家公园。所有门票收入要全部用于国家公园的基础设施建设和景观维护。

野生动植物可持续利用——以狩猎为例

野生动植物及其蕴含的丰富的遗传资源具有重要的经济价值。在不违背保护目标的前提下，对于这种资源进行合理利用在国内外都普遍存在，如野生动物狩猎。欧美、加拿大、澳大利亚等国家都有比较健全的狩猎动物管理体系。

狩猎管理最基础的工作是监测猎物种群数量和参数、建立档案系统。国外的经验是将狩猎用地分为很多个小的地块，称为狩猎管理单元，每年监测记录各管理单元内可猎动物的种群数量、年龄组成、性比等数据。除了专业机构调查外，其中很多主要数据还可以从猎民登记表和调查表中获得。在获得种群基础数据后，主要通过调整狩猎季节和狩猎量来管理猎物种群。

对狩猎应实行法规和制度化管理，包括制定狩猎法律、规定狩猎管理制度、每年按期发布狩猎时间和狩猎限额等。国际通行的狩猎管理方式是出售狩猎证和收取猎物费。公民如想成为猎民必须先取得持枪证、狩猎证和狩猎执照，而这一切均需经过严格的培训和考试，主要内容包括枪械使用、动物识别、狩猎法规、猎人道德、猎物处理等；狩猎过程中猎人必须要严格按规定的猎捕工具、方法和时间、场所及种类、数量、性别等进行狩猎。另外，还应建立猎民协会、开展猎人培训、发行相关出版物，以利于猎物信息发布，促进教育和信息交流。例如，美国与狩猎相关的法规相当严密，必须遵守，否则轻者罚款，重者坐牢。为不给野生动物种群长期生存带来威胁，美国对狩猎实行严格的管理制度，包括全面的种群监测制度、许可制度、确定狩猎季节和时间、限额制度等。

例如，美国在狩猎管理方面采取的典型做法如下。

一是建立了全面的种群监测制度。例如，皱领松鸡(ruffed grouse)是美国西部州重要的狩猎鸟类，由当地政府部门资助建立了长期的监测体系，以确定其每年狩猎额度。

二是许可制度。只有获得许可证才能从事狩猎活动。每张狩猎许可证49美元。

三是确定了各种动物的狩猎季节和时间。有些动物可以全年射杀，但有些只能限于某一时段。例如，松鸡科鸟类只能于每年9月前后狩猎，且对每个猎人只允许狩猎一周。

四是限额制度。对于濒危动物，美国实行严格的限额制度。例如，对于松鸡科鸟类，每个猎人在每个狩猎窗口最多只能捕杀一只。而对于鹿、熊等动物则采取竞拍的方式确定狩猎者，且竞得者最多只能捕杀一只。

北美洲、欧洲及大洋洲等地区在野生动植物及自然保护区资源利用方面的收益均要求反馈于保护。即使对于狩猎，也要求狩猎许可证相关收入全部用于野生动物保护与监测的相关研究中，并为此制定了全面、细致的反哺保护机制。

（八）社会参与尚有不足

尽管国内生态保护方面的 NGO 日益增多，但社会公众参与保护的意识总体还比较薄弱，参与比例较小，参与面很窄，社会公众的绝大多数还未普遍认识到保护野生动植物栖息地的重要性，特别是在农村地区。同时，随着社会化程度的提高，社会组织的多元化，个人、企业和事业单位、公众和政府对环境和资源的需求也随之演化成多样的和多层次的，而对野生动植物及其栖息地保护还未形成普遍共识。同时，我国目前正在实施的各项野生动植物及其栖息地保护的法律法规没有充分考虑到与生物多样性保护相关的利益群体，尤其是当地社区的意见，如未能完善地保证集体林地(林木)所有人权益的问题，使生物多样性保护工作存在隐患。

（九）科学研究对保护管理的支撑不足

管理粗放一直是保护领域的突出问题。自然保护区特别是湿地类型自然保护区功能区划、资源调查监测、国家级重点保护野生动植物名录更新滞后、野生动植物栖息地和自然生态系统恢复及优化、物种救护繁育、资源高效利用、功能性基因开发等领域还有许多科技难题没有得到突破，高新技术在保护领域应用范围窄、科技贡献率低，导致行业性科技含量较低，很多工作的方式或手段还较为落后，资源本底不清，监测体系不健全，有效资源的利用效力得不到提高，无法为科学管理提供有效依据，极大地制约了保护管理水平和能力的提高。

例如，以前为保护草原生态系统，我国许多草原生态系统类型自然保护区内普遍建设有围栏，有些还位于自然保护区内，其中位于野生动物迁移、扩散通道上的围栏对野生动物的迁移影响很大；野生食草动物进入围栏后，也为不法之徒非法捕猎野生动物提供了实际便利。围栏的存在也加重了大中型野生食草兽类生境的破碎化。从野生动物保护的角度来讲，围栏的负面作用明显，不利于保护工作的开展。例如，已有研究证明草原网围栏建设给仅在青海湖分布的普氏原羚 (*Procapra przewalskii*) 带来严重的负面影响：①在建有围栏的区域内，普氏原羚昼间活动距离平均值为 (5081±1187) m (湖东-克图分布区) 和 (110±912) m (元者分布区)，远远低于无围栏分布区中普氏原羚的昼间活动距离 (7223±546) m (快尔玛分布区)；②在建有围栏区域内的普氏原羚采食周期比无围栏生境中的短；③普氏原羚沿围栏行走的频次比例达81%；跳越围栏的行为频次比例为1.2%，从围栏底部钻过围栏的频次为17.8%；④建立围栏后，湖东-克图和元者分布区内普氏原羚的活动范围分别缩小为建立围栏前的20%和6%；⑤围栏降低了普氏原羚逃离天敌的能力，在元者和湖东-克图，直接被围栏挂住死亡的比例为5%(图11-8)，或因围栏限制了其逃避天敌的能力而导致普氏原羚被狼捕食的比例为15%～20%。

（十）国际社会对我国自然保护日益关注

国际社会和国内外公众对我国野生动植物保护与执法监管情况越来越关注，敏感、热点问题压力不减。CITES 管制范围日益扩张、刚性约束机制趋强，涉及中国的敏感物种和敏感议题不断增多，给我国野生动植物保护管理带来更大压力。我国野生动植物国际贸易总量不断增加，已成为国际关注的焦点，虎骨、熊胆和象牙等敏感问题常常成为我国在国际舞台上与其他国家或组织博弈的话题。野生动植物保护管理中的薄弱环节演变成热点的风险极高，甚至可能被利益集团放大引起国际热炒，使国家形象和利益受损。

图 11-8　陷入草原围栏的普氏原羚（蒋志刚摄）

（彩图请扫描文后白页二维码阅读）

（十一）建立国家公园体制带来新压力

党的十八届三中全会明确要求严格按照主体功能区定位推动发展，建立国家公园体制。这是党借鉴国际先进经验，把生态文明建设融入经济建设、政治建设、文化建设、社会建设各方面和全过程的重要措施。目前建立国家公园体制在国内引起很大的关注，各地政府、多个部门乃至民间均跟风要求进行国家公园试点。然而已有讨论、方案乃至试点却面对诸多可以预见和难以预见的风险，主要如下：一是概念混淆。社会上一说到各种公园，就以为是完全的旅游区，各级政府、各个部门的管理者也有持类似观点的。二是体制不清。部分部门不论是否直接负责自然资源管理，均希望在国家公园中分一杯羹，有些部门在非本部门管理的区域随意挂牌，这将进一步扰乱我国现行自然资源管理体制。三是试点无序。国内有些省份已经出现以试点建立国家公园的名义侵占林地和自然保护区的现象。

国家公园曾被认为是世界自然保护领域极富理想与远见的做法，如果因为发展国家公园而扰乱到我国现有资源保护体系，甚至是以牺牲我国自然保护已经取得的成果为代价，就必然与党中央提出建立国家公园体制的初衷相违背。

四、我国野生动植物保护与自然保护区建设的机遇

（1）生态文明建设对我国自然保护事业提出了新需求。党的"十八大"把建设生态文明纳入中国特色社会主义事业"五位一体"总体布局，十八届三中全会则进一步提出建立系统完整的生态文明制度体系的要求，用制度保护生态环境。生态文明建设的核心是牢固树立尊重自然、顺应自然、保护自然的生态文明理念，实现人与自然和谐。野生动植物保护与自然保护区建设作为生态文明建设的重要组成部分和前沿阵地，日益得到党和政府、全社会的重视。这为我国野生动植物保护事业实现新发展、再创新业绩提供了难得的历史机遇，也对我国野生动植物保护事业提出了更高的要求，迫切需要野生动植物保护事业在经济社会发展、国家安全、可持续发展中发挥更大的作用。随着社会经济的进步和综合国力的提高，我国野生动植物保

护事业面临的任务将更加艰巨。

(2)经济发展和社会进步对物种资源提出新要求。我国目前正在大力推动生物产业发展，而野生动植物所蕴含的丰富的基因资源为生物产业的发展提供了资源基础和研究试材，其潜力难以估量，保护意义十分巨大。许多实例表明，一个物种、一个品种乃至一个基因能繁荣一个产业、繁荣一个国家。但因我国在该领域投入少，野生动植物种基因资源的发掘、检测、筛选和性状评价等工作滞后，相关生物技术在农业、林业、生物医药、民族产业和环保等领域的应用还十分有限，自主创新力度不足，亟待强化和提高。

(3)科技发展为我国自然保护事业提供了新机遇。当今世界，科学技术迅猛发展，学科交叉融合，新的科学前沿不断出现，技术创新不断突破，科技经济一体化更加深入。自然保护是典型的交叉学科，涉及社会科学与自然科学多个学科，相关学科已经取得或正在酝酿重大突破，与自然保护相关的各项科技正向微观与宏观相结合，单学科突破与多学科交叉融合的方向发展。这些重大进展为我国野生动植物保护及自然保护区建设事业的发展提供了重要的科学与技术保障。

(4)新的生物多样性保护策略为我国自然保护提供了新思路。2010年在日本召开的《生物多样性公约》第十次缔约方大会则宣布了遏制生物多样性丧失趋势的生物多样性保护千年目标的失败。《全球生物多样性展望》(第三版)据此提出了新的生物多样性保护策略：①投入更多的努力去除导致生物多样性丧失的直接因素，包括对过去消费的改变及对新的生活方式的选择，同时也包括控制人口增长等长期政策问题。②以货币的形式进一步明确生物多样性及生态系统服务功能的价值，以利于多样性资源的可持续利用。③降低非直接因素导致的生物多样性丧失，包括更加合理的土地利用规划、水资源及海洋生态系统的利用等。合理的生态空间规划特别是保护区的设立是其中最为关键的问题。④加强生态系统的修复工作，重建生态系统功能，确保提供有价值的服务。特别地，只要有可能，通过保护来避免生态系统退化总比发生退化后再恢复更可取，且更具成本效益。⑤将生物多样性保护与应对气候变化的工作相结合。作为生物多样性的重要组成部分，野生动植物保护无疑从新的生物多样性保护策略的转变中得到新的启示。作为《生物多样性公约》的缔约国，我国在野生动植物保护方面也要相应采取新的策略。

(5)战略计划(2011—2020年)给我国自然保护事业带来新契机。2010年《生物多样性公约》第十次缔约方大会提出了新的战略计划(2011—2020年)，还提出了到2020年的20个具体的生物多样性目标(爱知目标)。例如，目标2要求"到2020年，将生物多样性的价值纳入国家和地方发展和减贫战略及规划进程"；目标5要求"到2020年，使自然生境的丧失和退化及破碎率至少减少一半"；目标11要求到2020年，至少有17%的陆地、内陆水域和10%的沿海和海洋区域，尤其是对于生物多样性和生态系统服务具有特殊重要性的区域，通过全面、生态上有代表性和妥善关联的系统性有效管理的保护区和其他手段受到保护，并纳入更广泛的土地景观和海洋景观管理。这些目标既对我国野生动植物保护及自然保护区建设提出了新的要求，也给我国社会经济与自然保护协调发展带来了新的契机。

第三节　我国野生动植物保护与自然保护区 建设总体战略

野生动植物保护与自然保护区建设事业是典型的社会公益型事业，对国家生态安全、国民经济可持续发展、社会进步等具有重要价值，对国民经济社会发展具有显著的现实性作用，对可持续发展具有深远的前瞻性和战略性作用，是中华民族长远发展的战略基础。在建设生态文明和美丽中国的进程中，必须高度重视野生动植物保护与自然保护区建设工作，努力实现我国野生动植物保护与自然保护区事业的跨越式发展。

一、战略思想

以推进生态文明建设为目标，以加快发展为举措，牢固树立生态"红线"意识，坚持科学保护、依法保护、主动保护，依靠全社会力量，依靠科技进步，深化改革，着力营造自然保护的有利环境，着力构建就地保护的科学体系，着力完善迁地保护的整体布局，着力健全自然保护的法规制度体系，着力强化执法监管体系，着力推动野生动植物繁育利用产业的健康发展，为国家生态文明建设和社会经济可持续发展做出新的贡献。

二、战略原则

(1)坚持生态、社会、经济三大效益相统一。遵循自然规律和经济规律，重点强化野生资源保护，加快自然保护发展，发展野生动植物人工繁(培)育产业生产潜力，为构建国家生态安全、满足社会和人民群众需求、促进产业经济发展和建设生态文明做出努力。

(2)坚持就地保护为主、迁地保护为辅。优先建设和扩建一批重点自然保护区，对受威胁程度高、濒临灭绝的野生动植物采取积极有效的拯救和就地保护措施，建设一批重点野生动物种源基地、珍稀野生植物培植基地，确保野生动植物种群的可持续发展并摆脱濒危状态。

(3)坚持统筹规划，合理布局，突出重点，分步实施。立足当前亟待解决的问题和需求，兼顾野生动植物保护的长远发展，因地制宜、科学谋划，有计划地保护拯救一批珍稀濒危、特有和有重要经济价值的野生动植物物种，充分发挥工程建设的示范作用。

(4)坚持政府主导，多方参与，共同保护。充分发挥政府在生态建设中的主导作用，同时要注意发挥社会各界、企业、国际组织等多元主体在野生动植物保护与自然保护区管理中的协同、支持、自治、自律等作用，使各种力量形成推动、支持野生动植物保护与自然保护区管理事业发展的合力。

(5)坚持统筹兼顾，保护事业与当地经济社会协调发展。在保护管理工作中，要把对当地人民群众的宣传教育和建立社区共管机制作为重要内容，探讨有利于自然保护的经济发展模式，形成与当地社区共同保护、共同受益的良好氛围。

(6)坚持立足国情，借鉴国际经验，创新保护机制。根据我国现实国情和社会经济发展水平，积极吸收借鉴各国保护管理经验和做法，勇于创新野生动植物保护与自然保护区管理机制，在国际保护事业中展示中国的良好形象。

三、战略目标

（一）近期目标

到 2020 年，努力使生物多样性的丧失与流失得到基本控制。进一步加强中央、省级和地市级行政主管部门的管理能力建设，使指挥、查询、统计、监测等管理工作实现网络化，健全野生动植物保护的管理体系，完善绩效监督与评估机制，完善科研体系和进出口管理体系，基本建成布局合理、功能完善的自然保护区体系，国家级自然保护区功能稳定，主要保护对象得到有效保护，使 95%的国家重点保护野生动植物种和所有典型生态系统类型，以及 60%的国家重点保护物种资源得到恢复和增加。

（二）远景目标

到 2050 年，使生物多样性得到切实保护。全面提高野生动植物保护管理的法制化、规范化和科学化水平，实现野生动植物资源的良性循环，生态系统、物种和遗传多样性得到有效保护，并使 85%的国家重点保护物种资源得到恢复和增长。建成具有中国特色的自然保护区保护、管理、建设体系，提高管理有效性，禁止开发各类自然保护区，使保护生物多样性成为公众的自觉行动。自然保护区的功能得到全面发挥，管理效率和有效保护水平不断提高。

四、战略布局

为实现战略目标，必须调整结构，优化布局，形成充满活力的中国野生动植物保护与自然保护区建设事业新的发展格局。

(1)科学规划，统筹全国布局。围绕国家经济社会发展的总体目标，从国家层面统筹规划我国野生动植物保护与自然保护区事业发展布局；推进体制创新和机制创新，形成有利于资源优化配置、自然保护事业整体推进的体制框架。

(2)加强联合，优化行业布局。通过重大工程和科学研究计划的组织实施，形成跨行业、跨部门的互动合作机制；集中多方面的优势，形成多部门相互衔接的自然保护工作与服务体系，提升自然保护行业的整体实力。

(3)突出重点，改善区域布局。根据国家重点保护濒危野生动植物资源和森林、湿地、荒漠生态系统的分布特点，将保护总体规划在地域上划分为东北山地平原区、蒙新高原荒漠区、华北平原黄土高原区、青藏高原高寒区、西南高山峡谷区、中南西部山地丘陵区、华东华中丘陵平原区和华南低山丘陵区共 8 个建设区域(图 11-9)。每个区域内确定不同的建设目标和主攻方向。

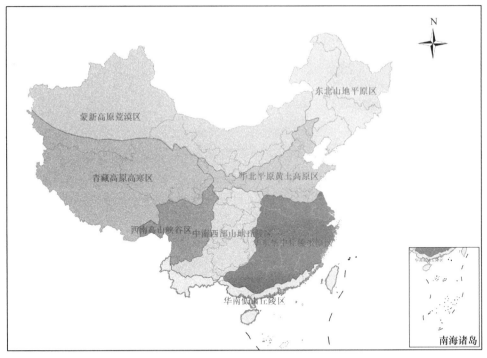

图 11-9　我国自然保护区建设布局

专栏 11-4

我国野生动植物保护及自然保护区建设布局

东北山地平原区

本区位于我国东北部，包括黑龙江、吉林、辽宁全部和内蒙古的呼伦贝尔、通辽、赤峰市和兴安盟等部分地区，总面积 124 万 km²，占全国总土地面积的 12.9%。

该区以东北虎、远东豹等大型猫科动物，丹顶鹤、黑嘴松鸡等珍稀鸟类为重点保护对象，建立自然保护区间生物廊道和跨国界保护区。科学规划湿地保护，建立跨国界湿地保护区，解决湿地缺水与污染问题。在松嫩-三江平原、滨海地区、黑龙江、乌苏里江沿岸、图们江下游和鸭绿江沿岸，重点建设沼泽湿地及珍稀候鸟迁徙地繁殖地、珍稀鱼类和冷水性鱼类自然保护区。在国有重点林区建立典型寒温带及温带森林类型、森林湿地生态系统类型，以及以东北虎、原麝、红松、东北红豆杉、野大豆等珍稀动植物为保护对象的自然保护区或森林公园。全区自然保护区建设达到 295 个，国家级自然保护区达到 50 个，最终使全区保护区面积达 1100 万 hm²，占区域土地面积的 8.9%以上。

蒙新高原草原荒漠区

本区位于我国西北部，包括新疆大部和内蒙古、宁夏、甘肃、陕西、山西、河北的大部或一部分，总面积约 269 万 km²，占全国总土地面积的 28%。

该区按山系、流域、荒漠等生物地理单元和生态功能区建立和整合自然保护区，扩大保护区网络。加强野骆驼、野驴、盘羊等荒漠、草原有蹄类动物，以及鸨类、裘羽鹤、黑鹳、遗鸥等珍稀鸟类及其栖息地的保护。加强对新疆野苹果和新疆野杏等野生果树种质资源和牧草种质资源的保护，加强对荒漠化地区特有的天然梭梭林、胡杨林、四合木、沙地柏、肉苁蓉等的保护。全区自然保护区建设达到130个，国家级自然保护区达到34个，全区保护区面积达到1800万 hm^2，占区域土地面积的6.7%以上。

华北平原黄土高原区

本区包括北京、天津、山东全部和河北、河南、山西大部分，江苏、安徽淮北地区、陕西、宁夏中部及青海东部，总面积95万 km^2，占全国总土地面积的9.9%。

加强该地区生态系统的修复，以建立自然保护区为主，重点加强对黄土高原地区次生林、吕梁山区、燕山-太行山地的典型温带森林生态系统、黄河中游湿地、滨海湿地和华中平原区湖泊湿地的保护，建立保护区之间的生物廊道，恢复优先区内已退化的环境。使原麝、猕猴、东方白鹳、黑鹳、遗鸥、大鸨、褐马鸡等极度濒危野生动物的种群及栖息地得到有效保护；保持猕猴、原麝种群稳定发展。使河北梨、缘毛太行花等极小种群野生植物种群得到有效保护，适生生境得到明显改善。全区自然保护区建设达到190个，国家级自然保护区达到35个，全区保护区面积达410万 hm^2，占区域土地面积的4.3%以上。

青藏高原高寒区

本区位于我国西南部，包括西藏、青海的大部和新疆南缘、甘肃、四川西北一部分，面积约173万 km^2，占国土面积的18%。

加强原生地带性植被的保护，以现有自然保护区为核心，按山系、流域建立自然保护区，形成科学合理的自然保护区网络。加强对典型高原生态系统、江河源头和高原湖泊等高原湿地生态系统的保护，加强对藏羚羊、野牦牛、普氏原羚、马麝、喜马拉雅麝、黑颈鹤、青海湖裸鲤、冬虫夏草等特有珍稀物种种群及其栖息地的保护，使斑尾榛鸡、黑头噪鸦、马麝、白唇鹿、普氏原羚、温泉蛇等濒危野生动物的种群及栖息地得到有效保护；使马麝、白唇鹿、塔里木马鹿的种群数量保持稳定，并不断发展壮大；使喜马拉雅密叶红豆杉等极小种群野生植物得到有效保护，适生生境得到明显改善。全区自然保护区建设达到65个，国家级自然保护区达到20个，全区保护区面积达6840万 hm^2，占区域土地面积的39.5%以上。

西南高山峡谷区

本区地处青藏高原的东南部，包括横断山区及雅鲁藏布江大拐弯地带、西藏东南部、四川西部及云南西北部，面积约65万 km^2，占国土面积的6.8%。

以喜马拉雅山东缘和横断山北段、南段为核心，加强自然保护区整合，重点保护高山峡谷生态系统和原始森林，加强对大熊猫、金丝猴、孟加拉虎、印支虎、黑麝、绿尾虹雉、红豆杉、四川山鹧鸪、兰科植物、松口蘑、冬虫夏草等国家重点保护野生动植物种群及其栖息地的保护。加强对珍稀野生花卉和农作物及其亲缘种种质资源的保护。全区自然保护区建设达到160个，国家级自然保护区达到25个，全区保护区面积达910万 hm^2，占区域土地面积的14%以上。

中南西部山地丘陵区

本区位于秦岭以南，包括贵州全部，四川、重庆、云南大部和陕西、甘肃、河南、湖南、湖北部分地区，面积 91 万 km^2，占国土面积的 9.5%。

重点保护我国独特的亚热带常绿阔叶林和喀斯特地区森林等自然植被。建设保护区间的生物廊道，加强对大熊猫、朱鹮、金丝猴、羚牛、特有雉类、野生梅花鹿、黑颈鹤、林麝、苏铁、桫椤、珙桐等国家重点保护野生动植物种群及其栖息地的保护。确保本区域内极小种群野生植物种群得到有效保护，适生生境得到明显改善。全区自然保护区建设达到 360 个，国家级自然保护区达到 43 个，全区保护区面积达 525 万 hm^2，占区域土地面积的 5.8%以上。

华东华中丘陵平原区

本区位于我国东部，包括江西、浙江、上海的全部和河南、安徽、江苏、湖北、湖南、福建、广东、广西的大部或部分地区，总面积 109 万 km^2，占全国土地面积的 11.4%。

加强豹、林麝、安徽麝、黄喉噪鹛、黑脸琵鹭、中华凤头燕鸥、勺嘴鹬、莽山烙铁头、特有雉类等极度濒危野生动物及其栖息地的保护，确保 80%的极度濒危野生动物及其栖息地得到有效保护；建立以残存重点保护植物为保护对象的自然保护区、保护小区和保护点，在长江中下游沿岸建设湖泊湿地自然保护区群，加强对人口稠密地带常绿阔叶林和局部存留古老珍贵动植物的保护，加强对沿江、沿海湿地和丹顶鹤、白鹤等越冬地的保护，加强对华南虎潜在栖息地的保护。全区自然保护区建设达到 710 个，国家级自然保护区达到 73 个，全区保护区面积达 625 万 hm^2，占区域土地面积的 5.7%以上。

华南低山丘陵区

本区地处我国最南部，包括福建、广东、广西沿海地区和广西、云南南部丘陵山地及海南岛、台湾岛的全部，总面积约 34 万 km^2，占国土面积的 3.5%。

全区自然保护区建设达到 210 个，国家级自然保护区达到 25 个，保护区面积达到 180 万 hm^2，占区域土地面积的 5.3%以上。加强对热带雨林与热带季雨林、南亚热带季风常绿阔叶林、沿海红树林等生态系统的保护。加强对特有灵长类动物、特有雉类、亚洲象、海南坡鹿、野牛、小爪水獭、瑶山鳄蜥、弄岗穗鹛、中华凤头燕鸥等国家重点保护野生动物，以及热带珍稀植物资源的保护。加强对野生稻、野茶树、野荔枝等农作物野生近缘种的保护，确保本区域内极小种群野生植物种群得到有效保护，适生生境得到明显改善。

参考资料：1. 全国林业自然保护区发展规划(2006—2030 年)；2. 全国野生动植物保护与自然保护区建设"十二五"发展规划；3. 中国生物多样性保护战略与行动计划(2011—2030 年)

第四节　野生动植物保护及自然保护区建设战略任务

一、现存野生动植物资源的调查与编目

(1)西南石灰岩地区、横断山脉地区等生物多样性关键地区野生动植物资源调查与

编目。

(2)全国生物多样性保护优先区域及重点生态功能区野生动植物资源调查与编目。

(3)全国国家级自然保护区野生动植物资源调查与编目。

(4)全国特有珍贵林木树种、药用生物、观赏植物、竹藤植物等资源调查与编目。

(5)中国特有动物和特殊生态区及干旱、半干旱地区动物资源调查与编目。

(6)民族地区相关传统知识(民族传统作物品种资源、民族医药、乡土知识、传统农业技术)的调查、文献编目及数据库建立。

(7)制定各类生物物种资源清单目录(包括禁止交易类、限制交易类、自由交易类),加强对进出口贸易的监督与管理。

二、现有保护体系的进一步完善与提高

(一)自然保护区建设

(1)自然保护区网络化建设。确定一批亟待抢救性保护的物种和具有重要意义的生态关键区域,有重点地在最需要保护的地区抓紧建立一批自然保护区。调整自然保护区的管理策略,将由基于物种的保护目标向对生态系统整体管理目标的转变,在景观与流域尺度上,促进自然保护区之间的廊道建设与保护区网络建设。

(2)自然保护区科学化建设。以自然保护区为平台,吸引国内外科研单位开展涉及自然保护区的科研工作,进一步提升自然保护区科研对自然保护区管理工作的支撑与促进作用。加强对自然保护区主要保护对象的监测,及时评估自然保护区有效管理现状,分析制约自然保护区发展的问题。

(3)自然保护区信息化建设。完善信息化基础设施的建设,注重引入各种现代化信息技术,如网络技术和通信技术、整合遥感、全球定位系统、地理信息系统、红外自动监测及无人机技术等,使得自然保护区管理涉及的所有信息都及时自动采集,经智能化整合,并及时利用。通过信息化建设实现资源共享,提高管理水平。

(4)自然保护区规范化建设。大力加强自然保护区基础工作,通过建章立制,实行目标管理,完善自然保护区的制度建设。科学编制和实施自然保护区总体规划和管理计划。统一组织调查监测,定期报告自然保护区保护效果。

(5)自然保护区标准化建设。按照国家有关自然保护区基础设施建设的标准开展自然保护区局址、保护站点等基础设施建设。以省(区)为单位,统一各自然保护区局址、保护站点及标志标牌等基础设施的风格。统一自然保护区工作人员着装,展现出自然保护区人员的精神与风貌。标准化自然保护区基础信息资源的采集、整理与归档,特别是要标准化自然保护区资源,尤其是主要保护对象的调查与监测,为资源整合与共享奠定良好的基础。

(二)自然保护小区建设

建立激励机制,通过乡规民约等协议保护形式,划定自然保护小区,明确保护责任,维护好对物种保存和乡俗文化有重要影响的自然生境。

（三）合理开展迁地保护

坚持以就地保护为主，迁地保护为辅，两者相互补充。

对于自然种群较小和生存繁衍能力较弱的物种，采取就地保护与迁地保护相结合的措施。

三、珍稀濒危野生动植物资源的拯救与保护

（一）极度濒危野生动物的拯救与保护

(1)拯救与保护对象的确定原则：①《中国物种红色名录》中的"极危"物种、CITES附录Ⅰ物种、国家重点保护野生动物、我国特有物种；②分布范围狭窄或栖息地破坏严重、种群数量极其稀少的物种；③生态地位特殊，伞护作用显著，对其种群保护还能促进其他物种健康发展的物种；④具有重大科学研究价值的物种；⑤因经济价值较大而被过度利用，种群生存受到严重威胁，近期数量显著下降的物种；⑥资源状况和受威胁因素清楚，通过工程措施能够取得较好效果的物种。

(2)任务要点。极度濒危物种种群保护：对包括大熊猫、长臂猿、朱鹮等30～40种极度濒危野生动物实施专项拯救，在其自然保护区以外的分布区优先建立保护监测站，在其分布的自然保护区内优先实施栖息地改造与修复；扩建、新建极度濒危野生动物拯救繁育基地，突破5～10种极度濒危野生动物人工繁育技术，并维持现有约30种极度濒危野生动物人工繁育种群，对繁育成功的野生动物开展放归自然的探索与试验。重要栖息地修复：实施栖息地改造与修复，改善野生动植物生境；在国家级自然保护区以外的野生动物重要分布区的500～800处重要栖息地，建设基层保护管理站，有效防止盗猎野生动物、侵占栖息地的非法行为。

（二）极小种群野生植物的拯救与保护

(1)拯救与保护对象的确定原则。种群数量极少的野生植物；仅存1或2个分布点的野生植物；野外株数在10 000株以内，但因利用过度，破坏严重、生存压力大且分布范围相对狭窄的国家、省级重点保护野生植物；我国特有、分布区相对狭窄的国家、省级重点保护野生植物；野外株数虽多于10 000株，但作为特定区域的代表种，具有重要的经济开发价值或科研价值，能带动野生植物保护与可持续发展的重要类群；满足上述原则，且物种分布、生境、致濒原因等相对明确，能够提出科学有效的保护措施的野生植物。

(2)任务要点。对120种极小种群野生植物全部进行编目、挂牌。对30种极小种群野生植物开展近地保护试验示范；对15种以上极小种群野生植物实施野外回归；对80种以上极小种群野生植物保护显现效果。建设国家级就地保护点412个，恢复和营造适生生境。规划建设近地保护基地50处，近地保护点200个，近地保护种群500个，以扩大种群数量和面积，为科研迁地保护中心的移栽提供缓冲和实验，为原生地野外回归提供经验。

四、野生动植物生态保护"红线"的划定

（一）划定对象

我国珍稀濒危或特有野生动植物种及其栖息地；我国当前主要利用的野生动植物种及其栖息地；各类自然保护区。

（二）划定原则

系统性：应在不同区域范围内根据野生动植物的分布及其栖息地状况，通过叠加分析综合形成国家或区域野生动植物保护"红线"。

科学性：野生动植物保护"红线"的确定应建立在充分了解其生态学与生物学信息的基础之上，并应用种群生存力分析、空间数据分析等方式，确定其分布范围。

可操作性：野生动植物种保护"红线"需要落实在具体空间上，这需通过切实可行的空间数据分析来保障。

动态性：野生动植物种保护"红线"可随国家自然保护能力的增强和国土空间优化适当调整。

（三）划定目标

划定野生动植物种保护"红线"的根本目的是维持物种的长期稳定存在，具体为：确保野生动植物种的最小可存活种群；确保野生动植物种最小可存活种群栖息地的最小动态面积；确保野生动植物种重要栖息地的安全，其在自然保护区内的应严禁破坏，在自然保护区外的也应进行严格保护；确保野生动植物种保持基因多样性。

（四）划定方法

通过种群生存力分析，确定野生动植物种的最小可存活种群；通过 DNA 分析，确定野生动植物种的基因多样性；结合环境容纳量分析，确定该最小可存活种群所需的最小动态面积的栖息地；通过栖息地适宜度评价，结合空间叠加分析，确定野生动植物种的关键栖息地位置与范围；位于关键位置的最小动态面积的栖息地是必须受到严格保护的。

五、推进野生动植物资源可持续利用

因地制宜、合理布局、统筹兼顾，切实强化对产业的指导，继续实施以利用野外资源为主向利用人工繁育资源为主的战略转变。

加大对野生动植物种源繁育基地等建设的投入，完善野生动植物种源繁育体系。

积极研究和争取对野生动植物繁育利用的种源补助、税费调控、信贷优惠等政策和保险政策。

开展野生动植物繁育利用示范试点。

强化野生动植物及其产品流通监管和产业服务，完善特许经营、许可、限额及认证制度。

加强对野生动植物资源的发掘、整理、检测、筛选和性状评价，筛选优良野生动植物遗传基因，推进相关生物技术在林业、生物医药等领域的应用。

六、强化野生动植物保护能力建设

（一）人员队伍建设

紧密配合我国野生动植物保护与自然保护区建设事业发展的实施，科学制定相关人才战略规划；优化野生动植物保护与自然保护区管理人才资源配置，推进人才资源整理开发。

着力培养各类野生动植物保护与自然保护区管理紧缺人才，重点培养适应野生动植物保护与自然保护区事业发展的高层次专业技术人才、管理人才和高素质的实用性人才，不断提高各类野生动植物保护与自然保护区管理人才的竞争力，实现人才队伍建设的协调发展。

加大专业人才引进力度，建立激励机制，完善业绩考核、奖惩等制度，提高野生动植物保护与自然保护区建设工作的积极性和主动性。

加大相关从业人员及各地主管领导的培训力度，适时开展专业技能比赛和应急演练，提高日常监测、应急处置能力和水平。

（二）执法能力建设

加强执法队伍建设，提高执法能力，采取有效措施，坚决打击乱捕滥猎、乱采滥挖野生动植物的违法犯罪行为，有效遏制一些地方存在的盗猎、非法经营、倒卖、走私野生动物活动的发生。

（三）科研监测体系建设

建立和完善以国家级自然保护区作为基础，其他自然保护区、自然保护小区作为补充的科研监测体系。

（四）基础数据信息平台建设

利用地理信息系统，将全区数字高程图、河流、水系、湿地、生物地理区划、生物多样性分布图、重要工程建设分布区等资料整理完善，建立完整的本底资料档案，特别是自然保护区内土地利用状况调查数据，建设和完善野生动植物资源及自然保护区数据库体系，建立国家野生动植物资源及自然保护区公共信息网络和基础数据平台，奠定野生动植物保护与利用的翔实基础。

（五）公众保护意识提高

主流媒体制作宣传教育材料，组织编制学校及公众宣传教育教材，并引导非政府组织参与野生动植物资源保护公众教育。同时，以国家级自然保护区为核心，建立和完善一批国家级科普教育基地、爱国主义教育基地和生态教育基地等；加强自然保护区宣教、公共服务等方面的基础设施建设；逐步建立游客解说系统和体系，提高公众自然保护意识和生态环境意识。

七、稳步建立国家公园体制

国家公园作为生态保护和建设的一种形式，核心目标是实现生态保护的有效管理，必须排除与保护目标相抵触的开发利用方式，适度为公众提供旅游、科研和教育场所。当前，应按照保护优先、适度利用、科学规划、依法管理、试点先行的原则，坚持法制先行、国家主导，稳步探索和建立适应我国国情的国家公园体制。

第五节　野生动植物保护及自然保护区建设战略措施

战略措施是实现战略目标、完成战略任务的重要保障。我国野生动植物保护与自然保护区建设事业发展需要重点进行以下事关全局的重大工程项目或行动。

一、优化自然保护管理体制

建立高效的管理体制是保障野生动植物保护与自然保护区建设工作的重要前提。管理体制的核心内容是管理机构的设置及其职责和权限的划分。应按照继承与创新相结合的原则，充分尊重我国野生动植物保护及自然保护区管理在长期发展中形成的分部门管理体系，尽快建立具有较高协调能力的野生动植物保护与自然保护区建设协调机构，协调我国野生动植物保护与自然保护区管理工作。

近期：在国家层面上改革现行国务院环境保护行政主管部门协调下的分部门管理体制，在国务院成立专门的野生动植物保护与自然保护区或国家公园管理或生物多样性保护管理协调机构，监督和协调我国野生动植物保护与自然保护区管理工作，国务院各相关实体自然资源主管部门在各自的职责范围内保护管理好其负责的实体自然资源。

在地方政府层面上，建立健全管理机构，并增强各机构之间的协调机制，如各省（自治区、直辖市）、地区和县分别设置相应的生物多样性保护委员会，指导和协调地方生物多样性保护。

中期和远期：健全国家自然资源资产管理体制，统一行使全民所有自然资源资产所有者职责。

二、创新自然保护管理机制

完善国家公共财政投入机制。按照中央和地方事权划分的原则，设立由中央和地方财政分工负责的国家公共财政服务投资机制。

实行资源有偿使用制度，完善生态补偿机制。坚持使用资源付费和谁破坏生态谁付费，按照谁受益、谁补偿的原则，扩大生态效益补偿范围，提高生态效益补偿标准，推动地区间建立横向补偿制度。

逐步建立重点保护地区集体林赎买制度。国家制定政策，在开展生态补偿的同时，尝试对保护区核心区内的集体所有、个人使用的主要保护对象栖息地采取赎买、租赁、置换等方式取得所有权或使用权，从根本上解决自然保护区的土地与自然资源管理和使用权限问题。根据我国国情、现有政策和地区差异，可以分地区、分步骤进行，如可根据各地区社会经济发展水平，由中央和地方按一定比例承担相关费用；可优先解决国家级自然保护区内集体林的赎买问题；可重点解决各自然保护区核心区及缓冲区中集体林的赎买问题。

完善环境影响评价与生态影响评价机制，开展包括部分保护工程在内的环境影响和生态影响评价工作，确保工程实施的科学性，并将其对野生动植物资源的影响降到最低水平。

完善野生动植物资源输出风险评估、许可制度，以及出入境查验法律法规，制定各类保护物种名录，明确出入境查验对象和查验要求。

建立和完善公众监督、举报制度，完善公众参与机制。

建立绩效评价机制。借鉴自然遗产定期监测的制度，以国家重点保护野生动植物物种、省级行政区划或国家级自然保护区为监测对象，定期进行监测与评价并向社会公众公布。

三、重构自然保护体系

参照世界自然保护联盟(IUCN)保护区分类指南，对重点区域已建的自然保护区、风景名胜区、森林公园、湿地公园、地质公园、水利风景区等进行综合评估，完善和重构自然保护体系。对适于设立国家公园而又被自然保护区、森林公园、湿地公园、风景名胜区等保护形式分割或重叠管理，造成完整生态系统管理碎片化的区域，按照山系、河川、湖沼等生态系统的完整性确定国家公园边界，明确国家公园管理主体、管理机构，协调统一管理目标和管理措施。

四、推动生物多样性保护主流化

加强宣传和培训力度，提高各级政府主管人员的保护意识。

提高野生动植物保护及自然保护区建设在建设生态文明中的基础地位，将生物多样性纳入生态文明水平评价体系的核心指标，特别是要重视生物多样性经济价值，并纳入绿色经济政策体系中。

将自然保护区、野生动植物保护等生物多样性保护内容纳入国民经济社会发展规划和部门规划，建立相关规划、计划实施的评估监督机制，促进其有效实施。

将生物多样性影响评价纳入战略环评和建设项目环境影响评价中，尤其是纳入战略环评中，这样有可能从源头上遏制规划/计划实施对生物多样性造成的潜在影响。

将"生物多样性保护"目标纳入各级政府政绩考核指标，以从根本上杜绝地方政府为获取经济利益而损害或破坏野生动植物资源及自然保护区的行动。

开展多种形式的宣传教育活动，不断提高全民保护意识，引导公众积极参与野生动植物保护，加强学校的野生动植物保护科普教育。

五、建立健全自然保护管理体系

完善各省（自治区、直辖市）及市（州、县）野生动植物保护和自然保护区管理机构建设，配备专门机构和专职管理人员，并明确机构性质。

各级政府主管部门要将野生动植物保护和自然保护区建设列入工作计划，纳入目标责任制，定期进行考核，切实强化建设和管理。

六、加大自然保护建设投入

建立以中央和地方政府投入为主，多渠道筹集资金的投入机制，保障野生动植物保护和自然保护区建设的资金投入，提高保护和管理机构的能力。

各级主管部门将把野生动植物保护事业列入地方国民经济和社会发展计划的公益性支出，并逐年提高其在财政预算中的比例。

在森林生态效益补偿基金或国家将要出台的资源环境相关税费中确定一定比例用于野生动植物保护、自然保护区建设等保护工作。此外，要积极争取国内国际社会各方面的投入和支持，增加经费来源。

七、建立健全法律法规体系

争取制定《生物多样性保护法》或《自然资源保护法》《国家公园法》。

贯彻落实《野生动物保护法》《陆生野生动物保护实施条例》《野生植物保护条例》《自然保护区条例》《重大动物疫情应急条例》等法律法规，依法强化监督管理。

进一步完善相关法律法规和政策。尽快修改《森林法》《野生动物保护法》等不适应当前实际需求的法律法规或其条款，及时更新国家重点保护野生动植物名录，拓宽保护范围，弥补法律法规存在的空白区域，包括自然保护区外的野生动植物及其栖息地保护问题，以及非国家重点保护野生动植物的保护问题，统筹处理好保护、利用和发展的关系。

各省（自治区、直辖市）应制定地方重点保护野生动植物管理办法、自然保护区管理办法和因保护国家和地方重点保护野生动物受到损失的补偿办法等地方法规，并积极推动自然保护区做好"一区一法"工作。

八、完善自然保护决策科技支撑体系

建立跨学科、跨领域、跨部门的协同攻关机制，整合野生动植物保护与自然保护区管理相关自然科学和社会科学的研究力量，加强交叉学科研究，努力形成分工合作、学科多样、优势互补的科技支撑体系。

切实加强原始性科学创新，加强战略性技术创新，将野生动植物保护与自然保护区管理相关基础理论研究，野生动植物资源在社会经济发展、国家安全、保障民生、生态文明与美丽中国建设等各领域的应用研究与技术开发，以及野生动植物保护与自然保护区建设业务系统的发展等作为重点，力争在基础理论创新、技术创新和体制创新等方面有所突破，推动野生动植物保护由物种保护途径转向生态系统管理途径，主要包括：加大对野生动植物保护和自然保护区资源本底调查、监测基础研究、应用研究等科研工作的支持。及时更新国家重点保护野生动植物名录。积极开展野生动植物资源特别是自然保护区生态价值、经济价值的评估研究，按照不同类型自然保护区，选择有条件的进行试点，不断总结和建立评估指标、标准和办法，并全面组织实施。积极探索野生动植物资源及自然保护区资源可持续利用研究，主要涉及利用范围、方式、程度(限额)及税费调控等经济措施的研究。组织研究制约野生动植物保护与自然保护区建设的关键问题，主要包括集体林权改革背景下的野生动植物保护与自然保护区建设，自然保护区分类，野生动植物栖息地评估与修复，外来入侵物种监测预警与风险管理，转基因生物释放、风险评估和环境影响问题，气候变化的影响问题等，加强野生动植物保护和自然保护区管理应用技术的研究和开发，促进成果的转化、推广和应用。

尽快研究制定国家公园准入标准和管理规范，编制国家公园发展规划。

加强野生动植物保护与自然保护区管理能力建设，加强专业人才培养和引进。

九、引导社区参与自然保护

尊重当地社区的利益，力争使与资源关系最密切的团体获得最高利润，鼓励其加强资源保护。鉴于目前野生动植物贸易的利润主要由各级中间商获得，应对贸易活动所获的利润进行更合理的配置。例如，在开展狩猎旅游时，可规定将所收取的资源保护费、猎物费等按固定的、足以实现鼓励目标的比例返还给当地社区。

实施参与式管理。让社区参与保护区管理的决策、实施、监督、调整和收益。通过这种管理方式，既给了社区参与保护区管理的机会，解决社区部分生活需要，也扩大了保护区的保护力量，还是解决保护区建设和社区发展之间利益冲突的有效措施。

实施生态补偿。按照谁受益、谁付费的原则，完善生态补偿制度，推动建立地区间横向生态补偿机制。

推动实施生态移民。根据我国有关法律法规，以及自然保护区发展的客观实际，建议各级政府和有关部门考虑对生态脆弱区自然保护区及自然保护区核心区的群众开展生态移民工作，这样既能提高群众的生产生活水平，也有利于我国自然保护区事业的健康发展。

充分尊重和利用当地民族传统文化，充分发挥其宗教信仰、习惯法及文化习俗在生物多样性保护中的积极作用。

十、合理利用野生动植物资源

推动特许经营制度的实施，实行收支两条线，实现野生动植物资源及自然保护区管理者与经营使用者的相互独立与相互监督。

建立野生动植物资源利用许可制度，加强对野生动植物及自然保护区资源经营使用者的培训，从事相关资源利用活动必须得到许可的授权。

建立严格的限额制度。

建立严格的收益反哺机制。

十一、积极开展国际合作

与国际社会共同行动，对野生动植物及其产品的国际贸易进行控制和对某些物种实行保护。

建立和完善信息共享和疫情沟通机制，特别是要强化自然保护区、极度濒危野生动物、极小种群野生植物和鸟类禽流感等方面与国外的经验、技术交流，建立国际合作伙伴关系。

归纳和分析我国在野生动植物资源可持续利用中的经验与做法，积极推广、主动宣传，展示我国野生动植物保护的成就，并在生物多样性可持续利用中争取更大的发展空间。

野生动植物保护及自然保护区建设专题组成员

组　　长：吴　斌　北京林业大学党委书记，教授

副组长：徐基良　北京林业大学，副教授

　　　　丁长青　北京林业大学，教授

成　　员：栾晓峰　北京林业大学，教授

　　　　李媛辉　北京林业大学，副教授

　　　　李建强　北京林业大学，讲师

第十二章 城镇绿化及城市林业建设研究

第一节 城镇绿化与城市林业概论

一、城镇绿化的概念

应该首先从"城镇"与"绿化"两方面进行理解。参照《中国大百科全书-建筑-园林-城市规划》(中国大百科全书出版社)中的相关释义,城镇是以非农业活动为主的人口集中点。城镇一般是工业、商业、交通、文教的集中地,对于我国来说,城镇是基本的居民点单位和经济、社会、文化活动的中心。绿化,可以广义地将其理解为通过绿色植物保护生态环境、改善人居环境的重要措施。所以,城镇绿化可理解为在城镇空间内进行的用以改善城镇环境的绿色植物栽种活动,它包括两个部分:一是城镇建成区内以园林绿化为主体的城市绿地体系建设(运用工程技术和艺术手段,通过改造地形进一步筑山、叠石、理水;通过种植树木花草、营造建筑和布置园路等途径创作而成的美的自然环境和游憩境域);二是建成区外以森林为主体的城市森林体系建设(包括自然与半自然状态下的环境保护林、风景游憩林、各类防护林及建成区周边发挥隔离作用的森林等),其形成的产业及事业称为城市林业。这两个部分相互依托,相互联系,形成一个整体,在下文中需要独立强调时区分为城镇绿化和城市林业,在表达整体概念时称为城镇绿化。城镇绿化对于城镇来说是利民惠民的重要举措,是提升城镇形象及居民生活质量的根本途径,也是构建现代化城市的核心保证。

二、城镇绿化的功能

组成城镇绿化的植物个体内部、植物个体之间、植物与环境之间及植物和人之间存在着复杂的相互联系的生态功能。城镇绿化的主体是绿色植物,具有减少城市热岛效应、减少雨水径流、减弱空气污染、为动物提供栖息地等生态效益。另外,城镇绿化可以美化环境,为居民提供游憩、交流的场所,有益于城市居民的身心健康,具有很高的社会价值。此外,城镇绿化不仅能够提供一定的林木产品,还有利于增加城市的物业价值、降低城市能耗等功能,具有巨大的经济效益。

(一)城镇绿化的生态功能

城镇绿化区通过影响城市的物理和生物环境来缓解城市发展带来的环境质量下降并提高城市的宜居性。生态功能主要包括如下几方面。

(1)净化空气。城市绿地的植物不仅能够直接吸收各种有害气体,还能够吸附各种空气颗粒,减少了空气中有毒有害物质的数量。

(2)城市洪水调控作用。城市绿地通过树冠、树干截留雨水,对地表径流有直接的减弱作用；城市绿地还有利于雨水的快速渗透，减少雨水在地表的停留时间。

（3）降低噪声。城市绿地通过树叶、树枝和树干等对噪声有消减作用；绿地中的动物发出的声音和树叶发出的声音能够减弱人们对噪声的烦躁。

（4）改善小气候。城市绿地能够降低环境的热通量、增加遮阴面积、改变气流流动的方向和速度来降低空气温度；还能够通过蒸腾作用增加空气湿度。

（5）提高生物多样性。一方面，城市绿地为鸟类、小动物及一些植物提供了重要的栖息地，维护生物多样性；另一方面，城市绿地本身就具有很高的植物多样性，有利于保全自然环境。

（二）城镇绿化的社会功能

城镇绿化区是城市中最重要的自然因素，对群众的生活质量的高低意义重大，具有重要的社会功能。社会功能主要有如下几点。

（1）自然环境保全、物种多样性保护。绿地以它组成的类型和特征能够充分发挥积极的生态作用，通过净化空气、水体和土壤，逐步改善城镇小气候，维持城镇的生态平衡，缓解现阶段城镇化带来的环境恶化等问题。同时，城镇绿化能够保护大生态环境的生物多样性，构建稳定而成熟的城镇生态系统格局。

（2）提供紧急避难场所。城镇绿地是城镇防灾避险体系中的重要组成部分，能够在灾害发生时承担与发挥防灾功能，能够为居民提供安全的应急避险开敞空间，并为灾后重建奠定基础等。

（3）塑造城镇空间形态。合理健康的城镇空间形态是保持城镇健康稳定发展的重要因素之一，城镇绿化空间可以在一定程度上和城镇其他用地协调配合，共同引导和塑造健康的城市空间形态。

（4）传承地域历史和文化。城镇绿化也是体现城镇地域特色、塑造和保持城镇文化特色的重要窗口，它将城市地域文化习俗、社会风俗习惯、城市的历史沿革和传统文化融入自然环境之中，形成地域特色的城市绿化文化，使城市成为具有艺术外貌和文化艺术氛围的聚居境遇。

（5）提供游憩、交流空间。城市绿化区是居民休息、锻炼、游憩、娱乐交流的场所，以绿色植被为主体的绿地为城镇居民的互动提供了绿色的活动环境，满足了城市居民休息、锻炼和游憩的重要需求。

（三）城镇绿化的经济功能

城市绿化区不仅具有直接的经济功能还具有诸多的间接经济功能。主要包括如下几方面。

直接功能：形成以苗木、花卉、地被植物等绿化材料生产为主体的产业。

间接功能：①降低城市能耗，完美的城市森林体系有助于降低能耗；②提高建筑物和地产的价值，处于林木周围、公园或者公共绿地附近的建筑和地产价值往往高于其他地区；③带动社会就业，城市绿地的管理和维护需要大量的劳动力，城镇绿化能创造出许多就业岗位；④促进经济增长，城市森林可以发展旅游和游憩业，增加旅游收入。

目前，国内已经有城市对城市绿化区各项功能的经济价值进行了估算和评价，如广州市在 2008 年对城市绿化区综合效益进行了评价。结果表明，广州 495 万亩森林绿地，每年蓄水 35.2 亿 t，净固定二氧化碳 1336.4 万 t，降解二氧化硫 10.3 万 t，滞尘 1.3 万 t。每年森林贮水效益 1.286 亿元，防洪效益 0.522 亿元，储存在植物组织中的养分效益 3.497 亿元，保持土壤效益 1.145 亿元，改良土壤效益 1.872 亿元。同时，城市中森林涵养水源、保持水土、净化空气、调节气候、防风固沙、滞尘减噪等功能对绿化美化城乡环境，提高城市环境承载力，扩大城市环境容量发挥了不可替代的重要作用。

三、新型城镇化背景下城镇绿化建设的机遇

城镇化无疑已成为全球共同的话题。全球经济的复苏和生产力水平的提高使得全球城镇化进程在 21 世纪加快了步伐。对于中国这个发展中国家，城镇化现象尤为明显。截至 2011 年，我国的城镇化水平已经超过 50%。中国城镇化进程成为全球关注的焦点。城镇化的发展给我国带来了全新的发展机遇，城镇绿化建设也进入了新的阶段。

（一）中央政策的引导

在当前"发展新型城镇化"的中央政策背景下，我国城镇化发展正走在一条具有中国特色的城镇化发展道路上。按照党和国家的发展思路，我国的城镇化应该走一条资源节约、环境友好的新型城镇化道路。目前，中央政府正稳步推进新型城镇化的建设，国务院总理李克强多次指示：城镇化建设要充分考虑生态环境的支撑，要更加注重在城镇发展建设中环境质量的改善。打造以生态宜居为标志的可持续发展的城镇化建设战略，这既带给我国城镇绿化建设新的契机，又对城镇绿化有了更高的要求。同时，在"十八大"所确立的我国"五位一体"发展思路中，以"美丽中国"为目标的生态文明建设也要求将绿化建设作为我国城镇发展建设的基本内容。而 2013 年 12 月召开的中央城镇化工作会议提出了优化城镇化布局和形态、提高城镇建设水平和加强对城镇化的管理等重大任务，要求依托现有山水脉络等独特风光，让城市融入大自然，把城市放在大自然中，把绿水青山保留给城市居民。在 2015 年 5 月所印发的《中共中央国务院关于加快推进生态文明建设的意见》中，提出应大力推进绿色城镇化及加快美丽乡村建设的战略部署。可以看到，中央政府诸多新政策的制定都为我国的城镇绿化建设提供了明确的指引，也将城镇绿化提到了一个更高的平台。

（二）地方政府的重视

在中央政策下，我国各地区的大中小城镇政府对城镇绿化建设也逐渐重视。在推进城市建设扩展的同时也将城镇绿化建设作为城镇建设的重点。尤其在经济较为发达的地区，早已把城镇绿化建设作为城镇建设的重点工程来抓。全国城镇绿化建设各项指标年年攀升，绿化工作取得了不菲的成绩。城镇化建设让城镇政府对于城镇绿化的重视由原先的"被动"变为"主动"，让我国城镇绿化建设的执行较为有效。

（三）城镇居民的需求和支持

随着城镇化所带来的城镇发展，广大城镇居民的经济收入、生活水平逐渐提高，

城镇居民对所处居住环境的认识和审美价值也不断升华，对城镇人居环境的要求也越来越高。城镇居民大众对人居环境日益增长的需求和对绿化建设的大力支持，为进一步发展我国城镇绿化提供了坚实的群众基础。群众的爱绿、护绿意识逐步增强，美化家园的热情日渐高涨，这将有利于城镇绿化活动的深入开展，也有利于进一步保护现有的绿化成果。

四、城镇绿化和城市林业建设的现状

（一）建设模式

大城市城镇绿化建设模式更注重建成区内外统筹考虑，形成点、线、面结合的网状绿地结构。中小城市绿地规划建设则缺乏统一性、整体性，城镇绿化呈现破碎化。

(1) 城市林业建设模式。随着国家森林城市建设步伐的推进，各省省级森林城市、省级森林城镇等的建设也逐步开展起来。我国城市林业的建设模式主要包括："林带+林区+园林"的建设模式，以广州的平原沿海地区为例，实现了城市绿化山上山下统筹、农村城市并举、平原沿海兼顾的战略性转变，建成景观长廊、林带等，形成了点、线、面结合的城市森林景观体系；"环城生态圈+林水一体化"的建设模式，以沈阳为例，在城市周边、城市郊区与远郊农村建设成三条森林带与4个绿洲，形成楼水相映、山水相映、林水相依的城市森林景观；"三网、一区、多核"的建设模式，以上海为例，构筑绿色外环线和绿色通道，形成"绿色走廊"，构成各种核心林地（表12-1）。

表 12-1　我国典型中小城市城市林业建设模式

城市	城市特点	建设模式
贵阳	喀斯特地貌上的绿色传奇	林带环城环镇、环湖环库
洛阳	土地资源紧缺、城市地域用地矛盾突出	林网化-水网化
包头	以绿色通道工程为纽带，将森林生态圈、近郊森林生态圈和远郊森林生态圈有机地连接贯通	三圈一带
温州	突出发展城镇林业	林水相依、生态廊道相连、城镇绿化镶嵌
杭州	生活品质之城	生态林、产业林、景观林"三林共建"
鞍山	建立近自然的水岸林带、形成生态走廊与森林绿地斑块相连的城市森林绿地网络	一核、一扇、两带、两楔、多廊、多岛

北京市城市林业建设形成了自己独特的模式，已经基本建成了森林生态体系、林业产业体系和森林资源安全保障体系，形成了山区、平原和城市绿化隔离地区三道绿色生态屏障。北京市城市林业重点建设的工程有：①第一、第二绿化隔离带，郊野公园与滨河森林公园建设，通道绿化工程，百万亩造林。其中，城市绿化隔离地区于20世纪90年代初开始建设，目前已经完成建设任务，形成了第一、第二道绿化隔离带。四环为第一道绿化隔离带，区域面积为240km²以上，其中绿化面积有100km²，主要以乔、灌、花、草相结合的方式打造出近自然的森林景观。第二道绿化隔离带位于五环路和六环路之间，区域面积有1600km²，成为市区与卫星城之间的绿化空间，定位为绿色生态环，绿地、水面、树林的面积达1100km²。形成绿地里面有城市的景观，也是北京未来发展

的重心。达到绿化达标、生态良好、产业优化、农民增收的目的。②郊野公园按照"一环、六区、百园"的布局要求，积极构建"整体成环、分段成片"的"链状集群式"结构。第一道绿化隔离地区"公园环"共有公园 81 个，面积 81 103 亩，基本形成"郊野公园环"。据测算，已建成的郊野公园每天吸收二氧化碳 5053t，释放氧气 3368t，发挥出显著的固碳释氧功能；年接待游人约 2230 万人次，极大地丰富了市民休闲游憩的环境；同时，郊野公园的管护还解决了当地 2 万多农村劳动力的就业问题。③滨河森林公园以穿越或环城水系为主线，建设具有休闲服务功能的带状城市森林公园，充分发挥水与林相结合的生态和景观优势。④通道绿化工程以"五河十路"为重点，涉及 12 区（县）98 个乡（镇）。规划在每侧营造 200m 左右的宽厚绿化带，其中通道内侧 20～50m 作为永久性绿化美化带，外侧发展速生丰产用材林为主的绿色产业。在绿化中坚持以路为主，沿路造林；乔、灌、花、草结合，突出生态景观。实现了生态、社会、经济效益的协调统一。⑤百万亩造林计划提出 5 年内全市新增森林面积 100 万亩，实现平原地区森林覆盖率达到 25%以上，净增 10.32 个百分点的建设目标。现针对其进行的研究有平原多功能造林植物材料筛选与优质苗木培育、平原不同立地景观生态林造林技术及模式研究、平原造林工程技术与模式示范建设的工作。一系列城郊林业工程的实施，使得北京生态质量明显改善，环境面貌显著改观。

(2) 建成区内城镇绿化建设模式。城镇建成区内，我国城镇绿化建设模式主要依据各城市大的山水结构和城市特定发展格局形成不同的绿地布局结构。例如，北京中心城区绿地系统为"两轴、三环、十楔、多园"的基本结构，即青山环抱(小西山)，三环环绕(一绿、二绿、二环绿色城墙)，十字绿轴(长安街、中轴线)，十条楔形绿地，公园绿地星罗棋布(城市中不同等级的大、中、小型公园绿地)，由绿色通道串联成点、线、面相结合的绿地系统(由中心城范围内的道路、铁路、滨河绿带和防护绿带组成北京城市绿网)。中心城区带状、环状和放射状绿带，将中心城内的各种绿地与外围的绿地联系起来，新城区点、线、面、环状绿地相衔接，城乡一体、内外相通，形成一个整体。

又如，上海中心城区形成了以"一纵两横三环"为骨架、以"多片多园"为基础、以"绿色廊道"为网络的绿地布局结构。一纵指黄浦江沿岸；两横分别为延安路、苏州河沿线；三环为外环、中环、水环；多片多园指由中心城内各级别城市公园、公共开放绿地和中心城边缘若干大型片林组成；绿色廊道网格指依托城市主要道路、水系等沿线的绿化，联系和沟通中心城各级别、各类型的点状、线状绿化及大型片林，建立起中心城绿化网络系统。

再如，河北唐山市，斑块、廊道、基质三种空间要素将景观要素串联成整体，明确了绿地系统的生态空间体系，依托原有空间要素，中心城区形成了"一心两廊、三环四楔、多园多带"的绿地布局结构。

位于河北承德市的滦平县，由于山体的退让和穿插，城市建成区自东向西、自北向南形成 4 个城市组团，建成区绿地形成"一轴一区、二环、五带、多园"的布局结构。一轴一区分别指忙牛河景观轴、生态水源保护区，二环为内环景观带、外环景观带，五带分别是三条自然生态保护区、两条半自然生态保护区，多园即多个城市公园。

（二）评价体系

目前，关于城镇绿化的评价指标体系较为混乱，没有明确的划分建成区外及建成区内评价的指标。国内与城镇绿化建设相关的国家级称号主要有 4 个。一是建设部创建的"国家园林城市"，强调城市建成区绿化；二是国务院为表彰国土绿化突出贡献城市，委托全国绿化委员会制定的"全国绿化模范城市"，强调全民参与；三是全国绿化委员会、国家林业局制定的"国家森林城市"，强调城市森林建设；四是国家建设部在园林城市基础之上评选的"生态园林城市"，强调城市经济、社会和自然协调发展（表 12-2～表 12-4）。

表 12-2　国家园林城市评选标准

指标类别	城市位置	100 万以上人口城市	50 万～100 万人口城市	50 万以下人口城市
人均公共绿地/ （m²/人）	秦岭淮河以南	7.5	8	9
	秦岭淮河以北	7	7.5	8.5
绿地率/%	秦岭淮河以南	31	33	35
	秦岭淮河以北	29	31	34
绿化覆盖率/%	秦岭淮河以南	36	38	40
	秦岭淮河以北	34	36	38

资料来源：国家园林城市标准（建城[2005]43 号）

表 12-3　国家生态园林城市评选标准（暂行）

序号	指标	标准值		
1	综合物种指数	≥0.5		
2	本地植物指数	≥0.7		
3	建成区新建、改造的人行道路、城市 广场用地中透水面积的比例/%	≥70		
4	城市热岛效应程度/℃	大型城市≤3.0 中型城市≤2.5 小型城市≤2.0		
序号	指标	人口地域	100 万以上	50 万～100 万	50 万以下
5	建成区绿化覆盖率/%	秦岭淮河以南	41	43	45
		秦岭淮河以北	39	41	43
6	建成区人均公共绿地/m²	秦岭淮河以南	10.5	11	12
		秦岭淮河以北	10	10.5	11.5
7	建成区绿地率/%	秦岭淮河以南	34	36	38
		秦岭淮河以北	32	34	37

资料来源：建设部关于印发创建"生态园林城市"实施意见的通知（建城[2004]98 号）

"国家园林城市"是中国最早的全国城市绿化评价体系，强调建成区绿化，主要有综合管理、绿地建设、建设管控、生态环境、节能减排、市政设施、人居环境、社会保障等八大类型。"国家生态园林城市"是从已经获得"园林城市"的城市中挑选，其评选更重视城市生态环境质量，相比"国家园林城市"，整个指标体系更重视生态环境的有机性，如增加了生态保护、生态建设与恢复水平的综合物种指数，本地植物指数，建成区道路广场用地中透水面积的比例，城市热岛效应程度，公众对城市生态环境的满意度等评估指标。

表 12-4 各地区城市绿地和园林（2015 年）

地区	城市绿地面积/hm²	公园绿地/hm²	公园/个	公园面积/hm²	建成区绿化覆盖率/%
全国	2 669 567	614 090	13 834	383 805	40.1
北京	81 305	29 503	287	29 448	48.4
天津	28 406	8 865	102	2 299	36.4
河北	81 346	24 014	502	17 339	41.2
山西	42 033	12 910	271	9 552	40.1
内蒙古	63 090	16 876	254	13 725	39.2
辽宁	124 193	26 233	379	13 629	40.3
吉林	47 251	14 650	191	6 446	36.1
黑龙江	76 501	16 997	345	9 777	35.8
上海	127 332	18 395	165	2 407	38.5
江苏	274 071	44 713	942	25 935	42.8
浙江	138 039	28 593	1 171	16 655	40.6
安徽	93 786	19 913	374	12 043	41.2
福建	64 466	15 327	555	11 913	43.0
江西	54 147	14 663	356	8 764	44.1
山东	213 517	54 345	828	34 112	42.3
河南	89 952	25 201	327	12 653	37.7
湖北	80 309	21 719	352	11 997	37.5
湖南	59 359	14 930	287	10 145	39.7
广东	438 376	89 591	3 512	65 318	41.4
广西	82 382	12 111	216	8 579	37.6
海南	14 883	3 784	55	1 972	37.7
重庆	55 934	22 733	349	11 502	40.3
四川	87 096	24 512	508	13 343	38.7
贵州	36 739	8 308	114	7 021	35.9
云南	39 416	9 427	683	7 558	37.3
西藏	5 332	882	81	978	42.6
陕西	56 108	11 714	209	5 877	40.6
甘肃	23 560	7 773	123	4 335	30.2
青海	5 732	1 942	41	1 350	29.8
宁夏	24 132	5 126	77	2 411	37.9
新疆	60 775	8 338	178	4 721	37.5

注：公园绿地面积包括综合公园、社区公园、专类公园、带状公园和街旁绿地。

国家森林城市是指城市生态系统以森林植被为主体，城市生态建设实现城乡一体化发展，各项建设指标达到"国家森林城市评价指标"，以"让森林走进城市、让城市拥抱森林"为建设宗旨。2004 年启动了中国城市森林论坛和国家森林城市评选工作以来，至今已评出 10 批共 85 个国家森林城市。其评价指标有组织领导、管理制度、森林建设、考核检查等四大类一级指标，其中围绕森林建设有综合指标、覆盖率、森林生态网络、森林健康、公共休闲、生态文化、乡村绿化 7 项二级指标。涉及的量化指标及标准为：城市林木覆盖率南方城市达到 35% 以上，北方城市达到 25% 以上；城市建成区（包括下辖区市县建成区)绿化覆盖率达到 35% 以上，绿地率达到 33% 以上，人均公共绿地面积 9m^2 以上,城市中心区人均公共绿地达到 5m^2 以上;城市郊区森林覆盖率山区应达到 60% 以上，丘陵区应达到 40% 以上，平原区应达到 20% 以上(南方平原应达到 15% 以上);水岸和道路绿化率均达到 80% 以上;城市森林乡土树种数量占 80% 以上,自然度应不低于 0.5。"全国绿化模范城市"指标与之相似,但其主要强调全民参与绿化,要求义务植树尽责率达 90% 以上,对植树存活率和保存率也有具体要求。

（三）管理模式

城镇绿化在国内起步时间较晚,如何进行科学的管理还处于探索阶段。管理一般指市政管理,属于政府管理的范畴,其目的在于通过对建成区外森林系统的管理,使其发挥更大的功能,以满足人民生存与发展的需要。

目前主要的管理模式有统一管理模式、分管模式等。统一管理城镇绿化的代表是北京市,为园林绿化局管理模式。北京市园林绿化局下属的造林营林处等涉林处室负责城市森林系统规划、建设和管理。城镇绿化处主要负责北京市城镇园林绿化规划、建设、管理等。两个机构相互协调,相互配合,共同完成北京市建成区外和建成区内的城镇绿化建设。上海市也为统一管理模式,主要是由绿化和市容管理局负责,其中公共绿地处和林业处主要担负与建成区外林业和城镇园林绿化相关的职责。

分管模式的典型城市是天津,为天津市林业局和天津市市容、园林管理委员会共同管理。其中林业局与系统管理相关的部门有城乡绿化处和营林处,与市容和园林管理委员会相关的部门有园林建设管理处、公园管理处和园林养护管理处等。

根据《城市园林绿化工作管理条例》规定,城市的公共绿地、风景林地、防护绿地、行道树及干道绿化,由城市绿化行政主管部门管理,即目前各地的城市园林局管理,基本形成了园林部门管城内、林业部门管城外的局面(也有一些城市,郊区的风景林归属园林部门,城内的山林归属林业部门)。但是这两个部门分属两个不同的行政系统,一是隶属绿委的林业局管理系统,二是隶属建委的园林局(处)管理系统。虽然许多城市进行了改革,但是两家单位的管理原则和方式有很大差别,不利于建成区内外城镇绿化的统一规划、布局和管理。

第二节　城镇化背景下我国城镇绿化存在的问题

从我国城乡统筹整体发展角度出发,城镇绿化在城镇建设中具备广泛性、基础性、综合性和长期性。城镇绿化也伴随着我国城镇发展由简单变为复杂、由表面转为实际,但由于我国城镇绿化发展建设起步较晚,基础较薄,因此,不合理的,甚至违反科学的城镇绿化在快速城镇化背景下也逐渐凸显出来。

一、我国城镇绿化建设所面临的突出问题

（一）发展与城镇化建设步伐不相适应

城镇化建设中存在较多生态问题。粗放式的城镇工业化道路与生态文明建设存在不

可调和的矛盾；城镇产业结构失衡，生态环境危机严重；城镇化带来的人口问题对生态环境的冲击；城镇化建设过度依赖土地扩张造成土地资源浪费；城镇交通扩张造成生态环境胁迫；城镇化过程中建筑行业消耗能源与污染环境较为严重等。这些问题都是阻碍城镇化生态建设的主要原因。

（二）建设不均衡，导致生态退化

（1）经济发达区与欠发达地区建设不均衡。由于我国各个地区经济发展的不均衡，直接导致了各地绿化规划、建设、管理的投资力度不均，从而导致城镇绿化建设的不均衡。经济欠发达地区，城镇绿化建设水平相对落后，绿化建设模式和内容也往往单纯效仿经济较发达地区，加之缺乏城乡统筹考虑，缺少在大区域层面对不同规模城镇的绿地系统建设的总体均衡把握，导致了绿化建设生态效益不佳、毫无特色等后续问题，缺乏科学性、多样性和统一性。

（2）城市绿化与城市林业绿化建设不均衡。一些地方城镇化会导致周边生态系统退化。森林破碎化、生态系统服务总功能下降是城镇化过程中的基本现象。经过几十年脱离自然、脱离乡村的城市化发展，先建城镇，后建林业的模式，使我国城市周边森林破碎化蔓延，城乡结合部生态退化加剧。目前我国普遍提高了建成区内城镇绿化力度，而忽视了建成区外城镇绿化力度，两者衔接不够紧密，建设力度不均。

（三）城镇绿化的现行体制不统一，缺乏区域绿化统筹规划

（1）城镇生态建设存在明显的分割状态，缺乏城乡统一、跨部门协作的城镇化生态建设战略和布局。主体功能区规划建设侧重于按国土功能和资源约束划分国土生态建设空间，没有顾及城乡之间、城内城外的生态空间设计；林业部门主要负责生态脆弱地区和森林资源丰富地区的生态建设与保护；城建部门主要承担城市内部的绿地和绿化建设；村镇绿化基本靠自己，没有纳入城镇化建设的进程中。这种缺乏城镇化全局设想、城乡分离、部门分割的生态建设和管理格局，不能及时发现和协调解决城镇化过程中的生态建设问题，造成了许多大城市中心"城市热岛""城市荒漠"等问题，加剧了城镇自然生态系统的退化，降低了城镇自然生态系统的环境承载力，忽略了城市生态系统与乡村生态系统的天然衔接。

（2）在政策领导下过分追求"数量"，忽视"质量"。改革开放以来，伴随着经济快速发展，牺牲环境付出的惨痛代价唤醒了人们保护环境的意识。"十八大"会议中提出五位一体的发展构架，将生态文明建设融入政治建设、经济建设、文化建设、社会建设当中。在这一政策领导下，全国城镇绿化建设蓬勃发展，绿化已经成为衡量一个城市发展水平的重要指标。很多地区都推出了不同规模的绿化建设计划，在"绿量"上有了很大的突破，然而由于公众观念、技术水平、体制政策等，现在的城镇绿地建设水平良莠不齐，有"数量"而无"质量"，有"速度"而无"深度"；有的绿地建设甚至是噱头，成为错误政绩观的牺牲品。

在快速城镇化大背景下，城镇绿化建设往往只重视绿化建设的景观美化和休闲游憩功能，不注重绿地属性和周边环境，混淆不同绿地的不同实际功能，也忽视了城镇绿地的功能多样化。

（四）评价指标混乱，延误城镇绿化建设的推进

（1）缺乏约束性指标和标准。目前，我国没有完善的城镇绿化建设标准，对在建和新建城市没有约束性绿化指标；考核范围仅局限于城市建成区，对城市郊区和乡村绿化的指标也未提出。例如，规定新建城市园林绿化面积应该达到什么比例，是否必须建自然保护地，人均城市森林面积应达到多少公顷，乡土树种率应达多少等，由于没有这些约束性指标，许多城镇生态建设缺乏规范和指导，降低了城镇生态建设的质量。在建成区内即使曾颁布《园林基本术语标准》等，也未能从城市整体发展出发综合考虑城市绿地的环境建设，缺乏系统性，最终导致城市建设中绿地沦为"配角"的被动局面。

（2）效益评价体系未能达到最优。截至目前，世界上许多国家开展了城市森林生态效益的调查和评估，在欧美等发达国家已经形成了成熟的城市森林生态效益标准化数据收集与评价技术，并在实际工作中得到推广应用，如美国林务局和美国林学家学会开发的 CITYgreen、UFORE、I-Tree 等评价系统。

近年来，随着西方城市森林生态效益理论和评价模型的引入，我国关于城市森林生态效益评价的研究成果也比较丰富。众多学者从评价模型的构建、生态效益货币化定量等多个方面对城市森林生态效益进行了系统的研究，但尚未形成综合的评价指标体系。至今，我国城市森林的建设无论是在总量和质量上，还是生态功能和美化程度等方面，都无法与欧美等发达国家城市相媲美，还没有一座城市能够成为国际公认的森林大都市。

在效益评价上，公众参与度也不够，使得城镇绿化的评价标准很难符合客观性；评价标准过于绝对，如绿化覆盖率、森林覆盖率等，不利于自然条件较差的城市；且缺少定量指标，未形成综合评价指标体系。

对于休闲游憩功能的发展，我们也注意到其过度发展带来的问题，游憩者在游览过程中对城市森林生态环境会造成破坏，威胁其可持续性。生态效益评价工作应该及时地评估城市森林生态效益的现状，两者相互发展。

（五）城镇绿化建设千城一面，无法体现城镇特色风貌

目前我国城市有 600 多个，每个城市的自然地理条件、城市的性质、城市的规模、经济发展水平和特定的环境状况等各不相同，在中国快速城镇化背景下，城镇绿化急功近利，千城一面，丧失了自己的特色与个性，也不能真正发挥城市森林的功能和作用，更不能形成具有地方特色的城市森林发展模式。例如，北京、上海、广州三个地区的地理条件和环境都不同，却采用了同样的林带环城的模式，缺乏多样性；且一个城市采用多种模式，北京还采用了"林网化-水网化"模式，未形成自己的特色。村落集镇效仿中小城市，中小城市效仿大城市，没有正确认识所在地区的历史文化和自然环境，盲目地模仿，自然资源也受到严重破坏：河流被硬化，建成城市里的硬质滨水空间；水塘被填平，变成最能彰显"政绩"的大广场，千城一面，无法体现城镇特色风貌。

（六）城镇绿地无法得到保护，规划城镇绿地无法得到落实

近些年来随着城镇化步伐的加快，特别是房地产业的飞速发展，促使地价不断上涨，

建设用地不断向城镇周边拓展，在直接经济效益的驱使下，城镇现状的公共绿地被随意占用，改为其他建设用地开发，失去其公共服务属性。

同样在这样的土地经济驱使下，即便是已经编制了城市绿地系统规划、城市绿线规划等相关绿地建设规划，很多城镇在绿化建设过程中也多向城市经济回报较快的房地产、商业区建设项目倾斜。而对于经济效益较少的绿地则逐步退让，这让城镇绿地大多停留在规划层面，没有及时落地实施。

（七）我国城镇绿化的操作方法仍不成熟

目前我国城镇绿化建设技术总体水平不高。例如，建成区外的城郊森林系统的建设与生产结合的紧密性程度不够，技术推广机制薄弱；在树种选择上较为单一，外来树种多、速生树种多、长寿树种少、野生植物少等，不利于形成自然的森林景观；群落结构较为简单，抗逆性及稳定性较差，未形成自我维护、自然更新；森林营造中多用块状混交，未形成地带性顶级群落或正向演替群落；种植后较少进行抚育管理，混交比例和密度不变，造成城市森林退化；基于现代信息技术的城市森林资源管理信息系统落后；缺乏有效的城市森林健康保护机制，分析和评价不能有机结合，不能建立合理的城市森林健康与生态变化监测机制等。又如，建成区内园林绿化建设缺少特色，群落结构简单，生态效益弱，绿化技术也单一、雷同，未能形成自己鲜明的城市特色。

（八）管理权属不够明确、组织机构不完善、管理人员水平低

不同林地和绿地因其所处的位置不同而被划分到不同的部门管理，园林绿化与城市绿化划分不明确等，使得城市林业的管理权不够明确，容易造成重复施工、浪费等现象；当问题出现时，又会出现部门之间相互推诿，使问题更加严重。城市绿化管理体系大多分为园林和林业两个部门，各部门具体负责内容不一致，计划色彩过分浓重，主要以行政命令手段为主，造成发展不稳定等问题。

从事城镇绿化建设和管理的人员无论从数量上还是从质量上都不能满足我国现代城市林业的发展需要。由于历史原因，从事城镇绿化相关行业的人员整体专业素质有待提高，无法适应当前城镇绿化快速发展的需要；管理机构对于从业人员综合性的、系统性的培训力度不够，涉及专业技术方面的培训很少；由于行业待遇不高，缺少对人才的吸引力，致使队伍不稳定，人才流失严重。这些因素都限制了城镇绿化行业人力资源数量与质量的提高。

综上所述，城镇绿化建设管理体系较为松散，条块分隔，未形成决策联动、紧密耦合的管理模式，所以各个部门不能进行合理配置，不能使管理体系高效运转。

二、我国城镇绿化建设问题的根源症结

（一）意识层面

我国近几年来经济快速发展，但我国是发展中的农业大国，在这一基本国情下，加强生产、发展经济一直是社会发展的核心，上到领导阶层下到普通百姓，公众的生态环

境意识不够强烈、普及度不高。在这种经济发展为主、生态环境建设为辅的落后的观念下，一方面大量的自然资源被开采掠夺，城镇绿地不断被侵蚀压缩；另一方面，虽然我国城镇绿化建设逐渐被提上社会发展议程，但是重视程度不高、重视范围不广，一个地区的城镇绿化建设状况往往取决于该地区的最高领导人的发展观念和生态意识。

在我国，城镇绿地规划在城市建设发展中一直处于从属地位，仅扮演着"绿色填空"的配角，属于下位规划，需要遵照城市规划等上位规划的要求，落实上位规划的思想、方针和政策。然而，城市规划等上位规划人员并非城镇绿化研究专项专家，往往缺失对城镇整体生态安全格局的统筹考虑；同时，城镇绿化无法介入前期规划及上位规划的不合理等现状，导致了城镇绿化的统筹布局处处受限，"心有余而力不足"，阻碍了实现构建新型生态安全格局的生态城镇的宏伟目标。

（二）法规层面

自改革开放 30 多年以来，我国在城镇绿化建设层面出台了诸多法律条例和政策规定，如《国务院关于开展全民义务植树运动的实施办法》（1982 年）、《城市绿化条例》（1992 年）、《国务院关于加强城市绿化建设的通知》（2001 年）、《城市绿线管理办法》（2002 年）、《中华人民共和国森林法实施条例》（2000 年)等。同时在各个地区城市都有相应的城镇绿地建设管理条例，在一定程度上自上而下地推动了我国城镇依法建绿的进程。然而，一方面我国现有的绿地建设管理条例相对陈旧，且覆盖层面不够广、不够细致深入，有很多法律法规的空子可以钻；另一方面，相关的法规政策和建设实施重点多在大、中城市等经济发达地区，经济水平相对落后的中、小城市及集镇、乡村，政策的制定、法律的约束和绿化建设则差强人意。

（三）体制层面

我国相当一部分城镇尚未成立一套专门负责规划、建设、管理的城镇绿化独立机构，这直接导致了目前我国城镇绿化的前期规划、中期建设和后期养护实行三分离的管理模式，行业和部门之间的认识和管理机制常有出入。城镇绿化单位现阶段大多挂靠在城建部门、农林部门、国土部门等门下。林业部门主要负责生态脆弱地区和森林资源丰富地区的生态建设与保护；城建部门主要承担城市内部的园林绿化建设；村镇绿化基本靠自己，没有纳入城镇化建设的进程中。这种城乡分离的生态空间建设和部门分立的管理体制不利于构建新型生态安全格局的和谐生态城镇。

（四）技术层面

由于我国城镇绿化建设起步较晚，其理论和思想主要是借鉴 20 世纪 50 年代苏联和 90 年代以后的西方发达国家，自身尚未形成一套完整的适合国情的规划理论和规划策略。这就导致改革开放以来，我国的城镇绿化建设在很大程度上一直处于相互模仿的阶段，城镇绿化建设大都缺少自己特色，绿化技术也较为单一，未能形成自己鲜明的城市特色。目前我国的城镇绿化建设技术还处于深入实践和摸索的阶段，一些约束性指标和标准尚未建立、完善，某些方法相对滞后，相关技术仍不成熟，造成规划实施困难重重。

第三节　我国城镇绿化的战略定位、战略布局与战略目标

一、我国城镇绿化的战略定位

在党中央提出生态文明建设和"五位一体"发展思路的指引下，我国城镇绿化必须重新梳理在"生态文明建设"中的定位，这是制订"生态文明建设"目标下我国城镇绿化发展战略的首要任务。从长远来看，城镇绿化是一种政治行为，是一种社会共识，是一种价值追求，而不是一个工程和一个项目。城镇绿化的本质，在物质层面，是构建环境良好、资源保护的城镇环境；在循环层面，是生态经济、绿色经济、低碳经济、绿色生活的载体；在制度层面，是外部成本的内部化，是生态建设的政策、法律伦理的实践；在精神层面，追求的是城镇人与自然、人与人、人与社会的和谐。它的定位可以理解如下。

(1)城镇绿化是贯彻落实生态文明建设的坚实基础。没有绿色城镇，何谈生态文明。文明的基本核心是人类改造世界的物质和精神成果的总和，也是人类社会进步的象征。生态文明代表着人与自然、人与人、人与社会和谐共生、良性循环、全面发展、持续繁荣为基本宗旨的文化伦理形态。它以尊重和维护自然为前提，以人与人、人与自然、人与社会和谐共生为宗旨，以建立可持续的生产方式和消费方式为内涵，以引导人们走上持续、和谐的发展道路为着眼点。我国城镇绿化的工作内容、工作目标和工作策略必须要站在贯彻生态文明原则、实现生态文明建设的高度，通过城镇绿化建设让生态文明建设能够与城镇实际建设有机结合，让生态文明建设成果最终能够"落地"，最终实现人与自然、人与人、人与社会的和谐共生。

(2)城镇绿化是新型城镇化建设的重要内容。新型城镇化是以城乡统筹、城乡一体、产城互动、节约集约、生态宜居、和谐发展为基本特征的城镇化，是大中小城市、小城镇、新型农村社区协调发展、互促共进的城镇化。新型城镇化的核心在于不以牺牲农业和粮食、生态和环境为代价，着眼农民，涵盖农村，实现城乡基础设施一体化和公共服务均等化，促进经济社会发展，实现共同富裕。"集约、智能、绿色、低碳"的城镇化建设发展目标让城镇绿化势必成为其建设的有机组成部分和重要内容。

(3)城镇绿化是促进城镇永续发展的基本保障。山清水秀但贫穷落后，不是城镇发展的追求；殷实小康但资源枯竭、环境污染，同样不是城镇发展的目标，必须把"经济发展"与"生态绿色"有机结合起来，全面提升城镇建设水平。城镇绿化必须要为城镇的永续发展输送正能量，在其中需要重新找准自己的定位，突出优势，积极纳入城镇总体规划和发展建设中，保障我国城镇的各项建设，并在其中积极扮演着协调城镇化进程中用地建设和生态保护的关键角色。

(4)城镇绿化是实现"美丽中国梦"的重要支撑。城市绿化建设要有一个愿景梦想，也就是"美丽中国梦"。美丽中国彰显的是中国特色的建设之路，不是有山有水就是美丽中国。美丽中国包容了自然环境和城镇乡村，强调自然与人类和谐共处，强调自然环境与人工环境的协调发展。城镇绿化任重而道远。将我国的自然山水资源引入城镇建设，把中国园林构筑艺术应用到城镇绿化建设当中，让城镇绿化成为实现"美丽中国梦"的重要支撑。

二、我国城镇绿化和城市林业的战略布局

城镇绿化的战略布局要站在国土绿化的高度,从全国生态环境建设的角度,本着在中国的土地上建立起完整的城镇绿化生态网络体系的原则构思和设计,使城市生态环境建设由过去简单绿化层面向复合的生态层面提升,起到改善区域生态环境质量、提高居民生活水准和实现城市可持续发展的要求。根据我国不同区域类型将城镇绿化发展划分为全国范围、地域范围、城市区域三个不同层面上的战略布局。

(一)国家层面上城镇绿化和城市林业发展的战略布局(两横三纵)

综合考虑《全国主体功能区规划》《国家新型城镇化规划》《中国可持续发展林业战略研究》和《全国林业发展区划》成果,结合中央城镇化工作会议的城镇化战略格局,确定了国家城镇绿化"两横三纵"的战略布局(图12-1)。

城镇绿化和城市林业建设是国家生态环境建设的重要组成部分,与我国目前的天然林保护工程、退耕还林工程、京津风沙源治理工程、重点地区防护林体系建设工程等六大林业生态工程应并列成为全国布局的重点林业生态工程。从全国生态环境建设的角度,本着在中国的土地上建立起完整的城市森林生态网络体系来构思和设计,使城市生态环境建设由绿化、生态层面向生态、经济层面提升。在城镇绿化和城市林业建设中起到改善区域生态环境质量、提高居民生活水准和实现城镇建设可持续发展的要求,城镇绿化区和城市森林成为城市群景观的本底,构建以城市群为结构单元,以城市为建设单元的中国城镇绿化网络体系。

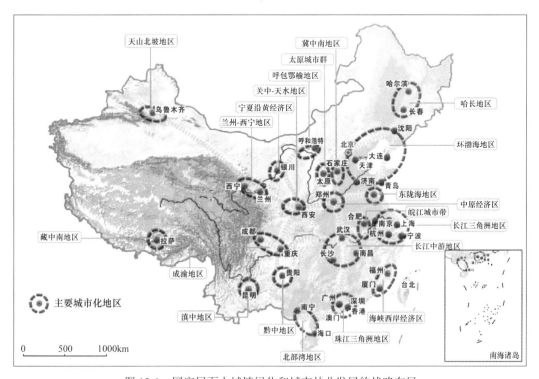

图 12-1　国家层面上城镇绿化和城市林业发展的战略布局

（二）区域范围上城镇绿化和城市林业发展的战略布局

根据"两横三纵"的城镇绿化和城市林业战略格局，结合各地的自然条件和经济发展水平，将我国城镇绿化和城市林业发展战略布局具体落实到不同地区制定具体的战略布局。

（1）东部区域（东线）——提高质量，突出地域特色。包括北京、天津、河北、辽宁、黑龙江、吉林、上海、江苏、浙江、福建、山东、广东、广西和海南等14个省（自治区、直辖市），涉及哈长地区、环渤海地区、东陇海地区、长江三角洲地区、海峡西岸经济区、珠江三角洲地区等城市群区域。城镇绿化和城市林业的发展方向应注重其质量的提高，打造精品，突出特色，将自然景观与人文景观相结合，传统文化和现代文化相结合，结合城镇绿化发展目标，以生态理念为指导，以市场手段为推动，以科技创新为支撑，以现代制度为保障，不断扩大特色林业发展走城乡一体化道路，在城市周边区建设城市"绿肺"。突出城市森林的休闲娱乐和美化净化环境功能。该区域应考虑资源禀赋，环渤海地区等区域应以发展节水型城镇绿化体系为主。

（2）中部区域（中线）——生态环境与经济条件并重。包括山西、河南、安徽、江西、湖北和湖南等6个省，涉及中原经济区、皖江城市带、长江中游地区、冀中南地区、太原城市群、北部湾地区等城市群区域。该区域经济条件中等，南方区域自然条件较好，北方区域已经进入400mm降雨线以内。该区域城镇绿化和城市林业建设应适度发展，北方建设要考虑水资源承载力，南方则应考虑经济条件。围绕保障生态安全、美化人居环境、促进林农增收、结合林业分类经营的目的。城市森林要结合自然地形灵活布局，通过道路、河流沿线的防护林建设，形成绿色通道，使城市森林与当地山水相结合，将森林、生态、文化交融在一起。结合生态防护林网，建立工业原料林区和其他优质农产品生产区，在生态林保护区将保护与改造相结合，提高森林健康水平，充分发挥城市森林的经济价值和生态价值。

（3）西部地区（西线）——生态安全为主，生产、经济效益为辅。包括重庆、四川、贵州、云南、西藏、陕西、甘肃、宁夏、新疆、青海、内蒙古11个省（自治区、直辖市），涉及呼包鄂榆地区、宁夏沿黄经济区、兰州-西宁地区、关中-天水地区、天山北坡地区、藏中南地区、黔中地区、滇中地区等城市群区域。结合西部大开发区域发展战略，城市绿地和森林建设要将保护和建设相结合，建设应立足本区的环境状况，着眼于突出的生态问题。例如，在西部干旱地区，突出城市绿地和森林的水源涵养功能，着重建设水源涵养林，城镇绿化和城市森林建设以改善生态环境、实现区域生态安全为主要目的，同时兼顾城市绿地和森林的生产功能和经济效益。

（三）城市层面上城镇绿化和城市林业的发展战略布局

单个城市城镇绿化布局结构应形成两个圈层：建成区内以园林绿化为主体的城市绿地体系建设圈层和建成区外以森林为主体的城市森林体系建设圈层。依托城镇绿化这两个圈层，形成建成区内部园林绿化建设与建成区外部城市森林系统建设相互支撑、相互融合、相互渗透的统一体系，构建城镇绿化一体化发展模式。

三、我国城镇绿化和城市林业的发展战略目标

紧紧围绕建设美丽中国宏伟目标，以保障城市生态安全、建设生态文明、推进新型城镇化建设为总体战略目标。国土空间开发格局进一步优化。经济、人口布局向均衡方向发展，城市开发强度、城市空间规模得到有效控制，城乡结构和空间布局明显优化。配合我国"两横三纵"城镇化战略格局，使绿色空间成为城镇建设的本底，构建以城镇群为结构单元，以城镇为建设单元的中国城镇绿化建设体系；各城镇建设用地内外绿化建设统筹协调，且各具特色，形成建成区外以森林为主体的城市森林体系建设及建成区内园林造景为主体的城市绿地体系建设，两部分充分衔接，共同促进城镇与自然的交融，构建布局合理、功能完善、健康美丽的城镇绿地空间格局，优化城镇化布局形态，最终提高城镇化建设水平。

我国城镇绿化和城市林业发展建设的阶段性目标如下。

近期目标：到2020年，制定和完善各级城镇绿化和城市林业发展规划，实现城镇建成区内外绿化统筹建设。通过建立城市森林生态效益补偿机制，推动森林资源的有效保护，完善林木的生态涵养功能，并进一步推动建成区内园林绿地的建设，实现公园绿地的服务半径覆盖90%的居住用地，满足城镇居民出行见绿的基本要求。

中期目标：到2030年，建成区外建立以大型片林和主干森林廊道为骨架，各种类型防护林体系为补充的比较完备的城市森林体系，建成区内搭建合理的城市绿地结构，增加各类公园绿地，完善城市绿地结构，实现城市绿地的合理布局，满足市民的游憩活动需求，突出地域文化特色，改善城市景观形象，使城镇生态环境得到极大改善，基本实现"天蓝、水清、地绿"的阶段性目标。

远期目标：到2050年，建立功能完备的城镇建成区外的森林生态体系。城镇建成区内绿地体系分析配套，配置合理，绿地环境品质大幅提升；绿地建设中自然和文化景观特色鲜明，传统优秀文化得到保护和弘扬，城市历史文脉得以延续。城镇建设与山水自然环境融为一体，城镇生态环境趋于良性循环，整体实现我国新型城镇化所提出的"顺应自然、天人合一"的建设理念。

第四节　我国城镇绿化建设发展战略任务

一、与时俱进、响应政策——城镇绿化的时代建设

党的"十八大"提出了建设"美丽中国"的宏伟目标，我国城镇逐渐确立"美丽发展、科学崛起、共享繁荣"的战略，城镇绿化作为城镇建设的重要内容应该与时俱进，牢牢抓住"生态文明与现代文明"并行发展的时代脉搏，时刻把握城镇绿化建设的发展方向，与时俱进地将城镇绿化作为落实生态文明的实际行动。

二、理论支撑、技术优先——城镇绿化的科学建设

城镇绿化不应是"景观摆设品"，而是一门实实在在的科学技术。所以它需要有一

定的科学理论作为支撑。在西方发达国家，城镇绿化建设发展较早，且拥有十分成熟的城镇绿化理论基础。"田园城市""景观都市主义""绿色基础设施理论"等理念让城镇绿化站在一个较高的科学平台。而我国的城镇绿化尚未形成一套适合我国国情的理论，要么照搬外国，要么胡乱建设。在"生态文明"建设的当下，应该在规划理念、规划策略和规划方法技术等方面提炼出适合我国发展的城镇绿化理论，并通过不断实践进行验证，让绿化建设和城镇绿地发展有一个强有力的技术支持，也保障了城镇绿化建设的科学性和合理性。

三、带动发展、生态兴城——城镇绿化的先进建设

作为城镇建设的一部分，城镇绿化应突出"促进发展、助力发展"的基本理念，突破以往"建设优先、绿地填空"的传统模式，将城镇绿化建设与城市规划和城市基础设施建设同等考虑，在规划建设过程中，应改变过去的"面子工程"和"修补工程"，应该超前地推进城镇绿化建设，从"深入落实城镇各项上位规划"逐渐探寻"融入上位规划、协调上位规划"，由被动到主动，积极应对城镇化建设所带来的生态威胁，保障城镇化建设能够健康稳定地推进。让城镇绿化能够带动城镇的建设和发展，也让城镇的空间规划，特别是在我国快速城镇化过程中所形成的一大批新城建设有了依据和基础。这也是我国城镇绿化"生态兴城、美丽建城"先进性战略发展任务的贯彻实施和具体落实。

四、依法建绿、依法治绿——城镇绿化的法制建设

古语道"无规则不成方圆"，城镇绿化建设应该注重相关法律法规、条例规范、评估体系的制定和完善。虽然改革开放 30 多年以来，我国在城市绿地系统建设层面出台了诸多法律条例和政策规定，但随着城镇内部发展和外部环境改变，需要全面而具体地、自上而下地推进我国城市绿化的法制建设和完善的进程。同时在各个地区城镇应该实事求是，结合自己的实际情况制定相应的绿化建设条例规范，特别是在我国一些经济欠发达的地区，应加快制定城镇绿地建设及保护相关的规范条例，有效地推进该地区城镇绿化"目的正当、过程合法、施行有效"。

法律法规的制定和完善让城镇绿化能够合理控制和具体落实，有法可依，有理可讲，让城镇绿地的建设执行变得更有保障。让城镇绿地受到法律条例约束和监管。

五、以人为本、本质体现——城镇绿化的人本建设

城镇绿化建设不应该成为追求数量大、形象美的"浮夸风"，绿地面积总量和绿地率固然重要，但城镇绿化的核心要体现为居民、为社会服务。以人为本的本质内涵应该是城镇绿化的"灵魂"，城镇绿化要以为城镇居民提供方便、安全、舒适、优美的绿色空间为目标进行公众建设：把市民利用的公平性和可达性作为评价城镇绿化建设发展水平的一项重要依据；把市民群众的满意度作为评价城镇绿化工作的根

本标准；而且要从满足市民需要的角度来谋划安排城镇绿化管理工作；把调动全体市民爱绿、建绿、护绿的积极性作为城镇绿化发展的根本动力，充分尊重市民的主体地位；不断健全沟通群众的民意联系机制、服务群众的科学决策机制、惠及群众的政策保障机制；不断扩大市民在城镇绿化规划、建设和管理中的参与度，让全体城镇市民崇尚绿色生活，共建美丽城镇。

六、地域展示、文化蕴绿——城镇绿化的文化建设

将城镇的地域文化植入城镇绿化建设，是推进新型城镇化、生态文明建设的一大核心对策。城镇地域文化不仅是城镇发展的积淀，还是城镇建设的源泉。让城镇绿化建设与城镇地域文化彰显融为一体，不仅反映了人们对城镇建设发展的一种理解与期望，还体现了人们对城镇地域文化的追求，并且能够提升城镇人民的生活质量与品位，具有重要的社会意义。城镇绿化的文化建设应该抓住所在城镇的地域性和特色性，以绿地为物质载体对城镇文化进行展示。杜绝文化泛滥和简单移植，克服当前盲目表现、囫囵吞枣式的形式借鉴和盲从心理，将城镇绿化的文化建设走向创新可持续性地创造，从而在继承传统文化时，进行一个自身的调整与进步，创造出基于城镇地域文化的及为居民所乐于接受使用的优秀的绿化作品，反过来，城镇绿化也让一些已经丢失或正在消亡的文化传统有了再现和复兴的机遇和空间。

七、制度建设、人才培养——城镇绿化的管控建设

十八届三中全会提出，建设生态文明必须建立系统完整的生态文明制度体制，用制度保护生态环境。要健全自然资源资产产权制度和用途管制制度，划定生态保护"红线"，实行资源有偿使用制度和生态补偿制度，改革生态环境保护管理体制。全面落实城镇绿化的目标责任制，在管理制度上也需要进行合理的改进和创新。应组成一个负责城镇绿化的规划、建设、养护管理整个过程的独立政府机构。在城镇绿化管控机制上应该建立相关部门的协调机制，建议组成一个由园林绿化、城乡规划、国土、林业、环保等组成的"城镇绿化工作组"，相关行业和部门之间的认识和管理机制保持一致。从不同的职能属性共同监督城镇各项绿化建设的实施情况、察觉和制止侵占绿地等行为。在建设资金上，探索建立城镇绿化投融资机制，综合运用政府财政和民间基金支持，推动城镇建设投入的多元化。城镇绿化工作组应定期召开市民交流会，让行政管理与市民参与能够有机融合，保证城镇绿化能够"上通政意、下解民情"。

同时应该加强城镇绿化领域的人才建设，强化理论武装和实践锻炼，不断提高园林绿化管理人才科学判断形势的能力、驾驭市场经济的能力、应对复杂局面的能力、依法行政的能力和总揽全局的能力，打造一支富有活力、奋发有为的城镇绿化事业的管理型人才队伍。同时应与园林专业高等院校和科研机构密切联系，切实加强基层实用人才和高技能人才培养，提高其整体素质和业务水平，提高城镇绿化技术应用能力，使其在城镇绿化事业建设第一线发挥应有的作用。为推动我国城镇绿化事业持续快速协调健康发展提供强有力的人才保障和智力支撑。

八、节约建造、高效维护——城镇绿化的节约建设

改变过去"奢侈豪华"的城镇绿化建设观念，应积极响应国家"节约型园林"的建设号召，走出一条建设"低碳节约、环境友好"的新型城镇绿化建设之路。在城镇绿化建设中充分以生态效益和社会效益并重，建设和节约并举，落实以绿地生态功能为主、景观为辅的绿化建设方针政策，以节约为目标，以深化改革和科技进步为动力，全面开展节约型园林绿化建设。具体策略包括：挖掘绿地资源的生态效益；坚持生态优先，最大限度地保护好现有绿化成果；多选用当地乡土树种和景观材质，经济节约而充满地域特色，也保证了在后期新城景观维护过程中能够减少开支，与城市经济实际条件协调一致；充分发挥"立体绿化"节约土地资源的作用；大力推进节水节能型园林绿地建设；严格控制雕塑设置和园林小品的建设等。

第五节　我国城镇绿化和城市林业建设措施

以城乡一体化、大地园林化为出发点，统一规划、宏观控制、有序建设，整体提高城镇的生态环境水平。重视全局操控，编制可操作的市域绿地系统规划，明确市域内必须控制开发的区域，包括风景名胜区、湿地、水源保护区等生态敏感区，为有效完整地控制城市绿色空间、实现新的城市发展格局奠定基础。以市域普遍绿化为基础，进一步对生物多样性资源进行调查，建立完整的资源信息库。加强城市绿化隔离地区、农田林网、河网的绿化建设。对限建区进行统一规划，实行分级控制管理。

一、城市林业建设措施

城市森林建设旨在为群众提供更为宽阔的游憩、交流空间，具有促进人体健康、改善局部小环境的功能，也是历史和文化的重要载体；同时，为动植物提供宝贵的生存环境，具有保存物种和维护生物多样性的双重目的，是人与自然和谐共处最直接、最现实的体现。另外，城市森林建设要服从国家生态环境建设的总体布局，结合城市的区位、类型等特征确定相应的发展模式。建成区外的城镇绿化不仅要体现城市生态环境建设的要求，还要体现人与自然和谐相处的要求。

（一）城市森林建设应兼顾多种功能，更注重其生态功能与社会功能

基于城市环境建设和城市居民生活质量改善的城市森林建设模式应该兼顾城镇绿化的三种功能，更应突出城市森林的生态功能和社会功能。根据城市发展规律和居民需求，科学合理地规划城市森林建设：建立能有力改善城市大气质量，对 $PM_{2.5}$ 颗粒物有很强控制、滞纳和消散能力的森林体系；建立具有地域特色的、能够反映当地文化特点和兼顾人文关怀的绿色体系；建立与完善具有我国特色的城市森林游憩服务体系是实现民生林业的重要途径之一，所以城市森林在改善生态环境的同时，可发展城市森林及建设郊野游憩环带，为居民提供休闲游憩的场所，提高近自然游憩功能，提供林副产品等经济效益，使城市森林发挥最优功能；同时，在适合区域

发展具有生产功能的城市森林，缓解我国木材、果品等林产品短缺的压力，为生物质源能树种提供发展基地。

（二）城市森林近自然化，强化综合经营管理

基于近自然化和地带性特点的人工城市森林生态系统构建技术，体现森林可持续经营利用的理念，结合城市林业系统战略布局的特点，充分发挥地带性植被的优势。城市森林树种主要应为乡土树种，结构为复层异龄，模拟自然演替规律，构建稳定和正向演替的森林生态系统。建立基于生态系统维护的城市森林经营管理技术，将城郊森林系统与城市布局结合起来，使城市功能分区的特征更加显著，建设城乡绿地相连的森林体系，将城市森林经营与城市建设发展进程、水源保护等有机结合起来，在建设规模和树种配置等技术环节上，综合考虑城市未来的发展需求。

（三）提高科技创新能力，跨区域、跨行业、跨学科地促进城市林业建设发展

科学技术是解决城市林业建设过程中困难的关键，提高科技创新能力又是其中的重要核心内容。主要措施有：注重产学研相结合，凝聚城市林业建设研究的各方力量，既发挥科研院所、高等院校、龙头企业研发中心的科技龙头作用，又发挥创新企业、基地的专业人才作用，组成跨区域、跨行业、跨学科的专项科研创新团队，形成集团协作优势，从城市森林设计、实施到维护，通过梳理建设链条，筛选出当前最需要攻克的关键技术瓶颈，围绕关键环节，开展关键技术研究，加强科技攻关，解决城市林业建设过程中的困难，突破城镇绿化建设的瓶颈；另外，建立健全人才选拔、培养、使用和流动机制，加大人才引进力度，完善和促进人才交流机制，瞄准全局性、战略性、基础性和长期性重大科研问题，有针对性地引进高层次人才，加快科技创新步伐，提高城市林业的科技水平。

二、城镇绿化建设措施

（一）注重区域绿化建设的整体发展与完善

在大城市，还需要注意各个城市分区的整体发展。由于用地较大，大城市通常分为多个区域。每个区域由于历史背景、地理资源等差异呈现不同的发展现状，如一些区域是城市老城区，历史悠久，但城市基础设施老旧、土地空间较为紧张、结构尺度较小，而另一些区域是城市新区、建设年代较晚，建设水平也较为先进，一些区域滨河或临山，绿化基础较好。这些直接影响了不同区域的城镇绿化数量和质量。大城市各区域绿化建设水平的均衡将直接影响整个城市的城镇绿化水平。城镇绿化应协调每个区域绿化建设，进而引导城市各个区域各具特色的绿化建设，这才能让大城市绿化不会各自为政，避免"一盘散沙"。

（二）优先保护并合理利用城镇现有绿色资源，构建合理的城市绿地格局

大城市具有建设用地范围广、人口数量多的特征。高强度的城市建设让大城市与外部自然环境彼此分隔。城镇绿化应该重新梳理绿地布局结构，充分利用城市内部现有的

绿地资源，通过水系廊道、绿地廊道、道路绿带等与城市外部自然有机地联系在一起，形成"城在绿中、城绿交融"的城市绿地格局，保证了内外生态能量和物质的流通和交换，也改善了城市生态环境，提高了市民生活质量。

中小城市相对于较大城市而言，与周边山水联系较为紧密。山水构建的独特景观风貌形成了中小城市的景观特征，是城市绿色环境的组成部分。中小城市的绿地建设不能脱离城镇周边良好的山水自然环境，利用其成为城市优美的背景和生态屏障。因此绿化建设应充分尊重和利用城市的自然资源，以周边自然环境为背景、以城市绿廊为渠道、以公园绿地为载体，使城市绿地建设与自然山水取得有机联系，构建"山-水-城"相互协调的城市发展模式。

对于规模较小的县城。城市建设用地内的绿地数量少、规模也不大，但这不等于城镇绿化的任务就很少，责任很轻。相反，面对县城人居环境建设最为直接的周边绿色资源和生态环境，应该更加重视城镇绿化，视其为城镇绿化建设的重中之重和核心任务，强化其作为县城城市建设发展的生态基础。

总之，应该在城镇绿化过程中，根据城镇实际情况，合理利用城镇现有的绿色资源，构建合理的城市绿地格局。

（三）突出重点，与城镇发展同步，分期分步启动绿化建设工程

现阶段我国很多城镇正处在以"城镇化"为目标的发展急行军道路上，城镇绿化一字铺开，遍地开花，总体建设质量却无法得到保障。面对这样的现状，城镇绿化建设应该秉承"生态文明"的基本内涵，注重人与自然的和谐，调整重点为追求城镇绿化的发展质量，注重其与城市社会、经济发展和市民实际需要的紧密结合。绿化建设应该突出重点，不急于求成，与城市同步建设，分期分步启动绿化建设工程，即改变绿地建设落后于城市建设的状况，在城市建设的同时同步进行绿地的规划设计和建设工作，构筑布局合理、总量适宜、景观优美的绿地网络，改善人居环境，充分发挥绿地的生态、经济效益。

（四）高标准推进绿化规划和规划管理工作

在编制城镇总体规划中，对绿化要给予足够重视，留足留好园林绿化用地。在大、中、小城镇中应该普及城镇绿化专业规划。在绿化规划中，一是要规划结构合理的生态绿地系统，使园林绿化建设与城市建设的其他方面协调、同步发展，给城镇以自然的活力。二是要结合当地的自然资源和人文景观，因地制宜，使城镇面貌具有独特的风格特点。三是本着投资少、见效快、方便居民生活的原则，多建一些小型街头绿地、滨河小游园等舒适环境，努力为居民提供更多、更适应的休憩场所。四是要加大规划管理力度，城镇绿化一经确定，就要严格执行，严禁侵占绿地乱盖乱建。留出的绿地确因资金等原因暂时不能实施的，可先拉起轮廓，但绝不允许随意进行其他建设。违者要依照有关规章从严查处。

（五）节约资源及就地取材

大城市经济实力较为雄厚，投入城镇绿化上的资金也较为丰厚，但绝不能财大气粗

地"用钱造绿"，导致绿化建设资源和资金的浪费。更应在大城市城镇绿化中鼓励以最少的用地，最少的用水，最少的财政拨款，最乡土的材料，建设最佳的绿化效果。实现城镇绿化最大的综合效益，促进城市城镇绿化建设的可持续发展。中小城镇和县城镇在城镇绿化的过程中也应注意建设的"因地制宜"。

（六）加强绿化宣传普及，提高居民绿化意识

在我国一些城镇，特别是县城，居民大众的绿化建设意识较低，对于城镇绿化的认识也仅停留在简单的种树种花。面对这样的不利因素，要充分利用广播、电视、报纸等新闻媒介，采取多种形式，向全社会宣传城镇绿化的重要意义和国家有关城镇绿化建设的政策法规，增强城镇人们的环境意识、生态意识和绿化意识，调动全社会参与城镇绿化的积极性和自觉性。

（七）建章立制，完善绿化建设管理机构

到目前，由于经济条件等因素，我国不少城镇还缺少城镇绿化的专门法规。应该结合自己实际，制定加强园林绿化管理的规章，报同级人大批准后实施。同时要搞好园林绿化的业务指导，定期组织技术培训，不断提高城镇园林绿化人员的素质。小城镇和县城要充实园林绿化专业的大中专毕业生和技术人员，同时还要加强对园林绿化工作的监督检查，坚决制止侵占绿地或占用规划绿地现象的发生。对擅自占用绿地和任意砍伐树木等违章行为，要追究其责任，依法处理。对批准占用绿地的，要坚持"先还绿、后占绿"的原则，按规定交纳必要的费用，给予补偿。

（八）拓展丰富绿化产业

城镇绿化所带来的社会效益和经济效益正孕育一个新兴产业，即园林绿化产业。而对于城镇化发展中的我国城市来说，发展产业较多，也具有拉动产业发展的基础。应该充分利用这样的优势，开发城镇绿化作为重要环境资本所具有的潜在生产力，积极融入城镇的社会生产生活中，改善城镇环境质量，美化城市生活，而且能够促进城市经济的快速发展，对加强我国城镇社会劳动的就业保障、缓解现阶段城镇就业难的现状都具有重要意义。

第六节 我国城镇绿化和城市林业发展建议

一、"超前性"建设，引导城镇走向永续健康的发展之路

逐步推动我国城镇绿化和城市林业的超前性建设，将其作为我国城镇规划建设的上位规划，提前进行城镇绿地和森林建设的规划研究工作。通过城镇绿地和森林规划在城市建设之前确立城市建设的生态安全格局，科学而合理地布局城镇开发建设空间体系，并积极地与城镇其他建设内容相协调，共同引导城镇走向永续健康的建设发展之路。

二、提高整体专业素质，为提升我国新型城镇化发展水平打下坚实基础

由于城镇绿化和城市林业包含内容广泛而复杂，因而从事城镇绿化建设的人员鱼龙混杂，专业素养良莠不齐，无法适应我国当前城镇绿化快速发展的需要；另外，各相关部门对于从业人员综合性、系统性的筛选和培训力度不够，涉及专业技术方面的培训尤为缺少；此外，由于历史原因，城镇绿化和城市林业等相关行业地位有待提高，行业待遇普遍较低，缺少对人才的吸引力，致使城镇绿化建设队伍不稳定，人才流失严重。这些因素都限制了城镇绿化和城市林业行业人力资源数量与质量的提高。

三、划定"生态红线"，构建和谐稳定的城镇人工生态系统

中国共产党十八届三中全会明确提出了生态文明制度化建设的目标，城镇绿化和城市林业制度化建设，这也必将是其建设发展的战略目标。完成我国城镇绿化和城市林业建设中科学、合理的"生态红线"划定，强化"生态红线"作为维护城镇生态安全的生命线、维护公众健康的保障线、促进城镇可持续发展的警戒线的重要性。从根本上预防和控制各种不合理的开发建设活动对城镇绿色空间的破坏，确保重要生态功能区域及主要物种得到有效保护，为提升我国城镇生态文明建设水平，实现"生态城镇、美丽家园"的城镇绿化建设愿景奠定坚实的基础，最终构建我国城镇的类自然化人居方式和和谐稳定的城镇人工生态系统。

城镇绿化及城市林业专题组成员

组　　长：李　雄　北京林业大学园林学院院长，教授

成　　员：贾黎明　北京林业大学林学院，教授

　　　　　张云路　北京林业大学园林学院，博士研究生

附件一 加拿大落基山脉生态保育考察报告

第一节 出访缘由和经过

2013 年 6 月 30 日至 7 月 5 日，根据中国环境与发展国际合作委员会(简称国合会)秘书处(加方)国际支持办公室的邀请，我以国合会中方首席顾问的身份，由中国工程院国际合作局徐海燕女士陪同，前往加拿大与国合会外方首席顾问 A. Hanson 博士会晤，商谈国合会工作进展有关事宜，并考察了加拿大落基山脉的生态保育工作。这次考察虽然主要利用了国合会的资源，但也与中国工程院设立的"生态文明建设若干战略问题研究"咨询项目下的"新时期生态保护和建设战略研究"的要求相关。

6 月 30 日，我们从北京出发，经加拿大温哥华转机，当日抵达阿尔伯塔（Alberta）省的卡尔加里（Calgary）市，次日与 A. Hanson 博士会合驱车前往落基山脉的班夫（Banff）镇，入住班夫中心（Banff Center），2 日至 4 日连续三天到班夫国家公园及贾斯珀（Jasper）国家公园和幽鹤（Yoho）国家公园一些地方进行实地考察。5 日返回卡尔加里并转飞美国旧金山，顺便用周末的一天时间考察了加州东部内华达山脉中的太浩湖(Lake Tahoe)后于 7 日搭机回北京。

有关与 A. Hanson 博士商谈的国合会的有关事务，将不在此详述，而有关山地生态保育的考察内容作以下简要报告。

第二节 考察的主要内容

这次考察的主要目的是了解加拿大落基山脉的自然历史基本情况及生态保育工作进展和经验。落基山脉是北美大陆的脊梁，也是北美三大洋(太平洋、大西洋、北冰洋)的分水岭。自北面加拿大的育空地区（Yukon Territory）开始，经加拿大阿尔伯塔省和不列颠哥伦比亚（British Columbia）省进入美国的蒙大拿（Montana）州、爱达荷（Idaho）州、怀俄明（Wyoming）州和科罗拉多（Colorado）州，一直到南部的新墨西哥（New Mexico）州，最终湮没在该州的荒漠中，绵延近 3000km。这么长的山脉区域可划分为若干个生态地带，仅加拿大所有的部分就可划分为北部区域、中部区域和南部区域三个区域。我们这次考察的地区主要属于加拿大落基山脉的中部区域。在这个中部区域又按其垂直地带划分为，山前丘陵森林草原带、山地森林带、亚高山森林带、高山草地(苔原)裸岩及冰川带。我们这次考察的主要是山地森林带及其以上地带。班夫（Banff）镇地处北纬 51°，海拔为 1384m，我们到达的最高点为贾斯珀（Jasper）国家公园哥伦比亚冰川的 3000m 左右的冰原上，再上去到冰川顶部的哥伦比亚山（Mount Columbia），海拔为 3741m，是三大洋水系的分水岭，从这里向东北的阿萨巴斯卡（Athabasca）河是流向北冰洋的，向东南的萨斯喀彻温(Saskatchewan)河是流向大西洋的哈德逊湾(Hudson

Bay）的，而向西的水系则流入哥伦比亚（Columbia）河(经加拿大入美国)和弗雷泽（Fraser）河(在加拿大不列颠哥伦比亚省境内)再流入太平洋。

落基山山地森林带（montane forest zone）植被主要由针叶林组成，分布在亚高山以下的山坡下部、山脚及谷地，间有草地和河谷湿地。主要树种为黑松 lodgepole pine（*Pinus contorta*）、白云杉 white spruce（*Picea glauca*），有时也有恩格曼云杉 Engelmann spruce（*Picea engelmanii*）混生，阔叶树种主要有白桦 white birch（*Betula platyphylla*）和山杨 trembling aspen（*Populus davidiana*），后者到达亚高山地带后就不再出现。在山地森林带的西坡(不列颠哥伦比亚省境内)，因雨量丰富而森林植被更为茂密，又出现了西部落叶松 western larch（*Larix occidentalis*）。在山地森林带的偏南地段，还常能见到高大的美洲黄杉(花旗松)Douglas fir（*Pseudotsuga menziesii*）。

在山地森林带之上为亚高山森林带（subalpine forest zone），分布在山体中上部，主要树种为亚高山冷杉 subalpine fir（*Abies lasiocarpa*）和恩格曼云杉。这个地带的森林到达其上限时(大约2800m)已生长稀疏矮小，且多数树木因山风常年吹袭而偏冠。再往上是高山地带（alpine zone），主要是苔原、裸露岩石及常年积雪的冰川。

班夫（Banff）国家公园是加拿大建立最早的国家公园，建立于修建太平洋铁路期间的1885年，总面积达6641km²(约1000万亩)。这个国家公园已列入联合国教科文组织世界自然遗产。早年这里曾经发展过采矿业及伐木业，自建立为国家公园后，确立了以保护为主的生态系统管理模式（ecosystem based management），以森林为主体的各个生态系统保护良好。在绿色森林环境中有众多高山湖泊[以路易斯湖（Lake Louise）为主要代表]，与白色的雪山相互映照，风景非常秀丽，现已成为北美的主要生态旅游目的地之一。当地也以旅游经济为主要经济支柱，各项旅游服务业(包括交通设施、步行旅游、自行车旅游、湖泊游船、高山滑雪、食宿设施等行业)都很发达。无论在夏季还是在冬季都可为民众提供良好的游憩环境。我们入住的班夫中心地处班夫镇东南一隅的蓝道（Rundle）山脚下，是一个以激励艺术创作为主要功能的旅游度假综合体，山林环抱、环境优美，设施也很完善，为我们连续几天的考察提供了良好的落脚地。

值得肯定的是，这里不仅森林植被保护良好，许多森林都保持在比较原生态的状态，河谷湿地和野生动物保护也很突出。我们曾经在河谷湿地多次停留，观赏清净流水及水鸟飞翔，也曾多次偶遇野生动物，包括麋鹿(elk)、黑尾鹿(mule deer)和各种松鼠，如花背鼠(chipmunk)等，有的近在咫尺。最难得的是在路易斯湖（Lake Louise）对面山上远眺时，看到一只棕熊(grizzly bear)正在远处林间草地上从上往下走。这一切体现了当地野生动物保护的良好业绩。在当地一号高速公路上行进时，不仅看到多处说明野生动物过路处的警示牌，还见到多处在公路上建设的绿桥通道，在桥上广植树和草，甚至桥侧也植树绿化，使野生动物能放心越过公路。这样的设施使人对他们的环保意识产生崇敬之情。

实际上，加拿大的落基山脉主体已由多个国家公园覆盖，保证了这一国土脊梁得到了充分的关注和保护。落基山脉作为北美的分水岭和水塔的功能十分突出，我们亲眼看到落基山脉的各条河流，包括：弓河（Bow river），北萨斯喀彻温河（North Saskatchewan river）和踢马河[Kicking horse river，哥伦比亚河（Columbia river）的支流]都充分吸纳了高山融雪水和森林土壤渗水(见到山上有许多处瀑布)，水量充沛、水质纯净。这些河流为加拿大的许多大中城市及落基山两侧的农业地区(特别是东侧的小麦玉米带)提供了充足的水源，使一直为中国水资源短缺担忧的我们很是羡慕。

加拿大落基山脉享丰水之利，但也会受水之害。作为一座在北美大陆中部隆起的山脉，多数山岭顶部陡峭，岩石裸露，容易产生各种地质灾害，如滑坡、雪崩、泥石流等，一路走来，其残迹时而可见。我们这次考察之前不久，在落基山脉中部东侧发生了一次几十年一遇的暴雨，把进入山区的门户坎莫（Canmore）镇附近的公路桥冲垮了。所幸到我们去的时候，临时桥梁已修通，公路交通已恢复，为高峰期的旅游提供了保障。

第三节　几点启示

这次对加拿大落基山脉生态保育状况的考察对我们有很多启发。

首先是加拿大政府对生态保育工作的重视。早在1885年，加拿大就设立了这样规模庞大的以保护自然为主要目的的国家公园，而且长期坚持，形成了很好的生态系统管理模式，成绩显著。而我国也有东西向绵延数千公里的昆仑山脉（新疆、西藏、青海）延伸到秦岭（甘肃、陕西）和伏牛山脉（河南）的中部山地，也是中华大地的水塔。还有像天山、祁连山这样的在干旱地带中崛起的山脉，起着重要的局部省区生态保护、水源涵养的作用。至于南北向的山脉如大兴安岭、太行山脉和横断山脉也各具重要的特色生态价值。但对于这些山系我们都缺乏统一的生态保护布局及完善的生态保育措施，至今未能完全遏制生态退化的态势，这是我们应该警醒的。

其次是加拿大政府对生态系统服务功能的统筹兼顾战略。加拿大拥有丰富的自然资源（在人均水平上更为突出），但他们在自然资源的可持续利用方面下了很大的工夫。联系到过去几次对加拿大各地的考察了解，我认为他们是比较善于把握可持续发展的主体原则的。加拿大是森林可持续发展的"蒙特利尔（Montreal）进程"发起国及"样板林（Model Forests）可持续经营"的主要实践国。加拿大不仅在生态保护方面下了很大工夫，而且至今仍是木材生产、加工和出口的世界大国，是森林可持续经营的先行者之一，实现了比较稳定的统筹兼顾的战略格局。而我国在这方面总是出现左右摇摆，缺乏全局统筹兼顾的现象。先是不顾自然生态保护盲目开发的倾向，如东北和西南林区的过量采伐；后来又在局部地区出现了禁止一切经济利用的一刀切模式，把禁伐定得过死，把正常的经营性抚育伐、卫生伐也禁了。另外，我国又不得不陷入大量进口木材和木材产品（自给率仅为50%）的境地，如何进行统筹兼顾的科学决策，需要好好思考。

第三是加拿大的一些生态保育措施都有明确的法律依据并严格执行。这和我国在生态和环境方面，法制体系建设不完善，特别是执法不严形成鲜明的对照。这方面的事例很多。在这次考察中看到他们在生态保育方面取得的明显成果，也看到他们的旅游是真正的生态旅游，而不像我国一些国家和地方的森林公园和风景区，一旦开放旅游，就出现短视的过分市场化倾向，经常忽略生态保护的长远利益。没有严格的法制能管得住，或根本忽视一些法制的规定，在这方面的差距是很大的。

以上这些只是受到考察启发后的初步思考，还需继续延伸并融入到我们的咨询研究中。

沈国舫

2013年7月15日

附　记

这次考察以加拿大的落基山脉为主要对象，但在回国途中，也顺便考察了美国加州东侧内华达山脉(Sierra Nevada)中的太浩湖(Lake Tahoe)。太浩湖是北美第一大高山湖泊，湖面海拔 1897m，最深处 501m，平均深 300m，蓄水量可达 150.7km^3(1507 亿 m^3)。太浩湖地处北纬 39°左右的暖温带[纬度在班夫(Banff)以南 12°]，但因海拔较高，所以周边的植被仍以温带针叶林为主，其主要树种为杰弗里松 Jeffrey pine(*Pinus jefferey*)，这种植物比较适应当地冬雨性地中海型气候。也有糖松 sugar pine(*Pinus lambertiana*)和北美红杉(*Sequoia sempervirens*)分布。海拔高处为西黄松 ponderosa pine(*P. ponderosa*)，黑松 lodgepole pine(*Pinus contorta*)及红冷杉(*Abies magnifica*)。这里曾经是采矿(金矿和银矿)业和伐木业发达的地方，森林植被曾严重受损，但从 1864 年开始，这里逐渐开发为休憩地区，20 世纪 20 年代曾多次议论设立国家公园未果。1960 年，此地曾作为冬季奥林匹克运动会举办地，现已成为美国西部地区主要的生态旅游地区之一。为保护湖水，沿湖建设受到控制。我们在太浩湖既曾乘游船畅游湖区，又曾驱车岸边山上观赏山林景色，得到两个深刻的印象：一是太浩湖水量巨大、水质优良、碧波浩渺，因深浅不同而显蓝绿相间的条带，景色非常宜人。此湖现在是内华达的首府卡森(Carson)市及多个地方的重要饮用及灌溉水源。1913 年，筑坝略抬湖面水位以作流量控制之用。二是目前周边植被已得到充分修复。既有国有林，也有私有林，都处于良好的管理状态。我们特别欣赏许多高大挺拔的松树，有的长到 30 多米高，1 m 左右胸径，单个或成群出现在各个旅游设施之间。至于在高海拔山地上茂密的云冷杉林，与尚存积雪的山峰相衬，也是一大景色。总之，一天的太浩湖游使我们体验到生态旅游的乐趣，而美国发达的旅游服务体系发挥了重要的作用。

附件二　中欧三国林业考察的印象和启示

2015 年 4 月 28 日至 5 月 2 日,中国工程院"生态文明建设若干战略问题研究"项目组派出由沈国舫院士为首的 5 人小组赴瑞士进行相关问题的考察访问,受到瑞士联邦环境保护局副局长 J. Hess 博士为首的官员和专家的热情接待。在环保局中瑞双方会面时,除了 Hess 副局长对瑞士的环境保护事业作了全面介绍外,还专门由 Ch. Dürr 作了有关瑞士林业方面的介绍。在到英格堡(Engelburg)及铁力士山(Titlis)进行考察时,瑞士朋友还专门向我们展示了林业作业项目。加上在其他各地沿途观察所得的印象,对瑞士林业又加深了认识。之前,我在 2001 年曾在瑞士做过一次为期 3 天的林业考察,那时还曾对奥地利林业进行了一次简短的考察。2012 年,我又对捷克做过一次简短的林业考察。这三个国家有许多情况近似,所以我把这三个国家的林业情况汇总在一起进行整理分析,以期从中得到一些有用的启示。

第一节　中欧三国的基本情况

中欧三国,这里具体指瑞士、奥地利和捷克三国,其自然条件是很相似的(附表 1)。从地貌上看,它们都是山地国家,境内有高山横贯(阿尔卑斯山脉和喀尔巴阡山脉),间有山谷盆地(高地)和河流湖泊。从气候上看,它们都具有湿润温带气候,因垂直高差而形成不同的气候带,雨量都较为充沛,奥地利东部及捷克的两大高地(波西米亚和摩拉维亚)略差。它们的植被基本上是上层为亚高山针叶林,山坡下部及山麓为针阔混交林,林间草地的分布也很广泛。

附表 1　中欧三国自然条件概况

自然条件	瑞士	奥地利	捷克
地貌	阿尔卑斯山, 高地, 湖泊	阿尔卑斯山, 高地, 丘陵	河谷, 高地, 喀尔巴阡山
海拔/m	400～4634	400～3797	115, 500, 2655
年均气温/℃	4～9.5	7～10	8 左右
年降水量/mm	1000～2800	700～2400	450～600(盆地)
			1200～1300(山地)
植被类型	亚高山针叶林	亚高山针叶林	亚高山针叶林
	针阔混交林	针阔混交林	针阔混交林
	草地	草地	草地

中欧三国的社会经济情况也有很多相似之处(附表 2)。国土面积不大,人口密度中等。在经济上,瑞士和奥地利是发达国家,捷克在原东欧集团国家中算是最先进的,但

比西欧发达国家还是略逊一筹。

附表2　中欧三国自然条件概况

土地、人口	瑞士	奥地利	捷克
国土面积/km²	42 000	83 900	78 863
人口/万人	800	820	1 030
人均GDP/美元	80 485(2013年)	46 330(2012年)	19 123(2014年)

第二节　中欧三国的森林资源

在土地利用方面，三国都是森林和草场比重较大的国家，捷克农林牧业发展比较均衡。在这个基础上再深入了解一下三国的森林资源状况(附表3~附表5及附图1~附图3)。

附表3　中欧三国森林资源

森林资源	瑞士	奥地利	捷克
森林面积/万km²	120.0	387.8	265.3
森林覆盖率/%	30.0	46.2	33.6
总蓄积量/×10⁶ m³	—	—	676.0
平均蓄积量/(m³/hm²)	—	292.0	262.0
平均年生长量/(m³/hm²)	4.0~18.0	9.4	6.7
年采伐量/×10⁶ m³	5.0	19.8	13.0~16.2
平均采伐强度/[m³/(hm²·a)]	5.0	5.9	6.0 左右

附表4　中欧三国森林所有权　　　　　　　（单位：%）

森林所有权	瑞士	奥地利	捷克
国有	6	20.4	59.5
其他公有	67		16.1
私有	27	79.6	23.2+1.2

附表5　中欧三国林种划分和林道密度

林种	瑞士	奥地利	捷克
防护林/%	4.0~8.0(2020)	21.8(防灾)	3.4(自然保护区)
商品林/%	85.0	76.5(86.0)	76.3(85.0)
其他/%	—	1.7	20.3(含国防)
林道密度/(km/hm²)	40.0	27.0(国)~38.0(私)	—

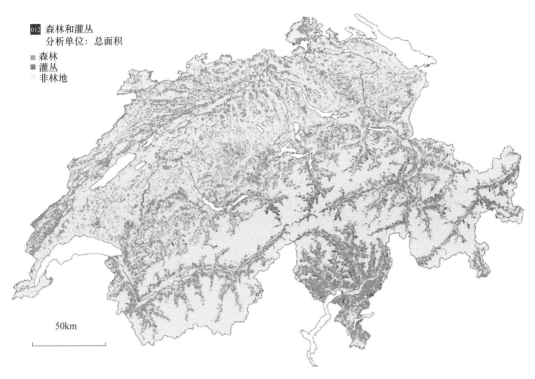

附图 1 瑞士森林分布

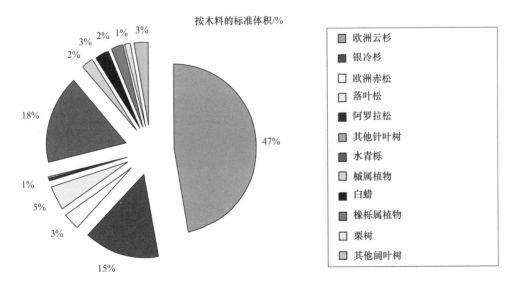

附图 2 瑞士森林树种组成
(瑞士环保局 Ch. Dürr 博士提供；彩图请扫描文后白页二维码阅读)

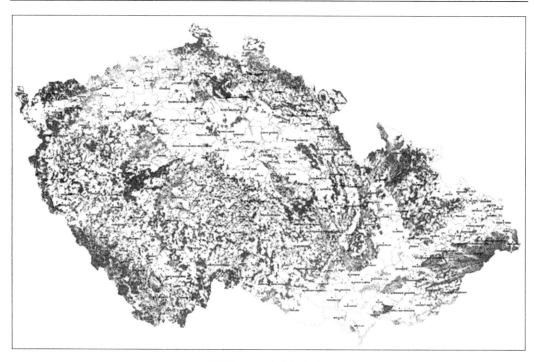

附图 3　捷克森林分布
(彩图请扫描文后白页二维码阅读)

附表 6　捷克森林树种组成变化　　　　　（单位：%）

树种	自然	现存	推荐
欧洲云杉	11.0	54.2	36.5
银冷杉	18.0	0.9	4.4
欧洲赤松	5.4	17.6	16.8
欧洲落叶松	0.0	3.7	4.5
针叶树总计	34.4	76.4	62.2
橡栎属	17.2	6.3	9.0
水青栎	37.9	5.9	18.0
鹅耳枥	1.8	1.2	0.9
白蜡	0.7	1.1	0.7
槭属植物	1.5	0.9	1.5
榆树	0.5	0.0	0.3
桦木	1.1	2.9	0.8
椴树	3.8	0.9	3.2
赤杨	0.6	1.5	0.6
阔叶树总计	65.1	20.7	35.0

注：捷克农业大学 Sisak 博士提供

第三节 中欧三国的林业经营特点

中欧三国的自然及森林状况近似，社会经济状况略有差别，其林业经营特点主要如下。

(1)土地利用格局相似，林牧结合密切，捷克的土地利用更为均衡。

(2)都有一个森林从破坏走向恢复的过程，转折点出现在19世纪中叶，百年恢复效果显著，走在可持续发展的道路上。

(3)保护和利用并重，重视自然保护，但并不过分限制森林的采伐利用。

(4)近年都接受近自然森林经营，在持续提高森林质量的过程中注意生物多样性保护及水土资源的保护。

(5)仍保持一定的年采伐量，都留有余地，并采取低影响(low impact)的采伐方式。

(6)政府对林业有大量补贴(修林道、采运机械购置等)，实际上是生态补偿的一种方式。

第四节 启示与思考

中欧三国国土面积加起来大约相当于一个吉林省，只及黑龙江省的一半。自然条件与这两个省比较接近，但森林生产力相差很远，而且他们还在实行森林的可持续利用。问题出在什么地方？

(1)中国东北森林在前40年无节制无序地过度采伐，违背了周总理："青山常在，永续利用，越砍越多，越砍越好"的意愿，这是巨大的历史教训。

(2)天然林保护政策挽救了东北林区，使其免于"崩溃"，但实际运营情况并不如意，终于走到了全部停止商业性采伐这一步，这是被迫无奈，不值得欢呼。

(3)在森林经营理念上把"保护"和"利用"完全对立起来，并不是先进的思想，实际上和森林生态系统应当具有"供给、调节、支持、文化"四大服务功能的理论认识是不协调的。

(4)不要把"生态保护"当作"保命"、"保位"的挡箭牌，而要采用更积极的思维，使这片广阔的林地能够更多、更广泛地造福人民，变绿水青山真正成为金山银山。

(5)过渡时期应当采取必要的限制措施，但应该有更加积极向上的远期目标。

沈国舫 王波

2015年7月

主要参考文献

陈雷. 2012. 深入贯彻落实中央决策部署, 谱写中国特色水土保持生态建设新篇章. 中国水土保持, (4): 1-3

陈颜. 2012. 中国湿地保护立法研究. 北京: 中国政法大学硕士学位论文

慈龙骏. 2005. 中国的荒漠化及其防治. 北京: 高等教育出版社

慈龙骏, 杨晓晖, 陈仲新. 2002. 未来气候变化对中国荒漠化的潜在影响. 地学前缘, 9(2): 286-287

崔丽娟. 2013. 湿地保护中的一些问题. 资源环境与发展, (2): 15-16

邓建钦, 段绍光. 2005. 河南退耕还林. 郑州: 黄河水利出版社: 188-193

董光荣, 吴波, 慈龙骏, 等. 1999. 我国荒漠化现状、成因与防治对策. 中国沙漠, 19(4): 318-332

董士魁, 刘自学, 贠旭疆. 2000. 我国草地农业可持续发展及关键问题探讨. 草业科学, 19(4): 46-49

杜青林. 2006. 中国草业可持续发展战略. 北京: 中国农业出版社

段晓男, 王效科, 逯非, 等. 2008. 中国湿地生态系统固碳现状和潜力. 生态学报, 28(2): 463-469

郭红艳, 周金星. 2012. 石漠化地区水土地下漏失治理. 中国水土保持科学, 5: 71-76

郭柯, 刘长成, 董鸣. 2011. 我国西南喀斯特植物生态适应性与石漠化治理. 植物生态学报, 35: 991-999

国际泥沙研究培训中心. 2012. 我国水土保持发展历程回顾及未来对策

国家地球系统科学数据共享平台. 2015. http: //www. geodata. cn/ [2015-10-12]

国家发展和改革委员会. 2014. 全国生态保护与建设规划(2013-2020 年). http: //zfxxgk. ndrc. gov. cn/PublicItemView. aspx? ItemID={34415d3d-4b8e-4af6-82ed-27a9c2fc385f}}[2015-10-15]

国家环境保护局自然保护司. 2000. 中国生态问题报告. 北京: 中国环境科学出版社

国家林业局. 1978-2012. 中国林业统计年鉴. 北京: 中国林业出版社

国家林业局, 等. 2000. 中国湿地保护行动计划

国家林业局, 等. 2003. 全国湿地保护工程规划(2002-2030 年)

国家林业局. 2006. 全国林业血防工程规划(2006-2015 年)

国家林业局. 2008. 沿海防护林体系建设工程规划(2006-2015 年)

国家林业局. 2009a. 全国湿地保护工程实施规划(2002-2030 年). http: //www. forestry. gov. cn/portal/main/ s/218/content- 452820. html[2009-3-18]

国家林业局. 2009b. 中国荒漠化和沙化地图集. 北京: 科学出版社

国家林业局. 2010a. 全国防沙治沙规划(2011-2020 年). http: //www. forestry. gov. cn/portal/main/s/ 218/content-452803. html [2010-9-30]

国家林业局. 2010b. 三北防护林体系工程四期规划(2011-2020 年)

国家林业局. 2010c. 三北防护林体系建设五期工程若干重大问题的研究. 北京: 中国林业出版社

国家林业局. 2010d. 珠江流域防护林体系建设三期工程规划技术方案. http: //www. forestry. gov. cn/portal/main/s/ 198/content-444938. html[2010-9-30]

国家林业局. 2010e. 中国森林资源图集: 第七次全国森林资源清查. 北京: 中国林业出版社

国家林业局. 2011a. 中国荒漠化和沙化状况公报. http: //www. greentimes. com/green/econo/hzgg/ ggqs/content/2011- 01/05/ content_114232. htm [2011-1-5]

国家林业局. 2011b. 全国林业发展"十二五"规划

国家林业局. 2012a. 全国湿地保护工程实施规划(2011-2015 年)

国家林业局. 2012b. 中国石漠化状况公报

国家林业局. 2012c. 中国的绿色增长——党的十六大以来中国林业的发展. 北京: 中国林业出版社

国家统计局.2012d.中国统计年鉴 2012.北京:中国统计出版社

国家林业局.2013a.全国平原绿化三期工程规划(2011-2020 年).http://www. forestry. gov. cn/portal/main/s/72/content-598566. html[2013-4-27]

国家林业局.2013b.太行山绿化工程三期规划(2011-2020 年)

国家林业局.2013c.推进生态文明建设规划纲要(2013-2020 年).http://www. forestry. gov. cn/portal/xby/s/1277/content- 636413. html[2013-10-25]

国家林业局.2013d.长江流域防护林体系建设三期工程规划(2011-2020 年).http://www.scclny.com/new/70.html[2013-4-10]

国家林业局.2013e.全国防沙治沙规划(2011-2020 年)

国家林业局.2013f.推进生态文明建设规划纲要(2013-2020 年).http://www.forestry.gov.cn/portal/xby/s/1277/content-636413.html[2013-10-25]

国家林业局.2013g.珠江流域防护林体系工程三期规划(2011-2020 年).http://www.gov.cn/jrzg/ 2013-07/10/content_2444429.html[2013-7-10]

国家林业局.2014.第二次全国湿地资源调查主要结果.http://www. forestry. gov. cn/portal/main/s/65/content-758154. html[2015-8-12]

国家林业局经济发展研究中心,国家林业局发展规划与资金管理司.2012. 2011 国家林业重点工程社会经济效益监测报告.北京:中国林业出版社

国家林业局森林资源管理司.2010.全国森林资源统计(第七次全国森林资源清查).北京:中国林业出版社

国家林业局湿地保护管理中心,湿地中国.2015.http://www. shidi. org/lib/lore/river. htm [2015-11-2]

国家林业局天然林保护工程管理中心.2012. 2011 全国天然林保护工程二期实施情况核查报告

国务院.2005.国务院关于进一步加强防沙治沙工作的决定.国发〔2005〕29 号号.http://www. gov. cn/gongbao/content/2005/content_91640. html [2010-10-12]

国务院.2007.国家环境保护"十一五"规划.国发〔2007〕37 号.http://www. gov. cn/zwgk/2007-11/26/content_815498. html [2015-12-10]

国务院.2008a.全国土地利用总体规划纲要(2006-2020 年).http://www.gov.cn/zxft/ft149/content_ 1144625. html [2008-10-24]

国务院.2008b.西南岩溶地区石漠化综合治理规划(2008-2015 年)

国务院.2010.全国主体功能区规划.国发〔2010〕46 号.http://www. gov. cn/zwgk/2011-06/08/content_1879180. html [2011-6-8]

国务院.2015.水污染防治行动计划.国发〔2015〕17 号.http://www. gov. cn/zhengce/content/2015-04/16/content_9613. html [2015-10-15]

国务院办公厅.2011.国务院关于印发全国主体功能区规划的通知.http://www. gov. cn/zwgk/2011-06/08/content_1879180. html[2015-10-20]

何凡能,葛全胜,戴君虎,等.2007.近 300 年来中国森林的变迁.地理学报,62(1): 30-39

洪绂曾.1998.兴草业,促进生态环境建设.草业学报,6(3): 157-161

洪绂曾.2011.中国草业史.北京:中国农业出版社

洪绂曾,王堃.2004.中国草业发展现状及战略构想.畜牧与饲料科学,(1): 1-4

侯向阳.2005.中国草地生态环境建设战略研究.北京:中国农业出版社

环境保护部.2013. 2012 年中国环境状况公报.http://www. mep. gov. cn/gkml/hbb/qt/201407/W02014070749640197649. pdf [2014-7-7]

环境保护部.2014. 2014 年中国环境状况公报

黄湘,李卫红.2006.荒漠生态系统服务及其价值研究.环境科学与管理,31(7): 64-70

贾治邦.2009a. 2008 生态建设与改革发展林业重大问题调查研究报告.北京:中国林业出版社

贾治邦.2009b.加强湿地保护维护生态平衡——写在第十三个"世界湿地日"到来之际.绿色中国,(4):

10-15

贾治邦. 2011. 生态文明建设的基石——三个系统一个多样性. 北京: 中国林业出版社

江苏省海洋与渔业局. 2012. 2011 年江苏省渔业生态环境状况公报

蒋有绪. 2012. 大敦煌生态保护与区域发展战略研究. 北京: 中国林业出版社

金达表, 张熊明. 2004. 我国天然硅砂的加工现状. 中国非金属矿业导刊, 2004(z1): 93-96

金小麒. 2009. 努力发挥林业在生态文明建设中的作用. 贵州省生态文明建设学术研讨会论文集: 1-5

金正道. 2011. 我国沙产业发展现状及对策建议. 林业经济, (1): 36-39

京津风沙源治理工程二期规划思路研究项目组. 2013. 京津风沙源治理工程二期规划思路研究. 北京: 中国林业出版社

孔忠东. 2007. 退耕还林工程与社会主义新农村建设的关系. 林业工作研究, 6: 6-11

李鸣, 吴结春, 李丽琴, 等. 2008. 鄱阳湖湿地 22 种植物重金属富集能力分析. 农业环境科学学报, 27(6): 2413-2418

李世东. 2004. 中国退耕还林研究. 北京: 科学出版社

李世东. 2011. 现代林业与生态文明. 北京: 科学出版社

李树志, 苗建国. 1998. 关于煤炭行业土地复垦政策的探讨. 矿山测量, 03: 35-38+47

李文华. 2013. 中国当代生态学研究(全五卷). 北京: 科学出版社

李阳兵, 谭秋, 王世杰. 2005. 喀斯特石漠化研究现状、问题分析与基本构架. 中国水土保持科学, 3: 27-34

李仰斌. 2009. 加大灌区节水改造力度打造国家粮食生产核心区. 中国水利, (21): 13-14

李育材. 2005. 中国的退耕还林工程. 北京: 中国林业出版社

李育材. 2009. 中国北方退耕还林工程建设效益评价研究. 北京: 蓝天出版社

梁宝君. 2007. 三北防护林建设与更新改造. 北京: 中国林业出版社: 15-19

刘成林. 2008. 中国自然保护区的类型结构现状及其分析. 南京林业大学学报(自然科学版), 36(6): 141-142

刘惠兰. 2013. 湿地保护: 成就辉煌任重道远——我国加入《湿地公约》20 周年成就综述. 经济, (1): 34-37

刘江. 1999. 全国生态环境建设规划. 北京: 中华工商联合出版社

刘伦武. 2004. 退耕还林政策的社会经济效益分析: 以江西省为例. 乡镇经济, (11): 7-9

刘宁. 2011. 坚持走中国特色的水土保持生态建设之路. 求是, (8): 56-58

刘宁. 2013a. 关乎中华民族生存之基的大事. 求是, (21): 58-59

刘宁. 2013b. 凝心聚力锲而不舍努力推动中国特色水土保持生态文明建设新跨越. 中国水土保持, (4): 1-3

刘恕. 2003. 我对钱学森沙产业理论的理解. 科学管理研究, 21(2): 1-3

刘拓, 周光辉, 但新球, 等. 2009. 中国岩溶石漠化——现状、成因与防治. 北京: 中国林业出版社

刘小京, 刘孟雨. 2002. 盐生植物利用与区域农业可持续发展. 北京: 气象出版社: 1-9

刘玉龙, 马俊杰, 金学林, 等. 2005. 生态系统服务功能价值评估方法综述. 中国人口·资源与环境, 15(1): 88-92

卢琦. 2000a. 中国沙情. 北京: 开明出版社

卢琦. 2000b. 走出治沙误区, 振兴沙区产业. 中国农业科技导报, 2(4): 7-16

卢琦, 吴波. 2002. 中国荒漠化灾害评估及其经济价值核算. 中国人口·资源与环境, 12(2): 29-33

卢琦, 杨有林, 王森, 等. 2004. 中国治沙启示录. 北京: 科学出版社

卢琦, 杨有林, 吴波. 2000. 21 世纪荒漠化研究与治理方略. 中国农业科技导报, 2(1): 47-53

卢欣石. 2000a. 内蒙古草原带防沙治沙现状、分区和对策. 中国农业资源与区划, 21(04): 58-62

卢欣石. 2000b. 中国草地荒漠化问题与出路. 2000 年减轻自然灾害白皮书

卢欣石. 2002. 中国草情. 北京: 开明出版社

卢欣石. 2007. 我国北方干旱区草原的生态问题与工程技术对策. 科技导报, 25(9): 16-21

牛振国, 张海英, 王显威, 等. 2012. 1978—2008 年中国湿地类型变化. 科学通报, (16): 1400-1411

农业部畜牧兽医司. 1996. 中国草地资源. 北京: 中国科学技术出版社

千年生态系统评估项目工作组. 2005. 联合国千年生态系统评估综合报告

钱正英. 2004. 西北水资源配置生态环境建设和可持续发展战略研究. 北京: 科学出版社

钱正英, 沈国舫, 刘昌明, 等. 2005. 关于"生态环境建设"提法的讨论. 科技术语研究, 7(2): 20-38

任海, 彭少麟. 2001. 恢复生态学导论. 北京: 科学出版社

任鸿昌, 孙景梅, 祝令辉, 等. 2007. 西部地区荒漠生态系统服务价值评估. 林业资源管理: 67-69

桑景拴, 田野. 2010. 论我国湿地生物入侵的现状及防控. 森林公安, (3): 35-36

沈国舫. 2007. 中国的生态建设工程: 概念、范畴和成就. 林业经济, 29(11): 3-5

沈国舫. 2008. 天然林保护工程与森林可持续经营. 林业经济, (11): 15-16

沈国舫. 2001a. 西部大开发中的生态环境建设问题. 林业科学, 27(1): 1-6

沈国舫. 2001b. 植被建设是我国生态环境建设的主题//沈国舫, 金鉴明. 中国环境问题院士谈. 北京: 中国纺织出版社: 214-224

沈国舫. 2012-8-25. 科学定位育林在生态文明建设中的地位. 中国科学报, (A3)

沈国舫. 2014. 关于"生态保护和建设"名称和内涵的探讨. 生态学报, 34(7): 1891-1895

沈国舫, 王礼先. 2001. 中国生态环境建设与水资源保护利用. 北京: 中国水利水电出版社

施勇, 白净. 2011. 科学用砂治沙——看仁创科技集团如何创新驱动发展砂产业. 企业创新, (10): 72-74

世界自然基金会. 1996. 湿地自然保护和管理培训手册

水利部. 2008. 中国水土流失与生态安全科学考察报告. 北京: 科学出版社

水利部. 2013. 年中国水资源公报. http: //www. mwr. gov. cn/zwzc/hygb/szygb/qgszygb/201405/t 20140513_560838. html [2013-12-15]

水利部. 2015. 全国水土保持规划(2015-2030 年)

水利部, 中国科学院, 中国工程院. 2010. 中国水土流失防治与生态安全·总卷. 北京: 科学出版社

水利部. 水土保持"十二五"规划报告

水利部. 水土保持"十二五"中期评估报告

宋翔, 庞国锦, 颜长珍, 等. 2011. 干旱区绿洲农田防护林增产效益研究——以民勤绿洲为例. 干旱区资源与环境, 25(7): 178-182

苏孝良. 2005. 贵州喀斯特石漠化与生态环境治理. 地球与环境, 33: 24-32

唐小平, 王志臣, 张阳武, 等. 2013. 全国湿地资源调查技术体系设计及结果分析. 林业资源管理, (6): 64-69

王礼先. 2000. 林业生态工程学. 2 版. 北京: 科学出版社

王世杰. 2002. 喀斯特石漠化概念演绎及其科学内涵的探讨. 中国岩溶, 21: 31-35

王世杰, 李阳兵, 李瑞玲. 2003. 喀斯特石漠化的形成背景、演化与治理. 第四纪研究, 23: 657-666

王涛. 2003. 中国沙漠与沙漠化. 石家庄: 河北科学技术出版社

王宪礼, 肖笃宁, 陈宜瑜. 1995. 湿地的定义与类型. 见: 陈宜瑜. 中国湿地研究. 长春: 吉林科学技术出版社: 34-41

王迎. 2012. 我国重点国有林区森林经营与森林资源管理体制改革研究. 北京: 北京林业大学博士学位论文

吴波, 苏志珠, 陈仲新. 2007. 中国荒漠化潜在发生范围的修订. 中国沙漠, 27(6): 911-917

吴正. 1991. 浅议我国北方地区的荒漠化问题. 地理学报, 46(9): 266-275

肖兴威. 2005. 中国森林资源图集. 北京: 中国林业出版社

谢高地, 鲁春霞, 冷允法, 等. 2003. 青藏高原生态资产的价值评估. 自然资源学报, 18(2): 189-196

谢高地, 甄霖, 鲁春霞, 等. 2008. 生态系统服务的供给、消费与价值化. 资源科学, 30(1): 93-99

薛建辉. 2012. 森林生态学(修订版). 北京: 中国林业出版社

杨胜香. 2007. 广西锰矿废弃地重金属污染评价及生态恢复研究. 桂林: 广西师范大学硕士学位论文

杨一鹏, 曹广真, 侯鹏, 等. 2013. 城市湿地气候调节功能遥感监测评估. 地理研究, (01): 73-80

尹少华. 2008. 退耕还林工程综合效益评价指标体系研究——湖南省案例. 林业经济, (5): 29-32

于洪贤, 姚允龙. 2011. 湿地概论. 北京: 中国农业出版社

张舵, 彭嘉靖. 2013. 建议将"砂产业"纳入战略性新兴产业. 铸造纵横, (3): 34

张旭辉, 李典友, 潘根兴, 等. 2008. 我国湿地土壤资源保护与气候变化问题. 气候变化研究进展, 4(4): 202-208

赵可夫, 冯立田. 2001. 中国盐生植物资源. 北京: 科学出版社

赵魁义. 1995. 中国湿地生物多样性研究与持续利用//陈宜瑜. 中国湿地研究. 长春: 吉林科学技术出版社: 48-54

赵树丛. 2012. 全面开创现代林业的发展新局面——全国林业发展"十二五"规划汇编. 北京: 中国林业出版社

赵同谦. 2004. 中国陆地生态系统服务及其价值评价研究. 北京: 中国科学院生态环境研究中心博士学位论文

中共中央, 国务院. 2015. 中共中央国务院关于加快推进生态文明建设的意见. 中国绿色时报, 2015-5-6(1版)

中共中央关于全面深化改革若干重大问题的决定. 2013. 北京: 人民出版社

中共中央关于全面深化改革若干重大问题的决定及辅导读本. 2013. 北京: 人民出版社

中国工程院, 环境保护部. 2011. 中国环境宏观战略研究(综合报告卷). 北京: 中国环境科学出版社

中国科学院长春地理研究所沼泽研究室. 1983. 三江平原沼泽. 北京: 科学出版社

中国可持续发展林业战略研究项目组. 2002a. 中国可持续发展林业战略研究战略卷. 北京: 中国林业出版社

中国可持续发展林业战略研究项目组. 2002b. 中国可持续发展林业战略研究总论. 北京: 中国林业出版社

中国可持续发展林业战略研究项目组. 2003a. 中国可持续发展林业战略研究·战略卷. 北京: 中国林业出版社

中国可持续发展林业战略研究项目组. 2003b. 中国可持续发展林业战略研究·总论. 北京: 中国林业出版社

中国生物多样性国情研究报告编写组. 1998. 中国生物多样性国情研究报告. 北京: 中国环境科学出版社

中国畜牧业年鉴编辑委员会. 2013. 中国畜牧业年鉴 2013. 北京: 中国农业出版社

周鸿升. 2014. 退耕还林典型技术模式. 北京: 中国林业出版社

周生贤. 2002. 中国林业的历史性转变. 北京: 中国林业出版社

周生贤. 2003. 中国林业新的里程碑. 北京: 中国林业出版社

周以侠. 2009. 建设生态文明的科学内涵及其重要意义. 重庆工学院学报(社会科学), (11): 102-105

朱守谦. 2003. 喀斯特森林生态研究(III). 贵阳: 贵州科技出版社

Copeland C. 2002. Clean Water Act: A Summary of the Law//Congressional Research Service Reports. Library of Congress. Congressional Research Service

Cowardin L M, Carter V, Golet F C, et al. 1979. Classification of wetlands and deepwater habitats of the United States. US Fish and Wildlife Service FWS/OBS, 79(31): 131

Dumbeck G. 1998.Bodenkundliche Aspekte der landwirtschaftlichen Rekultivierung.In: Braunkohlentagebau und Rekultivierung. 1998:110-120.

IUCN, UNEP-WCMC. 2012. The World Database on Protected Areas(WDPA). https://www.iucn.org/theme/protected-areas/our-work/parks-achieving-protected-area-quality-and-effectiveness/world[2015-10-20]

Lange S, Stürmer A. 1998. Der Betriebsplan—Instrumentarium für die Wiedernutzbarmachung. In: Braunkohlentagebau und Rekultivierung. Berlin Heidelberg:Springer:68-77

Lloyd J W, Tellam J H, Rukin N, et al. 1993. Wetland vulnerability in East Anglia:a possible conceptual framework and generalized approach. Journal of environmental management, 37(2): 87-102

Lubchenco J, Olson A M, Brubaker L B, et al. 1991. The Sustainable Biosphere Initiative: An Ecological Research Agenda: A Report from the Ecological Society of America. Ecology, 72(2):51-68

National Wetlands Working Group. 1988. Wetlands of Canada. Ecological land classification series, no. 24. Ottawa, Ontario:Sustainable Development Branch, Environment Canada; Montreal, Quebec:Polyscience Publications Inc.:452

Oki T, Kanae S. 2006. Global hydrological cycles and world water resources. Science, 313(5790): 1068-1072

Secretariat R C. 2010. National Wetland Policies: Developing and Implementing National Wetland Policies. Gland: Ramsar Convention Secretariat

Shaw S P, Fredine C G. 1956. Wetlands of the United States—their Extent and their Value to Waterfowl and other Wildlife. Washington, DC: US Department of the Interior

Victor R S, Lu X S, Lu Q, et al. 2009. Rangeland Degradation and Recovery in China's Pastoral Lands. Oxford: CABI International

图 版

1 天然林保护

全国天保工程二期工作部署会议

国家林业局天保办课题组赴青海祁连县调研

天保二期实施范围图

青海祁连县保护天然林宣传

新疆乌苏待普僧森林公园（俞言琳 提供）

四川攀枝花三堆子天保工程实施前　　　　四川攀枝花三堆子天保工程实施后 (2012 年)

天保工程区：小兴安岭天然林　　　　　　天保工程区：小兴安岭红松原始天然林
　　　　　　　　　　　　　　　　　　　　　　　（沈国舫 摄于伊春）

新疆西天山林区的天保林（沈国舫 提供）　天保工程区：内蒙古额尔古纳白鹿岛（张焕瑞 提供）

2 退耕还林

中国工程院院士 2013 年在延安考察退耕还林
（李砾 提供）

河北承德县退耕还林果药间作（河北省退耕办）

山西中阳县退耕还林成果（山西省退耕办）

内蒙古磴口县退耕肉苁蓉模式
（内蒙古自治区退耕办）

黑龙江大庆市退耕还林林农间作模式
（黑龙江省退耕办）

安徽怀宁县退耕蓝莓基地 （安徽省退耕办）

河南博爱县退耕樱桃挂果（河南省退耕办）

湖北恩施退耕还茶成好（湖北省退耕办）

湖南隆回退耕还林金银花模式（湖南省退耕办）　广西退耕还林桉树牧草模式（广西自治区退耕办）

重庆黔江退耕还林蚕桑基地（重庆市退耕办）　四川安岳县退耕柠檬园　（四川省退耕办）

贵州龙里退耕还林刺梨基地（贵州省退耕办）　云南元阳县退耕桤木草果模式（云南省退耕办）

陕西咸阳市乾县退耕油用牡丹（陕西省退耕办）　甘肃静宁退耕苹果产业（甘肃省退耕办）

宁夏彭阳县小流域退耕还林（宁夏退耕办）

新疆青河县退耕沙棘模式 （新疆退耕办）

安徽金寨县响洪甸镇里冲村檫茶混交林

甘肃临泽县沙棘林

甘肃临泽县退耕地栽植沙枣

广西东兰县退耕还林（板栗模式）

河南济源核桃冬凌草混交的退耕还林地

宁夏彭阳县麻喇湾流域退耕还林现场

3 防护林体系建设

广东电白县沿海防护林带

福建平潭县海防林（黄海 提供）

福建厦门市环岛路曾厝垵沿海防护林

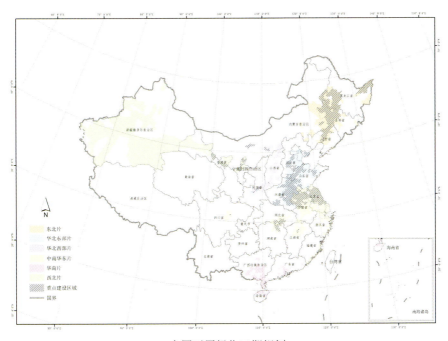

全国平原绿化三期规划

海南春园湾海防林

海南海防林界碑

山东烟台市与莱州市沿海防护林带
（莱州市宣传部）

广西灵川县珠江防护林

江西靖安县长江防护林建设宣传牌

新疆生产建设兵团新造农田防护林（沈国舫 摄）

长江防护林：安徽西滁河景色

珠江防护林：广西融水县 2003 年封山育林成效
（2010 年 10 月 2 日）

4 自然保护区

黑龙江丰林国家级自然保护区（王振海 提供）

吉林松花江三湖国家级自然保护区

内蒙古赛罕乌拉国家级自然保护区

河北滦河上游国家级自然保护区

青海可可西里国家级自然保护区（顾长明 提供）

云南哀牢山国家级自然保护区

内蒙古汗马国家级自然保护区（周海翔 提供）　　河南董寨国家级自然保护区（白冠长尾雉）

陕西周至国家级自然保护区（川金丝猴）　　陕西周至国家级自然保护区（羚牛）

卧龙大熊猫研究中心 2006 年繁育 18 仔　　河南董寨国家级自然保护区
（李伟 提供）　　（仙八色鸫　李晓京 提供）

5 湿地生态

上海崇明滨海湿地（2009 年 张骁栋 提供）

福建漳江口红树林

甘肃玛曲沼泽湿地（2015 年 宁宇 提供）

白洋淀湖泊湿地（2015 年 马牧源 提供）

内蒙古乌梁素海湿地（魏园云 提供）

四川若尔盖沼泽湿地（张骁栋 提供）

6 荒漠化防治

西北荒漠盐沼滩地上分布的碱蓬和盐爪爪等盐生植物（崔向慧 摄于甘肃景泰）

分布于准噶尔盆地以东荒漠地带的风蚀地貌（崔向慧 提供）

新疆巴里坤堆积型戈壁（冯益明 提供）

新疆伊吾剥蚀型戈壁（冯益明 提供）

覆盖板沙障与赖草结合固沙（王学全 提供）

黏土沙障与柠条结合固沙（王学全 提供）　　　新疆阿克苏新疆杨与甘草结合治理盐碱地
　　　　　　　　　　　　　　　　　　　　　　　　　　（丛日春 提供）

新疆阿克苏地区盐碱地种植甘草（丛日春 提供）　库姆塔格沙漠科考纪念碑前合影（吴波 提供）

库姆塔格沙漠科考取样（吴波 提供）

7 草原生态

2014年习总书记视察内蒙古草都公司，赞扬草产品是牛羊的香饽饽

内蒙古锡林郭勒草原丰盛的水草是牛羊的天堂

草原退化引起鼠害增加

家畜超载加剧了内蒙古鄂尔多斯荒漠草原沙化（卢欣石 提供）

内蒙古额济纳旗荒漠草原退化引起胡杨林大面积枯死（卢欣石 提供）

草原退化引起有毒植物狼毒的蔓延　　　　　山西北部水蚀引起的草原退化和水土流失
（卢欣石　提供）

青海大通县的高寒牧场生态环境得到良好改善　　内蒙古锡林郭勒的针茅草原得到了良好的恢复
（卢欣石　提供）

内蒙古草原生态奖补制度使得草原植被得到了保护，牧民收入增加（卢欣石　提供）

贵州亚热带山区建立了人工草地，生产优质牛奶（卢欣石 提供）

甘肃酒泉卫星发射基地的荒漠戈壁建立了优质的苜蓿人工草地（卢欣石 提供）

草原地带进行防火演习

草原防灾救灾工程在草原区执行病虫害防治任务

三江源头第一个水库——龙羊峡水库生态环境得到良好恢复（卢欣石 提供）

8 水土保持

治理后——塘背河小流域是水利部长委的水保试点流域，通过治理已发生巨大变化（2008 年 江西兴国水保局 周钦前 提供）

治理前——塘背河小流域是水利部长委的水保试点流域，通过治理已发生巨大变化（1984 年 江西兴国水保局 周钦前 提供）

贵州花溪高坡春色织锦（贵州省水利厅 杨争红 提供）

国家重点治理区：苑杖子小流域高效水平槽工程林木郁郁葱葱 (2005 年)

国家重点治理区：苑杖子小流域高效水
平槽工程鳞次栉比 (1993 年)

青海省互助西山小流域水土保持综合治
理（青海省水土保持局 王海宁 提供）

宁夏隆德县水土保持小流域综合治理

甘肃层层梯田美如画

9 工矿和交通

京承高速公路（北京段三期工程）边坡植被
恢复（北京首发天人生态景观有限公司 提供）

山东烟台市公路边坡水泥框格客土恢复植被
（董智 提供）

山西太原绕城高速公路边坡植被恢复（沈毅 提供）

京藏高速公路（内蒙古自治区老爷庙—集宁段）边坡植被恢复（高明清 提供）

内蒙古乌海千里山工业园区公路边坡植被恢复（温楠 提供）　新建河北省张家口至唐山铁路工程边坡植被恢复（曹波 提供）

北京昌平兴寿镇废弃矿山植被恢复（陈京弘 提供）

山西阳泉自燃煤矸石山植被恢复（张成梁 提供）

云南个旧水采水运锡矿迹地植被恢复　　浙江长兴县李家巷鑫茂矿—上海石灰石矿边坡植
　　（李贵祥、邵金平 提供）　　　　　　　　被恢复（祁有祥 提供）

四川省北川县擂鼓镇森林植被恢复（王新 提供）

10 城镇绿化

北京八达岭国家森林公园风景游憩林秋景

北京潮白河沙地的加杨人工林（王昌温 提供）

北京怀柔宽沟山上的侧柏人工林过密，亟需抚育
（沈国舫 提供）

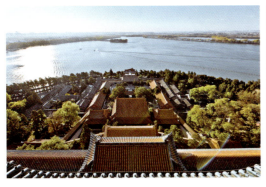

北京颐和园全景

北京西山魏家村秋色（沈国舫 提供）

广州白云山全景（李吉跃 提供）

国家第一个森林城市：贵阳全貌

上海崇明东平国家森林公园的水杉林（沈国舫 提供）　　　　上海街道绿化（沈国舫 提供）

上海东滩湿地公园（沈国舫 提供）

上海外滩绿地

11 加拿大考察

（沈国舫 摄）

从旅馆窗外看落基山

融雪水汇集形成瀑布

高山上的路易斯湖

远看哥伦比亚冰川

清晨林中见到鹿

公路上横贯的一条野生动物通道

保护下的高大花旗松

完善的滑雪餐饮旅游设施

12　中欧三国林业考察的印象和启示

（沈国舫 摄）

瑞士高山云冷杉林森林

瑞士水青冈林

瑞士森林经营

奥地利林区概貌

奥地利维也纳森林（城市森林）

奥地利私有人工林经营

奥地利一处水源林拯救伐现场

在森林怀抱的布拉格市内，作者在沃而塔瓦河的桥上

捷克挪威云杉择伐林

捷克引种的花旗松

捷克引种的巨冷杉